PART 02 공간경제의 제도적 주체

제10장 농업

제11장 제조업

제12장 서비스

제13장 교통과 통신 네트워크

제14장 소비

서론

경제지리학의 제도주의적 접근

인간의 경제활동은 … 조직화된 집단의 일이다.

(Wagner, 1960: 63)

왜 경제활동은 전 세계적으로 장소에 따라 엄청난 변이가 있는가? 왜 어떤 장소들은 세계경제를 효율적으로 조절하고, 다른 장소들은 특화된 역할을 통해 세계경제에 통합되어 있고, 또 다른 장소들은 주변부화되는가? 국가, 지역, 기업, 가구, 개인의 행복추구의 영향은 무엇인가? 이러한 주제들은 경제지리학이 답하려고 노력하는 기본적인 질문들이다.

이 장은 두 부분으로 구성되어 있다. 1절은 경제지리학이라는 학문을 소개하고 제도주의의 기초를 개괄한다. 2절은 시장, 제도, 기술, 장소와 공간 간의 상호 연관성과 가치사슬로 엮인 경제활동의 조직에 초점을 두고 이 책의 접근방법에 대해 설명한다.

경제지리학에 대하여

경제지리학은 경제활동의 입지와 공간분포, 경제기능과 장소복지의 공간적 분화, 공간상의 경제활동 간의 연계를 연구한다. 경제지리학의 임무는 지역에서 세계까지 다양한 공간 스케일과 현재의 모습에서 역사적 시기를 관통하는 진화적 변화의 관점까지 다양한 시간축으로 분석하는 것이다. 경제지리학의 이론과 도구는 정부정책과 민간기업과 공공기업, 비정부기구, 소비자 등의 실질적 활동에 영향을 준다.

경제지리학은 다음의 네 가지 상호연관된 목표를 추구한다.

1. 경제활동의 관점에서 장소의 차이가 왜, 어떻게 발생하는가를 이해한다. 이러한 질문을 통해 지역성장과 쇠퇴의 유형을 이해하고, 왜 부국과 빈국이 존재하며, 부유한 지역과 가난한 지역이 공존하는가, 공간상에서의 불균형의 결과는 어떻게 나타나는가를 이해하는 데 도움을 준다.
2. 경제활동이 공간상에서 왜, 어떻게 연계되었는가를 이해한다. 이러한 연구를 통해 세계화가 자본, 정보, 노동력, 상품, 서비스 등의 국제적 흐름을 어떻게 통합하고, 이러한 외적 영향이 특정 지역의 '현장'에 어떠한 의미가 있는가를 이해하는 데 도움을 준다.

3. 기업, 정부 등의 기관에게 최적의 입지유형, 토지이용, 장소와 공간상의 연계를 조직화하여 사회적 목표에 부합하도록 하는 데 기여한다.
4. 학생들에게 기법을 가르치고 관점을 개발하도록 함으로써 다양한 분야에서 응용하고, 궁극적으로 더 나은 시민이 되도록 도움을 준다.

경제지리학자는 학계 밖의 영역에서는 거의 찾아보기가 힘들다. 하지만 경제지리학이라는 전문성에 대한 수요는 공공과 민간부문에 광범위하게 퍼져 있다. 예를 들어 입지분석기법은 제조기업이 투입요소들을 가공하고 시장에 접근하거나 상업활동에 활용할 수 있는 부동산의 최적 입지를 결정하는 데 사용될 수 있다. 유명한 '입지, 입지, 입지'라는 말처럼 입지가 중요하다. 마찬가지로 경제지리학의 배경지식은 기업이나 정부가 새로운 공장을 건설하거나(혹은 폐쇄하거나) 고속도로를 건설할 때 의사결정의 경제적 · 사회적 · 환경적 시사점을 찾고자 할 때 중요한 관점을 제공한다. 경제지리학은 지역발전계획, 환경경제관리, 교통계획 등 관련 분야의 기초가 된다.

이 책은 개론서로서 제도에 기반한 인간사회의 기본원리, 즉 인간의 모든 관계를 조직하는 공식, 비공식 구조, 규칙, 관습, 관행을 이해하는 데 목적이 있다. 경제생활의 맥락에서 보면 가장 중요한 조직적 제도는 시장이다. 하지만 시장은 추상적이나 독립적인 총체가 아니고 다양한 유형이 있다. 시장은 소비자가 상점이나 공급자로부터 직접 상품을 구입하는 쇼핑몰처럼 **교환의 장소**로 시작되었다. 점차 공간적으로 먼 공급자와 구매자를 전자상거래로 연결하는 이베이(eBay) 같은 **교환의 공간**으로 변모하고 있다. 시장은 이 두 가지의 기본적인 유형에서 판매되고 구매되는 상품과 서비스의 유형과 양식에 따라 다양화된다. 이 책의 핵심 포인트는 **시장은 다른 제도와 상호 의존적이며 영향을 주는 제도**라는 언명에서 시작한다. 이 책에서는 시장이 시공간상에서 변화하는 방식과 시장이 기업, 노동, 정부, 비정부기구 등과 상호 영향을 주는 다양한 양상을 탐구한다. 이러한 제도적인 힘이 총체적으로 작용하여 장소의 경제적 효율성, 사회적 평등의 정도, 경제적 · 환경적 지속가능 역량, 글로벌 체계에서의 위상을 결정한다.

경제지리학의 간략한 역사

경제지리학은 근본적인 변화를 경험하고 있다. 1960년대 이후로 경제지리학(지리학)은 서술적(개성기술적)인 접근에서 이론적(규범적) 접근으로 '패러다임' 전환을 하고 있다(표 I.1).

1600년경부터 초기의 상업지리학자들은 유럽열강들이 발견한 먼 지역의 경제활동을 기술하기 시작했다. 이들의 작업은 비록 기술적이기는 했지만, 국제무역이 주로 상품교환으로만 이루어졌던 시대에 국가 간 상품생산의 본질과 지구상의 다양한 경제와 사회에 대

표 I.1 경제지리학의 진화

주요 시기	공간-장소에 대한 설명	주요 참고문헌
서술적(개성기술적)		
상업지리학 (1600~1900)	탐험의 시대에 시작된 지구상의 '먼' 지역의 활동과 교역 잠재력에 대한 서술을 강조. 국가단위의 설명과 묵시적으로 식민 문제에 대해 서술했으나 제도는 고려하지 않음	Chisholm, 1989(Stamp, 1932 개정)
환경결정론 (1900~1930)	경제지리학을 특정 장소의 경제활동(특히 자원과 산업생산)과 이 활동의 국가경제발전과 무역에 대한 함의점 연구로 시작함. 어느 지역이든 자연환경을 경제활동의 가장 중요한 결정 요인으로 봄	Huntington, 1915; Taylor, 1937
지역분화 (1930~1960)	사회 · 경제, 자연환경의 상호작용 과정의 역사적 분석과 지역적 종합을 통해 지역의 특이성을 이해하는 인문지리학. 지역지리학은 경제지리학의 중요한 부분으로 인식. 문화적 제도의 영향을 인식함	Jones and Darkenwald, 1949; Zimmerman, 1939; Wagner, 1960
이론적(규범적)		
계량혁명 (1960~)	장소의 독특성 서술에서 벗어나 공간상의 활동에 대해 신고전 경제학에서 도출되고 계량기법으로 검증된 일반 법칙과 원리를 통해 설명. 지역발전과 계획에 초점을 둠. 도시-산업경제를 강조함. 추상적이기는 하지만 시장에 대한 인정, 다른 제도에 대해서는 인식이 미약함	Morill, 1974; Lloyd and Dicken, 1972; Berry et al., 1987; Isard, 1960
개념의 다원화와 분화 (1970~)	경제지리학이 마르크스주의와 제도주의 등 다양한 이론적 접근방법을 수용함. 글로벌 관점과 장소와 공간의 역할(지역-세계의 역동성)을 강조함. 대기업, 정부, 노동 등 제도가 명시적인 주제가 됨	Knox and Agnew, 1989; de Stouza and Stutz, 1994; Coe et al., 2007; Daniels and Lever, 1996; Shephard and Barnes, 2000

* 보다 상세한 설명은 Berry, Conkling, and Ray(1993) 참조

한 의식을 일깨워주는 역할을 하였다. 1800년대 후반에 이르러 상업지리학(commercial geography)은 다른 지역의 속성을 서술하여 교역의 잠재력을 판단하고, 이 잠재력을 개발하여 유럽에 이익이 되게 하는 방법에 초점을 두었다. 그 시대의 (새로 발견된 지역은 대부분 농업경제 기반의 최저생활을 영위했다) 상품생산의 공간적 변이는 기후, 토양, 지형 등과 같은 물리적 요인에 의해 결정된다고 생각했다.

20세기 초반에는 발전의 변이가 기후와 경관에 의해 좌우된다는 환경결정론이 지배적인 사고였다. 하지만 지리학자들은 곧 환경결정론이 인간이 변화의 주체로서 활동하는 다양성을 설명하기에는 너무 빈약한 논리라는 것을 인식하였다. 1930년대에 이르러 지리학자들은

지역분화 지역을 경제 · 정치 · 문화 · 환경적인 영력 간의 독특한 진화적인 상호작용으로 형성된 고유한 장소로서 보는 인문지리학의 접근방법

부유한 지역과 가난한 지역이 나타나는 이유를 설명하는 데 행위주체자인 인간의 역할을 강조했다. 경제지리학에서는 이러한 **지역분화**(areal differentiation)는 특정 장소의 경제활동 특성을 기술하는, 즉 특정 지역의 사회 · 정치 · 경제 · 환경적 요인을 결합한 지역 특유의 발전유형을 추적하는 역사적 방법론을 의미했다. 또한 자원활용과 인간-환경의 상호작용에 초점을 두기도 했다. 이러한 선구적인 저서들은 단순히 서술적이 아니라 제도적 용어로 인간행위를 개념화하려는 시도를 했다. 짐머만(Zimmermann, 1933)의 자원지리학은 자원의 문화적 해석에 치중했고, 바그너(Wagner, 1960)의 경제지리학에서는 "인간의 삶은 … 조직화된 집단의 일이다."라고 인식했다.

하지만 '지역분화' 접근방법은 1950년대와 1960년대를 풍미한 계량혁명에 의해 사라졌다. 선도적인 경제지리학자들은 명시적 이론과 개념적 틀의 발전, 데이터의 수집, 계량기법과 모형화를 추구했다. 이러한 사고의 전환은 상당히 진전되어 과학적 패러다임 전환으로 이어졌다.

경제지리학의 이론과 계량적 분석방법 추구는 과학적 논증에 대한 욕구, 체계적인 데이터 활용의 잠재력에 대한 인식, 학생의 분석적 역량 교육의 필요, 체계적이고 문제해결 중심의 연구를 요구하는 새로운 정책적 수요 등에 의해 추동되었다. 지역 간, 국제적 소득과 고용 불균형, 도시와 지역의 재편, 환경의 지속가능성 등이 연구와 방법론의 의제를 주도했다. 경제지리학의 정신과 목적은 경험적 서술과 독특한 장소에 주로 관심을 가지던 '개성기술적(ideographic)' 방법론의 추구에서 스스로 변화하여 공간조직을 발견하고 검증하는 데 초점을 둔 '규범적(nomothetic)' 방법론으로 새롭게 정의되었다. 정책적 관점에서 보면, 이러한 전환은 처음에는 경쟁시장에서의 경제적 행위의 보편성을 강조하는 신고전경제학의 추상적 이론화와 밀접히 연관된 입지, 토지이용, 지역발전에 관한 이론의 발전에 의해 추동되었다. 경제지리학에서의 설명은 경제활동의 공간분포를 지배하는 일반원리로서 신고전경제학과 유사하게 추상적이고 시장, 자원, 노동력에 대한 접근성과 같은 순수 경제요인에 초점을 두었다.

신고전경제학적 사고는 여전히 경제지리학에서 영향력을 미치고 있다. 하지만 1970년대 이후에 대안적인 이론적 관점들이 많이 등장하여 경제지리학 분야는 파편화되는 양상을 보였다. 이론적 뿌리는 달리하지만 경제행위의 보편적 관점이 되지 못한 마르크스주의는 신고전 모델을 정면으로 반박해 중요한 영향을 끼쳤다. 그 후 경제지리학의 다양한 접근방법들은 보편적 법칙을 지나치게 강조한 신고전적 접근방법을 비판했으며, 인간행위와 조직의 공간적 차이를 강조하고, 경제적 · 비경제적 요인들을 함께 고려하는 이론의 발전을 추구했다. 여전히 파편화(fragmentation)의 문제는 있지만, 개념적 다원성을 통해 주제들을 중첩해서 분석하고, 경제지리학의 모든 접근방법에 제도주의적 관점이 포함되었다.

제도주의와 경제지리학

이 책의 이론적 접근방법은 급진적이고 대항적인 제도주의 경제학에 뿌리를 두고 있다. 제도주의적 접근은 20세기 초반 경제행위에 대한 신고전경제학과 마르크스주의에 대안적인 설명을 추구했다. 소스타인 베블런(Veblen, 1904)과 존 코먼스(Commons, 1893; 1934)는 이러한 사고의 선구자였다. 이 두 학자와 후학들은 실제 행위에 대한 이해와 특정 맥락에 시간에 따른 진화의 양상을 강조함으로써 제도에 기반한 연구방법을 제시했다. 이러한 '실제' 행위에 대해 초점을 두는 것은 신고전경제학과 마르크스주의가 추상적 모델을 강조하고 경제행위와 체계에 대한 일반론적인('보편적인') 해석과는 대비가 된다. 제도주의는 정통파의 지배적인 틀과는 달리 (전통적인) 신고전적 사고의 세 가지 중요한 이슈에 대해 새로운 의제를 제시한다.

첫째, 신고전 이론은 인간의 의사결정에 대해 추상적인 가정을 너무 많이 했다는 데서 출발한다. 특히 신고전 이론은 생산자와 소비자가 순수한 경제적 자기 이익만을 추구한다고 가정하였다. 즉, 인간은 부단히 합리적이고, 언제나 최소 비용과 최대 이윤을 선택하고, 그렇지 않으면 지극히 제한적으로 정의된 경제적 목표를 극대화하려 한다. 또한 인간은 항상 정확한 의사결정을 할 수 있는 모든 정보를 가지고 있다고 가정한다. 반면에 제도주의적 설명은 '실제 세계'의 행위에 대한 관찰을 기반으로 하여, 의사결정자의 능력과 동기는 다양하며, 시장을 형성하는 대기업의 힘은 강력하며, 경제발전의 본질을 중시한다는 점에 대해 인식한다.

둘째, 신고전적 설명은 경제 시스템은 항상 수요와 공급의 조절을 통해 정적 균형(equilibrium)의 조건을 추구하는 경향이 있다는 관점에 깊게 뿌리내리고 있다. 반면에 제도주의는 자본주의 경제는 단순히 균형점 주변을 앞뒤로 이동하는 것이 아니라 지속적으로 변화하는, 즉 본질적으로 전환적(transformative)이라는 점을 강조한다.

셋째, 신고전경제학에서는 시장 선택은 개별 소비자와 생산자가 다른 영향을 전혀 받지 않고 완전히 경제적인(혹은 '경제학적'인) 논리로 자유롭게 이루어지는 것이라는 관점을 유지한다. 반면에 제도주의자들은 경제적 논리는 사회 · 정치적 요인에서 자유롭지 못하다고 주장한다.

마르크스주의와 마찬가지로 제도주의는 시장이 창출해내는 심각한 사회적 문제를 인식하지만, 계급 간의 관계나 노동착취만으로 설명하지는 않는다. 제도주의는 사회의 수많은 이해당사자 사이에 존재하는 다양한 동기와 이해관계에서 나타나는 긴장과 상호 의존성의 문제를 연구한다. 나아가 이러한 수많은 관계 속에서 나타나는 이해충돌을 인식하고, 사회적 문제들을 해결하기 위해 제도를 창출하고 제도에 적응하는 인간의 뛰어난 창조적 적응력을 중시한다. 기술변화와 혁신과 사회적 영향에 대한 분석은 마르크스주의적 접근방법보다는 제도주의의 주요 관심사이다.

1950~60년대에는 제도주의자들은 주류경제학에 벗어나 있었으나, 군나르 뮈르달(Myrdal, 1944, 1957)과 존 갤브레이스(Galbraith, 1958, 1967)의 혁신적 연구를 통해 대중의 관심을 받았다. 뮈르달은 빈곤, 인종주의, 저개발을 '순환적 · 누적적(circular and cumulative)' 문제로 깊게 각인했다. 갤브레이스는 현대 산업국가와 풍요로운 사회를 형성하는 대기업의 힘에 주목했고, 20세기에 가장 많이 읽힌 경제학자가 되었다. 이 두 선도적 학자의 아이디어는 경제지리학에 많은 영향을 주었다.

최근에는 제도주의가 경제학에서 더욱 큰 영향력을 행사한다. 재프리 호지슨(Hodgson, 2001)의 연구정신과 목적에 영향을 받고, 사회학(Granovetter, 1985), 경제지리학(Martin, 1994; Storper, 1997; Gertler, 2010) 등 타 학문 분야의 영향을 받고 있다. 사실상 이러한 흐름은 자본주의 경제의 역동성을 '창조적 파괴(creative destruction)'로 설명한 슘페터(Schumpeter, 1943)와 폴라니(Polanyi, 1944)의 시장경제의 '위대한 전환' 연구 등이 재평가되고 있다. 주류경제학에서도 '신'제도주의 경제학과 행동주의 경제학의 발전으로 인해 제도주의적 사고를 포용하고 있으며, 경제적 합리성의 좁은 가정에 대해 의문을 제기하고 있다. 이러한 접근을 하는 경제학자들은 코즈(Coase), 윌리엄슨(Williamson), 사이먼(Simon), 카너먼(Kahneman) 등이 있다. 조절이론 같은 마르크스주의적 접근방법도 유사하게 제도주의를 포괄하고 있다.

지리학적 맥락에서 보면 입지와 토지이용에 대한 전통적인(신고전적인) 이론들은 생산의 공간분포에 영향을 미쳐 글로벌 경제지리를 만든 시장의 역할을 오래전부터 인식하여 왔다. 이러한 인식은 **폰 튀넨의 농업토지이용론**(제10장), **크리스탈러의 중심지이론**(제1, 12장), **베버의 공업입지론**(제10장), **도시토지론**(제8장) 등에 여전히 중요하다. 하지만 이들은 시장 자체를 주어진 것으로 보며, 특정 시장이 특정 장소에서 특정 규범 · 규제 · 사고의 관습에 따라 실제 어떻게 작동하고 조직되는가에 대해 거의 다루지 않았다. 반면에 제도주의적 접근은 시장의 본질이나 (기업-소비자, 기업-기업, 노동자-고용주, 정부-기업 간) 거래의 당사자와 상관없이 모든 경제활동에 작용하는 비경제적 제도의 역할을 명시적으로 인정한다. 이러한 비경제적 제도는 정부, 노동조합, 비정부기구만이 아니라 특정 장소에서 게임의 규칙을 결정하는 공식 · 비공식 정치적 관계와 사회적 관습 전체를 의미한다. 제도주의적 분석은 통합적 틀에서 이러한 복합적 관점을 포괄한다.

경제지리학의 제도주의적 틀

이 책에서 경제지리학은 장소와 공간상의 제도, 시장, 기술의 상호작용에 초점을 둔다(그림 I.1). 상호작용이 발생하는 맥락은 세 가지 원리, 즉 배태성(embeddedness), 분화(differentiation), 진화(evolution)로 볼 수 있다.

경제적 요인과 비경제적 요인 과정은 상호 통합되어 있기 때문에 분리할 수 없고 상호 연관이나 공생적인 관계로 이해해야 한다. 이것이 '배태성'이다. 따라서 상품과 서비스의 가

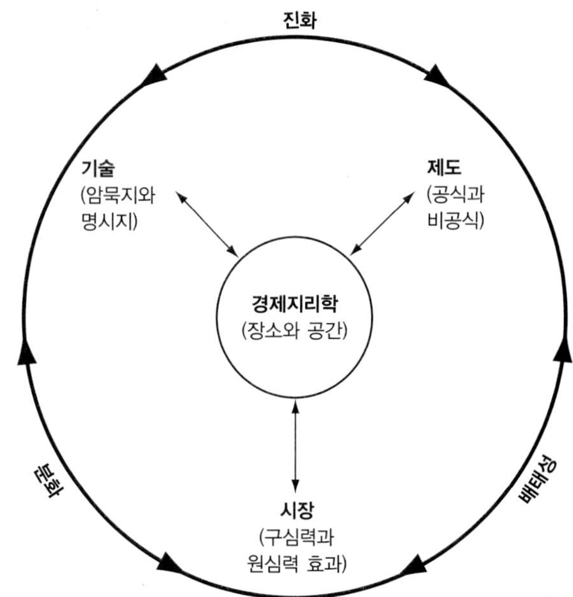

그림 I.1 출발점 : 경제지리학의 제도주의적 관점

스토퍼(Storper, 1997: 27) 참조

격을 결정하는 개별 시장은 신뢰, 관습, 규제, 통제, 사회적 영향 등의 이슈에 한꺼번에 영향을 받는다. 보편적인 경제, 정치, 사회(환경)적인 제도들은 지속적으로 상호 환류하면서 상호작용한다.

시장경제는 근본적으로 변형적이다. 창조적 파괴의 과정을 통해 기작하며 기술혁신, 경쟁, 인구의 역동성, 인간-환경관계의 변화 등에 의해 성장하고 위기를 맞는다. 다시 말하면 시장경제는 '진화'하면서 때로는 느리게, 때로는 급격히 질적으로 다른 특성을 보인다. 기술혁신은 경쟁에 중요한 자극이며, 경제 시스템을 통해서 주기적으로 시스템적이며 패러다임적인 변형을 추동하여 경제활동의 본질, 입지, 조직을 변화시키기 때문에 이 책에서는 기술혁신을 강조한다. 누적적 인과와 경로 의존은 진화가 깊게 뿌리내리고 자기강화적이라는 것을 인식하는 두 가지 상호연관된 중요한 개념이다. 따라서 개인, 장소, 기업, 산업의 경제적 궤적은 축적된 자산, 소득, 노하우, 상호 영향 등으로 형성된다. 넓은 의미로 보면 경제적 진화는 역사로 인해 제약을 받는다. 사람의 능력은 사고하고 혁신하고, 자신을 위협하는 제약요소에 경쟁하는 것이다.

마지막으로 (지리적) '분화'는 장소와 공간의 독특한 특성이 시장, 제도, 기술 등과 상호작용하여 진화하는 과정을 보여준다. 자본주의는 국가내, 국가간 스케일에 따라서 다양한 형태로 나타난다. 지리학에서는 분화의 원리를 지역모형(local models)(Barnes, 1987)과 생산의 지역-세계체계(regional worlds of production)(Storper, 1997)의 개념을 이용하여 설명한다. 두 개념 모두 경제활동의 지리적 변화는 국지적 · 지역적 힘이 세계적인 힘이나 다른 지역의 모형과 상호작용한 결과 나타난다고 본다. 다양한 스케일의 지역은 보통 공유하는 정치 · 행정적 경계, 공동의 활동, 공유하는 가치와 태도, 강한 수준의 기능적 통합 등에 의해 특징지어진다. 사실상 지역은 그 자체로 복합적이지만 사람들이 협력하고, 경쟁하고, 특정 경계 내에서 문제해결을 하는 제도로 볼 수 있다.

시장

경제지리학의 접근방법은 시장에 초점이 맞추어져 있다. 시장의 중요성은 이 책 주제의 기본이 된다. 이 책에서는 시장이 있다고 가정하지만, 시장을 자주 직접 논의하지는 않는다. 시장은 하나의 경제권이나 복수의 경제권에서 경제주체 간의 상품과 서비스의 교환과 흐름을 조직하는 핵심 제도이다. 신고전경제학에서는 수요와 공급, 경쟁, 규모의 경제 등이 시장경제가 작동하는 양식을 이해하는 중심 개념들이다. 경제지리학에서는 시장이 특정 장소와 공간에 경제활동을 왜 · 어떻게 조직하는가, 교환이 장소에 왜 · 어떻게 집중하는가, 거래가 공간상에서 왜 · 어떻게 이루어지는가를 묻는다. 이러한 질문들은 한 가게에서 상품과 서비스의 판매와 구입의 거래가 친밀하게 이루어지든지, 아니면 기업의 생산과정에서 지식 · 노동 · 물자의 교환이 매개되든지 어느 경우이든 중요하다. 어떤 경우에도 시장의 핵심은 거래비용을 줄이는 능력이다. 제1장에서 설명하듯이 교환의 유형은 시장의 기본유형과 일치한다: **개방형 시장**(open markets, 서로 경쟁하는 수많은 판매자와 구매자), **연계형 시장**(relational markets, 기존에 형성된 관계의 이해당사자), 그리고 **조정형** 또는 **계층형 시장**(administrative or hierarchical markets, 한 기업 내의 교환). 어떠한 유형이든 간에 거래비용의 축소는 도시와 가치사슬의 역할에 의해 나타나는 시장지리학을 형성한다.

따라서 시장은 거래비용을 축소시키기 위해서 기업, 노동력, 소비자들이 함께 경쟁적이고 협력적인 상호작용을 하도록 하는 구심력으로 작동한다. 사실상 도시는 다양한 산업 부문, 노동기술, 소비자 수요 등이 모이는 시장지역이다. 도시 내에서 이러한 시장지역은 토지비용과 상호작용의 필요에 따라 스스로 조정된다. 동시에 도시는 상품과 서비스를 분배하기 위하여 교통과 통신 네트워크 창출을 자극하는 원심력으로 작동한다. 시장을 이해하는 것은 도시와 도시가 제공하는 경제, 도시와 도시 간의 공간에서 생산되는 상품과 서비스, 자원과 사람, 그리고 이들에게 정보를 연계해주는 인프라의 위계를 이해하는 것이다. 나아가 시장의 구심력은 세계가 더욱 도시화될수록, 도시화가 메갈로폴리스로 진전될수록, 도시가 경제발전의 엔진으로써 작동하도록 성장을 기대할수록 더욱 강해진다.

가치사슬은 일련의 연계된 시장이다. 자원, 노동력, 자본은 생산단계에 일련의 연계로 묶여서 소비자, 기업, 정부에 의해 구매되는 최종 생산품으로 나타난다. 자동차와 같이 복잡한 상품을 생산하기 위해서는 수천 번의 거래가 필요할 것이고, 어떤 경우에는 국제적인 거래도 필요하다. 이러한 목적 달성을 위해 이 일련의 시장은 다국적기업의 경우처럼 하나의 총체적인 조직에 의해 조정되거나, 미래의 구매자를 기대하며 공간적으로 분화된 시장들을 통해 상품과 서비스를 교환한다. 국제적인 가치사슬은 회복과 리사이클의 과정 혹은 환경관점 등의 과정을 통해 상품의 관점에서 이러한 조정을 담당한다.

제1장에서 상세히 다루겠지만 시장은 항상 효율적이고 공정하게만 작동하는 것은 아니다. 시장은 실패할 수 있고, 때로는 심각한 결과를 초래할 수도 있다. 미국과 영국은행의 실패 직후 2008~09년 기간의 국제금융 시스템의 붕괴에 가까운 실패는 시장실패의 잔혹한 결과를 보여준다. 이 사태 직후에 이루어진 세계 최강국 지도자들의 회의인 G20에서는 세계경제의 조정이 필요하다고 선언했다(사례연구 I.1). 시장을 사람들에 의해 사회적으로 창출되고 조직되는 제도로서 이해하는 것이 중요한 이유는 금융 시스템의 조절과 통제를 없애고, 이러한 문제를 해결하기 위한 현대의 노력에서 직접 기인한 실패의 원천에 의해 선명하게 드러난다. 사실상 제도주의적 관점은 자본주의 사회의 경제를 형성하는 데 시장보다는 제도의 조절, 영향과 역할의 중요성을 인식하는 것이다.

사례연구 I.1 | G20 런던정상회의(2009년 4월 2일)

조지 스티글리츠와 폴 크루그먼 등 2명의 노벨경제학상 수상자가 세계금융위기의 근본 원인을 금융 시스템의 규제완화라고 지적했다. 특히 전 세계의 은행들을 조정하는 책임이 있는 제도(특히 미국 연방준비은행과 영국 중앙은행)가, 은행이 위험한 투기적인 사업에 참여하는 것을 제한하는 기존의 규정을 완화하는 결정을 지적했다. 1987년에서 2006년까지 미국 연방준비은행 의장을 지낸 앨런 그린스펀은 '자유시장'과 정부 개입(규제)의 최소화가 경쟁, 효율, 부의 창출 등을 유도하는 데 필요하다는 이유로 이러한 규제완화를 지지했다. 금융 시스템의 재규제방안에 대한 결정은 2009년 정권을 인수한 오바마 행정부의 가장 시급한 과제가 되었지만, 이러한 위기는 미국에만 국한되지 않았다. 미국의 투자은행들은 전 세계에 금융상품들을 판매했으며, 영국, 스위스, 프랑스 등의 은행들은 서류상의 이윤창출을 위해 판매경쟁에 뛰어들었다. 결국 2009년 4월 G20 정상회의에서 새로운 해결책을 찾기 위한 회담을 했다.

Eric Feferberg/AFP/Getty Images

▲ 20개국 지도자 중에서 19개국의 정상만이 사진촬영을 했다. 빠진 사람은 캐나다 총리 스티븐 하퍼이다.

G20 정상회의의 합의문은 세계금융위기의 해법을 찾기 위해 두 가지를 제시했다: 세계금융시장을 다시 규제하고 세계경제를 깊은 침체에서 벗어나게 하기 위해 발전을 추동한다. 규제에 대해서는 다음과 같이 제안했다.

- (최초로) 헤지펀드와 파생상품을 규제한다. 이 두 가지 비교적 새로운 상품은 1980년대 이후 금융기관들이 광범위하게 판매하였다. 대부분의 상품들은 감독기관들에 의해 거의 통제받지 않았다(그리고 대중은 거의 알지 못했다). 일반적으로 헤지펀드와 파생상품은 금융기관들이 (실제 자산이기보다는) 증권담보 융자의 형태로 다른 금융기관에 대출할 때 만들어진다.
- 즉시 조세피난처의 명단을 공개하고 조세피난처 비밀공개규제를 지키지 않는 국가는 제재를 가한다.

(계속)

- 이해충돌을 방지하기 위하여 신용기관에 대한 규제를 강화한다.
- 국가의 규제에 대해 감독하는 국제기구를 창설한다.
- 국제통화기금(IMF)을 개편하여 중국 같은 신흥공업국에 대한 역할을 강화한다.
- 총 1조 달러를 세계경제에 투입한다. 이 중 IMF에 5,000억 달러, 개발도상국 융자금으로 2,500억 달러, 국제무역지원금으로 2,500억 달러를 투입한다.
- 500억 달러를 세계의 빈곤한 국가를 위해 지원한다.
- 세계발전의 목표를 재설정한다.

이 계획이 시행되거나 어느 강도로 시행될지는 예측하기 어렵다. G20는 이 선언을 점검할 것 같지는 않다. 미국과 영국의 금융 시스템에 대해서 재규제가 있었지만 IMF의 개혁은 없었다(2014년 중반 상황). 개발도상국 융자금과 무역지원금을 위한 자금조달을 했는지, 세계의 빈곤국을 위한 지원이 있었는지는 알려지지 않았다.

G20 정상회의의 합의는 "인간의 경제적 삶은 … 조직화된 집단의 일이다."는 구절을 떠올리게 한다. 이 경우 조직화된 집단은 G20 지도자들과 이들을 지원하는 관료와 자문단들이다. 이 합의문은 시장은 특정 시간의 특정 장소에서 사회적으로 창출되는 제도라는 점을 다시 한 번 상기시켜준다.

제도

이 책에서는 베블런의 전통을 계승하여 사고방식(habits of thought), 관습(convention), 루틴(routines), 규칙(rules) 등이 사회적 행위를 형성한다는 제도주의적 관점을 채택한다. 호지슨(Hodgson, 2006: 2)에 따르면 가장 널리 알려진 제도의 정의는 "사회적 상호작용을 구조화하는 확립되고 주도적인 사회적 규칙의 체계"이다. 더 간결하게 표현하면 노스(North, 1990: 3)는 "사회의 게임의 규칙"이라고 했고, 앨런(Allen, 2012: 4)은 "우리가 지키며 살고 있는 규칙과 삶이 조직되는 방식"이라고 했다. 경제지리학의 제도주의적 접근방법은 넓은 사회와 개인적인 조직의 차원에서 인간집단은 제도에 의해 함께 살고 있으며, 이 제도가 인간행위를 어느 정도 조정하고 있다는 사고에 뿌리를 두고 있다. 이 조정을 사회적 차원으로 한정한다면 제도는 국가, 지역, 공동체 내에서 행위와 태도를 형성하며, 시장의 기능과 경제발전에 절대적이고 강한 영향을 준다. 사회제도는 관습, 전통, 규범 등과 같이 신뢰와 호혜성의 기반이 되는 비공식적인 것일 수도 있으며, 법체계, 계약, 소유권 구조, 작업 매뉴얼, 위원회 규칙과 같이 공식적일 수도 있다. 사회는 핵심 가치에서부터 정부정책에 이르기까지 자신의 제도를 변형하기 위해 적극적으로 노력한다. 예를 들어 많은 사회는 시장의 효율성을 개선하기 위하여 타국의 소유권제도와 법규를 채택한다.

조직도 제도인가? 저자는 그렇다고 생각한다. 기업, 노동조합, 정부 부서, 비정부기구, 친목단체 등의 조직은 사회제도처럼 구성원에게 일정한 가치, 신념, 행동을 유지하도록 하며, 상당한 정도로 행동을 조정한다. 특히 기업의 경우 소유주의 힘과 노동조건에 대한 고용자의 계약서를 바탕으로 노동자의 행위를 결정할 권위를 가지고 있다. 기업구조 혹은 특정 규칙과 루틴으로 '제도화된' 행위는 공통의(조직화된) 사고방식과 특정 조건을 가진 조직구조를 통해 강화된다. 기업의 규칙과 루틴은 일반적으로는 법규(계약, 소유권, 노동법, 보건과 안전규정)에 의해서 정당화되고 또 제한도 받는다. 정부와 비정부기구도 유사하다. 하지만 비정부기구, 산업협회, 친목단체, 스포츠클럽 등은 원칙적으로 자원하여 회원이 되기 때문에 이 조직들은 구성원의 행동에 대해 부담을 지우기보다는 공통의 가치와 호혜성을 통해 구성원의 행동을 형성한다. 우리 모두는 개인으로서 보통 법체계, 작업장, 다양한 사회, 여가모임 등 다중적 제도에 의해 통제받는다.

대기업, 정부, 노동조합, 협회 등은 강력하기 때문에 사회적 차원에서 게임의 규칙을 정할 수 있다. 반면에 게임의 비공식적 규칙은 지역에 따라 산업 클러스터 소속 기업들 간에, 혹은 근린지역에 따라 정해지고 변화할 수 있다. 제도는 조직(과 조직화된 집단)에 의해 활력을 얻고, 전달통로가 되고, 변모하기 때문에 제도와 조직을 따로 분리해서 논할 수는 없다. 이 책에서도 제도를 형성하는 데 역할하는 조직화된 집단인 시장, 기업, 노동자, 정부, 비정부기구의 역할을 강조한다. 제도는 사회 전체를 통괄하기도 하고, 사회의 한 부문(기업, 소비자, 지역문화집단), 운동(환경주의), 개별 조직(작은 목재기업이나 구멍가게에서 거대 은행과 애플, 토요타 같은 거대 다국적기업까지) 등 다양한 차원과 영역에서 작동하는 것으로 이해하는 것이 유용하다. 제도는 여러 유형으로 분류할 수 있지만 기본적으로 습관적 · 지속적 · 특징적 행동 등으로 정의할 수 있다.

제도의 가장 중요한 사회적 기능은 일상생활에서 사람들에게 안정성과 계속성을 유지할 수 있도록 해주는 것이다. 안정적인 루틴과 관습은 사회의 효율적이고 질서 있는 기능화에 필수적이다. 왜냐하면 루틴과 관습은 행위의 규칙적인 유형과 기대의 공유치를 설정해줌으로써 사람들이 필요로 하는 상품과 서비스를 생산하는 데 요구되는 모든 개인적인 활동을 조정해주는 것이 가능해지기 때문이다. 제도는 불법적이거나, 기회주의적이거나, 사회적으로 용인될 수 없는 부적절한 행태에 대해 처벌이나 제약을 부과할 수 있는 잠재력이 있다. 처벌은 벌금이나 감옥형, 외면 혹은 집단으로부터 배제되거나 신뢰를 잃는 것이다.

제도는 다양한 사회적 이해관계를 대변함으로써 사회의 안정성과 응집력을 유지하는 데 도움을 준다. 동시에 영향력과 힘을 두고 상호 경쟁하거나 협력해서 함께 일하거나 갈등을 해결하거나 어느 경우이든 간에 서로 상호작용하면서 사회의 진화를 가능하게 한다. 토지와 자원에 대한 분쟁이 해결하기가 어려운 이유 중의 하나는 사회에서 경쟁하는 이익집단들이 서로 다르면서 동등하게 정당성을 가진 가치가 충돌할 때이다.

시장경제는 근본적으로 동적이다. 시장경제는 지속적으로 진화하고, 혁신, 인구의 역동성, 변화하는 기호 등에 의해 추동력을 받고, 언제든지 경제위기, 전쟁, 자연재해 등에 의해 붕괴될 위험에 처할 수 있다. 이러한 관점에서 볼 때 제도는 두 가지 대비되는 기능을 수행한다. 즉, 행동의 제한요소로 작동하고 새로운 루틴으로 변화를 추동한다. 앨런(Allen, 2012)의 지적에 의하면, 영국의 1750~1850년 사이의 전근대(귀족정치)에서 근대(시장) 제도로의 전환은 (투입과 산출의) 새로운 측정 시스템에 의해 자극받았다. 전자는 귀족적 행위(당시에는 타당한)의 후원, 신뢰, 매관매직이 기본이었다면, 측정(무게, 거리, 시간, 위계, 지위 등) 역량의 발전이 더 효율적인 대안적 제도를 가능하게 했고, 이는 산업혁명 신기술의 생산적 잠재력이 실현가능하도록 추동했다. 현대의 동유럽과 중국의 '전통적인' 경제를 보면 현대의 제도변화의 힘을 생생하게 알 수 있다. 1978년 시작된 중국의 개혁개방은 수천만 빈곤층의 생활을 향상시켰다. 1988년 소련에서 시작된 페레스트로이카와 글라스노스트(경제, 정치적 자유화) 정책은 동유럽 국가들이 경제 선진국인 서유럽 국가들을 따라잡기 위해 엄청난 제도적 전환을 수반했다. 이 전환의 핵심은 가격이 수요와 공급에 의해서 결정되는 자유시장에서 작동하는 개별 기업에 의한 의사결정을 지원하기 위한 국가계획의 축소이다. 자유시장으로의 전환은 궁극적인 제도적 변화이지만, 이 자유시장을 기능하게 하기 위한 부수적인 제도들을 만들어낸 것은 그리 알려져 있지 않다.

예를 들어 중국과 동유럽 모두 실제로 모든 시장활동이 의존하고 있는 (장소에 따라 구체적인 내용은 다르지만) 사적 소유권을 법적으로 인정하는 전환이 필요했다. 또한 다국적기업에 의한 외국인직접투자(FDI)를 제한하는 법률도 완화되었으며, 상황에 따라 어떤 법안은 빠르게, 어떤 법안은 신중히 완화되었다. 다른 제도도 함께 만들어졌다. 예를 들어 중국에서는 시장 자유화의 결과로 필요한 사회안전망과 환경규제를 급하게 재정하였다. 동시에 근본적으로 경제적 자유만으로는 복잡한 경제를 추동할 수 없기 때문에 개인의 인권을 신장하는 제도를 서서히 만들어 가고 있다. 사실상 최근 UN(2008)의 연구에 의하면, 공정한 사회로 개선하고, 부정부패를 줄이고, 사적 소유권을 인정하는 법률 개혁이 외국인직접투자에 의한 것보다 중국의 부를 더 많이 창출하는 데 기여했다.

상품과 서비스의 교환시장은 다른 제도와 다양한 방식으로 상호작용한다. 가장 직접적인 연계는 시장경제의 근본적인 경제제도인 기업과 노동 간의 연계이다. 약간 덜 직접적인 방식으로는 시장과 (기업과 노동을 통해) 시장을 규제하는 다양한 층위의 정부와의 연계가 있다. 최근에는 환경, 인권, 소비자집단 등의 비정부기구도 기업행위와 시장규제의 형성에 중요한 역할을 하고 있다.

기술

시장과 시장을 형성하는 제도는 그 자체만으로는 경제발전을 추동하지 못한다. 갤브레이스(Galbraith, 1907:12)가 정의내린 것처럼 "실제 작업에 체계적으로 적용되는 과학적, 조직화된 지식"인 기술의 진보가 발전을 추동하는 힘이다. 지식의 일부는 하드웨어, 즉 기계, 장비, 원자재, 다양한 유형의 하부구조라고 할 수 있다. 기술적 지식에는 두 가지 유형이 있다. 경험을 통해 습득하는 암묵지(tacit knowledge)와 표준화된 용어와 공식으로 쓰인 명시지(codified knowledge)가 그것이다.

기술진보는 기업 혹은 경제가 성장할수록 생산성의 증대를 통해 사회경제적 발전을 추동한다. 선진기술사회는 공립학교, 대학, 연구개발조직들에게 필요한 제도를 지원함으로써 지속적인 혁신을 신장시킨다. 프리먼과 루카(Freeman and Louçã's, 2001)의 기술경제 패러다임이론은 18세기 이후로 과학적 · 기술적 혁신이 경제활동뿐만 아니라 사회 · 정치적 제도의 진화를 어떻게 이끌어 왔는가를 설명해준다. 이 이론은 제도의 혁신을 강조한다. 즉, 기업, 대학, 정부, 커뮤니티, 소비자 등 다양한 집단이 각자 고유한 맥락에서 활동할 때 독특한 제도를 발전시키고, 협력과 거버넌스의 메커니즘을 발전시키는 것이다. 기술과 제도 혁신은 공진화하면서 상호 자극을 준다(제3장 참조).

장소와 공간

장소와 공간은 동전의 양면으로서 상호 분리될 수 없이 연계되어 있고, 이질적이면서도 상호 다른 관점을 보여준다. 경제지리학자에게 **장소는 경제활동이 일어나는 특정한 입지**, 사람이 살고 일하고 소비하는 곳이다. **공간은 하나의 장소나 여러 장소 사이의 연계가 형성되는 영역의 범위**를 의미한다. 장소는 마을에서 국가까지 규모가 다양하다. 모든 장소는 자신만의 습속, 관습, 규칙, 루틴 등이 복합되어 독특한 경제특성을 나타낸다. 다양한 장소들은 상품, 서비스, 투자, 아이디어, 정보, 사람들의 흐름을 통해 공간상에서 연계된다. 이러한 연계는 보완적이기도 하고 경쟁적이기도 하다.

장소와 공간의 상호작용은 국지적 수준과 세계적 수준의 제도 간의 상호작용을 반영하고 영향을 받는다(그림 I.2). 공간상의 연계는 보편적이지는 않지만 일반적인(세계적 혹은 비국지적) 제도의 특성을 반영한다. 하지만 이러한 세계적 수준의 제도의 영향은 지속적으로 변형되고 국지적 수준의 제도의 저항을 받기도 한다. 결과적으로 장소에 따라 서로 다른 독특한 정체성을 형성하게 된다. 장소와 공간, 국지적 수준과 세계적 수준의 차이는 **내생적 힘**(endogenous forces)과 **외생적 힘**(exogenous forces)의 차이와 같다. 국지적 제도는 내생적(특정 장소 내부적)인 반면에 세계적 수준의 제도는 공간기반의 외생적인 것으로 국지적 수준의 제도에 영향을 준다. 이는 사이트(site, 절대적 공간)와 시츄에이션(situation, 상대적 공간)의 차이에 대한 지리학의 전통적인 구분처럼 상대적인 개념이다.

내생적 힘 지역발전의 맥락에서 지역적 · 내부적 · 내생적 주체가 주도하는 것. 지역기반의 신생기업과 지역의 혁신창출 등

외생적 힘 지역의 정의와 상관없이 비지역적 · 외부적 · 세계적 원천을 통해 지역발전을 추동하는 힘. 수출수요, 외국과의 경쟁, 외국계 다국적기업 등

의사결정자의 통제의 범위는 국지적 제도, 조직과 세계적 제도, 조직을 구분하는 전통적인 기초가 된다. 대부분의 소기업과 지방정부처럼 한 조직이 특정 행정구역 내에서만 소유되고 관리되고 운영된다면 이는 명백하게 국지적이다. 다국적기업, 국가정부, 세계무역기구나 유엔, 국제적 비정부기구 같은 국제조직은 세계적 제도이다. 이들의 의사결정은 공간을 넘어서 영향을 주며 지역발전에도 영향을 준다. 하지만 이러한 구분은 경계가 흐려지고 있다. 지역기업이 활동영역을 국제적으로 넓히고, 국가정부와 국제적 비정부기구의 지역 사무소처럼 다국적기업의 분공장이 지역 제도처럼 활동하기 때문이다. 다국적기업이 지역에 지사를 두는 것은 정당성을 확보하고 지역의 노동력과 상업시장에 적응하기 위해서이며, 경우에 따라서는 지역 시장에 접근하기 위해서는 지사 설립이 법적으로 요구되기도 한다.

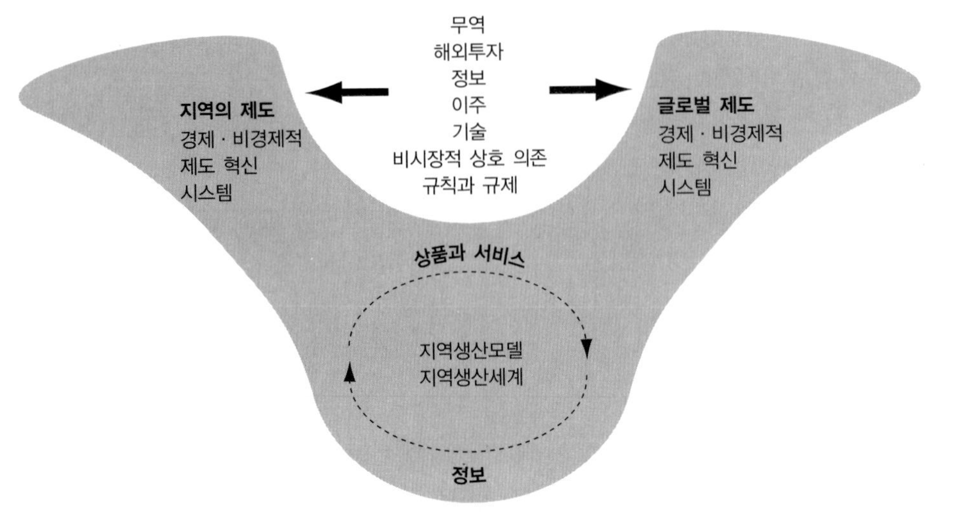

그림 I.2 세계-지역의 역동성

장소와 공간은 밀접하게 연계되어 있다. 경제활동의 생명력은 특정 장소의 특성(지역의 자원부존량 혹은 노동력의 기술)과 원거리 시장이나 원료공급원에 접근하기 위한 공간상의 다른 장소와 연결될 수 있는 역량에 의존한다. 시간의 경과에 따라 경제활동은 장소 내부와 외부의 조건의 변화에 따라 강화되거나 약화된다. 예를 들어 국지적 자원은 고갈되거나 원거리의 시장이 원료공급의 대안(높은 품질이나 싼 가격)을 찾았을 때 활용된다. 경제지리학의 가장 중요한 기여는, (a) 지역경제(장소기반)발전은 공간상의 연계로 이해되어야 할 필요성을 인식하고, (b) 경제활동의 공간적 연계나 흐름이 특정 장소의 속성에 뿌리내리고 있다는 점을 인식한다는 점이다.

현대의 세계경제는 고도로 상호 의존적이다. 국가, 지역, 소지역 등 국지적 경제는 상품, 서비스, 정보, 사람, 아이디어의 흐름에 의해 연계되어 있다(그림 I.2). 세계화의 개념에 포함된 근본적인 사고는 이러한 국지적 · 지역적 장소와 영역이 갈수록 외부나 외국 제도의 영향에 개방되고 있으며, 국지적 장소의 운명이 다른 장소의 운명과 연계되어 있다는 점이다. 물론 아직도 국지적 경제는 세계적으로 통합된 체계 내에서 가치를 창출하고 유지할 수 있는 능력을 통해 스스로의 미래를 형성할 수 있는 상당한 힘을 보유하고 있다. 이것이 '공급', '상품사슬', '생산체제', '네트워크'보다는 '가치사슬'이라는 용어를 선호하는 이유이다. 가치사슬에는 개별 장소들이 일차원적인 순서로 단순배열되어 있지 않다. 오히려 각각의 장소는 가치사슬에 대한 연계를 창출하거나 이탈할 수 있는 제도적 힘의 복잡성으로 인식된다.

가치사슬의 개념은 경제의 세 부문, 1차 산업(자원), 2차 산업(제조업), 3차 산업(서비스업)이 상호 의존적이라는 사실을 상기시킨다(그림 I.3). 자원에서 제조업과 서비스업까지 상품의 흐름이 있고, 제조업과 자원부문, 제조업에서 자원까지 서비스의 흐름이 존재한다. 물론 각 부문 내에서도 많은 종류의 흐름이 있다. 경제활동은 상호 의존적이기 때문에 한 활동의 성장은 가치사슬의 연계를 거쳐 글로벌 경제를 통해 다른 부문의 성장을 창출한다(승수효과). 가치사슬 모델은 이러한 승수효과의 지리적 배치의 중요성을 상기시켜준다.

일반적으로는 고용이나 산출 측면에서 경제가 발전할수록 한 국가의 경제는 자원부문에서 제조업, 그다음으로는 서비스업으로 강조점이 이동한다. 동시에 경제는 다양한 교통, 통신연계를 통해 갈수록 도시화되고 '네트워크화' 되어 국내적 · 국제적 연계를 풍부하게 한다. 이 궤적에는 몇 가지 변이가 있다. 선진국은 오래전에 3단계에 진입해서 많은 일자리가 서비스부문에서 제공된다. 선진국의 1 · 2차 산업은 극도로 효율적이며, 여전히 경제에 핵심적인 역할을 하며, 제조업은 갈수록 고부가가치를 지향한다. 동시에 개발도상국은 제조업부문의 확장이 소득성장을 견인하므로 아직까지는 제조업에 우선순위가 있다. 하지만 가치사슬의 세계화로 인해 한 국가의 성장(혹은 쇠퇴)은 바로 다른 지역으로 이전된다. 예를 들어 중국의 산업화는 바로 전 세계적인 비즈니스 서비스와 자원수요의 증가를 가져왔다(물론 중국 내에서 승수효과도 창출했다). 그 후 중국인의 소득증가는 수입상품의 수요증가와 다른 가치사슬의 세계화를 초래했다. 일반적으로 예상하기 쉽지 않지만 중국은 세계 최대의 와인 수입국이 되었다. 반대의 사례로 미국이 주도한 2007~08년의 금융위기와 주택과 토지가격의 폭락은 미국뿐만 아니라 전 세계적으로 공급산업의 수요감소를 가져왔다. 미국의 소비자가 힘들면 미국으로 수출하는 기업도 힘들어진다.

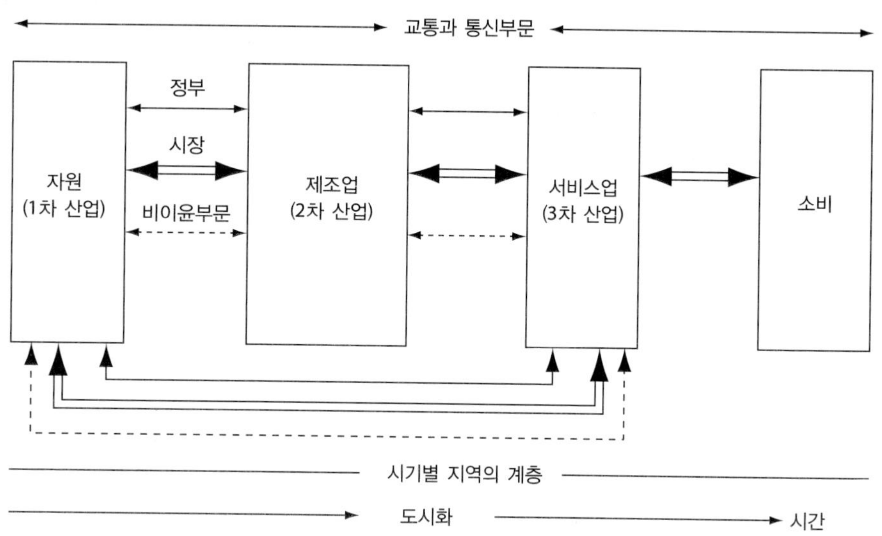

그림 I.3 경제부문의 총합적 관점에서 본 가치사슬

가치사슬에 대한 제도주의적 분석은 경제활동의 경제지리와 경제지리학적 질문에 답을 찾는 데 특히 유용하다. 부유한 시장경제와 개발도상국에서 상호 간 가치사슬을 확장하면 그 결과는 어떻게 나타날 것인가? 부가가치활동, 이윤, 고용기회는 가치사슬 전반에서 어떻게 분포하고 있나? 대안적인 분포는 가능한가? 한 장소의 다양한 사회경제적 제도들은 세계적인 가치사슬 구조에서 어떻게 자신의 위상을 지켜 나갈 것인가? 가치사슬을 통해 창출된 환경비용은 얼마이며 어떻게 분포하는가?

경제지리학의 내부와 외부에서 개념화된 가치사슬은 자원의 채굴, 생산, 분배, 다양한 단계에서 분할, 특정 장소에서의 결합 등을 통해 직선적인 연계를 나타낸다. 이러한 개념화는 대부분의 경우 외부성이라고 알려진 낭비와 배출되는 산출을 포함하지 않고, 각 단계에서의 투입에 초점을 둔다. 가치사슬은 상품의 사용이 환경에 미치는 영향과 재활용에 소요되는 상품들을 고려하지 않는다. 따라서 현대 시장경제와 경제지리가 직면한 중요한 도전은 환경적 지속가능성을 가치사슬에 포함시키는 것이다.

이 책에서는 이러한 도전에 대응해서 가치사슬 모델을 **가치주기**(value cycle)로 확장한다. 가치주기는 근본적으로 생산에서 최종 소비까지 경제활동의 모든 단계를 통해서 3R[감소(Reduce), 재사용(Reuse), 재활용(Recycle)]의 중요성을 강조한다. 유사한 개념으로 녹색 혹은 지속가능한 가치사슬이 있으나, 가치주기라는 개념이 고리를 끊는 도전을 표현하기에 더 적절하다고 믿는다. 예를 들어 휴대전화의 가치주기는 부품들이 다양한 장소에서 조립되는 양상을 논의할 뿐만 아니라, 희귀금속의 채굴로 인한 환경적인 영향을 고려하고 수명이 다한 휴대전화에서 그 금속을 추출하는 것이 필요하다는 점을 지적한다. 온실가스 방출을 통제하거나 이를 상쇄하는 것은 가치주기에 복잡성의 층위를 더하는 것이라고 지적한다. 가치사슬을 가치주기로 전환하는 것은 엄청난 일이며 전 세계 사회의 집합적인 '패러다임 전환'이다. 상품의 가치사슬은 전 세계에 닿고 수천의 부품과 거래를 필요로 하지만, 세계의 인구와 소득성장이 빠르게 지속되면서 3R이 창출한 가치를 상쇄해 버린다. 이러한 관점이 제기하는 이슈는 부유한 시장경제 소비자의 깨어 있음이다. 부유한 국가의 도시환경은 녹색화되었지만, 소비자의 지출, 전자 쓰레기, 여행습관 등은 정반대일 것이다.

오늘날 사회와 경제지리학이 당면한 중요한 과제는 경제(발전)와 환경 목표 간의 연관성이다. 직설적으로 말해서 경제와 환경은 포지티브섬의 관계를 유지하면서 진화할 수 있을까, 아니면 한쪽이 반드시 희생해야만 하는 제로섬의 관계일까? 리피즈(Lipitz, 1992)가 지적한 대로 자본주의 자체가 환경적 · 사회적 착취의 범인으로서 (자본주의하에서는) 미래는 비관적일까? 신고전적 접근에서는 훨씬 낙관적이지만 시장해결 능력을 지나치게 강조한다. 제도주의적 접근은 혁신주도의 창조적 파괴경향에 뿌리를 두고 소득, 삶의 질, 환경의제 등을 결합한 발전목표를 고려할 수 있는 '합리적인 희망'을 제공한다(Patchell and Hayter, 2013). 제도주의 경제지리학은 다중 스케일에서 이러한 합리적 희망에 기여할 수 있다.

지리학은 환경-인간의 상호 의존을 연구하는 오랜 전통이 있으며, 경제지리학자는 학생들에게 경제활동과 환경의 관계를 조사하고 경제를 지속가능하게 할 방안을 탐구하도록 격려할 특별한 의무가 있다. 이 책의 각 장에 환경에 대한 부분이 있어 이러한 목적에 부합하나, 경제활동을 통해 지속가능성이 통합되는 방식을 보여줄 필요가 있다고 판단된다. 가치주기의 개념은 상품 디자인에서 생산, 소비, 리사이클링의 과정을 통해 환경적 영향의 상호 연관성을 제시함으로써 통합의 필요성을 역설한다. 물론 환경, 혹은 자연 자체는 제도가 아니다. 하지만 가치주기가 많은 단계에서 개혁되고 환경단체의 압력 같은 제도의 행동을 통해 상호 의존성이 조정되면 가구의 행태와 수요, 정부의 규제도 바뀌게 되고, 기업도 변화를 수행할 역량을 발전시킬 것이다.

시장제도는 문명화 시작 시기부터 인간의 삶의 조건을 향상시키는 도구적 역할을 수행해 왔다. 사실상 문명과 시장제도는 상호 의존적이다. 지난 250여 년간의 경제발전, 인구증가,

물질적 풍요는 이러한 제도의 확장(과 세련화)이 없었다면 가능하지 않았을 것이다. 아직도 많은 문제가 해결되지 않고 있다. 가장 뚜렷한 현상으로는 여전히 세계적으로 지속되고 있는 엄청난 부의 불균형과 환경악화를 들 수 있다. 우리의 경제 제도는 반드시 진화를 계속 이어가야 한다. 독자들은 이 책을 통해 이러한 진화를 이해하고 동참하기를 바라며, 가치주기와 발전의 경제지리학에 대한 사고의 깊이가 더해지기 바란다.

결론

서론에서는 경제지리학의 본질과 범위를 개괄했으며 이 책이 지향하는 제도주의적 접근을 설명했다. 이 책의 제도주의적 접근은 경제지리학의 진화하는 실용주의적 전통에 이론적으로 뿌리를 두고 전개된다. 제도는 장소와 공간상에서 진화하면서 실제 행위와 관계성의 이해를 강조한다. 제도주의적 접근에서는 근거와 관찰을 통해 상호작용(정보교환)하면서 분석한다. 이론의 변경이 요구되는지, 새로운 정책을 통한 행위의 변화가 필요한지를 지속적으로 판단한다. 이러한 판단은 불가피하게 사람과 사회에 행동변화 양식을 요구하게 된다. 이제 경제지리학은 고용, 생산, 발전에 초점을 두는 방향에서 탈피하여 환경적 의제를 포함하는 방향으로 변화하고 있다. 시장경제하에서 경제지리학의 이론, 분석, 정책대안을 찾기 위해서는 시장 자체를 이해하는 것에서부터 시작하여야 한다. 이것이 제1부의 주제이다.

핵심용어

내생적 힘　　외생적 힘　　지역분화

추천문헌

Barnes, T.J. 1999. 'Industrial geography, institutional economics and limits'. pp. 1-22 in T.J. Barnes and M. Gertler, eds. *The New Industrial Geography: Regions, Regulation and Institutions*. London: Routledge.
경제지리학의 제도주의적 접근을 캐나다의 대표적인 제도주의자인 해럴드 이니스의 관점에서 정리했다. 이니스는 경제학자, 경제지리학자, 경제사가로 알려져 있다.

Flowerdew, R. ed. 1982. *Institutional and Geographical Patterns*. London: Croom Helm.
제도주의적 접근방법을 경제지리학에 도입한 초기 저작들의 편집서

Gerter, M. 2010. "Rules of the game: The place of institutions in regional economic change" *Regional Studies* 44: 1-15.
이 책의 접근방법과 궤를 같이하는 지역발전에 제도가 미치는 영향을 정리했다.

Granovetter, M. 1985. 'Economic action and social structures:

the problem of embeddedness'. *American Journal of Sociology*, 91: 481-510.
제도주의를 학제 간의 차원에서 사회학적으로 해석함. 지리학에서 많이 인용하는 논문이다.

Heilbroner, R.L. 1985. *The Nature and Logic of Capitalism*. New York: Norton.
제도주의적 관점을 가진 선도적인 경제학자의 통찰력 있는 저서

Hodgson, G.M. 2001. *How Economics Forgot History*. London: Routledge.
역사의 (잊혀진) 중요성과 전통경제학의 진화를 서술하고 제도주의적 접근을 설명했다.

Hodgson, G.M. 1999. *Evolution and Institutions: On Evolutionary Economics and the Evolution of Economics*. Northampton, MA: Edward Elgar.
제도주의 경제학의의 선도적인 현대 이론서

Hollingsworth, J.R., Miller, K.H., and Hollingsworth, E.J., eds. 2002. *Advancing Socio-economics: An Institutional Perspective*. Lanham: Rowman and Littlefield.
현대 경제의 사회적 특성과 제도의 힘을 강조한 편집서

McNee, R.B. 1958. " Functional geography of the firm with an illustrative case study from the petroleum industry:' *Economic Geography* 34: 321-7.
주도적인 공간조직 제도로서 다국적기업을 다룬 개설적인 논문

Pred,A.R.1965. "Industrialization, initial advantage and American metropolitan growth' *Geographical Review* 55: 158-85.
미국의 도시화를 이해하기 위해서 순환적 · 누적적 인과의 원리로 설명한 고전적 저작

Scott, A.J. 2000. 'Economic geography: The great half century'. *Cambridge Journal of Economics* 24: 483-504.
법칙추구적 지리학의 초기 이후로 경제지리학의 개념적 발전을 정리한 논문

Tickell, A., and Peck, J.A. 1995. 'Social regulation theory, neoliberalism and the global-local nexus'. *Economy and Society* 24.3: 357-86.
마르크스주의 기반의 조절이론을 현대 자본주의 경제와 신자유주의에 적용한 논문. 제도주의에 기반을 두고 있다.

Williamson, O.E. 1975. *Markets and Hierarchies, Analysis and Anti-trust Implication: A Study in the Economics of Industrial Organization*. New York: Free Press.
거래비용에 기반을 두고 신고전경제학의 전통에서 탈피하여 '신제도주의 경제학'적 관점을 제시한 저작

참고문헌

Allen, D.W. 2012. *The Institutional Revolution*. Chicago: University of Chicago Press.

Barnes, T. 1987. "*Homo economicus*, physical metaphor, and universal models in economic geography." *The Canadian Geographer* 31: 299-308.

Berry, B.J.L., Conkling, C., and Ray, D.M. 1993. *Economic Geography*. Englewood Cliffs, NJ: Prentice-Hall.

Chisholm, G.G. 1889. *Handbook of Commercial Geography*. (Many subsequent editions were edited by L.D. Stamp until the early 1950s).

Coe, N.M., Kelly, P.F., and Yeung, H.W.C. 2007. *Economic Geography: A Contemporary Introduction*. Oxford: Blackwell.

Commons, J.R. 1893. The *Distribution of Wealth*. New York: Augustus M. Kelley.

Commons, J.R. 1934. *Institutional Economics*. New York: McGraw-Hill.

Daniels, P.W., and Lever, W.F. 1996. *The Global Economy in Transition*. Edinburgh: Longman.

de Souza, A., and Stutz, P.R. 1989. *The World Economy*. New York: Macmillan.

Freeman, C. and Louc;:a, F. 2001. *As Time Goes By: From the Industrial Revolution to the Information Revolution*. Oxford: Oxford University Press.

Galbraith, J.K. 1958. *The Affluent Society*. Boston: Houghton Mifflin.

Galbraith, J.K. 1967. *The New Industrial State*. Boston: Houghton Mifflin.

Gertler, M. 2010. "Rules of the game: The place of institutions in regional economic change," *Regional Studies* 44: 1-15.

Granovetter, M.1985. "Economic action and social structures: The problem of embeddedness." *American Journal of Sociology* 91: 481-510.

Hayter, R. 2004. "Economic geography as dissenting institutionalism: The embeddedness evolution and differentiation of regions.' *Geografiska Annaler* 86B: 95-115.

Hodgson, G. 2006. "What are institutions?" *Journal of Economic Issues* 40 (1): 1-25.

Huntingdon, E. 1915. *Civilization and Climate*. Princeton: Yale University Press.

Isard, W. 1960. *Methods of Regional Analysis: An Introduction to Regional Science*. New York: John Wiley and Sons.

Jones, C.F., and Darkenwald, G. 1949. *Economic Geography*. New York: Macmillan.

Knox, P., and Agnew, J. 1989. *The Geography of the World Economy*. London: Edward Arnold.

Krugman, P. 2009. *The Return of Depression Economics and the Crisis of 2008*. New York: Norton.

Lipitz, A. 1992. *Green Hopes: The Future of Political Ecology*. London: Malcolm Slater Polity Press.

Lloyd, P., and Dicken, P. 1972. *Location in Space: A Theoretical Approach to Economic Geography*. London: Harper Row.

Martin, R. 1994. "Economic theory and human geography." Pp. 21-53 in D. Gregory, R.L. Martin, and G.E. Smith, eds. *Human Geography: Society, Space and Social Science*. Basingstoke: Macmillan.

Martin, R. 2000. "Institutional approaches in economic geography." In E. Sheppard and T.J. Barnes, eds. *A Companion to Economic Geography*, 77-94. Oxford: Blackwell.

Morrill, R.L. 197 4. *The Spatial Organization of Society*. North Scituate, RI: Duxbury Press.

Myrdal, G. 1944. *An American Dilemma; The Negro Problem and Modern Democracy*. New York: Harper.

Myrdal, G. 1957. *Economic Theory and Underdeveloped Regions*. London: Gerald Duckworth.

Nelson, R.R., and Winter, S.G. 1982. *An Evolutionary Theory of Economic Change*. Cambridge: Harvard University Press.

North, D.C. 1990. *Institutions, Institutional Change and Economic Performance*. Cambridge: Cambridge University Press.

Patchell, J. and Hayter, R. 2013. Environmental and evolutionary economic geography: Time for EEG? *Geografisca Annaler* Series B 95: 111-130.

Polanyi, K. 1944. *The Great Transformation*. New York: Rinehart.

Schumpeter, J. 1943. *Capitalism, Socialism and Democracy*. New York: Harper.

Shephard, E., and Barnes, T. 2000. *A Companion to Economic Geography*. Oxford: Blackwell.

Stiglitz, G. 2010. *Freefall: America, Free Markets and the Sinking of the World Economy*. New York: Norton.

Storper M. 1997. *The Regional World: Territorial Development in a Global Economy*. London: Harvard University Press.

Taylor, G.T. 1937. *Environment, Race and Migration*. Chicago: University of Chicago Press.

Wagner, P. 1960. *The Human Use of the Earth*. Glencoe: Free Press.

Veblen, T. 1904. *The Theory of Business Enterprise*. New York: Charles Scribner's Sons.

Zimmermann, E.W. 1933. *Introduction to World Resources*. New York: Harper Row.

PART

1

시장 : 장소, 공간, 시간적 맥락

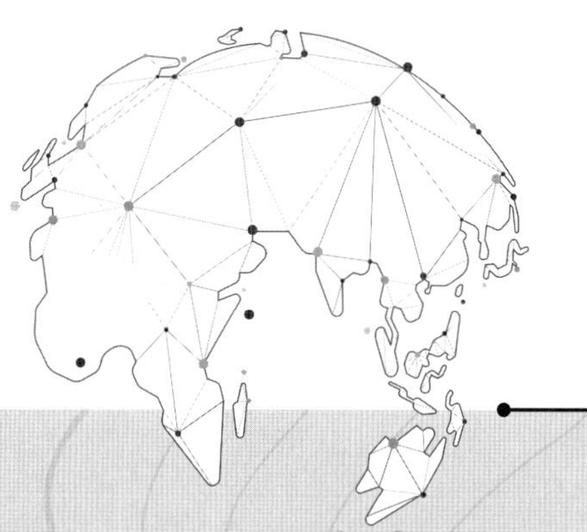

제1장

장소와 공간에서의 시장

시장이라는 용어는 본질적으로 모호한 개념이다. 한편으로는 경제현상의 추상적인 집합을 의미하며, 다른 한편으로는 경제적 거래가 이루어지는 특정한 사회적 관계와 제도를 의미한다.

(Bestor, 1998: 154-5)

제1장은 시장, 시장제도, 장소와 공간의 개념에 대해 소개하는 것을 핵심 목표로 한다. 주요 내용은 다음과 같다.

- 경제지리학의 기초로서 시장에 대한 개념을 확립한다.
- 소비자와 공급자의 교환 장소로서의 시장과 시장의 공간적 분포에 대해 설명한다.
- 시장의 세 가지 유형인 개방형·연계형·조정형 시장에 대한 설명과 거래비용을 통한 조정기능을 설명한다.
- 시장의 군집(클러스터링)과 분산, 가치사슬을 형성하는 경향에 대해 설명한다.
- 시장 거버넌스, 공식·비공식 시장, 재산권에 대해 설명한다.
- 시장실패의 개념, 대항권력의 개념, 지속가능한 발전에 대해 설명한다.

제1장은 3개의 절로 나뉘며, 각각의 절은 시장의 주요한 측면들을 설명한다. 1절은 시장을, 경쟁적 교환이 일어나는 장소를 지칭하는 용어로서 순수 경제적 용어로서 바라보는 '완전경쟁'모델을 소개한다. 2절은 거래비용을 감소시키고 정보교환을 촉진하는 시장의 조정기능에 대해 토의한다. 3절은 시장 거버넌스, 즉 시장이 조절되는 방식을 설명한다. 왜 시장이 필요하고 시장이 경제·정치·사회제도에 배태되는 방식과 약한 시장 거버넌스로 인해 시장실패가 나타나는 과정을 논의한다.

시장이란 무엇인가

베스토의 지적처럼 '시장'이라는 용어는 본질적으로 모호한 개념이다(Bestor, 154-5). 시장이 실제 작동하는 방식은 협의의 시장 개념인 가격기제('상품의 교환' 혹은 경제적 거래)만으로는 충분히 설명할 수 없다. 시장은 경제적·정치적·사회적 거버넌스가 제자리에서 작동할 수 있도록 통합하는 역할을 한다. 사실상 시장은 사회의 넓은 공식, 비공식적 제도와 구조에 **배태**(embedded)되어 있으며, 특정한 규범과 관습에 의해 조직된다. 이 장에서는 이 모호한 시장의 개념과 본질에 대해 규명하기 위해서 세 가지 관점에서 논의한다.

배태 경제·비경제적 요인이나 과정이 상호 연관되는 정도를 나타내는 용어

1. 첫째, 시장은 (공간적으로 분포한) 공급자와 소비자의 (보이지 않는) 교환 기제이며, 가격과 경쟁에 의해 스스로 조직한다는 관점을 취한다.
2. 둘째, 시장의 역할을 소비자와 공급자 사이의 **거래비용**(transaction costs)을 최소화하기 위해 교환을 조정하는 관점에서 접근한다. 거래비용은 기본관리비용, 정보탐색, 불완전한 정보로 인한 위험 등을 포함한 시장사용비용을 말한다. 따라서 시장조정 양식에 따른 시장의 유형을 구분할 수 있다. **개방형 시장**(open market)은 수많은 구매자와 판매자가 있는 시장을 말하며, **연계형 시장**(relational market)은 적은 구매자와 많은 판매자가 장기적인 관계를 형성하여 이루어진 시장을 의미한다. **조정형 시장**(administered market)은 교환이 내부적으로 이루어지는 시장이다(한 기업의 내부에서 서로 다른 부서 간에 상품과 서비스를 제공하는 형태).
3. 셋째, 시장 거버넌스와 시장이 (지방, 국가, 국제) 정부, **대항력**(countervailing powers, 경쟁하는 대기업 포함), 노조와 비정부기구, 그리고 사회적 규범, 관습, 기타 '게임의 규칙' 등의 공식·비공식적 조절기제에 대응하는 방식이다. 시장 거버넌스는 시장이 효율적이고 공정하며, 사회적으로 유익하도록 작동하기 위해 존재한다. **시장실패**(market failures)(예 : 사회적·환경적 가치가 고려되지 않았을 때 혹은 시장의 행위주체자에 의해 '외부화'되었을 때 나타남)는 거버넌스가 필요하다는 것을 보여준다. 정책의 중요한 목표는 시장실패를 줄이기 위해서 시장을 잘 조절하는 것이다.

거래비용 일반적으로 시장의 규칙과 권리 체계를 설정하고 유지하는 데 소요되는 비용을 의미

개방형 시장 수많은 소규모 독립적인 구매자와 판매자가 자발적인 상호작용을 하는 시장

연계형 시장 기업과 사업 파트너 간의 반복적인 거래로 형성된 시장. 공식적인 거래선과 비공식적 기대행위로 이루어짐. 주로 중심기업과 공급자 간의 정보교환과 협력이 중요함

조정형 시장 특정 (주로 규모가 큰) 조직 내부의 재화와 서비스의 교환. 계층시장, 통합시장, 내부시장이라고도 함

대항력 '거대기업'의 힘을 제한하는 주요 경제적·비경제적 제도

시장실패 시장이 적정하게 작동하지 않는 상태. 예를 들어 경쟁이 존재하지 않거나 시장행위가 환경적으로나 사회적으로 용인될 수 없는 결과를 초래한 경우임

대부분의 독자들은 아마도 일정한 유형의 '시장경제'에서 살고 있을 것이다. 시장경제는 소비를 위한 상품과 서비스를 자발적인 가격기반의 생산과 교환에 의존하는 경제이다. 이는 시장에 대한 개입(시장에서 직접 거래를 할 수 있는 자유)을 어떻게, 어느 정도까지 허용하느냐에 따라 다양한 변이가 있다. 시장경제 내에서도 개별 시장들은 배태되는 양식, 거버넌스의 유형, 규범의 종류에 따라 다양한 형태가 있다. **시장경제**(market economies)는 그 명칭처럼 이윤과 소비를 위해 생산하는 상품과 서비스의 교환을 조직하는 **시장**(market)에 상당 부분을 의존한다. 시장경제는 역사적으로는 상당히 최근인 1750년대에 시작되어 비교적 빠르게 성장한 제도이다. 시장경제 이전에도 시장교환은 오래전부터 있었지만, 사회의 물적 수요, 토지점유, 기술, 교역권 등이 문화적 요인, 친소관계, 호혜성, 계급, 후원 등에 기반한 '비시장적' 관습에 의해 규율되었고, 자급자족이 기본적인 현실이었다. 교환은 주로 성별이나 연령에 따라 수렵, 요리, 의복가공, 도구제작 등 특정 업무에 전문화된 공동체 내의 구성원 간에 한정적으로 이루어졌다. 18세기 중반 이후 산업혁명의 혁신은 농업, 제조업, 운송업 등의 전환을 촉진했다. 이에 따라서 시장 시스템이 급속히 성장하여 상품, 서비스, 노동의 수요와 공급을 확장시키고 다양화하여 교환을 촉진했다. 사람들은 점차 자신이 필요한 것에 대한 공급을 줄이고 가격으로 환산할 수 있는 특화된 상품을 생산했으며, 이를 통해 다른 특화된 집단의 상품을 살 수 있었다. 칼 폴라니(Karl Polanyi)는 이러한 기술과 시

시장경제 소비를 위한 상품과 서비스의 생산조직을 시장제도에 의존하는 사회

시장 상품과 서비스의 가격기반 교환을 위한 제도

장이 상호 연계된 변화를 '위대한 전환(Great Transformation)'이라고 불렀다. 왜냐하면 이러한 전환을 통해서 사회조직을 비시장적 형태에서 시장기반의 형태로 경제적 전환을 했기 때문이다. 이제 대부분의 국가는 경제조직과 국민복지를 시장에 의존하고 있다

시장의 핵심적인 기작은 가격에 의해 조절되는 공급자와 소비자 간의 상품교환을 하는 것이다. **신고전경제학**(neoclassical economics)에서 시장은 '보이지 않는 손'이라고 묘사되곤 한다. 이 관점에 따르면 공급자와 소비자는 자연적으로 가격을 정하고 자발적으로 상품교환을 한다. 이 시장은 개인의 사익추구에 의해 추동되고 경쟁에 의해 조정된다. 하지만 시장은 추상성으로서가 아니라 실제 **제도**(institutions)로서 이해해야 한다. 즉, 특정 목적을 위해 특정 시기에 특정 장소에서 창출되고 조정된다. 다시 말하면 사회적 관계 속에 배태되어 있다. 시장은 경쟁에 의해서만이 아니라 법, 관습, 가치, 태도 등의 제도, 그리고 민간부문과 공공부문을 형성하는 수많은 공식적인 조직에 의해서 규율된다. 많은 제도는 자유재량권이 있어서 시장교환에 영향을 준다. 나아가 시장은 근본적으로 **장소**(place)와 **공간**(space)에 의해 형성된다. 가장 기본적으로 시장교환은 소비자와 공급자의 공간 분포에 영향을 받으며, 시장의 잠재력과 공급비용은 공간에 따라 달라지기 때문이다. 시장은 장소처럼 특정 기능을 수행하는 물리적 입지가 있다. 시장은 사람들이 상품, 서비스, 화폐, 투자, 정보 등을 교환하기 위한 일상생활의 일부분이다. 시장은 또한 공간처럼 이러한 교환을 허용하기

신고전경제학 19세기에 발전한 주류경제학으로 경제행위에 대해 공식적·추상적 해석을 함. 즉, 합리적, 사익 추구, 완전한 정보를 가정함

제도 인간행위를 공식·비공식적으로 조직하는 규칙, 관습, 습관과 루틴

장소 인간이 살고 일하는 특정 영역, 지역, 근린

공간 인간과 활동이 연계되는 영역으로 맥락에 따라 지역, 국가, 대륙, 심지어 전 세계가 하나의 공간이 될 수 있음

사례연구 1.1 | 도쿄의 쓰키지 생선시장

© iStockphoto.com/alvarez

위하여 국지적 경제와 세계경제를 통합하는 제도이다. 장소와 공간상에서 시장을 조직하는 제도는 유형, 관행, 영향력의 정도가 다양하게 나타난다.

도쿄의 쓰키지 시장은 시장교환이 **특정한** 사회적 관계와 제도에 의해 형성된 우수한 사례이다(사례연구 1.1). 쓰키지 시장은 실제 **장소**이며, 특정한 규범과 관습에 의해 조직되었다. 비록 이 시장의 입지는 도쿄의 평범한 지역이지만 도시의 정체성 형성에 영향을 준다. 하지만 쓰키지 시장의 공간적 영역은 전 세계 생선스톡에 영향을 주며 일본의 초밥집, 식료품상점, 생선 애호가에 미치는 영향이 크다. 이러한 상호작용은 측정하고 지도화할 수 있다. 쓰키지 시장의 힘은 그곳에서 결정하는 가격이 국지적 · 세계적 상호작용의 범위에 영향을 주며, 쓰키지 시장의 역동성을 결정한다는 데에 있다.

시장교환

경제학에서 **완전경쟁**(perfect competition)은 시장의 이상적이고 기본이 되는 모델이다. 완전경쟁시장은 공급자(생산자와 판매자)와 소비자(구매자와 수요자) 간의 가격으로만 협상하여 경제교환이 이루어지는 곳이다. 실제 시장에서 완전경쟁모델은 거의 존재하지 않는

완전경쟁 신고전경제학 이론의 이상적인 시장모형으로 수많은 구매자와 판매자 사이에 자율규제를 통해 공정한 경쟁이 이루어지는 상태

쓰키지 시장은 세계에서 가장 큰 생선시장이다. 전 세계에서 잡히는 생선의 약 17%가 이곳에서 거래된다. 원래는 에도(도쿄)시대의 막부 지도자가 1600년대 초에 설립하였으나, 현재는 도쿄도의 소유로 되어 있다. 도쿄도는 농림수산성과 함께 쓰키지 시장을 규제하고 인허가를 준다. 도쿄 중심부 스미다강가에 26헥타르의 부지에 입지해 있으며, 매일 2,400톤, 가격으로는 2천만 달러의 생선을 거래한다. 거래되는 생선의 1/3은 활어이며, 1/3은 냉동생선, 나머지는 건어물이나 가공생선이다. 이 시장에는 14,000명의 인원이 일하고 있으며, 35,000명의 구매자가 방문한다. 따라서 매일 아침 50,000명의 사람들이 이 230,836㎡의 공간에 모이게 된다.

이 시장의 기본 기능은 전 세계로부터 오는 생선과 해산물의 공정한 가격을 결정하는 장소로서의 역할이다. 또한 분배비용을 감소시키고, 상품의 품질과 구득가능성에 대한 최신정보를 제공하고, 공급사슬에서 청결과 추적가능성을 보장하는 등의 엄격한 기준을 통해 위생관리를 향상시키는 역할도 한다. 생선은 어업회사, 지역협동조합, 배급업자, 수입업자 등을 통해 쓰키지 시장으로 들어온다. 다음 단계는 7개의 인가받은 1차 도매상을 통해 경매에 붙여지고, 2차 도매상과 인가받은 구매자(소매상)에게 넘겨진다. 2차 도매상은 소매상이나 다양한 유형의 배급업자에게 판매한다.

쓰키지 시장은 개방형 시장의 전통적인 '공정거래원칙(arm's length rule)'과 중요한 행정요소를 결합했다. 오직 7개의 1차 도매상만이 800여 개의 2차 도매상에게 경매를 할 수 있는 인가를 받으며, 2차 도매상은 소매상에게 판매를 한다. 대부분의 도매상들은 세대를 거쳐 가업을 이어온 소규모 가족기업이다. 반면에 '다이토교류이'사는 1차, 2차 도매상으로 세계에서 가장 규모가 큰 수산업자이자 배급회사이다. 쓰키지 시장은 조만간 더 넓은 장소로 이전할 계획이다. 이전 후에는 컴퓨터화된 운영을 하며, 대면경매는 전자거래로 대체될 예정이다. 한 장소에서 400여 년 동안 지속한 이 시장의 이전이 사회경제적 관계에 미치는 영향은 알 수 없지만, 재개발계획으로 인해 이 시장이 지속될 것이라는 것은 변함이 없다.

다. 하지만 이 모델은 수요, 공급, 가격 등의 중요한 역할을 소개해주고, 일반적으로는 효율성 · 경쟁 · 혁신을 자극하는 시장의 힘을 촉진하게 해준다.

완전경쟁모델

시장이 완전하고 이상적으로 구성되어 경쟁이 이루어진다는 기본적인 관점은 다음 세 가지 요소로 이루어진다.

경제인 신고전경제학의 합리성을 구현한 인간. 의사결정에 필요한 모든 정보를 갖춘 이상적인 경제적 주체로서 항상 이윤극대화와 비용 최소화를 추구함

수요곡선 소비자가 서로 다른 가격에 구매할 능력이 있고, 구매의사가 있는 상품의 양을 보여주는 곡선

공급곡선 생산자가 서로 다른 가격에 공급할 능력이 있고, 공급의사가 있는 상품의 양을 보여주는 곡선

세테리스 파리부스 라틴어로, '다른 모든 조건이 동일하다면'의 뜻. 추상적인 신고전경제학의 기본적인 용어로 예측의 결과에 영향을 주는 외적 요인을 통제할 때 사용

1. 경쟁 : 다수의 경쟁하는 공급자가 시장에 상품을 공급하고 다수의 경쟁하는 소비자가 상품을 구매
2. 공정성 : 시장거래는 자발적임. 소비자와 공급자는 상호 독립적이고, 개인적 · 조직적 연계가 없고, 모든 소비자는 지위가 동등하여 가격에 자의적인 영향을 미칠 수 없는 상태
3. 자율규제 : 소비자와 공급자는 **경제인**(*Homo economicus*, 호모에코노미쿠스)의 완전한 합리성을 갖춘 인간으로, 시장교환에서 자율규제를 통해 이윤 극대화와 비용최소화를 추구함. 시장에서 지나치게 높은 가격을 제시한 공급자는 싼 가격을 제시할 수 있는 지점까지 비용을 감소시킨 경쟁자에게 소비자를 잃게 됨. 효율적인 자만이 생존함

완전시장모델에서 가격은 수요와 공급의 상호작용을 통해 결정된다(그림 1.1). **수요곡선**(demand curve)은 일정 기간 다양한 가격에 구매할 능력이 있고, 구매의사가 있는 상품의 양을 보여주는 곡선이다. 수요의 법칙에 따라 가격이 하락하면 더 많은 상품을 구매할 능력이 있고, 구매의사가 있다고 예측할 수 있다. **공급곡선**(supply curve)은 일정 기간 다양한 가격에 공급할 능력이 있고, 공급의사가 있는 상품의 양을 보여주는 곡선이다. 공급의 법칙에 따라 가격이 상승하면 더 많은 상품을 공급할 능력이 있고, 공급의사가 있다고 예측할 수 있다. 따라서 고도로 경쟁적인 시장에서는 수많은 공급자와 소비자가 공급량과 수요량이 만나는 '균형가격'에 도달할 때까지 흥정한다고 상상할 수 있다. 따라서 균형가격은 공급이나 수요의 변화를 초래하는 일이 발생할 때까지는 현 상태를 유지할 것이다.

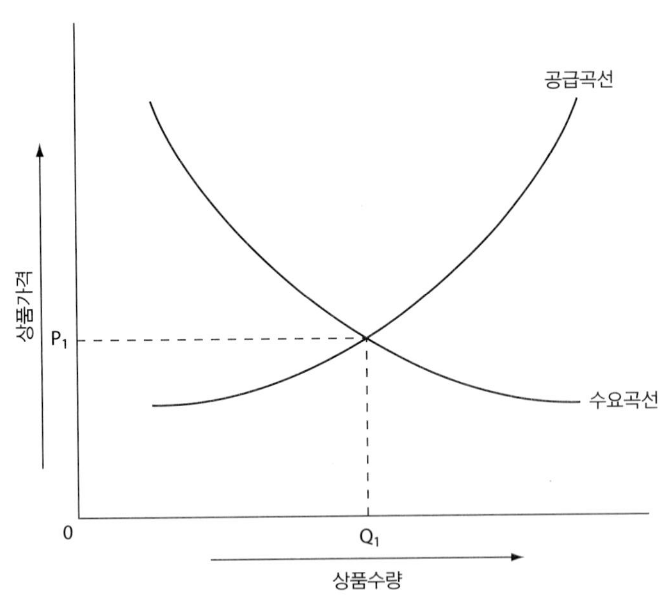

그림 1.1 공급과 수요의 상호작용으로서 시장

P_1에서 공급량과 수요량이 만나게 된다.

수요, 공급, 가격 메커니즘은 시장경제에서 가장 중요한 힘이다. **세테리스 파리부스**(*ceteris paribus*, 다른 모든 조건이 동일하다면)일 경우, 상품이나 서비스의 수요가 증가(감소)하면, 가격상승(하락)의 압박이 오고, 상품이나 서비스의 공급

이 증가(감소)하여 가격하락(상승)의 압박이 온다. 하지만 이 수요-공급 상호작용 모형의 실패에는 교환이 일어나는 입지라는 지리적 요인이 작용한다. 쓰키지 생선시장에서의 가격 흥정은 소비와 생산의 공간에 직접적으로 관련되어 있다.

시장의 지리학

공간상의 상품수요 : 소비자는 어디에 입지하는가

추상적인 시장과는 달리 실제 세계에서 시장의 입지에는 많은 질문이 요구된다. 예를 들어 소비자의 분포(공간상의 입지)는 수요의 본질적 특성에 어떻게 영향을 미치는가? 공급의 입지는 어떠한가? 쓰키지 생선시장의 주요 고객들은 도쿄 대도시지역 전역에 걸쳐 있는 식당들이다. 도쿄시내의 식당들은 시장에 가깝기 때문에 도쿄시 외곽의 식당들보다 생선을 훨씬 더 빠르고 값싸게 구입한다. 따라서 쓰키지 생선시장에서 거리가 멀어질수록 구매자들은 교통비가 더 많이 들기 때문에 수요가 감소한다. 거리 극복에 소요되는 시간이 증가할수록 생선의 신선도는 떨어지게 되고, 가치도 하락한다. 쓰키지 생선시장이 도쿄지역에 입지하고 있다는 점도 중요하다. 이 지역은 소비자의 수나 구매력으로 볼 때 수요가 집중된 곳이다. 일본의 외딴지역에 시장이 있다면 공급비용(즉, 선어를 확보하는 비용)의 차이가 있을 것이다. 도쿄보다 지가와 부대비용이 싸지만 추가 운송비용 때문에 수요는 크게 감소할 것이다.

공급자의 입지가 소비자의 공간 분포에 절대적으로 의존한다는 논리는 발터 크리스탈러(Walter Christaller)의 **중심지이론**(central place theory)으로 설명한다. 이 이론에 따르면 완전경쟁과 **경제인**의 가정에도 불구하고 중심지 상품의 입지는 소비자에게 접근하는 비용에 의해 의존하고 결정된다. 소비자가 공간상에 분포되어 있을 때 상품의 실제 가격, 즉 시장(상점)에서 판매하는 가격에 소비자가 시장까지 가는 교통비의 합은 시장에서 거리가 멀어질수록 증가하고, 상품에 대한 수요는 감소한다(그림 1.2). **상품의 범위**(range of a good, 혹은 **서비스의 범위**)는 소비자가 상품을 구매하기 위하여 이동할 수 있고, 이동할 의사가 있는 최대거리(혹은 경제적으로 소비자에게 분배가 가능한 최대거리)가 된다. 따라서 상품의 범위는 시장의 배후지역, 또는 상품이 판매되는 시장지역의 최대치이다. 소비자가 공간상에 고르게 분포하고, 모든 방향으로 이동비용이 동일하다면 시장지역은 원형이 되고, 범위는 이 원의 반지름이 된다. 동질적인 공간상에서 고르게 분포하는 인구에 대한 서비스의 단일 공급자(예 : 이발소)의 입지는 **임계치 인구**(threshold

중심지이론 소비자의 분포에 대응한 시장의 진화와 공간상에서 경제활동의 조직방법에 대한 이론

상품의 범위(혹은 서비스의 범위) 소비자가 특정 상품이나 서비스를 구매하기 위하여 이동할 의사가 있는 거리(제11장 참조)

임계치 인구 상품생산이 경제적으로 유지될 수 있을 정도로 수요가 확보되는 데 필요한 최소한의 인구규모(제11장 참조)

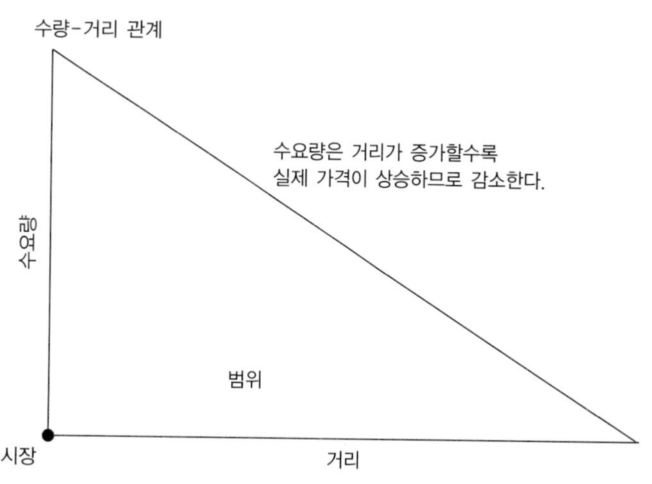

그림 1.2 중심지 상품의 공간상의 수요곡선

population)를 유지할 수 있다면 어느 곳이나 가능하다. 임계치 인구는 상품이 유지되거나 이윤을 낼 수 있는 범위 내의 최소한의 소비자 수를 의미한다. 범위가 임계치 인구보다 커야 공급자는 '초과 이윤', 즉 사업을 유지할 수 있는 최소한의 이윤('정상 이윤')보다 큰 이윤을 확보할 수 있다. 경쟁시장에서는 기존의 이발사가 지역 내의 모든 소비자에게 서비스를 제공할 수 없다면, 즉 초과 이윤이 있다면, 모든 소비자에게 서비스를 제공하고 초과 이윤이 사라질 때까지 새로운 이발소가 생겨날 것이다.

크리스탈러의 동질적인 공간에서는 추가로 입지하는 이발소는 동일한 서비스를 제공하고, 범위 안에 임계치 인구가 확보될 수 있도록 분산하여 분포하게 된다(그림 1.3a). 궁극적으로는 모든 이발소가 육각형 형태(hexagon)의 시장지역에서 모든 소비자에게 서비스하게 된다. 육각형 형태는 시장이 겹치지 않으면서 가장 효율적인 기하학적 구조이다(그림 1.3b).

서비스의 종류가 다르면 범위와 임계치가 서로 다른 시장을 형성한다. 예를 들어 이발소, 빵집, 주유소 등은 패션 미용실, 오페라하우스, 쓰키지 생선시장보다는 범위와 임계치가 작다. 크리스탈러의 이론에 따르면 전자는 '낮은 임계치' 상품과 서비스이고, 후자는 '높은 임계치' 상품과 서비스이다. 이 두 유형의 중간에 다양한 '중간 순위'의 상품과 서비스들이 있다. 이를 기반으로 중심지(시장지역)의 계층포섭(nested hierarchy) 과정을 이해할 수 있다. 실제로 상품의 범위와 임계치는 도시 및 지역계획에 중요한 개념이다(제12장 참조).

(a) 3명의 공급자가 시장분할 시작

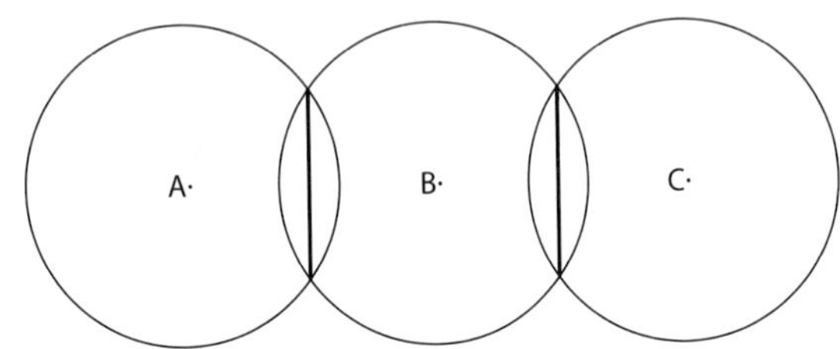

A, B, C는 동질적 지역에 고르게 분포한 소비자들에게 동일한 서비스(예 : 이발소)와 가격을 제공하는 공급자이다. 소비자들이 이동비용을 최소화하기 위해 가장 가까운 이발소로 간다면 범위의 경계로 나뉜 시장은 중첩되었다가 2개로 나뉘게 된다.

(b) 다수의 공급자가 육각형 형태의 시장구성

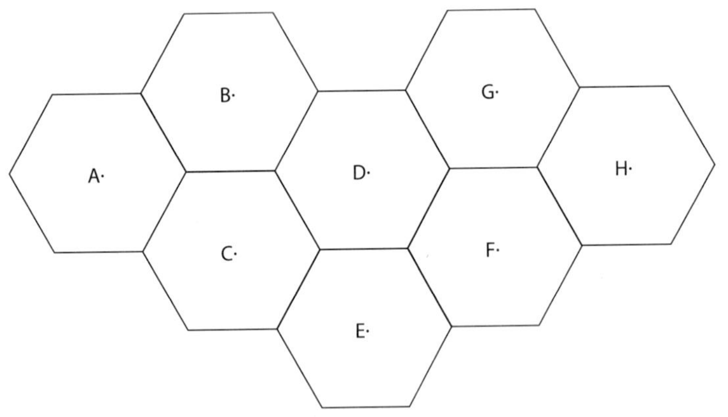

완전경쟁시장의 경우 가장 효율적인 시장의 구조는 기하학적으로 육각형 시장지역을 구성한다.

그림 1.3 완전경쟁과 육각형 시장지역

공간상의 상품공급 : 공급자는 어디에 입지하는가

공급자의 지리적 분포는 공급비용에도 영향을 준다. 쓰키지 생선시장은 도쿄에서 다양한 거리의 연근해뿐만 아니라 전 세계의 해양에서 수확한 생선들을 공급받는다. 일반적으로 원거리의 생선공급자는 생선을 시장까지 운반하는 운송비용뿐만 아니라 생선을 신선하게 유지하는 비용 등 거리관련비용을 포함해 높은 비용을 부담한다. 원거리 공급자는 일반적으로는 이러한 높은 가공과 운송비용

표 1.1 중심지 계층

계층	지역규모	도시규모	내용
A	대도시지역	중심업무지구	A-계층, 최상위의 임계치와 가장 넓은 범위의 상품과 서비스 제공. 모든 B, C, D, E-계층의 상품과 서비스도 당연히 제공됨
B	시	부도심	B, C, D, E-계층의 상품과 서비스 제공
C	읍	근린중심	C, D, E-계층의 상품과 서비스 제공
D	면	마을중심	D, E-계층의 상품과 서비스 제공
E	리	동네상점	가장 낮은 계층인 E-계층의 상품과 서비스만 제공

주 : 제11장에서는 중심지 계층을 현실에 맞추어 변형하는 요인을 논의한다.

을 상쇄하고 규모의 경제를 유지하기 위해서 대량으로 생선을 포획하여 평균비용을 낮추게 된다. 혹은 고가의 생선을 공급하기도 한다(제2장). 따라서 소위 '연근해' 어업은 개인이나 소규모 선원이 작은 배를 타고 가까운 바다를 하루 만에 다녀오는 전형적인 '노동집약적'인 특성을 보인다. 반면에 원양어업은 장비를 갖춘 대형 선박을 이용해 한 번 출항하면 수주일이 소요되는 전형적인 '자본집약적'인 특성을 보인다. 소요되는 자본비용과 운송비를 상쇄하기 위해서는 충분한 수확이 있어야 하기 때문이다. 예를 들어 쓰키지 생선시장에는 소형 어선이 오마같은 연근해지역에서 잡은 참치가 있는 반면에(사례연구 1.3), 대형 트롤어선이 태평양이나 더 먼 곳에서 대량으로 포획한 참치도 있다.

연근해어업이나 원양어업은 운송비를 증가시키는 연료가격의 인상에 취약하며, 포획할 생선 수량의 감소와 생선에의 접근성이 줄어들어 결국 비용이 증가하는 상황에 취약하다. 뉴질랜드, 뉴펀들랜드, 라브라도, 대만 같은 다른 지역에서도 자본집약적인 트롤어업은 경쟁관계에 있는 소규모 연근해어업의 생존을 위협하고 있다. 1970년대 이후에는 대부분의 국가에서 200마일 배타적 경제수역을 정하고 연근해어업 보호와 생선 저량의 유지에 노력하고 있다.

광석과 에너지 자원의 공급도 이와 유사한 시장까지의 운송비 문제가 있다. 다른 모든 조건이 동일하다면(세테리스 파리부스) 지리적 분산은 공급비용을 증가시킨다. 예를 들어 시장에서 갈수록 멀어지는 4개의 탄광(A, B, C, D)이 있고(그림 1.4), 4곳의 탄광

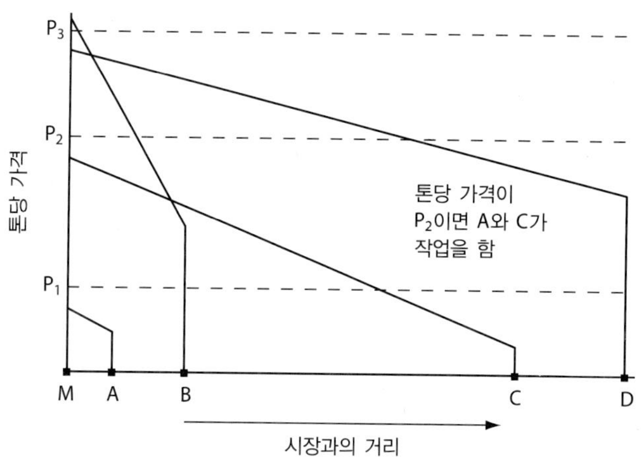

그림 1.4 공간상의 공급비용 : 시장과 탄광

주 : 톤당 가격이 P_1이면 A 탄광은 작업을 하고, P_2이면 A와 C가 작업을 하고, P_3이면 A, C, D가 모두 문을 연다.

출처 : Hay, A., 1976. 'A simple location theory for mining' *Geography* 71: 65-76. Sage Pub.

이 완전경쟁시장의 상황에 있다고 가정해보자. 그림 1.1에서 보듯이 공급곡선은 생산자들(탄광)이 특정 가격에 시장까지 석탄을 공급할 수 있는 역량과 의지를 반영한다. 시장에 가까운 탄광보다 시장에서 먼 탄광이 운송비용을 더 많이 부담할 것이다. 하지만 1km당 1톤의 운송비용은 탄광에 따라 다를 것이다. A와 D는 상대적으로 싼 수운을 이용해 배로 석탄을 이동하기 때문에 운송비용이 적게 드는 반면에, B는 트럭으로 석탄을 이동하기 때문에 더 많은 운송비용이 든다. 운송 시 석탄 적재량도 비용에 영향을 준다. 한 번에 많은 양을 운송하면 낮은 가격이 가능하다. 운송비용의 차이에 따라 운송비곡선이 결정되고, 시장에서 톤당 가격이 P_2이면 A와 C가 경제성이 있어 작업을 한다. 완전경쟁시장은 석탄이 어디에서 왔든 간에 상관없이 비용에 의해서 결정된다.

여기에 석탄 채굴(생산)비용의 차이가 상황을 더 복잡하게 한다. 석탄의 질과 양뿐 아니라 채굴작업의 용이성, 위험성, 접근성 등이 비용에 영향을 준다. 나아가 임금의 차이, 세금 부과, 에너지비용, 독성의 함유 정도 등도 생산비용의 공간변이에 영향을 준다. 그림 1.4를 보면, 최저비용 탄광은 A이며, 최고비용 탄광은 D이다. 시장가격은 생산비용과 운송비용을 포함해야 한다. 가격이 P_1이면 A 탄광만이 경제적으로 운영이 가능하고, P_2이면 A와 C가 작업을 하고, P_3이면 원거리 탄광인 D도 운영이 가능하나, B는 여전히 비경제적이다. 하지만 이러한 가정은 모두 변할 수 있다. 새로운 탄광이 운영을 한다면 시장에서 석탄의 양이 증가할 것이다(가격도 감소한다). 이 증가량이 상당하다면 공급곡선은 경사가 급하게 증가할 것이다.

일반적으로 시장에서 먼 입지에 있는 공급자는 낮은 생산비용, 낮은 운송비용이 요구되고, 경제적으로 운영하기 위해서는 높은 가격이 유지되어야 한다.

시장 조정

완전경쟁이라는 기본 모델은 시장교환 메커니즘이 실제로 작동하는 양상을 설명하지 못하는 단점이 있다. 시장은 자동으로 작동하지도 않고, 신성한 것도 아니며, 일련의 규범과 관습에 따라 구매자와 판매자 사이의 교환을 조정하는 실질적인 제도가 필요하다. 신제도경제학의 용어를 빌리면 시장은 거래비용을 감소시키기 위해 존재한다.

시장조정은 세 가지 유형이 있다. **개방형 시장**은 물리적으로 상품을 운송하고 정보교환을 하는 수많은 독립적인 판매자와 구매자가 있는 시장이다. **조정형 시장**은 기업 내부에서 상품이나 서비스의 공급이 내적으로 조절되는 시장이다. **연계형 시장**은 핵심 기업과 공급자들 간의 쌍방적인 교환을 반복하며 오랜 기간의 상호 연계 형성으로 이루어진 시장이다.

거래비용

거래비용 분석은 다양한 시장의 유형에서 교환이 조정되는 양식을 경제적으로 설명한다.

거래비용은 생산비용이나 운송비용과 혼동되지 말아야 하며, 일반적으로 '규범과 권리의 체계'(Allen, 2012:19)를 확립하고 유지하는 비용을 의미한다. 이 관점에서 보면 거래비용은 (규범과 권리 체계가 있는) 시장교환에 참여하는 판매자와 구매자가 지불해야 하는 비용이다. 거래비용에는 조정비용과 기회주의비용이라는 두 가지 유형이 있다. **조정비용**(coordination costs)은 시장 참여자들을 관리하고 조직하는 데 소요되는 비용으로, 판매자와 구매자가 만나고 사업을 수행할 수 있도록 하는 실제 시장의 운영에 소요되는 비용이다. 조정비용에는 시장 참여자가 의사결정에 필요한 완전한 정보를 구하는 데 필요한 탐색비용도 포함된다. 예를 들어 소비자가 한 공급자의 가격을 다른 공급자들의 가격과 비교하는 데 소요되는 비용을 의미한다. 필요한 정보를 수집하는 데는 시간과 노력이 들어가며, 여기에는 탐색비용이 소요된다. 소비자는 또한 최저가격을 찾는 데 어느 정도까지 할애해야 하는지를 결정해야 한다. 왜냐하면 가격의 차이보다 탐색비용이 더 많아지는 경우도 있을 수 있기 때문이다. 또 다른 중요한 탐색비용은 소유권의 상세한 특성, 관련된 법적 책임, 저당권과 같은 채무 등에 대해 상세한 조사가 필요할 때 소요되는 법률비용이다. 예를 들어 부동산을 거래할 때는 보통 판매자가 소유권을 명확히 가지고 있다는 것을 법적으로 증명하는 것이 일반적이다.

조정비용 시장의 관리비용과 시장 참여자의 탐색비용

거래의 참여자가 다른 참여자를 이용하는 상황에서는 **기회주의비용**(opportunism costs)이 발생한다. 예를 들어 구매자가 판매자에게 지불의사가 없을 때, 공급자는 상품이나 서비스의 생산비용에 대해 거짓말을 할 수 있다. 참여자가 작업에는 참여하지 않고 수익에서 지분을 가지는 '무임승차'를 하기로 결정할 때, 작업자나 기업 간의 협력은 어려워질 수 있다. 이러한 기회주의의 위험을 최소화하기 위해서 기업은 거래 파트너의 행동을 확인하고 협정 조건들을 강화하기 위한 법적 행동을 취하기도 한다. 이러한 모니터링과 조건강화 비용은 상당히 크다.

도덕적 해이(moral hazard)는 기회주의의 한 유형으로 거래의 한쪽 당사자가 위험의 부정적인 결과를 떠안는 상황에서 다른 당사자의 행동이 변하여 더 많은 위험을 감수하는 것을 말한다. 이 용어는 원래는 보험회사에서 보험의 보장이 되지 않는 조건이나 행동을 의도적으로 숨기는 고객을 지칭했다. 사실상 이러한 사람들은 자신들이 감당해야 할 위험을 이전시키기 위해서 보험회사의 부주의함을 이용한다. 이 용어는 이후로 더 넓게 사용되었는데, 자신이 돈을 잃을 위험을 회피하고 다른 사람의 돈을 이용하여 도박을 하거나, 이윤을 취하려 하는 상황을 지칭하게 되었다. 예를 들어 2009년 금융위기 당시 미국 정부가 금융기관에 긴급 구제자금 5,000억 달러를 제공하는 것은 금융기관들에게 위험한 투자를 하도록 부추길 뿐이라는 비판이 있었다. 왜냐하면 이 도박이 성공하면 금융기관들은 이윤을 얻을 것이고, 실패하면 그 부담은 납세자에게 돌아가기 때문이다. 기회주의에 대한 두려움 때문에 거래의 한쪽 파트너가 모든 이익을 취할 수 있을 것이라는 위험이 있을 때는 해당 프로젝트에 대한 불신과 투자회피 위험성을 낳게 된다. 악성 거래는 법률로 금지할 수도 있지만, 상호

도덕적 해이 기회주의의 한 유형으로 손실에 대한 보장을 한 후 피할 수 있는 위험을 감수하는 것. 이러한 행태의 변화는 보통 손실을 보장하는 측의 이익에는 반한다.

신뢰를 쌓아 비용이 적게 드는 대안이나 보완책을 찾는 것이 중요하다.

시장은 상품이 특정 가격에 교환되는 단순한 장소만은 아니다. 가격은 판매자와 구매자가 가진 판매하는 상품과 다른 상품에 대한 정보에 의존하기 때문에, 시장은 반드시 정보교환의 장소가 되어야 한다. 정보가 표준화되고 정보비용이 오래전부터 계상이 되는 관습적인 거래는 많다. 예를 들어 소비자가 우유와 빵을 구입할 때, 혹은 금속가공업자가 철강을 구입할 때, 주택건설업자가 목재를 구입할 때, 적절한 정보는 이미 알려졌거나 당연히 주어져 있다. 이러한 경우 불완전한 정보에 수반되는 비용은 최소화된다.

반면에 새로운 정보가 가장 중요하고 비용을 발생시키는 시장도 있다. 기업이 디자인과 특정 부품의 스펙에 하청 공급자와 협력하여 생산한 상품의 경우 정보는 상품에 포함되어 있다. 하청 공급자는 부품을 생산하기 이전에 막대한 연구개발비용을 투자해야 할 것이다. 전문가의 조언(법률, 엔지니어링, 의학, 회계 등)이 필요한 개인이나 기업은 이에 소요되는 시간, 인력, 정보의 특성(예 : 복잡성이나 중요성)을 기초로 계산된 비용을 지불한다.

앞서 지적했듯이 시장은 거래비용을 감소시키기 위해 조직된다. 어느 유형의 시장이 더 나은지 선택하거나 장단점을 계산하는 보편적인 원칙은 없다. 단순하게 보면 선택은 내부적으로 생산하거나('in house') 외부 공급자로부터 구매하는 '생산하거나 구매하거나'의 결정으로 이해된다. 하지만 시장의 유형과 거래 파트너 간의 상호작용에는 다양한 스펙트럼이 있다. 대부분의 개인, 기업, 정부는 이들을 조합해서 이용하고 조직한다.

시장교환의 세 가지 유형

개방형 · 조정형 · 연계형 시장 등의 구분은 시장유형의 스펙트럼을 보여준다(그림 1.5).

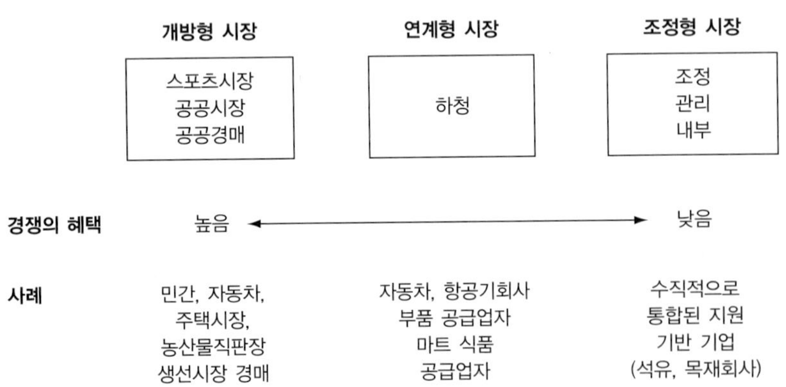

그림 1.5 시장의 유형

출처 : Rosen, Christine Meisner, Janet Bercovitz, and Sara Beckman. 2001. 'Environmental Supply-Chain Management in the Computer Industry: A Transaction Cost Economics Perspective.' *Journal of Industrial Ecology*. John Wiley and Sons.

개방형 시장

세 가지 유형 가운데 개방형 시장이 완전경쟁모델에 가장 가깝다. 수많은 판매자와 구매자가 있으며, 공식적 · 법적 계약이 필요 없고, 판매자로부터 구매자로의 소유권 이전이 느슨한 '일반적인' 계약법의 형태와 기존에 형성된 루틴과 행동규칙[공식적인 계약이 없을 경우에는 '매입자위험부담원칙(buyer beware)'이 개방형 시장의 중요한 원칙이다] 등으로 거버넌스가 유지된다. 대부분의 개방형 시장은 판매, 구매, 경쟁, 비교 등을 위해 사람들이 군집하는 실제 시장으로 진화했다. 교환을 위해 특정 장소에 사람이 군집하면 거래비용이 감소될 수 있다는 사실은 수천 년 동안 사람들을 군집시켜온 구심력에서도 알 수 있다. 이는 시장뿐만 아니라 문명의 이해에도 핵심이 된다.

쓰키지 생선시장은 상품이 구두경매를 통해 가장 높은 가격에 판매되는 개방형 시장의 한 유형이다. 농산물 직판장이나 '벼룩'시장도 입찰 대신에 고객들이 유사한 상품들의 가격, 품질을 비교하고 최종가격을 놓고 판매자와 협상한다는 점만 제외하면 상당히 유사하다(사례연구 1.2). 시장에 판매자와 구매자가 **집적**(agglomeration)하면 비교와 경쟁을 통해 탐색비용과 기회주의비용을 감소하는 등 거래비용을 낮출 수 있다(제2장 참조). 도심상업지역이나 5개 이상의 신발상점 혹은 15개 이상의 의류상점이 있는 쇼핑몰도 협상의 기회는 많지 않지만, 유사하게 거래비용을 낮추는 효과가 있다. 기업 간 거래도 동일한 이유로 고도로 집적되어 있다. 즉, 기업들이 동일한 장소에 경쟁을 위해 함께 입지하면 더 저렴하고 품질 좋은 공급자를 찾기가 쉽기 때문이다. 기업이 공간적으로 집적하는 데는 제품 다각화도 중요한 동기가 된다(제2장 참조).

집적 상호 관련된 제조와 서비스활동이 공간적으로 집중되는 현상. 클러스터를 지칭하기도 함

이베이와 같은 사이버공간상의 시장은 공간상에서 시장의 장소 조건을 재창조한다. 온라인 쇼핑족들은 다양한 홈페이지에서 유사한 상품들을 탐색하는 등 오프라인에서와 동일한 행동을 한다. 소비자들은 상품정보탐색과 가격비교, 심지어는 공급자와 힘든 협상을 하기 위해서 물리적 시장을 방문하는 비용을 부담할 필요가 없어졌다. 이베이는 공급자가 의무사항을 지키지 못하면 현금교환을 보장해주고 있어서 신뢰를 받는다. 나아가 전 세계 공급자의 데이터베이스를 제공하여 기업들이 부속, 부품이나 서비스를 온라인상에서 선택할 수 있도록 해준다. 더구나 예전에는 월가나 베이가의 상담창구에서 거래했던 금융상품을 이제는 전 세계 어디서나 온라인상으로 거래할 수 있도록 해준다. 뉴욕의 증권거래소는 이제는 더 이상 고유한 장소기반의 실체가 아니라 사적 전자 선물거래를 가능하게 해주는 애틀랜타 기반의 기업을 통해 대륙을 넘어서 소유권의 전자적 교환의 중심이 되었다. 물론 이러한 시장은, 특히 금융시장은 수많은 소규모 구매자뿐만 아니라 수많은 대규모 구매자와 판매자들을 포괄하고 있다.

조정형(계층형) 시장

조정형 시장 또는 기업의 계층형 시장은 개방형 시장에서 판매와 구매가 이루어지는 것이 아니라, 기업이 소유한 ('지사') 기능, 부서, 운영단위 간의 상품과 서비스를 교환하는 시장이다. 이 과정은 시장의 **내부화**라고 한다. 기업은 조정(계층 또는 수직적, 수평적으로 통합된)시장을 형성함으로써 독립적인 공급자나 배포자에 대한 의존을 대체하여 직접적인 관리통제를 할 수 있다. 기업은 조정비용을 절감하고 개방형 시장에서 나타나는 위기요인과 기회주의를 제어하여 거래비용을 축소하려고 한다. 내부화의 가장 큰 단점은 기업이 개방형 경쟁에서 얻을 수 있는 강한 인센티브를 잃는다는 점이다. 그 대신에 기업은 조정형 시장에

사례연구 1.2 | 농산물 직거래시장

농산물 직거래시장은 전 세계 대부분의 도시형성의 기반이었으며, 시장경제의 기반이 되었다. 판매자들은 농산품, 공예품, 다양한 소량 생산품을 판매하기 위해서 다양한 집단의 소비자에게 접근할 수 있는 직거래시장에 모인다. 시장은 교통, 연구, 비교, 선택 등의 거래비용을 판매자인 농부뿐만 아니라 소비자에게도 최소화시켜준다. 가격은 판매자와 구매자 간의 협상을 통해 결정된다. 판매자들은 가격, 품질, 상품구색, 전시, 판매기술, 개방형 경쟁상황에서의 상호 모니터링 등을 통해 차별화를 꾀한다. 이러한 유형의 시장에서의 경쟁은 농부와 소비자 간의 반복적인 상호작용을 통해 조정되며, 공간을 함께 사용하며 공동의 거래규범을 발전시킨다. 대부분의 선진국에서는 농산물 직거래시장이 고정된 가격으로 판매하는 슈퍼마켓으로 대체되었지만, 아직도 상당수 존재하고 있다. 오늘날에는 지역공동체를 재생시키고 도시와 지역 농업을 연결시키는 데 활용되고 있다.

© Toronto Star Syndicate 2003

▲ 토론토의 세인트로렌스 시장은 1800년대 초기에 형성되었다.

서 효율성, 안정성, 운영상의 보안 등의 이득을 취한다.

조정형(계층형) 시장은 거래의 상대가 독립적이지 않고 자발적 행동을 하지 않으며, 교환되는 상품은 기업 소유주의 통제 안에 있기 때문에 완전경쟁의 원칙에서 벗어난 교환 시스템이다. 기업은 폐쇄된 시스템이 아니라 개방형 시장과 연계형 시장과의 외부화된 연계에 의존한다. 가장 명확하게는 기업 판매의 대부분은 외부화되어 있다. 더구나 기업의 '외주'나 '아웃소싱'은 종종 개방형 시장이나 연계형 시장에서 구매하는 내적 활동을 대체하는 옵션으로 활용한다.

조정형 시장은 공간상에서 경제활동을 직접적으로 통합한다. 석유, 목재, 알루미늄 등 자원기반 상품을 채굴, 가공, 분배하여 판매점이나 최종 소비자에게 판매하는 자원기업은 경우에 따라서는 생산에서 분배까지 기술적으로 연계된 단계들을 통제하는 수직적 통합의 사례이다. 셸이나 엑손 같은 석유기반의 거대기업들은 석유와 관련 상품의 채굴, 정제, 분배의 과정을 통합하고 있다(제9장 참조). 자동차, 전자 등의 제조기업들은 협력회사에서 제조한 부품을 활용하여 상품을 조립한다. 사실상 전 세계 상품교역의 절반 이상이 기업 내에서 이루어진다. 나아가 대기업들은 다양한 입지에 동일하거나 유사한 시설을 설치하고 공간상에서 '수평적으로' 확장한다. 이러한 분산된 작업은 공통의 관리기능과 본사의 통제를 통해 (다양한 정도로) 관리되는 것이 일반적이다. 거대 유통기업인 월마트는 '수평적 통합(horizontal integration)'의 좋은 사례이다. 동일한 관리체계는 지점에서 필요한 상품을 구득하는 데 소요되는 수많은 서비스-운송, 하적, 냉장, 저장, 기록, 검수 등의 서비스 거래비용을 최소화한다. 본사에서 공장까지 다양한 기업의 관례와 즉각적인 커뮤니케이션을 통해 정보의 흐름을 표준화할 때 기업활동의 조정이 이루어진다. 이때 공장, 사무소, 매장은 공간상에서 분산하여 하부구조, 보조금, 저렴한 인건비 등의 다른 입지요인을 제공하는 장소에 입지한다.

조정형 시장은 다양한 유형의 규모의 경제, 즉 생산량이 증대할수록 평균비용이 감소하는 특정 장소에 어느 정도 활동을 집중해야 한다(제2장 참조). 예를 들어 '통제기능(회계, 마케팅, 엔지니어링, 디자인, 연구, 의사결정)'은 본사에서, 일상적인 상호작용이나 시설의 상시 관리에 필요한 복잡하고, 복합적인 정보의 교환기능을 수행한다. 기업 통제기능 내부에서 교환되는 정보는 비밀일 경우도 있다. 이러한 상호작용은 특정 장소에 기능을 집적시켜 진행한다. 조정형 시장이 월등하게 많은 가장 중요한 이유는, 일반적으로 공간상에서 복잡한 분업을 조정하는 역량이 필요하기 때문이다. 하지만 대기업이라고 할지라도 모든 거래를 내부화할 수는 없다. 월마트와 같은 세계적인 대기업도 수백만 명의 소비자와 수많은 공급자에 의존한다. 이러한 경우에도 월마트는 광고를 통해 소비자에게 영향을 주고, 구매력과 연계형 시장의 창출을 통해 공급자에게 영향을 준다.

연계형 시장

연계형 시장은 개방형 시장과 조정형 시장의 융합형태이다. 교환 당사자들은 서로 다른 회사들(혹은 회사와 소비자)이지만, 이 교환에는 가격 이상의 합의가 포함되어 있다. 이 합의 혹은 '관계적 계약'에는 상호투자, 연구협력, 가격협의, 반복 거래, 서비스의 확장 등이 있으며, 공식적 계약에 의해 운영된다. 예를 들어 고객 기업과 디자인, 품질표준 확정, 완료기간 등에 협력을 하려고 하면 관계적 계약관계에 들어간다. 대기업은 독립적이고 규모가 작은 공급자들에게 의존하며, 공급자들은 시장인 대기업에 거의 전적으로 의존한다(제11장 참조). 연계형 시장은 공개형 시장모형을 지향하면서 계속 변화하고 있는 다수의 공급자와 계층형 시장을 지향하는 다소 안정적인 소수의 공급자들로 이루어졌다. 소비자들은 서비스를 제공하는 사람을 고용하거나 자동차 보증을 구매할 때와 같은 연계형 계약에 진입하게 된다. 연계형 시장의 핵심 메커니즘은 시장의 강력한 인센티브를 유지하면서 통제와 조정 역량을 강화시키는 것이다.

구매자가 대등한 관계의 계약에서 해결책을 찾지 못하고 직접적인 협상이나 협력이 필요할 때 연계형 계약을 선호하게 되고, 이는 개방형 시장의 집적 경향을 가속화시킨다. 특화되고 정교한 상품의 개발과 생산을 위해 타 회사와 협력이 필요한 회사도 특정 지역에 집중하는 경향을 보인다. 예를 들어 자동차 조립공장은 신모델 생산을 위해서는 특수 디자인의 전자장비와 부품 공급자가 필요하고, 고급패션 소매업자는 고급 디자이너를 필요로 한다. 이러한 경우에는 상품(서비스)의 교환은 정보집약적이며, 독창성을 필요로 하고, 친밀한 개인적 상호작용에 의해 유지된다. 할리우드, 실리콘밸리, 토요타시, 티월가, 중국 주장강 삼각주 지역, 바덴뷔르템베르크, 파리의 생토노레가 등이 이러한 집적지의 사례들이다. 반면에 교통 · 통신기술의 발전으로 인해 루틴한 구매나 표준화된 상품의 구매에는 집적의 경향이 크게 필요없어진다.

전자통신의 엄청난 역량으로 인해 연계형 시장에 대한 개인적인 근접성의 이점이 약해지고 있다. 가령 새롭고 정교한 부품의 디자인은 인터넷을 통해 공동개발하고, 위원회 회의도 화상전화나 전화회의로 대체된다. 하지만 아이디어를 이해하기 어렵거나, 전략과 계획을 심층 검토하여 발전시키거나 보안유지가 필요할 때, 일반적으로는 일상적인 정보가 아닌 특정 유형의 정보교환에는 여전히 대면접촉(face-to-face communication)이 가장 중요하다.

시장과 가치사슬

가치사슬 제품(상품과 서비스)생산과 소비자에게 분배를 위해 필요한 일련의 복잡하고 상호 연계된 활동의 집합

일상생활에서는 대부분의 상품과 서비스는 단일 제품이 아니라 여러 시장에서 온 다양한 다른 상품과 서비스와 연결되어 있다. 이러한 제품체계의 통합과 조정을 하는 체계가 **가치사슬**(value chain)이며, 이는 공간상의 다양한 장소에서 작동하는 다수의 시장을 연계한다. 상품과 서비스가 연계된 일련의 시장들은 '최종' 상품과 서비스에 계속적으로 부가가치를 창출한다. 최종 소비자는 개인이나 회사, 또는 정부의 부처가 될 것이다.

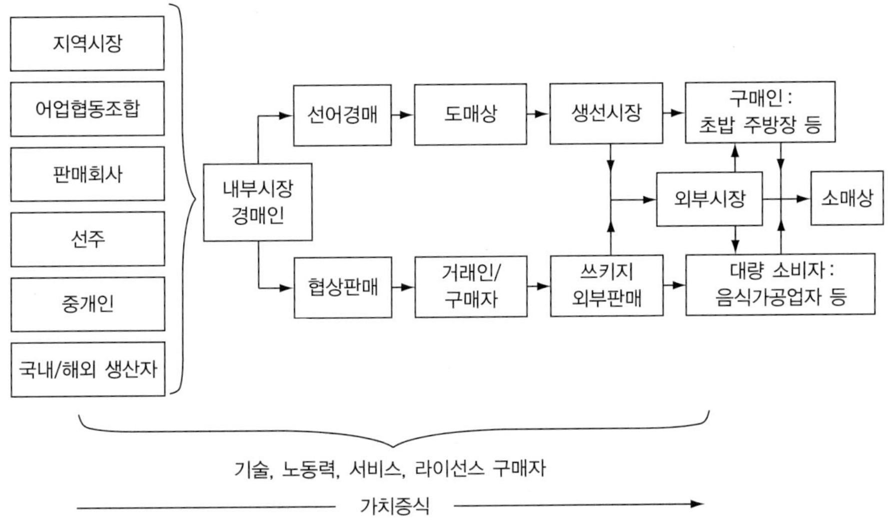

그림 1.6 쓰키지 생선시장의 가치사슬 구조

주 : 쓰키지 생선시장은 구매와 판매행위가 어업, 운송, 저장, 동결, 분류, 가공, 포장, 준비, 식당활동 등과 함께 어우러진 복합시장이다.
출처 : Bestor, T.C. 2004. *Tsukiji: The Fish market at the Center on the Worlds*, Berkeley: University of California Press, 54.

쓰키지 시장은 각각의 특성, 구성원, 기능으로 이루어진 다양한 시장으로 구성된 가치사슬의 한 부분이다. 각각의 시장교환은 가치를 증식시키고 이는 생선의 가격에 반영된다(그림 1.6). 선어경매와 내부경매 등 경매의 역할은 개방형 시장의 중요성을 보여준다. 특히 어업회사간은 물론 구매자 간의 경쟁이 있는 참치의 경우에는 명백하다. 물론 '협상에 의한 판매'에서 보듯이 대규모 행위주체자와 연계형 시장도 존재한다. 나아가 쓰키지 시장에 생선을 공급하는 선단들은 대부분의 국제적인 어업회사와 같이 해양을 '개방형 자원'으로 여긴다. 여기에서는 누구라도 제한 없이 원하는 대로 생선을 포획할 수 있다. 시장가격이 높으면 희소성이 있다는 증거이지만, 지속가능성을 보장해주지는 않는다. 예를 들어 2013년 전통적인 신년경매에서 한 식당주인이 222kg의 참치를 178만 달러에 구매했지만, 이처럼 어마어마한 가격이 참치어획을 줄이기보다는 증대시키는 데 기여했다. 모든 사람이 자원 저량이 없어질 때까지 생선포획 경쟁을 벌이기 때문에 자원이 고갈되고 있다. 불행하게도 국제사회는 아직 이 근본적인 문제를 해결할 규제나 다른 제도적 장치를 마련할 의지가 없다. 하지만 일본 오마시에서는 연근해 어부들이 어업지역을 '공동의 자원'으로 규정하고, 공동체 구성원만이 조업을 할 수 있으며, 조업활동도 규제하는 규칙을 만들었다(사례연구 1.3).

가치사슬의 다른 부문은 무척 복잡하다. 세계의 수많은 어업회사들이 생선을 포획하고 (선박에서나 연안에서) 가공하고, 시장까지 운송한다. 또한 개별회사들을 고용하여 특정 부분을 담당하게 한다. 경매자들은 중요한 중개역할을 한다. 시장의 도매상들은 생선의 구매

사례연구 1.3 | 캔이 아닌 지역이 만드는 참치 브랜딩

일본 북부의 오마시는 오랫동안 초밥과 횟감용 최상급 참치의 공급처로 유명한 곳이다. 한 TV 프로그램에서 이곳의 어부와 관광객이 가져다주는 수백만 달러의 소득을 소개하면서 유명세는 더욱 커졌다. 10월에 열리는 참치축제는 특히 유명하다. 하지만 오마시의 명성과 소득은 일본 정부가 어부들의 지속가능한 실행에 대한 지원을 거부하면서 위기에 처했다.

▲ 지역이 만든 참치 브랜딩

오마시의 어부들은 2인용 소형배를 타고 수작업 낚시를 통해 참치를 잡는다. 어부들은 이 작업방법이 자신들이 잡는 참치를 선별할 수 있으며, 개체를 유지하기 위하여 큰 성어만을 잡으며, 치어들은 방생한다고 주장한다. 큰 참치가 항상 성어라는 보장이 없지만, 가장 값이 좋기 때문에 이 방법이 지속가능성을 담보하는 최선의 방법인지 불투명한 것은 사실이다. 하지만 지역의 어부들이 누가 고기를 잡고 얼마나 잡아야 하는가를 결정한다.

오마지역과 다른 어촌지역은 공동의 자원을 지속가능하게 유지하는 거버넌스의 세계에서 가장 좋은 사례이다. 하지만 중앙정부는 이들의 지속가능한 방법에 대해 평가절하하고, 다른 어부들도 이 지역에서 트롤리선과 긴 선단을 통한 참치어획작업을 할 수 있도록 허가했다. 일본 영해를 벗어난 원양지역에서 어업을 하는 일본 다른 지역의 어부들도 정부의 정책에 동조했다. 사실상 일본 정부는 지중해나 북대서양해에서의 참치 공급이 위협받지 않기 위해서 다른 국가들이 심각하게 위협받고 있는 참치어업을 통제하려는 노력에 적극적으로 반대해왔다.

출처 : Martin Facker(2009), 'Tuna Town in Japan Sees Falloff of its Fish', *New York Times*, http://www.nytimes.com/2009/09/20/asia/20tuna.html (2010년 9월 9일 접속)

자이자 동시에 판매자이다. 이는 식당이나 다른 소매회사들도 유사하다. 가격이 이러한 비용들과 '정상' 혹은 '만족스러운' 이윤, 즉 공급자들이 사업을 계속할 수 있기에 충분한 인센티브를 가져올 수 있도록 하기 위하여 이 부문은 수익성과 역동성이 요구된다. 하지만 정상이윤, 혹은 만족스러운 이윤의 정의는 무척 다양하며, 어업에 종사하고픈 욕구, 취업기회의 가능성, 다른 곳에 투자했을 때 고수익의 잠재력, 전통, 생활양식 등 개인적인 요인에 좌우된다. 예를 들어 쓰키지 시장의 판매자는 기술과 기업가의 전통을 세대를 내려오면서 가업으로 이어받았기 때문에 손해나 불경기의 가능성에 직면해서도 이 업종에 계속 종사할 수도 있다.

유통부문을 보면 어떤 식당들은 대기업이 운영하며 가격, 종업원의 임금을 결정하고, 고객들은 표준화된 가격에 관심이 있으며, 특별한 단골이 되지도 않는다. 하지만 대부분의 식당들은 동네 초밥집으로 단골고객이 주로 이용하고 식당주인이 견습생을 거쳐 기술을 익힌 주방장인 경우가 많다. 가치사슬의 가공과정에서 운송, 분류, 포장, 배송에 이르기까지의 과정에서 서비스는 가치를 증식시킨다. 나아가 가치사슬 내에서 각각의 조직은 장비, 도구, 장치공급(어선, 칼, 선착장, 트럭, 탁자 등) 등의 기술과 노동력을 소비하고, 공공과 민간부문의 다양한 서비스(법무, 회계, 검수, 마케팅, 연구개발, 금융)를 소비한다.

가치사슬은 소비자의 공간선호에 의해 영향을 받는다. 소득은 사람들의 소비능력에 가장 큰 영향을 준다. 하지만 동일한 소득수준이라도 취향과 기호는 공간에 따라 변이가 심하다. 쓰키지 시장은 일본 소비자들이 생선제품, 특히 활어에 대한 강한 선호가 없었다면 존재하지 못했을 것이다. 도쿄에 세계 최대의 생선시장이 있다는 것은 도쿄가 고소득의 대도시지역이라는 점과 활어에 대한 선호가 강하다는 점이 중요하게 작용했다. 물론 이는 복잡한 밀고 당기는 과정이다. 쓰키지 시장의 중개인은 색, 지방함량, 온전성, 어떤 생선이 팔릴까에 대한 예측 등을 종합해서 생선의 가치를 평가하는 게이트키퍼(gatekeeper) 역할을 한다. 일본기업과 해외기업들은 지속적으로 새로운 생선자원과 판매방법을 찾는다. 소비의 선호는 국가 내에서는 물론 국가에 따라 달라진다.

단순하게 보이는 시장활동, 즉 생선을 식탁에 놓는 과정도 실제로는 엄청나게 복잡한 일련의 연계된 활동들이 전 세계적인 가치사슬을 형성하면서 이루어진 결과이다. 각각의 단계에서 시장은 활동과 서비스에 대해 가치를 결정한다. 때로는 이해하기 어려운 경우도 있다. 예를 들어 초밥의 가격에서 생선포획에 들어가는 비용은 작은 부분에 불과하다. 경쟁이 치열해서 어부의 인건비가 감소하고 기술발전을 통해 생선포획비용이 감소되었기 때문이다. 반면에 초밥집의 분위기, 입지, 서비스 등은 가격상승을 유발한다. 사실 이 모든 조건들도 전반적인 규모가 커지면 감소된다(제2장 참조).

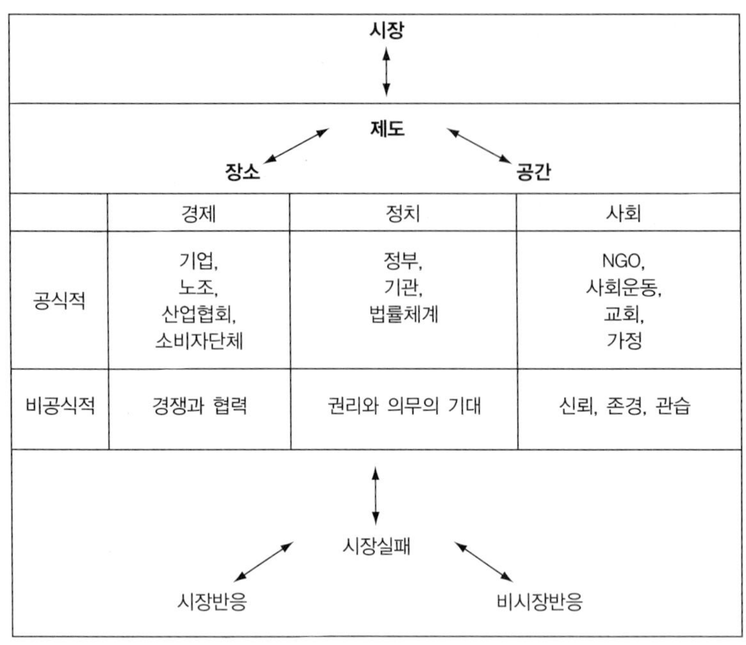

그림 1.7 시장의 거버넌스

시장의 거버넌스

어떤 시장(혹은 시장들을 연결하는 가치 사슬)도 단순한 교환의 원리로만으로 작동하지는 않는다. 개방형 시장은 물론 밀접하게 통합되어 있는 조정형 시장이나 연계형 시장도 그렇다. 시장은 공식적 · 비공식적 거버넌스 제도에 의해 조정되는 틀 안에서 작동한다. 공식적 · 비공식적 거버넌스는 경제거래에 영향을 주고 넓은 사회 · 정치 · 환경적 맥락에서 작동하는 기업에 영향을 준다(그림 1.7). 요약하면 시장은 쓰키지 생선시장의 사례에서 보았듯이 단순한 경제적 관계만이 아니라 사회 · 정치적 삶에 배태되어 있다. 일반적으로 거버넌스는 거래에서 신뢰를 형성하고, 판매자와 구매자를 부적절한 행태에서 보호하고, 나아가 시장이 사회의 이익을 위해 작동하도록 하기 위해 요구되는 양식이다. 다양한 유형의 거버넌스가 이러한 요구에 맞추어 진화하였다. 시장실패가 존재하고 시장경제는 상당한 경제 · 사회적 문제를 경험하고 있다는 사실에 비추어 볼 때 시장 거버넌스는 심각한 도전에 직면하고 있다고 할 수 있다.

재산권 물리적 · 비물리적 자산과 소득이나 이익의 소유와 관련된 권리

선진국의 시장은 법체계에 배태되어 있다. 예를 들어 모든 시장 거래는 판매자로부터 구매자에게 재산권을 이전하므로, **재산권**(property rights)을 다루는 법률이 가장 중요하다(계층적 거래는 재산권이 동일한 기관 내에서 이동하므로 예외이다). 따라서 재산권은 빌딩이나 토지뿐만 아니라 법적으로 분리된 실체 간에 판매된 모든 상품과 서비스를 지칭한다. 예컨대 소매상점에서 상품을 구입한 소비자는 그 상품에 대한 재산권을 획득한 것을 의미한다. 기본 원칙은 재산권은 배타적인 소유를 확보하고, 그 이익과 수익을 관장하며, 소유를 양도할 수 있는 권리를 갖는 것을 의미한다. 하지만 현실에서의 재산권(과 계약법)은 서비스와 지적재산권(예 : 특허, 제3장 참조)을 포함하고 있으며, 상품의 판매는 특정 법적 계약을 포함하거나 혹은 상위의 법률에 의해 정해질 수도 있다. 재산권은 또한 개인(혹은 기업)이 보유하거나 공동자원으로 보유(사례연구 1.3)하는 등 사적으로 관리되거나 정부가 통제할 수도 있다. 개방된 자원은 재산권이 없다는 것을 의미한다.

공식적 제도 인간행위에 대한 구조적 제약. 사회적 차원에서는 법, 조직적 차원에서는 기업의 규정 등이 있다.

하지만 시장은 또한 광범위한 공식적 · 비공식적 제도에 배태되어 있다. **공식적 제도**(formal institutions)는 세 가지로 분류된다. 경제(비즈니스) · 정치(정부, 법체계) · 사회(비정부기구, 종교단체) 등 3개 부문은 각각 특정한 법적인 보호를 받는 조직형태로 구성되

며, 특정한 명시적 가치 · 관습 · 기대 · 규범 등의 특성을 지닌다. 마찬가지로 **비공식적 제도**(informal institutions)도 본질적으로는 경제 · 정치 · 사회로 나눌 수 있으며, 가치 · 관습 · 기대 · 규범 등의 특성을 지닌다. 공식적 제도와의 차이는 명시적이지 않고 묵시적이며, 성문적이지 않고 불문율적이라는 점이다. 이 두 가지 유형의 제도는 모든 경제나 시장에서도 공존하며, 때로는 조화롭게, 때로는 갈등관계에 있다. 시장실패를 보면 시장 거버넌스의 다양한 유형의 중요성을 이해할 수 있다.

비공식적 제도 인간행위에 대한 암묵적 · 문화적 제약

공식적 거버넌스

시장의 공식적 거버넌스는 서로 다른 공간 스케일상에서 (지역에서 글로벌까지) 다양한 경제적 · 비경제적 제도를 통해 작동한다(표 1.2 참조). 현실에서는 표에서 제시한 것보다 '계층'의 영향력은 훨씬 더 약하다. 그렇지만 모든 제도는 특정의 지리적인 기원(과 편향)이 있으며, 지리적인 특성이 여러 스케일상에 존재한다. 국가 · 지역 · 국지적 스케일에서는 정부는 기업과 소비자 모두에게 제약을 할 수 있는 실제 권위를 가지고 있다. 내국적 기업은 국가 경계 내에서 여러 지역에서 운영과 통제를 하지만 지역중심 기업은 한 지역의 한 공장에서만 운영한다. 이러한 지역기업은 보통 중소기업의 범주에 들어가며, 항상 그렇지는 않지만 일반적으로 지역시장에서 활동한다.

국제적인 스케일에서는 많은 국가에서 운영 · 통제를 하고 있는 다국적(초국적)기업에 의해 교역이 주도된다. 이 거대기업들은 외부시장과 자신이 조정하고 있거나 '소속된' 운영단위에 상품과 서비스를 공급한다. 세계시장의 거버넌스는 그 관계구조가 명확하지 않다. 국제무역기구(WTO)는 1917년에 설립된 관세 및 무역에 관한 일반협정(GATT)을 계승하여

표 1.2 시장의 위계와 제도

시장의 위계	제도	지원 제도
다국적기업(MNC)의 다양한 시장 내에 있는 해외시장에 판매하는 기업에 의해 작동하는 국제교역	세계무역기구(WTO), 국가 간, NGO(예 : 그린피스) 간, 산업협회(예 : 화학공업협회, 국제상공회의소) 간, 인증기관(예 : ISO) 간, 양자 · 다자간 협정	세계보건기구, UNESCO, 옥스팸, 그린피스, 기타 NGO, OECD
다국적기업과 국내기업에 의한 국가 내 교역	상위 제도+국가(연방)의 상업 규정, 국가단위 산업협회, NGO, 인증기관	상위 제도+국가단위의 건강, 교육, 복지기관, NGO
다국적기업, 국내기업, 지역기업에 의한 지역 내 교역	상위 제도+주(광역)단위의 상업 규정, 지역단위 산업협회, NGO, 인증기관	상위 제도+주(광역)단위의 건강, 교육, 복지기관, NGO
다국적기업, 국내기업, 지역기업, 국지적 기업에 의한 도시 내 교역	상위 제도+도시(지역)단위의 상업 규정, 지역단위 산업협회, NGO, 인증기관	상위 제도+도시(지역)단위의 건강, 교육, 복지기관, NGO

1995년 세계시장경제에서 활동하는 국가들에 의해서 설립되었다. 국제무역기구는 두 가지 역할이 있다. (1) 국가 간 교역과 투자의 흐름을 규율하는 규정을 개발하고, (2) 이러한 규정을 준수하는지 모니터링한다. 사실상 세계무역기구의 진정한 힘은 국가 간 교역에서 피해를 입은 국가들에게 무역규정을 준수하도록 하는 데에 있다. 세계무역기구가 강제하는 힘은 없지만 대항적인 보상을 하도록 할 수 있으며, 그 권위와 정당성을 통해 회원국들이 국제무역규범을 어기지 않도록 방지하는 효과가 있다.

다른 세계적인 제도들의 거버넌스 역량은 훨씬 더 약하다. 세계은행은 제2차 세계대전 후에 '문제' 국가들을 지원하고 재정적으로 도움을 주기 위해 설립되었다. 세계표준기구(ISO)는 반독립기관으로 품질관리와 환경보호를 위해 설립되었다. 각 국가와 지역마다 노동조합을 통해 노동에 대한 관심을 대변하고 있지만, 국제노동기구(ILO)는 노동자 복지의 국제적인 표준을 수립하기 위해 노력한다. 교육과 건강부문에서는 세계보건기구(WHO)가 선진국에 비해 국가, 지역, 도시의 의료 시스템이 부족한 빈곤국에 기본적인 의료 서비스를 제공한다. 하지만 이러한 수많은 제도들의 노력에도 불구하고 국제적인 표준은 마련되지 않고 있다. 이러한 노력들이 성공하기 위해서는 거대기업과 국가들이 규정을 준수해야 하기 때문이다. 비정부기구나 독립적인 기관들은 다국적기업과 국가정부가 태도를 바꾸어 줄 것을 촉구하고 있다.

비공식적 거버넌스

시장은 사회적 관계 속에 배태되어 있기 때문에 시간이 흐르면서 형성되어온 특정한 규범, 관습, 습속 등에 의해서 영향을 받는다. 이러한 시장의 비공식적인 사회적 특성은 종종 문화적 전통과 '비시장적 상호 의존(untraded interdependencies)'이라고 논의된다. 이러한 속성은 형체가 없고 측정하기 어려우며, 종종 자생적으로 고도로 국지적인 특성을 보이지만 무척 중요하다. 모든 시장 상호작용에서 중요한 것은 기대와 가치의 공유, 특히 신뢰와 협력이다. 신뢰의 중요성(문명화된 사회를 위해서만이 아니라 경제발전과 생산성을 위해)은 후쿠야마(Fukuyama, 1995)가 '고신뢰'와 '저신뢰' 사회를 구분하면서 강조되었다. 고신뢰 사회에서의 시장은 신뢰가 거래비용을 감소시켜 효율적이 된다. 신뢰는 공급자와 구매자에게(공식 계약이든 아니든 간에) 서로의 행위를 예상할 수 있고 확신감을 주어서 거래의 상대방이 기회주의적 행동을 하지 않을 것이라는 믿음을 준다. 신뢰는 협상에 소요되는 시간과 비용을 줄여주고 기회주의와 연계된 불확실성을 줄여주고, 협력적인 행동을 촉진시켜주므로 시장교환에서 이익이 된다. 반면에 경쟁이 제로섬게임이 되거나 사회관계가 의심과 배제로 이루어진다면 거래비용은 증가하고 시장은 비효율적이 된다.

현실에서 신뢰는 공식적인 법규와 규정만이 아니라 비공식적 사회 · 윤리적 요인에 의해 유지된다. 일본과 독일은 일반적으로 고신뢰 사회로 평가된다. 안정적이고 협력적인 행동과 공식적 규정과 비공식적인 사회적 약속이 강하게 유지되고 있으며, 수많은 비즈니스 거래가 공식적 계약 없이 이루어지고 있기 때문이다. 미국과 캐나다도 법적 관점에서 고신뢰 사회로 인정되나, 개인주의를 지향하는 경향 때문에 기회주의의 강한 위험요인과 비즈니스 관계를 지속하고 형성하는 데 장애가 된다. 북미 기업은 일본, 독일기업에 비해 비용이 싼 대안이 나타나면 공급자를 쉽게 바꾸는 경향이 있다.

물론 이러한 구분은 법적 체계가 부패하면 흐려지게 된다. 후쿠야마는 중국을 저신뢰국가로 구분했다. 중국의 법제도가 잘 발달되지 못했고 부패의 위험이 있기 때문이다. 하지만 그는 중국에서는 가족 간의 유대를 통해 비공식적 거버넌스가 제공된다는 점을 충분히 고려하지 못했다. 예를 들어 중국계 대기업과 공급 네트워크의 성장은 대부분 가족소유의 기업에서 이루어지고, 지리적으로 분산된 운영단위를 관리하고 공급 네트워크를 조직하는 데 지인(자신이 알고 있으며 신뢰하는 사람)에게 의존하는 강점을 살려 경쟁우위를 확보한다.

신뢰와 공유가치는 보편적인 개념이기는 하지만 특정한 관습을 통해 신뢰와 공유가치가 표현되는 방식이 문화권, 지역, 국가별로 다양하게 나타난다. 예를 들어 식사를 하면서 사교를 통해 비즈니스 관계를 돈독히 하는 것은 보편적인 방식이지만, 이러한 상황의 의미는 장소에 따라 달라진다. 북미에서는 음식을 함께한다는 것은 거래가 끝났다는 표시이지만, 중국과 일본에서는 신뢰를 쌓는다는 의미이다. 관습은 문화적 맥락에서 형성된다. 북미인이 중국에서 거래를 마무리 지으려고 기대한다면 저녁식사 초대의 진정한 의미를 이해할 필요가 있다. 지역적 맥락에서 보면 경제활동이 집중된 런던 · 뉴욕 · 토론토의 금융지구, 실리콘밸리 · 케임브리지 · 워털루의 첨단산업지구 혹은 자동차 · 철강 · 조선산업지구 등에는 '비시장적 상호 의존'이라는 용어로 표현되는 상호 신뢰구축과 정보공유의 독특한 형태가 있다. 국지화된 시장관계의 사회적 본질은 종종 소비자와 공급자(혹은 사용자와 생산자) 간의 자발적인 정보교환에 의해서 만들어진다. 이러한 교환은 개인적인 접촉을 포함하는 국지적인 기업-공급자 관계에서 특히 무척 중요하다.

사실상 비공식적 거버넌스는 잘 형성되어 있는 곳에서도 과소평가되기 쉽다. 신뢰가 규범이 된 곳에서는 공급과 수요 측면의 기회를 활용할 수 있는 상황이 발생하곤 한다. 또한 관습이 차별적으로 적용될 때(예 : 특정 지역의 고용시장이 특정 집단에 편향된 경우)는 시장의 효율성과 도덕성은 감소한다. 이러한 상황에서는 공식적 거버넌스의 개입이 요구된다.

사회적 관계 또한 수요에 중요한 영향을 준다. 소스타인 베블런(Thorstein Voblen)은 취향(과 가치)은 '주어진' 것이 아니라 사회적으로 학습되고 변화할 수 있는 것이라고 지적했다(제14장 참조). 사실상 사회적 관계는 종종 소비자는 합리적(최소 비용의 재화 구입)이고 선호에 있어서 고도로 개인적이라는 **경제인**(*Homo economicus*)의 가정을 빗나가게 한다. 따라서 소비자의 의복 선택은 종종(항상은 아니더라도!) 동료와 친구의 선택이나 유행에 따라 결정되기도 한다. 많은 사람들의 옷은 10대가 야구모자를 뒤로 쓰든 금융권의 유니폼으로 인식되던 세로줄무늬 양복을 입든 간에 '자연스러운' 것이다. 소비자의 선택은 때로는 엘리트 계층(지배계층)의 고가의 의복이나 라이프스타일이 대중적 소비를 위해 저가로 생산된 상품의 모델이 되는 것처럼 지배계층에 의해 결정되기도 한다. 어떤 사람들은 단순히 고가의 상품을 높은 지위(혹은 품질)와 동일시하여 저가의 대안이 있음에도 불구하고 고가의 상품구매를 즐기기도 한다. 또한 최근의 소비자의 선택은 환경적으로 지속가능한 상품을 강조하면서 윤리적인 관심을 표현하기도 한다. 실제로 소비자는 환경보증 마크가 있는 목재제품, 지속가능한 어업, 하이브리드 자동차 등을 구입하기 위해 추가비용을 지불할 의사가 있으며, 이러한 구매는 사회적으로 동기부여가 된다. 소비는 개인주의가 광범위하게 퍼져 있는 서구사회에서도 고도로 사회적인 경험이다.

시장실패

시장은 상품과 서비스의 교환을 추동하기 위해 존재한다. 하지만 시장은 다양한 방법으로 그 역할에서 실패하며 시장경제는 경제활동의 큰 혼란을 경험한다. 표 1.3은 시장실패로 인한 문제들을 요약했다. 이러한 문제들은 사회적으로 중요한 이슈이지만 하나의 원인으로만 발생하지는 않는다. 대부분의 경우 비시장적 요인이 작용한다. 또한 지리적 맥락에 따라 다양한 변이가 있다. 이 장에서는 시장실패의 기본적인 네 가지 유형에 대해 살펴본다.

독점 단일 공급자가 지배하는 시장

과점 비교적 소수 공급자가 지배하는 시장상황. 고도로 집중된 과점은 극소수 공급자가, 약한 과점은 다수의 공급자가 지배

- **독점과 과점** : 경쟁에 의해 움직이는 시장은 혁신을 장려하고 가격을 낮추어 사회에 이익이 된다. 하지만 이미 19세기 중반에 마르크스가 지적한 것처럼 경쟁은 경쟁자들을 제거하고 산업현장에서 기업의 수를 감소시키고, 남은 기업의 힘을 증가시킨다. 궁극적으로는 하나의 기업[**독점**(monopoly)]이나 몇 개의 기업[**과점**(oligopoly)]만이 산업을 지배하게 되고, 혁신의 압박이나 가격인하의 압력은 급격히 축소된다. 기업의 집중은 대기업이 불균형적으로 가격과 생산량에 영향을 주고, 노동력을 착취하고, 환경을 오염시키고, 소비자에게 부당한 가격을 부과하고, 정부정책을 통제할 수 있게 된다. 다국적기업이 등장함에 따라 지역발전은 갈수록 원거리에 있는 의사결정자와 다공장기업들에 의해 좌우되고 있다. 이들의 투자와 일자리 배치는 지역의 우선순위가 아니라 기업의 이익에 따라 결정된다.
- **부정적 외부효과** : 외부효과는 거래의 당사자들이 지불하지 않은 시장활동의 결과로 나타나는 사회적 비용(혹은 이익)이다. 예를 들어 택시를 타고 이동할 때 승객에게는 거리이동의 편익이, 택시기사에게는 요금의 편익이 주어지지만, 환경오염과 교통체증의 증가라는 사회적 비용이 발생한다. 외부효과가 의도하지 않은 효과이든지, 의도적인 태만의 문제이든지, 혹은 그 사이의 문제이든지 간에 소유권의 제한이나 소유권에 부적절한 압력이 된다. 유명한 사례가 제조업 · 광업 · 어업 등에서도 나타나는데, 공기 · 땅 · 물 · 생선 스톡을 '자유'('자유로운 접근' 혹은 규제받지 않는) 자원으로 간주하고, 직접적인 이윤을 얻기 위해 지속가능성을 고려하지 않고 소진시키거나, 비용을 지불하지 않고 오염을 발생시키는 데 이 자원들을 이용하는 것이다. 물론 소유권이라는 것이

표 1.3 시장실패의 지리학적 관점

시장실패 유형	지리학적 관점
소득 불균형 : 시장은 부자와 빈자 간의 커다란 소득격차를 만들어낸다.	빈곤은 개발도상국, 특히 농촌지역에 널리 퍼져 있지만 선진국의 도시와 농촌지역에도 존재한다.
파열 : 공급이 수요를 초과하면 불경기가 오고 산출은 감소한다. 불황은 장기적인 실업으로 인한 구조적인 위기이다.	불황의 효과는 경제구조에 따라 공간적으로 불균등하게 나타난다. 선진국의 불황은 국제적으로 영향을 준다.
붐 : 수요가 공급을 초과하면 인플레이션이 오고 가격이 상승한다. 초인플레이션은는 고정 소득자에게 큰 위기이며 전반적인 안정을 위협한다.	인플레이션은 특정 지역에서 붐이 있을 때 전형적으로 시작되며, 생활비의 급격한 상승을 가져오고 타 지역으로 확산된다.
독점 : 독점이나 과점에 의해 시장에는 자본집중이 되고, 궁극적으로 독점적인 기업이 경쟁, 소비자와 노동자의 권리를 위협한다.	기업 본사가 핵심지역에 지리적으로 집중하면, 주변지역은 다국적기업의 통제에 놓이게 된다.
공공재 : 공공재는 모든 사람에게 접근성이 고르게 보장되어야 하는데, 시장은 공공재에 투자를 적게 한다.	가난한 국가는 재정이 제한되어 있어 공공재가 적고, 강한 시장 이데올로기가 존재한다.
토지이용 갈등 : 토지이용에 대해 경제, 비경제적 이해충돌이 있다.	토지이용 갈등은 전 세계적인 일이며, 특히 열악한 자원중심의 주변부 국가에서 심하다.
무보수 노동 : 시장은 가사일, 자녀양육, 자원봉사 등의 무보수 노동활동의 가치를 인식하지 못한다.	무보수 노동은 주로 저개발국가의 저소득층이나 저소득지역의 여성들에 집중되어 있다.
노동력 : 시장은 노동력을 수요에 따라 고용하고 해고할 수 있는 가변비용으로 간주한다. 결과적으로 실업과 저고용상태가 발생한다.	저개발국가에는 적정수준의 노동력 부족의 문제가 심각하다. 선진국에서도 지역적으로나 국지적으로 집중해서 나타난다.
환경악화 : 시장은 환경의 가치를 충분히 계상하지 못하고 자연을 공짜이거나 자원으로 간주한다.	인구증가와 경제성장으로 인해 세계적으로뿐 아니라 국지적 문제로도 발생한다.

자동적으로 자원의 현명한 사용을 보장하지 않기 때문에 현실은 훨씬 더 복잡하다. 유사한 유형의 시장실패로는 시장이 가치를 인정하지 않는 현상이 있다. 여기에는 돌봄서비스, 자원봉사 등에서 산소의 생산처럼 에코 시스템 서비스(삶에 필수적인 자연적인 과정)까지 다양한 스펙트럼이 있다.

- **공공재에 대한 투자실패** : 사회가 잘 기능하기 위해서는 모든 구성원이 도로, 위생 시스템, 교통 시스템, 의료 시스템, 교육, 치안, 공원, 전기, 전화, 나아가 인터넷 서비스까지 다양한 서비스에 접근할 수 있어야 한다. 하지만 시장은 이윤을 기초로 작동하기 때문에 구매력이 없는 사람에게는 상품과 서비스를 제공할 이유가 없다. 따라서 공공부문과 비정부기구에서 이윤 없이 제공하거나 지원을 통해 공공재로 제공한다. 공공재의 공급능력은 장소에 따라 편차가 심하다. 일반적으로 부유한 국가일수록 사회취

약계층에게 공공재를 제공할 수 있는 재정능력이 있지만, 공공재를 제공하는 의사결정은 국가마다 상당한 차이가 있으며, 심지어 국가 내에서도 차이가 있다.

- **정보의 비대칭성** : 정보 비대칭성은 거래의 양 당사자 사이의 정보 불균형을 의미한다. 고전적인 사례는 기회주의의 문제이다. 거래에서 정보가 많은 파트너가 정보가 적은 파트너보다 우위에 있는 경우이다. 소비자는 공급자의 상품과 서비스에 대해 배상을 요구할 때 시간이나 조사할 수단이 부족할 때 정보 비대칭성의 문제에 직면한다. 회사의 주주는 운영자가 주주를 위해 일하는지 자신을 위해 일하는지 판단이 서지 않을 때 [주인-대리인 문제(principal-agent problems)] 정보 비대칭성의 문제에 직면한다. 하지만 이러한 위험은 법적인 장치(계약 등)나 우리가 가치와 규범을 공유하며 신뢰하는 사람과 비즈니스를 하도록 선택함으로써 줄일 수 있다.

이러한 시장실패의 직·간접적인 영향은 경제·사회·환경적인 형태로 나타난다. 시장경제에서의 민주적인 거버넌스를 위한 중요한 사항은 이러한 영향에 대응하는 것이다. 폴라니(Polanyi, 1944)에 따르면 19~20세기의 자본주의 사회는 시장을 통할하고 시장을 개선하기 위한 규제를 하는 제도(예 : 노동환경)를 발달시킴으로써 시장의 가장 큰 악영향으로부터 스스로를 보호하였다. 정부는 이 제도 중에 가장 강력하지만, 노동조합이나 비정부기구 등도 우리가 거버넌스라고 부르는 사회의 지침을 제공하는 중요한 역할을 한다.

지속가능한 발전의 과제

소득 불균형과 환경악화는 21세기 글로벌 사회가 당면한 중요한 도전(시장실패)이다. 18세기 후반 시장경제의 시작과 함께 이 두 문제는 갈수록 커졌다. 세계적인 소득 불균형은 1950년대의 소위 '발전의 10년' 시대에 공식적으로 인정되었으며, 환경악화도 그 시기에 중요한 세계적인 문제로 대두되었다. 레이첼 카슨(Carson, 1962)의 **침묵의 봄**(*Silent Spring*)과 팔리 모왓(Mowat, 1963)의 **울지 않는 늑대**(*Never Cry Wolf*)가 관심을 모았던 당시의 책들이다. 1987년 소득 불균형(빈곤)과 환경악화 문제는 UN 환경과 발전의 세계위원회(브룬트란트 위원회)가 환경적인 가치를 유지하면서 빈곤과 소득 불균형을 줄이는 목표를 제시한 **지속가능한 발전**(sustainable development)의 개념을 제시함으로써 긴급한 이슈가 되었다.

지속가능한 발전 오랜 기간 환경피해를 주지 않고 유지할 수 있는 경제성장

소득과 에너지 소비의 세계적인 불균형을 고려하면 이러한 도전들의 범위가 명확해진다.

세계적인 소득 불균형

소득을 측정하는 표준적인 방법은 1인당 **국내총생산**(gross domestic product, GDP) 이다. 이는 1년 동안 한 국가에서 생산한 (중간재를 포함하지 않은) 최종 재화와 서비스의 시장가치의 총합이다. 2012년 미국은 세계최대의 경제국으로 국내총생산이 16,245조 달러로 8,227

국내총생산(GDP) 한 국가 내에서의 특정 기간(주로 1년) 시장 관련 활동의 총가치. 국민총생산(GNP)은 국내총생산에 해외 국민의 소득을 더한 것임

조 달러인 중국, 5,959조 달러인 일본, 3,428조 달러인 독일, 2,612조 달러인 프랑스보다 월등히 높았다. 이 5개국은 전 세계 190개 국가 국내총생산의 50.3%(72,420조 달러)를 차지한다. 1인당 국내총생산은 평균소득에 대한 지수와 평균적인 생활수준(과 빈곤)에 대한 지표를 보여준다. 국제통화기금(IMF)은 국가 간 구매력의 차이(부유한 국가보다 가난한 국가에서 1달러로 구매할 수 있는 상품이 더 많다)를 산정하기 위해 국내총생산을 구매력평가지수(purchasing power parity, ppp)로 계산한다.

이러한 수치로 파악할 수 있는 평균적인 부는 추정치에 불과하다. 실제로 많은 국가에서 인구나 시장활동을 정확히 계산하기는 어렵다. 여기에 비시장활동은 여기에 포함조차 되지 않는다. 국내총생산과 인구를 추정하기가 더 어려웠던 예전에는 1인당 국내총생산은 소득분포에 아무런 시사점도 주지 않았다. 하지만 1인당 국내총생산은 소득과 평균 생활수준을 대략 추정하는 데 유용하다. 전 세계의 부의 분포를 연구한 앵거스 메디슨(Maddison, 2007)은 16세기까지는 모든 국가의 1인당 국내총생산(ppp)이 거의 동일했다고 한다. 그 후 유럽은 산업혁명과 식민지화를 통해 19세기 초반까지 점차 상대적으로 부유해졌다. 이때부터 세계적인 소득불균형이 급속하게 증대되었다. 예를 들어 메디슨은 1700년대에는 북서유럽의 12개 국가의 평균 국내총생산(ppp)이 세계 평균보다 1.5배 높았으며, 1820년에는 1.8배, 1973년은 2.8배, 2007년은 3.1배로 추정한다. 미국의 경우에도 1700년대에는 세계 평균과 같았으나, 1820년에는 서유럽과 같아졌고, 1973년에는 세계평균의 4배, 2003년에는 5배 정도가 되었다. 가장 가난한 아프리카지역과 비교하면 차이는 더 커진다. 예를 들어 1820년 미국과 서유럽의 1인당 국내총생산(실제 구매력평가지수)은 아프리카의 3배 정도였으며, 2003년에는 미국이 18.7배, 서유럽이 12.9배가 되었다.

부국과 빈국의 소득격차는 계속 증대하고 있다(그림 1.8). 2012년 1인당 국내총생산이 3만 달러가 넘는 부유한 국가는 32개로 유럽, 북미, 오스트레일리아, 뉴질랜드, 일본 등 산업화의 역사가 오래된 국가들이다. 반면 1인당 국내총생산 5천 달러 미만의 가난한 국가는 64개, 2천 달러 미만 국가는 34개, 1천 달러 미만 국가는 8개나 된다. 이러한 최빈국은 주로 아프리카와 방글라데시 등 아시아의 국가들이다.

지난 20여 년 동안 세계의 소득분포는 중요한 변화를 보여준다. 국내총생산으로 측정한 절대적 경제규모를 보면, 브라질(7위), 인도(10위), 중국(2위)이 2012년 세계 톱 10국가에 진입했다. 1인당 국내총생산으로 보면 싱가포르, 홍콩, 한국, 대만 등이 쿠웨이트와 사우디아라비아(이 국가들은 소득분포가 상당히 왜곡되었지만) 등과 같은 석유생산국가와 함께 부유한 국가에 합류했다. 하지만 빈국과 부국 간의 소득격차는 갈수록 심화되고 있다. 미국의 1인당 국내총생산은 증가하지 않았지만, 34개의 2천 달러 미만의 가난한 국가들이 미국을 따라잡기 위해서는 50~100% 성장해야 한다. 인구규모가 큰 중국과 인도는 이 문제가 심각하다. 지난 20여 년 동안 중국의 경제는 놀랄 만큼 성장했고, 인도도 상당한 모멘텀을 획득했지만, 중국의 1인당 국내총생산은 9,233달러로 미국(49,965달러)의 1/5 수준밖에 되

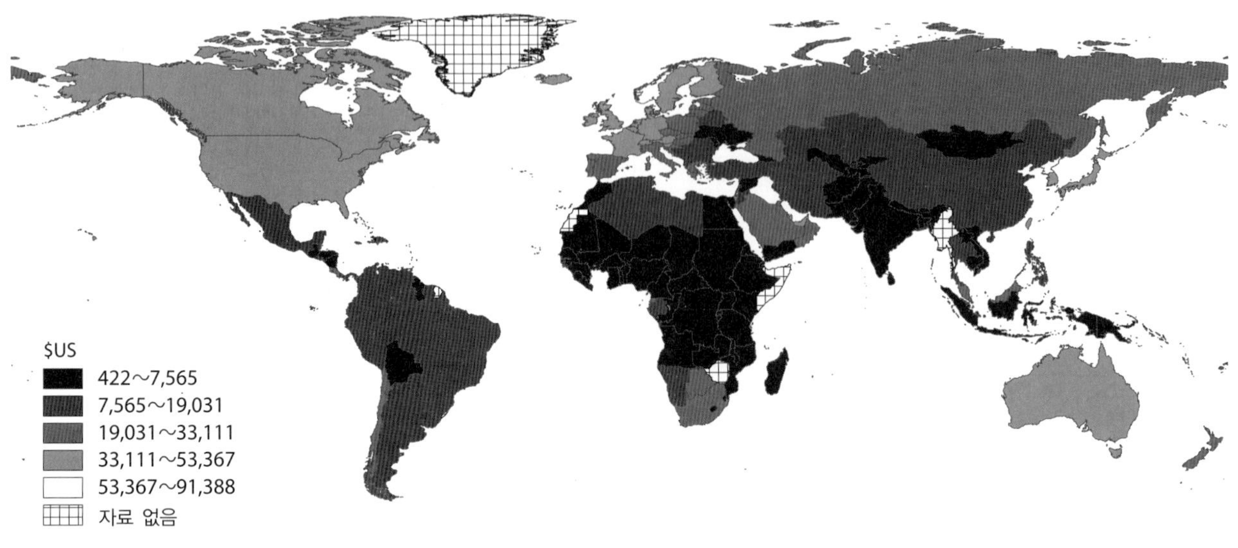

그림 1.8 1인당 GDP의 국가별 분포(2012년경)

지 않으며, 인도의 3,876달러는 1/13밖에 되지 않는다.

빈곤과 소득 불균형은 서로 연관되어 있다. 빈곤한 사람은 단순히 가난한 것만이 아니라 '적절한' **생활수준**(standard of living)을 유지할 수 있는 수단이 없다. 세계인구(약 30억 명)의 절반가량이 하루에 2달러 이하로 살고 있다고 추정한다. 7억 9,000만 명은 만성적인 영양실조에 시달리고 있으며, 실업과 저취업이 만연하고 있다. 특히 5세 이하의 아동들은 위험에 처해 있다. 유니세프의 추정에 따르면 빈곤한 가정의 아이들은 하루에 3만 명 정도가 사망하고 있다.

생활수준 개인이 사회적으로 수용가능한 범위에서 건강하고 생산적인 삶을 영위할 수 있는 능력. 주로 국제적인 비교를 위해 1인당 국내총생산으로 측정함

우리는 국제적, 국내의 지역적 부와 빈곤의 극심한 차이에 대해서 관심을 가져야 하는가? 시장은 아마 다음과 같이 대답할 것이다. 사람들은 자신의 가치만큼 받고 있지 않냐고. 하지만 소득의 극심한 격차는 윤리적으로 혐오스러운 일이다. 시장은 공정하게 운영되는 일이 거의 없다. 부의 축적은 다음 세대로 이어지기 때문에 사람들의 시작점이 공평하기는 어렵다. 소득격차가 확대되어서 나타나는 경제적인 문제도 있다. 저소득과 빈곤은 국가의 총체적인 구매력, 생산성, 참여역량을 약화시키고, 인구의 많은 부분이 배제됨으로써 사회 · 정치적 혼란을 야기한다. 규제받지 않는 시장은 이러한 문제들을 해결할 수 없다.

세계적인 에너지 소비

경제성장과 함께 환경문제도 극심해져서 이제는 국제적인 이슈가 되었다. 기후변화는 인간의 활동에 의해 강한 영향을 받으며 기온, 해수면, 수자원의 이용가능성, 기후패턴 등이 급작스럽게 변한다는 사실은 널리(보편적은 아니더라도) 알려져 있다. 특히 이러한 변화의 세계적인 영향은 가난한 국가에 더 극심하다. 환경에 대한 인간의 영향 가운데 에너지소비와

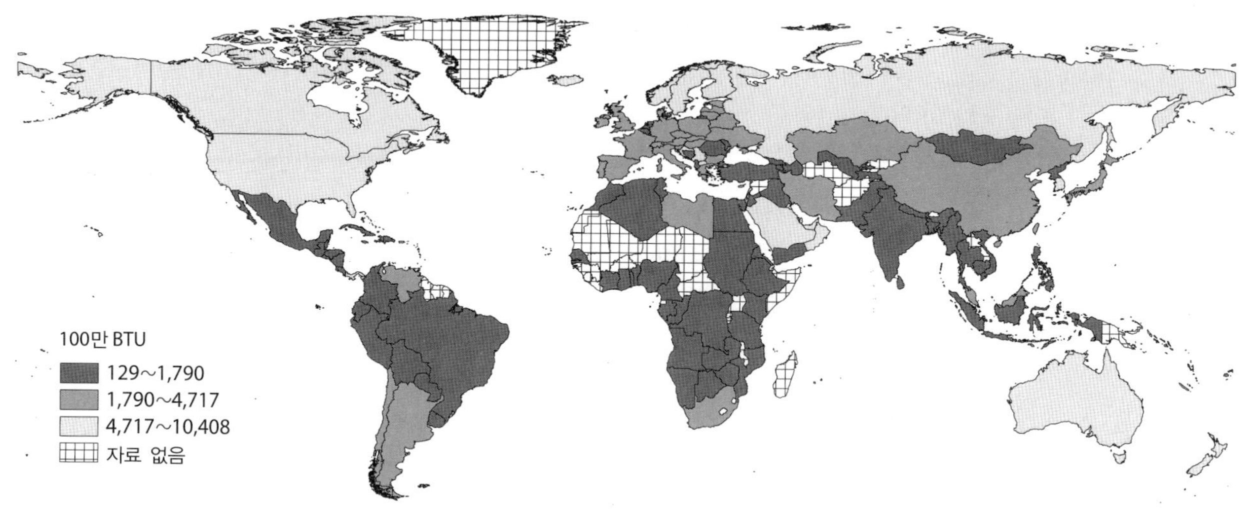

그림 1.9 1인당 기본 에너지 소비의 국가별 분포(2011~12)

관련된 영향이 가장 강력하다. 사실상 기후변화는 전 지구적인 환경문제의 전조현상이 되었다. 19세기 후반 이후 화석연료의 엄청난 채굴은 산림황폐화와 함께 석탄, 석유, 천연가스 등이 이산화탄소를 증가시켰고, 이는 온실가스로 작용하여 지구 대기권과 해양에 열을 가둬두는 효과를 일으켰다. 과학계는 20세기에 인간의 영향(인위적인 영향)으로 인해 지구의 온도가 1°F 상승했으며, 향후 수백 년간 5~9°F 상승할 것이라고 예측한다. 이는 해수면 상승, 빙하용해, 극심한 기후 등 많은 영향을 줄 것이다.

오늘날에도 세계 에너지의 대부분은 석유와 석탄 등 비재생 화석연료로부터 온다. 따라서 에너지의 생산과 1인당 소비(1인당 원유환산 kg)는 환경에 대한 영향을 비교할 수 있는 지표를 제공해준다(그림 1.9). 일반적으로 부유한 국가, 쿠웨이트 · 바레인 · 아랍에미리트 등 석유수출국가, 아이슬란드 · 지브롤터 등 소국가 등은 그림 1.9에서 보듯이 에너지소비 상위 카테고리를 차지한다(1인당 원유 환산단위 4,000~7,000kg 구간과 7,000kg 이상 구간). 반면 가난한 국가에서는 에너지 소비가 1인당 원유 환산단위 1,000kg 이하이며, 15개 국가에서는 이의 절반 정도밖에 되지 않는다. 동시에 중국과 인도의 에너지 소비는 미국과 캐나다의 1/3과 1/10수준(독일의 1/2과 1/6 수준)이다. 따라서 에너지 소비의 불균형은 대략 1인당 국내총생산(ppp)의 불균형과 유사하다.

이러한 현상의 '명백한' 함의점은 경제적으로 발전(국내총생산의 증대)하기 위해서는 에너지 소비를 증가시켜야 한다는 점이다. 다시 말해 발전과 환경은 상쇄관계(trade-off)에 있다. 중국과 인도가 세계인구의 절반 정도를 차지한다는 점을 고려하면, 두 나라의 성장이 환경에 미칠 영향은 심대하다고 할 수 있다. 하지만 한 시점에서의 소득과 에너지 데이터는 변화 과정을 보여주지는 않는다. 대부분의 부유한 국가들은 에너지사용 효율을 개선하고 환경적 영향을 줄이는 정책을 시행하고 있다. 중요한 점은 시장경제는 매우 혁신적이어서 소득과 에너지의 연계관계가 재편될 수도 있다는 점을 인식하는 것이다(제3장 참조).

대항력

완전경쟁모델에서는 개별 생산자와 소비자는 가격이나 다른 선택에 영향을 줄 힘이 없다(그림 1.1~1.4). 하지만 현실 세계에서의 시장은 다국적기업 등에 의해 지배받는 시장권력의 심각한 불균형이 존재한다. 완전경쟁모델과는 반대로 거대기업이 존재하는 시장에서는 소수의 판매자밖에 없다. 독점(하나의 판매자만 있는 산업)은 거의 드물고 과점(소수의 판매자가 지배하는 산업)이 현대 시장경제의 지배적인 모습이다. 과점체제에서는 경쟁자의 행동이 상호 의존적이다. 가격결정, 광고, 투자 등에 대한 의사결정과 입지 의사결정이 경쟁자의 의사결정에 강하게 영향을 받는다. 다국적기업은 그 규모와 지리적 영향범위가 커서 공공정책과 국가와 지역발전에 미치는 영향이 막강하여 시장경제에 거대한 그림자를 드리운다.

1800년대 미국의 석유산업을 독점화한 록펠러의 스탠더드 오일회사에서 시작하여 초대기업의 지배력은 자본주의와 산업화의 새로운 장을 열고 있다. 과점도 시장경제를 지배하고 있는데, 다국적기업이 먼저 자원부문과 제조업부문을 지배했으며, 최근에는 서비스부문도 과점적 지배를 하고 있다. 초거대기업은 시장지배만이 아니라 매출에 있어서도 막대하다(표 1.4). 2012년 월마트, 엑손, GM의 자산은 3천 5백만 명의 국민을 책임지고 있는 캐나다 연방정부의 예산보다 더 높았다. 일본의 경제평론가가 지적했듯이 현대의 시장은 '**보이지 않는 손**(invisible hand)'과 완전경쟁모델에 의한 수많은 독립적인 공급자와 생산자로 이루어지기보다는 '직면한 경쟁(face-you-can-see competition)'이다.

보이지 않는 손 시장의 (완전)경쟁 조건하에서 자기조절 운영방식을 애덤 스미스가 묘사한 용어

대부분의 초거대기업의 힘은 수많은 국가에서 운영하는 기업의 규모와 지리적 범위와 비즈니스 트렌드를 전 세계적으로 조사할 수 있는 능력에서 나온다. 따라서 거대 다국적기업은 수많은 시장을 판매하는 상품과 서비스의 양과 질, 가격을 통해서 통제한다. 이러한 조

표 1.4 4대 다국적기업과 4국가의 비교(2012)

국가	국내총생산(백만 달러)	다국적기업	매출(백만 달러)
캐나다	1,821.4	엑손 모빌	482.8
오스트레일리아	1,532.8	월마트	443.9
네덜란드	700.6	로열더치셸	467.1
스웨덴	523.8	BP	375.8

국내총생산은 세계은행자료임(http://siteresources.worldbank.org/DATASTATISTICS/Resources/GDP.pdf). 2014년 2월 접속. 국내총생산은 국가의 전반적인 부의 척도임. 기업의 매출은 포춘의 미국 500대 기업 자료

정형 시장은 개방형 시장 경쟁의 영향에서 벗어나 있다. 더욱이 초거대기업의의 규모와 지리적 확산을 통해 정부, 노동자, 공급자에 대해 월등한 협상력을 가지고 있다. 다국적기업은 수요와 공급을 '주어진' 조건으로 수용하기보다는 자신의 이해관계에 맞추어 변형시키고자 한다. 다국적기업은 다른 대안의 고객이 없는 공급자에게 가혹한 협상을 강요해 비용을 감소시키고, 특정 장소에서 투자회수나 이전할 것이라는 압력을 통해 임금, 세금, 에너지비용과 기타 투입비용 감소를 위한 협상을 한다.

거대기업의 힘에 대한 사회적 함의점은 다양하다. 이러한 기업의 사회적 정당성은 사회의 물질적 수요를 담당하는 능력에서 나온다. 기술발전에는 엄청난 비용이 소요되고 비용감소와 신기술발전의 불확실성에 대응하기 위해서는 대규모 운영이 필수적이다. 반면에 기업이 자신의 힘을 소비자, 노동자, 중소 경쟁업체, 주주, 정치인 혹은 환경을 착취하는 데 쓴다면 사적인 이익을 위해 사회의 관심을 경시하는 것이다. 거대기업의 사회적 영향을 어떠한 방법으로 판단하든 간에, 시장경제의 제도주의적 모델은 거대하고 강력한 기업은 시장경제에 내재하는 특성이라고 인식한다. 거대기업의 힘은 절대적인 것이 아니라 '대항'하는 힘에 의해서 균형 잡히게 된다. 존 케네스 갤브레이스(John Kenneth Galbraith)는 1960년대에 선도적으로 이러한 견해를 피력했다. 그는 거대기업은 큰 정부와 강한(조직화된) 노동력이 경쟁하는 거대기업과 함께 대항력(countervailing power)을 통해 견제해야 한다고 주장했다(그림 1.10). 갤브레이스는 여기에서 개별 소비자는 의도적으로 배제했는데 소비자가 상대적으로 영향력이 약하다는 것을 강조하고, 당시에 지배적이었던 소비자주권의 중요성 대해 반박하기 위해서였다.

갤브레이스의 주장은 오늘날에도 여전히 유효하다. '강한 노조'는 수십 년 전에 비해 상대적으로 약해졌지만 다양한 유형의 비정부기구는 시장활동을 형성하는 데 더욱 중요해졌다(그림 1.10b). 대항력은 다른 힘과 갈등하는 것이지만, 모든 산업사회에서 일상적인 관습을 형성하는 방식으로 협력적으로 작동한다. 예를 들어 노조와 기업은 서로 다르지만 공동

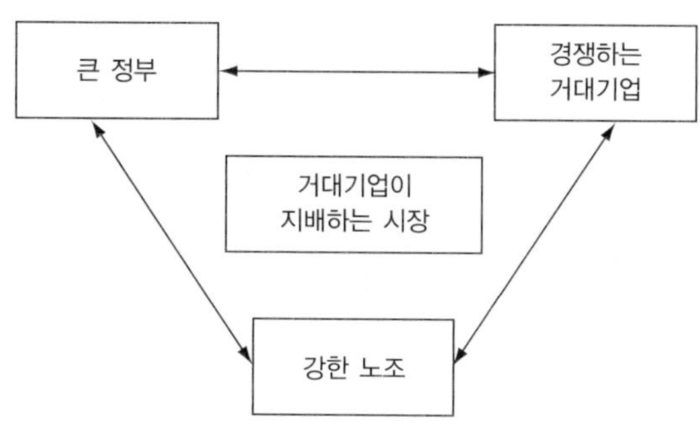

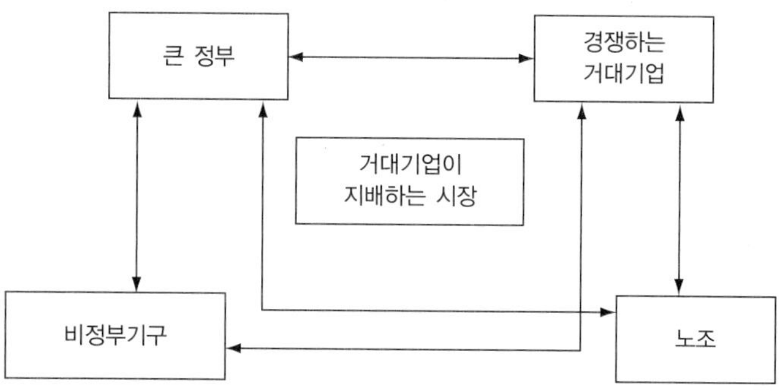

그림 1.10 갤브레이스의 대항력의 도식

의 이해관계에서는 상호 용인할 수 있는 이익을 얻기 위해 협력한다. 마찬가지로 환경 비정부기구는 거대기업에 적대적이지만, 그들이 추구하는 환경목표를 위해서는 다국적기업에 협력하여 함께할 수도 있다. 기업을 추동하고 이해관계를 조절하는 정부의 역할도 이와 유사하게 복합적이다.

결론

시장은 인간이 만든 가장 효율적인 자원배분 수단으로 스스로 진화하고 있다. 이 효율성의 주요 이유 중의 하나가 운송비의 절약만이 아니라 탐색과 거버넌스의 거래비용을 엄청나게 줄일 수 있도록 사람들을 교환으로 이끄는 시장의 지리학이다. 경제발전을 촉진하는 시장의 힘은 제2, 3장에서 다룰 것이다. 제2장에서는 도시화와 규모의 경제를, 제3장에서는 혁신을 다룬다. 시장실패의 위험은 모두 충분히 인지하고 있으며, 모든 사회는 시장이 더 잘 작동하도록 돕기 위해 규율을 하고 있다. 외부간섭 최소화론자들은 다음의 두 가지 신념이 있다: 시장은 공급자와 소비자가 자기이익을 추구하는 것을 통해 스스로 조절하며, 이러한 자기이익의 집합적 추구가 항상 사회의 최대 이익과 부합한다는 것. 강한 외부 간섭론자들은 이러한 사적 이익과 공적 이익 사이의 단순한 방정식을 거부하고 외부의 거버넌스가 사회적 목적달성을 위해 필요하다고 주장한다. 거버넌스의 본질과 범위에 관해서는 불가피하게 수많은 논쟁이 있다. 이러한 논쟁은 정부, 비정부기구, 노동계, 자신의 영역을 보호하고 글로벌 경제체제에서 공정한 대우를 추구하는 다른 행위주체자들에 의해 크게 영향을 받는다. 우리는 이 책의 전반에서 이러한 대항력의 활동을 살펴볼 것이다.

연습문제

1. 이베이에서 쇼핑을 한 경험이 있는가? 경험이 있거나 없거나 그 이유를 설명하고, 이러한 인터넷 쇼핑을 신뢰하는지 설명해보자.
2. 파머스 마켓이 최근 빠르게 증가하고 있는 이유를 설명해보자. 지역의 파머스 마켓을 답사하여 농산품이 어디에서 생산되어 어떠한 경로로 오는지 찾아보자. 소비자는 왜 파머스 마켓에서 구입하는가?
3. 거래비용과 고차상품을 정의해보자. 고차상품의 구입 시 발생하는 거래비용에 대해 설명해보자. 여기에서 교훈은 무엇인가?
4. 유기농 재배상품을 구입하는 프로젝트를 실행해보자. 유기농 재배상품을 구입하는 논리와 구입하지 않는 논리는 무엇인가?

5. 여러분이 거주하는 지역에서 시장실패의 사례를 관찰하고 수업시간에 토론해보자.

핵심용어

가치사슬	대항력	수요곡선	재산권
개방형 시장	도덕적 해이	시장	제도
거래비용	독점	시장경제	조정비용
경제인	배태	시장실패	조정형 시장
공간	보이지 않는 손	신고전경제학	중심지이론
공급곡선	비공식적 제도	연계형 시장	지속가능한 발전
공식적 제도	상품의 범위	완전경쟁	집적
과점	생활수준	임계치 인구	
국내총생산(GDP)	세테리스 파리부스	장소	

추천문헌

애덤 스미스의 『국부론』(Adam Smith, The Wealth of Nations, 1776), 카를 마르크스의 『자본론』(Karl Marx, Capital, vol. I, 1867), 베블런의 『유한계급론』(Thorstein Veblen, The Theory of the Leisure Class, 1899 등)은 시장에 관한 고전적 저작으로 서로 다르지만 중요한 관점을 제시한다. 또한 이 세 관점에 대한 비교분석과 비판은 로버트 하일브로너의 『세속의 철학자들 : 위대한 경제사상가들의 생애, 시대와 아이디어』[R.L. Heilbroner's The Worldly Philosophers: The Lives, limes and Ideas of Great Economic Thinkers(1972)]도 참고할 것. 하일브로너의 연구는 위대한 경제학자들의 사상이 어떻게 그들이 살았던 시대와 장소를 반영했는지 보여준다.

올리버 윌리엄슨의 『시장과 위계』(O.E. Williamson, Markets and Hierarchies, 1975)는 거래비용의 본질에 대한 관심을 재점화했다.

후쿠야마의 『신뢰: 사회도덕과 번영의 창조』(Fukuyama, F. 1995. Trust: *The Social Virtues and the Creation of Prosperity*. New york: Free Press)는 경제발전에 미치는 신뢰의 역할에 대한 논쟁을 불러일으킨 도발적인 저서

그라노베터의 논문, "경제활동과 사회구조: 배태성의 문제"(Granovetter, M. 1985. "Economic action and social structures: The problem of embeddedness" *American Journal of Sociology* 91: 481-510)는 배태성에 대한 논쟁을 촉발한 글이다.

라이펜슈타인과 헤이터의 논문, "일본 국내 목재경매와 유연적으로 전문화된 임업"(Reiffenstein, T, and Hayter, R. 2006. "Domestic timber auctions and flexibly specialized forestry in Japan." *The Canadian Geographer* 50: 503-525)은 일본에서의 시장경매의 본질과 목재경매의 출현, 기능, 전망을 논의하고, 개방형 시장과의 유사성과 판매자와 구매자의 거래비용을 감소시키는 방식을 제시했다.

참고문헌

Allen, D.W. 2012. *The Institutional Revolution*. Chicago: University of Chicago Press.

Bestor, T.C. 1998. 'Making things clique: Cartels, coalitions, and institutional structure in the Tsukiji wholesale seafood market'. Pp. 154-80 in M.W. Fruin, ed. *Networks, Markets, and the Pacific Rim, Studies in Strategy.* Oxford: Oxford University Press.

Bestor, T.C. 2004. *The Fish Market at the Center of the World.* Berkeley: University of California Press.

Carson, R. 1962. *Silent Spring.* Boston: Houghtom Mifflin.

Fukuyama, E 1995. *Trust: The Social Virtues and the Creation.* York: Free Press.

Galbraith, J.K. 1967. *The New Industrial State.* Boston: Houghton Mifflin.

Mowat, F. 1963. *Never Cry Wolf.* Toronto: McClelland and Stewart.

제2장

진화하는 공간분업

수많은 이익이 창출되는 분업은 원래 인간의 지혜로 인한 효과가 아니다. … 분업은 비록 무척 느리고 점진적이지만 인간본성의 특정 경향, 즉 하나의 물건을 다른 것과 교환, 교역, 대체하려는 필요에 의해 나타나는 결과이다.

(Smith, 1986[1776]: 117)

• • •

순환적 인과 때문에 사회적 과정은 누적적이 되는 경향이 있고 가속적으로 속도가 빨라진다.

(Myrdal, 1957: 13)

제2장에서는 시장, 규모의 경제, 진화하는 공간분업 간의 관계를 탐구한다. 특히 도시화 경향과 가치사슬의 조직과 연관된 관계를 파악한다. 주요 내용은 다음과 같다.

- (공간)분업의 설명과 도시화와 경제발전과의 관계를 알아본다.
- 내부경제효과, 외부경제효과, 규모의 불경제를 탐구한다.
- **공간 승수효과**(geographic multiplier) 개념을 소개한다.
- 도시화와 탈산업화를 누적적, 경로의존적 과정으로 파악한다.
- 세계화를 자유무역논쟁과 글로벌 가치사슬과 연관해서 탐구한다.

제2장은 2개의 절로 이루어져 있다. 1절은 규모의 경제의 다양한 유형을 정의하고, 도시화와 연관된 규모의 경제의 효율성(비효율성)의 누적적 함의점을 설명한다. 2절은 국제무역에서 규모의 경제의 의미, 자유무역과 세계화의 논쟁점, 가치사슬의 (글로벌) 조직에 대해 탐구한다.

공간 승수효과 한 지역에서 새로운 발전의 초기 경제적 영향에 대한 총경제적 영향의 비율

공간분업의 기초

제1장에서 살펴보았듯이 시장은 특정 유형의 거버넌스에서 작동하는 교환 시스템이며 가치사슬과 교역을 통해 상호 연계되어 있다. 18세기 후반에 애덤 스미스는 시장의 진화와 인간의 '물물교환과 교환'을 하고자 하는 성향은 분업(혹은 전문화)과 연관되어 있고, 이는 생산성의 향상을 추동한다. 애덤 스미스는 전문화는 활동의 규모를 증대시킴으로써 잠재적

으로 평균생산비를 감소시킨다고 주장했다. 따라서 생산의 전문화는 교환(교역)을 촉진하기 위한 시장의 창출에 의존한다. 나아가 이러한 시장, 전문화, 규모의 경제의 공진화(co-evolution)는 세계경제지리의 근본적인 변화를 추동한다. 특히 농촌중심의 경제에서 도시중심의 경제로의 전환을 추동한다. 부유한 서구의 국가들에서는 오랜 기간 높은 도시화가 진행되었으며, 현대에는 가치사슬의 세계화, 세계 모든 지역의 급속한 도시화, 중국과 인도에서의 엄청난 규모의 이촌향도의 이주가 전례 없는 규모로 이루어지는 전환이 나타나고 있다.

분업 여러 사람에게 특정 업무를 분배하는 일. 작업과 장소의 분배도 한다. '전문화'라고도 한다.

공간분업 장소나 공간상에서 특화된 작업의 분배

전문화 또는 **분업**(division of labour)은 한 사람이 다양한 임무를 수행하지 않고 사람들이 각자의 특화된 기술에 따라 특정 임무를 수행하는 것이다. **공간분업**(spatial division of labour)은 특정 유형의 작업이 각각 다른 장소에서 이루어지는 것으로 경제지리학의 주요한 임무는 장소에 특화된 기능과 이 기능이 국가적 · 국제적으로 통합되는 양식을 이해하는 것

사례연구 2.1 | 규모의 내부경제

- **용량-면적의 법칙** : 자본장비의 용량을 증대시키면(와인통, 정유시설, 비행기 등), 용량은 세제곱으로 증가하는 반면에, 저장고가 차지하는 면적은 제곱으로 증가하기 때문에 규모의 경제가 창출된다. 즉, 산출이 증가함에 따라 저장고를 생산하는 데 필요한 원자재의 비용도 증가하지만 산출 용량에 비례하는 수익보다 원자재의 비용은 적게 소요된다.
- **다수의 원칙** : 생산과정이 연계되었을 때, 생산의 각 단계에서는 서로 비용이 다른 특정 장치를 필요로 한다. 생산의 흐름을 조정하기 위하여 공정의 각 단계에서 필요한 기계장비의 수를 조정한다.
- **에너지비용 감소** : 연계된 생산과정을 한 장소에서 통합하면 에너지비용을 절약할 수 있다. 예를 들어 펄프는 운송을 위해 묶음으로 만들어야 하고, 제지과정에서 다시 펄프작업을 해야 한다. 따라서 펄프작업과 제지과정이 한 장소에서 이루어지면 운송비용뿐만 아니라 재펄프작업에 필요한 에너지비용을 절감할 수 있다.
- **장비보관량** : 생산과정에서 시기나 장소에 따라서 필요한 기계장비가 다를 수 있다. 이를 위해 기계장비를 보관한다.
- **특화 자본과 노동의 역동적 상호 의존성** : 와인저장고에 투자해 용량을 2배로 늘린 와인생산업자는 적은 노력으로 생산량을 증대시킬 수 있다. 마찬가지로 상품운송 트럭의 하적용량을 증가시키면 휘발유, 라이선싱비용, 유지비용 등의 용량-면적의 법칙에 의한 비용절감뿐만 아니라 트럭이 커져도 운전사가 한 명만 필요하기 때문에 비용절감이 이루어진다.
- **기술변화** : 지난 30여 년간의 극소전자기술 등의 기술변화는, 품질관리와 범위의 경제를 통한 제품 다각화의 가능성을 향상시켰다. 제재소의 경우 톱의 버튼 하나가 목재 종류와 시장요구 조건에 의존하는 절단과정을 변화시킨다. 이러한 '기술적' 경제는 모든 조직에서 일반적이며, 지역경제나 국가경제에서도 중요하다.

석유 탱크, 대형 트럭, 철 · 강철 공장, 조립라인, 제지공장 등은 규모의 경제를 추구하면서 커지고 빨라졌다. 예를 들어 1912년의 첨단제지 기계장비는 연간 3만 9,000Mt을 생산하기 위하여 분당 650피트를 돌렸지만, 1980년에는 같은 수의 노동자가 연간 22만 톤을 생산하기 위하여 새로운 기계로는 분당 3,500피트를 돌렸다. 유조선의 경우 연안운반선 5만 톤급(재화중량, deadweight)에서 초대형 유조선은 55만 톤까지 있다. 제지공장과 유조

이다. 기업 내에서 업무의 분배는 내부의 분업을 창출한다. 이를 **사회적 분업**(social division of labour)이라고 하며, 업무가 사원들 간이나 기업 간에 조직될 때 사회적 분업이 이루어진다.

분업의 목적은 집합적인 **규모의 경제**(economies of scale)라고 알려진 효율성의 이득을 얻기 위한 것이다. 일반적으로는 생산의 증대, 특히 평균비용의 감소는 개별 작업(공장, 작업장, 사무소)이나 회사의 규모의 증대를 유발한다(사례연구 2.1). 이를 **규모의 내부경제**(internal economies of scale)라고 한다. **규모의 외부경제**(external economies of scale)는 기업이 사회적 분업으로 인한 이익을 의미하며 도시에 입지(도시화 경제)하거나 집적의 경제적 이익(클러스터)으로부터 얻는 평균비용의 감소를 말한다. 하지만 마찬가지로 규모가 커지면 손해도 나타날 수 있다. 이를 **규모의 내부 불경제**, **규모의 외부 불경제**라고 한다. 사실상 경제성장은 혼잡과 오염의 문제와 연결되어 있어서 규모의 경제와 규모의 불경제는 공존한

사회적 분업 한 경제 내에서 기업 간 업무를 분배하는 일. 주로 소기업이 중요한 역할을 담당할 때 사용한다.

규모의 경제 특정 활동의 규모를 증대시켜서 얻는 평균생산비용의 감소

선은 가격이 비싸지만 총용량에 익숙해질 때까지 (생산과 운반의) 평균비용을 감소시킨다.

동시에 규모의 경제는 위험을 증가시킨다. 중형 유조선 엑손 발데스호가 1989년 5,310만 갤런의 석유를 싣고 알래스카의 프린스 에드워드해협에서 산호초에 좌초되어서 1,000만 갤런의 석유를 해협에 유출시키고 심각한 환경피해를 야기했다. 석유제거작업에는 20억 달러의 비용이 소요되었으며, 엑손사는 추가로 5억 달러의 징벌적 손해배상을 선고받았다. 이 재해로 인한 유일한 이익은 아마도 유조선을 이중선체로 건조하도록 규정하게 된 사실일 것이다. 2010년에는 걸프만에서 딥워터 호라이즌호의 석유유출사건이 일어났는데, 역사상 가장 큰 규모의 석유유출사건으로 BP사는 출구를 열어 2억1,000만 갤런의 석유를 걸프만에 쏟아부었다. 이로 인해 어마어마한 규모의 환경재해와 경제적 손실이 있었고, 11명의 인명을 앗아갔다.

© Accent Alaska.com/Alamy

순환적 · 누적적 인과 상호 의존적이고 자기강화적인 사회적 과정. 특히 오랜 기간 특정 방향으로 강화되는 현상을 의미

경로의존 행위 의사결정의 경향. 예를 들어 기업이 신기술의 발전으로 상황이 바뀌었어도 과거의 의사결정에 제약받는 상태. 비효율적인 실행이 되는 '고착화'와도 관련이 있다.

세계화 다의적 용어. 경제지리학에서는 자본주의 발전의 현 단계를 의미하는 약칭으로 쓰임. 모든 유형의 국제 네트워크의 강화와 시장과 정부의 질적 관계의 변화, 국가와 지역발전에 외생변수의 역할의 증대 등을 의미함. 동시에 환경문제가 진정한 세계적 규모로 확대됨을 의미함

다. 나아가 규모의 경제와 규모의 불경제는 역동적이고 강력해서 도시화의 폭넓은 자기강화적 사회적 과정 혹은 도시쇠퇴에 기여한다. 이러한 과정은 오래전부터 **순환적 · 누적적 인과**(circular and cumulative causation)의 원리로 설명되었다(그림 2.1). 최근에는 지역에서 기업의 자기강화 과정, 특히 기술선택과 노동관계, 태도 등과 관련되어서는 **경로의존 행위**(path-dependent behaviour)로 설명한다.

경제지리학의 관점에서 보면 공간분업은 (1) 도시와 장소 (2) 공간상의 가치사슬의 두 가지 상호 연계되어 있는 양식으로 조직된다. 이들은 총체적으로 취락체계를 연결한다. 도시는 규모의 경제를 활용하여 특화되고 성장하면서 가치사슬은 자원과 노동력 확보를 위해 주변부까지 확장되며, 특화된 상품과 서비스의 구득과 도시에서 생산된 상품의 시장확보를 위해서 타 도시들로 확장된다. 19세기와 20세기 초반 상대적으로 시장경제가 활발하지 않았던 시기의 급속한 산업화와 함께 서유럽과 북미지역의 도시들은 강한 가치사슬 연계를 배후지역까지 확장하였다(제8장 참조). 하지만 최근에는 공간분업의 **세계화**(globalization)로 인해 전 세계의 도시와 산업의 성장을 확산시켰으며, 경쟁과 시장기회를 동시에 증가시키고 가치사슬은 더욱 공간적으로 확장되었고 복잡성이 증대하였다.

도시화, 규모의 경제, 누적적 인과

규모의 경제의 추구는 공간분업과 전 세계적인 도시화의 주요 동력이다. 영국의 경우 19세기 후반 시작된 산업혁명 시기에는 대부분이 농촌사회였다(표 2.1). 1900년까지도 인구의 절반만이 도시에 거주했으며, 2011년에는 영국의 도시화율이 90%에 이르렀다. 도시화와 경제발전과의 연계는 다른 국가에서도 찾을 수 있다. 캐나다의 경우 1950년 인구가 많지 않을 때는 도시화율이 12.5%였으나 2011년 인구의 절반이 도시에 거주한다(표 2.2). 시장경제 국가에서는 많은 도시에서 제조업 일자리가 절대적, 상대적 의미에서 점차 사라지고 서비스업 일자리가 증가하고 있다. 공간분업은 계속되는 도시화와 함께 강화되었다. 사실상 도시는 국가경제발전에서 가장 핵심적인 지역이다. 경제지리학자 플로리다(Florida, 2006)와 스콧(Scott, 2006)은 각각 창조도시와 부활하는 도시라는 개념을 통해 이러한 현상을 설명했다.

경제발전과 도시화의 강한 연계관계는 19세기에 등장한 북미와 서유럽의 산업도시의 사례에서 완전하게 볼 수 있다. 이 지역의 도시들은 완연한 제조업 특화도시로 진화하여 1970년대까지 도시의 특성을 규정했다. 셰필드(영국), 피츠버그(미국), 해밀턴(캐나다), 도르트문트(독일)의 철강산업 특화성은 이러한 진화의 모습을 잘 보여준다. 각 도시들은 지역의 '제조업벨트' 특화도시로서 역할을 담당했다. 사실상 1960년대 산업도시의 진화는 '초기 이익'이 산업투자와 혁신활동을 창출하는 누적적 인과의 선순환적 모델로서 이후 모든 유형

표 2.1 영국의 도시화(1800~2011)

	1800	1850	1890	1950	1960	1970	1980	1990	2000	2011
영국	20.3	40.8	50.3	79.0	78.4	77.1	87.9	88.7	88.9	89.2

주 : 잉글랜드와 웨일스의 인구 10,000명 이상 도시의 총인구의 비율
출처 : De Vries, J., 1984. *European Urbanization 1500-1800*, Cambridge, MA: Harvard University Press(1800-1890년).

표 2.2 세계의 도시화(1950~2011)

	1950	1960	1970	1980	1990	2000	2008~11
브라질	36.0	44.9	55.8	66.2	74.7	81.1	84.3*
캐나다	60.8	68.9	75.7	75.7	76.6	79.4	77.8
중국	12.5	16.0	17.4	19.6	27.4	35.8	49.7*
독일	71.9	76.1	79.6	82.6	85.3	87.5	88.5
인도	17.3	18.0	19.8	23.1	25.5	27.7	29.4**
일본	37.5	63.5	72.1	76.2	77.4	78.3	90.7
러시아연방	44.7	53.7	62.5	69.8	73.4	73.3	74.4
영국	79.0	78.4	77.1	87.9	88.7	88.9	89.2
미국	64.2	70.0	73.6	73.7	75.3	79.1	80.7*
합계	29.1	32.9	36.0	39.1	43.0	46.6	48.6

주 : 도시지역 인구의 비율. 중국은 홍콩과 마카오를 포함하지 않음. 국가마다 도시의 인구규모에 대한 정의가 다르므로 도시화율의 변화가 다를 수 있음. *는 2010년, **는 2008년, 다른 경우는 2011년 통계임. 영국과 독일은 센서스 자료임
출처 : De Vries, J., 1984. *European Urbanization 1500-1800*, Cambridge, MA: Harvard University Press(years1800-1890), UN Statistics Division(1950-2011년)

의 누적적 연계성장모형의 기본이 되었다(그림 2.1). 제8장에서는 도시의 경제지리학과 도시 시스템과의 상호 연계성을 구체적으로 살펴본다.

누적적 인과모델은 도시성장의 초기 이익에 대해서는 설명하지 못하지만 도시성장이 장기간에 걸쳐 특정 방향으로 진화하는 주요 메커니즘을 지적한다. 특히 새로운 시설투자와 규모의 내부 · 외부경제의 실현, 지역적 연계와 지역 공간승수효과, 혁신 등에 대해 설명한다. 이 모델은 묵시적으로 도시가 소비의 중심이며 시장교환과 교역의 핵심 역할을 담당한다고 지적한다. 제3장에서 혁신에 대해서 다루지만 규모의 경제와 승수효과의 본질은 이 장에서 다룬다. 앞서 지적한 4개의 산업도시를 포함한 도시의 탈산업화는 상호 연관된 인과요소가 장기적으로 역전된다는 것을 보여준다.

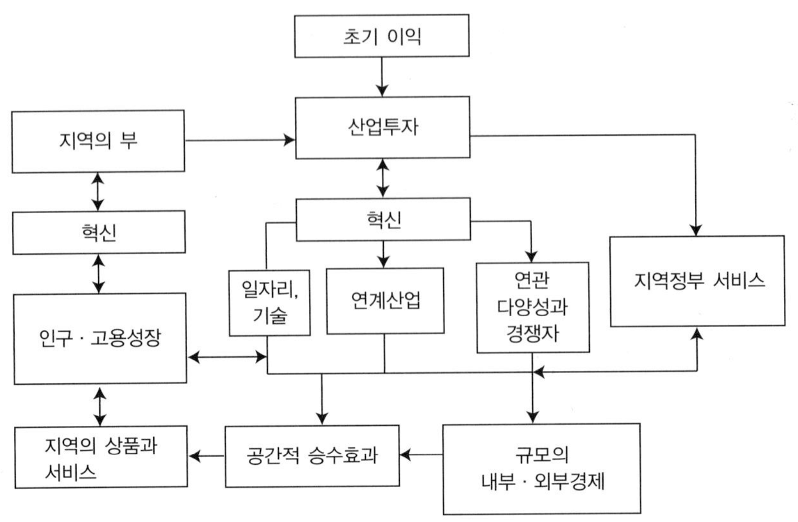

그림 2.1 선순환 · 누적적 도시화

마틴(Martin, 2010)은 경로의존 진화모델에 대한 심층적이고 현대적인 논의를 제시했다.

출처 : Keeble(1967), Pred(1964)를 기반으로 수정함

내부경제

규모의 경제는 생산의 규모를 증대시켜 총생산비용은 증가하더라도 평균(단위당)생산(혹은 서비스 전달)비용을 감소시킬 때 달성된다(그림 2.2). 대부분의 경우 이러한 경제적 이득은 신문이 대형 윤전기로 대량 인쇄되거나 석유가 대형 유조선이나 파이프라인으로 대량 운송될 때처럼(제1장 참조) 하나의 상품이나 서비스의 생산에서 획득하는 효율성을 의미한다. 반면에 **범위의 경제**(economies of scope)는 동일한 작업장, 기계, 기술로서 다양한 상품이나 여러 유형의 상품을 공급함으로써 획득하는 효율성을 의미한다. 규모의 경제와 범위의 경제는 서로 결합하여 기업이 한 공장에서 다양한 유형의 상품(예 : 목재를 다양하게 가공하거나 다양한 자동차 모델)을 대량으로 생산할 때 '유연적인 대량생산'의 형태로 나타난다. 규모의 경제와 범위의 경제는 '외부적'으로 기업 간 상호작용을 통해 성취할 수도 있지만, 한 기업이나 공장단위에서 규모의 경제와 범위의 내부경제를 추동하는 원동력이 강하다. 실제에서는 모든 규모의 기업과 공장이 규모의 경제와 범위의 내부경제와 외부경제 모두를 추구한다.

범위의 경제 기존의 자원을 이용하여 여러 유형의 상품에 대해 작업을 수행하여 평균생산비용을 감소하여 얻는 경제적인 이득

규모의 경제의 잠재력은 시장규모에 의해 철저히 제한된다는 사실은 중요한 점이다. 상품에 대한 수요가 100개 있다면 500개를 생산할 이유가 없다. 미국, 독일, 일본, 영국, 프랑스 등 규모가 크고 부유하여 내수시장이 큰 국가들만이 이러한 중요한 이득을 확보할 수 있다. 20세기에는 시장규모 자체가 다국적기업의 성장에 가장 중요한 역할을 했고, 대형 국내기업들이 다국적기업으로 성장했다. 내수시장이 소규모인 스웨덴, 핀란드, 스위스, 네덜

란드 등의 다국적기업은 작은 기업에서 출발해서 국제화되었다. 이러한 관점에서 볼 때, 중국과 인도는 오늘날 엄청난 잠재력을 가지고 있다고 할 수 있다. 나아가 대도시는 중요한 시장접근성의 우위점이 있으며, 특히 시장임계치가 높은 활동일수록 더하다(제1장 참조). 공장단위 규모의 내부경제는 언젠가는 기술적 한계에 봉착할 가능성이 있다.

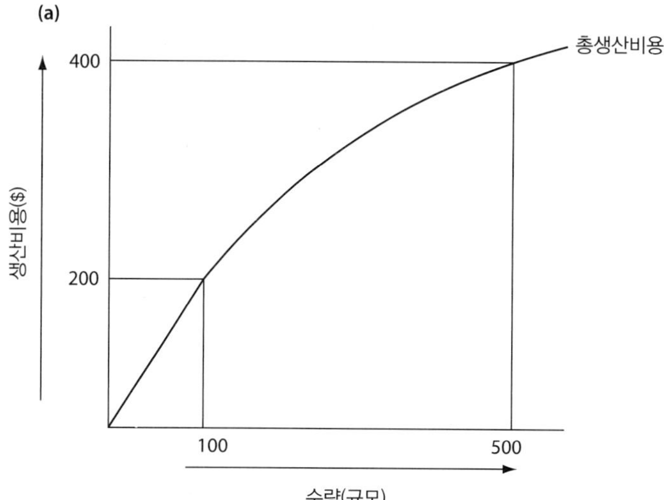

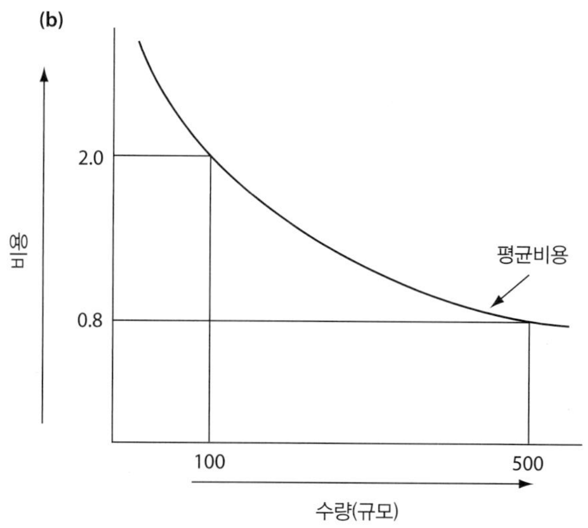

그림 2.2 소형기기 생산의 규모의 경제

작업단위의 규모의 경제

작업단위의 규모의 경제는 장비, 노동력, 원자재, 기타 투입요소들이 효율적인 분업과 전문화의 조정을 통해 필요한 수량을 생산할 수 있을 때 성취된다. **작업단위 규모의 경제**(operating-level economies of scale)의 입지적 특성은 정유시설, 항구, 조립공장 등 한 장소에서 대규모 자본집약적이고 특화된 설비를 필요로 하는 대형 공장임은 명백하다. 자본재는 이 단위에서 내부경제의 주요 원천은 특화되고 대규모인 기계장비가 고속으로 여러 상품을 생산할 수 있다는 데에 있다(사례연구 2.1). 동일한 입지원리가 대규모 사무실, 실험실, 콜센터는 물론 최소한의 상품 스톡과 장비유지가 필요한 작은 상점에도 적용된다.

노동의 특화(전문화)는 공장, 병원, 학교 등 대형시설에서 중요한 규모의 내부경제를 창출한다. 내부경제의 이익은 각각의 산업의 특성에 따라 다르게 나타난다. 공장에서는 특화가 속도의 증가(노동자가 작업에 익숙해지므로)와 '낭비하는 시간'의 제거(특화작업 노동자는 업무를 옮기지 않으므로)를 의미한다. 다른 유형의 작업에서는 특화를 통해 노동자가 자신의 작업수행의 질에 집중할 수 있고 문제해결 역량을 개선하고 최적의 상태에서 작업할 수 있도록 한다. 특화 노동자는 특화된 도구와 기계장비를 이용해 생산량, 속도, 품질을 향상시킨다. 학습과 경험을 통한 효과도 특화 노동자가 작업수행 시보다 효율적으로 진행할 수 있도록 도움을 주고 생산성을 증대시킨다. 특화원리는 사회 전반에 걸친 강력한 힘으로 육체노동뿐만 아니라 지식노동이나 전문직 작업에도 적용된다.

작업단위 규모의 경제 개별 공장, 가게, 혹은 타 유형의 작업장에서 규모를 증대시켜서 평균생산비용이나 평균운영비용이 감소하여 얻는 경제적인 이득

노동력은 일반적으로 산출이나 생산의 규모에 따라 그 소요량이 변하는 **변동비용**(variable

변동비용 활동의 규모에 따라 변하는 비용

고정비용 활동의 규모에 관계없이 변하지 않는 비용

costs)으로 간주되었다(더 많은 생산을 위해서는 노동력 투입이 많아져야 함). 에너지와 원자재도 변동비용이다. 반면 **고정비용**(fixed costs)(빌딩이나 기계장비)은 생산의 규모에 따라 변하지 않는다. 총비용은 변동비용과 고정비용의 합이며, 평균비용은 총생산에 대한 총비용의 비율이다. 노동력은 또한 노동자가 생산적이기 전에 충원하고 훈련에 소요되는 비용이 중요하므로 '준고정비용(quasi-fixed cost)'이라고도 한다. 평균변동비용은 더 특화되고 생산성이 높은 노동자를 고용하여 생산규모를 증대시키면 감소시킬 수 있다. 평균고정비용은 단순히 동일한 공장에서 동일한 기계를 사용하여 더 많이 생산하면 감소시킬 수 있다. 예를 들어 한 공장을 건설하고 장비를 갖추는 데 1,000만 달러가 소요된다면 주당 생산량을 10단위에서 1,000단위로 늘리면 평균고정비용을 엄청나게 줄일 수 있다. 소수의 작업과정을 완전히 하나의 상품생산에 집중하는 방식이다. 제조업에서는 또한 범위의 경제를 획득할 여지도 있다.

매몰비용 한 번 사용되면 되돌릴 수 없는 투자. 공장, 기계와 같은 물적자본이나 한 장소에 고정되어서 쉽게 이동할 수 없는 운영시스템 등의 투자

공장단위에서 규모의 경제 체증의 공간적 효과는 생산, 노동력, 지원 인프라 등을 접근성이 좋은 소수의 장소로 집중함으로써 나타난다. 공장은 일반적으로 지리적으로 이동할 수 없는 물적자본의 **매몰비용**(sunk costs)이 상당히 크다. 특화 노동력도 경험과 훈련을 통해 획득한 특수 기능과 능력이 쉽게 재생산되지 않기 때문에 매몰비용으로 간주될 수도 있다. 이러한 노동력의 비이동성은 어느 공동체의 노동자들이 주택을 구입하고 학교와 같은 사회적 인프라를 구성한다면 더욱 복합적인 문제가 된다

기업단위의 규모의 경제

기업이 자원채굴, 제조생산, 서비스 제공 등 어떤 부문이든 간에 기업운영에는 수많은 독자적인 의사결정과 관련 기능을 수행한다. 다공장을 운영하는 초대형 기업에서는 기업단위의 기능은 대부분 운영단위의 본사에서 이루어진다. 기업단위의 기능이란 '투입'(특히 원자재, 서비스, 기계장비)의 구매, 예산기획, 장기계획, 재무, 운영기준설정, 마케팅(분배와 시장 네트워크의 구축 등), 연구개발(R&D) 등이다. 소규모기업도 '충분히 커'야 한다. 즉, 이러한 기업단위의 활동비용을 확보하고 비즈니스가 유지될 수 있기에 충분한 이익을 창출할 수 있는 충분한 매출이 있어야 한다. **최소효율 규모**(minimum efficient scale)는 평균비용이 최소화되고 생산이 유지되기에 충분하도록 낮은 생산의 최소단위이다. 신규 창업기업의 생존은 얼마나 빠르게 이 최소효율 규모에 도달하느냐에 달려 있다. **기업단위의 규모의 (불)경제**[Firm-level (dis)economies of scale]는 거대 다국적기업의 진화에 중요한 역할을 한다.

최소효율(최적) 규모 기업이나 공장이 평균비용을 최소화한 최소생산단위

기업단위 규모의 (불)경제 기업 생산규모와 다공장의 매출을 증대시켜서 평균생산비용을 감소(증대)시키는 것

로지스틱스 상품과 서비스의 출발지에서 목적지까지 흐름을 관리하는 것

로지스틱스(logistics)에서 규모와 범위의 경제를 확보하기 위해서는 — 인바운드(투입의 조정)와 아웃바운드(산출의 분배) — 창고저장, 접수, 서류작업, 운송, 관리 등을 위한 자본과 노동에 투자가 필요하다. 조정에 필요한 양이 많을수록 한 상품에서 실현할 수 있는 규모의 경제는 커진다. 나아가 동일한 자원을 다른 상품의 생산에 투입하면 범위의 경제도 달성할 수 있다. 기업이 대량구매를 하면 공급자에게 강한 협상을 할 수 있지만 공급자도 규모의

경제를 달성할 수 있는 기회가 주어진다. 규모와 범위의 경제는 연구개발, 재정, 인적자원 등을 통해서도 달성할 수 있다. 새 엔진개발을 위해 10억 달러를 투자한 자동차회사는 새 엔진을 한 모델만이 아니라 여러 모델에 적용한다면 그에 비례해서 높은 수익을 거둘 수 있다. 따라서 이러한 중요한 고정비용은 명백히 생산을 증대시키는 강한 동기요인이 된다. 마케팅활동에서도 유사하다. 마케팅서비스를 제공하는 평균비용은 산출이 증가할수록 감소한다.

범위의 경제를 추동하는 핵심 동인은 **제품 다각화**(product differentiation)이다. 이는 한 상품을 변형하여 여러 개의 유사하지만 다른 상품으로 이전 상품과는 다른 시장을 겨냥한 것이다. 많은 기업이 가격을 차별화하여 여러 브랜드를 개발하거나 하나의 기업브랜드에서 다양한 상품군(애플의 경우 다양한 컴퓨터, 스마트폰, 아이팟을 판매한다. 이들은 기능과 가격대가 다르다)을 개발한다. 제품 다각화는 규모의 경제 효율성의 손실을 의미하지만 기본 제품을 약간 수정(색상이나 외부 디자인의 변경)하여서 다른 모델을 개발한 것으로 시장과 기술의 관점에서 보면 유사하지만 동일하지는 않은 제품이다. 포드의 퓨전이나 토요타의 코롤라는 3개의 서브모델(2도어, 4도어, 헤치백)에서 동일한 엔진과 섀시를 사용하지만 다양한 옵션을 통해 차별화한다(토요타의 메트릭스도 마찬가지이다). 대량 맞춤화(customization)는 CAD와 컴퓨터화된 제조 시스템을 활용하여 가치사슬의 마지막 단계에서 소비자에게 더 많은 선택의 기회를 제공하여 소비자의 요구에 따라 상품을 다양화하는 것을 의미한다. 이 경우 규모의 경제의 손실은 구매, 배포, 마케팅, 연구, 재무, 소비자 선택 등에서 범위의 경제의 증가로 보상이 된다. 이러한 활동들은 서비스 경제의 핵심이며(오늘날에는 압도적이 되었다) 제조업 기업에서도 비용과 수익의 대부분을 차지한다. 범위의 경제가 중요한 이유는 마이크로소프트(유명한 오피스 패키지), 토요타(동일 로고를 사용해 다양한 라인의 자동차생산), 타미 힐피거(동일한 브랜드명으로 의류에서 향수까지 생산) 등 수많은 유명 브랜드의 마케팅 전략에서 확인할 수 있다.

제품 다각화 한 제품을 변형하여 기술과 스타일에서는 유사하나 다른 제품을 생산하여 다른 시장에 제공하는 것. 주로 범위의 경제를 확보하기 위함

매몰비용은 기업을 한 장소에 고정되게 할 수도 있지만 규모와 범위의 경제를 찾아 새로운 시장에 접근하고 저비용 입지를 위해서 지사나 분공장을 세우기도 한다. 연구개발, 부품 제조, 조립, 재활용, 재무, 디자인 등 다양한 활동에서의 효율성은 다른 장소에서 찾을 수 있다는 점이 가치사슬의 세계화에 주요한 요인이다. 더욱이 기업의 규모가 커질수록 규모와 범위의 경제의 효과는 공급자와 가격협상에서 기업의 규모가 큰 이점을 활용하는 데서 더욱 강화되고 있다. 나아가 새로운 설비에 사용한 자원과 경험을 통해 향후 성장을 기획하는 데 도움을 준다.

산업이 성장할수록 대기업은 매출과 고용 측면에서 더욱 확산될 것이라고 예측되고 있다. 하지만 기업의 힘은 소비자의 특화상품과 틈새상품에 대한 수요와 혁신적인 소규모 제조업 벤처기업을 창업하는 벤처사업가의 역량에 의해 상쇄될 수 있다. 맥주산업의 경우 소수의 대량생산 기업의 영향력과 영업 확산이 커지는 반면 최근 마이크로 브루어리의 엄청

사례연구 2.2 | 미국 마이크로 브루어리의 폭발적 증가

미국에서 마이크로 브루어리란 소규모의 독립적인 맥주제조업체로서 연간 6백만 배럴 이하로 양조하는 양조장을 말한다. '나노' 브루어리는 더 작은 규모이다. 미국에서 맥주생산은 1930년대의 금주법 이후로 폭발적으로 증가하여 소수의 공장에서 대규모로 생산하는 대기업들이 과점하는 구조로 발전했다. 2012년 콜로라도에 입지한 미국 최대의 맥주제조업체는 해외 다국적기업으로 2,200만 배럴의 맥주를 생산한다. 맥주산업에서 한 기업이 지배적이 된 사례는 공장과 기업단위의 규모의 내부경제의 영향을 보여주는 사례이다(사례연구 2.1). 1980년대 이후 미국에서 마이크로 브루어리는 폭발적으로 증가했으며 2012년에는 2,403개로 1,300만 배럴의 맥주를 생산했다. 마이크로 브루어리는 평균비용과 가격이 비싸다. 이러한 성장에는 규제완화가 중요한 요인이지만, 다양한 맥주를 선호하고 지역맥주를 찾는 소비자와 신규창업자가 창출해내는 시장잠재력이 중요했다. 유사한 경향이 캐나다와 다른 지역에서도 나타나고 있다. 영국의 '진짜 에일' 운동도 마찬가지이다.

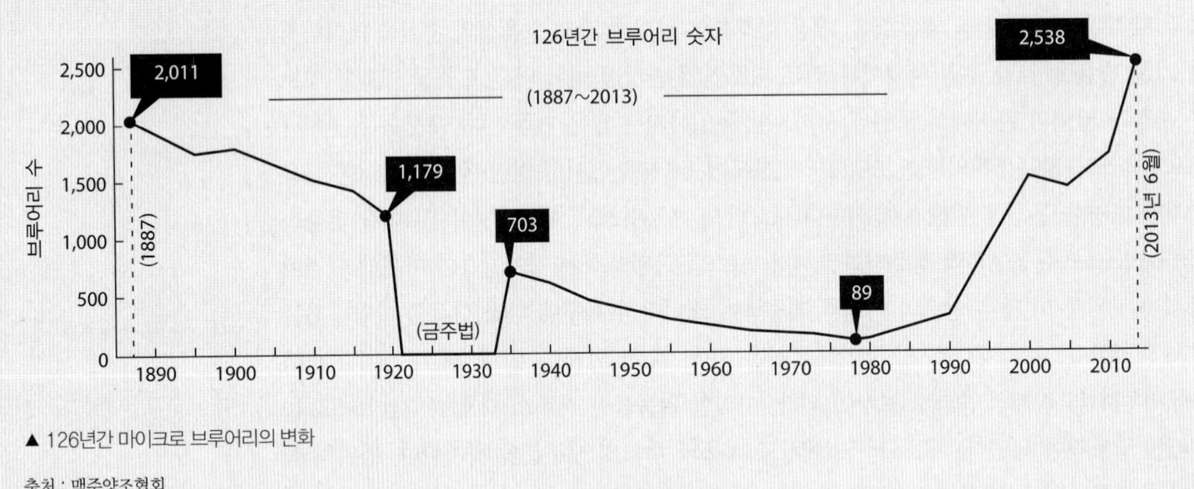

▲ 126년간 마이크로 브루어리의 변화

출처 : 맥주양조협회

난 증가도 주목할 만하다(사례연구 2.2).

외부경제

가치사슬상의 모든 부분에서 규모의 경제를 추구하는 기업은 직접 상품을 생산(서비스의 제공)할 것인지 외부 공급자로부터 구매할 것인지 결정한다. 이러한 '만들 것인지 구매할 것인지'의 결정은 기업 내에서 서비스를 생산하는 것과 시장에서 구입하는 것 중에서 어느 것이 효율적인지에 달려 있다. 기업은 서비스의 제공결정뿐만 아니라 (똑같이 중요한 정도로) 외부시장에서 구입했을 때와 기업 내에서 규모의 내부경제를 활용해 제공할 때 소요되는 비용과 품질을 비교한다. 또한 내부 거래비용과 외부에서의 탐색, 협력, 계약, 모니터링 등의 불확실성의 비용을 비교한다. 기업이 규모의 경제를 기업 외부에서 추구하기로 결정한다면, 기업은 가치사슬의 넓은 입지역동성에 합류하는 것이다. 기업이 입지한 지역뿐만 아니라 다른 지역의 노동력, 기업, 자본, 공공 인프라, 거버넌스 등의 조합을 고려해야 한다.

외부경제는 평균비용의 감소로 인한 효율성과 투입요소를 외부 공급자로부터 구입함으로써 실현할 수 있는 이익으로서 이미 기업이 집적된 장소나 새롭게 조성된 경제공간에서 나타난다. **규모의 외부(불)경제**[external (dis)economies of scale]에 접근성을 제공할 수 있는 것은 개방형 시장과 연계형 시장이 존재하기 때문이다. 기업(과 소비자)에게 더 나은 기술의 혜택, 낮은 비용과 고숙련의 노동자, 다른 기업이 개발한 규모의 경제 등에 접근할 수 있도록 해준다.

규모의 외부(불)경제 외부 공급자로부터 공급받음으로써 발생하는 평균생산비용의 감소(증가). 집적경제와 동의어로도 쓰인다.

규모의 집적경제

규모의 집적경제는 지리공간상에 활동을 집중해 얻는 경제적 이익으로 **규모의 국지화 경제**(localization economies of scale)와 **규모의 도시화 경제**(urbanization economies of scale)로 나뉜다. 규모의 국지화 경제는 동종이나 유사업종의 기업들이 동일한 지역에 입지하여 얻는 이익 혹은 효율성이다. 국지화 경제는 제조업과 서비스부문의 경제활동이 군집하는 산업지구(industrial districts)와 연관이 있다. 가장 중요한 경제적 이익은 공동의 노동력풀에 대한 접근성, 빈번한 개인적 접촉을 통한 정보와 지식의 교환, 수요의 집중에 대응한 국지적 공급자 네트워크의 발전 등이다. 국지적 공급자 네트워크의 형성은 다음과 같다. 생산이 집중되어 있지 않으면 경제성이 없어서 나타나지 않았을 지역의 공급자가 창출되도록 자극하는 여러 기업의 수요가 있을 때 외부경제가 실현된다. 공급자들은 구매기업이 절대 생산하지 않는 투입요소에 특화되거나, 경기상승기에 추가로 투입요소를 제공함으로써 구매기업의 생산에 보완적인 역할을 할 수 있다. 기계장비 부문의 특화 공급자도 이러한 방식으로 성장했을 것이다. 국지적 공급자들의 경쟁을 통해 구매기업은 추가적인 유연성을 확보하며, 구매기업 간의 경쟁은 공급자로 하여금 동일한 유연성 확보를 가능하게 해준다. 새로운 요구사항과 도전에 쉽게 적응할 수 있는 유연한 공급자들로 인해 기업은 범위의 경제를 추구할 수 있다.

규모의 국지화 경제 연관된 경제활동의 집적입지를 통한 평균생산비용의 감소(혹은 경제적 이익을 획득)

규모의 도시화 경제 도시 집적입지로 인한 평균생산비용의 감소(혹은 경제적 이익). 여기에는 노동력풀, 어메니티, 경제 · 사회적 인프라, 시장교환과 교류의 장, 지역적 · 국제적 연계 등이 포함된다.

숙련 노동력이 집중된 곳에 접근할 수 있기 때문에 기업은 단순히 입소문이나 공고를 내기만 하면 쉽게 홍보를 할 수 있어 직원 고용, 훈련, 이직과 관련된 비용을 줄일 수 있고, 신입 직원도 지역 학교나 친척 등을 통해서 이미 업무의 성격을 파악하고 있으며, 이직자가 생기면 쉽게 충원할 수 있다. 동일한 업종의 기업들을 순환하는 국지화된 숙련 노동력은 추가적인 훈련이 거의 필요 없으며, 고용기업에 도움이 되도록 스스로 기술을 연마한다.

모든 국지화 경제에서 가장 중요한 것은 시장개발, 기술변화, 정부정책, 노동자문제 등에 대해 정보를 공유하는 것이다. 어떤 정보(법률정보 등)는 공짜로 살 수 있다(즉, '교환'할 수 있다). 어떤 정보에는 직접 가격을 지불하지 않는다. 이러한 비공식적 정보교환은 연관 기업들이 집적되어 있는 장소에서 나타나는 '비시장적 상호 의존(untraded interdependencies)'의 한 유형이다. 시장적 상호 의존과 비시장적 상호 의존의 경계는 애매하다. 예를 들어 거

사례연구 2.3 | 지역 승수효과

고용과 소득 승수효과는 특정 활동의 새로운 성장의 주입이 가치사슬 연계를 통해 경제를 활성화하고 추가적인 성장을 창출하는 방식을 의미한다. 특정 활동의 성장이 하락하는 것은 부의 승수효과이다. 승수효과는 초기의 직접적인 가치사슬 영향 대비 경제의 총영향의 비율로 측정한다. 영향은 고용이나 소득으로 측정한다. 특정지역의 지역 승수효과(k)는 아래와 같이 나타낸다.

$$K = \frac{\text{지역의 총 경제적인 영향}}{\text{지역의 초기 경제적인 영향}}$$

지역 승수효과의 한 범주는 수출이 지역경제에 미치는 영향(수출기반 승수효과)이다. 한 도시의 자동차 수출의 증가가 직접적으로 자동차회사에 100명의 제조업 일자리를 창출했고, 간접적으로는 50명의 일자리를 창출했다면 k=150/100=1.5이다. 간접적인 일자리는 주로 상품과 서비스의 지역 공급자에서 창출되는데, 자동차산업의 경우 부품, 철강, 장비, 마케팅 서비스 등의 구매부문과 연관이 있을 것이다. 이러한 공급자로부터의 구매부문이 자동차생산의 가치사슬 정의에 도움이 된다. 또한 노동력(과 인구)의 증가와 이에 따른 소득의 증가, 이로 인한 지역 상품과 서비스에 대한 소비자(가구) 지출의 증가, 또 그로 인한 고용의 증가 등으로 이어진다. 소비자 지출의 영향은 유발(induced) 승수효과라고 한다. 승수효과는 수출의 미래 영향을 예측하는 데 도움이 된다. 새로운 자동차 수출이 1,000명의 일자리 증가를 유발했다면 앞으로 총 1,500명의 일자리가 생길 것이라고 예측할 수 있다. 물론 이러한 예측은 현재 기술과 고용조건이 동일하다는 가정하에서 이루어진다.

지역 승수효과의 크기는 초기 성장의 규모와 지역 내에서의 가치사슬을 통한 구매의 범위에 좌우된다. 승수효과 분석에서는 지역 외에서의 구매와 지역 소득(과 고용)의 손실은 유출로 처리한다. 자동차산업의 장비와 부품의 공급자가 지역 밖에 입지해 있다면 기업의 구매로 인한 일자리창출은 지역 밖(유출)에서 이루어지고, 지역 승수효과는 축소될 것이다. 수입 상품과 서비스에 대한 지출, 지역 외부 친척에 대한 송금, 원거리 본사에 보내는 과실송금, 비지역기반 정부지원기관의 소득(과 고용)에 대한 세금 등은 지역 밖으로 '유출'되는 금액이며, 지역 승수효과를 축소시킨다. 반면에 수출기반 승수효과는 최종 소비자를 향한 지역의 가치사슬을 확장시키므로 수출을 통해 지역의 가치증대활동을 촉진한다.

국지화 경제와 도시화 경제를 더욱 강화한다. 지역 승수효과 중에서 측정하기 어렵지만 여전히 중요한 요소는 시장거래와 비시장적 상호 의존을 통해 한 기업이나 부문에서 다른 기업과 부문으로 기술, 아이디어, 전문지식 등이 이전하는 것이다. 기업 담당자와 공급자, 소비자, 혹은 경쟁자 간의 비즈니스 미팅을 통해 지식을 획득하는 것도 하나의 사례이다. 이러한 질적 승수효과는 조직의 일상관행과 기술활용에서 성공사례를 지역 내에서 흡수할 수 있는 역량을 향상시킨다. 반면 해외소유 **분공장**(branch plants)이 지배적인 지역에서는 지역 소득과 고용 승수효과가 약하게 나타난다. 분공장은 마케팅, 연구개발 등의 서비스를 지역에서 구매하기보다는 본사에 의존하는 경향이 있다. 또한 지역 밖의 다른 지사에서 직접 구매하여도 지역 승수효과를 감소시킨다. 물론 규모의 내부경제는 높아지지만 규모와 범위의

분공장 지역 외부에 본사가 있어서 소유, 통제하는 공장이나 회사

외부경제는 낮아진다. 대기업이 지역보다는 외부의 공급자를 선호하면 지역 승수효과는 낮아진다. 월마트와 다른 거대 소매기업, 스타벅스와 같은 패스트푸드, 커피 프랜차이즈 등은 공급사슬을 외부수입에 집중하여 지역에서보다 저렴하게 구입한다. 물론 이러한 기업들이 지역 내에서 구매를 선호하고 지역 승수효과를 향상시키기도 한다.

단기 승수효과를 분석해보면 지역경제의 구조에 변화를 주지 못한다. 하지만 도시경제와 도시의 확장, 지역연계의 발전, 규모의 경제, 승수효과 등은 순환적 · 누적적 인과(그림 2.1)를 통해 상호 피드백을 제공하고 강화하는 효과가 있다.

이 선순환적 모델에서는 한 지역에 특정 활동이 입지하여 '초기 이익'이 있는 상태에서, 이 활동에 대한 투자는 수출을 통한 매출과 임금노동자의 고용을 통한 상품과 서비스의 수요, 세금을 통한 정부 서비스 등을 창출한다. 그러면 다시 이 활동들에 의해 연관활동의 추가 투자를 촉진한다. 경쟁자는 제품 다각화를 통해 시장확장을 추구하고, 부품을 공급하는 공급자와 보조공급자, 전문 서비스, 기계, 교통 시스템과 같은 경제간접자본(economic overhead capital, EOC), 교육, 보건, 주택 시스템과 같은 사회간접자본(social overhead capital, SOC) 등의 인프라가 확장된다. 정부는 경제간접자본과 사회간접자본 등의 서비스를 제공하고 유지하면서 성장하기를 기대하고, 모든 유형의 투자는 건설활동을 필요로 한다. 민간과 공공부문의 모든 경제활동은 고용을 창출하고, 이는 가족부양과 지역의 상품과 서비스에 대한 수요증가로 이어지고, 임계치가 높은 상품도 증가한다(제1장 참조). 시간이 흐르면 규모와 범위의 경제의 추구와 연관된 승수효과, 공공 서비스에 대한 수요 등은 인구와 고용의 증가에 의해 강화된다. 인구가 증가하고 교육수준이 상승함에 따라 새로운 아이디어가 많아지고 도시의 특화산업에 집중된 혁신활동은 다양화된다. 이를 선순환적 · 누적적 인과라고 한다.

하지만 시장경제에서 성장이 항상 보장되는 것은 아니다. 선순환적 · 누적적 인과작용은 한계가 있으며, 대도시의 경우에도 취약할 수 있다. 규모의 문제뿐만 아니라 다른 지역과의 경쟁, 소비자 수요의 변화, 다른 입지를 선호하게 되는 기술변화 등이 그 요인들이다. 북미와 유럽의 제조업 벨트에 있는 도시들의 광범위한 탈산업화는 하강하는 나선형 누적적 인과의 힘과 고착화되고 경로의존적 행위의 문제를 보여준다. 규모의 내부불경제와 외부불경제와 역승수효과는 이러한 과정을 설명해준다.

규모의 불경제와 범위의 불경제

규모와 범위의 내부불경제는 기업의 규모가 커짐에 따라 평균비용이 증가하는 현상이다.

규모의 내부불경제는 개별 작업장[**작업, 공장단위 규모의 불경제**(operating-or plant-level diseconomies)]이나 한 기업 전체(기업단위의 불경제)에서 생산의 증가가 평균비용을 증가시키는 현상이다. 공장에서는 과도한 특화로 인한 평균비용의 증가를 경험할 수 있다. 노동

작업, 공장단위 규모의 불경제
공장단위에서 산출이 증가함에 따라 평균생산비용의 감소(증가)

작업기술을 너무 협소하게 정의내리면 스스로 문제해결을 위한 노동자의 기회는 제한된다. 그때는 고비용의 전문적인 문제해결사(유지관리 작업자, 엔지니어)를 불러야 한다. 그 후에는 정규 작업자는 지루해지고 소외되며, 결근 · 이직 · 실수 등이 증가하고 고비용의 통제와 감시가 이어진다.

작업, 공장단위의 규모와 범위의 불경제는 다양한 방식으로 나타나는데 관료화도 그중 하나이다. 분업이 더욱 복잡해지면 이를 통제하기 위해서 관리부문이 계층화되고 자리도 늘어난다. 기업 전체로는 의사결정 구조가 복잡해서 통제하기 힘든 상태가 되면 규모의 불경제가 나타난다. 과도한 관리계층 구조, 의사소통의 부제, 집단사고, 충돌, 느린 의사결정 과정 등은 기업의 평균비용을 증가시킬 수 있다. 경쟁의 부족과 업무수행 모니터링의 어려움은 문제를 더욱 복잡하게 만든다. 여기에 기업의 공간적 범역은 문제를 더 악화시킨다. 공장과 먼 곳에 입지한 본사에서는 여러 지역에 분산되어 있는 작업단위의 국지적인 문제를 이해하지 못한다. 범위의 불경제는 기업이 너무 다각화되어 있고 다양한 생산품과 생산라인을 관리하는 이익이 그로 인한 불이익에 의해 압도당할 때 발생한다. 기업이 너무 과도하게 빨리 성장할 때도 불경제가 나타난다. 토요타의 2010년 엑셀러레이터와 주변 부품문제로 발생한 리콜위기는 과도하게 급격한 세계적인 성장이 일본에 통제본부를 유지하고 싶은 관리자의 욕망과 함께 나타난 증상이라고 할 수 있다. 토요타는 북미시장에서 적절한 품질관리와 소비자불만에 대한 응대 책임을 지역관리자에게 주지 않아서 발생한 문제라고 비판받는다.

모든 기업은 어느 정도는 이러한 불경제의 문제가 있으며, 이에 대응한 정비가 있어야 한다. 기업의 재조직화가 자주 필요한 이유가 여기에 있다. 하지만 불경제가 압도적으로 커지면 심지어 대기업이라고 할지라도 실패의 두려움에 빠진다. 기업실패가 지역에 미치는 영향은 기업이 국지화 경제에 초점을 두고 있었다면 특히 심각하다. 이러한 부정적인 결과는 누적적 인과와 경로의존으로 해석할 수 있다. 기업의 경로의존적 행태가 낡고 역기능적인 태도와 행동양식으로 '고착화'된다면 기업을 연계하여 국지화 경제를 추동했던 방식 그대로 불경제로 추락한다. 노동관계와 지역의 정치적 지향이 동일한 고착화를 보인다면 상황은 더 악화된다. 디트로이트에 본사가 있는 미국 자동차산업의 경우 미국 중서부와 캐나다 온타리오 주에 거대한 집적을 이루었다. 한때는 경쟁력이 매우 높았다. 1950년대에는 GM 한 회사가 북미 자동차판매의 50% 이상을 차지했다. 1970년대에 일본의 경쟁자가 등장하자 GM, 포드, 크라이슬러 등의 미국의 자동차회사들은 부적절한 관리관행, 공급자 관계, 연구개발 기획(대안 자동차 기획), 분배 시스템, 노조협약 등과 이에 순응하는 지역정부와 주정부 등으로 인해 고착화되었음이 명백했다. 수십 년간 시장점유율이 하락한 후에 마침내 GM이 2009년 파산했다(포드와 크라이슬러는 공장폐쇄와 노동력 감축 등 고강도의 경영합리화를 했다). 수많은 공급자와 배급업자들도 파산에 직면했으며 그 결과 수천 명의 노동자가 일자리를 잃고 많은 지역공동체가 파괴되었다. GM은 미국과 캐나다 정부의 엄청난 지원을 받아 겨우 생존했다. 하지만 이러한 지원은 도덕적 해이의 문제를 야기했으며, 관리자들로 하여금 과거의 관행을 계속하도록 유혹하고, 더 효율적인 경쟁자의 생존력을 과소평가하게 했다.

대규모 작업장의 폐쇄는 견고한 도시화 경제를 창출하는 인프라, 지원 서비스, 어메니티 등의 쇠퇴로 이끌어 사실상 역누적적 인과과정과 고착화된 경로의존, 승수효과 하락의 시작이 된다. 2010년 디트로이트의 몰락으로 거의 30%의 실업률을 기록했으며, 2013년에는 파산을 선언했다. 공장이 폐쇄되면 노동자는 해고되고 소득이 감소하고 지역 공급자에 대한 수요가 감소하고 소비재는 축소된다. 산업협회 등의 국지화된 외부경제 공급자도 활력을 잃고 문을 닫는다. 나아가 소득과 인구의 감소는 세수기반의 축소와 기본적인 공공 서비스에 대한 지불능력의 감소로 이어진다. 2014년 디트로이트의 많은 시민들은 수도요금을 지불하지 못해 가정의 수도공급이 끊겼다. 도시정부는 도로, 교육, 보건 서비스 등 **공공재**(public goods)에 대한 투자 여력을 상실하고 특히 빈곤층은 심각한 문제에 봉착한다.

공공재 사회의 모든 사람에게 무료나 공급비용보다 낮은 가격으로 제공하는 상품과 서비스(제6장 참조)

도시화 경제는 또한 도시가 너무 거대해지거나 급속히 성장하거나 쇠퇴하게 되면 불경제가 된다. 런던, 뉴욕 등의 부유하고 활력 있는 도시는 과밀, 교통혼잡, 소음, 환경오염, 주택가격 인플레이션, 범죄 등의 심각한 **부정적 외부효과**(negative externalities)를 경험한다. 대도시에서는 규모의 도시화 경제와 도시화 불경제 모두 강하게 나타난다, 쇠퇴의 악순환 함정에 빠진 도시에서는 기업과 주민 모두 버려진 회사부지, 열악한 주거, 쇠퇴하는 어메니티, 기업폐쇄 등의 문제에 봉착한다. 서비스, 고용기회, 투자는 사라진다. 이 사이클이 한 번 시작되면 멈추기 어려우며, 규모의 국지화 불경제와 도시화 불경제가 부정적인 방향으로 상승작용을 한다. 하지만 쇠퇴하는 도시도 기존 주민, 어메니티, 인프라 등 재생할 수 있는 지역 자원이 있다. 때로는 도시의 재생, 즉 새로운 긍정적인 누적적 성장의 사이클에 점화하려는 시도는 기존 경제에 뿌리를 둔 새로운 활동을 창출할 수 있다. 피츠버그는 스스로 지난 100여 년 동안 생산해온 산업폐기물문제를 해결할 환경기술과 서비스의 전문적 기술과 인재를 발전시켰고, 셰필드는 기존의 철강산업을 바탕으로 우주항공산업의 인재를 발전시켰다. 이러한 사례들은 낡고 쇠퇴한 경로에서 새로운 발전경로를 창출하고, 지역 대학이 연구와 인재훈련에 중요한 역할을 담당하는 경로 상호 의존성을 보여준다. 새로운 특화와 회복력 있는 활동을 목표로 하는 도시의 경제적 재생은 쉬운 일은 아니다. 여기에 세계화는 기회와 위협의 두 얼굴을 가지고 있다.

부정적 외부효과 시장 행위주체자의 의사결정에 고려되지 않은 외부적인 비용

세계화

오늘날 진화하는 공간분업은 '세계화'와 **자유무역**(free trade)을 중심으로 변모하고 있다. 이 두 용어는 논쟁적이며 모호하기도 하다. 사실상 세계화와 자유무역의 지지자나 비판자 모두 시장의 확장, 분업의 심화, 세계적 수준의 규모의 경제 추구 등에 이 두 개념의 역할이

자유무역 관세 · 비관세장벽의 형태로 나타나는 정치적인 간여가 없는 시장교환, 즉 상품, 서비스, 투자 등

중요하다는 데는 동의한다. 세계화라는 용어는 1980년 이래로 사용해왔던 대중적 개념이다(반면 자유무역은 19세기 중반 이후 논쟁이 있었다). 하지만 세계화의 의미는 아이디어로서든 정치적 프로젝트로서든 논쟁이 있다. WTO와 G8(현재는 G20) 회의에서는 무역, 투자, 또한 이와 관련 이슈들에는 수많은 반대가 있어서 이 회의들은 항상 안전하고 고립된 곳에서 진행되었다. 반대와 항거의 핵심 이유는 신자유주의 의제가 시장의 힘을 강조하고 공공부문의 규제완화와 민영화를 통한 기업의 역할강화에 기여하고, 사회 · 환경적 문제를 다루는 데 실패한다는 두려움 때문이다. 세계화는 **신자유주의**(neoliberalism)와 융합할 필요는 없다.

신자유주의 사회의 요구에 대응하는 시장의 힘을 강조하는 학파로서 정부의 경제 간여 최소화를 주장함. 공공부문이 제공하는 서비스의 규제완화와 민영화도 주장함

보다 중립적으로 말하면 세계화는 모든 분야에서 국제적인 통합을 강화하는 사회 · 정치 · 경제적 과정이다. 세계화된 세상에 대한 (극도의) 반대 의제는 서로에 대한 지식이나 접촉 없이 완전히 자기완결적인 경제를 이루는 것이다. 국제적인 통합이란 새로운 것이 아니다. 많은 학자들은 현재의 세계화는 지난 1,000여 년 동안 발전해온 경향의 진화된 형태라고 지적한다. 장거리 무역이나 세계를 한 바퀴 도는 무역과 시장은 자본주의 이래 오랫동안 존재해왔다(사례연구 2.4). 15세기 이후 유럽인의 지리상의 발견 항해시대는 무역을 열어왔고 식민화를 촉진시켰다. 현대 다국적기업의 전신인 허드슨스 베이와 동인도회사와 같은 무역회사들은 그 범위로 볼 때 국제적이었으며, 허드슨스 베이는 캐나다를 형성하는 데 역할을 했다. 19세기에는 엄청난 국제이주가 있었으며 자유무역의 논쟁과 산업화의 확산이 시작되었다. 최근에는 세계무역기구(1995년 설립됨)가 관세 및 무역에 관한 일반협정(GATT, 1947년 설립됨)을 이어받아 설립되었다. 1960년대에는 자원과 제조분야의 다국적 기업이 활발히 활동을 하였다.

따라서 경제적인 관점에서는 세계화는 무역, 시장, 분업, 규모의 경제가 세계적 규모로 심화되고 정부의 자율성에 대한 심각한 회의에 기반을 둔다. 세계화는 문화적인 의미로 보면 정보통신의 심화에 뿌리를 두고 있다. 현대에는 나아가 전 지구적인 기후변화와 함께 산업화 초기에는 국지적이었던 환경문제가 세계화와 함께 전 세계적인 문제로 등장했다. 환경문제의 규모가 확대되는 것은 산업활동, 도시화, 자원착취 등이 국제적 규모로 증대되었기 때문이다. 역사적으로 보면 국제화는 교통, 통신분야의 기술혁신에 기반하고 있다. 따라서 세계화는 정보교환에 소요되는 시간과 비용을 현저히 감소시킨, 심지어 실질적으로 제로가 된 정보통신기술 발전의 영향을 크게 받았다. 정보통신기술의 발전은 산업생산 장소의 역동적인 변화에도 엄청난 영향을 주었다. 세계화는 또한 소련, 동유럽, 중국 등 계획경제체제에도 시장의 통합을 통한 영향을 주었다. 세계화가 심화됨에 따라 시장실패로 인한 세계적인 소득격차와 환경문제가 누적적 인과를 통해 심화되었다.

세계화와 지역발전

'지리의 종말'의 주창자들은 세계화로 인해 상품, 서비스, 인적자원, 투자의 흐름으로 인해

사례연구 2.4 | 실크로드

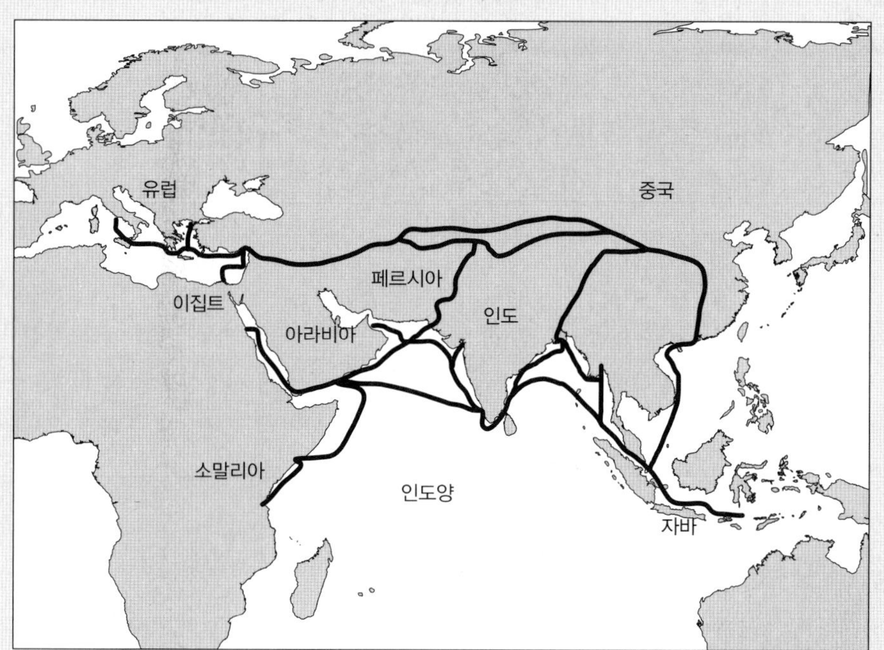

실크로드는 하나의 길이 아니라 여러 개의 상호 연결된 대양기반과 대륙기반의 무역로로서 아시아(중국, 자바, 인도)의 여러 지역을 서아시아(페르시아와 아라비아)를 통해 지중해지역과 연결한다. 가장 중요한 북로와 남로는 대략 4,000km이며, 이미 3,000년 전부터 이용했다. 1,500년 전에는 마르코 폴로가 전설적인 여행을 했다. 중국산 실크는 새틴, 향수, 향신료, 의약품, 보석 등과 함께 중요한 교역 상품이었다. 상인뿐만 아니라 순례자, 선교사, 군대도 이 루트를 이용했으며, 정보, (기술과 상품의) 아이디어만이 아니라 질병도 전달해주었다. 요약하면 실크로드는 (해양루트와 함께) 아시아와 지중해지역의 문명발전의 원인이자 결과이다. 실크로드를 통한 교역은 오아시스 도시에 있는 일련의 시장 전체를 통할했으며, 지역의 소비자와 이 루트를 통해 상품을 운반한 무역상을 연결해주었다.

실크로드의 핵심에는 아시아와 지중해지역의 선진적인 세계 문명이 있다. 당시 유럽은 지리적으로 주변부였다. 13세기 말의 마르코 폴로의 여행과 그의 아시아 무역연계는 유럽이 생산과 교역에서 부상한다는 신호였다. 산업혁명의 시작과 함께 유럽은 빠르게 세계의 경제중심이 되었다(제3장 참조).

국가의 영향력이 감소하는 국경 없는 세상이 창조되었다고 주장한다. 특히 다국적기업은 투자의 높은 이동성과 최소 비용 입지를 선정할 수 있는 역량으로 영향력이 커졌다. 이러한 주장에 대한 비판은 다음과 같다. 첫째, 세계화로 인해 정부의 역할은 변모했지만 여전히 영향력을 가지고 있다. 국가정부는 유럽연합과 같은 국가연합의 시장을 규제하는 국제적인 규범 · 규제 · 정책설정에 여전히 강력한 영향력을 행사하며, 국제무역기구(WTO)와 같

표 2.3 세계의 국내총생산(GDP), 외국인직접투자(FDI) 유입액, 상품수출액(1970~2012, 백만 달러)

	1970	1980	1990	2000	2005	2012
GDP	3,244,755	11,903,792	22,274,225	32,370,841	45,849,262	71,435,240
FDI(% GDP)	13,346 (0.41)	54,069 (0.45)	207,362 (0.93)	1,413,169 (4.37)	989,618 (2.16)	1,350,926 (1.89)
수출액(% GDP)	318,019 (9.80)	2,049,407 (17.22)	3,459,585 (15.53)	6,448,969 (19.92)	10,499,521 (22.90)	18,402,184 (25.76)

출처 : UNCTAD Handbook of Statistics Online: http://www.unctad.org(accessed 24 Feb. 2012).

은 국제기구를 통해 국제사회를 규제한다. 국가정부는 또한 기후변화에 대한 교토의정서처럼 세계적인 시장실패에 대해 중요한 역할을 수행한다. 조만간 지방정부도 국내적인 규제에 대한 조정도 해야 하며, 경제활동을 제약하거나 촉진시키는 국제적인 규제에 대해서도 역할을 담당해야 한다. 둘째, 입지조건은 복합적이고 때로는 상당히 예민하다. 따라서 입지선정은 여전히 시장에의 접근성, 특히 아주 밀접한 접근성을 요구한다. 셋째, 입지선정에는 매몰비용과 고정비용 등 자본 투자와 장기적인 계획과 안정성이 요구된다.

세계화는 지역발전에 중요한 영향을 준다. 교역, 투자, 정보, 노동력의 국경을 넘어서는 흐름으로 인해 지역발전이 외부시장의 힘에 의해 '열리는' 결과를 초래하게 한다. 표 2.3은 교역에 있어서 이러한 주장을 어느 정도 뒷받침한다. 국내총생산(GDP) 대비 수출비중은 1970~2012년 동안 1980년을 제외하고는 지속적으로 증가하였다. 예를 들어 1970년 국내총생산 대비 수출비중은 9.8%에서 2012년에는 25.76%가 되었다. 국내총생산 대비 외국인직접투자 유입액(inward FDI)의 비중은 1970년이나 1980년보다 크게 증가하였다. 다만 2005년과 2012년에는 감소하였다. 물론 이러한 통계의 해석에는 신중을 기해야 한다. 예를 들어 이러한 수출의 증가는 모든 국가와 지역에서 나타나는 것이 아니고, 모든 산업과 상품에서 이루어지는 것이 아니다. 교역(과 투자)은 특정 대륙(북미, 유럽, 아시아-태평양)의 특정 지역에 상당한 정도로 집중되어 있다. 외국인투자기업도 기존 수익 내에서 재투자하거나 투자대상국의 자본으로 투자하기도 한다. 또한 연간 데이터를 보면 더 중요한 경향을 파악할 수 있다.

신(더 새로운)국제분업(NIDL)

1970년대 이전에는 상품과 서비스와 관련된 시장, 가치사슬, 공간분업의 발전은 부유한 시장경제를 가진 OECD 국가들처럼 한정된 국가에 집중되어 있었다. 중요한 점은 가치사슬이 국가의 경계를 중심으로 구성되어 있다는 점이다. 예를 들어 대부분의 부유한 국가들은 주요 자동차산업 집적지(조립과 부품공장)와 상당한 국내시장수요를 가지고 있다. 여기에 OECD 국가들 간은 상품의 교역과 해외직접투자를 통해 상호 긴밀하게 연결되어 있다. OECD 국가들은 자원확보와 상품시장을 찾기 위해 저개발국에 접근하고 있다. 즉, OECD 국가들이 중심부를 차지하고 있으며, 저개발국은 주변부를 구성하고 있다. 전자를 '북부(the north)'라고 부르며 후자를 '남부(the south)'라고 부른다.

1960년대 이후로 다국적기업은 저개발국, 특히 홍콩, 대만, 싱가포르와 같은 신흥공업국(Newly Industrializing Country, NIC)에 분공장을 건설하여 OECD 국가에서 제조된 부품의 조립가공을 쉽게 하면서 상품의 수출 플랫폼으로 활용하였다. 신흥공업국은 반복적인 공정에 빠르게 적응하는 저임금 노동력, 친기업적인 정부, 산업인프라의 구비 등 유리한 조건을 갖추고 있었다. 이러한 '**신국제분업**(New International Division of Labour, NIDL)'은 OECD 국가들은 고임금의 첨단기술장비(연구개발, 디자인, 서비스, 혁신적인 제조업)를 보유하고, 저기술의 조립설비를 신흥공업국에 이전함으로써 시작된다. 하지만 외국계 다국적기업에 의해서 통제받는 저임금시설은 신흥공업국의 경제발전에 한계가 된다.

신국제분업 1970년대 용어로 저개발국의 수출기반 제조업으로 인해 시작됨. 이후로 신국제분업은 가속화되었다.

사실상 세계화 이후 20여 년 동안 '더 새로운' 국제분업은 더 복잡해졌다. OECD 밖의 제조업 확장이 현저하게 증가하였다. 특히 동아시아와 남아시아 국가들은 조립가공을 넘어서서 부품제조뿐만 아니라 연구개발, 디자인, 혁신활동 등을 담당하고 있다. 서비스 분야도 세계화되었다. 21세기에는 갈수록 복잡해지는 국제분업에 의해 가치사슬이 조직되면서 경제활동은 지역과 국가에 한정되지 않고 전 세계의 경제블록과 연계되고 있다. 1960년대에 아시아의 신흥공업국에 입지했던 단순한 전자공장이 이제는 다양한 종류의 소비자제품과 부품을 생산하는 복잡한 아시아 내 분업체계로 성장하였다. 외국인 특히 일본계 다국적기업이 여전히 영향력을 행사하고 있지만, 대만과 한국의 거대기업이 등장했으며, 신주공업단지(대만), 벵갈루루(인도) 지역은 세계적으로 중요한 연구개발 클러스터로 등장했다. 아시아의 산업화는 제조업 수출 세계 1위인 중국이 주도하고 있으며, 소득증대와 아시아시장의 성장에 기여하고 있다.

자유무역과 신자유주의

국제무역은 국경을 넘은 시장을 통해 이루어지며, 자유무역정책은 **관세**(tariff)와 **비관세장벽**(non-tariff barriers)의 형태인 정치적 · 보호주의적 장벽을 제거하여 국가 간 공간분업을 활성화시킨다.

관세 한 국가로 수입되는 상품과 서비스에 부과되는 세금

비관세장벽 세제 이외의 방법(쿼터, 까다로운 세관심사)을 통해서 수입을 제한하는 것

관세장벽은 종가세의 형태로 상품의 가치에 부과되는 세금이며, 비관세장벽은 표면상으로는 안전, 건강, 보안 등을 이유로 무역을 규제하는 정부의 정책이나 법령을 말한다. 국가는 기존 국내의 고용, 삶의 방식을 보호하고 신생 산업이 성장하고 외국의 경쟁기업과 대등해질 수 있을 때까지 시간을 벌기 위해서 수입을 규제한다. 또한 국가는 세수증대를 위해 관세를 부과한다.

기본적으로 자유무역 주창자들은 시장의 힘이 효율적으로 작동할 수 있도록 무역에 대한

사례연구 2.5 | 국제무역과 비교우위 : 자유무역과 보호주의?

비교우위이론은 무역 자체가 특화(그리고 성장)를 자극하고, 모든 교역 당사자들에게 상호이익을 창출한다고 주장한다. 이 이론에서는 무역은 한 국가의 이익이 다른 국가의 손해인 제로섬게임(중상주의의 이념)이 아니라고 주장한다. 무역을 통해 상호이익이 됨을 주장하기 위한 기초적인 비교우위모형의 가정은 다음과 같다.

세계경제는 2개의 지역으로 이루어져 있으며 각 지역은 동일한 양의 노동력으로 두 종류의 상품을 생산한다(자원과 제조상품). 각 지역에서 노동력은 두 경제부문 간 '완전한 이동성'을 가지고 있지만 두 지역 간 이동은 없다. 또한 완전경쟁 개방형 시장을 가정한다. 각 지역은 한 부문에 절대적인 경쟁력을 가진다. 무역 이전의 시나리오 1a에서는 각 지역의 노동력이 반으로 나뉘어 2개 부문에서 생산에 참여한다(즉, 지역 A에서는 5,000단위의 자원과 10,000단위의 제조상품을 생산한다).

시나리오 1a(무역 이전) 각 지역은 절대우위를 가짐		
	지역 A	지역 B
자원	5,000	2,000
제조업	10,000	20,000

시나리오 1b(무역 이후) 각 지역은 절대우위에 집중함		
	지역 A	지역 B
자원	10,000	0
제조업	0	40,000

지역 A와 B의 총생산은 자원 7,000단위와 제조상품 30,000단위이다. 하지만 지역 A는 (절대적으로) 지역 B에 비해 자원생산, 지역 B는 제조생산에 유리하다. 시나리오 1b에서는 각 지역이 절대우위에 있는 분야의 생산을 위해 노동력을 이동한다고 가정한다. 그 결과 자원과 제조업의 총생산이 증가한다. 따라서 두 지역 모두 특화하고

비교우위 모형 한 지역이나 국가(혹은 개인이나 기업)가 상품과 서비스에 특화되어 다른 곳보다 효율적으로, 특히 낮은 기회비용으로 생산하여야 한다는 모형

보호주의 국가 간 시장교환을 제한하거나 제약하여 국내산업을 보호하려는 주의

정치적 장벽은 제거되어야 한다고 주장한다. 이러한 관점에서 보면 노동의 특화와 규모의 경제의 이점을 완전히 실현시키기 위해서는 세계시장에 대한 제한 없는 접근이 필요하다. 역사적으로 보면 **비교우위 모형**(comparative advantage model)은 왜 한 국가(지역)가 국내(지역적) 생산에만 의존해서는 안 되며, 가장 경쟁력이 있는 활동에 특화하여 다른 경쟁력이 있는 장소와 교역을 하게 되는가를 설명해준다(사례연구 2.5). 원래 이 19세기의 모형은 상품의 교역에만 한정되어 있었지만, 자유무역투자(특히 외국인 투자)와 관세 및 무역에 관한 일반협정(GATT, 1995년 WTO로 변경됨)이 지지한 서비스활동에도 확장되었다.

자유무역의 근거는 이해하기 어렵지 않다. 하지만 노동특화와 규모의 경제는 시장에의 접근성이 실현되지 않으면 이루어질 수 없다. 생산성의 증대를 위해 특화가 긴요하다면 무역은 특화를 위해 필요하다. 이러한 관점에서 볼 때 자유무역에 대한 논쟁은 무역과 특화가 있어야 하느냐의 문제이기보다는 무역과 산업특화(그리고 경쟁우위)에 대한 적절한 정책이 무엇이냐는 것으로 귀결된다.

자유무역정책은 항상 논쟁적이다. 주로 강한 국가가 약한 국가에 취하는 정책으로 **보호**

무역을 하면 더 부유해질 수 있다는 것을 의미한다.

특화는 기회비용을 수반한다. **기회비용**(opportunity costs)은 한 대안을 선택하고 다른 대안을 거부했을 때 잃게 되는 잠재적 이익이다. 예를 들어 지역 A가 자원에 특화하면 제조생산의 기회를 포기하게 된다. 지역 A는 자원 1단위의 산출을 위해 제조상품 4단위를 잃게 된다. 지역 B는 자원 1단위의 산출을 위해 제조상품 10단위를 잃게 된다. 비교우위모형의 중요한 주장은 각 지역의 기회비용이 서로 다른 상황에서 각 지역이 상품의 생산에 절대우위가 없을지라도 무역을 통해 상호이익을 창출할 수 있다는 점이다.

다음의 시나리오를 가정해보자.

시나리오 2a(무역 이전) 각 지역은 절대우위를 가짐			시나리오 2b(무역 이후) 각 지역은 절대우위에 집중함		
	지역 A	지역 B		지역 A	지역 B
자원	5,000	3,000	자원	2,500	6,000
제조업	20,000	9,000	제조업	19,000	0

이 경우 특화와 무역이 전체 지역의 총산출을 증가시킬까? 지역 A는 지역 B에 비해 자원과 제조업 모두 효율적으로 생산할 수 있는 절대적 우위를 가지고 있다. 반면 지역 B는 두 부문에 특화할 수 있는 기회비용이 다르다. 지역 A가 자원 1단위 산출을 위해 제조업 4단위를 포기하는 반면, 지역 B는 단지 3단위만 희생하면 된다. 결국 지역 A보다 지역 B의 자원생산이 더 싸다. 따라서 지역 B는 비교우위를 가지고 있다. 결과적으로 특화와 무역은 두 부문의 생산을 증대시킨다. 지역 A에서 노동력의 3/4을 제조업에 할당하고 1/4을 자원에 할당하고, 지역 B는 모든 노동력을 자원생산에 할당한다고 가정해보자. 시나리오 2b에서 총생산과 특화와 무역의 이익이 나타난다. 이 모형에서 가격은 수요와 공급의 (완전)경쟁을 통해 결정된다고 가정한다.

기회비용 한 대안을 선택하고 다른 대안을 거부했을 때 잃게 되는 잠재적 이익

주의자(protectionist)의 반대가 있다. 더욱이 신자유주의의 등장과 함께 자유무역과 세계화의 융합이라는 비판이 강하게 일어났다. 일반적으로 신자유주의는 시장의 힘을 옹호하고 교역과 시장거래에 영향을 주는 정치 · 사회적 규제를 축소하여 최소화시키고, 공공부문의 활동을 민영화하여 세계화를 추동한다. 이러한 측면에서 세계무역기구(WTO)는 자유무역의 범위를 서비스까지 확장시켰다. 전통적으로 공공부문에 의해서 국지적으로 제공되는 서비스, 즉 교육, 건강, 유틸리티(수도, 전기 등)까지도 확장되었다.

신자유주의는 개인(소비자이든 기업이든 간에)의 '경제적 자유'를 신장하여 투자와 무역을 증가시키고, 국제무역의 정치 · 사회적 장벽의 부가에 반대한다. 이러한 관점에서 볼 때 경쟁시장은 효과적으로 '자율규제'를 하며 최적의 효율적인 결과를 산출해낸다. 이러한 논리는 21세기 초반 미국과 영국 은행의 수신과 여신업무에 대한 규제완화의 근거로 이어졌다. 또한 경쟁력 있는 기업, 숙련 노동력, 인프라가 취약한 가장 가난하고 약한 국가에 대한 자유무역의 압박논리로도 이용되었다.

제도론자(국가주의자라고도 불림)는 자유무역을 비판하면서 경제적 자기충족을 추구하

지 않는다고 주장하였다. 제도론자도 경제성장은 시장, 특화, 규모의 경제에 기반한다는 것을 충분히 인식하고 있다. 자유무역을 주창하는 신자유주의자와 다른 점은 시장실패에 대응하기 위한 정부의 규제가 필요하고 보호주의가 경제성장에 역할을 한다는 신념 때문이다. 이러한 자유무역 비판론자들은 자연자원과 노동숙련과 같은 자산을 특화와 무역으로 인해 '자동으로' '주어지는' 것으로 보는 비교우위 모형을 비판한다. 제도론자는 **경쟁우위**(competitive advantage) 이론을 강조하면서 기업과 정부는 특화와 무역의 기회를 적극적으로 추구해야 한다고 주장한다. 자유무역에 대한 비판을 자세히 살펴보면 다음과 같다.

경쟁우위 기업과 국가가 특화와 무역의 기회를 적극적으로 추구하는 것

- 자유무역은 절대 공짜가 아니다. 모든 시장처럼 자유무역시장도 거래비용과 사회 · 정치적 규제를 받는다. 사실상 대부분의 무역은 다국적기업 내부에서 이루어지고 기업전략의 영향을 받는다.
- 시장은 사회적 · 정치적 목표에 의해서 규제받는다. 예를 들어 건강과 상품과 서비스의 공급 안정성 등의 이유로 규제할 수 있다. 무역 보호주의는 실업과 관련된 사회적 문제를 예방하거나 소규모 '신생'기업이 국제적인 경쟁기업과 경쟁할 수 있고, 충분한 규모로 성장할 수 있도록 하는 등의 사회 · 정치적 목표가 있다.
- 모든 주요 국가들은 '신생'기업을 경제성장의 기반으로서 보호할 필요를 인식하고 있다. 여기에는 예외가 없다. 정부는 또한 군사적이나 상업적 목적의 첨단기술을 개발하는 등의 전략적, 안보상의 이유로 자국의 산업을 보호한다.
- 자유무역을 지지하는 국가들을 포함한 모든 주요 국가들은 사회적 · 정치적 이유로 자국의 산업을 보호하거나 많은 지원을 한다. 미국과 캐나다는 2009년 GM과 크라이슬러에 엄청난 국고를 지원했다.
- 무역갈등은 '자유무역' 당사자들 간에서도 광범위하게 나타난다. 이러한 갈등 자체가 새로운 규제의 형태로 표출되며 주로 공정성의 문제를 해결하기 위해 나타난다.
- 자유무역협정은 정책의 문제이며 주로 불공정한 형태를 보인다. 2008년 WTO 라운드테이블에서는 부유한 국가들이 가난한 국가들이 외국인직접투자에 문을 열면 가난한 국가의 농산물에 자국 시장을 열겠다고 선언했다. 동시에 부유한 국가들은 국내 농부에 대한 보조금 지원을 하여 가난한 국가의 경쟁역량을 약화시켰다.
- 마지막으로 소득 불균형과 환경보호 차원에서 시장실패가 중요하다. 자유무역 어젠다는 가난한 국가들을 협소한 특화로 고착시켜 취약성을 강화시킬 수 있다. 환경문제에 대한 국제적인 합의는 어렵게 되고 지속가능한 발전은 무역협정에 포함되지 않는다. 나오미 클라인은 저서 이것이 모든 것을 바꾼다: 자본주의와 기후(*This Changes Everything: Capitalism versus the Climate*)에서 자유무역에 대한 지지는 환경에 대한 위협이 된다고 주장했다.

국제무역의 현실은 다국적기업이 주도하는 가치사슬에 의해 조직된다는 점이다. 대부분의

국제무역은 다국적기업 내에서 이루어지며 주로 연계형 시장과 하청거래에 의해서 이루어진다. 다시 말하면 국제무역은 개방적 경쟁모형의 형태가 아니다.

규모의 경제 추구로서의 글로벌 가치사슬

가치사슬의 관점에서 보면 기업은 (a) 직접 생산할 것인가 다른 기업에서 구매할 것인가, (b) 생산과 구매를 지역 내에서 할 것인가, 지역 밖에서 할 것인가의 기본적인 선택을 해야 한다(그림 2.3). 따라서 개별 기업들은 분업의 1차 활동과 지원활동을 담당한다. 1차 활동은 상품에 직접적으로 가치를 부여하고 지원활동은 간접적으로 가치를 부여한다. 물론 어떤 기업도 자기충족적이지 못하기 때문에 사회적 분업체계 내의 타 기업(과 가치사슬)으로부터 많은 투입요소 – 상품(연료, 물자, 부품, 재료, 자본재, 사무용품, 빌딩)과 서비스(교통, 분배, 사후 서비스) – 를 구매해야 한다. 동시에 기업은 지역적 네트워크와 분산적 네트워크 개발의 입지적 이익과 손해를 평가해야 한다. 일반적으로 기업의 내적 가치사슬은 도시 내외부 지역에서 상류(공급자)와 하류(시장)의 넓은 가치사슬에 통합된다. 따라서 가치사슬의 개념은 상품과 서비스를 생산하는 데 필요한 연계와 조정을 강조한다. 가치사슬은 또

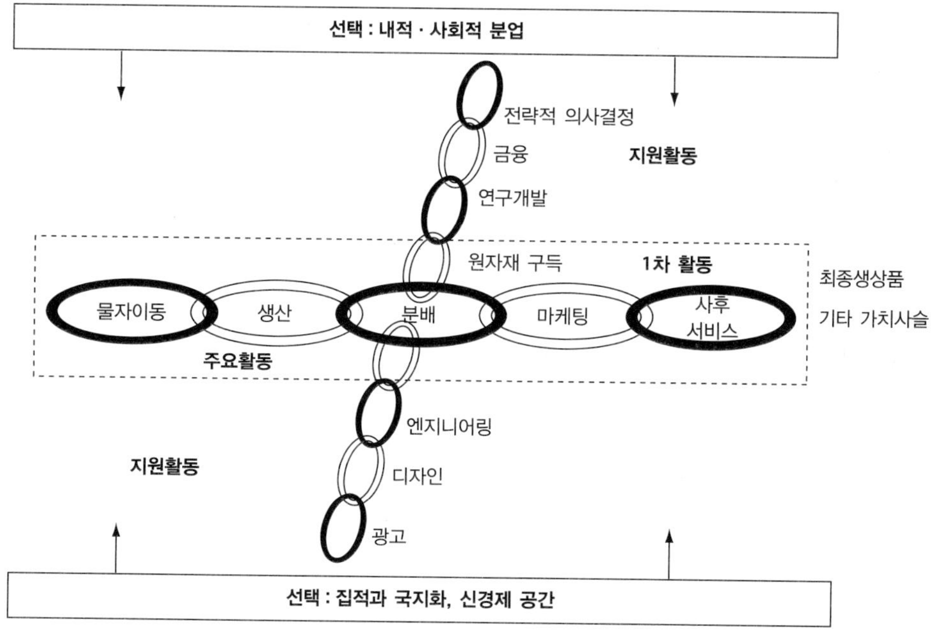

그림 2.3 가치사슬의 지리학적, 조직론적 관점

출처 : Edjngton, David W. and Roger Hayter "International Trade, Production Chains and Corporate Strategies: Japan's Timber Trade with British Columbia," in *Regional Studies*, 31.2. ⓒ Regional Studies Association, reprinted by permission of Taylor & Francis Ltd, www.tanfonline.com, on behalf of Regional Studies Association.

한 소비단계에서 리사이클링과 폐기단계까지 확장된다. 가치사슬 공간분업의 조직은 규모와 범위의 경제를 달성하고 내적 역량을 외부경제로 확장시키는 데 필요한 최적의 조건에 의해서 결정된다.

가치사슬은 모든 상품과 서비스(커피, 주택, 록 콘서트, 자동차, 컴퓨터, 관광, 빌딩 등)에 존재하며 공식적 · 비공식적 제도에 의해 조정되는 다층적 시장에 포함된다. 일반적으로 거대기업은 스스로 기업 내부적으로 기능을 공급하고 수많은 중소기업에 외부적 연계를 공급함으로써 가치사슬을 소식하는 데 강력한 역할을 한다. 마이클 포터(1990)가 개념화하였듯이 가치사슬의 연계는 최종 생산품에 가치를 부가한다(그림 2.3). 기업 자체를 가치사슬로 볼 수 있으며 각각의 링크는 특화된 활동으로 이루어졌다. 포터는 1차 활동과 지원활동을 구분하였는데, 제조업의 경우 1차 활동은 최종생산품(원자재 구득, 생산, 분배, 마케팅, 사후 서비스 등) 에 가치를 직접적으로 부가하고, 지원활동은 간접적으로 가치를 부가한다(전략적 의사결정, 금융, 연구개발, 디자인 등).

가치사슬의 경제지리학은 기업단위이든 산업단위의 개념화이든 간에 두 가지 문제를 제기한다. (1) 가치사슬은 개방형 · 연계형 · 계층형 시장의 조합에서 어떻게 조직되는가? (2) 가치사슬이 지리적으로 구조화되는가? 다시 말하면 집적과 분산의 힘이 어떻게 창출되는가? 조정형(계층형 : 내부적으로 작동) 시장과 연계형 혹은 개방형 시장(외부에서 구입) 중에서 어느 것을 선택하느냐에는 완전하고 즉각적인 답은 없다. 동일한 산업분야의 기업들도 서로 다른 선택을 한다. 1950년대 이후 일본과 독일의 자동차산업의 세계적인 성장은 강하고 안정적이며 연계적인 공급자 시장을 확보한 데서 기인한 반면, 미국의 자동차산업은 조정형 시장 내의 통합에 의한 강한 통제를 선호했다. 현재는 강한 연계형 시장을 구성하는 것이 일반적이다(제11장 참조). 자동차산업의 전체 가치사슬을 보면 연계형 · 조정형 시장의 역할이 중시되고, 가치사슬의 끝부분은 소비자와 소매업의 사슬이 개방형 시장모형으로 구성되어 있다(비록 거대기업의 역할이 여전히 중요하지만).

지리학적으로 볼 때 기업은 기능을 어느 지역에 집적(기업이 집중하여 입지함)할지 분산할지를 선택하여야 한다. 집적과 분산은 상대적인 용어로 특정 맥락과 지리적 규모에서 살펴보아야 한다. 대도시지역에 입지한 기업은 최고 관리기능, 연구, 경영기능을 도시 내에 분산입지할 수 있을 것이다. 출판업의 경우 경영, 편집, 판매기능은 주로 도심지역에 입지하고, 창고와 인쇄기능은 교외지역에 입지한다. 대부분의 거대기업의 본사는 도심에 입지하고 연구개발센터는 교외지역에 입지한다. 자원채굴이나 제조업, 분배기능과 같은 기능들은 다른 지역에 집적한다. 이러한 투자의 규모는 도시발전을 자극한다. 경제활동의 강한 집적화 경향은 부분적으로는 거래비용을 감소시키고, 활동을 조정하고, 기회주의를 축소하고, 국지적 경쟁을 강화하며, 상호비교와 정보교환을 촉진시키기 위해서 이루어진다. 사실상 수많은 실제 시장들은 특정 장소에서 번성하는 경향이 있다. 도쿄의 쓰키지 시장, 토론토의 켄싱턴 시장, 베이가와 월가의 쇼핑몰, 동네 가라지세일, 금융시장 등은 집적을 증진시키는 거래비용의 힘을 보여준다. 이러한 집적지에서는 개별 소비자나 기업들은 기존에 생산된 대안 상품들의 다양한 속성들에 대한 정보를 찾아보고 대면접촉을 통해 공급자 중에서 비교구매를 할 수 있다. 특히 비반복적인 구매의 경우 대안의 탐색, 수집, 평가의 과정이 명확하게 정리되어 있지 않고 반복적인 상호작용이 필요하게 된다. 더욱이 시간이 지남에 따라 규모의 내부경제와 외부경제효과로 인해 이러한 집적의 경향이 강화된다.

중심-주변부 관계

집적의 증가는 동시에 경제활동의 먼 외곽지역으로의 분산을 촉진한다. 이는 핵심적인 자원과 저임금 노동력을 찾기 위함이다. 다국적기업과 조정형 시장의 성장은 본사에 집중화된 서비스의 분산을 촉진한다. 이는 운영기능이 분산된 분공장의 지원과 통제를 쉽게 하기 위함이다. 사실상 자원과 저임금 노동력의 추구는 도시 내, 도시와 농촌지역 간, 지역 간, 나아가 세계적으로 중심-주변구조를 촉진시킨다.

일반적으로 중심부는 크고, 다양하고, 혁신센터, 생산과 소비에의 접근성이 좋다. 중심부는 다국적기업의 본사(와 이에 대응하는 기능)가 집적되어 있어 세계적인 소비와 공급장소에 대한 전략적 의사결정이 이루어진다. 반면 주변부는 특화 자원과 상품생산의 지역이다(농업, 석탄광산 등). 권력관계를 보면 주변부는 명확하게 중심부에 종속된다. 중심부에는 세계적인 영향력을 지닌 대형 기구들이 입지하고 다양한 기술을 가진 인재들이 광범위하게 집중되어 있다. 이들은 인접한 배후지에 입지한 공급자와 시장을 원거리로 변화시켜, 경제기반의 공간적 범위를 다양화하고 주변부와의 연계를 변화시킬 역량이 있다. 반면 주변부는 시장변화에 취약하고, 기술변화와 상품대체, 자원고갈 등으로 잉여가 되어 버릴 위험이 있다. 결국 먼 곳에 입지한 의사결정자가 주변부의 운명을 좌우할 투자를 결정한다.

이러한 상황에서 대항력이 필요함은 분명하다. 주변부의 정부는 종종 자원채굴로 획득한 자본을 통해 새로운 경제기반을 추구하는 것처럼 경제기반을 다양화하고 발전시킬 수 있는 방법을 찾는다(비록 항상 성공하는 것은 아니지만)(제9, 10장 참조). 노동자들은 노동조합을 조직하고 더 나은 노동조건, 임금, 연금 등을 요구한다. 종합하면 중심-주변부 관계는 상호의존성 특성을 보인다. 중심부는 투자·경영·기술을 제공하고, 주변부는 저임금·자원·토지를 제공한다. 이러한 관계는 지역에서 전 세계적으로 모든 규모에서 이루어진다. 물론 일부 주변부는 타 지역에 비해 부유한 경우도 있다.

중심-주변부 관계는 뿌리 깊게 고착화되어 있지만 때로는 심각하게 변할 수도 있다. 몇몇 저소득 주변부 국가들은 성장하여 '반주변부', '개발도상국', '전환국가'로 발전하거나 '중심부 같은' 국가가 되기도 한다. 이러한 국가들은 자원이나 농업보다는 제조업과 무역을 발전의 도약대로 삼았다. 물론 발전에는 하나의 경로만 있는 것은 아니다. 홍콩, 한국, 싱가포르 등은 예전에는 '저개발' 주변부였지만, 저임금 제조업기반의 반주변부로 성장하였으며, 중심부 기능도 상당히 수행하고 있다. 푸에르토리코나 멕시코 국경 쪽의 국가들은 아직도 이러한 성장을 못하고 있다. 세계적인 규모로 보면, 캐나다와 오스트레일리아는 세계적으로 중요한 핵심 도시들이 있으나 (부유한) 주변부로 분류되고 있다. 마찬가지로 브리시티 컬럼비아주는 캐나다의 자원주변부로 인식되고 있지만 벤쿠버라는 중심부 대도시가 주 전체 인구의 절반을 차지하고 다양한 경제활동으로 글로벌 네트워크를 형성하고 있다. 민간과 공공기관의 의사결정 권한의 규모와 지리적 범위와 기능적 다양성은 중심-주변부 지위의 중요한 지표가 된다.

가치사슬의 세계화

세계화되는 세상에서 개별 기업들은 가치사슬의 입지적 우위성을 지속적으로 추구하고 있다. BMW사는 2013년 구조적 완결성을 유지하면서 무게를 줄인 탄소강화 섬유 플라스틱으로 제작한 배기가스가 없는 전기자동차 BMW i3의 생산을 시작했다. 탄소섬유는 철강의 절반, 알루미늄의 1/3 정도 무게이다. 원자재는 일본에서 구입하여 워싱턴주 동부의 모세호수 지역의 1억 달러를 투자한 공장에서 가공과 열처리를 하여 강화시킨다. 이 공장은 인접한 컬럼비아강에 있는 수력발전소에서 대량으로 값싼 전력을 공급받는다. 이곳에서 처리된 탄소섬유판은 독일 바커스도르프와 란츠후트의 작은 바이에른 도시에 입지한 BMW 공장(BMW의 새로운 공장)으로 운송된다. 이 공장은 지가와 임금, 세금이 저렴하고 정부의 보조금을 받는다. 반면에 BMW 본사, 핵심 생산시설, 주요 공급자들은 뮌헨과 남부 바이에른 지역에 집중되어 있다.

위의 사례는 현대 세계화를 형성하는 중요한 트렌드를 암시한다. 첫째, 세계화는 세계무대에서의 경쟁이 국제화되고 있음을 말한다. 유럽, 북미, 아시아의 자동차회사들은 상대방의 전통적인 시장지역에 제조공장을 설립한다. 이러한 경향은 소비자에게 '표준화'와 동시에 특정 시장에서 상품의 다양화와 차별화를 할 수 있는 기회를 제공해준다. 세계화라는 용어는 종종 기업의 역할 강화와 기술과 소비자 기호의 표준화를 의미하지만, 이와 반대로 마이크로 브루어리의 사례(사례연구 2.2)처럼 국지적인 선호가 지역의 혁신을 강화하는 경향도 나타난다.

둘째, 세계화는 생산의 경제지리학에서 환경에 대한 고려가 증대하고 있다는 것을 의미한다. BMW의 사례에서 보듯이 전기자동차의 탄소섬유강판의 발전과 재활용 에너지의 사용이 자동차산업 등 최근 산업계의 지속가능한 생산의 경향이고, 가치주기(value cycle) 실현을 위해 이동하고 있다. 자원기반 산업은 환경적 영향을 줄이기 위한 연구개발을 증대시키고 있다. BMW와 같은 최종 소비재상품 생산회사들은 화석연료 에너지자원의 사용을 하지 않겠다는 서약을 하거나 지속가능한 에너지원을 찾고 있다. BMW의 사례에서는 모세호수와 같은 주변부의 소규모 지역을 선정하는 등 글로벌 가치사슬에서 분산을 선택했다.

가치사슬의 세계화는 현대의 도시화 과정과 연관되어 있다. 도시화의 세계화는 이전에는 산업이 존재하지도 않았던 남중국의 농촌지역과 작은 마을과 같이 소위 신경제 공간인

산업도시의 등장을 의미한다. 세계화 과정에서 부유한 시장경제 국가들은 많은 산업생산을 잃고, 세계적 수준의 분업구조 속에서 재생도시나 창조도시로 발전하고 있다. 앨런 스콧(Allen Scott)과 리처드 플로리다(Richard Florida)에 따르면 이러한 경향에는 몇 가지 중요한 점이 있다. 첫째, 이러한 성장에는 서비스와 혁신적인 제조업분야의 연구개발과 디자인 중심, 창조적인, 녹색활동 등의 영향이 있다. 이러한 도시에서는 소비자 서비스 상위부문과 글로벌 가치사슬의 투입에 다양성을 제공해준다. 둘째, 이러한 활동의 군집은 규모와 범위의 외부경제에 의해 추동받는다. 이는 정보교환, 브레인스토밍, 기술인력 풀과 지원 서비스의 발전, 국지적 · 국제적으로 높은 접근성 등을 통해 거래비용을 감소시킨다. 셋째, 도시지역은 융합적이고 활동의 군집지를 제공한다. 넷째, 이러한 재생, 창조도시들은 세계적인 분업구조에 점증적으로 연계되면서 자원과 노동력의 투입에 있어서 도시배후지와의 연계는 약해지고 있다. 다섯째, 도시지역의 재생과정은 상당히 불균등하다. 피츠버그는 철강생산기지에서 탈피하였고 디트로이트는 아직도 재생을 위해 노력하고 있다. LA와 뉴욕은 방대한 도시지역이면서 세계경제의 조정역할을 하는 반면, 빈곤과 범죄가 만연하고 창조적이거나 녹색 직업을 가진 시민들은 극소수에 불과하다.

결론

공간분업은 양적으로나 질적으로 지속적으로 진화하고 있다. 기존 지역들은 경제전환을 하거나 쇠퇴한다. 신산업공간(특히 아시아)은 세계 제조업의 상당 부분을 차지하고 있으며, 부유한 시장경제 국가의 도시들은 고차 서비스 활동으로 이전하고 있다.

공간분업을 통해 창출된 소득은 전 세계 부의 양을 엄청나게 증대시켰다. 하지만 개인과 장소의 관점에서 보면 특화는 일자리가 경쟁과 기술변화에 취약해지는 것을 의미한다. 나아가 부의 분배는 심각하게 불균등해지고 최근에는 더욱 심해지고 있다(그림 1.9 참조). 가난한 국가들은 자급적인 활동이나 가치사슬에서 이윤이 적은 부문에 의존한다. 더욱이 경제활동의 규모가 증가함에 따라 그로 인한 환경 피해의 규모도 커지고 있다. 소득불균형과 환경약화를 초래하는 사회적 과정은 심하게 누적적이며 자기강화적이다. 이를 해결하기 위해서는 근본적인 처방이 요구된다.

연습문제

1. 여러분의 집 근처 거리에 지역주민이 운영하는 동네상점(식품점, 식당, 커피숍 등)을 조사해보자. 규모의 경제를 누리는 세계적인 대형 체인점들과의 경쟁에서 생존하는 비법이 무엇인가? 이 동네상점은 이윤이 많을까?
2. 여러분이 거주하고 있는 도시의 주요한 규모의 불경제에 대해 논의해보자. 이에 대해 무슨 대책이 필요한가?
3. 규모의 내부경제와 외부경제의 유형에 대해 구분해보자. (1) 체증하는 규모의 내부경제와 (2) 규모의 외부경제가 크리스탈러의 계층적 취락유형(제1장 참조)에 미치는 영향은 무엇인가? 소매업 기능의 관점에서 논의해보자
4. 자동차매매단지를 조사해서 다양한 판매시설과 연관 서비스를 조사해보자. 왜 자동차 매매상은 집적해 있나? 자동차매매단지가 이윤이 있는 이유는 무엇인가?
5. 지난 10여 년 동안 세계화는 여러분의 도시를 어떻게 변모시켰나?

핵심용어

경로의존적 행위
경쟁우위
고정비용
공간분업
공간 승수효과
공공재
관세
규모의 경제
규모의 국지화 경제
규모의 도시화 경제
규모의 외부(불)경제
기업단위 규모의 (불)경제
기회비용
로지스틱스
매몰비용
범위의 경제
변동비용
보호주의
부동의 경제
부정적 외부효과
분공장
분업
비관세장벽
비교우위 모형
사회적 분업
세계화
순환적 · 누적적 인과
승수효과
신국제분업
신자유주의
자유무역
작업단위 규모의 경제
작업, 공장단위 규모의 불경제
제도적 집약
제품 다각화
최소효율(최적) 규모

추천문헌

Amin, A. and Thrift, N. 1994. "Globalization, institutional 'thickness' and the local economy," pp. 91-108. in P. Jealey, S. Cameron, S. Davoudi, S, Graham, and A. Madinpour, eds., *The New Urban Context*. Chichester: Wiley.
제도적 현전, 조직, 상호작용, 거버넌스와 재현, 포용과 동원 등의 개념을 통해 제도적 집약을 선도적으로 탐구한 논문

Boschma, R. and Martin, R., eds., 2010. *The Handbook of Evolutionary Economic Geography*. Cheltenham: Edward Elgar.

장기간에 걸친 도시의 진화와 경로의존의 개념을 탐구하였다.

Coe, N.M., Hess, M., Young, H., Dickin, P and Henderson, I. 2004."'Globalizing' regional development: a global production networks perspective," *Transactions of the Institute of British geographers* 29: 468-84.

글로벌 생산 네트워크(가치사슬)와 지역발전에 초점을 두고 이 장의 핵심 주제를 탐구한다.

Frenken, K., Van Oort, F., and Verburg, T. 2007. "Related variety, unrelated variety and regional economic growth," *Regional Studies* 41: 685-97.

최근 중요한 주제로 부상한 연관(과 무관) 다양성을 탐구한다.

Martin, R. and Sunley, P. 2006. "Path dependence and regional economic evolution," *Journal of Economic Geography* 6: 395-437.

지역발전의 관점에서 경로의존을 설명한다.

참고문헌

Florida, R. 2012. *The Rise of Creative Class Revisited*. New York: Basic Books.

Klein, M.E. 2014. *This Changes Everything: Capitalism versus the Climate*. New York: Simon and Schuster.

Myrdal, G. 1957. *Economic Theory and Underdeveloped Regions*. London: Gerald Duckworth.

Porter M.E. 1985. *Competitive Advantage*. New York: Free Press.

Robinson, E.A. 1959. *The Structure of Competitive Industry*. Chicago: University of Chicago Press.

Scott, A.J. 2006. *Social Economies of Metropolis*. Oxford: Oxford University Press.

Smith, A. 1986. *The Wealth of Nations Books I-III*. London: Penguin (first published 1776),

United Nations. 2005. *Report on the World Social Situation*. New York: UN.

United Nations Development Report. 1999. *GIobalization with a Human Face*. New York: United Nations Development Program.

제3장

혁신, 진화, 불균형

산업변이의 과정은 … 스스로 끊임없이 경제구조를 혁신하고, 끊임없이 오래된 구조를 파괴하고, 끊임없이 새로운 구조를 창조하는 것이다. 이러한 창조적 파괴의 과정이 자본주의의 핵심이다.

(Schumpeter, 1942: 83)

제3장의 전반적인 목표는 혁신이 장소와 공간경제의 진화를 어떻게 추동하지를 탐구하고, 역으로 이러한 지리적 맥락이 어떻게 혁신과정을 형성하는지를 탐구한다. 주요 내용은 다음과 같다.

- 경제 시스템에서 왜 혁신이 일어나고 지속되는가를(혹은 왜 혁신이 실패하는가를) 설명한다.
- 혁신을 기본 유형, 영향의 규모, 주기적 역동성, 행위주체자에 의해서 형성되는 사회적 과정, 다양한 연구개발 조직, 혁신체제를 형성하는 연관 제도 등의 관점에서 고찰한다.
- 기술-경제 패러다임의 틀로 지난 250년간의 시장경제의 진화과정을 추적한다.
- 연구개발 투자와 특허를 기준으로 혁신의 입지적 역동성과 조직변화를 설명한다.
- 혁신이 누적적 발전의 선순환과 악순환의 주기를 추동하는 양식을 설명한다.
- 개발도상국으로 기술이전의 가능성을 넓게 진단한다.

제3장은 4개의 절로 구성되어 있다. 1절은 혁신의 사회적 과정을 분석한다. 혁신을 상품순환주기 과정으로 인식하고, 다양한 주체와 제도의 역할을 설명한다. 2절은 기술-경제 패러다임의 개념을 고찰한다. 나머지 2개의 절은 혁신의 지리학과 혁신이 세계적 불균형에 기여하는 역할을 살펴본다.

혁신과 시장

시장은 거래가격을 조정하는 것보다 훨씬 더 많은 역할을 하며, 제도는 생산을 조직 · 운영하는 것 이상의 역할을 한다. 시장 시스템은 지속적인 혁신을 추동하고, 경제와 사회가 진화하도록 동력을 준다. 시장에서 경쟁우위를 추구하는 기업가와 기업은 혁신의 주요 원천이다. 지속적으로 기존의 생산과 소비유형을 파괴하는 새로운 경제활동을 창출한다. 어떤 혁신은 기술의 진보로서 상품이나 생산과정을 변형시키고, 어떤 혁신은 본질적으로 조직적 · 제도적 특성을 가지고 있어서 생산조직과 소비의 특성을 변화시킨다.

혁신은 다윈이 말한 것처럼 진화적이다. 왜냐하면 시장이 선택한 상품과 회사만이 살아

남으며, 신제품은 외부환경을 형성하고 또한 외부환경에 의해 형성되기 때문이다. 지난 2세기 동안 대부분의 경제적 진보는 거래나 비즈니스 관행의 변화나 경제에 대한 이해의 진보보다는 **기술혁신**(technological innovation)에 의해 추동되었기 때문에 신기술은 진화의 과정을 폭넓게 선도한다. 물론 이러한 진보는 시장과 제도적 관계에서 지금 일어나고 있는 진화가 아니었다면 불가능했을 것이다. 인터넷은 인간생활을 급속히 변화시킨 기술의 힘을 보여주는 고전적인 사례이다(사례연구 3.1).

기술혁신 제조, 가공, 커뮤니케이션, 운송활동 등에서 새로운 생산방식(생산과정)이나 신상품의 최초의 상업적 도입

지리학은 사람이 어떻게 공간상의 거래를 촉진하는가에 관심을 가짐으로써 혁신을 추동하는 강력한 자극제가 된다. 사이버공간은 공동체와 비즈니스 파트너들을 장소를 넘어서 온라인으로 연계시킴으로써 장소의 한계를 극복한다. 하지만 인터넷이 있기 훨씬 전에도 무수한 극적인 혁신들(기차, 비행기, 자동차, 전화, 라디오, TV, 위성통신)은 화폐비용과 시간비용을 감소시키고 상품, 사람, 아이디어의 공간상 이동의 불확실성을 감소시켜서 이미 오래전부터 장소의 '폭력'을 극복해왔다. 또한 수많은 혁신들도 생산, 분배, 소비의 지리를 극적으로 변화시켰다. 예를 들어 냉장기술은 수천 킬로미터나 떨어진 곳에서 재배된 신선한 농산물을 소비할 수 있게 해주고, 재활용 소재를 사용하는 제지, 철강공장을 시장 근처로 입지하게 하였고, 아마존이나 이베이 같은 인터넷 쇼핑몰은 시장을 전 세계 어느 곳에 있는 고객에게도 접근가능하게 하였다. 일반적으로 혁신은 경제의 경쟁기반의 진화를 통해 자극을 받는다. 이러한 이유로 이 장의 주제는 **사회적 과정으로서 혁신**이다.

장기적인 관점에서 보면 혁신주도 시장경제의 진화는 크게 세 가지 유형의 경향을 보인다. 첫째, 경제적 진화는 경로의존적이며 누적적이다. 발전은 특정한 방향성을 가지며 하부구조, 장비, 시설, 기술 등에 대한 초기투자에 의해 형성되지만 종속적은 아니다. 둘째, 시장경제의 진화는 다양한 규모와 강도로 나타나는 불경기와 호경기 순환의 영향을 받으며, 기술, 조직, 환경적 영향, 입지 등의 근본적인 변화를 초래하는 주기적인 재구조화에 강한 영향을 받는다. 셋째, 경제적 진화는 공간상의 장소에서 부와 빈곤의 변이를 창출하는 분화효과(differentiating effect)를 보인다. 경제적 진화는 지식, 생산성, 부를 증진시킨다는 점에서는 긍정적인 측면이 있다. 하지만 사회의 일부를 한계화시키고, 완고한 태도를 화석화시키며 기득권층의 이익을 강화하는 점에서는 부정적인 측면이 있다. 하지만 여전히 변화는 '진행형'이다. 우리 할아버지와 아버지의 삶이 우리의 삶과 다르듯이 우리 후손의 삶도 다를 것이다.

사회적 과정으로서의 혁신

혁신은 새로운 아이디어나 발명이 주로 신생기업이나 기존기업에 의해서 상업화되거나 실용화되기 시작하면 정점에 이르는 과정이다. OECD는 혁신의 네 가지 유형으로 (1) 신상품이나 기존 상품의 질적인 변화, (2) 새로운 생산과정, (3) 새로운 시장, (4) 기업 내와 기업

사례연구 3.1 | 혁명과 진화

대부분의 독자들은 인터넷으로 연결되는 세계에서 태어났으나 저자들은 그렇지 않다. 저자들이 젊었을 때는 우편, 아날로그 전화, 팩스, 타자기 등으로 세상이 연결되었다. 인터넷은 정보와 자본을 전 지구적으로 즉각적인 교환을 가능하게 함으로써 인간사회를 극적으로 재편했다. 이는 사회경제적 전환이 패러다임 변화의 익숙한 유형을 따르는 것이다.

급격한 기술변화

인터넷은 주요한 연계망 기술이며 그 중심에는 정보의 코딩과 전달에 급격한 혁신이 있다. '패킷 스위칭'은 표준화된 인터넷 프로토콜(IP)을 기반으로 구리선, 광섬유나 무선으로 연결된 컴퓨터 네트워크 간의 연계를 가능하게 한다. 기본적으로 패킷 스위칭(서킷 스위칭과는 다르게)은 큐잉기술을 활용하여 상이한 물리적 네트워크를 통해 서로 다른 정보단위를 함께 전송할 수 있다. 패킷 교환기술은 인터넷이 고안된 이후 변하지 않았지만, 컴퓨터 간의 다양한 전송 인프라는 광섬유, 무선전송, 정보압축, 동작 시스템 등 점진적인 진화를 경험했다. 인터넷은 다음의 4단계로 발전하고 있다.

1. 다르파(DARPA)와 아파넷(ARPANET) 시대(1960~1989)

1960년 미국 고등연구계획국(Defense Advanced Research Projects Agency, DARPA)의 J. C. R. 리클라이더는 인간-컴퓨터 공생의 비전을 제시했으며, 얼마 후 P. 바란, D. 데이비스, L. 클라인록 등은 패킷 스위칭(packet switching)을 만드는데 필요한 이론적 · 수학적 이론을 제시하였다. 다르파 이후 기술발전을 위한 재원을 제공했으며, 대표적인 것이 대학 간 네트워킹을 위한 아파넷(Advanced Research Projects Agency Network, ARPANET) 설치이다. 아파넷은 1969년 최초의 메시지를 전송한 이후 1984년에는 호스트가 1,000개, 1990년에는 100,000개로 증가하였다. 또한 패킷 스위칭 컴퓨터 통신의 활용은 미국 정부, 영국, 프랑스, 캐나다에서 이루어졌다. 대학은 인터넷이 상용화되지 않기를 바랐지만, 1980년대 후반에 많은 민간기업들이 참여했으며 곧 인터넷 서비스 제공 기업들이 공공네트워크의 속도를 따라잡았다.

2. 월드와이드웹(1990~1999)

1980년대에는 미국에서 사용되는 다양한 패킷 스위칭 프로토콜이 고도화되었고 미국국립과학재단은 TCP(Transmission Control Protocol) 와 IP(Internet Protocol)를 개발했다. 그 후 유럽원자핵공동연구소(CERN)가

간 새로운 조직방법과 실행방안을 제시한다. 경제의 한 부문이나 경제 전체의 정책 틀을 변화시키는 정부, 협회, 관련 기관에 의한 제도적 혁신은 다섯 번째 유형이 될 것이다. 건강, 장애, 빈곤, 환경 등과 관련된 사회적 문제와 이윤추구가 주요 동인이 아닌 문제들을 제기하는 '사회혁신'에 대한 관심도 증가하고 있다.

혁신은 기초 연구개발을 하는 발명가와 연구자의 수많은 사회적 활동의 직간접적 산물이다. 여기에는 다양한 기업과 조직이 디자인, 개발, 기술이전에 관여하고, 상품과 서비스의 생산자, 소비자로부터 피드백을 필요로 하는 마케팅 담당자도 포함되어 있다. 대부분의 혁신은 기존의 인프라, 장비, 훈련, 지식 등의 사회 · 기술적 네트워크 내에서 독립적으로 이

TCP/IP를 채택하고 인터넷은 전 세계를 장악하였다. CERN의 팀 버너스-리는 하이퍼 링크와 URL(웹주소) 체계를 개발하여 인터넷을 월드와이드웹(www)으로 전환하였다. 이후 마크 앤더슨이 주도하는 어버너-섐페인대학교의 연구팀이 첫 번째 웹브라우저를 개발했으며, 이는 넷스케이프 내비게이터로 발전했다. 웹에 접근하기 위한 검색엔진도 개발되었다. 최초인 야후와 다른 검색엔진들은 사용자에게 인덱스를 제공했으며, 구글은 개개인의 요구에 맞춘 검색을 제공했다.

산업분야에서는 인터넷의 잠재력을 인식하고, 이를 활용하여 서비스를 향상시키고 매출을 증대시켰다. 1990년대 후반 창업은 온라인사업이 주를 이루었다. 하지만 기대가 너무 컸던 탓인지 닷컴버블이 꺼진 후 대부분 파산하게 되었다. 이베이나 아마존 같은 소수의 거대기업이 등장했고, 금융산업이 인터넷의 잠재력을 최대한 활용하였다.

3. 모바일 웹과 소셜 미디어(2000~)

일본은 최초로 모바일환경에서 인터넷을 사용한 국가이며 모바일웹은 아시아에서 활발하다. 캐나다기업 RIM은 북미에서 이메일용 웹을 개발했으며 2007년 애플이 아이폰과 IOS, 앱스토어를 시작했을 때 컴퓨터 서비스를 시작했다. 페이스북, 트위터와 같은 소셜 미디어와 다중게임이 개발되어 이러한 새로운 영역의 잠재력을 이용하였다. 웹과 모바일웹은 GIS와 결합하여 위치기반 서비스와 높은 정확도로 장소를 찾을 수 있게 되었다. 인터넷 사용자는 1993년 1,500만 명에서 2012년 24억 명으로 증가하였다(호스트는 200만 개 이상이다).

4. 거버넌스와 사회경제적 변화

인터넷은 기본적으로 정부주도의 기술-경제 패러다임 전환의 산물이다. 원래 다르파에 의해 개발되었고, 주도권은 미국국립과학재단(NSF)으로 이전되었다. 지금까지도 미국 정부는 NSF와 상무부를 통해 인터넷 주소체계와 등록을 관장하고 있다. 하지만 이제 기술의 진보는 세계적인 규모의 회원을 가진 인터넷협회와 IETF(인터넷 엔지니어링 태스크포스)와 같은 자발적 시민조직으로 넘어가고 있다.

인터넷 발전의 핵심은 산업부문뿐만 아니라 사회적 상호작용을 촉진하여 생산성을 증대시키고 활용성을 확대하는 데에 있다. 인터넷은 네트워크에 새로운 사용자를 부가해줌으로써 창출되는 규모의 경제의 완벽한 본보기이다(제13장 네트워크경제 참조). 인터넷으로 인해 작업, 경영, 사회화의 방식과 여가의 구성도 바뀌고 있다. 인터넷 비판론자인 제이런 레이니어는, 네트워크 사업자들이 정보를 자유롭게 사용함으로써 이익을 얻고 있으며, 지식재산권의 소유자로부터 착취를 하고, 사용자의 프라이버시를 무료로 활용하여 이윤을 얻고 악영향을 끼치고 있으며, 네트워크 접근성에 대한 보호를 요구하고 있다고 주장한다. 인터넷 발전은 기술발전의 추동력에 의해 계속될 것이나, 현재의 거버넌스 역량이 사회적 편익을 극대화시킬지에 대해서는 의문이 든다.

루어지며, 일부 다른 혁신은 새로운 네트워크의 구축이 요구된다. 성공적인 혁신은 특정 시기에 지역에 상업적으로 도입되고, 시공간을 통해 확산되고 증가한다. 이러한 확산과정을 통해 혁신은 작은 변화를 수반하면서 '채택'되거나 특정 고객의 수요나 선호를 충족시키기 위해 새롭게 '적응'된다. 지역마다 관례, 취향, 규범, 물리적 조건 등이 다르기 때문이다. 글로벌시장에서 자동차의 차대나 소프트웨어의 혁신은 영국, 일본, 오스트레일리아에서는 왼쪽 운전차량에, 다른 국가에서는 오른쪽 운전차량에 맞추어 디자인의 변경이 필요하다.

제품수명주기

혁신의 근원은 다양하다. 대부분의 혁신은 실험적이며, 실행 · 관찰 · 직관을 통해 이루어진다. 산업현장의 관리자, 엔지니어, 작업자들은 일터에서 비록 작은 것이라 할지라도 항상 효율성을 증대시키는 방법('작업을 통한 학습')을 추구하고 있으며, 소비자의 피드백('사용을 통한 학습')이 혁신을 추동하는 경우도 있다. 창업자가 새로운 상품이나 서비스로 시장기회를 파악했을 때 많은 신생기업이 자연발생적으로 나타난다. 반면 혁신은 대규모로 공식적인 **연구개발**(research and development) 프로그램이나 자료기간, 시장기반의 시상분석을 통해 장기적으로 공식적으로 이루어지는 것이 대부분이다. 새로운 소비자 가전상품처럼 장기간에 걸쳐 연구개발에 많은 비용이 소요되는 제품혁신은 종종 '첨단기술'이라고 명명된다. 제품혁신은 주로 S-자형 곡선인 **제품수명주기**(product life cycle) 모형으로 설명된다(그림 3.1 참조). 상업화의 초기단계에서는 개발과 생산의 문제, 작은 시장규모의 문제로 인해 기업의 규모와 입지가 제한을 받는다.

연구개발 사회의 지식저량과 기술역량을 증대시키는 체계적이고 학습기반의 창조적인 작업

제품수명주기 제품이 탄생, 성장, 성숙, 노화, 사망 등의 수명주기의 단계에 따라 진화적인 궤적을 밟는다는 은유적인 용어

소비가 증가하고 기술과 마케팅 측면의 문제가 해결되면 신생기업은 급속한 성장을 통해 규모의 경제를 실현하고 평균비용과 단위가격이 낮아진다(제2장 참조). 상품이 성공적이면 판매는 수익분기점(매출이 연구개발, 생산, 마케팅 비용과 같아짐)에 도달한다. 시공간을 통한 **혁신 확산**(innovation diffusion)은 (개인이나 기업의) 새로운 사용자가 신상품, 서비스, 디자인 등을 구입하거나 받아들일 때 이루어진다. 그 후 생산은 새로운 입지로 이동한다. 예를 들어 애플의 IOS는 어디에서나 동일하다. 혁신의 채택은 확산과정에서 변화가 없고, 다만 특정 고객의 수요(혹은 장소의 요구사항)에 맞추어 약간의 변형을 수반한 적응이 있을 때 이루어진다. 안드로이드 운영체제는 스마트폰 제조사에 따라 서로 다른 시장조건에 적응을 위해 변형된다. 마지막으로 **제품 성숙**(product maturity) 과정에서는 매출이 둔화되고 떨어지기 시작한다. 이는 수요가 포화되었거나 혁신적인 경쟁 상품의 도입으로 소비자의 기호가 변했기 때문이다. 결국 기술혁신은 제품 다각화(적응과정이기도 함)를 통해 생산과 판매에 활기를 되찾게 해준다.

혁신 확산 시간(시간적 확산)과 공간(공간적 확산)상에서 혁신이 퍼지는 것

제품 성숙 대량생산기술이 발전하고 시장 잠재력이 예측가능하고, 저비용 · 저기술 노동력 등이 입지의 핵심 요인이 되는 제품수명주기의 단계

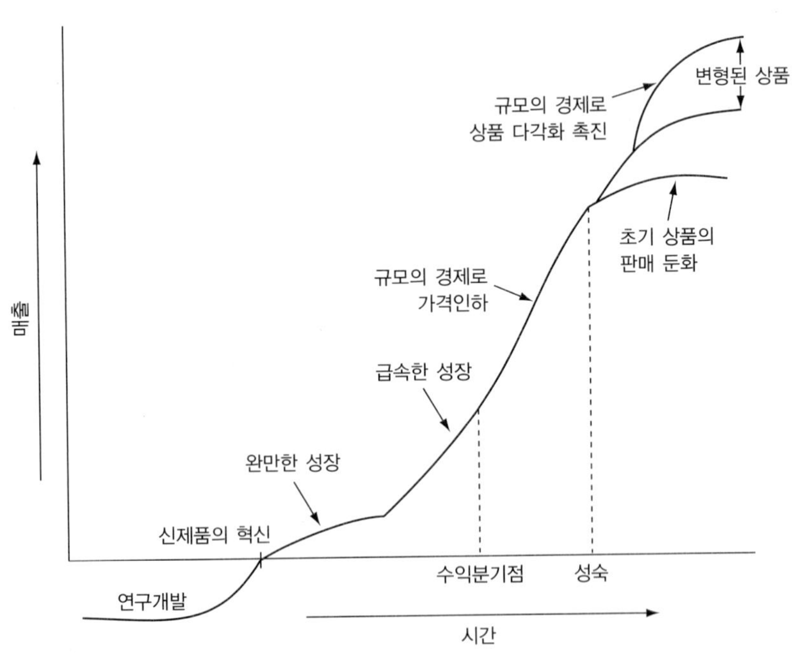

그림 3.1 이상적인 S-자형 혁신(수명주기) 모형

생산과 판매가 증가하면 규모의 경제를 통해 단위가격이 하락한다.

제품이 성숙기에 이르면 기업은 축적된 연구개발, 생산, 마케팅 전문성을 활용하여 새로운 수요에 대응하고 수명주기를 확장하기 위한 제품 다각화를 통한 범위의 경제를 실현할 수 있을 것이다. 자동차 신상품은 시장점유율을 유지하고 고정비용(연구개발, 공장, 마케팅 채널, 노동자 훈련 등)을 되찾기 위해 색상, 스타일, 성능을 차별화한다. 컴퓨터와 같은 전자제품의 판매변화도 이러한 경향을 따른다(그림 3.1). 판매 증가는 단위비용을 감소시키지만, 성능이 우수한 신모델은 종종 높은 가격을 수반한다.

행위주체자와 제도

산업화 초기에는 혁신상품의 상업적 발전에 따르는 위험과 불확실성을 개인 혁신가(혹은 발명가)와 투자의향이 있는 주체가 부담하여야 했다. 이는 산업혁명 동안 제조업, 농업, 엔지니어링, 운송업 부문으로 전환한 발명가-기업가의 경우에 해당한다. 벤저민 헌츠먼(Benjamin Huntsman)도 이와 같은 사례이다(사례연구 3.2).

독자적으로 일하는 개인이나 소규모 사업장의 작업자는 오늘날 혁신의 중요한 원천이다. 하지만 이들은 정부, 대학, 기업에 고용되어 대규모 실험에서 연구개발을 하는 전문 과학자와 엔지니어팀에 압도당하고 있다. 연구개발의 전문화는 19세기 후반, 산업활동의 규모와 복잡성의 증대와 대기업에 의해 대규모 연구개발 작업의 조직과 지원이 가능해짐에 따라 혁신이 제도화되어 이루어졌다. 최초의 기업조직 내의 연구개발센터는 미국과 독일의 전기 엔지니어링과 화학산업 분야에서 시작되었다. 같은 시기에 선진시장경제 국가에서는기업과 연구개발팀에서 요구되는 훈련된 전문가를 공급하기 위해 학교와 대학제도를 확장하였다. 연구개발의 전문화는 복잡하고 공식적인 **혁신 시스템**(innovation systems)의 발전을 의미한다. 이는 경쟁우위를 향상시키기 위한 과학적 · 기술적 지식을 활용하여 혁신을 창출하고 시장화하는 공식 · 비공식적 · 국가적 · 지역적 제도의 네트워크를 상호연계하는 것이다. 혁신 시스템의 핵심은 기업, 정부, 대학 연구개발의 '트리플 헬릭스'와 관련 조직과 기업의 노력이다.

혁신 시스템 경쟁우위를 향상시키기 위한 과학적 · 기술적 지식을 활용하여 혁신을 창출하고 시장화하는 제도 네트워크의 상호연계. 혁신 시스템의 핵심은 기업, 정부, 대학 연구개발의 '트리플 헬릭스'이다.

연구개발 조직의 다양성

민간조직이나 공공기관은 혁신에 보조적인 역할을 수행한다(표 3.1). 따라서 상당히 일반화된 전통적인 관점에서 보면 대학은 공공재로서의 모든 관계자들이 접근할 수 있는 기초연구를 제공한다. 정부의 연구개발 또한 공공의 목적을 위해 디자인되지만, 고도의 기밀사항인 국방과 군사목적의 연구개발에서부터 (농업 같은) 특정 부문이나 (암연구 같은) 특정 목적의 연구까지 상당히 다양하다. 산업체는 기업의 특정 목적을 달성하기 위하여 '기업 내부'나 '산업' 연구개발을 종종 비밀리에 수행한다. 또한 기업들은 연합하거나 대학과 정부와 함께 회원사들의 이익을 위한 연구개발 프로젝트를 진행하기도 한다.

일반적으로 보면 연구개발의 단계에 따라 서로 다른 조직이 비교우위를 갖는다. 기본적

사례연구 3.2 | 벤저민 헌츠먼과 도가니강의 혁신

벤저민 헌츠먼(1704~76)이 영국 셰필드에서 개발한 도가니강은 셰필드시를 1840년대까지 세계 최대의 철강 생산지로 만들었다. 전성기에는 매년 14만 개의 도가니단지로 20만 톤의 도가니강을 생산하였다. 19세기 후반에 이르자 새로운 대량생산방식이 도가니강(crucible steel)을 대체하였다. 셰필드시는 스테인리스강 같은 국지적 혁신을 통해 1980년대 쇠퇴하기 전까지 상당한 철강산업을 유지하였다.

링컨셔에서 독일인 부모에서 태어난 헌츠먼은 동커스터에서 시계공으로 일했다. 여기에서 그는 시계에 들어가는 스프링과 시계추에 사용되는 삼탄강(滲炭鋼)의 품질향상 실험을 하였다. 그는 1740년 셰필드로 이동하였다. 당시 셰필드는 연료용 석탄과 도가니단지용 진흙, 철강작업에 필요한 숙련 노동력이 풍부했다. 5개의 강(하천)을 따라 수많은 수차가 전력을 공급해주었다. 헌츠먼은 수년간 비밀실험을 한 후에 1740년대 어느 날 첫 번째 도가니강을 생산하는 데 성공하였다.

도가니강 생산과정은 (스웨덴 조철로 만든) 삼탄강에 석회를 섞어 불순물을 정화하고 제련한 후에 남은 찌꺼기(slag)를 제거하는 정제과정이다. 이 성분은 점토단지(도가니)와 함께 섞고 1525℃의 온도로 4시간 동안 용광로에서 가공하면 비중이 낮아진다. 이렇게 녹은 '주물'강을 거푸집에 붓고 식힌다. 품질(탄소함유량)은 육안으로 식별이 가능하다.

이 단지(1개에 25kg)는 2~3회 재사용이 가능하며 제조과정은 타 강철재련과 마찬가지로 노동집약적이다. 도가니강은 바닥층에서 내화점토, 석탄 코크스, 물과 섞여 만들어진다. 점토단지를 만드는 작업자는 맨발로 점토작업을 하고 발로 밟아서 이물질을 제거하는 데 5시간 이상이 소요된다. 이렇게 작업이 끝난 점토는 플라스크에 넣어져 도가니 형태로 만들어진다. 이후 8시간 정도 소성되면 사용할 수 있게 된다. 이러한 산업기술(암묵지)은 직접 경험을 통하지 않고는 배우는 것이 불가능하다.

표 3.1 대안적 연구개발의 비교우위

조직	기초연구	응용연구	공정개발	상품개발	기술이전
대학	강함	강함	중간	약함	약함
정부	중간	중간	약함	약함	약함
산업(장비제공업체)	약함(약함)	중간(약함)	중간(강함)	강함	강함(강함)
연합/협력	약함	약함	약함	약함	강함

출처 : Hayter, R. 1988, *Technology and the Canadian Forest-Product Industries: A Policy Perspective*, Background Study 54, Ottawa: Science Council of Canada, p. 30.
강함, 중간, 약함 등은 매우 일반화된 평가임

인 법칙을 찾거나 자연과 사회현상을 연구하는 기초연구는 주로 공공기관(대부분이 대학)이 수행하며, 다음으로는 정부출연 연구소가 담당한다. 연합, 협력연구소는 주로 특정 산업과정, 물자, 도구, 상업화 목적의 응용 연구개발에 초점을 둔다(주로 산업부문의 문제해결을 위한 연구와 관련됨). 기업 내부 연구소는 주로 발전 연구개발, 시험, 평가, 실제적인 혁신의 개선 등에 초점을 둔다(디자인, 건설, 시험공장의 운영 등). 이러한 과정은 특정 장소

셰필드의 에비데일 산업유산 내부. 셰프강가의 수차에서 동력을 받아 에비데일의 철강생산은 일찍이 13세기에 시작될 수 있었다. 1830년대에 건설된 도가니강 용광로는 높은 굴뚝이 있는 건물에 있다. 이 공장은 1930년대에 폐쇄되었으며 1970년에 산업박물관이 되었다.

로 혁신을 이전하여 특정 시장을 목표로 상업적 생산을 시작함으로써 최종단계에 이른다. 정부출연 연구소는 일부 예외도 있지만 시장과의 직접적인 연계가 없고, 산업 전체의 관점에서 기업을 돕는 '공적인' 사명 때문에 상대적으로 기술개발과 기술이전에 미약하다.

기업은 시장을 확대하거나 특정의 기술에 도전하기 위한 '기업 특유'의 목적을 위해 연구개발을 수행한다. 기업은 경쟁자의 이익에는 관심이 없다. 따라서 기업은 혁신의 성과를 '확보'할 수 있다고 생각할 때만 연구개발에 투자한다. 또한, 특정 시장기회나 특정 연구개발 노력을 공급선과 연계할 수 있는 독특한 노하우를 가지고 있다. 예를 들어 디자이너는 소비자의 선호나 수요를 정확히 이해한 기반 위에서 새로운 패션을 창안하고, 제지기계 제작자는 새로운 펄프제작과정의 발전에 필요한 목재의 종류에 대한 지식을 활용한다. 기업은 일반적으로 연구개발활동을 가능한 한 비밀로 함으로써 혁신을 보호한다.

반면 공공부문의 연구개발은 지식을 가능한 한 멀리 전파한다는 강한 동기가 있다. 공공연구개발은 민간부문이 필요로 하는 장기적인 기초연구와 훈련받은 노동력풀을 제공한다. 또한 대기업이 지식을 독점하지 못하도록 돕는다. 기업협회나 때로는 공공의 지원을 받은 연합 연구개발 공공-민간 융복합으로써 혁신을 모든 회원사가 공유할 수 있도록 한다(비회원사는 이용 못함). 하지만 개별기업의 경쟁우위를 유지하는 데 핵심적인 상품혁신은 대학이나 연합 연구개발에서 창출되지 않는다.

시장경제 체제에서 연구개발기관 간의 경쟁은 혁신과정의 기술적 · 경제적 불확실성에 대한 사회적 안전판 역할을 담당한다. 경쟁적 연구개발이 성공할지 실패할지 예측하기는 어렵지만, 한 혁신이 실패할지라도 다른 혁신이 성공할 가능성이 있다. 경쟁은 시장의 보상과 손실에 대한 잠재력을 통해서 혁신을 자극한다.

혁신의 사회적 지원

성공적인 혁신에는 연구개발과 함께 수많은 상호 의존적인 제도의 지원이 필요하다. 먼저 적정한 비용으로 기회의 폭과 깊이를 제공하는 교육제도가 가장 중요하다. 전화나 인터넷 같은 기본적인 통신인프라에 대한 보편적인 접근성 보장도 필요하다. 이러한 서비스는 주기적인 개선도 필요하다. 특허와 저작권법을 강화하여 발명가들을 아이디어의 흐름을 저해하거나 경쟁을 방해하는 장해로부터 보호해야 한다. 또한 과학자와 기업 간의 신뢰와 연구결과를 공유하는 문화를 형성하여야 한다. 연구비 선정에 객관성과 공정성이 있어야 하며, 과학적 연구의 가치를 인정하고, 정부 · 기업 · 재단 간의 연구비 지원에 대한 의지가 필요하며, 이러한 연구진행에 적절한 인센티브를 제공하여야 한다. 마지막으로 막대한 연구개발 인프라 투자(대형 강입자 충돌기나 슈퍼 컴퓨터)에는 공공부문의 상당한 지원이 필요하다.

기술경제 패러다임

점진적 혁신 상대적으로 작고 감지하기가 어렵지만, 생산성에 영향을 주는 조직적 · 기술적 변화

근본적 혁신 산업부문이나 사회집단의 생산성에 큰 영향을 미치는 조직적 · 기술적 혁신

범용기술 증기기관과 같이 경제적 삶에 전환적 영향을 미치는 거대한 혁신(패러다임적 혁신)

혁신은 중요성의 연속선상에서 분류될 수 있다. **점진적 혁신**(incremental innovations)은 저비용으로 국지적인 영향을 주는 것으로 거의 감지하기가 어렵다(작업자가 기계 사용에 대한 혁신이나 사무실에서 작업 루틴에 대한 혁신 등). 하지만 이것이 축적되면 한 산업분야에서 생산성의 점진적인 향상을 통해 시간이 흐르면 상당한 영향을 준다.

다른 유형의 혁신은 주로 개발비용이 많이 소요되며, 생산성 · 조직 · 태도에 광범위한 영향을 준다. 대규모 혁신은 특정 산업부문에 중요한 영향을 미치는 경향이 있으며, **근본적 혁신**(radical innovations)은 사회적 영향이 광범위하다. 개인용 컴퓨터는 인터넷과 함께 초소형 전자공학의 광범위한 활용에 엄청난 영향을 주었다. 피임약의 경우도 1960년대에 발명된 후 여성의 삶과 가능성뿐만 아니라 사회 전체에도 심대한 영향을 주었다. 1930년대를 보면 쇼핑몰의 도입은 소매활동을 재조직함으로써 중요한 사회적 영향을 주고, 도심을 쇠퇴시킨 교외화를 촉진하였다.

패러다임적 혁신(paradigmatic innovations) 혹은 립시 등(Lipsey et al., 2005)이 명명한 '**범용기술**(general purpose technologies, GPT)'은 더 근본적이고 대규모로 복잡한 사회적 영향력을 미친다. 증기엔진, 내연기관, 초소형 전자공학의 도입은 범용기술이 새로운 산업을 창출

하고 본질적으로 변형적이어서 새로운 **기술경제 패러다임**(techno-economic paradigm, TEP)을 자극하는 데 도움이 된다. 기술-경제 패러다임은 연관된 기술적 · 제도적 혁신들이 전체 경제를 재편하고, 완전히 새로운 산업을 창출하고, 전 분야 구석구석에 영향을 주며, 생산과 의사소통 양식뿐만 아니라 노동의 본질도 변화시키며, 레저 · 교육 · 건강 등에도 영향을 준다.

기술경제 패러다임 경제의 전략적 · 장기적(약 50여 년)인 변동이나 파동. 패러다임적 혁신이 핵심 산업분야에서 생산성의 원리, 주도 산업, 노동관계, 연구개발 모형, 조직구조 등을 변화시킴으로써 추동된다.

기술경제 패러다임의 개념은 '**콘드라티예프 주기**(kondratieff cycles)'로 알려진 경제활동의 '장기파동' 모형에 기반한다. 러시아 학자 니콜라이 콘드라티예프(Nikolai Kondratieff, 1892~1938)에 따르면 자본주의 경제의 진화는 성장, 가격변동, 산출 등이 50여 년을 주기로 이루어지는데, 급속한 경제성장을 시작으로 고점 도달, 쇠퇴, 불황, 경기침체를 반복한다고 주장했다. 그는 첫 번째 주기는 1700년대에 시작하여 1820년대 불황으로 끝났고, 다음의 붐과 쇠퇴는 50여 년을 주기로 1880년대, 1930년대, 1980년대에 반복되었다고 주장한다. 프리먼(Freeman)과 페레즈(Ferez)(1988)는 기술경제 패러다임 모형에서 콘드라티예프 장기파동을 뿌리 깊은 구조적 변화와 연결시킨다. 그들은 이를 시장경제가 창조적 파괴를 겪으면서 제도적('경제적'), 기술적('테크노') 기반이 혁신되고 '패러다임적'으로 변환하는 것으로 해석한다. 따라서 새로운 기술경제 패러다임은 기존 구조와 장소의 유지에 위협이 되는 동시에 새로운 경제공간의 다른 산업에는 투자와 고용성장의 기회가 된다.

콘드라티예프 주기 50여 년 주기의 경제성장과 쇠퇴의 장기파동

기술경제 패러다임의 전환은 새로운 산업과 제도적 구조, 새로운 지역과 국제적 통합의 유형, 새로운 주도산업에서 나타난다. 기술 측면에서 보면 각각의 기술경제 패러다임은 핵심산업, 주도하는 산업부문, 인프라, 급성장하는 산업분야, 생산성 향상의 원리 등과 연계해서 볼 수 있다. **핵심산업**(key factor industries)은 값싸고, 풍부하고, 대부분의 경제부문에서 적용가능하며, 어디에서나 평균비용을 감소시켜주는 투입을 제공해준다. 주도 산업부문은 새롭고, 작지만 급성장하는 산업으로 다음 단계의 기술경제 패러다임을 이끈다. 생산성 향상을 통해 새로운 규모와 범위의 경제를 주도하는 '공학의 상식'이 재정의된다. 기술을 주도하는 국가는 기술경제 패러다임을 정의하는 혁신의 발전을 책임진다. 이러한 관점에서 보면 초기 영국의 제조업과 세계무역의 주도권(팍스 브리테니카와 영연방)에 1900년대에는 미국과 독일이 도전했다. 제2차 세계대전 후에는 포디즘을 통해 세계시장경제를 미국이 주도했고, **정보통신 기술경제 패러다임**(information and communication techno-economic paradigm, ICT) 시기에는 독일, 일본이 도전했고 현대에는 중국이 도전하고 있다. 세계가 다중심적인 글로벌체제로 진화하면서 다자간 자유무역과 지역 무역블록이 심화되고 있다.

핵심산업 비싸지 않고 풍부하고 경제 전반에 걸쳐 대량으로 사용되는 산업. 포디즘 시대의 석유가 사례임

정보통신 기술경제 패러다임 1970년대 이후 발전한 대량생산의 유연성, 특화, 규모와 범위의 경제를 활용하는 노동력 등의 특성을 지닌 기술경제 패러다임

각각 기술경제 패러다임 단계의 기술과 생산발전의 핵심은 공진화, 즉 기업조직, 노동관계, 연구개발에서의 조직적 혁신이 '연계'되어 진화하는 것이다. 한때 주도적이었던 개별기업 중심의 의사결정 구조는 이제는 거대기업과 다국적기업이 좌우하고 있다. 새로운 계층적이고 네트워크 기반의 의사결정 구조는 갈수록 복잡해지고 지리적으로 확산되고 있는 운영단위를 관리해야 한다(제4장 참조). 제도적인 혁신으로는 19세기에 제정된 유한책임법의

표 3.2 기술경제 패러다임의 기술적 특성

기술경제 패러다임 (핵심산업)	주도 산업부문과 인프라	급성장하는 산업분야	생산성 향상
1. 초기 기계화 1770~1830년대 (면화, 선철)	섬유, 섬유화학, 섬유기계, 철강, 주조, 수력, 도가니, 운하, 유료도로	증기엔진, 기계	기계화는 공장 내에서 새로운 규모의 경제를 창출
2. 증기기관과 철도 1830~1880년대 (석탄, 운송)	증기엔진, 증기선, 기계공구, 철강, 철도장비, 철도, 선박국제운송	중공업	기계화, 증기, 철도의 이용으로 공장단위 규모의 경제 심화
3. 전기, 중공업 1890~1930년대(철강)	전기공학, 전기기계, 전선, 중공업, 무기, 띠강, 중화학, 합성염료, 전기공급과 분배	자동차, 비행기	값싼 철강(쇠보다 뛰어남), 벨트, 도르래, 기계, 크레인, 전동공구 등에 유연한 전력을 활용한 공장단위 규모의 경제 심화. 공장구조의 효율성과 표준화에 기여함. 향상된 교통통신 시스템을 활용하여 다지역 다공장 규모의 경제를 창출함
4. 포디스트 대량생산 1930~1980년대 (에너지, 석유)	자동차, 트럭, 트랙터, 탱크, 무기, 비행기, 소비자 내구재, 처리공장, 합성물질, 석유화학, 고속도로, 공항, 비행사	컴퓨터, 레이더, 수치제어 기계공구, 의약품, 핵무기, 미사일, 초소형 전자공학	조립라인과 유동공정을 통해 공장단위 규모의 경제가 크게 심화됨. 부품의 표준화. 다국적기업이 빠르게 확산되고 규모의 경제 심화
5. 정보통신 1980년대 (실리콘 칩)	컴퓨터, 전자상품, 소프트웨어, 통신, 광섬유, 로봇공학, 유연적 생산체제, 세라믹, 자료은행, 정보 서비스, 디지털 통신, 위성 네트워크	'3세대' 바이오 제품과 공정, 우주탐사, 파인케미컬, 전략 방위 계획	유연적 제조 시스템은 전자통제 시스템을 통해 범위의 내부, 외부경제를 향상시킴. 디자인, 생산, 마케팅의 세계적인 가치사슬을 통해 효율성을 체계화함

주 : 기술경제 패러다임은 콘드라티예프 파동 I–V과 일치함
출처 : Freeman and Louçã(2001)

확산으로 투자자들이 처한 위험을 감소시켜주었으며, 기업 성장에 필요한 자금확보를 상당히 쉽게 해주고 있다. 거대기업의 등장은 갈수록 전문화되고 분업구조에 의존하고 있는 연구개발의 비용과 위험 등을 포함한 규모와 범위의 경제의 실현을 촉진시킨다. 또 다른 제도적인 혁신인 자유무역은 전 세계적 기반의 규모의 경제를 가능하게 해준다. 이러한 조직적인 혁신들은 기술변화에 의해 창출되는 생산성 향상을 촉진한다.

기술경제 패러다임 모형은 혁신이 경제발전에 가장 중요한 요소이며, 정치 · 경제 · 과

표 3.3 세계지역의 1인당 GDP(1~2003년)

지역	1	1000	1500	1700	1820	1870	1913	1950	1970	2003
서유럽(12개국)	599	425	798	1,032	1,243	2,087	3,688	5,018	12,517	20,597
동유럽	412	400	496	606	683	937	1,695	2,111	4,988	6,476
구소련	400	400	499	610	688	943	1,488	2,841	6,059	5,397
미국	400	400	400	527	1,257	2,445	5,233	9,268	16,179	28,039
라틴아메리카	400	400	416	527	691	676	1,493	2,503	4,513	5,786
일본	400	425	500	570	669	737	1,387	1,921	11,434	21,218
중국	450	450	600	600	600	530	552	448	838	4,803
인도	450	450	550	550	533	533	673	619	853	2,160
아프리카	472	425	414	421	420	500	637	890	1,410	1,549
전 세계	**467**	**450**	**566**	**1,616**	**1,667**	**2,873**	**1,526**	**2,113**	**14,091**	**26,516**

주 : 수치는 1990년 달러가격 기준 인플레이션을 보정한 것임. 1800년 이전에는 중국과 인도의 GDP 수준이 세계 최고였음
출처 : Maddison(2007)

학 · 기술 · 문화적 힘이 혁신을 만든다고 강조한다. 여기에서 흥미로운 질문은 왜 첫 번째 기술경제 패러다임이 서유럽에서 시작되었고, 이어지는 18세기 중반에 혁신이 농업, 교통, (무엇보다도) 제조업부문에서 일어났느냐이다. 앵거스 매디슨(Angus Maddison)의 선구적인 연구에 의하면, 1000년에는 중국과 유럽 모두 농촌지역이 부유했고, 인구와 1인당 GDP로 측정한 생활수준도 어느 정도 균형적으로 분포했다(표 3.3). 그 후 소득불균형이 심해진 1800년대까지 서유럽의 1인당 GDP는 중국에 비해 상대적으로 빠르게 증대했다. 1800년대 후반부터는 미국, 캐나다, 오스트레일리아, 뉴질랜드, 일본 등도 빠르게 성장했다.

중국과 한국 등 아시아에서 시작된 중요한 혁신은 최초의 기계적 인쇄술의 발전이다. 하지만 매디슨은 서유럽의 혁신적 변화의 잠재력, 일반적인 용어로 '산업혁명,' 혹은 '거대한 전환'은 이전 세기의 경제 · 정치 · 사회 · 종교적 제도의 개혁 때문이었다고 주장한다. 이러한 개혁이 사회를 더 민주적이고, 교육수준이 높고, 물질적 진보에 관심을 갖도록 자극했다. 15세기에 대서양을 항해한 포르투갈과 스페인의 탐험에 자극받은 유럽인의 '발견의 항해'는 부유한 무역중심지들의 교역과 부를 증대시켰으며 성장을 촉진했다. 나아가 경쟁국가들의 항해와 해상무역(그리고 식민지화)의 경쟁과 혁신을 자극했다. 종교적 규제가 완화되면서 가족상속, 자본축적, 개인주의가 강화되었다. 대학제도가 유럽 전역으로 확장되고 1450년 이후 유럽의 인쇄술이 확산되면서 지식의 확산을 촉진하였다. 산업화에 가장 핵심적으로 기여한 사항은 유럽에서 처음 시작된 과학의 공식화이다. 아이작 뉴턴(1642~1727)은 현대 역학의 기초가 되는 운동법칙을 확립하고, 과학적 방법론의 기본원칙을 정립하여

지식의 발전과 전파를 위한 엄격한 가설검증, 체계적 적용, 누적적 방법론을 확립하였다. 현대 전문 엔지니어링의 성장은 경제 전반에 걸쳐 과학적 지식을 응용하고 진보시켜 경제 발전을 이룬 것과 밀접한 연관을 맺고 있다. 또한 이 기간에는 현대적 은행제도도 발전하였다. 근본적으로 18세기까지 교환과 의사결정의 기반으로서의 시장의 우위가 특히 영국에서, 실제적으로, 법적으로, 이론적으로 확립되었다.

녹색 기술경제 패러다임 경제발전이 환경적 지속가능성과 일자리, 소득과 관련된 경제적 목적에 의해 도전받는 기술-경제 패러다임

유럽과 부유한 시장경제국가의 소득성장은 1950년대 이후 더욱 견고해졌으며, 아시아 같은 다른 지역에서는 최근에 따라잡고 더 혁신적으로 소득성장이 이루어지고 있다. 최근의 기술경제 패러다임은 **녹색 기술경제 패러다임**(Green TEP)으로 발전할 가능성을 보이고 있다.

포디즘의 장기 붐

포디즘 1920년대에서 1970년대까지 약 50년간 지배적이었던 기술경제 패러다임으로, 노조가 있는 거대기업이 조직하는 규모의 내부경제에 기반한 대량생산이 특징임

포디즘(fordism)은 조립라인을 최초로 도입하고 범용 부품을 활용한 선구적인 자동차 제조업자 헨리 포드의 이름에서 유래되었다. 포디즘은 20세기의 지배적인 패러다임으로 1920년대에 시작되어 제2차 세계대전 이후의 장기 붐 시기에 최고조에 이르렀다. 포디즘은 콘플레이크, 음료, 맥주, 세제 등 제조상품의 생산을 표준화하였다. 주택의 대량생산은 교외화를 촉진시켰으며, 소매업은 소규모 잡화점에서 백화점, 슈퍼마켓, 패스트푸드 체인점으로 바뀌었다. 포디즘은 대량생산과 함께 고임금 노동자, 대량소비에 의존하며 이는 사회적 규범으로 정착하였다.

규모의 경제 추구는 다국적기업, 전용 기계장비, 노동력의 특화, 노조조직화 등을 촉진하였다. 대기업의 노조 조직과 단체협약의 증가로 인해 업무구분과 연공서열에 기반한 구조화된 작업규칙과 생산에 대한 관리자의 통제를 수용함으로써 규모가 확대되고 특화 생산하는 경향에 대한 인정과 안정화가 진행되었다(제5장 참조). 단체협약을 통해 성취한 임금인상은 상품에 대한 수요를 안정적으로 증대시켰다. 계층적인 다국적기업은 기업 내의 다양한 계열사를 아우르는 다층의 관리운영체제를 통해 본사에 있는 최고경영자에게 보고하는 조직체계를 갖추고, (작업과 의사소통의) 공식화된 루틴과 지시에 의해 기업의 네트워크를 구성한다. 국가정부는 국내적으로는 경기주기효과를 완화시켜 안정적인 경제성장을 증진하고, 국제적으로는 상품의 자유무역과 해외직접투자를 증진하기 위해 노력한다(제6장 참조). 국가정부는 또한 교육, 건강, 사회안전(복지와 실업보험)에 대한 접근성을 넓히고 국제적으로 발전하는 데서 발생하는 문제들에 대한 책임이 갈수록 증대하고 있다. 포디즘하에서는 본질적으로 정책결정이 정부 관료가 주도하는 강한 '하향식'으로 이루어진다.

세계경제는 '동부권'의 중앙계획경제와 '서부권'의 (주변부의 가난한 국가들과 상호 연계되어 있는) 시장경제로 나누어져 있다. 시장경제의 세계적 리더인 미국은 국제경제관계에서 구조화된 규칙을 발전시키고, 다양한 국가 화폐 간의 거래에서 고정환율을 정착시키고, 국가 간 금융활동에 대한 규제와 관세장벽을 낮추었다. 하지만 포디즘에 영향을 준 핵심요소는 석유였다. 1970년대 유가의 엄청난 상승은 에너지 위기, 인플레이션, 실업증가, 생산

성 하락을 가져와 포디즘의 융통성 없는 생산구조와 국제경제관계를 위기로 내몰았다. 미국과 유럽의 전통적인 제조업지대의 탈산업화(제조업 고용의 엄청난 하락)는 1980년대 초기에 큰 불황을 초래했다. 포디즘에 대한 회의론이 퍼지고 재구조화의 필요성이 대두되었다. 미국과 유럽에서의 포디즘의 쇠퇴는 대량생산체제보다 더 유연하고 세련된 생산체제를 갖춘 일본과의 경쟁으로 가속화되었다.

정보통신기술과 유연성

정보통신기술의 핵심은 초소형 전자공학(컴퓨터, 소프트웨어 엔지니어링, 통제 시스템, 집적회로, 텔레커뮤니케이션)의 상호 연결된 급격한 혁신으로 인한 저장, 공정, 커뮤니케이션, 정보확산의 비용을 획기적으로 감소시키는 데에 있다. 컴퓨터와 로봇은 기존 산업의 공정을 혁명적으로 변화시켰다. 초소형 전자공학과 컴퓨터기반의 디자인과 제조공정은 제재소에서 카메라까지 모든 분야에서 디자인과 제품을 차별화하는 역량을 강화시켜주었다. 초소형 전자공학은 서비스부문도 혁명적으로 변화시켰다. 항공산업에서는 수요와 공급을 정확히 일치시킬 수 있게 되어 빈 좌석이나 기내식이 남는 일이 사라졌다. 주식시장도 객장거래에서 누구나 어디서나 실시간으로 전자거래를 할 수 있게 되었다. 조만간 우리 모두 방대한 초소형 전자공학과 소프트웨어의 소비자가 될 것이다.

안정성을 강조하는 포디즘과는 달리 정보통신기술의 시대는 유연성을 강조하는 경영적이며 **조직적 혁신**(organizational innovations)을 가져왔다. 기업은 소비자 수요변화에 대응하여 발빠르게 상품 디자인을 변화시키고 융합시키는 역량을 발전시켰으며, 제조공정보다는 유통과 마케팅기능이 훨씬 더 중요해졌다. 노동자와 관리자 모두 더욱 유연해져 한 가지 이상의 작업을 할 수 있게 되었으며, 새로운 작업이나 직업에 빠르게 적응했으며, 변동하는 작업 스케줄을 수용할 수 있게 되었다. 범위의 경제가 규모의 경제와 마찬가지로 중요해졌다. 유연성은 신자유주의의 성장에 기여했으며, 금융규제 완화의 논리를 제공했다. 반면, 서구의 혁신기반 경쟁력에 대응할 수 없는 중앙계획경제의 관료적 경직성의 문제를 야기했다. 정부는 국가경제에 대한 접근법을 바꾸어서 기존의 하향식 정책에서 지역의 특성에 맞춘 상향식의 유연한 정책으로 변화했다. 동시에 정보통신기술의 시대에는 탈산업화의 영향으로 경제활동 입지에 엄청난 변화가 초래되었다. 일부 탈산업지역의 부분적 회생과 신경제공간(예 : 중국 남부지역)이 형성되었다.

조직적 혁신 경제활동이 조직되거나 운영되는 방식을 변화시키는 혁신

녹색 패러다임을 향하여?

산업화는 항상 환경에 영향을 미친다. 하지만 최근까지도 의사결정자는 이에 대해 중요하게 고려하지 않는다. 유사하게 신고전, 마르크스, 제도학파(기술경제 패러다임) 등 경제발전 이론에서는 환경적 고려에 무관심하다. 포디즘 시기의 대량생산과 대량소비의 증가는 기하급수적인 인구성장과 함께 자원착취와 전 세계적 수준의 환경악화가 극대화된다. 기후

변화와 생물 다양성 상실 등의 환경문제는 이제 인간과 자연의 복지뿐만 아니라 사회 전반에 위협이 된다. 결과적으로 이제 국가, 지역, 도시들은 지속가능한 발전을 추구하고 있다.

기술경제 패러다임 모형에서는 지속가능한 발전을 이룰 수 있다는 희망을 품고 있다. 이러한 희망은 자본주의 진화의 주기적 재구조화, 환경의식의 단계, 정책적인 혁신 등에 뿌리를 두고 있다. 따라서 이 모형은 시장경제 조직의 근본적인 재구조화 가능성과 이러한 재구조화를 통해 공공과 민간의 정책의사결정과 한경적 가치를 지향하는 태도에 기반한 뚜렷한 '환경의식 단계'까지 확장될 수 있다고 본다(표 3.4). 기술경제 패러다임의 초기, 자유방임의 환경의식 단계에는 환경적 영향에 대해 무지했다. 물론 몇몇 파편적인 선구적 정책이 있기도 했다(지역환경오염법, 공원의 조성). 포디즘 시기에는 환경오염의 전 지구적 영향, 생물 다양성의 상실, 기후변화의 경고에 직면하여 공공 · 기업 · 개인의 의사결정에 환경의 어

표 3.4 기술경제 패러다임과 환경의식 단계

기술경제 패러다임	환경의식 단계	영향의 규모	환경정책/산업 전략
기계 1760~1820년대	프론티어 정신(고립된 개척자처럼 자원을 통제 없이 사용하고 남용함)	국지적	'자유방임'(규제가 없어야 시장이 최선으로 작동한다는 신념), 환경은 공짜 '상품'이며 오염은 외부효과로 인식, 사회개혁 · 노동자 주거 개선 등의 노력은 외롭고 '유토피아'적 사고로 인식
증기 1820~1870년대	프론티어 정신에 대한 경고	지역적	위와 동일함. 하지만 1860년대 영국의 알칼리법이 보여주듯이 정부가 환경오염을 공공의 문제로 인식
전기 1870~1920년대	프론티어 정신에 대한 경고	국가적	(a) 환경의 가치보존(Yellowstone National Park, 1872) (b) 노동자의 삶의 조건 개선(전원도시) 등의 정책 수립. 하지만 산업계의 태도는 변화가 없음
포디즘 1920~1970년대	어메니티와 보호	국제적	도시 및 지역계획에 어메니티(맑은 공기, 정원, 공원 등)가 중요한 요소로 등장, '환경'이 기업입지요인의 하나로 등장. 하지만 대량생산과 대량소비의 급격한 증가로 인해 '성장의 한계'에 대한 공포가 나타남. '침묵의 봄'(레이첼 카슨의 환경에 관한 저서)은 환경적 재앙의 위협에 대한 관심을 불러일으킴
정보통신 1970~2020년대	자원관리	국제적	환경오염을 줄이기 위한 급격한 입법화 운동, 생물 다양성이 우선순위로 등장, 몬트리올/교토 의정서에서는 전 지구적 대응 모색, '녹색소비자'의 등장, 재활용의 확산, 산업계의 환경적 영향을 감소시키는 기술발전(전기자동차), 환경 인증
녹색	친환경적 발전	국지적	경제의 비물질화, 산업계의 환경적 가치의 내재화(환경 인증, 반품정책, 상품보다는 서비스 판매 강조), 지속가능성, 환경 연구개발에 우선순위

출처 : Hayter(2008: 831-50)를 수정함

메니티 가치에 관심을 가지기 시작했다. 예를 들어 지역사회 토지이용계획에 공원, 휴양지, 정원, 가로수길 등이 포함되었으며, 환경적 어메니티 수준이 높은 지역이 자유입지형 산업을 유인했으며(예 : 소프트웨어 디자인이나 전자산업 등 첨단산업은 노하우에 의존하며 투입요소에 대한 접근성에 의존하지 않는다), 입지결정에 상당한 영향을 주었다.

정보통신기술의 시기에는 자원의 지속가능한 관리가 중요한 주제로 부상했다. 새로운 컴퓨터화된 기술과 다양한 커뮤니케이션 방법으로 인해 환경적 영향을 줄이는 역량이 증가하였다. 예를 들어 쓰레기를 줄이고, 재활용 자원의 사용을 증대시키고, 통근수요를 줄이고 재택근무의 기회를 확대하였다. 하지만 여전히 정보통신기술의 최우선 목표는 환경문제를 해결하기보다는 경제적 효율성을 증대시키는 것이었고, 절대적인 의미에서 경제적 효율성은 지속적으로 증대하였다.

녹색 패러다임으로 보면 가치사슬이 절약(Reduce) · 재사용(Reuse) · 재활용(Recycle)의 3R이 주도하는 가치주기(value cycles)로 재편됨에 따라(서론 참조), 환경적 지속가능성은 모든 경제활동과 통합되어야만 할 것이다. 이 시나리오에 의하면 환경오염 저감, 온실가스 저감, 생물 다양성 등이 개발 후에 보상을 해주는 형식이 아니라 경제활동 속으로 융합된다. 이는 1987년 UN의 브룬트란트위원회(세계환경개발위원회)에서는 환경을 지키기 위한 최선의 방법은 빈곤을 해결하는 것이라고 내린 결론의 정신과 결을 같이한다. 이후 많은 국제적 합의와 국내 정책에서 환경규제가 증가하였을 뿐만 아니라 녹색기술을 지원하고 우선순위를 주었다. 산업계에서도 녹색 빌딩, 전기자동차, 녹색화학, 유기농 농업 등 모든 종류의 혁신을 이루었다. 환경 비영리단체는 이러한 패러다임 이동의 한 부분이며, 변화를 환기시키고 추구하는 활동을 한다(제7장 참조).

녹색 기술경제 패러다임이 직면한 중요한 도전은 에너지 사용문제, 특히 기후온난화를 유발하는 탄소배출의 저감이다. 기술경제 패러다임 모형은 탄소배출권 거래 시스템과 탄소세와 같은 시장기반 접근법의 역할을 강조한다. 이러한 방법은 비록 시장기반이기는 하지만 환경 배출물에 대해 가격을 책정하여 화석연료에 대한 수요를 감소시키는 정책을 정부가 수립하여야 한다. 하지만 시장가격은 변동성이 있고 개발우선주의의 현혹적인 지표가 될 수 있다. 따라서 기술경제 패러다임 모형은 기존 화석연료 생산의 효율성을 증대시키고, 태양열 에너지와 같은 비재생 에너지원의 개발을 강화하는 기술적 · 조직적 · 제도적 혁신의 필요성을 강조한다. 기술변화와 수요의 증가로 인해 태양열 에너지의 가격이 현저하게 하락했으며, 이러한 추세는 지속될 것이다. 화석연료산업에 대한 막대한 지원을 감소시키고, 재생에너지에 대한 연구개발을 통해 이러한 경향은 가속화될 것이다. 환경적으로 더 나은 에너지 시스템을 통해 분산적이고 유연한 생산, 보관, 가격책정체제로 이전할 수 있을 것이다. 이를 통해 고도로 지역화되고 에너지 사용을 최소화하고, 소비자에게 인센티브를 주어 피크타임 전기사용을 억제하는 전기그리드 체제에 기여한다. 기술경제 패러다임 모형은 장기적인 사고의 필요성을 강조하고, 녹색 기술경제 패러다임은 국지적 활동이 전 지구적으로 영향을 주며, 전 지구적 활동이 국지적으로 영향을 주는 포괄적이고 효율적인 참여를 요구한다. 녹색 기술경제 패러다임, 즉 지속가능성으로의 전환은 경제적 · 환경적으로 세계화에 대한 도전이다.

기술경제 패러다임의 일반적인 특징은 다음과 같다.

- 기술경제 패러다임은 중요한 기술적 · 조직적 혁신의 복잡한 진화적인 과정을 축약해 주는 지성적 도구이다. 장기간의 경제발전의 궤적은 복잡하고, 변이가 많고, 경제, 정치, 사회, 과학, 기술, 환경적 요인의 복합에 의해 형성된다.
- 기술적 · 제도적 혁신은 상호 보완하면서 진화한다(예 : 기업 연구소, 노동법, 환경법, 사회주택, 노조 등).
- 하나의 기술경제 패러다임에서 다음 단계로의 이전은 복잡하여 다음을 포함한다.
  - 기존의 생산과 조직구조로 인한 생산성의 하락
  - 심각한 경기침체로 기존방식과 고비용 입지의 전통적인 경제활동의 침체와 변화의 필요성 증대
  - 발명, 혁신, 대규모 상업화 간의 긴 기간
  - 혁신을 자극하는 전쟁과 군비 지출(예 : 제트 전투기와 공중급유기는 제2차 세계대전 시기에 개발되었으며, 이는 상업용 비행기업체에 기술을 제공해주었다)
- '선도 국가'는 상대적으로 많지 않다. 1900년대의 부유하고 산업화된 국가들은 혁신을 계속 선도한다(소수의 신흥공업국들이 혁신을 주도할수는 있으나, 이 국가들의 등장은 비교적 최근이다).
- 기술경제 패러다임의 진화는 경로의존적이며 동시에 개방적이다. 국가, 지역, 기업들은 기존의 기술과 제도를 유지하면서 학습하고, 실험하고, 디른 곳의 현실을 관찰하면서 새로운 정책과 제도를 창출한다.
- 새로운 기술경제 패러다임은 '신경제공간'을 창출한다. 이는 구경제공간에 경쟁압력을 주어 적응하거나 쇠퇴하도록 한다.

혁신의 지리적 변화

19세기 후반 '기계적인' 기술경제 패러다임의 등장은 혁신의 비율, 규모, 범위를 결정적으로 증대시켰고, 혁신은 유럽, 미국, 일본, 오스트레일리아, 뉴질랜드, 남아프리카공화국 등 몇몇 국가들에 집중되었다. 아시아 대륙, 라틴아메리카, 아프리카 등은 이러한 혁신의 물결에 포함되지 못하고 뒤처졌다. 앞서 지적하였듯이 이러한 발전은 문제해결을 위한 근대적 과학적 접근방법과 같은 유럽에서의 다양한 문화적 · 제도적 전환 때문에 촉진되었다. 기업 연구개발과 혁신활동의 발전은 엄청나게 누적적이고 선진 시장경제국가에 과도하게 집중

되어 있었다. 최근에는 아시아의 신흥공업국의 도전을 받고 있다. 기술경제 패러다임이 진화할수록 혁신과 연구개발 시스템의 지리와 조직이 변화한다. 헌츠먼의 경우처럼(사례연구 3.2) 상대적으로 고립된 장소에서 비밀리에 작업하던 발명가이자 기업가들은 트리플 헬릭스 제도 내에서 공식적인 연구소에서 진행되는 전문적인 연구개발에 자리를 내주었다. 이러한 전문화는 주로 도시지향적이며, 최근에는 갈수록 증가하는 도시지역 간의 국제적인 연계가 중요한 경향으로 등장했고, 세계화된 '공간혁신체제'를 형성하고 있다.

지식과 학습

혁신체제는 세계적 · 국가적 · 지역적 · 도시적 규모 등 다양한 규모에서 작동한다. 하지만 혁신의 메커니즘은 모든 규모에서 유사하다. 혁신적인 사회는 경제활동의 생산과 조직을 위한 지식과 기술적 역량을 지속적으로 부가한다. 학습은 공식적 · 비공식적 · 사적 · 공적 등 다양한 유형으로 이루어지며 개인, 기업, 지역이 기존의 개념과 방법의 기반 위에서 전환할수록 누적적이고 상보적으로 이루어진다. 교육제도(초등, 중등, 대학)와 작업장(견습, 행동에 의한 학습, 정기적인 직업훈련)에서의 공식적인 학습은 명시적 지식의 축적에 기반한다.

명시지(codified knowledge)와 **암묵지**(tacit knowledge)의 구분은 다음과 같다. 명시지는 (교과서, 설계도, 공식처럼) 필기할 수 있는 지식이며, 암묵지는 관찰 · 모방 · 직접 경험을 통해 습득하는 지식이다. 전통적으로 명시지는 개인화되고 국지화된 상호작용에 의존하는 암묵지에 비해 쉽게 공간을 넘어서 소통할 수 있다고 간주되어 왔다. 하지만 명시지와 그 의미는 이해하기가 쉽지 않다. 어떠한 경우라도 두 가지 유형의 지식 모두 중요하며, 기업활동에서는 미국에서 개발된 특허와 암묵지가 일본 전자음악산업으로 이전된 사례에서 볼 수 있듯이, 두 가지 지식을 결합하여 사용한다(사례연구 3.3).

명시지 교과서나 특허처럼 언어나 공식을 통해 정확히 소통될 수 있는 지식

암묵지 관찰, 모방, 직접 경험을 통해 획득하는 지식으로 언어로 소통하기 어려움

국가혁신체제

혁신 시스템은 혁신의 창출과 확산을 지원하는 제도, 정책, 인프라가 상호작용하는 복합체이다. 국가혁신체제는 혁신 시스템을 형성하는 데 국가의 정책, 규제, 산업특화, 문화의 중요성을 강조한다. 기술발전을 위한 정부의 지원, 특히 국방부문에서의 역할은 오랜 역사를 가지고 있다. 19세기까지 많은 국가정부에서 국가의 산업경쟁력 강화, 국내 신산업분야 기업의 보호, 선진국가로부터 전문 기술지식의 이전 지원, 종합적인 교육 시스템을 확립하기 위해서 혁신을 체계적으로 촉진하였다. 20세기에는 상업적 · 군사적 혁신을 지원하기 위해 전문적인 공공 · 민간부문의 연구개발을 급속하게 확대했으며, 1960~70년대에는 국가와 지역발전계획에 혁신의 중요성을 명시적으로 강조했다. 이 시스템의 핵심은 학교, 대학, 정부출연 연구소 등의 공공제도와 학습, 지식, 기술, 기술적 역량을 증대시키고 경쟁우위를 촉진시키기 위해 디자인된 정책이다. 민간기업 내부의 연구개발 프로그램도 마찬가지로 중

사례연구 3.3 | 랠프 도이치의 디지털 피아노 키스톤 특허

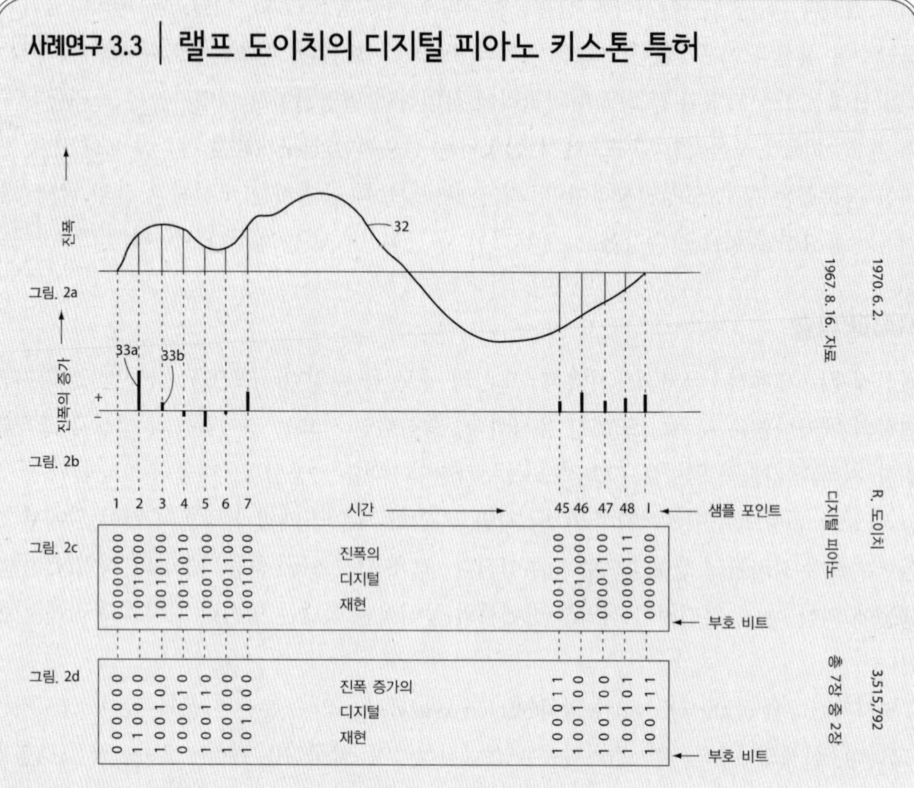

랠프 도이치는 미국의 혈기왕성한 엔지니어로 140개 이상의 발명을 등록했다. 전자음악의 10대 특허 중 4건이 도이치가 등록한 것이다. 위의 서류는 1970년 발행한 것으로, 디지털 피아노의 기본이 되는 2진수로 음악연주 특허를 받은 것이다. 아메리칸 록웰사에서 근무한 도이치는 이러한 발명의 가치에 대해서 대부분의 미국의 음악기업에 확신을 주지는 못했다. 반면 일본기업 야마하와 카와이는 선견지명이 있었다. 두 기업은 도이치를 고용함으로써 그의 특허지식(명시지)과 그의 발명을 더 발전시킬 수 있는 능력을 획득했다. 라이펜슈타인은 이를 '암묵지와 명시지 두 영역 간의 순환과정'이라고 명명했다.

다른 두 명의 미국인 엔지니어인 존 초우닝(스탠퍼드대학교)과 데이비드 스미스(실리콘밸리에서 근무)도 미국 기업보다는 일본 음악기업과 협력했다. 초우닝은 세계 최초의 프로그래밍이 가능한 완전 디지털 폴리포닉 신디사이저 특허에 대해 야마하에게 사용권을 주었다. 스미스는 특허를 출원하지는 않았지만 그의 노하우를 야마하에게 이전하고, 이후 특허출원과 함께 고용되어 세계 최초의 대중시장용 프로그래밍이 가능한 전자 악기와 전자 악기 디지털 인터페이스(MIDI)를 개발했다.

명시지는 반드시 이해하기가 쉬울 필요는 없다. 명시지와 암묵지는 상호작용한다. 미국에서 일본으로의 노하우 이전은 전자음악산업의 세계지리학에 상당한 함의점이 있다. 초기에는 미국에 집중되어 있던 음악산업이 1980년대에는 일본, 특히 하마마쓰 산업지역에 대부분이 집적되었다.

출처 : Reiffenstein, T., 2006, "Codification, patents and the geography of knowledge transfer in the Canadian furniture industry," *Canadian Geographer*, 50(3). 저자의 허락하에 게재함

요하다. 국가혁신체제의 목표는 국가의 다양한 공공·민간정책을 조정하여 정보기술의 노하우의 흐름을 촉진하고, 역량 있는 노동자를 공급하고, 기술이전을 자극하는 것이다. 국가혁신정책의 숨은 이유는 상품혁신이 생산성 향상에 가장 중요하고 고소득 일자리 창출에 긴요하기 때문이다.

선진국가에서는 지난 세기 동안 사실상의 혁신 시스템을 유지해왔다. 물론 이 시스템의 특성은 변해왔다. 20세기 중반, 소련과 위성국가들의 혁신은 거의 공공부문(정부와 대학)이 독점적으로 관리하였다. 농업처럼 규모가 작고 연구집약적이지 않은 부문에서는 민간기업이 담당하였다. 소련 시스템의 우수성은 유리 가가린이 최초로 우주유영을 하면서 드러났다. 하지만 민간부문 연구개발의 취약성은 치명적인 약점이었으며, 중앙계획경제 국가의 시장경쟁력을 약화시켰다. 이 점이 서구에서 혁신이 강력한 인센티브를 갖는 부분이다.

국가혁신체제는 다양한 시장경제의 유형으로 나타난다. 미국, 영국, 프랑스 등은 독일과 일본에 비해 연구개발비용의 상당한 부분을 군사와 우주 관련 활동에 지출하였다. 이는 제2차 세계대전 종전 시 체결한 조약들에서 독일과 일본의 군사부문 투자능력을 명백히 제한했기 때문이다. 따라서 독일과 일본의 국가혁신체제는 민간부문 기업과 상업적 활용에 초점을 두었다. 이러한 차이는 논쟁을 불러일으켰다. 예를 들어 미국과 영국은 국방 관련 연구개발투자가 세계적인 안전과 평화에 대한 관심 때문이라고 했으며, 일본과 독일도 이 부문에 재정적인 투자를 해야만 했다. 하지만 반대론자들은 국방 연구개발이 주로 민간부문의 개발을 지원했다는 점을 지적한다.

시장경제 국가의 국가혁신체제 간에는 미묘한 차이가 있다. 예를 들어 캐나다에서는 다른 시장경제 국가들과는 달리 민간부문의 역할이 상대적으로 약하고, 공공부문의 역할이 크다. 스웨덴이나 핀란드 같이 인구규모가 작은 국가에서도 민간부문의 혁신이 더 중요하기 때문에 시장규모는 중요한 요소가 아니다. 따라서 제도적 요인(캐나다처럼 특히 제조업 부문에서 외국인소유 지분이 높은 특징처럼)이 중요한 것처럼 보인다. 전 세계 연구개발의 절반을 담당하고 있는 다국적기업은 본국에 연구개발투자를 집중하고, 기업의 영향력이 큰 투자대상국에는 기대했던 것보다 훨씬 적은 연구개발투자를 한다(사례연구 4.4 참조).

일본정부는 1880년대에 서구와의 기술격차를 줄이기 위해 경제, 군사적 목적의 혁신을 조직하기 시작했다. 일본은 제2차 세계대전 패배 이후 상업적 목적의 산업활동에 전략적으로 집중했으며, 가장 바람직하다고 판단되는 내국적 성장을 지원했다. 예를 들어 자동차산업 진흥을 위해 수입규제와 국내 부품사용을 요구했다. 일본의 자동차산업은 분해하여 모방하는 '역설계(reverse engineer)'에 상당한 노력을 기울였다. 이를 통해 미국과 유럽의 선도기업의 관행을 이해하고 개선할 수 있었다. 이러한 전략이 성공하자 유럽과 북미의 정부들은 과학기술부를 창설했으며, 공식적인 혁신정책을 시작했다. 스웨덴, 덴마크, 핀란드 등은 이러한 경향의 선두에 있었으며, 집적의 중요성과 정보흐름의 향상을 강조하는 국가 및 지역혁신체제를 구축했다. 미국과 캐나다는 상대적으로 덜 직접적인 접근방법을 채택하여,

특정 목적의 연구를 지원하고, 대학-기업 간의 협력 거버넌스를 개선하는 법률 입안을 하고, 기업의 대학 연구지원을 강조하기도 한다. 국제적인 맥락에서 보면 미국은 국방연구와 파생효과를 강조하고, 국립보건원이 지원하는 연구비가 절대적 · 상대적 의미에서 상당히 크다. 아시아에서는 한국, 대만, 싱가포르, 중국 등이 모두 일본의 연구개발 모형을 선호한다.

연구개발 지출

혁신역량의 핵심요소는 국가가 연구개발에 지불할 수 있는 비용이다. 미국, 일본, 독일 등 세계의 거대 시장경제국가들은 절대적 · 상대적(인구당) 의미에서 가장 많은 연구개발 예산을 지출한다. 중국은 최근에 정부, 시장, 군사 연구개발에 엄청난 비용을 투자하기 시작했다. 국제적으로 보면 기업의 연구개발은 다국적기업의 본사가 입지한 국가에 비대칭적으로 집중하는 경향을 보인다. 최근에는 과학, 엔지니어링 인재풀 확대와 다양한 시장기회를 얻기 위해 외국에 연구개발 지사를 설립하고 있다.

국가의 혁신에 대한 투자는 총연구개발 지출(Gross Expenditures on R&D, GERD)로 측정한다. 혁신은 연구개발 없이도 발생할 수 있고 연구개발이 반드시 혁신을 동반하지는 않아 완벽한 지표는 아니지만, 총연구개발 지출은 유용한 지표이다. 총연구개발 지출은 부의 창출을 자극하고 또한 그 결과이기도 하다. 역사적으로 보면 부유한 국가에 집중되어 있다. 2002년에는 부유한 국가들이 세계인구의 약 19%의 비중이면서, 전 세계 GDP의 60%와 총연구개발 지출의 77.8%를 차지했다(그림 3.2). 여기에 미국, 일본, 독일 등 세 나라가 56.7%를 차지했다. 2009년에도 여전히 부유한 국가가 전 세계 총연구개발

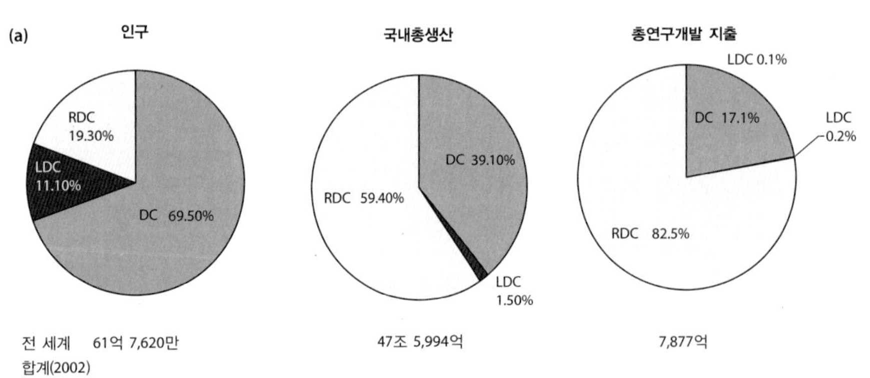

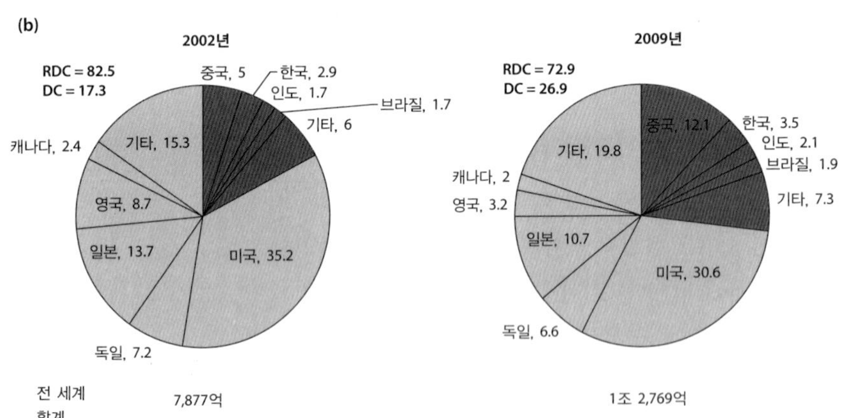

그림 3.2 총연구개발 지출의 분포(2002~2009)

주 : RDC: 부유한 선진국가, DC: 개발도상국, LDC: 저개발국. 국가분류는 기본적으로 소득을 기초로 함. 구체적인 분류체계는 UNESCO 홈페이지 참조

출처 : UNESCO Institute for Statistics, http://data.uis.unesco.org/index.aspx?queryname=79(2015년 2월 접속)

지출의 73.0%, 세 나라가 48.5%를 차지했다. 흥미로운 현상은 전 세계인구의 70%를 차지하는 개발도상국의 전 세계 GDP와 총연구개발 지출의 비중이 증가하고 있다는 점이다. 중국의 연구개발 투자는 최근에 엄청나게 증가하여 2002년 5%(세계 3위)에서 2009년 12.1%로 증가하였다(미국 다음으로 2위). 한국의 비중도 빠르게 증가하여, 2009년 중국과 한국의 비중은 15.5%를 차지하였다. 이는 두 나라의 경제발전을 반영한 결과이며, 세계의 산업과 혁신성이 아시아로 전환하고 있음을 보여주는 것이다. 반면에 저개발국은 세계인구의 11.1%를 차지하면서도 GDP는 1.5%밖에 되지 않으며, 총연구개발 지출은 거의 비중이 없다는 점은 주목해야 한다.

특허

한 국가의 연구개발 지출은 혁신에 대한 국가의 투입지표이며, 특허는 그 지출과 국가혁신체제의 효율성을 보여주는 산출지표이다. 특허의 사회적 효과는 특허권자의 보상에 대한 권리를 보호함으로써 혁신에 인센티브를 제공하는 것이다. 기업(과 개인)은 특허를 통해 일정 기간 지식을 축적하고, 추가적인 혁신을 창출할 경험을 보유하고, 기존 제품을 차별화하고, 수출과 해외직접투자와 해외 지사를 통해 상품과 서비스에 체화된 노하우를 강화하는 등 다방면으로 활용한다. 반면, 특허와 관련된 사회적 문제는 장기간 제도적 독점을 유지함으로써 정보의 효율적인 흐름을 방해하고, 혁신의 전반적인 역량을 축소시킨다는 점이다.

국가는 이러한 상쇄효과에 대해 다양한 방법으로 대응한다. 특허보호 기간에는 다양한 규정이 있다. 어떤 국가에서는 상품의 실제 개발자에게 특허를 주는 반면, 다른 국가에서는 특허신청을 먼저 한 사람에게 특허를 준다. 이러한 차이는 국가적 역량강화를 제한하는 문제가 있어 기업은 특정 상품에 대한 특허출원은 여러 국가에 동시에 진행한다. 세계무역기구(WTO)의 중요한 임무 중의 하나가 특허에 대한 국가별 차이를 조정하는 것이다.

대부분의 기업은 미국시장 진출을 위해 미국에 특허출원을 한다. 표 3.5는 미국에 등록된 특허의 소재 국가를 보여주는데, 선진국의 우월적 지위가 뚜렷하다. 특허출원의 절대 수치는 일반적인 경향만 보여준다. 모든 중요한 혁신이 특허를 받는 것은 아니며, 사소한 특허도 많다. 당연히 미국이 획득한 특허가 월등하게 많으며, 1990년대 이전에는 부유한 서구, 특히 미국과 일본의 점유율이 절대적으로 높았다. 1990년에는 초기 다섯 단계의 기술경제 패러다임을 주도한 국가들(미국, 일본, 독일, 영국)이 여전히 많은 부분을 차지하고 특허를 주도했다. 영국은 프랑스에 비해 특허가 약간 적었으며, 일본의 약진이 주목할 만했다. 2003년과 2013년도 유사한 패턴을 보였지만, 새로운 경향이 나타났다. 2013년의 특허를 주도한 국가는 여전히 미국, 일본, 독일로서 79.2%를 차지했고, 이 국가들은 혁신의 세계적인 중심지이다. 하지만 4위와 5위는 한국과 대만이라는 점이 다르다. 한국은 독일과 거의 비슷한 규모이며, 영국 · 프랑스 · 캐나다의 합계의 거의 2배이다. 중국과 인도도 산업화의 진행에 따라 특허수가 증가하고 있다.

표 3.5 국가별 미국 특허등록

국가	1990년 이전 등록수(%)	1990년 등록수(%)	2003년 등록수(%)	2013년 등록수(%)
미국	1,182,124 (65.1)	47,391 (52.4)	87,901 (52.0)	133,593 (52.6)
일본	184,348 (10.2)	19,925 (21.6)	35,517 (21.0)	51,919 (20.5)
독일	146,010 (8.0)	7,614 (8.4)	11,444 (6.8)	15,498 (6.1)
영국	70,825 (3.9)	2,789 (3.1)	3,627 (2.2)	5,806 (2.3)
프랑스	54,725 (3.0)	2,866 (3.2)	3,869 (2.3)	6,083 (2.2)
캐나다	31,144 (1.7)	1,859 (2.1)	3,426 (2.0)	6,547 (2.6)
대만	2,341 (0.1)	732 (0.8)	5,298 (3.1)	11,071 (4.4)
스웨덴	19,681 (1.1)	768 (0.9)	1,521 (0.9)	2,271 (0.9)
네덜란드	17,353 (1.0)	960 (1.1)	1,325 (0.8)	2,253 (0.9)
대한민국	599 (0.0)	225 (0.3)	3,944 (2.3)	14,548 (5.7)
오스트레일리아	6,402 (0.4)	432 (0.5)	900 (0.5)	1,631 (0.6)
소련	6,415 (0.35)	174 (0.2)	1 (0.0)	0
남아프리카공화국	1,981 (0.1)	114 (0.1)	112 (0.1)	161 (0.1)
중국	240 (0.0)	47 (0.1)	297 (0.2)	5,928 (2.3)
인도	329 (0.0)	23 (0.0)	341 (0.2)	2,424 (0.1)
브라질	552 (0.0)	41 (0.1)	130 (0.1)	254 (0.1)
전 세계	**1,815,531 (100.0)**	**90,365 (100.0)**	**169,028 (100.0)**	**253,835 (100.0)**

출처 : 미국특허청, http://www.uspto.gov/web/offices/ac/ido/oeip/taf/cst_utl.htm

지역혁신체제

국가혁신체제는 도시중심적이고 특정 지역에 집중되어 있다. 미국 기업의 연구개발 예산의 절반과 특허의 약 40%는 5대 대도시지역에 입지한 선도적인 연구개발센터에 집중되어 있다(표 3.6). 실리콘밸리를 포함한 산호세-샌프란시스코 지역은 미국 연구개발 예산의 20% 정도를 차지한다. 선도기업의 연구개발 활동은 대도시지역에 집중되어 있으며, 미국 태평양 해안의 3대 도시지역에 주로 분포해 있다.

도시는 혁신에 중요한 장소이다. 도시는 행위주체자와 제도, 공공과 민간의 '상호작용의 메타 장소'이며, 혁신이 유지되는 데 필수적인 지역적 · 비지역적 영향, 경제적 · 비경제적 영향이 어울리는 장소이다. 도시에는 혁신의 다양한 관계자들이 있어서 대면접촉을 촉진하여 암묵지를 교환하고, 복잡한 기술적 문제를 해결하고, 연구의 우선순위를 파악할 수 있게

표 3.6 미국 기업의 최대 연구개발 활동의 입지(2011)

도시지역	기업 수	연구개발 예산(백만 달러)(%)	특허 수
산호세-샌프란시스코-오클랜드	380	23,346 (21.9)	17,596
시애틀-타코마-올림피아	76	10,496 (9.9)	4,208
LA-롱 비치	214	8,797 (8.3)	6,065
뉴욕-뉴어크	209	8,154 (7.7)	8,996
디트로이트-워런-앤아버	98	7,736 (6.9)	2,972
미국 총계	**2,931**	**106,440**	**108,592**

주 : 이 통계는 미국 기업의 최대 연구개발 활동 입지에 대한 등록자료를 기준으로 함
출처 : (US) National Center for Science and Engineering Statistics, InfoBrief August 2014, p. 4.

해준다. 나아가 '창조계층'이 요구하는 어메니티를 제공해준다. 많은 연구개발 활동과 고도로 혁신적인 활동은 '쾌적하고' 보안성이 높은 빌딩과 개방지역이 있으며, 주차가 편리하고 대중교통으로 접근하기 쉬우며, 공항 접근성이 좋고, 도심의 기업 본사와도 어느 정도 근접성이 있는 교외지역에 입지한다. 이러한 입지는 호흡이 긴 작업과 연구에 크게 방해받지 않는 상호작용을 촉진한다. 대학도 도시와 교외중심지에 입지한다. 이러한 집적을 통해 연구개발 과정은 단순한 선형적 과정이 아닌 각 단계 간의 환류가 필요한 '순환'과정의 상호작용을 촉진한다.

지역혁신 클러스터의 흥미로운 점은 대학이 기초 연구개발을 제공하고 숙련 인력을 양성하는 전통적인 역할에서 벗어나 기술의 상업화에 적극적으로 참여하는 경향이 증가하고 있다는 것이다. 사실 이러한 현상은 새로운 것이 아니다. 대학은 19세기 후반의 최초의 기업 연구소 설립에 역할을 담당했으며, 정보통신기술의 시대에는 대학의 역할이 더욱 중요해졌다(1940년대 MIT의 선구적인 노력이 있었다). 1980년 바이-돌법안(Bayh-Dole Act)으로 인해 미국의 대학은 연방정부 지원연구로 획득한 지적재산권을 소유할 수 있게 되었으며, 연구의 상업화로 인한 보상에 대한 권리를 갖게 되었다. 초소형 전자공학과 바이오산업의 연구집약성과 복잡성, 기업의 상품수명주기 단축에 대한 요구 등으로 기업이 대학의 전문성에 접근하기 시작했다. 대학-기업 간 연구협력은 상당히 깊어졌다. 1990년에는 미국의 대학-기업의 협동연구센터 수는 1,056개였다. 또한 대학이나 대학 인근에 인큐베이터와 창업지원센터를 설립하여 과학기술의 상업화를 촉진하고 대학교수의 시장기반 연구와 창업을 지원하는 경향도 광범위하게 퍼졌다.

지역의 첨단기술활동을 자극하는 대학의 역할에 대한 사례는 벤쿠버의 바이오회사의 발전과정을 보면 알 수 있다(그림 3.3). 벤쿠버에는 대형 제약회사가 없지만, 1990년대 이후 시정부는 90여 개의 바이오회사가 집적한 클러스터를 구축했다. 대부분의 회사는 세계시

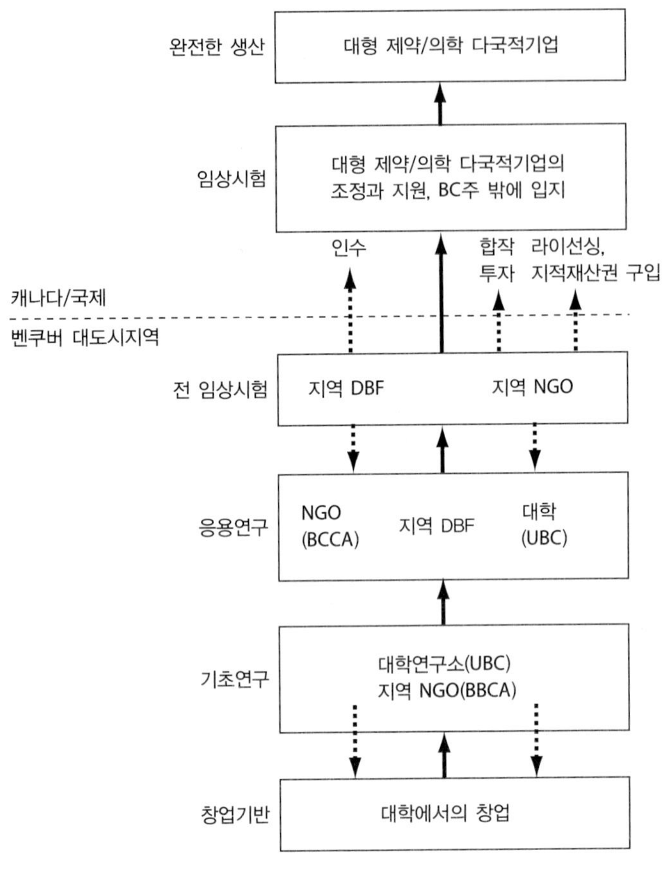

그림 3.3 벤쿠버 의약 바이오기업의 네트워크

주 : NGO : 비정부기구, UBC : 브리티시컬럼비아대학교, DBF : 전담 바이오기업, BCCA : 브리티시컬럼비아 암협회

출처 : Kevin Lees가 2009년 5월 제공한 자료를 수정, Rees, K.(2004) 참조

장을 목표로 바이오제약과 생체 진단 상품생산에 전문화되었다. 벤쿠버 바이오의약 클러스터는 북미에서 7번째로 규모가 크며, 캐나다에서 급성장하고 있다. 지역산업의 성장에는 지역대학, 특히 브리티시컬럼비아대학교에서 수행한 기초연구에서 발원한 아이디어를 활용한 대학출신 창업자들의 노력이 크다. 브리티시컬럼비아대학교는 신생기업의 약 70%를 배출했다. 신생기업들은 벤쿠버 클러스터에서 혁신과정과 네트워킹의 발견단계(상류)에 특화되었고, 주로 대학연구소와 기업의 협력을 통한 응용연구에 기여했으며, 비교적 비싸지 않은 전 임상시험에 브리티시컬럼비아 암협회와 같은 비영리 연구단체와 협업했다.

대학은 지역혁신체제의 한 부분이며 대학에서 직접적으로 혁신을 창출하는 것과 상관없이 기초연구에 핵심적인 역할을 수행하며, 자연과학뿐만 아니라 인문, 사회과학 분야의 교양 있고, 창조적이며, 문제해결 능력이 있는 노동력을 양성한다. 지역혁신체제와 네트워크는 다양한 유형으로 나타난다.

전 세계적으로 보았을 때 실리콘밸리는 잘 발달한 첨단산업의 집적인 클러스터의 상징이다. 첨단산업은 연구개발뿐만 아니라 디자인, 금융, 마케팅에 있어서 높은 수준의 창의력이 요구되는 활동이다. 실리콘밸리에서는 기업들이 다양한 방식으로 연계되어 있다. 공동의 노동력 풀에서 구성원이 한 곳에서 다른 곳으로 자주 이동하며, 기업가정신의 창업이 활발하고, 시장교환이 있으며, 벤처자본협회와 같은 고차서비스를 이용할 수 있다. 이 모든 조건들은 강력한 국지화 경제를 의미한다. 실리콘밸리 발전의 시작은 제2차 세계대전 이전이며, 스탠퍼드대학교와 휴렛패커드와 같은 핵심 기관의 역할이 컸다. 하지만 중요한 것은 유기적 진화이다. 물론 정부의 연구지원도 있었다.

이 외의 유명한 클러스터들은 구산업지역이 변모하여, 포디즘이 정보통신기술에 자리를 내주면서 새로운 산업지역으로 바뀐 곳들로, 독일의 바덴뷔르템베르크 지역, 북부 이탈리아, 도쿄의 오타지역 등을 들 수 있다. 이 지역들의 성공을 교훈으로 학계와 정책담당자들은 혁신주도, 첨단기술, 연구개발 클러스터의 형성을 주장했다. 혁신적이고 숙련된 노동력 양성을 위해 교육과 훈련의 중요성이 강조되었다. 정부는 세제 혜택, 특화된 인프라와 어메니티 제공 등으로 연구개발과 혁신을 지원했다. 대부분의 경우는 정부가 실리콘밸리를 '복제'하고자 하는 것이었으나 모두가 다 성공하는 것은 아니었다. 일본의 경우 쓰쿠바 '과학도시'의 개발에 상당한 노력을 기울였으나 실리콘밸리와 유사하게 세계적인 성공을 거두지는 못했다. 반면 개발도상국에서 극적인 성공을 이룬 사례도 있다. 인도의 실리콘밸리인 방갈로르(공식적으로는 벵갈루루) 연구개발센터는 다국적기업의 연구개발기능을 유인했고 국내의 공공 · 민간 연구기관이 입지하여 고도로 혁신적이다. 대만의 신주 연구개발센터도 성공적이다. 이곳은 세계적으로 유명한 반도체회사를 포함하여 수백 개의 국내 전자부문 연구개발과 디자인회사를 유치했다.

지역(국가)혁신체제의 세계화

국지화된 네트워킹의 특성은 다양하나 연구개발기관, 혁신, 디자인활동이 한 장소에 집적하는 군집은 잘 알려진 유형이다. 동시에 지역혁신체제와 창조적인 관계는 갈수록 세계화되고 **공간혁신체제**(spatial innovation systems)의 한 부분으로서 상호 연계되어 있다. 공간혁신체제의 등장은 높은 교육수준의 전문가의 이동성과 인터넷의 성장이 주도했으며, 정보의 흐름이 지속적으로 개선되고 기업들은 신구 클러스터 간의 연구개발 활동을 지리적으로 다양하게 조직할 수 있게 되었다. 미국과 일본의 전자음악산업 간의 핵심 아이디어의 이동은 실리콘밸리와 미국의 다른 혁신 클러스터와 강하게 연계된 미국 과학자들이 주도했다(사례연구 3.3). 실리콘밸리와 같이 세계적으로 상징적인 혁신 클러스터는 전 세계의 인재들을 유인하며, 이 인재들은 능력과 경험을 축적한다. 색스니안(Saxenian, 2006)이 모험가(argonauts)라고 명명했던 인재들은 고국으로 돌아가 인도의 뱅갈루루와 대만의 신주공업단지와 같은 장소에 첨단산업 클러스터를 구축했다. 대만 TSMC의 경우 첨단산업 인재가 세계적으로 연계된 혁신활동을 활용해 고국에 세운 반도체회사이다. 다국적기업도 중요한 연구개발센터를 해외의 혁신지역에 건설한다. 이러한 전략은 클러스터 지역의 전문지식과 아이디어를 획득하고 기업의 혁신잠재력을 다각화하기 위해서이다. 이 전략은 중국 같은 산업국가도 포함되는데, 중국은 마이크로소프트와 볼보 등의 해외 다국적기업의 대규모 연구개발 투자를 유인하고 있다.

공간혁신체제 세계적으로 연구, 개발, 신기술이전 관련 주체들을 연계하는 국제 시스템

주변부의 새로운 혁신활동이 지역에서 생존하기 위해서는 때로는 비지역적인 연계가 중요하다. 밴쿠버 바이오 클러스터의 경우 신생 바이오기업은 지역 대학과 의학 연구기관과의 강한 연계뿐만 아니라, 미국 실리콘밸리나 유럽과 일본 같은 다른 지역의 의학 클러스터와 거대제약기업과의 접근성에 의존한다(그림 3.3). 밴쿠버에서 개발된 의약품이 밴쿠버에서 생산되는 사례는 거의 없다. 지역 기업이 자신의 혁신을 상업화하기 위해서는 브리티시컬럼비아주를 넘어서는 연계를 맺어야 한다. 밴쿠버 바이오 클러스터기업의 상업화전략은 전략적 제휴, 특허사용료를 기술사용권으로 대체, 기술판매 등 다양하다. 이러한 전략은 밴쿠버 밖에 입지한 대형 제약기업과의 파트너관계를 형성하거나 기술판매를 하는 것으

로, 엄청난 비용이 수반되는 임상시험 때문이거나 마케팅과 판매역량 부족 때문이다. 또 다른 전략은 벤처기업을 대형 제약기업에 판매하는 것이다. 예를 들어 ID 바이오메디컬이라는 백신개발회사는 2005년 GSK(글락소스미스클라인)에 17억 달러에 인수되었다. 따라서 이러한 기술기반 클러스터의 생존은 비용경쟁적인 제조보다는 새로운 의약치료법을 개발하거나 지적재산권을 보호하고 판매할 수 있는 지속적인 혁신에 달려 있다.

혁신과 세계적 불균형

군나르 뮈르달(Gunnar Myrdal)이 수십 년 전에 지적했듯이, 부국과 빈국 간의 엄청난 소득과 생활환경의 격차는 강력한 순환적 · 누적적 인과(circular and cumulative causation) 때문이다. 이 모형에 의하면 경제적 · 비경제적 과정은 오랜 기간 상호 강화하면서 균형을 향한 자연적 경향을 형성한다. 예를 들어 가난한 지역은 낮은 임금으로 투자를 유인하고 이를 통해 성장하고 노동수요와 소득을 증대시킨다. 전 세계적 규모로 보면 성장과 빈곤의 누적적 패턴은 혁신과 연관되어 있다. 단순하게 보면 부국은 혁신적인 반면, 빈국은 혁신적이지 않다.

인류 역사에서 혁신은 항상 부와 권력의 원천이었다. 하지만 18세기 후반 산업혁명 이후로 경제발전에 핵심적인 연구개발 투자, 특허, 혁신의 진보 등이 지속적으로 북미, 유럽, 일본 등의 부유한 산업국가에 과도하게 집중되는 현상이 나타났다. 기술경제 패러다임 모형과 관련 연구들이 강조하듯이, 1800년대 이후 혁신이 추동하는 전 세계적인 소득격차의 확대가 명백해졌다. 이러한 (선순환적) 관점에서는 부유한 선진국가는 혁신적인 사회로서 혁신이 투자 · 새로운 일자리 · 기술 · 소득 등을 자극해서 규모의 경제 · 승수효과 · 분업과 지식수준의 심화 · 학습 · 노하우 등을 추동해서 생산성 · 부 · 시장수요 등을 증대시킨다. 선진국가의 시장과 기업은 고도로 역동적이고 경쟁적이며, 다국적기업의 생산과 마케팅 네트워크와 특허법, 무역규제, G20 등 관련 세계기구들의 등장 등 경제적인 영향이 크다. 혁신적인 사회는 부와 함께 공공 서비스와 경제 · 사회적인 인프라에 지속적인 투자를 하며, 건강하고 잘 교육받은 노동력을 통해 혁신의 역량과 의지를 강화시킨다. 부국에서는 자급적인 도시-산업 성장의 누적적인 **선순환**(virtuous cycles) 창출(그림 2.1)을 통해서 경제발전이 강력하게 자기강화적이다. 혁신의 핵심적인 역할은 그림 3.4처럼 넓은 의미로 단순하게 표현할 수 있다. 사실상 이러한 현상은 1970~80년대 이후에 주로 한국, 대만, 홍콩, 싱가포르, 중국 등 서구의 소득수준을 따라잡기 시작한 국가들이 주도했다. 이 국가들에서 혁신집중도가 증가하는 것은 우연이 아니다. 정책은 서로 다르지만 정부차원에서 (아프리카와 남미의 국가와는 달리) 교육, 훈련, 연구개발에 엄청난 투자를 했다.

선순환 바람직한 사회경제적 변화(예 : 핵심지역으로 인적자원의 집중)를 강화하는 순환과정. 투자를 통해 지속적인 경제발전을 위한 매력을 강화한다.

일반적으로 선순환과정에서 혁신은 투자, 일자리, 소득, 세수 등을 증대시켜 역동적인 비교우위를 창출한다. 이는 지식의 확산, 승수효과, 국지화 경제 등을 통해 강화된다. 또한 상품과 서비스에 대한 수요를 증대시키고 더 스마트하고, 건강하고, 생산적이고, 특화된 노

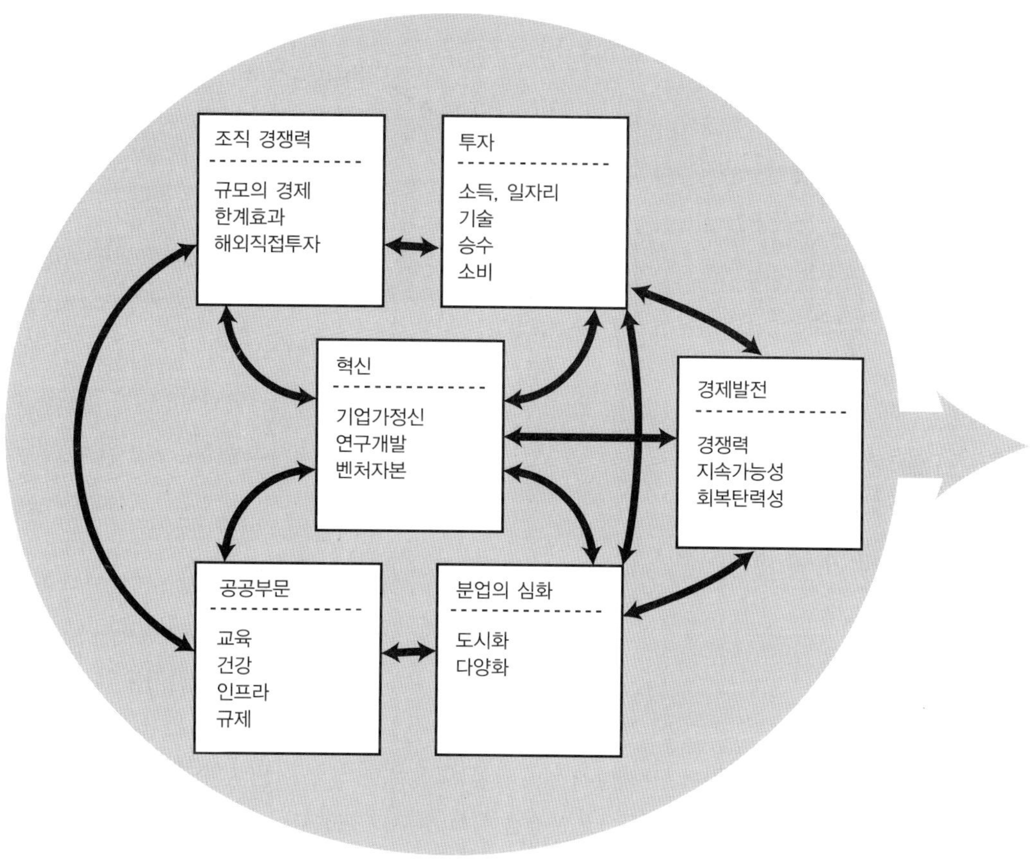

그림 3.4 혁신주도 선순환적, 누적적 성장

노하우의 경로의존적 축적과 상업화, 시장제도가 혁신을 자극하고 보상을 줌, 수출과 해외직접투자의 증가, 다국적기업, 특허, 무역협정 등을 통한 노하우의 보호와 정교화

동력을 창출하는 교육 · 훈련 · 의료 서비스를 확장시킨다. 나아가 분업이 심화되고 과학 · 엔지니어링 · 디자인 · 마케팅 · 광고 등 '창조계층' 활동이 더욱 상호 의존적 · 전문적 · 도시적으로 되고, 더욱 심화된 혁신을 창출한다. 선순환구조는 서서히 약화될 수 있지만 부국은 이를 회생시키기 위한 엄청난 자원을 보유하고 있다(그림 2.2).

반면 가난한 국가와 지역은 선순환구조에 포함되지 못하고, 혁신과의 연계가 결여된 빈곤의 **악순환**(vicious cycles) 혹은 '빈곤의 함정'이 만들어내는 제도의 역기능의 다중적 자기강화를 경험한다(그림 3.5). 이러한 문제는 교육, 소득, 일자리, 유용한 경험, 사회적 네트워크, 투자재원, 아노미와 자기존중의 결여 등이 국지적으로 뿌리 깊게 고착화되어 있어 혁신적인 변화에 한계가 있다. 따라서 빈곤의 자기강화적 특성은 시장과의 먼 거리, 인종차별적 태도, 계급제도, 외국자본의 통제, 적절한 정책의 부재, 수입상품으로 인한 지역상품 경쟁력 약화 등 불리한 경제 · 사회 · 정치 · 지리적 조건들에 의해서 더욱더 영속화된다. 사실

악순환 바람직하지 않은 사회경제적 변화(예 : 가난한 지역은 인구유출과 투자철수로 인해 경제발전의 전망이 축소됨)를 강화하는 누적적 자기강화적 순환과정

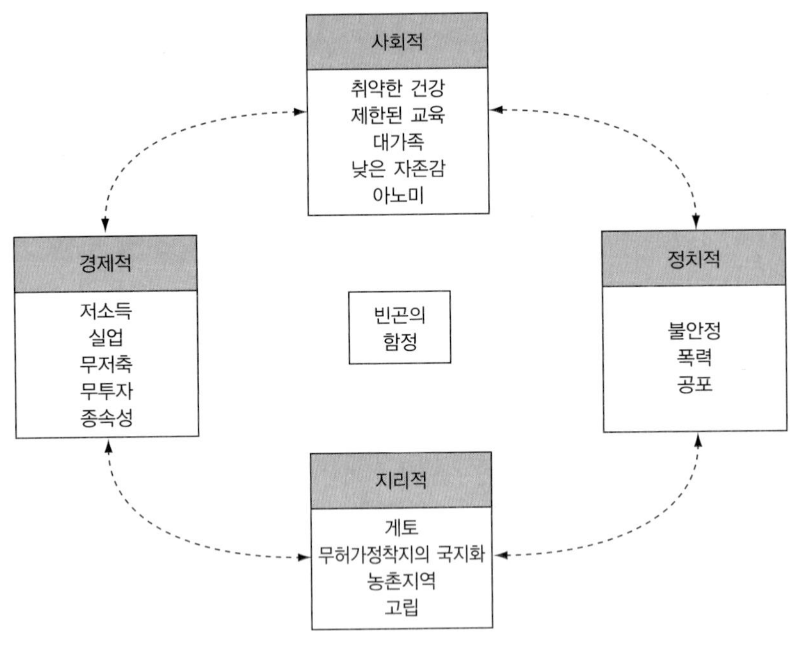

그림 3.5 악순환(누적적)의 빈곤주기 모형

상 저소득과 빈곤 해결을 위한 특효약(magic bullet) 같은 설명이나 해법은 없다. 부국과 빈국의 부의 격차문제는 환경악화와 환경정의의 문제에는 더욱 심각하다.

빈국의 성장과 소득(생활수준)을 자극하는 '발전의 문제'는 누적적이고 다양한 차원이 복합적으로 연계된 문제로서 '기술격차(혹은 생산성 격차)'를 줄이는 문제로 요약할 수 있다.

저개발의 악순환 끊기

전 세계적 규모에서 보았을 때 부국과 빈국의 엄청난 소득격차는 1950년에 광범위하게 인식되었고, 생산성 향상을 창출할 수 있는 기술역량의 차이와 연관되어 있다. 저개발의 악순환을 끊기 위한 노력은 빈국의 기술역량을 개선하고 부국과의 기술격차를 줄이는 데 초점을 두고 있다. 1950년대 서구에서의 사회적 통념과 정책적 지향은 빈국의 성장을 위한 기술이전에 다국적기업의 역할을 강조했다. 하지만 이는 다국적기업에 대한 종속 문제가 있어서 발전을 추동하기 위해서는 후발기업에 적정기술을 제공하여 지역의 **기술역량**(technological capability)을 향상시키는 대안적 방법이 제시되었다. 또한 정보통신기술(과 인터넷)을 통한 발전방식도 제시되었다.

기술역량 상업적으로 이윤이 있는 혁신을 창출할 수 있는 (기업이나 국가의) 역량

(1) 기술촉매로서의 다국적기업

세계은행은 1944년 전후의 유럽 재건을 위해 창설되었지만, 곧 세계 빈곤의 문제에 관심을 기울였다. 세계은행은 빈곤국가에서 다국적기업이 주도하는 프로젝트에 금융지원을 했으나, 빈곤국가들은 외국인직접투자에 대한 장벽을 낮춤으로써 (자유무역) 시장원칙을 준수하라는 요구에 순응해야 했다. 1998년 이후로 세계은행은 개발도상국들이 장기계획의 수립에 참여를 원한다는 요구를 인지했으나, 여전히 다국적기업이 문제를 해결할 것으로 보았다. 세계은행 사고의 기저에는 다국적기업이 빈곤국가에 프로젝트 자본을 제공하고, 모범사례 기술을 전수하고, 전문지식을 지원하고, 세계시장에 접근가능하게 하고, 금융지원을 하며, 연구개발을 진행한다는 기존의 통념에 사로잡혀 있었다. 이러한 관점에서는 다국적기업이 분공장에 투자함으로써 국지적인 기술학습을 자극하고, 노동자의 기능을 향상시키며, 현지 기업에게 모범사례를 전파하며, 신상품을 소개한다. 사실상 빈곤국가의 분공장은

기술학습의 과정에서 '도약적인' 진전을 이루게 한다.

부국이 전 세계적인 빈곤의 해결방식으로 선호하는 다국적기업의 개발참여는 많은 비판을 받았다. 허쉬만(Hirshman, 1958)은 한때 다국적기업 옹호자였으나, 결국 외부통제에 의한 대규모 산업화 방식이 개발도상국에 적합하지 않다고 인정하였다. 다국적기업의 분공장에서 이용하는 기술(기계장비)은 지역에서 쉽게 확산되지 않고, 지역의 기술역량을 향상시키지도 못한다. 최신의 고도로 자동화된 기술의 경우 종종 작동을 위해서는 최소한의 기술이 필요하며, 다국적기업은 핵심 투입요소와 전문인력을 지역의 공급자로부터 구입하기보다는 기업 내에서 조달한다. 나아가 대규모 자본집약적인 프로젝트일지라도 극소수의 고임금 일자리와 유출소득만 제공하며, 종종 투자대상국의 생산과 전통적인 관행을 파괴하고, 지역환경에 피해를 준다. 여기에 투자에 대한 모든 이윤은 투자대상국으로부터 빠져나간다. 최근에 노벨경제학상 수상자이자 전 세계은행 부총재였던 조지프 스티글리츠(Stiglitz, 2006)는 세계은행, 국제통화기금, 서구 정부들이 개발도상국에 부적절한 시장제도를 이식했다고 강력하게 비판했다. 예를 들어 자유무역규정은 부유한 시장경제국가의 농산품 수출에 보조금을 허용하는데, 이는 보조금이 없는 빈국 농부들의 생산에 치명적이며, 빈국의 토지사유화는 종종 다국적기업의 플랜테이션에 의한 특화 수출용 작물재배를 위해 지역의 농업생산과 지역 작물이 피해를 본다. 다국적기업의 플랜테이션은 수출소득(과 소수의 고임금 일자리)을 창출할 수는 있지만, 그 비용(비싼 기계장비와 비료수입, 이윤감소, 실업)은 막대하다.

(2) 상향식 발전과 적정기술

노하우가 체화되어 있고 쉽게 전파되지 않는 첨단기술의 '하향식' 도입에 비해 **중간 · 적정기술**(intermediate or appropriate technologies)은 지역자원과 시장에 기반하고 지역주민에 의해 운영되는 기술과 조직관행이다(사례연구 3.4). '중간'이란 전통사회에서 혁신의 잠재력을 의미한다. 슈마허(Schumacher, 1973)는 '작은 것이 아름답다' 운동을 펼쳤는데, 중간기술은 1파운드 가치의 노동집약적인 기술이며, 고급기술은 1,000파운드 가치의 자본집약적인 기술이라고 설명했다.

중간 · 적정기술 지역자원과 시장에 기반하고 지역주민에 의해 운영되는 기술과 조직관행. '중간'이란 전통사회에서 혁신의 잠재력을 의미함

적정기술은 노동집약적이며, 투입과 산출이 지역에 집중되어 있고, 도시와 농촌지역 모두에 분포하며, 민초 혹은 '상향식' 발전(지역사회발전의 공통적인 개념) 지향이다. 적정기술제공 프로젝트는 경제적으로 유지가능한 점진적 방식으로 기술발전을 촉진한다. 이러한 접근법은 캐나다 국제개발단(CIDA) 같은 비정부기구와 관련 정부기관들이 지지한다. 반면 적정기술 반대론자들은 적정기술의 잠재력 향상이 어렵다고 지적한다. '외국의' 비정부기구와 정부기관들이 현지 실정에 맞지 않는 실수를 하며, 선진기술로 진화할 수 있는 학습잠재력에 한계가 있다. 하지만 적정기술은 디지털시대에 지속가능성의 요구에 의해 전환하고 있다. 가난한 사람들을 위한 저비용 컴퓨터와 휴대전화 등이 지속적으로 개발되고 있다.

사례연구 3.4 | 가나의 알루미늄 냄비 생산

적정기술은 주어진 환경에서 자원을 최적으로 사용하는 것을 말한다. 이 개념은 주로 개발도상국의 맥락에서 논의되며, 1920년대에 영국의 인도 식민지배에 대한 투쟁의 일환으로 농촌 지역사회의 자조활동을 위한 마하트마 간디의 유명한 서약과 관련이 있다. 슈마허는 1970년대에 '작은 것이 아름답다' 운동의 촉진을 위해 '중간기술'이라는 용어를 사용했다.

개발도상국의 중간 · 적정기술은 지역의 자원을 사용하여 지역주민에 의해 건설되고 지속가능한 방식으로 관리 · 운영되는 노동집약적 관행이다. 적정기술은 다른 지역에서 개발된 기술을 채택하여 지역 상황에 적용하고, 우연한 발견을 지향하는 연구개발, 기존의 내생적 기술의 개선 등 다양한 방식으로 발전했다. 캐나다 국제개발단(CIDA) 같은 비정부기구와 관련 정부기관들은 적정기술을 전 세계로 이전하는 데 적극적이다. 예를 들어 위생상태를 개선하여 질병 가능성을 줄인 화장실 디자인(www.itdg.org, 2009년 4월 25일 접속)과 세상을 밝히는 재단(LUTW)이 진행한 네팔 농촌지역의 건강하고 효율적으로 디자인된 LED 전등(http://lutw.org/project_nepal.htm, 2009년 4월 25일 접속)이 있다. LED 전등의 사례는 자본집약적인 신기술로서 가나 잠라지역의 알루미늄 냄비의 내생적 생산과 대비된다.

1960년대에 가나에서 시작된 알루미늄 냄비산업은 1980년대까지 경제성을 유지하면서 시장을 차지했다. 하지만 원재료로 사용하는 알루미늄 스크랩의 품귀, 제품의 낮은 품질, 시장포화(냄비가 너무 튼튼해서 수요가 감소하고, 많은 기업들이 문을 닫아야 했다) 등의 문제에 직면했다. 이러한 문제에 대한 대응으로 제품의 다각화, 원재료공급을 위한 알루미늄 공장의 대형화, 적정기술의 진흥을 위한 1972년 쿠사미 기술컨설팅센터의 설립 등이 진행되었다. '적정기술'이라는 용어는 내생적 기술에만 적용되어야 하는가?

출처 : Ofori-Amoah(1988)

디지털기술의 가장 효율적인 사용은 개발도상국에서 농부와 어부들을 위한 시장정보제공, 자금, 인터넷뱅킹 등의 온라인 이체 등이다. 새로운 전자산업을 위한 에너지는 적정기술성, 시장효율성, 지속가능성 등을 융합한 광전지 패널, 바이오가스, 기타 기술 등을 사용하여 제공한다. 소규모 창업을 지원하는 소액 금융(microfinance)은 보완적인 금융혁신이다.

(3) 국가 챔피언으로서의 후발기업

후발기업 비교적 최근에 수출 등을 통해 성공적인 산업화를 이룬 후발국가의 성장산업분야에 등장한 국내기업. 대규모 후발기업은 국내 챔피언 기업으로 명명되기도 함

국가 챔피언 기업 (외국인 기업에 반대되는) 대규모 국내기업으로 혁신, 고용, 지역공급 네트워크, 수출 등에서 선도적인 전략기업. 후발기업 중에는 국가 챔피언 기업도 있음

후발기업(latecomer firms)과 **국가 챔피언 기업**(domestic champions)은 국내기업이면서 다국적기업이 사용하는 첨단기술을 모방하여 성장하는 기업이다. 때로는 혁신에서 다국적기업을 추월하기도 한다. 후발주자 전략의 정당성은 투자국에 연구개발을 집중하고 있는 다국적기업이 유지하고 있는 혁신우위를 극복하고자 하는 것이다. 부유한 시장경제국가의 경제사를 보면 지역기반의 연구개발과 국가혁신체제의 중요성이 드러난다. 이 관점에서 보면 선진 기술역량의 발전을 위해서는 국내에서 연구개발과 혁신활동을 추구하고, 지역 제도 · 기관과의 강한 연계를 통해 경제의 촉매역할을 수행하는 크고, 기술 수준이 높은 국내기업이 요구된다. 정부정책은 연구개발을 지원하고 다국적기업으로부터 보호하여 후발기업을

지원하여 세계적으로 경쟁력이 있고 기술적으로 진보할 수 있도록 하여야 한다.

1970년대 이후 후발기업들은 주로 최근의 산업화와 기술역량의 성취로 인해 '후발국가'로 명명된 대만과 한국에서 많이 배출되었다. 한국은 삼성처럼 '재벌'이라고 불리는 거대하고 다각화된 다국적기업이 지배적인 반면, 대만의 주도적인 후발기업은 전자산업분야에 집중되어 있다. 두 나라는 교육에 상당한 투자를 하였고, 지역 챔피언 기업의 발전을 지원하기 위한 다양한 정책을 시행하였다. 대만 정부는 대규모 국가연구, 공업단지, 연관 인프라 등을 지원하였다. 초기에는 발전을 자극하기 위하여 외국인직접투자를 유인하였으나, 이후 국내기업의 성장을 강조하였다. 또한 국내 연구개발에 상당한 세제혜택을 제공하였다. 중국에서는 다양한 유형의 기업이 성장하였는데, 텔레커뮤니케이션 장비분야의 화웨이와 가전분야의 하이얼 등이 있다. 중국기업은 세계에서 가장 큰 내수시장이라는 강점이 있어서 규모의 경제와 혁신역량을 발전시킬 수 있다. 후발기업의 도전과제는 적정한 산업분야의 선택, 국내 기업가정신의 촉진, 정부와 기업과의 긴밀한 조정의 필요, 적정한 교육과 연구 인프라에 대한 투자 등이다.

(4) 정보통신기술의 역할

정보통신기술은 부국과 빈국의 기술격차를 반영하고 있으며, 또한 간극이 더 강화되고 있다. 하지만 정보통신기술의 노하우는 한국과 대만 같은 국가의 후발기업에 의해 성공적으로 이전되었다. 나아가 정보통신기술은 가난한 사람들과 도시에서 먼 지역에 은행 서비스 접근성을 증대시키고, 스마트폰을 통한 소액대출, 온라인 교육, 한계지역의 주민에게 지역 권력의 원천을 제공하는 새로운 방법 등 큰 잠재력이 있다. 정보통신기술은 또한 휴대용 살균외과수술도구와 같은 사회혁신을 자극한다. 이 도구는 기초시설이 부족한 병원에서 사용할수 있다. 빌&멜린다 게이츠 재단의 상당한 지원으로 세계의 빈곤국가에 깨끗한 물과 질병예방을 위한 효율적인 백신 등을 제공한다. 인터넷의 전 세계적인 확산도 상당한 도움이 되었다(사례연구 3.1). 인터넷이 수많은 사회문제를 가져왔고 악용될 수도 있지만, 정보와 네트워킹에 즉각적인 접근을 제공하여 성과중심 사회를 지향하고, 개인의 교육수준과 이동성 향상에 기여했다.

결론

시장과 제도는 모두 지속적인 혁신을 요구받는다. 하지만 혁신은 수많은 주체와 네트워크의 복잡한 사회적 과정으로 세계적 · 국가적 · 국지적 규모로 작동하며, 폭넓은 제도적 지원을 필요로 한다(그림 3.6).

국가의 혁신잠재력은 교육과 훈련제도, 규제와 거시경제정책의 맥락(예 : 국가 연구개발 지원), 커뮤니케이션 인프라, 요소시장의 조건(예 : 국내 노동력의 질과 접근성, 자본위험

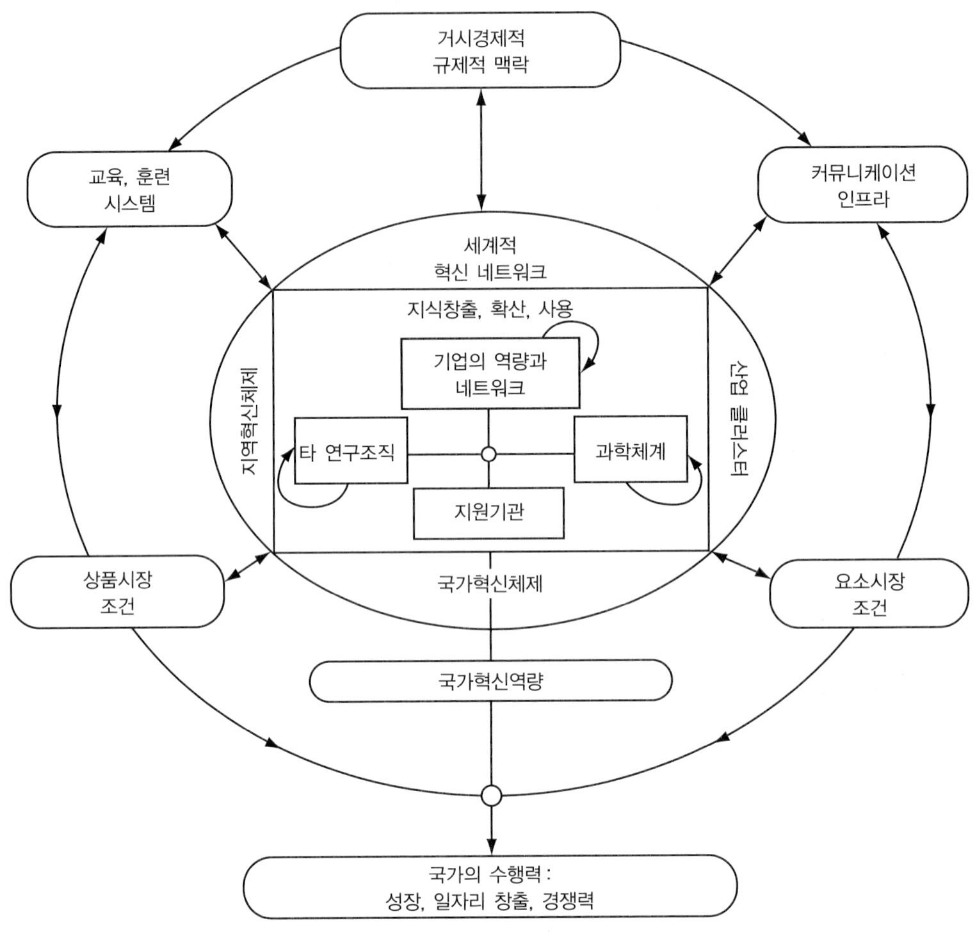

그림 3.6 혁신 시스템의 주체와 연계

출처 : OECD(1999), *Managing National Innovation System*, OECD Publishing, Paris.

도, 소비자 선호 등), 상품시장의 조건(예 : 과점의 특성) 등과 관련이 있다. 이 모든 제도들은 국지적 · 국가적 · 세계적 네트워크 창출에 도움을 주는 기업과 관련 조직 간에 지식이 창출되고 확산되는 양상을 결정한다. 정책적 관점에서 보면 혁신의 도전은 국가에 따라 다르며, 발전단계와 기술역량의 수준에 따라 명확히 다르게 나타난다. 기술적으로 선진국가는 신상품을 개발함으로써 세계적 우위를 유지하려고 하며, 가난한 국가는 음식과 주거 등 기본수요를 충족하고, 저개발의 악순환에서 벗어나려고 한다. 국가 내에서도 혁신의 도전과 정책은 달라진다. 실제로 부국의 거의 모든 도시와 지역은 소득수준을 유지하기 위해 혁신을 추구하며, 창조적이기 위하여 지역의 독특한 경쟁우위를 활용한다. 어떤 규모의 공간에서도 지속가능한 발전의 사고는 혁신에 의존한다. 시장, 스케일, 혁신이라는 개념은 이 책 전체를 통괄하는 주제이다.

연습문제

1. 지역신문의 경제면을 펼쳐서 소기업에 의한 혁신의 사례를 찾아보자. 혁신의 특징(규모, 목적, 일자리 창출, 입지, 기업가정신의 측정 등)을 요약해보자.
2. '첨단산업'을 정의해보자. 여러분이 살고 있는 지역에서 어떤 유형의 첨단산업활동이 있는가? 여러분이 발견한 입지 유형을 설명해보자.
3. 여러분이 살고 있는 동네나 지역에 심한 빈곤지역이 있는가? 이 지역을 누적적 인과모형으로 설명할 수 있는가? 빈곤지역의 주민을 어떻게 주류사회에 통합할 수 있을까?
4. '녹색' 패러다임이란 무엇인가? 여러분은 공공정책이 이러한 패러다임을 증진해야 한다는 데 동의하는가? 녹색 패러다임은 어떠해야 하는가?(핵심산업, 주요 활동분야, 생산성의 원리 등)
5. 여러분이 살고 있는 지역의 대학과 고등교육기관이 혁신의 상업화에 기여하는 방식은 어떠한가?
6. '녹색 직업'에 대한 관심이 증대하고 있다. 이는 유용한 용어인가? 여러분이 살고 있는 지역사회는 녹색 직업을 증진시키기 위해 노력하는가?

핵심용어

공간혁신체제
국내 챔피언 기업
근본적 혁신
기술경제 패러다임(TEP)
기술역량
기술혁신
녹색 기술경제 패러다임
명시지
범용기술(GPT)
선순환
악순환
암묵지
연구개발
점진적 혁신
정보통신 기술경제 패러다임
제품 성숙
제품수명주기
조직적 혁신
중간 · 적정기술
콘드라티예프 주기
포디즘
핵심산업
혁신 시스템
혁신 확산
후발기업

추천문헌

Asheim, B. and Gertler, M.S. 2005. "The geography of innovation: Regional innovation systems." In J. Fagerberg, D. Mowery, and R. Nelson (eds.) *The Oxford Handbook of Innovation*. Oxford: Oxford University Press, 291-317.
지역혁신체제에 대해 잘 정리된 리뷰 논문

Bathelt, H. Malmberg, A. and Maskell, P. 2004. "Clusters and knowledge: Local buzz, global pipelines and the process of knowledge creation" *Progress in Human Geography* 28: 31-56

클러스터나 집적이 학습지역을 형성하고 세계적으로 상호연계하는 과정을 개념적으로 분석하였다.

Bunnell, K., and Coe, N. 2001. "Spatializing knowledge communities: Towards a conceptualization of transnational innovation networks," *Progress in Human Geography* 25: 437-56.

클러스터가 지식흐름을 통해 세계적으로 연계되는 양상을 개념적으로 논의하였다.

Cooke, P. 1992. "Regional innovation systems: competitive regulation in the new Europe," *Geoforum* 23: 365-82).

Diamond, J. 1997. *Guns, Germs, and Steel*. New York: WW Norton.

문명의 시작부터 추적하여 현대의 세계적인 불균형의 유형을 이해하는 통찰력을 줌. 군대(총), 자연(균), 혁신(쇠) 등은 상호 연계된 핵심 주제이다.

Freeman, C. and Louaca, F. 2001. *As Time Goes By*. Oxford: Oxford University Press.

다섯 가지 중요한 기술경제 패러다임(TEP)과 주요 특성을 논의하였다. Freeman and Perez(1988)의 수정증보판

Malecki, E.J. 1997. *Technology and Economic Development: The Dynamics of Local, Regional and National Competitiveness*, Harlow: Longman.

고급용 경제지리학 교과서로서 혁신, 기술변화, 지역발전에 초점을 둔 책이다.

Oinas, P. and Malecki, E.J. 2002. "The evolution of technologies in time and space: From national and regional to spatial innovation systems," *International Regional Science Review*, 25: 102-31.

강한 지역혁신체제가 점차 세계화되고 상호 의존적으로 진화하는 내용을 분석하였다.

참고문헌

Freeman, C., and Perez, C. 1988. "Structural crises of adjustment, business cycles and investment behaviour," pp. 38-66 in Dosi, G., Freeman, C., Nelson, R., Silverberg, R., and Soete, L. eds. *Technical Change and Economic Theory*. London: Pinter.

Hayter, R. 2008. *Environmental Economic Geography in Institutional Perspective*. Blackwell Compass.

Lipsey, R.G., Carlaw, K.I. and Bekar, C.T. 2005. *Economic Transformations: General Purpose Technologies and Long Term Economic Growth*. Oxford: Oxford University Press.

Maddison, A. 2007. *Contours of the World Economy*. Oxford: Oxford University Press.

Myrdal, G. 1944. *An American Dilemma: The Negro Problem and Modern Democracy*. New York: Harper.

Myrdal, G. 1957. *Economic Theory and Underdeveloped Regions*. London: Gerald Duckworth.

Ofori-Amoah, B. "Ghana's informal aluminium pottery: Another grassroots industrial revolution?" *Appropriate Technology* 14(4):17-19.

Rees, K. 2005. "Interregional collaboration and innovation in Vancouver's emerging high-tech cluster." *Tijdschrift voor Economische en Sociale Geogrfie* 96: 298-312.

Reiffenstein, T. 2006. "Codification, patents and the geography of knowledge transfer in the electronic music icindustry." *Canadian Geographer* 50: 298-318.

Saxenian, A. 2006. *The New Argonauts: Regional Advantage in a Global Economy*. Cambridge: Harvard University Press.

Schumacher, E.F. 1973. *Small is Beautiful: A Study of Economics as if People Mattered*. London: Blond and Briggs.

Schumpeter, J. 1943. *Capitalism, Socialism and Democracy*. Harper: New York.

Stiglitz, J. 2006. *Making Globalization Work*. Penguin.

PART

2

공간경제의 제도적 주체

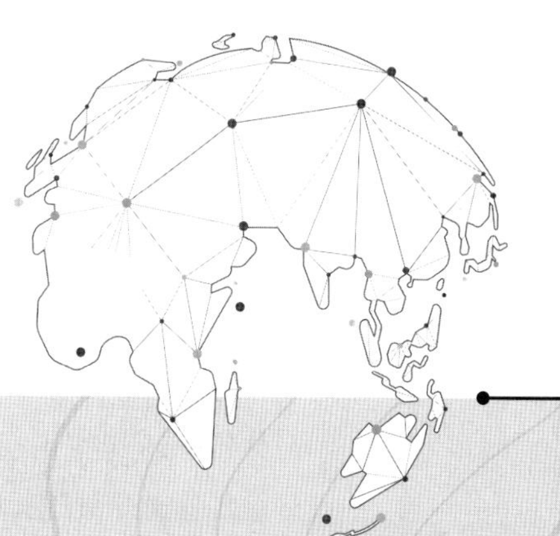

제4장

기업

현대 문명의 물질적 기반은 산업시스템이며, 이를 작동시키는 추동력은 기업이다.

(Veblen, 1904: 7)

이 장에서는 공간과 장소의 맥락에서 기업의 진화, 즉 기업이 어떻게 생성되고 성장하며, 공간상에서 조직을 어떻게 분리하고 통합하는지에 대해 살펴보고자 한다. 주요 목표는 다음과 같다.

- 기업의 본질과 동기 그리고 입지 행태를 살펴본다.
- 기업의 유형을 이해하고, 다양한 규모의 기업이 통합되는 방식을 설명한다.
- 기업의 입지적 역동성을 다국적기업 및 해외직접투자와 관련하여 논의한다.
- 로컬기업들의 입지 행위가 어떠한지, 또 다양한 공간적 규모에서 나타나는 가치사슬에서 로컬기업들이 어떻게 통합되는지에 대해 설명한다.

제4장은 3개의 절로 구성되어 있다. 1절에서는 기업의 의사결정과 통합전략에 대해 살펴볼 것이다. 2절에서는 기업의 유형을 세 가지로 구분하고, 유형별 특징에 대해 구체적으로 고찰할 것이다. 마지막 3절에서는 공간적 가치사슬의 입지 역동성뿐만 아니라 이들이 지역발전에 미치는 영향에 대해서 논의할 것이다.

기업조직의 이해

시장경제체제하에서는 수많은 재화와 서비스의 흐름이 발생하고, 그 흐름은 현대 문명의 물질적 틀을 구성한다. 그렇다면 이를 조직하는 힘은 무엇일까? 그것은 바로 기업이다. 19세기 말 경제학자 베블런(Veblen)에게 있어서 '기업'은 거대기업을 의미했고, 이들은 때로 탐욕스러운 것으로 비춰졌다. 그가 살던 당시에 미국경제를 지배했던 거대기업의 대명사는 존 록펠러의 스탠더드 오일회사였다. 그 후에 특정 국가의 경계를 초월해서 국제적으로 사업체를 운영하는 거대 **다국적기업**(multinational corporations, MNC)은 세계시장의 지배적 조직자가 되었다.

다국적기업 적어도 2개 이상의 국가에서 기능의 일부(분공장, 사무실, 광산 등)를 두고 조직을 운영하는 기업. 초국적기업은 특정 국가, 즉 모국의 정체성이 더 이상 없는 다국적기업을 지칭하는 용어로 사용됨

월마트, 제너럴 모터스, 엑손, 보다폰, 도이치 텔레콤, IBM, 토요타, 코카콜라, 네슬레 등의 거대기업들은 생산 · 판매 · 투자 · 고용 등에 있어서 산업별로 커다란 비중을 차지하게

되었고, 이들이 창출해내는 연간 수익은 대다수 국가의 GDP 규모를 상회할 정도로 어마어마한 실정이다. 2008년에 월마트는 유통업체로는 처음으로 연간 수익 기준 세계 최대의 다국적기업으로 올라섰다(사례연구 4.1). 하지만 월마트가 아무리 거대기업이라 할지라도 전체 사업체 가운데 차지하는 비중은 미미하다. 이 세상에 존재하는 기업들의 절대 다수는 조직적 · 입지적 및 기술적으로 다양한 특성을 지닌 **중소기업**(small and medium enterprises,

중소기업 종업원 500명 이하의 개인 기업가에 의해 지배 · 통제되는 기업. 고도로 국지화되어 있으며, 단일 입지를 갖는 경우가 많음

사례연구 4.1 | 월마트의 성장

2012년 현재 월마트는 11개 국가의 1만 개가 넘는 점포에서 180만 명을 고용하고 있으며, 연간 4,890억 달러가 넘는 매출을 거두고 있다. 경제학자들의 추산에 따르면 월마트는 1995~1999년 사이에 이루어진 미국의 생산성 증가분의 절반을 차지했으며, 2005년에는 미국에 의한 대 중국 수입의 10%를 차지했다. 월마트의 성장과 지리적 확산은 눈부시게 전개되어 왔으며, 이는 세계화의 대표적인 사례로 언급되고 있다. 월마트가 채택한 공간분업은 경쟁적 개방시장에 있는 수많은 중소기업들을 중심으로 한 공급자 네트워크와 자사의 프랜차이즈 체인 물류 시스템을 성공적으로 결합한 것이다. 제너럴 모터스, 엑손, 보다폰, 도이치 텔레콤, IBM, 토요타, 코카콜라 등의 여타 거대기업들 또한 기업마다 약간의 차이는 있지만, 기본적으로는 공간분업에 의존하고 있다.

월마트의 성장 개요(1968~2006)

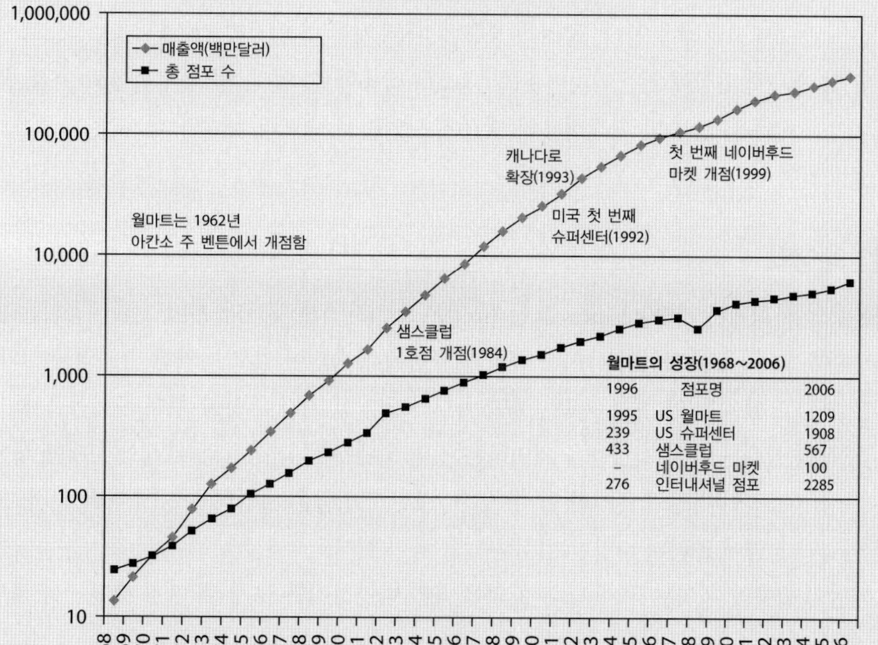

대기업 종업원 500~1만 명 규모이며, 제한된 범위의 제품을 생산하고 글로벌시장을 대상으로 판매함

SME)으로 구성되어 있다. 거대기업과 중소기업 사이에는 **대기업**(large firms, LF)이 존재하는데, 이들은 종업원 500명 이상 1만 명 이하의 고용규모를 가지고 있고, 국제적으로 활동하고는 있으나 시장과 제품 등의 측면에서 거대기업보다는 다소 제한적인 영역을 가진 기업 유형으로 정의된다.

기업들은 본질적으로 공간과 장소에 토대를 둔다. 그 이유는 경제활동을 위해서 기업들이 어딘가에는 입지해야 하기 때문이다. 기업입지는 재화와 서비스의 판매, 고용, 세금 등의 측면에서 지역에 커다란 영향을 미친다. 기업이 특정 장소에 뿌리내려져 있다는 점은 경제활동의 본질과 조직, 환경적 영향, 승수효과를 통해 직간접적으로 창출된 소득의 결과라고 할 수 있는 생활수준 등 지역발전의 특성에도 영향을 미친다. 특정 지역에만 입지하고 있는 중소기업들은 국지적 노동력 및 지역시장 조건에 크게 의존한다. 그러나 다국적기업의 분공장 또한 장소 특수적이다(예 : 특정 지역에 입지한 월마트 스토어). 이와 동시에 기업은 공간에 토대를 두는데, 그 이유는 기업의 기능들이 분산되어 있는 생산-유통-리사이클링에 이르는 가치주기에 통합되어 있기 때문이다. 여러 국가를 무대로 활동하고 있는 다국적기업들은 공간적 가치사슬의 조직자로서 중요한 역할을 수행한다.

그러한 가치사슬을 조직하는 것은 쉬운 일이 아니다. 가치사슬 속에는 다양한 부품의 조립, 제품과 서비스의 유통, 제품의 폐기 또는 재활용 등이 수반되어야 할 뿐만 아니라 이러한 활동들이 수행되는 입지들은 다양한 환경, 관할권, 언어, 문화를 가지고 있다. 집적의 이점은 분산의 이점과 비교 검토될 필요가 있다. 오늘날 어떠한 입지 결정을 하더라도 환경적 영향을 반드시 고려해야 한다. 공간적 통합에 따른 지역 내 일자리 감소의 가능성으로 인해 정부 및 지자체 입장에서는 이것이 위협 요소로 작용할 수 있다. 공간적 통합의 이점, 특히 규모의 경제와 운송비 및 거래비용의 절감은 사업활동 규모의 확대와 대기업, 다국적기업 및 중소기업 간 분할의 주요 원인이다.

기업의 정의

기업 재화와 서비스를 판매하기 위해 2명 이상을 고용하는 법적으로 인정된 민간부문 조직

자본주의 사회에서 **기업**(business 또는 firm)은 소비자에게 재화와 서비스를 제공하는 **법적 조직**이다. 그 이유는 기업이 사회적 규약과 규범에 종속되어 있고 다양한 형태의 권리와 의무를 가지고 있음을 의미하는 것일 뿐만 아니라 일정한 기간 다양한 형태의 활동을 통제하는 조직적 실체를 가지고 있음을 의미하는 것이기 때문이다. 상품과 서비스에 대한 재산권은 가장 대표적인 기업의 권리라 할 수 있다. 또한 기업들은 사업의 특성에 따라 안전, 보건 및 환경적 영향에 관련된 다양한 법적 책임을 져야 한다.

기업의 법률적 정의는 국가 및 관할권에 따라 다양하지만 크게 세 가지 측면에서 제시될 수 있다.

1. 기업은 소유와 경영의 분리 여부와 상관없이 그 자체로 법적 책임을 지닌 실체이다.

2. 기업은 자사의 상품과 서비스에 대한 판매가 완료되기 전까지 해당 상품과 서비스에 대한 재산권을 가질 뿐만 아니라 의무에 대한 책임을 진다.
3. 기업은 일정 시간 동안은 존재해야 하므로 내구적 속성을 갖는다. 물론 그 시간에 대한 엄격한 규정은 없지만, 적어도 시장에 참여하고 법적 의무를 이행할 정도의 시간 동안은 존립해야만 한다.

민간기업과 공기업 간의 차이는 이들의 행태를 이해하는 데 있어서 중요하다. 이들을 구분하는 가장 핵심적인 요소는 소유권의 규모와 분포이다. 중소기업들은 개인이나 몇몇 주주들이 지분을 나누어 소유하고 있는 경우가 대부분이다. 반면에 대기업들은 주식회사 형태를 통해서 수많은 사람들이 지분을 소유하고 있고 의사결정 권한 또한 다수에게 분산되어 있으며 회사경영은 전문경영인에 위임한다. 19세기 말 거대 다국적기업의 성장을 촉진한 두 가지 제도적 혁신(유한책임과 의사결정의 분산)이 나타났다. 유한책임(limited liability)법의 확산은 사업에 실패했을 때 주주들이 져야 하는 위험부담을 줄였고, 기업 성장에 있어서 금융 제약을 감소시키는 데 기여했다. 반면에 분산적 의사결정 구조는 성장을 제약하는 경영상의 '고착화된' 요소를 제거했다. 이와 관련하여 알프레드 슬론(Alfred P. Sloan)은 GM에 '사업부제' 의사결정 구조를 도입한 것으로 유명하다. 국지적으로 소유 및 통제되는 기업과 상장기업 간의 차이는 엄격히 구분하기 어렵다. 중소기업 소유주라도 전문경영인을 고용하여 경영할 수 있고, 대기업이라 하더라도 사적으로 소유 및 통제되는 경우도 있기 때문이다. 그 예로 월마트는 상장기업이긴 하지만 가족기업 형태로 소수의 개인이 지배적인 경영권을 행사한다. 조인트 벤처와 같이 특정한 사업 목적을 위해서 2개 이상의 기업이 공동으로 소유권을 가지고 경영권을 행사하는 경우도 있다. 일부 대기업들은 소유권이 정부로 넘어가서 공기업이 되기도 하고, 역으로 공기업이 민간기업에 매각되어 민영화되기도 한다. 국영기업 형태로 운영되는 사례가 많은 대표적인 산업이 자원부문이다(제9장 참조). 일반적으로 소유권과 통제의 본질은 조직이 어떻게 행동하는지를 이해하는 데 있어서 중요한 함의를 가진다. 이와 관련해서는 기업이론과 기업 유형에 대한 고찰을 통해 파악할 수 있다.

기업이론

기업이론은 매우 다양하다. 그중에서 세 가지 기업이론이 기업의 행위와 역할을 이해하는 데 유용하다. 물론 이 세 가지 기업이론 또한 의사결정의 본질과 목표 및 기업과 비즈니스 환경 간의 관계 측면에서 상이한 관점을 가지고 있다.

1. 신고전 기업이론

신고전 기업이론 기업은 완전한 정보와 완벽한 합리성에 기초하여 최적의 의사결정을 내린다고 가정하는 호모에코노미쿠스에 토대를 둔 이론

신고전 기업이론(neoclassical theory of the firm)에서는 기업을 객관적이고 자율적으로 의사

결정하는 추상적 실체로 바라본다. 이러한 의사결정자는 때때로 호모에코노미쿠스(*Homo Economicus*, 경제인), 즉 완벽한 정보와 완벽한 합리성을 가지고 비용 최소화와 이윤 극대화를 위한 **최적의 결정**(optimal decisions)을 내리는 이상적인 의사결정자로 간주된다(표 4.1). 신고전 기업이론에서 경제경관은 오로지 비용과 수입 측면에서만 이해된다(예 : 생산비와 운송비가 어떻게 지역에 따라 다르게 나타나는지 등). 신고전 기업이론에 따르면 경쟁시장에서 생존하는 기업들이야말로 가장 효율적이고 가장 합리적으로 입지한 것이라고 봄으로써, 그것이 본질적으로 내재하고 있는 이론적 추상성을 정당화한다. 다시 말해서 경쟁은 입지 및 토지이용 등의 문제와 관련하여 비효율적인 행위와 그릇된 선택을 하지 않도록 만든다.

최적의 결정 특정한 목표를 극대화하거나 최소화하는 결정과 행위(예 : 이윤 극대화, 비용 최소화)를 의미

2. 행동주의 기업이론

이와는 반대로 **행동주의 기업이론**(bahavioural theory of the firm)에 따르면 기업의 의사결정자들은 사업 환경에 관한 정보의 제약과 그러한 정보를 이해하는 데 요구되는 능력의 제약을 가지고 있다(예 : 제한적 합리성). 신고전 이론이 기업을 효율적이고 최적의 의사결정을 하는 주체로 바라보는 것과는 달리, 행동주의자들은 기업의 의사결정이 주어진 정보를 어떻게 평가하느냐에 따라 다르게 나타난다고 본다. 기업의 의사결정에 영향을 미치는 요인으로는 개인의 특성, 의사결정 과정에 연루된 사람들의 선호도, 전문성, 그리고 의사결정에 필요한 정보 등을 들 수 있다. 의사결정자들은 최적자(optimizer)가 아니라 **만족자**(satisficer)이다. 그들은 대안을 상대적으로 평가하기보다는 결과적으로 평가하는 경향이 있으며, 주관적 선호에 기초하여 의사결정을 하는 성향이 있다. 예를 들어 특정 지역에 기반을 둔 레스토랑이 2개 있다고 가정하자. 하나는 입지 변동이나 점포수를 확대하지 않고 단일 점포 체제를 유지하는 의사결정을 한 경우이고, 다른 하나는 전국적인 **프랜차이즈**(franchise)를 만들기 위한 전략적 의사결정을 한 경우이다(사례연구 4.2). 행동주의자들에 따르면 2개의

행동주의 기업이론 기업은 한정된 정보와 제한적 합리성을 가지고 최적의 의사결정보다는 수용 가능한 의사결정에 도달한다고 보는 이론

만족자 필요한 것을 찾은 것만으로도 만족하는 의사결정자. 선택은 필요한 정보의 존재 여부와 해석 능력에 달려 있다고 인식함

프랜차이즈 상호, 특허 상표, 기술 등을 보유한 제조업자나 판매업자가 소매점과 계약을 통해 상표의 사용권, 제품의 판매권, 기술 등을 제공하고 대가를 받는 시스템. 프랜차이즈는 본사와 가맹점이 협력하는 행동을 취하므로 계약조건 안에서만 간섭이 성립됨

표 4.1 기업이론별 의사결정의 특성 차이

특징	신고전 이론	행동주의 이론	제도주의 이론
의사결정	호모에코노미쿠스	만족자	최고경영자
의사결정 가정	완전한 정보, 완전한 합리성	불완전 정보, 제한적 합리성	위계적 구조, 전략적
목표	비용 최소화, 이윤 극대화	열망하는 수준 및 그 이상을 충족시키는 것	성장, 보안 유지, 이윤 유지
시장관계의 본질	개방적 및 관계적	불명확	관료적, 관계적
선택 과정	여러 개의 대안 가운데 최선의 선택을 즉각적으로 함	가용한 정보를 바탕으로 실용적 선택을 함	다른 주체들과 협상, 전략에 기초한 의사결정

사례연구 4.2 | 만족자적 기업과 프랜차이즈

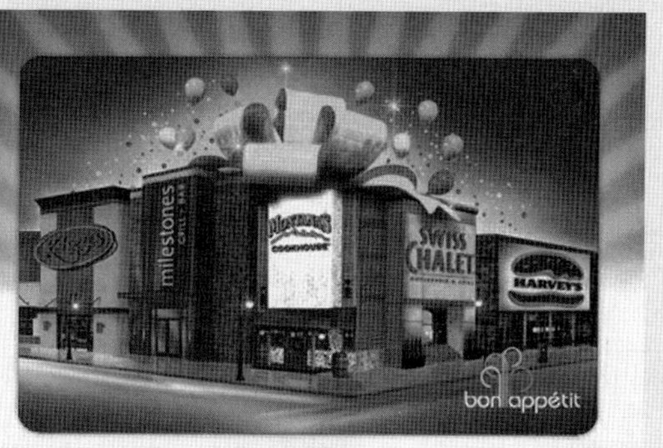

캐나다 온타리오 주 런던시의 리치몬드 로우는 지역의 대표적인 유흥가로 알려져 있다. 웨스턴 온타리오대학교 학생들의 방과 후 여가공간이기도 한 이 거리는 1970년대 후반에 젠트리피케이션 과정을 겪었다. 조 쿨스(Joe Kool's)는 젠트리피케이션을 촉발시킨 주체 중의 하나였다. 향수를 자극하는 커다란 피자 조각과 나초 메뉴를 먹을 수 있는 이곳은 런던시의 대표적인 맛집이었고, 프랜차이즈화를 통해 전국적으로 성장할 수 있는 가능성을 가지고 있었다. 하지만 조 쿨스의 오너는 런던시에서 사업체를 경영하는 데 만족하여 런던 시내에 약간 다른 테마의 레스토랑을 오픈하는 데 그쳤다.

비슷한 시기에 런던시 교외지역에서 제프리 형제는 켈지스 로드하우스라는 레스토랑을 오픈해서 큰 성공을 거두었다. 그로부터 채 2년이 되지 않아 제프리 형제는 켈지스라는 상호로 프랜차이즈 사업을 시작했다. 제프리 형제는 광고, 인수합병, 종업원 교육 훈련 등에 있어서 차별화 전략을 통해 캐나다 중 · 서부지역에서 프랜차이즈 레스토랑 수를 100여 개로 늘렸다.

레스토랑이 보인 의사결정의 차이는 해당 기업이 보유하고 있는 정보와 의사결정자들의 선호와 열망, 그리고 의사결정자들이 정보를 평가하는 방식 등이 서로 다르기 때문이다.

3. 제도주의 기업이론

제도주의 기업이론(institutional theory of the firm)은 기업의 성장 동기와 기업전략의 본질, 그리고 가치사슬에 있어서의 협상력과 조직화 능력 등을 강조한다. 따라서 사례연구 4.2에서 언급된 켈시(Kelsey)와 같은 레스토랑 체인을 예로 들 경우 제도적 분석은 소유주의 확장 동기, 체인을 직접적으로 소유 및 경영하는 방식 대신 프랜차이즈 지점을 설립하게 된 의사결정의 이면에 놓인 근거, 그리고 전략적 성공 요인 등을 분석하는 데 초점을 둔다. 제도주의 이론은 **테크노스트럭처**(technostructure) 또는 전문경영진이 주요한 의사결정을 내리는 거대기업들에 의해 시장이 지배되는 현실을 인정한다. 이러한 거대기업들을 움직이는 동력

제도주의 기업이론 타 기업들의 행위에 영향력을 행사할 정도의 힘을 가진 최고경영진에 의해 경영되는 대기업의 구조와 전략에 초점을 두고, 기업이 어떻게 성장하며, 왜 성장하는지를 밝히고자 하는 기업이론

테크노스트럭처 전문지식을 가진 사람들로 구성된 의사결정 조직

은 수익과 시장점유율을 높이는 것이다. 거대기업들은 새로운 경쟁자들의 시장 진입 기회를 차단하기 위해서 규모의 경제를 추구함과 동시에 공급기업, 고객기업, 소비자 및 정부를 상대로 대기업이 가진 교섭력의 우위를 활용한다. 결과적으로 제도주의자들은 선진시장경제는 중소기업 간의 공정경쟁보다는 독점과 과점에 의해 특징지어진다고 본다(제1장 참조). 제도주의 기업이론에서는 공공정책으로 (대)기업들을 지속적으로 통제하기 어렵다고 본다. 기업의 전략과 구조는 기업이 왜 성장하는지, 그리고 어떻게 성장하는지에 대해 설명한다.

기업전략

대다수의 기업들은 만족자적 기업 규모를 탈피하여 대기업으로 성장할 의지를 가지고 있지 않지만(제2장 참조), 글로벌 대기업들은 시장점유율 및 수익 확대를 위해 기업 규모의 성장을 추구한다. 더욱이 성장 그 자체가 목표가 되기도 한다. 제한적이긴 하나 기업 성장에 따라 경쟁기업의 인수합병 표적이 되기도 하지만, 대부분은 기업 성장을 통해 경영 및 재정자원을 확대하게 된다. 기업의 성장요인은 다양하다. 첫째, 기업들은 시장경쟁 과정을 통해 확보한 마케팅 네트워크와 재정 접근성 그리고 핵심 역량과 노하우 등을 활용하기 위하여 다입지 전략을 취한다. 일반적으로 기업들은 기업전략 측면에서 경로의존적 성장전략을 취한다. **기업전략**(corporate strategy)은 생존 및 성장을 위한 장기계획을 반영하는 투자 배분전략이라 할 수 있다. 기업전략은 수익성과 시장점유율을 높이기 위해서, 또는 시장 및 경쟁환경 그리고 거버넌스의 변화에 따른 대응전략으로 나타난다.

기업전략 기업의 중장기 목표를 달성하기 위한 투자 배분 전략(예 : 성장, 이윤, 시장점유율, 재구조화, 다운사이징 등)

대부분의 중소기업들은 현재의 활동 범주 속에서 존립기반을 모색하기 때문에 부분적인 변화만을 추구한다. 따라서 공식적인 전략을 수립할 필요가 없다. 전형적으로 중소기업들은 개방적 또는 관계적 시장을 통해서 특정한 부문에만 제한적으로 가치사슬에 통합된다. 하지만 대기업들에게 있어서 공식적인 성장전략은 필수적이다. 기업의 성장전략은 크게 수직적 통합전략과 수평적 통합전략으로 나누어진다.

수직적 통합 가치사슬의 후방 연계 부문 또는 전방 연계 부문을 기업조직 내에 통합시키는 것

대부분의 기업들은 이 두 가지 전략을 혼합하는 전략을 취하는 경향이 있으며, 두 전략 중 어느 한 전략이 지배적인 형태를 띤다(성장전략의 맥락에서 신규 설비투자는 내적 성장에 해당하고, 기존 설비의 인수는 외적 성장에 해당한다).

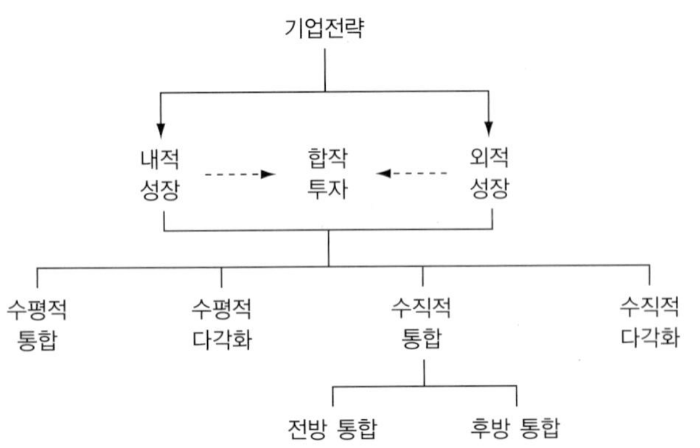

그림 4.1 기업전략의 분류

수직적 통합과 수평적 통합

수직적 통합(vertical integration)은 특정 생산공정에서의 연속적인 단계나 임무의 통제를 의미한다. 기업은 공급 체인의 전방 단계에 후방 단계를 통합하거나, 물류나 재활용 같은 후방 단계를 전방 단계에 통합할 수 있다. 수직적 통합은 이러한 공급 체인의 일부분을 인수·

합병을 통한 **외적 성장**(external growth)을 택하거나 신규 투자를 통한 **내적 성장**(internal growth)을 취하는 것이다. 때때로 수직적 통합은 타 공급 체인에 속한 기업의 인수 · 합병을 의미하는 것으로 언급된다. 이론적으로 수직적 통합은 하나의 기업이 기획, 생산에서 물류 및 제품 환불 작업에 이르는 모든 단계를 직접 통제하도록 만들지만, 그와 동시에 관리비용도 늘어나게 된다. 그 대안으로 많은 기업들은 특정 업무나 공정을 다른 기업에 **하청**(outsourcing, 아웃소싱)을 준다. 이는 공급업체로부터 재화와 서비스를 구매한다는 뜻이다.

외적 성장 공장 및 설비에 신규 투자하는 것

내적 성장 기존의 공장 및 설비를 인수하여 성장하는 것

하청(아웃소싱) 수급기업이 맡은 일의 전부나 일부를 제3자에게 맡기는 것

소수의 기업들은 생산공정에 포함된 모든 상류(upstream) 및 하류(downstream) 활동을 내부화한다. 일부 기업들은 가치사슬의 여러 단계를 내부화한다. 예를 들어 석유정제업체들은 원유시추 작업뿐만 아니라 원유의 운반, 정제, 유통 작업까지 포괄적으로 기업 내에서 수행하는 경우가 일반적이다. 그러나 석유정제업체라 하더라도 생산에 투입되는 장비를 만들지는 않는다. 그 대신에 기업 내부에 둔 가치사슬의 나머지 단계를 내부화한다. 일반적으로 제조업체들은 그들이 만드는 특정 제품에 대해서는 완전 내부화하고, 공급업체, 물류 채널 및 소비자의 이용 등에 대해서는 부분적으로 내부화한다. 운송, 창고, 재고관리 등의 지원 서비스를 제공하는 물류기업들은 가치사슬 조직에서 그 중요성이 높아지고 있다. 하지만 이러한 활동을 뒷받침해주는 물적 하부구조에 대해서는 내부화를 하지 않는다. 도로, 하수도, 전기 등은 정부가 통제하는 공공재이며, 따라서 이 부문은 기업의 내부화 대상이 아니다.

수평적 통합(horizontal integration)은 기업이 기존의 활동을 새로운 입지로 확장할 때 발생한다(사례연구 4.1 참조). 수평적 다각화는 관련된 부문의 다른 제품과 서비스로 사업 영역을 확대하는 것을 의미한다. 예를 들어 캐나다의 항공기 제조업체인 봄바디아(Bombardier)는 수직적으로 통합된 스노모빌 제조업체였으나, 점차 사업 영역을 수평적으로 다각화하여 철도차량, 항공기, 보트, ATV를 생산하는 업체로 변신하였다. 수평적 통합은 한 지역에서 축적된 경쟁우위를 다른 지역에서 활용할 수 있도록 하며, 특정한 제품의 생산과정에서 축적된 경영, 재무, 물류, 마케팅 능력을 다른 제품생산에 적용함으로써 소위 범위의 경제를 활용할 수 있도록 만든다. 수평적 통합이라는 용어는 한 기업이 기존에 생산하던 제품의 생산을 확대하기 위해 내부투자 또는 기업인수 등을 통해 기업 규모를 키우는 것으로 정의할 수 있다. 그러나 수평적 통합은 동일한 품목을 두고 시장경쟁을 벌이는 2개의 기업이 연구개발이나 경영 및 마케팅 등에서 상호 협력을 도모할 때도 일어날 수 있다.

수평적 통합 동일하거나 관련된 사업부문으로 사업 영역을 확대하는 것. 관련된 사업부문으로의 사업 영역 확대를 두고 수평적 다각화로 부르기도 함

수직적 통합을 하는 주된 동기 중 하나는 멀리 떨어져 있는 시장이나 자원에 접근함으로써 새로운 사업 기회를 획득하는 것이다. 수직적 통합과 수평적 통합은 모두 세계 곳곳에 퍼져 있는 공급 네트워크를 통해 확보한 원료와 부품 및 서비스를 이용함으로써 규모의 경제(economies of scale)를 실현할 수 있도록 만든다. 서비스 또한 다양한 투입 요소 때문에 글로벌 공급 네트워크에 의존한다. 많은 기업들은 공간적 통합에 따라 나타나는 추가적인 수요, 즉 각 생산입지에서 발생되는 물류 · 광고 · 규제 등의 문제에 대처하기 위해서 기업

내부의 자원을 개발한다. 하지만 이러한 기능들을 외부화하는 기업들도 있다. 정부와 국제 협약은 수직적 및 수평적 통합을 지원하기 위해 소프트 및 하드 인프라(예 : 항만시설 및 무역 협약 등)를 제공한다.

모든 지역은 지역적(국지적) 및 세계적(글로벌) 가치사슬에 포함되어 있다. 모든 지역은 서비스, 부품 또는 완제품을 수출하는 기업(또는 지사)이 존재하며, 심지어는 타 지역으로부터 제품을 수입하는 기업이나 지사가 존재하기도 한다. 한편 대부분의 지역경제는 헤어 디자이너, 부동산중개업자, 건설노동자에서 내과의사에 이르기까지 서비스에 의해서 주도되는 지역적 가치사슬에 의해 지배된다. 그러한 지역적 가치사슬은 세계적 가치사슬에의 편입에 따른 승수효과에 따라 달라질 수 있긴 하나, 일반적으로 자립적인 성격을 띤다. 역으로 지역적 가치사슬은 지역의 산업 다변화를 유발하고, 전통적인 세계적 가치사슬에 대한 의존도를 낮출 수 있다.

규모별 기업 유형

세계적으로 기업의 규모별 분포는 피라미드 형태를 띠고 있는데, 하층부에는 다수의 중소기업들이 있고 최상층부에는 소수의 거대기업들이 분포한다. 피라미드 구조의 정확한 형태는 국가와 지역에 따라 다르게 나타나지만(일본과 독일은 미국과 캐나다에 비해 국가경제에서 중소기업이 차지하는 비중이 크다), 일반적인 패턴은 어느 나라에서나 비슷하게 나타난다. 대다수의 기업들은 단일입지 패턴을 보이지만, 소수의 기업들은 다입지 패턴을 보인다. 일반적으로 사업체 수와 종업원 수 간에는 반비례 관계를 나타낸다. 캐나다의 사례를 살펴보자. 고용 측면에서 2012년 현재 종업원 10인 이하의 기업들이 전체의 75%를 차지하는 반면, 종업원 500인 이상의 대기업은 전체의 1% 미만이다(Industry Canada, 2014). 두 부문 모두 종업원 수가 증가하면 사업체 수는 감소하는 모습을 나타낸다. 기업의 분포 패턴은 기업 규모를 종업원 수보다는 판매액을 기준으로 했을 때 유사하게 나타난다.

각국의 정부와 국제기구들은 통계적인 목적으로 업종별 산업통계를 작성한다. 사업체 유형을 구분하는 가장 보편적인 방법은 산업 유형을 1차(농림수산업 및 자원), 2차(제조업), 3차(서비스업) 산업으로 구분하는 것이며, 모든 사업체는 이 세 가지 산업 유형 가운데 하나에 속한다. 예를 들어 광업은 1차 산업이고, 섬유는 2차 산업, 금융은 3차 산업에 속한다. 개별 기업들은 이 가운데 특정 산업부문에 속해 각자의 기능을 수행한다. 생산활동에는 그것과 직접적으로 관련되어 있는 활동뿐만 아니라 금융 서비스와 같은 지원활동을 포함하는 다양한 산업부문을 포괄하는 가치사슬 내에서 원료, 에너지 및 서비스의 흐름이 나타나는 것이 일반적이다. 이러한 가치사슬은 산업부문 내·외에 걸친 다양한 유형의 기업들을 포함한다.

기업 유형 구분 루틴, 구조, 전략 측면에 따라 사업체 유형을 구분하는 것

기업 유형 구분(business segmentation)은 기업을 제도적 특성에 따라 구분한 것이다. 기업

표 4.2 기업 유형 : 자본주의 기업의 이상적인 특징

	거대기업	대기업	중소기업
의사결정 구조	관료주의적 기술중심적	기업가주의적 분산적	기업가주의적
제품전략	제품 다각화 추구	제품 집중화 추구	틈새시장 공략
타깃 시장	글로벌	글로벌	로컬
규모의 경제	중요함	중요함	제한적
범위의 경제	보통	중요함	중요함
연구개발	중요함	중요함	가변적
혁신성	보통	높음	가변적
고용관계	구조화되어 있음 노조 결성률이 높음	구조화되어 있음 노조 결성률이 낮음	구조화되어 있지 않음 대부분의 경우 노조가 없음
소유권	공적	공적	사적

자료 : Hayter et al.(1999)을 토대로 작성

유형은 크게 세 가지가 있으나, 중소기업(SME), 대기업(LF), 거대기업(MNCs, TNCs, 다국적기업 등으로 불림) 등과 같이 기업 규모별로 구분하는 방법이 가장 보편적이다. 그러나 기업 규모 지표만으로 기업의 특성을 구분 짓기는 어렵다. 기업들은 기업 규모에 따라 의사결정 구조, 생산 및 마케팅 전략, 노사관계, 혁신 및 지역에 미치는 영향 등과 같은 기업 고유의 루틴과 관행에 있어서 크게 다른 모습을 나타낸다. 특히 **초국적기업**(transnational corporations)과 중소기업 간에는 극명한 차이가 있다. 갤브레이스(Galbraith, 1967)는 거대기업을 '계획 시스템'으로, 중소기업을 '시장 시스템'으로 각각 불렀다. 계획 시스템은 경제 전반에 걸쳐 막대한 영향력을 행사하는 반면, 중소기업은 시장력에 대응함으로써 존립한다. 그러나 대기업 또한 거대기업으로 성장할 가능성이 있기 때문에 기업 유형 가운데 하나로 간주한다. 표 4.2는 기업 규모별로 구분한 기업 유형별 특성을 요약한 것이며, 그림 4.2는 세 가지 주체로 구분한 기업 유형 분류 모델에서 대기업의 위상을 나타낸 것이다.

초국적기업 다국적기업과 동의어로 사용되곤 하지만, 특정 국가에 귀속되거나 종속되지 않는 기업을 뜻하는 용어로 사용됨

거대기업

거대기업들은 세계경제의 주요한 통합자이다. 이들은 가치사슬을 통합할 수 있는 능력을 가지고 경영 · 지원기능(금융, 회계, 인적자원, 연구개발, 보건 및 안전 등)과 운영기능(물류, 생산, 엔지니어링, 마케팅)에서 규모의 경제와 범위의 경제를 달성한다. 거대기업은 모든 기능에 탁월할 필요는 없지만, 그 가운데 일부 기능에서는 탁월한 우위를 가지고 있어야 한다. 월마트는 모든 것을 생산하지는 않지만, 전 세계 15개 국가에 분산되어 있는 8,400개

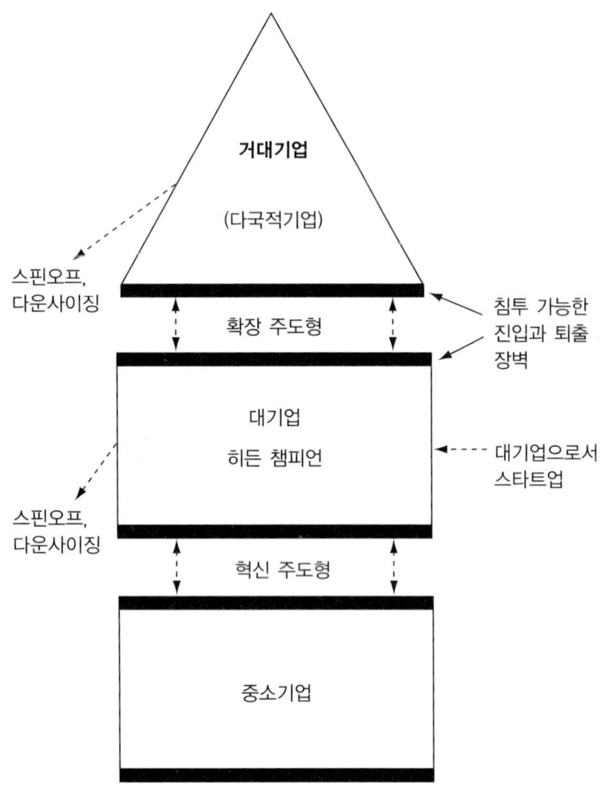

그림 4.2 기업 유형 분류 모델

출처 : Hayter et al.(1999: 429)을 토대로 작성

가 넘는 매장을 관리하는 매우 효율적인 공급 체인과 물류 체계로 운영되고 있다. 한편 소니는 소매 · 유통부문보다는 생산에만 집중하고 있다.

거대기업들은 매출액, 종업원 수, 보유시설(공장, 사무실, 매장 등)의 규모와 개수 등 모든 면에서 월등히 크다. 월마트가 전 세계적으로 고용하고 있는 종업원 수는 캐나다의 브리티시컬럼비아 주의 모든 일자리 수보다 많으며, 월마트의 연간 수입은 캐나다 연방정부의 1년 예산의 약 절반가량 된다. 소수의 거대기업이 시장을 어느 정도 장악하고 있는지를 나타내는 지표인 기업 집중도(corporate concentration)는 거대기업의 존재를 보여주는 또 다른 지표이다. 한때 미국 자동차 업체인 제너럴모터스(GM)는 북미 자동차시장의 50%를 점유했으며, 유럽 · 중국 · 남미 시장의 상당 부분을 차지했다. 전형적으로 거대기업은 적어도 한 국가에서는 과점적 지배력을 가지고 다른 국가의 시장에서도 적지 않은 시장 지배력을 가지고 있다. 월마트가 북미시장에서 차지하고 있는 30%의 시장점유율은 유럽, 아시아, 남미 등 타 국가의 시장 지배력을 확장하는 데 기반을 제공한다. 거대기업들은 그들이 입지하고 있는 지역에 미치는 영향력 또한 막대하다. 이들은 지역 노동시장에 일자리를 제공하는 주요한 원천이다. 지역경제가 단일기업에 의해 주도되는 사례는 산업구조가 전문화된 도시에서 주로 나타나는 현상이지만, 대도시에서 이러한 현상이 나타나는 경우도 있다. 일반적으로 거대 다국적기업들의 힘은 국가적 수준보다는 지역적 수준에서 명백하게 나타난다.

조직구조

관리구조 기업 내 의사결정 기능이 공간과 장소에 따라 어떻게 나타나는지를 지칭하는 용어

거대기업들은 전 세계적으로 분산되어 입지하고 있는 조직단위들을 효율적으로 조정하기 위한 **관리구조**(managerial structures)를 가지고 있다. 모든 다국적기업은 본질적으로 위계적이다. 즉, 최종적인 의사결정 권한은 최고경영자에게 있다. 그러나 의사결정 권한은 기업 내의 하위 조직단위로 이양되기도 한다. 조직단위는 다양한 방식으로 조직되는데, 업무기능(회계, 생산, 마케팅 등)에 따라, 제품에 따라, 브랜드에 따라, 공정에 따라, 또는 지리적 입지에 따라 다양하게 조직될 수 있다. 의사결정은 이러한 조직단위에 일정 수준 이양되며, 공식적 · 비공식적 명령 체계와 의사소통 채널에 의해 통제된다. 다국적기업이 활용할 수 있는 한 가지 중요한 이점은 본사, 연구소 등 핵심 역량을 실현하는 데 필요한 조직단위인

통제기능들 간에 지식 및 자원의 쌍방향적 흐름을 촉진시키는 능력을 가지고 있다는 점이다. 수직적 및 수평적 통합은 핵심 역량을 구축하고 기업의 성장을 구조화한다. 기업이 성장함에 따라 조직 규모와 복잡성은 커지게 되며, 조직구조는 이에 대해 효율적으로 대처해야만 한다. 기업들은 조직구조 변화를 통해 핵심 역량을 구축하고자 한다. IBM은 수직적으로 통합된 하드웨어 계층구조에서 수평적으로 통합된 서비스 네트워크 구조로 조직구조를 변경한 전형적 사례이다(사례연구 4.3).

조직구조는 업종과 재정전략에 따라 다르게 나타난다. 페덱스, 맥도날드, 마쓰다, HSBC 등의 다국적기업들은 단일 업종 구조인 반면, 혼다(자동차, 오토바이, 로봇), 애플(컴퓨터, 스마트폰, MP3 플레이어), 펩시코(음료수, 스낵류, 시리얼), 버진(음악, 항공사, 은행, 커뮤니케이션) 등의 기업들은 여러 부문에 다각화된 업종 구조로 이루어져 있다. 업종 다각화 기업들은 조직 역량 측면에서 연관된 부문에 다각화되어 있다. 예를 들어 버진은 소비자 서비스부문에 특화된 조직 역량을 발휘할 수 있는 업종에 다각화된 구조이다. 계열사 간에 지분을 통제하고 재정적 통제를 하는 지주회사(holding company)는 계열사에 흩어져 있는 재정적 자원과 역량을 모아 규모의 경제를 활용한다. 그러한 예로는 톰슨로이터, 제너럴일렉트릭(GE), 버크셔해서웨이, 청쿵홀딩스 등이 있다.

대부분의 거대기업들은 소유와 경영이 분리되어 있고, 전문 경영인 중심의 지배구조(의사결정 구조)로 되어 있다. 거대기업의 개별 주주들은 의사결정 권한이 작다. 그러나 일부 대주주들은 이사회를 대표하여 최고경영자(CEO)를 선택하는 권한을 행사한다. 그리고 이러한 지배구조하에서 최고경영자는 주주들에게 수익을 적절하게 배분할 수 있는 이윤을 지속적으로 창출할 것을 요구받는다. 이러한 주주자본주의적 속성은 주식시장이 발달된 국가에서 잘 나타난다. 가족이 기업경영을 좌우하는 회사는 주식시장의 압박에서 비교적 자유롭다.

거대기업들은 전략적 목표를 실현하고, 소유주에게 더 많은 이익을 가져다주기 위해 생산과 판매 활동의 세계화를 추구한다. 지리적 확장은 여러 가지 측면에서 이점이 있다. 지리적 확장의 목적은 (1) 규모의 경제와 범위의 경제를 추구하기 위해서, (2) 직접적인 시장 공략 또는 자원에 대한 접근성을 높이기 위해서, (3) 해외 시장점유율을 높이기 위해서, (4) 생산비를 절감하기 위해서, (5) 숙련된 노동력을 확보하기 위해서, (6) 경쟁 기업들의 전략에 대처하거나 시장 선점을 위해서, (7) 과도한 지리적 집중에 따른 문제점을 극복하기 위해서 등이다. 만약 성장이 지나치게 느리다면, 핵심 목표를 달성하지 못한 것이다. 다른 한편으로 과도한 성장은 기업 내적으로 의사소통과 안정성의 문제를 유발할 수 있다.

대기업

거대 다국적기업들은 가치사슬의 다양한 부분을 통합하는 데 핵심적인 역할을 하며, 이 중 다수는 생산비 및 제품 차별화 측면에서 경쟁우위를 획득한다. 이와 대조적으로 대기업들

사례연구 4.3 | IBM의 업종 구조 개편 : 수직적 통합에서 수평적 분리로 전환

컴퓨터 시스템 및 데이터 저장기술의 선두주자였던 IBM은 세계 최고의 기업 가운데 하나이다. IBM은 과거에 하드웨어 개발에 초점을 둔 수직적으로 통합된 회사였다. 소프트웨어 산업이 발달하기 시작했을 때, 반독점 규제는 하드웨어와 소프트웨어를 번들로 판매하고자 하드웨어와 분리하여 독자 상품으로 판매할 것을 요구했다.

1980년대 후반에 컴퓨터 산업은 하드디스크, 마이크로프로세서, RAM, 소프트웨어 등 개별 부품을 생산하는 기업들로 분화되는, 소위 수평적 분리 과정이 시작되었다. 워크스테이션 제조업체들은 IBM의 메인프레임 컴퓨터 사업에 도전했다. 이에 IBM은 조직을 분할하여 독립적인 수평적 사업부로 개편하였으나, 1990년대 초반에 종업원 수를 37만 명에서 22만 5천 명까지 감축하였다.

1993년에 새로운 최고경영자로 임명된 루이 거스트너는 고객의 비즈니스 프로세스 효율성을 높이기 위한 컴퓨팅 및 정보 서비스부문을 주력 사업으로 하는 사업 재편전략을 추진하였다. 이에 따라 IBM은 종업원 교육 · 훈련에 투자하고, 관련 기업들을 인수하였으며, 이 전략을 실행에 옮기는 데 필요한 하드웨어와 소프트웨어를 개발했다. 2000년대 들어 IBM은 하드디스크와 PC 제조부문을 정리하기 시작하여, 현재 하드웨어 부문은 IT 서비스 제품의 부품 사업부만 남아 있다. 오늘날 IBM의 종업원 40만 명 가운데 절반이 기술직이며, 이들을 중심으로 전 세계의 기업, 관공서 및 비정부기관에 통합 서비스를 제공하는 IT 비즈니스 서비스 기업으로 탈바꿈하였다.

IBM의 사업장은 그 어느 회사보다 세계화되어 있다. IBM은 미국 외에서 약 30만 명을 고용하고 있으며, 중국, 인도, 일본, 스위스, 이스라엘에 R&D 센터를 두고 있다(IBM 스위스 연구소에서는 4명의 노벨상 수상자를 배출한 바 있다). 이러한 IBM의 성공에 따라 2000년대 후반 들어 휴렛패커드(HP), 제록스, 시스코, 델 등의 IT 기업들도 IBM의 전략을 벤치마킹하여 따르고 있다.

IBM의 수익구조 변화

1994			2012		
사업부	백만 달러	%	사업부	백만 달러	%
하드웨어 판매	32,344	50.4	글로벌 기술 서비스	40,236	38.5
소프트웨어	11,346	17.7	글로벌 사업 서비스	18,566	17.8
서비스	9,715	15.1	소프트웨어	25,448	24.4
관리	7,222	11.2	시스템	17,667	16.9
렌털 및 파이낸싱	3,425	5.3	글로벌 파이낸싱	2,013	1.9
총수입	**64,052**	**100**	총수입	**104,507**	**100**

IBM의 수익 유형은 표에서 보여주는 것처럼 1994년에서 2012년 사이에 중요한 변화를 겪었다.

은 가치사슬의 특정 부분에 해당하는 제품생산에 초점을 두며, 규모의 경제 또는 범위의 경제를 통해 경쟁우위를 획득한다. 표 4.2에서 보다시피 대기업들은 거대기업과 중소기업의 몇 가지 특징을 공유한다. 대기업들은 기업가주의적(예 : 의사결정의 유연성, 공격적 투자 행위 등)으로 조직되어 있으며, 국제시장을 위한 전문화된 제품들을 생산하기 위해서 숙련되어 있으면서도 유연한 노동력을 고용한다. 또한 이들은 글로벌 마케팅 네트워크를 가지고 있으며, 분공장을 운영하고 있는 경우가 많다. 게다가 대기업들은 지속적인 연구개발을 통해 특정한 시장 영역에서 글로벌시장 선도자의 지위를 유지한다. 다시 말해서 대기업들은 중소기업의 기업가정신과 유연성을 가지고 있으면서도, 지속적인 R&D 투자와 글로벌 시장 확대전략을 통해 규모의 경제와 범위의 경제를 동시에 추구하는 거대기업의 속성 또한 나타낸다. 대기업이나 중소기업의 성장에 있어서 거대기업들은 커다란 장벽임에 분명하다. 그럼에도 불구하고 대기업들이 성장하는 것은 거대기업들이 건드리지 않은 특정 분야에서 혁신을 바탕으로 시장을 선도하기 때문이다. 혁신 주도적인 대기업들은 특허, 소비자 선호에 영향을 미치는 브랜드 네임, 생산과 마케팅 네트워크 등을 통해서 그들의 경쟁우위를 확보하고 틈새시장(market niches)을 유지한다.

중소기업

거대기업들이 가진 기술 및 시장 지배력을 고려하면 그보다 작은 기업들은 설 자리가 없어 보이지만, 대기업이나 중소기업들은 나름대로의 존립기반을 확보하고 있다. 중소기업들이 존립기반을 확보하는 이유는 여러 가지가 있다.

- 새로운 중소기업들의 지속적인 시장 진입 : 신생기업들은 독자적인 사업을 시작하고자 하는 사람들에 의해 지속적으로 만들어진다. 예컨대 레스토랑, 치과, 편의점 등의 서비스 업종에서의 창업은 일상적으로 나타난다.
- 규모의 경제 : 중소기업이 대기업보다 규모의 경제 실현에 유리한 경우도 많다. 예컨대 시장의 규모가 작은 곳에서는 지역 내 대규모 생산이 어려울 뿐만 아니라 공급업체의 입장에서 과도한 운송비용이 발생할 소지가 있다. 중소기업들은 대기업에 외부경제를 제공하는 역할을 한다.
- 규모의 불경제 : 기업들은 관료주의, 장비, 기타 비용 등의 요인으로 인해 수익성이 악화할 경우에 많은 활동에서 성장을 기피하게 된다. 이 경우 발생하는 다국적기업들의 아웃소싱(외주) 수요는 중소기업들에게 기회로 작용한다.
- 혁신 : 다국적기업들은 지식이나 혁신에 대한 독점력을 가지고 있지는 않다. 중소기업들 또한 새로운 지식, 제품, 서비스를 만들어낼 수 있고, 특허를 출원할 수 있다.
- **반독점법**(anti-monopoly laws) : 현대 경제에서는 독점을 방지하거나 사회적으로 바람직하지 않은 경쟁을 제약하는 법률들이 제정되어 왔다. 이러한 법률들은 거대기업이

반독점법 한 산업에서 특정 기업이 과도한 지배력을 행사하거나 불공정 행위를 하지 못하도록 규제하는 법률

독점적 지위를 추구하지 못하도록 저지하는 역할을 한다.

- 개인적 선호 : 거대기업이나 대규모 공장보다는 중소기업에서 일하는 사람들이 훨씬 많다. 소기업들은 성장 여부에 따라 중견기업이나 대기업으로 성장할 확률이 높으며, 기업 내의 사회적 관계 또한 대기업보다 관료주의적이지 않다.

독립적 소기업들은 매우 다양한 업종에서 존재하지만, 여러 가지 측면에서 공통점을 가지고 있다. 이들은 소유주가 경영자이고 사적으로 재원을 조달한다. 마케팅, 생산, 고용관계, 재정 등의 문제는 경영자 단독으로 결정하기 때문에 경영자는 개인적 리스크를 감수해야 한다. 종업원들은 노동조합을 조직하지 않는 경우가 일반적이며, 기업가들은 노동조합이 그들의 의사결정 권한을 위협할 뿐만 아니라 추가비용 부담 요소로 작용한다고 인식하는 경우가 많다. 중소기업의 유연성에는 두 가지 요인이 있다. 첫째는 의사결정의 속도이고, 둘째는 범위의 경제를 활용하는 능력이다. 일반적으로 중소기업들은 특정한 업종에 전문화되어 있기 때문에 종업원 수와 매출액이 적고, 소수의 입지(주로 단일 입지)에서 운영하는 경향이 있다.

이와 동시에 중소기업들은 전략과 경쟁우위가 매우 다양하다. 다수의 중소기업들은 비즈니스 관행을 거의 변화시키지 않고 기업 성장에 대한 의지가 낮다. 역동적이고 혁신적인 중소기업은 소수에 불과하다. 다수의 중소기업들은 가격 경쟁력과 기술 의존적 관계를 바탕으로 거대기업의 하청업체나 프랜차이즈로서 관계를 맺고 있다. 하지만 소수의 기업들은 제품 차별화와 가격 경쟁력에 있어서의 경쟁우위를 바탕으로 대기업들과 세계시장에서 경쟁하고 있다.

입지 역동성

기업들은 두 가지 측면에서 신규 입지를 개발한다. 첫째, 기업들은 기존에 개발되지 않은 미개발 지역에 새로운 설비투자를 할 수 있다. 경우에 따라서는 타 기업과의 합작투자를 통해 신규 생산입지를 개발하기도 한다. **그린필드 투자**(greenfield investment)는 새로운 지역에서의 신규 투자를 의미하며, 기존의 관행에 얽매이지 않고 기업의 선호도에 따라 노동력을 조직하고 설비를 구축할 수 있다는 장점이 있다. 반면에 단점은 새로운 사업 환경에 적응, 노동력 확보, 공급관계 구축 등의 측면에서 거래비용이 발생할 수 있다. 이러한 거래비용을 줄이기 위해 기존의 사업장을 인수하는 경우에도 눈에 보이지 않는 채무, 장비의 문제, 부적절한 공급관계, 친숙하지 않은 노동력 등으로 인한 위험 부담을 안고 있다.

그린필드 투자 산업화되어 있지 않은 곳에 신규 설비투자를 통해 입지하는 것

입지 결정 가운데 일부는 수직적 통합과 관련되어 있다. 예를 들어 유통업체가 제조업에 뛰어든다거나 제조업체가 자사의 제품을 판매할 목적으로 유통업에 뛰어드는 경우가 그 사례에 해당한다. 한편 수평적 확장을 목적으로 신규 입지 결정을 하는 경우도 있다. 자동차

제조업체가 생산량 확대를 위해 새로운 입지에 공장을 설립하거나 관련된 부품을 생산하는 기존의 공장을 인수하는 경우가 그 사례에 해당한다.

왜 기업들이 특정한 지역에 입지하는지를 이해하기는 쉽지 않다. '입지(location)'라는 용어는 국지적 스케일에서부터 국가적 스케일에 이르기까지, 어떠한 공간적 스케일에도 적용될 수 있다. 어떤 특정 스케일에서의 입지 선택은 매우 다양하게 나타나는데, 그 이유는 산업과 역사, 그리고 지리적 맥락은 물론 조직과 행위적 특성에 의해서도 영향을 받기 때문이다. 이러한 관점에서 사업체 유형 분류 모델은 입지 선택과 기업의 경제지리를 이해하기 위한 유용한 도구가 될 수 있다.

거대기업과 대기업의 국제적 확장

거대기업과 대기업들은 그들의 **투자국**(home economies)에서부터 시작하여 종국적으로는 전 세계적으로 입지를 확장하는 과정을 거쳐 통제력을 획득한다. 제2차 세계대전 이후 대부분의 선진국에서 거대기업들은 그들이 입지한 국가 공간에서 독과점적 통제력을 급속히 확대하였다. 요즘에는 이와 유사한 과정이 중국, 인도, 브라질 등 개발도상국에서 나타나고 있다. 무역의 세계화가 심화되면서 제품가격은 세계시장에서 결정되고 기업은 그들이 어디에 입지해 있든 세계적으로 가장 효율적인 생산자 및 유통업체와 경쟁한다. 오늘날 수많은 기업들이 직면한 현실은 세계화를 서둘러야 한다는 점이다.

투자국 다국적기업의 본사가 입지하고 있는 국가

세계 최대의 기업들은 사업의 범위 측면에서 다국적(또는 초국적)기업이다. 세계 500대 대기업들은 세계 GDP의 약 절반, 세계 무역의 1/3을 차지하고 있다. 다국적기업들의 R&D 투자비 또한 어마어마하다. 대표적인 예로 애플의 R&D 투자비는 2012년에 34억 달러였고, 이는 하버드대학교 연간 총운영비의 80%를 차지하고, 토론토대학교 연간 총운영비를 능가하는 금액이다. 월마트와 같은 거대 다국적기업들보다 GDP 규모가 큰 국가는 단지 20개 정도에 불과하다. 다국적기업들은 또한 막대한 수준의 국내·외 자산을 보유하고 있다. 예를 들어 2014년 현재 월마트는 전 세계적으로 2백만 명을 고용하고 있으며, 이 중 미국 외에서 80만 명을 고용하고 있다.

다국적기업들은 해외 지사의 일부인 분공장에 직접 투자함으로써 세계화를 한다. OECD에 따르면, **해외직접투자**(foreign direct investment, FDI)는 기업 가치 총액의 10% 이상을 차지한다. 해외투자자는 기업뿐만 아니라 개인, 정부 및 기타 주체들도 될 수 있다. 대부분의 해외투자는 기존 기업의 인수를 통해 이루어진다. 2008년 현재 전 세계적으로 해외직접투자는 1.8조 달러에 육박하며, 그 대부분(1.6조 달러)은 기업 인수·합병을 통해 이루어진 것이고, 그 대부분(1.2조 달러)은 선진국에 투자되었다.

해외직접투자 다국적기업이 타국 기업에 출자하고 경영권을 확보하여 직접 경영하거나 경영에 참여하는 외국인투자 형태이며, 해외간접투자와 달리 직접 공장을 짓거나 회사의 운용에 참여하는 것이 특징이다.

입지 진입 모델(location entry model)은 해외직접투자의 경제지리를 이해하는 데 있어서 유용한 분석틀을 제공한다. 기업들은 그것이 생산이든, 마케팅이든, 기술적 노하우든 간에 기업 내부에서 창출된 우위나 역량을 활용하기 위해 국제화를 한다. 이러한 노하우는 해

진입 이점 기업이 새로운 지역에 새로운 사업체를 설립할 때, 축적된 전문지식을 바탕으로 한 이점

공간 진입장벽 새로운 지역 혹은 국가에 투자를 고려하는 기업들이 직면하는 비용과 불확실성

외직접투자의 강력한 동기로 작용한다. 게다가 분공장을 설립함으로써 이미 확보되어 있는 시장을 확대하고, 거래비용을 절감하는 효과를 거둘 수 있다. 이러한 **진입 이점**(entry advantages)은 친숙하지 않은 환경에서 해외투자자들이 직면하게 되는 다양한 **공간 진입장벽**(spatial entry barriers)을 극복할 수 있는 동기를 부여한다. 공간 진입장벽은 경영비용과 불확실성을 포함한다. 지역에서 비즈니스를 영위하는 기업들은 해외기업들에 비해 여러 가지 이점을 가지고 있다. 예를 들어 로컬 기업들은 기업활동과 관련된 법률 및 법적 관행, 정부정책, 사회적 관습, 언어, 종교적 신념, 공급기업과 소비자 및 금융기관의 특성 등에 관한 정보를 추가비용과 시간을 들이지 않고도 보유하고 있다. 또한 로컬 기업들은 개인적 네트워크를 활용하여 비즈니스 활동과 관련된 사람들과의 접근성을 높일 수 있다. 지역의 물적 환경에 대한 지식은 로컬 기업들에게 또 다른 기업가적 우위 요소로 작용한다. 더욱이 로컬 기업들은 여러 나라에 흩어져 있는 사업장들 간의 의사소통 및 조정 문제가 발생할 우려가 없으며, 직접적인 개인 접촉을 통해 문제해결을 할 수 있다는 장점이 있다(개인적 접촉은 비즈니스 문제에 관한 가장 효율적인 정보 교환 방식이다). 로컬 기업이 가진 이러한 이점들은 역으로 기업들의 국제화를 가로막는 장해물로 작용한다.

공간 진입장벽은 기업들이 언어와 문화의 차이에 따른 심리적 거리가 큰 지역에 투자를 시도할 때 중요한 고려사항이다. 심지어 투자대상국이 동일한 언어를 사용하더라도, 세금 및 회계와 관련된 법률, 노동관계, 공급자 관행, 정부정책 등에서 차이가 있을 수 있다. 따라서 지리적 확장을 시도하는 기업들은 불가피하게 투자대상국에 대한 사전 검토를 충분히 선행해야 한다. 만약에 그렇지 못한 상태에서 성급하게 투자를 했을 경우에는 실패할 확률이 높다.

월마트가 해외직접투자를 할 수 있었던 경쟁우위 요소는 상품조달 및 물류부문에서의 강점과 대형 유통매장 운영에 필요한 대량 구매 노하우에서 부분적으로 찾을 수 있다. 월마트는 남미시장 진출을 위한 기본 전략으로 이러한 우위 요소를 활용함으로써 (기존 매장의 인수 및 직접 신축 방식을 통해) 수백 개의 매장을 출점하고, 경쟁기업들이 따라오기 어려운 거대한 진입장벽을 구축했다. 그러나 독일을 비롯한 유럽시장에서 월마트는 월마트와 동일한 경쟁전략을 가지고 진입장벽을 구축하고 있던 경쟁업체들에 밀려 양호한 입지에 매장을 확보하는 데 실패했다. 더욱이 월마트는 소비자 서비스와 노동관계 측면에서 유럽 특유의 관행과 규제에 적절히 대응하는 데 실패했다. 2006년에 월마트는 10억 달러의 투자 손실을 입은 채 독일에서 운영하던 85개 매장을 현지 경쟁업체에 매각했다. 월마트는 영국과 한국에서도 이와 유사한 요인으로 시장 공략에 실패했다. 해외투자의 성공과 실패에 대한 월마트의 사례는 공간 진입장벽의 중요성을 일깨워주는 것이다.

기존에 투자 경험이 없던 해외에 분공장 설립을 추진하는 기업들은 생산, 마케팅, 원자재 구매조달, 기술 등에서 축적된 노하우와 역량에 의존한다. 이러한 역량은 기업조직에 내부화되어 있는 것이기 때문에 해외에서 분공장 운영에 이식되어 활용될 수 있다. 따라서 해외

직접투자 기업들의 진입 이점은 기존 조직 역량을 활용하여 분공장을 운영할 때 획득하게 되는 고정비용의 절감 효과와 현지 경쟁기업들이 보유하고 있지 못한 조직 역량의 우위성 측면에서 찾을 수 있다.

해외직접투자 패턴

역사적으로 대부분의 해외직접투자는 선진국들 간에 나타났다. 물론 예외적인 경우도 있다. 석유와 같은 천연자원 확보를 위해서는 선진국에서 개발도상국 또는 후진국으로 해외직접투자가 이루어진다. 표 4.3을 보면 1990년과 2012년 모두 선진국들은 해외직접투자의 주요 유입국이면서 주요 유출국이었다. 그러나 이 기간에 주목할 변화가 나타났다. 해외직접투자 유입국으로서 선진국들의 비중은 1990년 75.3%에서 2012년 62.3%로 감소한 반면, 해외직접투자의 유출국으로서 선진국들의 비중은 1990년 93.1%에서 2012년 79.1%로 감소했다.

개발도상국 가운데 대만, 싱가포르, 홍콩, 말레이시아는 1970~1980년대에 주요한 해외직접투자 유입국이었다. 반면에 1990년 이후 해외직접투자는 주로 중국에 집중되었다. 폴란드를 비롯한 동유럽의 '체제전환기' 국가들 또한 중요한 해외직접투자 유입국으로 등장했다.

표 4.3 해외직접투자 유출입량(1990~2012) (단위 : 백만 달러)

	유입		유출	
	1990	2012	1990	2012
선진국	**1,563,939**	**14,220,303**	**1,946,832**	**18,672,623**
미국	539,601	3,931,976	731,762	5,906,169
캐나다	112,882	636,972	84,807	715,053
영국	203,905	1,321,352	229,307	1,808,167
독일	111,231	716,344	151,581	1,547, 185
일본	9,850	205,361	201,141	1,054,928
개발도상국	**514,319**	**7,744,523**	**144,664**	**4,459,356**
아프리카	60,675	629,632	20,229	144,735
아시아	340,270	4,779,316	67,010	3,159,803
라틴아메리카	111,373	2,310,630	57,357	1,150,092
전 세계	**2,078,267**	**22,812,680**	**2,091,496**	**23,592,739**

자료 : UNCTAD Handbook of Statistics Online(http://www.unctad.org). 2014년 3월 2일 접속

분명한 것은 해외직접투자가 단순히 저임금 노동력 활용만을 목적으로 한 것이 아니라는 점이다. 그것은 선진국의 시장과 숙련 노동력 확보를 목적으로 한 해외직접투자가 지속되고 있다는 점에서 잘 확인된다. 심지어 대 중국 해외직접투자조차도 거대한 저임금 노동력 풀뿐만 아니라 중국 시장의 성장 잠재력을 보고 이루어진 경우가 적지 않다. 종합적으로 아시아로 해외직접투자가 몰리는 이유는 낮은 생산비용, 고숙련 노동력 풀의 증가, 높은 시장 잠재력, 상대적으로 안정적인 정치 여건 등의 요인들이 결합되었기 때문이라고 여겨진다. 이와는 반대로 아프리카는 풍부한 천연자원과 저렴한 임금이라는 이점을 가지고 있음에도 불구하고 시장 잠재력, 노동력의 숙련도, 정치적 안정성 등에 있어서의 한계성이 해외직접투자를 가로막는 요인으로 작용한다. 해외직접투자가 지역에 미치는 효과에 대해서는 논란이 있으며, 심지어 선진국에서조차도 부정적 영향에 대한 문제점이 제기된 바 있다.

신생기업과 중소기업

못자리 가설 신생기업은 일반적으로 창업자들이 오랫동안 살았던 집 근처에 입지하는 경향이 크다는 가설. 다수의 신생기업은 창업자의 집에서 시작하며, 기업 성장과정에서 추가적인 공간이 필요한 경우에는 가까운 장소로 이전한다.

신생기업들은 소기업이며, 창업자의 고향에 입지하는 것이 일반적이다. 따라서 이들에게 입지 문제는 단지 주어진 것이며, 의사결정의 대상이라 할 수 없다. 일부 예외도 있지만 신생기업이 창업자의 고향에 입지하는 경향은 **못자리 가설**(seedbed hypothesis)로 표현된다. 이것은 입지 선택에 있어서 명백하게 우연한 측면이지만, 창업과정에 포함되어 있는 여러 가지 개인적 비용과 불확실성을 고려한다면 상당히 합리적인 의사결정이라고 볼 수 있다. 많은 신생기업들은 비록 친숙한 환경이라고 하더라도 생산 효율성을 담보하기가 쉽지 않다. 친숙하지 않은 지역에 입지하는 것은 초기 창업과 존립기반 탐색을 위해 수반되는 비용과 불확실성을 증가시킨다. 대개 창업자는 지역의 제도, 법률, 관습에 대한 사전지식을 활용한다.

연고지에 매우 친숙한 기업가들은 지역에 상당한 수준의 인적 네트워크를 가지고 있을 가능성이 있다. 또한 이들은 어디에 입지하는 것이 좋을지, 노동력의 가용성과 노동력의 특성은 어떤지에 대해서도 잘 알고 있을 것이다. 기업가들은 지역 금융기관과의 네트워크 및 지역시장과 공급기업에 대한 정보도 가지고 있을 것이다. 기업가들이 '실제로 거주하는' 집은 적어도 일정 기간 본사 및 공장으로 활용할 수 있다. 지역 기업가들은 그들의 고향에 대한 비즈니스 환경에 대한 상당량의 지식을 배태적으로 가진다. 잠재적 기업가들이 이용하고자 하는 시장 기회는 그들의 고향에 대한 경험에 뿌리를 둔 것이다.

신생기업의 특성

새로운 사업을 시작하는 동기는 다양하다. 돈을 벌기 위해서, 윤택한 삶을 살기 위해서, 노력의 대가를 보상받기 위해서 등 경제적인 동기로 사업을 시작하는 경우도 있을 것이고, 삶의 질과 직무 만족도 등 비경제적인 동기도 있을 것이다. 삶의 질 측면의 동기는 특별한 라이프스타일을 추구하고자 하는 욕구, 심리적 안정을 취하고 싶은 욕구 등이 있고, 직무 만족도 측면의 동기는 사장이 되고 싶은 욕구, 새로운 도전에 대한 욕구, 자신의 잠재성을 실현해 보고자 하는 욕구 등이 있다.

전통적으로 대부분의 중소기업은 소유주나 경영자가 남성이었다. 그러나 최근에는 여성 기업가들이 증가하고 있다. 많은 사업들이 과거에 한 차례 이상 사업 실패를 경험한 기업가에 의해 출발한 것이다. 하지만 분리신설(spin-offs) 기업으로 창업하여 기존 회사와 사업상의 관계를 지속하는 경우도 많다.

중소기업은 새로운 기업가를 배출하는 가장 큰 원천이다. 따라서 지역 산업구조의 특성은 그 지역의 창업 형성에 크게 영향을 미친다. 이러한 경로의존성은 득이 될 수도 있고 독이 될 수도 있다. 중소기업이 중소기업을 낳는다는 사실은 창업률의 지역적 차이를 이해하는 데 있어 중요한 함의를 갖는다. 중소기업 비중이 높은 지역은 대기업이 지배적인 지역에 비해 높은 창업률을 나타내는 경향이 있다. 창업에 있어서 산업구조가 미치는 영향 요인은 여러 가지가 있다. 중소기업 종사자는 대기업 종사자에 비해 다양한 직무를 수행하며, 소유주 및 경영자와 친밀할 뿐만 아니라 사업체 운영과 관련된 노하우를 습득할 기회가 많다. 다른 한편으로 이들은 대기업 종업원에 비해 직업 안정성이 낮기 때문에 회사를 떠나더라도 잃을 게 없다는 인식이 높은 경향이 있다. 반대로 대기업은 보다 전문적인 일자리를 제공하며, 노동조합을 통해 고용 안정성이 높으며, 상대적으로 고임금과 혜택(연금제도, 휴가 및 수당, 의료보험 등)을 받는다. 대기업이 제공하는 이러한 혜택들은 노동자들이 회사를 떠나지 않도록 만드는 강력한 동기로 작용한다.

가치사슬과 기업 간 관계

중소기업들은 국지화 경제와 도시화 경제라는 두 가지 외부경제를 통해 가치사슬에 통합된다(제2장 참조). 이 두 가지 외부경제는 세계적(글로벌) 가치사슬로 통합되거나 지역적(국지적) 가치사슬로 통합되는 것을 내포한다. 글로벌 가치사슬에 통합되어 있는 중소기업들은 특정 기능(부품제조, 광고, 소매, 재활용)에 전문화되어 있으며, 수익의 대부분이 이 가치사슬로부터 나온다. 대부분의 중소기업들은 수직적 분업이나 수평적 분업 내에서 조직된다.

상류 활동의 통합

수직적(또는 계층적) 모델에서 핵심기업은 **1차 공급업체**(또는 1차 하청업체)로부터 재화나 서비스를 구매하고, 1차 공급업체는 2차 공급업체로부터 재화와 서비스를 구매하며, 2차 공급업체는 3차 공급업체로부터 구매한다. 핵심기업은 오직 1차 공급업체와만 직접적인 시장관계를 맺는다(그림 4.3). 이러한 과정을 두고 **수직적 하청**(또는 위계적 하청, hierarchical subcontracting)이라 한다. **수평적 하청**(lateral subcontracting) 모델에서 핵심기업은 모든 공

1차 공급업체 하청 위계의 최상층에 있으며, 원청기업에 핵심 부품을 납품하는 공급기업

수직적 하청 원청기업은 핵심부품을 납품하는 소수의 기업과 하청거래 계약을 맺고, 하청기업들은 동일한 형태의 하청계약을 맺는 하청 형태

수평적 하청 원청기업이 모든 공급업체와 직접 계약을 체결하는 하청 형태

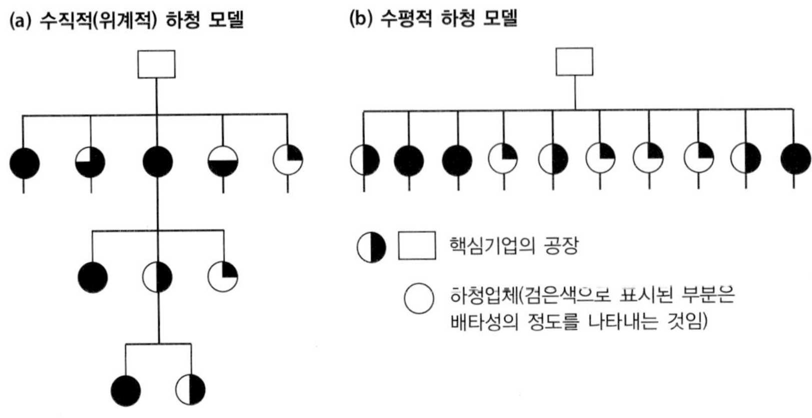

그림 4.3 핵심기업을 둘러싼 두 가지 하청 조직 모델

급업체와 직접 협상한다. 그러나 공급업체는 스스로 하청업체를 이용할 수도 있는데, 이 경우 수평적 조직과 계층적 조직 간의 경계가 흐려진다. 두 하청 모델에서 기업 간 관계의 핵심은 전문적인 지식과 기술을 가진 전문 공급업체는 핵심기업보다 저렴한 비용으로 혹은 더 높은 품질의 부품이나 서비스를 생산할 수 있다는 사실이다. 전문 공급업체는 다수의 고객기업을 대상으로 납품을 할 수 있기 때문에 최소 효율 규모(minimum efficient scale)를 달성할 수 있다.

수직적 및 수평적 하청 관계의 구체적인 구조는 산업 · 지역 · 문화적 맥락에 따라 달라진다. 공급업체들은 하나의 핵심기업만을 상대로 하기도 하고, 여러 고객기업을 상대로 하기도 한다. 특정한 지역에 하나 이상의 핵심기업이 존재하고 공급업체 간에 경쟁과 전문화가 두드러지게 나타날 때, 이를 두고 클러스터(cluster)라고 할 수 있다. 또한 클러스터 내에서 대규모 전문 공급업체들은 핵심기업들이 생산하는 제품도 생산한다. 핵심기업들은 활황기에는 전문 공급업체로부터 구매를 하겠지만 불황기에는 구매를 축소시킬 것이다. 전문 공급업체들은 핵심기업에게 고용과 설비운영에 있어서 유연성을 갖게끔 만들어줌으로써 핵심기업의 비용을 절감시켜준다.

제조업 클러스터에서 나타나는 기업 간 관계는 수직적으로 깊고 수평적으로 넓다. 그러나 클러스터는 제조업뿐만 아니라 타 산업부문(천연자원, 서비스, 소프트웨어, 관광, 스포츠, 엔터테인먼트, 광고, 물류, R&D, 금융 등)에서도 강력한 경제적 힘으로 작용한다. 세계적으로 주요한 클러스터의 사례로는 뉴욕과 런던의 금융산업, LA와 툴루즈의 항공산업, 나고야-하마마쓰, 디트로이트와 바덴뷔르템부르크의 자동차산업, LA의 할리우드와 인도 뭄바이의 발리우드 영화산업, 실리콘밸리, 주장강 삼각주, 오사카의 IT 산업, 휴스턴의 석유화학산업 등을 들 수 있다. 캐나다의 주요한 클러스터로는 토론토와 밴쿠버의 영화산업, 몬트리올의 항공산업, 캘거리-에드먼턴의 화석연료산업, 오타와-헐의 IT 산업, 토론토 배이 스트리트 일대의 금융산업, 온타리오 주 남부지방의 자동차산업 등이 있다. 이러한 지역들의 통합과 발전에는 R&D, 교육 · 훈련, 인프라스트럭처, 의사소통의 장 등을 제공하는 정부 · 대학 · 동업자조합이 크게 영향을 미친다.

하류 활동의 통합

물류, 창고, 소매 · 유통 등의 하류 활동은 주로 기업 내부적으로 통합되지만 클러스터를 기반으로 조직되기도 한다. 그러나 하류 부문 기업들은 자금조달, 유통, 판촉, 구매자 및 소비자와의 접촉 등의 측면에서 중요한 규모의 외부경제를 생산자들에게 부여한다. 이들은 또한 소비자 선호에 대한 경험을 바탕으로 다양한 효율성을 부여한다. 중소 유통업체들은 대규모 유통업체나 물류업체 또는 제조업체와는 전혀 관계가 없지만, 그 외의 하류 부문 기업들은 계약 관계를 통해 대규모 유통업체나 물류업체 또는 제조업체의 영향을 받을 수 있다. 유통업체들은 특정 부문에서 계약을 통해 또는 비공식적으로 배타적인 거래관계를 맺는 것이 일반적이다.

프랜차이즈는 대기업이 브랜드와 제품가격에 대한 통제권한을 가지면서 개별 소유주에게는 경영 지도와 규제를 가하는 기업 간 거래 계약이다. 제조업체와 서비스업체는 도 · 소매업자 및 서비스업자를 대상으로 프랜차이즈를 모집한다. 중소기업들은 자발적 체인과 협동조합 형태로 프랜차이즈를 구성할 수 있다. 글로벌 제조업체와 서비스업체는 지역경제 활동에 있어서 중요한 역할을 한다.

재활용사업(recycling)은 점차 중요성이 높아지고 있는 하류 활동 부문이다. 대부분의 재활용사업과 폐기물 관리 프로그램은 국가나 상위의 지방자치단체(예 : 북미의 경우 주 단위)의 감독을 받아 기초지방자치단체(예 : 북미의 경우 시 및 카운티 단위)가 수행한다. 지방자치단체들은 폐기물 처리비용 및 세금부과, 폐기물 처리시설 공급, 폐기물 수집 업무를 담당한다. 일반적으로 지방자치단체는 쓰레기 처리방법 및 쓰레기 분리처리에 관한 규정을 명문화하고 있다. 그러나 기업들로 하여금 재활용 가능한 제품을 회수하여 재활용하도록 하는 것은 중앙정부의 몫이다. 일본과 유럽에서는 중앙정부 차원에서 재활용 시설의 건립 및 운영을 추진하고 있다. 대규모 제조업체, 유통업체, 재활용업체는 이러한 시스템의 통합에 중요한 역할을 담당한다. 많은 중소기업들은 재활용 물품의 수집, 분리, 재활용 및 마케팅 등의 분야에서 국지적인 하청 거래관계를 맺고 활동하고 있다.

도시 및 지역사회 통합

로컬시장을 대상으로 사업을 하는 전문 서비스업체들(예 : 안경점, 치과, 부동산중개업, 식당, 자전거 수리점, 한의원, 주점, 약국 등)은 글로벌 가치사슬에 통합될 필요가 없다. 그럼에도 불구하고 많은 서비스업체들은 마케팅 등의 측면에서 규모의 경제를 누리기 위해서 대기업에 통합되어 있거나 프랜차이즈 형태로 사업을 한다.

여타 전문 서비스업체들은 틈새시장 발굴을 도와주는 지역에 기반을 둔 통합업체(local integrator)에 의존한다. 일반 도급업체는 배관, 목공, 측량, 건축설계 등의 전문 서비스업체들을 위한 기능을 수행한다. 그러나 지역에서 가장 큰 경제주체(고용기업)가 일반 기업이 아닌 병원이나 학교, 대학인 경우도 있다. 이러한 기관들은 주로 내부적으로 통합되어 있으며, 지역사회에 다양한 서비스를 제공한다. 그와 동시에 이들은 전문 서비스를 위해 민간부문에 의존하는 경우가 많다.

가장 보편적인 통합 사례는 도시 인프라 사업이다. 민간 유틸리티 업체는 에너지 인프라(전기, 가스 등) 사업을 주로 담당하고, 정부 또는 공기업은 필수 인프라(도로, 하수도 체계, 공공 여객운송, 수도)를 주로 담당한다. 또한 정부는 도시 및 지역 계획과 토지이용과 같은 부문도 주로 관장한다. 그러나 이러한 협약관계들은 다양하게 나타날 수 있다. 지자체가 담당하던 기능의 일부를 외주할 때 지역 중소기업 입장에서는 좋은 사업 기회가 될 수 있다.

지역발전의 관점

지역발전은 기업 유형과 기업 간 관계 및 입지 역동성과 밀접히 관련되어 있다. 앞에서 언급하였듯이 다국적기업과 대기업 그리고 중소기업은 가치사슬 속에서 나름의 독특한 역할과 입지 특성을 나타낸다. 중소기업들이 고도로 상호작용적인 네트워크를 형성하고 있거나 대기업이 지배적이지만 국지화 경제 특성을 나타내는 지역은 이른바 '유연적 전문화' 지역이라 할 수 있다. 유연적 전문화 모델에서 중소기업들은 개별적으로 전문화되어 있고 집단적으로 유연적이어서 새로운 시장 수요와 기술변화에 효과적으로 적응할 수 있다. 이와 다르게 다국적기업의 분공장이 지배적인 지역에서는 지역경제의 명운이 멀리 떨어져 있는 타 지역에 종속될 뿐만 아니라 입지하고 있는 분공장을 타 지역으로 옮길 가능성이 있다. 한편 대기업들의 본사와 R&D 센터 등 핵심기능이 입지한 도시들은 지역 소득 수준이 높을 뿐 아니라 지역경제의 안정성이 높은 경향이 있다.

다국적기업과 대기업 그리고 중소기업 등 매우 다양한 규모의 기업들이 공존하고 있는 지역도 있다. 어떤 지역에서는 다국적 거대기업이 국지적 하청을 통해 지역경제를 지배하기도 하고, 어떤 지역에서는 다국적 거대기업이 보다 수평적인 네트워크 관계를 구축하고 있기도 하다(제11장 참조). 지역에 따라서는 다중적인 가치사슬에 연계된 다양한 기능을 유치하는 지역도 있는 반면, 분공장경제로서 외부통제를 받는 지역도 있다.

다국적기업이 지역발전에 미치는 함의는 그 기업의 규모가 어떠한지, 그 기업이 활동하는 지리적 범위가 어떠한지 등의 요인에 따라 매우 복잡한 성격을 띤다. 다국적기업의 입지는 대규모 투자로 이어지는 경우가 많아서 지역경제에 미치는 영향이 크지만, 어디든지 입지할 수 있는 선택권을 가지고 있다. 결국 지역발전은 경쟁과 기술변화 그리고 시장과 자원 접근성에 의해 영향을 받을 뿐만 아니라 기업의 재량권과 입지 선호도에 따라 영향을 받기도 한다. 이러한 측면에서 해외직접투자의 효과에 대한 논란이 일어나곤 한다.

잠재적으로 해외직접투자는 지역에 일자리 창출, 기술이전, 지역 노동력의 역량 향상 효과를 유발할 뿐만 아니라 혁신적인 대기업이 입지할 경우 지역기업에 모방학습 효과를 촉진한다. 해외직접투자는 정량적 측면뿐만 아니라 정성적 측면에서도 승수효과를 불러일으킨다. 핵심기업은 가치사슬에 연계되어 있는 지역기업들에게 제품 및 공정기술의 혁신과 선진 경영기법의 전수를 통한 역량 강화를 견인하는 역할을 한다. 그러나 앞의 제3장에서 언급하였듯이, 다국적기업들이 저개발국가에 기술이전을 통해 경제발전을 견인하는 효과에 대해서는 비판적 여론이 존재한다. 이에 대한 반론으로 다국적기업들의 기술 및 수요 조건을 저개발국가의 국내기업들이 충족시키지 못하기 때문에 기술이전 효과가 나타나지 않는다는 견해도 있다. 하지만 캐나다와 같은 선진국에서도 다국적 거대기업들이 국내 중소기업들의 기술적 역량을 약화시킴으로써 국가경제의 자립적 기반이 악화될 수 있다는 주장도 제기된다(사례연구 4.4 참조).

게다가 다국적기업들은 자회사들 간의 내부거래를 통해서 투자국가에 법인세 납부액과 로열티 지불액을 최소화하면서도 투자국으로부터의 이윤을 극대화하고자 한다. 이보다 더 한 다국적기업의 사악한 행태는 본사 소재지를 조세피난처에 두고 해외지사나 공장이 입지한 지역에 세금을 회피하려는 시도이다. 애플, 구글, 스타벅스, 아마존 등의 글로벌 다국적

사례연구 4.4 | 공동화된 기업

'공동화된 기업'이라는 용어는 캐나다에서 처음 만들어졌으며, (주로 북미) 다국적기업의 제조업 분공장을 지칭하는 것이다. 이러한 분공장들은 모국에 있는 본사 및 모공장 기능의 일부만을 가지고 있기 때문에 공동화된 것으로 본다. 해외 분공장들은 원자재 및 서비스 구매 권한조차 가지고 있지 않다. 해외 분공장들은 R&D, 전략적 의사결정, 회계 · 마케팅 · 구매조달 등의 서비스 등에 있어서 모기업 본사의 지시에 따른다. 제품판매를 통해 벌어들인 수입은 모기업에서 공급받은 서비스와 원자재 대금을 지불하고, 이윤은 본사로 넘긴다. 공동화된 기업들은 현지에서 서비스와 원자재를 구매할 의무가 없기 때문에 분공장이 입지하고 있는 지역의 경제적 승수효과는 줄어들 뿐만 아니라 고임금 일자리가 창출될 가능성도 크지 않다. 남부 온타리오 주와 같이 제조업 부문에서 해외 소유권 비중이 높은 지역들은 공동화된 경제를 나타낸다고 할 수 있다.

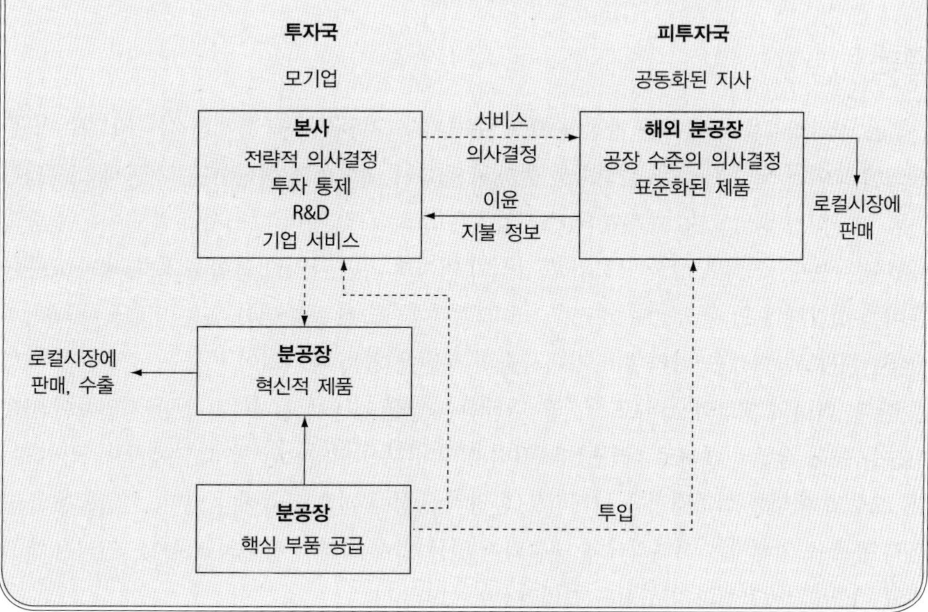

기업들이 이러한 조세 회피를 시도한 대표적인 사례들이다. 이러한 사례들로 말미암아 국제적 차원에서 다국적기업의 부당한 행태를 규제하는 제도적 장치를 마련하거나 기업의 사회적 책임 활동을 강화할 것을 요구하는 목소리가 높아지고 있다. 어떠한 이유에서든 조세를 회피하고 막대한 비자금을 조성하는 행위는 심각한 문제를 야기한다. 다국적기업의 조세 회피 행위는 투자국 정부의 공공 서비스 제공 능력을 위축시키고, 그로 인한 조세 부담은 고스란히 투자국 국민들에게 전가되며, 건전하게 세금을 납부하는 지역기업들이 경쟁력은 약화되고, 노동자들의 임금 협상 여력은 줄어든다. 그뿐만 아니라 투자국가의 소득 격차는 심화되고, 국제금융센터들의 힘은 더욱 강화된다.

세계경제를 지배하는 주체로서 다국적기업이 기업조직의 특정 기능을 어디에 입지시키는지는 고용기회의 지리적 특성에 영향을 미친다. 다국적기업들은 한 국가 내에서 그리고 국가 간에 불균등 지역발전과 불평등 패턴을 제도화시킬 수도 있다. 그러한 측면에서 경영관리 및 연구개발 부문의 고임금 일자리는 핵심지역에 있는 소수의 대도시에 집중되는 반면, 임금이 낮고 직업 안정성이 떨어지는 저숙련 일자리는 주변부 지역에 몰려 있다(제1장 참조). 주변부 지역이 이러한 열세를 극복하는 방법은 중견기업과 중소기업들이 활성화되거나 공공부문을 통해 일자리를 창출하는 것이다. 게다가 기업 규모와 입지 역동성에 영향을 미치는 조건들은 변화한다(제3장 참조). 이러한 변화는 기존의 사업 관행을 위협하고 사업 실패와 일자리 감소를 유발하는 동시에 새로운 사업 관행을 촉진하고 새로운 형태의 일자리 창출을 유발하기도 한다. 한편 핵심지역이 쇠퇴하고 재구조화 과정을 겪으면서 새로운 경제공간이 형성되기도 한다. 기업들이 유연성을 추구하게 되면서 노동 측면에서 상당한 영향을 받게 되었고(제5장 참조) 정부와 비영리조직의 역할도 바뀌게 되었다(제6, 제7장 참조).

결론

기업은 공간경제를 구성하는 가장 중요한 주체이다. 기업활동을 통해서 사람과 자본이 한 장소에 모이게 되고 이들은 분업화를 통해서 재화나 서비스를 생산한다. 기본적으로 민간기업은 구심성이 있으며, 대부분의 소기업들은 조직적 및 지리적 스케일 측면에서 집중화 패턴을 갖는다. 그러나 생산 규모와 복잡성이 커지게 되면 지리적 통합을 통해 제반 교통물류비를 절감해야 할 필요성이 커진다. 하나의 가치사슬에 포함되어 있는 기업들은 대단히 다양한 규모와 형태를 나타내며 가치사슬의 정점에 있는 대기업이 이들을 조정하는 역할을 한다. 하나의 재화와 서비스 생산은 대단히 다양한 지역에 입지하고 있는 기업들이 가치사슬을 통해 결합된 결과로 나타난다. 집적 이익이 분산 이익보다 클 때 기업들이 모여드는데, 오늘날 어떠한 입지결정을 하더라도 환경적 영향에 대해 고려해야 한다. 기업활동의 공간적 통합을 위해서는 이해관계에 연결되어 있는 입지 지역의 정부와 노동자, 지역사회 그리고 비영리시민단체와의 조정과 협의과정이 수반된다.

연습문제

1. 왜 다국적기업들이 조세피난처를 통해 이윤을 감추고 조세를 회피하는 행위를 악랄하다고 하는가? 이 문제가 G20의 의제가 될 수 있는가?
2. 출판된 자료(예 : 포춘 500대 기업 등)를 활용하여, 여러분이 살고 있는 대도시나 지역에 본사나 사업본부를 둔 상위 20대 기업을 찾아보자. 이 기업들의 본사의 입지와 규모, 지역경제에서 이들의 역할, 그리고 이 기업들의 지리적 입지 분포 등에 대해 논의해보자.
3. 여러분이 살고 있는 나라에서 외국계 민간기업이 활동하고 있을 때 국가가 이들을 통제해야 한다고 보는가? 만약 그 외국계 기업이 외국 정부 국영기업이라면 어떠한가?
4. 여러분이 살고 있는 지역에서 가장 고용 규모가 큰 기업을 찾아 이 기업의 규모와 업종이 무엇인지 말해보자.
5. 애플 사는 어떠한 산업부문에 속한 기업이며, 어떠한 기능을 수행하며, 또 어디에 입지하고 있는가? 그리고 애플과 같은 산업부문에 속해 있으면서도 다른 기능을 수행하는 기업은 무엇이며, 어디에 입지하고 있는가?
6. 당신이 살고 있는 지역에서 고용 규모가 가장 큰 기업 10개를 찾아 이들의 업종, 본사 입지, 지역경제에 미치는 영향력 등에 대해 말해보자.
7. 해외직접투자가 저임금 노동력을 찾아서 이루어지는 것이라는 관점에 대해 논하라.

핵심용어

공간 진입장벽
관리구조
그린필드 투자
기업
기업 유형 구분
기업전략
내적 성장
다국적기업
대기업
만족자
모국
못자리 가설
반독점법
수직적 통합
수직적 하청
수평적 통합
수평적 하청
신고전 기업이론
외적 성장
제도주의 기업이론
중소기업
진입 이점
최고경영진
최적의 결정
프랜차이즈
하청(아웃소싱)
해외직접투자
행동주의 기업이론
1차 공급업체

추천문헌

Dicken, P. 2010. *Global Shift*. London: Sage.
다양한 산업 부문에서 다국적기업이 미치는 영향을 포괄적으로 고찰하고 있다.

Immarino S. and P. McCann. 2013. *Multinationals and Economic Geography*. Cheltenham: Edward Elgar.
다국적기업의 경제지리학적 특징을 균형 잡힌 시각으로 분석하였다.

Patchell, J. 1993. "Composing robot production systems: Japan as a flexible manufacturing system." *Environment and Planning A* 25: 923-44.
일본 로봇산업을 관계적 하청 모델에 기초하여 가치사슬을 분석하였다.

Rice, M.D. and Lyons, D.I. 2009. "Geographies of corporate decision-making and control: Development, applications, and future research in headquarters location research." *Compass* 2/6: 1-15.
급성장하고 있는 기업들을 대상으로 기업본사의 입지 역동성을 고찰하고 있다.

Yeung, H. 2004. *Chinese Capitalism in a Global Era: Towards a Hybrid Capitalism*. London: Routledge.
동아시아 및 동남아시아 경제권의 역동적 성장에 있어서 중국계 기업들의 역할에 대해서, 그리고 중국 자본주의가 세계화에 대응하여 어떻게 변화하는지에 대해서 고찰하고 있다.

웹 자료

Greenwald, R. *The High Cost of Low Price*, http://www.walmartmovie.com.
월마트를 비판적 시각에서 바라본 다큐 DVD

참고문헌

Galbraith, J.K. 1967. *The New Industrial State*. Boston: Houghton Mifflin.

Hayter, R., Patchell, J. and Rees, K. 1999. "Business segmentation and location revisited: Innovation and the terra incognita of large firms." *Regional Studies* 33: 425-42.

Industry Canada 2014 SME Research and Statistics. Ottawa: http://www.ic.gc.ca/eic/site/061.nsf/eng/02715.html (2014. 2. 28 접속)

UNCTAD. 2005. *Global Statictics* (http://globstat.unctad.org/).

Veblen, T. 1904. *The Theory of Business Enterprise*. New York: Charles Scribner's Sons.

제5장

노동

의제상품은 시장의 형식적 합리성에 표현되지 않는 특성을 가지고 있다.

(Polanyi, 1944: 71)

이 장에서는 노동시장이 지역 및 공간상에서 어떻게 기능하는지를 살펴보고자 한다. 주요 내용은 다음과 같다.

- 노동자와 고용주 사이의 교섭관계를 통해 고용관계를 고찰한다.
- 시공간에 따라 변화하는 과정으로써 노동시장 분절화에 대해 파악한다.
- 포디즘에서 유연한 노동시장으로의 이행과 그것의 지리적 함의를 설명한다.
- 노동의 지리적 이동성과 지역발전에 있어서의 함의를 파악한다.
- 노동시장의 성과 지표와 노동시장 실패의 주요 형태를 밝힌다.

제5장은 3개의 절로 구성되어 있다. 1절에서는 노동시장 분절화의 개념을 소개하고 노동시장에 영향을 미치는 제도적 측면으로써 고용관계, 정부 및 노동조합에 초점을 둔다. 아울러 노동시장 분절화가 청년층의 경력 전망에 따라 어떻게 예측되는지에 대해서 논의할 것이다. 2절에서는 특히 북미에서 포디즘 시기 동안 발전된 노동시장 분절화의 구조적 형태가 신경제공간에서 발전된 유연적 작업 문화에 의해 어떻게 도전을 받는지에 대해 고찰할 것이다. 마지막으로 3절에서는 다양한 형태로 나타나는 노동시장 실패(예 : 높은 실업률, 소득 불평등, 일자리 차별)에 대해 살펴볼 것이다.

자본의 대항력으로서 노동

노동시장은 기업이나 기타 조직들(수요자)이 보수(임금, 급여, 수수료)를 노동자(공급자)에게 노동에 대한 대가로 제공하는 (은유적) 장소라는 점에서 다른 시장과 유사해 보인다. 그러나 칼 폴라니(Polanyi, 1944)는 노동이 '의제상품'이라는 점에서 다르다고 지적했다. 사과나 자동차와 같은 상품과 달리 노동은 개인의 아이디어, 능력, 습관, 사회적 목표 등의 형태로 각각의 개인에게 체화된 상태로 존재한다. 따라서 노동은 다른 상품들과는 다르게 노동조합과 다양한 사회적 정치적 포럼을 통해 자체적 권익을 추구할 수 있다.

역사적으로 노동은 자본(기업)의 가장 강력한 대항마로서 존재해 왔다. 1937년 미시간 주 플린트에서 벌어진 제너럴모터스(GM)의 노동자 파업은 노동자와 그 가족들에게 커다란

사례연구 5.1 | 노동 이동의 전환점 : 다른 시간, 다른 장소

플린트 대파업(1936~1937년)

조립작업이 자동화된 이후로 30여 년이 흐르고, 또 대공황이 6년간 지속되자 미국의 자동차업계 근로자들은 노동조합을 결성하여 미국에서 가장 힘 있는 회사들을 상대하고자 하였다. 전미자동차노조(UAW)는 GM의 거점이자, 45,000여 명의 저임금 노동자가 일하고 있는 미시간 주의 플린트를 겨냥하였다. 노동조합이 실질적인 효력을 발휘하기 위해서는 GM의 심장부에 해당하는 플린트에서 승리해야 했다. 또한 이들은 플린트의 피셔바디 공장이 GM의 자동차 차체에 들어갈 스탬프를 생산하는 데 쓰이는 몰드 재료를 만들어내는 단 2개의 공장 중 하나라는 사실을 십분 활용하였다. 또 다른 공장이 있는 클리블랜드의 노동자들도 파업할 준비가 되어 있었다. 플린트의 파업 노동자들은 내부 스파이와 경찰의 공격을 비롯해 여러 가지 위협과 맞서야 했지만, 음식을 공급해주고 정서적으로 든든한 지원군이 돼 주었던 지역사회의 도움으로 투쟁에서 우위를 점할 수 있었다.

결국 회사에서 수락한 조합의 핵심 요구사항 중에는 일한 분량대로 임금을 지급하던 기존의 방식에서 시급제로의 전환, 근무시간 축소, 임금 인상 및 작업속도에 관한 조합의 영향력 확대 등이 있었다. 또한 UAW와 단체교섭을 인정하는 합의사항도 있었다. 가장 눈에 띄는 점은 파업에 참여했던 노동자들이 직무에 복귀하며, 복귀 이후 사측으로부터 더 이상의 편견이나 차별로 인해 위협받지 않는다는 규정을 합의문의 서문에 포함시킨 것이다. 그 후 UAW의 조합원은 불과 몇 주 만에 10만 명으로 늘어났다. 포드 자동차는 1941년까지도 UAW를 인정하지 않고 버텼지만, 이후 자동차산업에서는 단체교섭을 세계적인 표준으로 설정하였다.

2010년 주장강 삼각주의 노동 파업

21세기가 시작되면서 중국은 노동자에 대한 가혹한 착취와 중국 정부가 관리하는 어용 노조를 배경으로 세계적

혜택을 안겨주었으며, 미국에서 산업 노동조합주의가 등장하게 된 계기가 되었다(사례연구 5.1). 중국의 전자제품 및 자동차 공장에서는 2010년 이후 파업이 증가하는 경향을 보이고 있으며, 이는 노동조합의 통제권을 공산주의 국가에서 노동자들로 전환시키기 위한 지속적인 노력에 전환점으로 작용하고 있다. 하지만 노동은 시장의 예측불확실성에서 벗어나기 어렵다. 2008년부터 시작된 경기침체로 인해 미국 중서부 자동차 근로자들은 대규모 실업 사태에 직면했으며, 노동자 파업을 통해 쟁취한 많은 권리를 상실하게 만들었다.

노동시장은 장소와 공간에 기반을 둔다. 많은 장소에서 노동시장은 생활수준, 사회구조, 그리고 고용 기회를 형성한다. 대부분의 노동자들에게 있어서 직장은 가정과 같이 하나의 동일 공동체에 속한다. 임금 노동은 대다수 사람들의 일상적 경험의 대부분을 차지하며, 가족과 사회적 루틴에도 광범위한 함의를 갖는다. 노동시장의 특성은 지역(장소)에 따라 다양하게 나타난다. 그러나 한 지역에서 형성된 고용관계는 다른 지역에서 형성되어 있는 고용관계나 교섭조건에 의해서도 영향을 받는다. 왜냐하면 그에 따라 기업 및 **노동 이동성**(labor mobility)뿐만 아니라 재화와 서비스의 교역에도 영향을 미치기 때문이다. 세계화로 인해 일자리 탐색을 위한 노동력의 국가적 및 초국적 이동과 지역 및 국가 간의 교역량 증가, 그

노동 이동성 노동자들이 일자리를 찾아서 한 지역에서 다른 지역으로 자발적 이동을 하는 것. 타 지역에 일자리 기회가 존재해서 나타나는 흡인요인이 작용할 수도 있고, 원래 직장이 있던 지역에 일자리가 부족해서 나타나는 배출요인이 작용할 수도 있음

산업국이 되었다. 첫 번째 노동 파업은 주장강 삼각주에 대규모로 설립된 외국계 기업의 하청제조업 생산시설에서 나타났다. 대만 기업인 폭스콘은 선전에서 40만 명의 중국 근로자들을 고용하였는데, 그들 대다수는 시골에서 올라온 젊은 여성들로서 기숙사 생활을 하였다(중국에는 거주허가제도가 있어 도시 근교지역에서의 영구거주를 허락하지 않음). 그들은 군대식 규율하에 작업을 하였으며, 급여가 너무 낮아 생계를 유지하기 위해서는 초과근무를 해야 했다. 지방정부는 기업들이 부과하는 지방세 수입을 확보하기 위해 폭스콘과 같은 회사들의 노동 착취를 묵인하였다.

그러나 2008년, 중국 정부가 내수시장 활성화를 위해 근로자의 임금 및 근로 혜택을 개선시켜줄 것을 지방정부들에 요청함에 따라 선전을 포함한 지방정부들은 근로자의 최소 임금 기준을 상향시켰다. 또한 2010년 폭스콘에서 근로자들의 자살이 빈발하자 경영진은 급여를 높이고 작업 여건을 개선시킬 수밖에 없었다. 기숙사 생활을 하는 근로자 중 다수는 숙소의 옆 침대에서 자는 사람이 누구인지조차 모를 정도로 열심히 일하였기 때문에 노동조합을 결성할 여력이 없었다. 하지만 노동자 파업은 급속히 확산되어, 일본계 자동차 하청업체에 근무하는 노동자들의 파업이 일어났다. 이 업체의 노동자들은 기숙사에서 살지 않았으므로 인터넷 등의 의사소통 수단을 활용하여 자체적으로 노동조합을 결성할 수 있었고, 또한 NGO 및 기타 노동운동가들에게 연락해 지원을 요청할 수도 있었다. 그 결과 임금 상승 및 작업 조건의 개선이 이뤄졌으며, 기숙사에서의 제한 사항도 축소하는 방향으로 진전이 이뤄졌다. 플린트의 파업이 미국의 노동운동에 전환점이 되었듯이, 2010년의 봄이 중국의 노동운동에 있어 전환점이 될 수 있을지는 시간이 말해줄 것이다.

* 주 : 노사협상을 통해 노동자의 임금과 각종 복지 혜택을 급진적으로 개선함으로써 플린트는 1970년대까지 경제적으로 번성하는 도시가 되었다. 그러나 이 도시의 자동차산업은 1978년과 1982년 기간에만 16,500개의 일자리를 잃었다. 1960년대에 8만 명 이상의 노동자가 일했던 플린트의 자동차산업 종사자는 2007년에 8,000명까지 감소했다. 마이클 무어 감독은 영화 'Roger and Me'(1989)를 통해 플린트의 도시 쇠퇴 현상에 대해 다룬 바 있다.

리고 다른 노동시장을 찾아가는 기업들의 지속적인 입지 이전 등을 들 수 있다.

고용주와 노동자 사이의 관계는 어느 정도 법률적으로 제한되어 있지만, 그와 동시에 노동시장의 특성에 의해서도 영향을 받는다. 노동시장은 대단히 다양하며 분절되어 있고, 고유한 작업 루틴과 노동 조건에 따라 차별적인 특징을 지닌다. **포디스트 노동시장 모델**(Fordist labor market model, 이중 노동시장 모델)에서 서구 시장경제의 노동시장은 크게 두 가지 하위부문(1차 노동시장과 2차 노동시장)으로 구분된다. **1차 노동시장**(primary labor market)은 다시 2개의 하위부문(노조에 가입한 육체노동자와 노조에 가입하지 않은 전문직 및 화이트칼라 노동자)으로 구분되는데, 두 부문 모두 상대적으로 높은 급여 및 양호한 복지 혜택과 근로 환경을 갖는다. 반면에 **2차 노동시장**(secondary labor market)은 비교적 낮은 급여에 복지 혜택은 열악하며, 불안정한 일자리(흔히 임시직 및 파트타임 일자리)와 열악한 (때로는 위험한) 근로조건일 뿐만 아니라 대부분의 노동자는 무노조(non-unionized) 상태이다.

그러나 정보통신 기술경제(ICT) 패러다임의 출현으로 인해 이러한 포디스트 노동시장 모델은 유연성을 극대화시키기 위해 고안된 새로운 모델의 도전을 받고 있다. ICT 시대에 기

포디스트 노동시장 모델 노동시장이 1차 노동시장과 2차 노동시장으로 양극화되는 현상을 지칭하는 것으로 1950년대 이후 미국에서 주로 나타난다.

1차 노동시장 주로 대기업에 종사하는 노동자들로 구성된 노동시장 분절로 높은 임금, 고용안정, 의료혜택, 연금혜택 및 기타 근로 조건이 보장된 것이 특징이다.

2차 노동시장 포디스트 노동시장에서 소외된 계층으로 노동조합에 가입되어 있지 않고, 불안정하며, 열악한 임금을 받으며 근로 조건이 열악한 직업군에 해당함. 2차 노동시장 종사자의 대부분은 중소기업 부문에서 나타나며, 그 대다수는 여성, 소수민족, 학생 등으로 구성되어 있다.

유연적 노동시장 모델 업무조직이 유연하게 구성된 노동시장 모델로 다중 업무, 다숙련, 팀제, 임금의 유연성, 일자리 확충, 고용 및 해고의 용이함을 특징으로 하는 노동시장 모델이다.

업은 변화하는 환경에 빠르게 적응할 수 있어야 한다. 따라서 기업은 노동자들에게 보다 큰 유연성을 요구한다. 따라서 **유연적 노동시장 모델**(flexible labour market model)에서 노동시장 분절화는 숙련도가 높고 직업적 안정성이 크며 임금이 높은 핵심부 노동자와 숙련도가 낮고 직업적 안정성이 낮으며 임금이 낮은 주변부 노동자로 양분화된다.

노동시장의 본질

노동시장 권역 국지적 노동시장이 작동하는 지리적 영역으로 동일한 통근지역 내에 직장이 공간적으로 집중되어 있다.

노동시장은 **노동시장 권역**(labor catchment area) 내에서 존재한다. 대부분의 노동시장 권역은 장소(대부분의 주민들이 생활하고 일하는 도시를 둘러싼 물리적인 공간, 즉 일상통근권)에 기반한다. 노동시장 권역은 특정한 루틴, 규칙 및 근로 환경에 따라 차별적인 특징을 보이는 다양한 노동시장을 포함한다. 자동차 생산노동자, 매니저, 청소부, 의사 및 교사들은 각기 고유의 노동시장 안에서 일하며, 노동시장 간의 이동성은 제한적이다.

노동시장은 또한 훨씬 더 넓은 공간적 도달거리를 가질 수도 있는데, 예를 들어 전문가 집단은 보다 나은 기회를 찾아 이동할 확률이 높다. 전 세계에서 가장 우수한 인재를 유치하기 위해서 노력하는 기업, 대학, 심지어 정부에게는 '전 세계'가 노동시장 권역이 된다. 따라서 노동시장 권역은 고용주의 채용 관행 또는 기꺼이 이주할 의향이 있는 잠재적 노동자 입지 측면에서도 정의될 수 있다.

고용관계

신고전 모델에서는 공급의 증가는 가격 하락을 유발하는 반면, 수요의 증가는 가격 상승을 유발하는 것으로 인식한다(그림 5.1). 만약 노동시장이 완전경쟁모델을 따르며 완전 균형

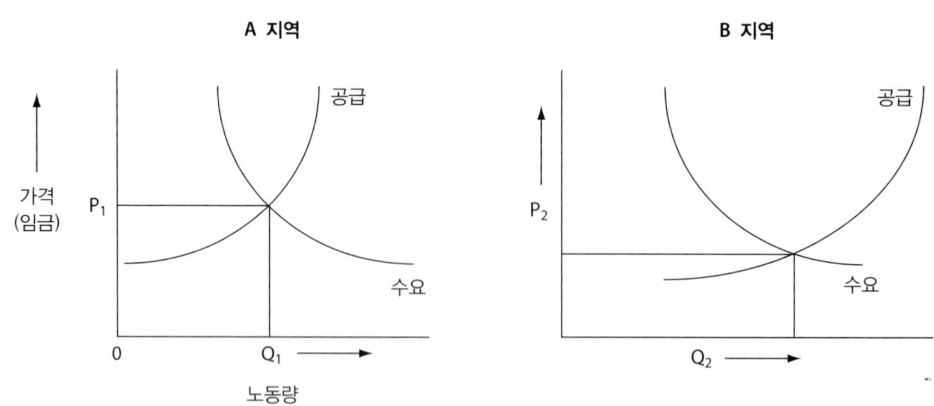

그림 5.1 노동시장에 있어서 공급과 수요의 상호작용

주 : 노동공급은 B 지역보다 A 지역이 크지만 노동수요는 동일할 경우 임금은 A 지역(P_1)보다 B 지역(P_2)이 낮다.

상태라면, 최소 가치의 업무에는 최소의 임금이, 최고 가치의 일에는 최고의 임금이 지급될 것이다. 그러나 현실 세계에서 고용주와 노동자 사이의 협상 조건은 다양한 형태를 띨 수 있는데, 그것은 노동시장의 특성에 따라 다를 수도 있고, 노동자와 고용주 간의 힘의 역학 관계에 따라 다를 수도 있으며, 관련된 거버넌스 조직의 특성에 따라서도 달라질 수도 있다(표 5.1).

고용관계(employment relationship)는 고용주와 노동자 간에 맺어지는 근로조건, 급여, 진입 및 퇴출(채용 및 해고) 규정 등에 관한 협약이다(그림 5.2). 일반적으로 고용관계는 상호 의존적이지만(고용주는 노동이 필요하고, 노동자는 일자리와 수입이 필요하기 때문), 상호 적대적일 수도 있다(각 당사자가 고용조건과 근로조건을 서로 유리하게 결정하려고 하기 때문).

고용관계 특정 노동시장에서 임금, 복리후생 및 노동조직에 관해 고용주와 종업원 간에 맺는 계약

고용관계는 다양한 형태로 나타난다. 어떤 계약은 문서화되지 않은 비공식적인 계약으로, 통상적인 근로조건보다 더 많은 업무를 요구하는 경우가 많다. 또 어떤 협약(계약)은 고도로 구조화된 것으로, 노동조합이나 노동자 단체가 개별 회원들을 대신하여 계약을 체결하는 경우이다. 노동조합은 블루칼라 노동자든 화이트칼라 노동자든 간에 직무 형태 및 소득수준 등에 있어 다양한 계층을 포괄하여 대변한다. 하지만 노동조합주의의 뿌리는 저임금의 권리가 제한된 노동자들의 권익을 대변하여 단체교섭을 통해 노동자의 권리를 확립하고 방어하는 데 있다.

표 5.1 노동 거버넌스를 구성하는 주요 기관

유형	내용
중앙정부	임금과 근로조건, 채용 계획, 연금, 혜택 및 실업보험 등에 관한 국가적 차원의 법령 및 규칙 제정
지방정부(광역자치단체)	'일할 권리'에 관한 법제화를 비롯하여 임금과 근로조건, 채용 계획 등에 관한 지방정부 차원의 법령 제정
지방정부(기초자치단체)	기초지방자치단체 단위에서의 현안에 대처(예 : 일요일 휴무제)
노동조합 및 단체교섭	국제적 · 국가적 및 지역적 수준에서 조직된 노동자 단체, 산업별 노동자 단체, 사업장별 노동자 단체 차원에서 '고용관계'에 대해 직접 교섭함. 노동조합이 결성되어 있지 않은 일부 노동자 단체도 노동조합과 같은 기능을 수행하기도 함
비조직화된 노동교섭	무노조 회사에서의 노동 계약 및 협약 노동 계약은 조직화된 세력에 의한 단체교섭과 유사할 수도 있고 그렇지 않을 수도 있음
세계노동기구(ILO)	베르사이유 조약에 따라 1919년에 설립됨. 1946년에 UN의 산하기관으로 편입. 저개발국가를 중심으로 사회적 정의 및 노동자 권리를 강화하기 위한 활동을 수행
초국가적인 정부	유럽연합. 초국가적 정부 차원에서 사회적 권리에 관한 법제화 추진
기타 기관	종교단체 및 NGO 단체 등 노동자 권리를 보호하기 위한 단체

노동조합

노동조합 임금, 복리후생, 근로조건 등의 문제에 대해 고용주와 교섭하기 위해 노동자를 대신하여 결성된 노동자들의 법적 단체

노동조합(labour unions)은 노동자들을 대표하여 생산과정(일, 속도, 업무조직)과 고용조건(임금, 고용, 은퇴 및 해고기준, 근무시간, 불만절차, 혜택에 해당하는 연금, 휴일, 의료보건 및 출산이나 육아휴직) 등에 있어서 노동자의 권리를 쟁취하기 위해서 존재한다(그림 5.2). 또한 이들은 공감대를 형성하는 정당을 지원함으로써 노동자의 권익을 간접적으로 향상시키고자 한다. 흔히 노동조합원들은 각 지역에서 조직을 형성하여 조합의 관리구조상 지부에 속하게 되고, 각 지부는 노조단위의 협상을 위해 대표단을 선출하고, 업종별 노조는 전국단위의 노동자 대표단체를 통해 상호 협조한다.

캐나다의 전국단위 노동조합 대표단체는 캐나다 노동자총연맹(Canadian Labour Congress, CLC)이다. 이 단체는 330만 명의 근로자를 대변하고 있다. CLC 산하의 가장 큰 노동조합은 캐나다공공노조(Canadian Union of Public Employees, CUPE)로, 2013년 현재 62만 7,000명의 회원을 보유하고 있다(표 5.2).

CLC는 캐나다 노동조합주의의 변화를 두 가지 측면에서 보여준다. 첫째, 전통적으로 노동조합은 개별 산업이나 무역업자 및 수공업자 중심으로 조직되었으나, CUPE는 서비스 산업부문의 노동조합이라는 것이 차이점이다. CLC를 구성하는 상위 9개 노동조합 가운데 7개가 서비스부문 노동조합에 해당한다. 둘째, CUPE는 의료보건, 교육, 관공서, 도서관, 대학, 사회 서비스 및 공공시설, 대중교통, 긴급 서비스 및 항공을 비롯한 광범위한 분야의 노동자들을 대변한다. 마찬가지로 캐나다 자동차노동자협회(Canada Auto Workers, 이하 CAW) 역시 과거에는 자동차산업 노동자들의 권익을 대변하는 단체였으나 2005년 현재 다양한 서비스 업종을 포함한 15개 산업의 노동자들을 대표하는 노동조합으로 변모하였다. CAW는 민간부문 노동조합의 통합 추세에 발맞추어 통신, 에너지 및 사무근로자 노동조합들과 연합하여 지난 2013년에 통합 노조를 결성하였다.

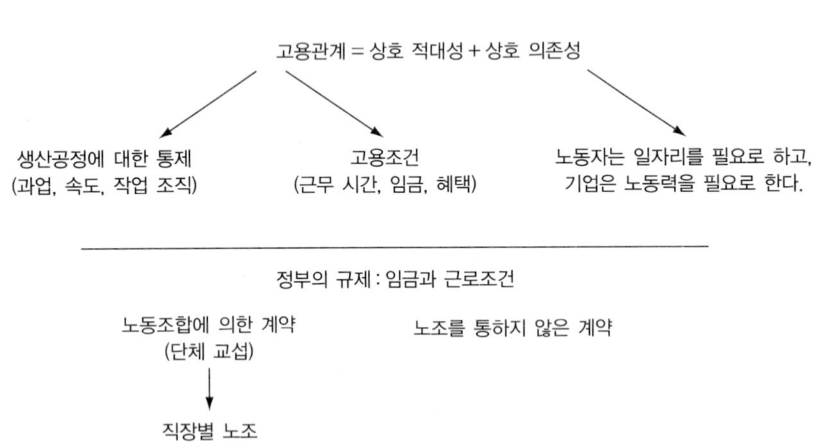

그림 5.2 고용관계

자료 : Clark(1981). "The employment relation and spatial division of labor: A hypothesis." *Anals of the Association of American Geographers* 71: 412-24.

노조결성률은 국가와 지역, 그리고 업종에 따라 매우 다양하게 나타난다. 예를 들어 캐나다의 노조결성률은 미국보다 대략 2.5배 정도가 높다(표 5.3). 노조결성률은 대부분의 OECD 국가에서 눈에 띄게 감소하였다. 미국에서는 1960년 30%가 넘는 근로자들이 노조를 조직하였으나, 2012년 그 비율은 11%

표 5.2 캐나다 노동자총연맹(CLC) 소속의 주요 노조

단체명(2005)	조합원(2013)
캐나다 공공노조(CUPE)	공공부문 중심의 다양한 서비스 업종에 종사하는 노동자단체, 2013년 현재 조합원 수 62만 7,000명
캐나다 전국노총(NUPGE)	공공부문 중심으로 11개 업종별 분회를 가진 조직, 조합원 수 3만 4,000명
캐나다 자동차노동자협회(CAW)	민간부문의 다양한 업종을 아우르는 노조, 2013년 현재 조합원 수 30만 명
캐나다 공공서비스연맹(PSAC)	주로 연방정부 소속 노동자들로 구성된 노조, 조합원 수 18만 명
전국노조연맹	퀘벡 주의 주권을 옹호하는 퀘벡 거주 노동자 단체, 조합원 수 30만 명
캐나다 교사연맹(CTF)	캐나다 내 20만 명의 교사를 대변하는 노동조합
캐나다 우편노동자노조(CUPW)	주로 우편 노동자 중심이되 조합원 문호는 개방되어 있는 노동조합, 조합원 수 5만 4,000명
캐나다 교통, 에너지 및 사무근로자노조(CEP)	주로 민간부문 업종 중심의 노조, 2013년 CAW와 통합, 조합원 수 30만 명
미국-캐나다 철강노동자연맹	철강 및 광산업에 종사하는 6만 5,000명 노동자를 중심으로 총 19만 명의 조합원을 가진 노동자단체

자료 : Canada Social Research Links(2005); http://www.canadiansocialresearch.net/unionbkmrk.htm.

표 5.3 주요 국가의 노조결성률 비교 : 임금 및 급여 수입과 비중(1995년, 2012년)

	노동조합(%)			노동조합(%)			노동조합(%)	
국가	1995	2011/12	국가	1995	2011/12	국가	1995	2011/12
캐나다	32.9	26.8	독일	28.9	18.0	스페인	18.6	15.6
덴마크	80.1	68.5	이탈리아	44.1	35.6	스웨덴	91.1	67.5
핀란드	79.3	69.0	멕시코	42.8	13.6	영국	32.9	25.8
프랑스	9.1	7.9	대한민국	12.7	9.9	미국	14.2	11.1
일본	22.2*	18.0	네덜란드	21.7*	20.5	폴란드	20.5*	14.6

* Figures are for 1999.

출처 : The 1995 data are based on International Labour Organization, *ILO Highlights Global Challenge to Trade Unions*. Press release issued 4 Nov. 1997. Copyright © International Labour Organization, 1997.

The 1999 and 2011/12 data are from OECD Trade Union Density, OECD: Stat Extracts http://stats.oecd.org/Index.aspx?DataSetCode=UN_DEN (accessed March 2014).

주 : OECD 추정치(1999년 이후의 통계치는 개별 국가의 당해 연도 통계치가 늦게 출간되는 관계로 다소간의 차이는 있음)

로 떨어졌으며, 영국에서는 1980년대 중반에 50%가 넘던 노조결성률이 2012년에 25.8%로 감소하였다. 노조결성률이 무척 높은 북유럽 국가들도 확연한 감소세를 겪었다. 캐나다는 전체적인 노조결성률이 다소 안정적으로 유지되고 있으나, 공공부문의 노조는 증가한 반면 민간부문의 노조는 감소하였다. 조합원의 수가 감소한다는 것은 불가피하게 노조의 힘이 줄어들었다는 것을 의미하는데, 미국과 영국 같은 부유한 시장경제에서도 이러한 추세가 두드러진다.

단체교섭 노동자 집단을 대표하여 노동조합이 고용주와 계약을 협상하는 과정

노조는 **단체교섭**(collective bargaining)을 통해 노동자들을 대변하는데, 고용주와의 교섭을 통해 이들은 임금, 비임금 혜택 및 조합원들을 위한 근무여건을 협상한다. 일단 법으로 정해지면 단체협약의 조건은 중재를 통해서도 변경될 수 없다. 파업이나 직장폐쇄는 계약협상이 결렬되는 경우, 또는 협상의 한 당사자가 계약조건을 위반했다고 믿는 경우에 취해질 수 있다. 파업을 할 수 있는 법적인 능력 그 자체가 협상 대상이 되는 권리이다.

연공서열 구조화된 노동시장에서 신입사원이 가장 낮은 직위를 가지며, 근속연수가 늘어남에 따라 승진하는 체계. 불황기에는 연공서열이 가장 낮은 사람이 해고될 수 있으며, 재고용 시에는 높은 연공서열을 가진 직원이 우선적으로 고용되는 게 보편적인 관행임

단체협약은 사용자와 노동자가 고용관계를 어떻게 구조화하느냐에 따라 다양한 양상을 띤다. 고도로 구조화된 내부 노동시장에서는 **연공서열**(seniority)이 주요 요소가 된다. 즉, 신입사원은 가장 낮은 직급으로 제한되며 보다 높은 직급에 결원이 발생하면 조직 내부에서 그다음으로 높은 직급의 직원들 가운데 채워져야 한다. 해고 역시 연공서열에 따른 구조를 취하는데, 가장 낮은 직급이 우선 해고되고 또 가장 늦게 재고용된다. 덧붙여 고도로 구조화된 노동시장은 업무의 구분을 강조하므로, 모든 업무가 정교하게 사항별로 정의되는 등 수많은 업무 구분이 나오게 된다. 이보다 구조화 수준이 낮은 조직의 단체교섭에서는 연공서열 및 업무 구분을 그다지 강조하지 않기 때문에, 노동자의 업무 구분은 보다 광범위하게 정의된다. 그러나 시간이 지나면 특히 고도로 구조화된 노동시장에서 단체교섭을 통해 상세한 근무규정과 보상 방안이 도출된다.

정부정책

궁극적으로 모든 노동자들의 권리는 노조의 결성 여부와 관계없이 정부의 규제에 의존한다. 더욱이 노동자들은 정부가 허용하는 범위에 따라 노조를 결성하고 단체교섭에 임할 수 있는 권리를 갖는다. 그러므로 노동정책은 부유한 시장경제 국가들 간에 무척 다양하게 나타난다. 스웨덴 같은 북유럽 국가들은 정부와 사회가 함께 강력한 노조결성을 지원하며, 정부는 경제 전반에 걸쳐 노동자의 권리를 촉진하고 방어하기 위해서 노조에 의존하고 있다. 이와 대조적으로 미국은 정부정책이 노조보다는 시장의 힘에 우선권을 주는 경향이 있으므로, 단체교섭을 순수한 시장의 힘을 위반하는 행위로 간주한다. 따라서 노조는 기업이 경쟁우위를 추구할 수 있는 자유를 제한하는 단체로 인식된다.

이와 같은 신자유주의적인 시각은 노동자와 기업이 협상과정에서 스스로를 개별적으로 대표할 때 시장이 가장 잘 작동한다고 간주하는 것이다. 이것은 대기업이 정보에 대한 접근성, 생산과정에 대한 통제, 투자와 입지에 관한 선택권 등의 우위를 활용해 노동자와의 협상에서 상대적으로 유리한 입장에 있다는 현실을 무시하는 것이다.

또한 미국의 연방정부는 어떠한 노조든지 노동자들을 강제적으로 노조에 가입시키는 것을 금지하고 있으며, 미국 내 거의 절반에 이르는 주 정부가 노조의 의무적인 가입과 회비

부과를 금지하는 '일할 권리' 규정을 통과시켰다. 이와는 대조적으로 캐나다는 노조의 의무적 가입과 회부 부과를 법적으로 인정한다. 상대적으로 높은 캐나다의 노조결성률은 공공부문의 75%가 넘는 노동자들이 노조에 가입하고 있다는 사실을 통해서도 잘 알 수 있다(민간부문의 노조결성률은 이보다 낮은 20% 이하이다). 의료부문의 경우 캐나다의 공공관리 시스템에 소속된 노동자들은 주로 노조에 가입한 반면, 미국 시스템이 지배적인 민간부문은 노조가 결성되지 않은 상태이다.

연방국가(federal states)와 단일국가(unitary states) 사이의 차이 역시 노동정책을 이해하는 데 있어 중요하다. 영국 같은 단일국가에서는 중앙정부에 의해 통과된 노동규정이 국가 전체에 적용된다. 이와는 대조적으로 미국과 캐나다 등의 연방국가는 노동정책에 대한 책임을 중앙정부와 지방정부가 공유한다. 결과적으로 노동자들의 권리와 관련된 모든 규정을 합의하는 것이 어렵기 때문에 지역마다 노동자들의 권리는 다르게 나타난다. 노동자에게 법적인 구속력을 행사하는 최소시급(혹은 주급이나 월급)을 결정하는 **최저임금**(minimum wage) 규정을 예로 들어보겠다.

최저임금 고용주가 해당 국가와 지역의 법률에 따라 지불해야 하는 법정 최저시급

영국의 최저임금 정책은 연령대별로 네 가지로 구분되며, 이러한 규정은 나라 전체에 적용된다. 2013년 현재 22세 이상의 노동자에게 시간당 6.31파운드, 18세와 21세 사이의 노동자에게는 5.03파운드, 학교를 다니지 않는 보다 어린 근로자들은 3.72파운드, 실습생에게는 2.68파운드의 최저시급 규정이 정해져 있다. 이와 달리 캐나다는 각 주(및 지역)에서 최저임금을 자체적으로 정한다. 2014년 현재 최저시급은 앨버타 주가 9.95달러로 가장 낮고 누나부트 지역이 11달러로 가장 높으나, 대부분의 주에서 평균 10달러 대의 최저시급 규정을 시행하고 있어 지역 간 편차는 크지 않다. 미국은 연방정부에서 최저임금 기준을 설정하긴 했으나(2009년 시간당 7.25달러), 주별로 이보다 높은 금액에서 최저임금 기준을 정할 수 있도록 허용했다. 캘리포니아, 워싱턴, 로드아일랜드 및 위스콘신 주는 연방정부 최저임금 기준보다 보다 높은 임금 기준을 도입하였다. 일부 주(미네소타, 콜로라도)에서는 이보다 낮은 임금을 유지하였고 몇몇 남부 주는(앨라배마, 미시시피, 테네시 등) 최저임금 규정조차 두지 않았으나, 이러한 경우에는 연방법이 주법에 우선한다. 모든 최저임금 규정은 소기업에 대해서는 예외로 두기도 한다.

정부가 정한 규정이 노조와의 단체교섭을 통해 협의된 계약을 통해 근로자의 권익을 보호하는 데 효력을 발생하는지 여부를 살펴보면 무척 흥미롭다. 정부규정의 최저기준이 모든 근로자들에게 적용되도록 보장하고 있음에도, 제공되는 지원은 실제 직장에서는 '거리가 먼' 것이며 근로자의 권익에 위배될 때는 활용이 불가능할 수도 있다. 그러므로 이유 없이 해고된 (예를 들어) 근로자는 지켜지지 않은 권리를 방어하기 위해 시간과 돈을 들여야 할 수도 있다(그럼에도 법정에서 패할 수 있다). 노조는 노동자에게 공식적인 불만절차를 통해 자신들의 권리에 대한 지속적이며 즉각적인 보호를 제공하는데, 이는 흔히 해당지역의 분회에서 다루게 된다. 잘 확립된 법적 체계가 갖춰진 부유한 시장경제 국가에서도 노동

분쟁을 법정에서 해결하는 데는 비용이 많이 들지만 결과 역시 불확실하고, 때로는 특히 소득이 낮은 계층에는 불리하게 적용되기도 한다.

개발도상국에서 근로자의 권리는 그다지 지지를 얻지 못한다. 예를 들어 중국은 사회주의 정당이 노동조합을 효과적으로 관리하거나 근로자의 이익을 대변하지 못하고 있으며, 노동법과 관련된 법률체계는 일관성이 떨어지고 부패한 것으로 간주된다. 1917년 창설되어 1946년에 재정비된 국제연합의 국제노동기구(ILO)가 파수꾼 역할을 자처하며 세계적으로 노동자의 권익을 보호하기 위한 활동을 전개하고 있음에도 불구하고 이러한 상황에서 ILO가 미치는 영향력은 극히 제한적이다.

노동시장 분단

노동시장 분단 입직, 승진, 노동 관행 및 보수에 관한 다양한 규칙과 조건에 따라 노동시장이 구분된 것

노동시장 분단(labour market segmentation) 이론은 노동시장이 공식적 및 비공식적 제도에 의해 구조화된다는 점을 강조한다. 이러한 관점에서 노동의 구매와 판매를 규정하는 계약, 규칙, 관행은 노동시장이 실제로 어떻게 작동하는지를 이해하는 데 있어 필수적이다. 그러나 노동시장 분단과정은 젊은이들이 노동시장에 진입하기 전부터 시작된다.

장래 직업에 대한 기대

젊은이들은 고등학교에 입학하면서부터 장래 직업 및 진로를 결정하기 위한 탐색을 시작한다. 학생들의 장래 직업 및 진로 결정은 크게 단기적 관점과 중장기적 관점으로 구분된다. 단기적 관점을 선택한 학생들은 졸업 후 가능한 한 빨리 일자리를 구하는 데 초점을 맞춘다. 이들은 직업 선택을 위하여 실업계 교육과정을 선택하는 경향이 있다. 중장기적 관점에서 입직 시기를 고려하는 학생들은 학교 공부에 열의를 가지며, 심도 있는 공부를 위해 인문계 교육과정을 선택한다.

학생들의 직업 선택에 있어서는 계급과 민족 배경이 중요한 요소로 작용한다. 과거에는 노동자 계급 가정의 젊은이들은 학교를 졸업하면 곧장 노동자 계급의 일자리로 이동하는 반면, 중산층 이상 계급 가정의 젊은이들은 전문직을 선택할 것이라고 당연하게 인식했다. 하지만 직업 선택에 있어서 사회적 계급(혹은 계층)만이 절대적 요소로 작용하지는 않는다. 젊은이의 직업 선택에 있어서는 가족의 태도도 상당한 역할을 한다. 자신들이 성장한 지역의 노동시장 특성 역시 직업 선택에 영향을 미친다. 학생들의 직업 선택 전망은 그 학생이 특정 산업에 특화된 도시(자원 도시 또는 제조업 도시)에 살고 있는지 경제적으로 다양한 도시에 살고 있는지에 따라 크게 다른 경향이 있다. 그러나 궁극적으로 직업의 선택은 자신이 가진 능력과 개성을 바탕으로 자기 스스로 내리는 것이다. 어떤 이는 기존에 확립된 패턴을 따를 수 있지만, 다른 이는 그러한 패턴에 강하게 저항할 수도 있다. 교육은 이런 측면에서 직업 선택을 자유롭게 만들어주는 역할을 한다.

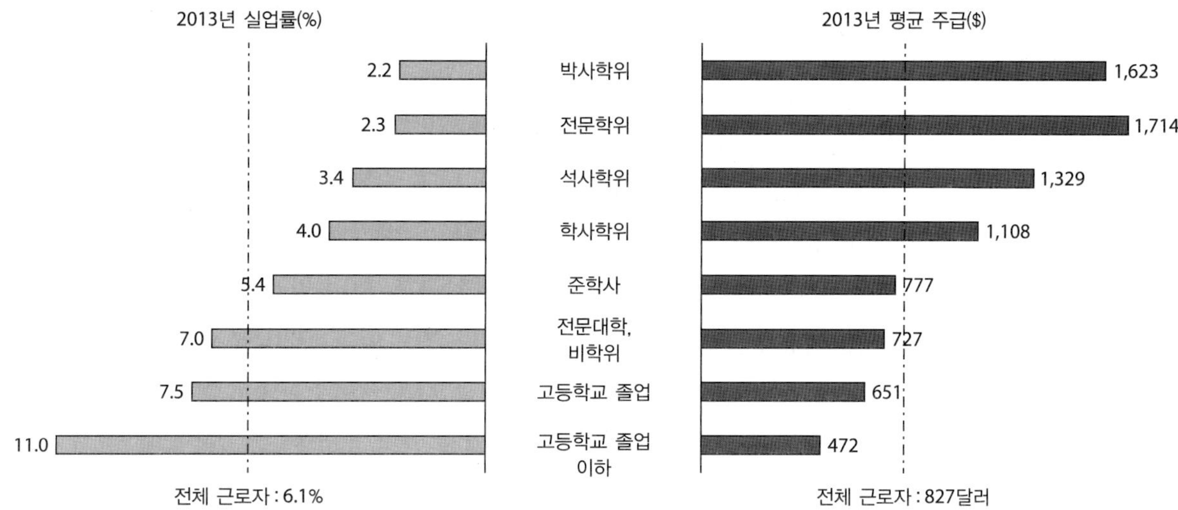

주 : 25세 이상의 인구 및 전일제 임금 노동자의 소득 자료에 기초함

그림 5.3 미국 25세 이상 근로자의 교육수준별 임금 및 실업률(2013)

출처 : Current Population Survey, US Bureau of Labor Statistics, US Department of Labor.

교육과 소득

사람들은 자신의 수입을 늘리기 위해서 교육 · 훈련을 받거나 자격증을 취득하는 데 투자한다. 대체로 그러한 투자는 일정 부분 효과를 거둔다. 예를 들어 2013년을 기준으로 미국에서 고등학교를 졸업하지 못한 노동자들의 주당 중위 소득은 전체 노동자들의 평균보다 낮다. 반면에 학위나 자격증을 취득하는 경우는 소득 증가가 두드러진다(그림 5.3). 미국 임금 통계를 통해 확인되듯이 교육과 훈련은 실업의 위험을 줄이는 반면 일자리의 근속 기간을 늘리는 효과를 가지는 것으로 나타났다. 만약 교육비가 지속적으로 상승하는 반면 그에 상응하는 소득 대체 효과가 없다고 인식될 경우에는 이러한 패턴에 변화가 나타날 수도 있을 것이다. 그럼에도 불구하고 소득과 교육 간의 상관관계는 비교적 분명하게 나타나고 있기 때문에 청년 일자리 창출 및 일자리의 질적 수준 향상을 위해서 교육과 훈련 시스템의 개선 및 강화 방안을 모색하는 것은 대단히 중요한 정부정책 수단으로 인식되고 있다. 이러한 측면에서 고등교육을 필요로 하지 않는 직업(예 : 전기수리공, 기계수리공, 일부 컴퓨터 프로그래머, 용접공 등)을 위한 직업교육훈련의 결과로 반영된 소득 증가 측면에 대해서는 그림 5.3과 같은 자료로는 확인되지 않는다.

직업 경험 및 경로의존성

경로의존성은 직업 경험(경력)의 근본적인 특성이다. 대부분의 직업은 특정한 스킬을 요구하는데, 그러한 스킬은 경력이 늘어날수록 향상된다. 반복적인 업무에 친숙해지면 효율성이 증가하고 그 일에 대한 문제해결 능력도 향상된다. 동시에 직무 경력은 개인의 일상사, 친구관계, 아이디어, 표현 양식, 가치관 등에 영향을 미친다.

일반적으로 임금과 각종 혜택도 경력에 따라 높아진다. 기존의 일자리가 제공하는 임금과 혜택, 그리고 새로운 일을 배우기 위해 수반되는 시간 및 노력 등은 자발적인 직업 변경 의욕을 떨어뜨리는 요인으로 작용하며, 이는 연령이 높은 노동자의 경우에 더욱 두드러진다. 캐나다의 경우를 예로 들면 1976년에서 2011년까지 55세 이상 정규직 노동자의 평균 근속기간은 16~18년인 반면, 25~44세 노동자들의 평균 근속기간은 6년 남짓에 불과했다. 같은 기간 전체 노동자들의 평균 근속기간은 9년 정도인 것으로 나타났다. 그러나 많은 근로자들은 이보다 근속기간이 길며, 어떤 이들은 평생 하나의 직업을 가지고 살고 있다. 정년이 보장된 일자리에서의 자발적인 직장 변경은 젊은이들 사이에서 흔히 일어나며, 비교적 경험과 훈련이 필요하지 않는 비숙련 직종에서도 이런 경향이 강하게 나타난다. 그러나 자발적인 직업 변경이 반드시 직무의 변화를 의미하는 것은 아니다. 따라서 과거의 경험과 자격(전문적 지식 및 자격증 등)은 근로자가 직업을 바꿀 때 영향을 미치는 중요한 요소이다.

한편, 공장이나 광산과 같은 직장이 문을 닫을 경우, 고도로 숙련된 근로자라 할지라도 비슷한 임금의 일자리를 찾는 데 어려움을 겪을 수 있다. 정부와 기타 기관들이 전직 광부들과 철강업 노동자들의 재취업을 위해 노력하지만, 재취업에 성공하는 경우는 제한적이며, 특히 나이든 노동자들은 재취업이 더욱 어렵다. 그 요인 가운데 하나는 재취업을 위한 교육 · 훈련 프로그램이 일자리를 창출하는 것은 아니며, 잠재적으로 취업이 가능한 직장과 접촉할 기회를 직접적으로 제공하는 것도 아니라는 점이다. 또 다른 요인으로는 특정 직업에서의 경력은 그 자체로 경로의존적 특성이 있다는 점이다.

직업별로 요구되는 자격은 매우 다양하다. 어떤 직업은 몇 달 혹은 심지어 몇 주간의 비교적 짧은 견습 기간을 요구하지만, 어떤 직업은 오랜 기간의 견습과 교육 및 훈련을 요구한다. 의료, 법률 및 공학 관련 직업은 오랜 기간 정규교육을 받고 약간의 '현장실습'만을 필요로 하지만, 전기기술 작업, 배관 및 용접과 같은 분야에서는 정규교육보다는 오랜 기간의 실습이 요구된다. 이러한 측면에서 서비스업은 제조업과는 달리 관리 및 마케팅 숙련기술을 일단 확보하면 다른 직종에서도 유연하게 활용할 수 있는 가능성이 크다. 직업의 전문화는 점차 심화되고 있으며, 이에 따라 근로자의 직무 능력을 증명하는 공식적인 증명서(학위, 졸업장 등)를 요구하는 경우가 늘어나고 있다.

고용 분단의 지리적 측면

노동 분단의 패턴과 관행은 특정한 시간과 장소를 두고 진화해 왔다. 19세기 동안 광업과 제조업에서의 대규모 노동력은 소유주와 경영자에 의해 강하게 통제되었다. 이러한 노동관행은 주당 및 일일 최고 근무시간을 제한하는 노동착취금지법이 제정됨으로써 다소 해소될 수 있었다. 미국에서 대량생산체제는 엄격한 노동통제와 생산분업에 기초한 저숙련 노동자에 의한 단순 반복 작업으로 대변되는 **테일러리즘**(scientific management, **과학적 관리법**)에 의해 고도화되었다. 이러한 생산체제는 이민노동자들이 다수를 이루는 저숙련 노동력이 대규모로 유입됨에 따라 더욱 심화됨과 동시에, 노동조합의 발달에 따라 영향을 받았다. 18~19세기 동안 산업자본주의 국가들에는 다양한 형태의 노동조합이 발달하였다. 미국에서는 민간기업에서 고용주와 노동자들 간의 단체협상을 법제화하는 노동관계법이 1935년에 제정됨으로써 전미자동차노조(UAW)와 같은 **산업별 노조**(industrial unions)가 활성화될 수 있는 토대가 되었다(사례연구 5.1).

테일러리즘(과학적 관리법) 주어진 공정을 작은 단위의 여러 작업으로 구분하고, 특정 작업에 특화된 노동력을 고용하여 업무를 수행하는 방식

산업별 노조 특정 산업에 종사하는 노동자들을 대표하는 노동조합

전미자동차노조와 같은 대규모 산업별 노조들은 단체교섭을 통해서 연공서열, 직무 구분 및 민원 수렴과정 등을 기반으로 상대적으로 높은 소득과 고도로 구조화된 고용조건을 달성함으로써 포드주의의 전형적 고용관계를 제공했다. 게다가 상대적으로 미숙련 생산직 노동자들을 다수 포함하는 단체교섭은 더 큰 사회적 계약의 일부로 볼 수 있다. 노동자들은 공정한 소득 분배를 창출하는 데 도움이 되는 생산 안정의 대가로 합리적인 소득 분배를 받았다.

공공부문을 포함한 구조화된 노동시장은 오늘날에도 여전히 중요하다. 그러나 최근 들어 고용주들은 직무와 임금뿐만 아니라 고용과 해고에 있어서 예전보다 훨씬 큰 유연성을 요구하고 있다. 유연성을 둘러싼 찬반논란은 세계화의 명암과 직접적으로 관련되어 있다. 전 세계적으로 노동자들은 고용주들의 유연성 추구 경향을 노동권을 위협하는 것으로 바라보고 있으며, 이러한 흐름에 대항하기 위한 투쟁을 벌이고 있다. 이러한 노사 갈등은 장기간 확립되어 온 단체교섭 관행을 깨고 노동의 유연성을 추구하는 공장에서 극명하게 나타난다. 유연성 논쟁은 이어지는 절에서 보다 상세하게 논의될 것이다.

이중 노동시장

앞에서 논의한 바와 같이 포디즘하에서 노동시장은 2개의 주요 부문으로 나뉜다. 1차 노동시장 부문은 높은 임금, 양호한 작업조건, 고용 안정성, 구조가 잘 잡혀 있는 진급에 대한 전망, 잘 확립된 업무규칙 및 관리상 정해진 절차를 기초로 한 비교적 우호적인 고용관계를 특징으로 한다. 그러나 1차 부문 내에서도 관리자와 R&D 근무자 및 부하직원과 같은 사람들로 구성된 비교적 **독립적 노동시장**(independent labour market)과 생산이나 사무노동자 및 노조 구성원들로 구성된 **종속적 노동시장**(dependent labour market) 사이에 또 다른 중요한 구분이 이뤄질 수 있다. 전자는 후자보다 높은 수준의 보수, 훨씬 더 큰 고용의 안정성 및 보다 우월한 임금 특혜를 누린다. 1차 노동시장의 독립 및 종속 부문 사이에는 업무조건을 다루는 계약관계, 협상의 성격 및 지침 등이 달라진다.

독립적 노동시장 관리직, 연구개발직 등 1차 노동시장에 속하는 화이트칼라 노동자 집단을 의미. 일반적으로 노동조합에 속해 있지 않다.

종속적 노동시장 1차 노동시장의 블루칼라 노동자 집단을 의미. 노동조합에 가입된 생산직 노동자들로 구성된다.

2차 노동시장은 제조업(공정 및 조립)이나 판매 및 소매업 등 숙련도가 낮은 업무가 그 특징이다. 일부 고용주들은 중소기업주(SME)이며, 또 다른 사람들로는 경쟁력을 갖춘 조건을 쫓아 고용과 해고를 반복함으로써 비용을 최소화하는 데 의존하는 사업전략을 지닌

파트타임 시간제로 일하는 비정규직 고용 형태

조금 더 큰 기업체이다. 그 결과 많은 2차 노동자들은 일시적으로 고용되어 **파트타임**(part-time)으로 일하거나 그렇지 않을 경우에는 고용이 불안정하다. 2차 직업은 노조라고는 거의 존재하지 않는다. 많은 이들이 낮은 임금을 제공받으며, 혜택이라곤 거의 없으며, 진급의 기회조차 제한적이다. 업무 여건은 빈약하거나 심지어 안전하지 않을 수도 있고, 피고용인들은 종종 엄격한 감독을 받는다. 1차 부문의 근로자들이 즐기는 장기적인 근무기간에 대한 보상도 없으며, 또한 2차 부문에는 높은 이직률이 그 특징이 된다. 여기 해당하는 노동자는 거의 불균형적으로 여성이 많거나 소수자 그룹에 속한 사람들이다.

한편, 2차 노동시장은 다양하게 존재한다. 일부 2차 노동시장 노동자들은 고도로 숙련되어 있고, 급여도 좋고 노조의 보호를 받기도 한다. 또한 일부 2차 노동자들은 노조가 결성된 회사에서 일하는 것을 원치 않는 경우도 있고, 대기업보다 중소기업을 선호하는 경우도 있다.

포디즘하에서 발달했던 거대노조와 거대기업 사이의 관계는 악어와 악어새의 관계와 같았다. 노조는 회사에 구조화되어 있고 안정적이며 생산성이 높은 노동력을 제공했고, 회사는 노동자에게 높은 임금과 고용 안정을 제공했다. 게다가 거대기업에 노동자들이 집중됨으로써 노조는 쉽게 결성될 수 있었다. 개인이 회사를 상대로 협상하는 것보다 노조를 통한 단체교섭을 하는 것이 노동자의 입장에서는 훨씬 수월할 뿐만 아니라 회사의 입장에서도 개개인보다는 노조와 협상함으로써 노사관리를 효율적으로 수행할 수 있었다.

이러한 호혜적 이익관계는 근로조건과 임금의 개선을 통해 더욱 강화되었다. 게다가 노동자들은 종신고용과 명확한 업무 분담을 보장받음으로써 노동자들의 근로의욕 고취 및 종신고용 정책에 따른 고숙련 노동자들의 유출예방 효과도 거둘 수 있었다.

구조화된 노동시장 고용주와 종업원 간에 법적 구속력이 있는 계약서에 따라 공식적으로 조직화된 노동시장으로, 포디스트 노동시장에서 가장 중요한 두 가지 원칙은 연공서열과 직무구분임

1950년대부터 1970년대까지 **구조화된 노동시장**(structured labour market)은 잘 작동하였다. 대량생산체제가 잘 작동하였기 때문에, 이따금씩 포디즘적 산업의 노동자들이 해고되더라도, 이들의 실질 기간은 길지 않았다. 그러나 1980년대 초반부터 의류, 전자, 자동차산업에서 공장 폐쇄와 대량 해고가 본격화되고, 기업들이 노동 유연성 강화를 추구함으로써 노동조합의 힘은 현격히 약화되기 시작했다.

유연한 노동시장으로의 전환

정보통신 기술경제 패러다임의 시대인 오늘날 기업들은 경기쇠퇴, 가속화되는 기술변화, 소비자 기호변화, 기업 간의 국제적 경쟁 심화 등의 급변하는 사업 환경에 대처하기 위해서 유연성을 강화해야 한다고 주장한다. 미국의 빅3 완성차 업체들은 위협적인 경쟁 상대로 부상한 독일과 일본의 자동차업체들이 미국 업체들보다 유연성이 높고, 종업원 숙련도가 높으며, 문제해결 능력이 뛰어나다는 데 주목했다.

제2차 세계대전 후 일본의 자동차업체들은 미국 업체들과 유사한 생산기술을 가진 제품을 생산하지만 미국 업체들과는 상이한 고용관계를 맺고 있었다. 포디스트 모델은 수백 개

의 직무군으로 나누어져 있었지만, 토요타 생산 시스템은 직무군을 단지 2개로 구분하고, 근로자들을 지속적으로 교육하고 활발한 직무이동을 통해 복합적 업무수행 능력을 발휘할 수 있도록 만든다. 근로자들은 회사에 대한 소속감이 높고 근속 연차가 늘어날수록 임금이 높아질 것이라는 기대감을 가지고 있다. 토요타는 노동자를 감독하는 위계적 관리 시스템보다는 노동자 집단 스스로 관리 감독하는 방식을 중시한다. 또한 토요타는 미국 완성차 업체에 비해 훨씬 높은 외부하청 비율을 보이고 있다. 마지막으로 미국 완성차 업체들이 강력한 산업노조와 맞섰지만, 토요타는 사내 노조와 적대적이지 않은 노사관계를 나타냈다. 요약하면 토요타는 수십 년 전에 이미 오늘날의 유연성 강화 트렌드를 예측하고 준비했다.

유연성을 높이기 위해서는 기존의 포디스트 노동관행과 노사관계에서 탈피해야 했는데, 특히 1차 노동시장의 대폭적인 변화가 요구되었다. 유연적 생산 모델에서 '핵심 노동력'은 '기능적 유연성'을 가진 노동자 집단이다. 즉, 핵심 노동자들은 독립적인 의사결정 권한을 가진 팀 조직의 일원으로서 다양한 기능을 수행할 수 있는 다숙련 역량을 가지고 있어야 하고, 새로운 기술이나 기능이 필요할 때 학습 역량을 갖추어야 하고, 경쟁자들의 베스트 프렉티스를 받아들일 수 있는 의지와 능력을 갖추어야 한다. 유연적 생산 모델을 가진 기업의 직무군은 포디스트 생산 모델의 직무군에 비해 적다. 따라서 연공서열보다는 업무수행 능력과 성과가 우선시된다. 핵심 노동자들은 자율과 권한, 높은 임금과 복지혜택, 그리고 고용 안정성을 누림과 동시에 성과에 대한 명확한 책임을 져야 한다.

'주변부 노동력'은 '수량적 · 재정적 유연성'을 가진 노동자 집단이다. 기업은 이들을 주로 비정규직으로 고용하거나 하청 파견근로를 통해 노동력을 충당한다. 주변부 노동력은 정규직 노동력이라 할지라도 상대적으로 근로조건이 열악하며, 해고로부터 자유롭지 못하다. 재정적 유연성은 개인의 사정 또는 노동의 초과공급으로 인해 낮은 임금을 기꺼이 수용하는 노동력을 고용하는 것이다. 예를 들어 워킹맘들은 본인이 원하는 유연적 근로시간을 위해 낮은 임금의 일자리를 자발적으로 선택하기도 한다. 재정적 유연성은 고숙련 고급 노동력을 하청관계를 통해 조달하는 경우를 의미하기도 한다. 이 경우 고급 노동력을 외주하는 회사는 이들이 일시적으로만 필요할 경우 제반비용을 절감할 수 있고, 외부계약 노동자들은 통상적인 임금보다 높은 보수를 받을 수 있다.

요약하자면 유연성이 높은 기업(flexible firm)은 시장과 기술의 변화에 저렴한 비용으로 신속한 대응을 추구하는 기업이라 할 수 있다. 포디스트 모델과 유연적 모델의 차이점은 핵심 노동력의 활용 및 강조 측면에서 명확히 드러난다. 반대로 유연적 모델은 주변부 노동력의 직업 안정성을 떨어뜨리는 효과를 보인다. 이로 인해 주변부 노동력은 시장환경 변화에 더욱 취약해졌고, 그 결과 주변부 노동자의 수가 급격히 증가하게 되었다. 최근에는 생산자 서비스업의 성장이 두드러지면서 프로젝트 기반, 계약 기반, 고객 수요 맞춤형 기반의 서비스를 제공하는 고임금 전문가 집단(예 : 디자이너, 컨설팅 엔지니어 등)으로 구성된 신흥 주변부 노동자 부문이 등장하고 있다.

신경제공간과 유연성

노동시장 분단은 지역발전에 있어서 중요한 함의를 지닌다. 예를 들어 구조화된 포디스트 노동시장은 직업 안정성과 소득을 높이는 데에는 기여하지만 직업 이동성을 제한하고 변화에 대한 적응성을 떨어뜨린다. 유연적 노동시장은 기업의 입지 측면에서도 광범위한 영향을 미친다. **신경제공간**(new economic spaces)으로 특정한 경제활동이 재입지하는 것은 기업의 유연성을 높일 수 있는 방안이다.

신경제공간 특정 산업이 새롭게 발달하기 시작한 지역

말하자면 화이트칼라 직군과 블루칼라 직군을 지리적으로 분리시킴으로써 두 집단을 차별하여 대우할 수 있게 된다. 결과적으로 회사는 연구개발 직군의 화이트칼라 근로자들에게 보다 높은 임금과 후한 혜택, 높은 수준의 자율성과 보다 많은 의사결정의 기회를 제공하면서도, 다른 지역에 입지한 공장에서 일하는 블루칼라 노동자들은 이를 알기 어렵기 때문에 동일한 권리를 보장하라는 요구를 받지 않아도 된다. 또한 신경제공간에 입지함으로써 기존의 입지에서 이미 확립되어 있는 고용관계의 기대치로부터 벗어날 수 있게 된다. 이는 특히 노동의 기대치가 노조를 통한 협약관계에 기초하여 노동에 대한 보상 및 권리 등을 다소간 정기적으로 향상시켜왔던 시절과 비교하면 기업의 입장에서는 매우 유리한 조건이라고 할 수 있다.

자동차산업에 있어서 전통적인 중서부 산업기지에서 멀리 떨어져 있는 테네시, 앨라배마, 켄터키, 텍사스 등에 자동차 조립공장을 신설하는 것은 신경제공간에 노조화되어 있지 않은 노동력들과 보다 유연한 노동교섭 관계를 맺을 수 있을 것이라는 기업들의 기대를 반영하는 것이다. 불가피하게도 신경제공간에 생산공장을 신설한다는 것은 다른 지역에 입지하고 있는 공장 노조의 교섭력을 떨어뜨리게 되고, 이에 따라 고용주는 노동교섭 전략의 일환으로 입지 이전이라는 무기를 쓸 수 있게 된다. 그러나 입지 이전을 통해 유연성을 증대시키고자 하는 기업들의 전략이 늘 성공적인 것은 아니다. 1980년대에 GM이 신차(새턴) 제조를 위한 공장입지를 정할 때, 유연한 생산 및 노동관계를 확립할 목적으로 전통적으로 노조의 힘이 강한 미시간 주를 버리고 테네시 주라는 전혀 새로운 곳을 새로운 공장입지로 결정하였다. 그러나 GM은 노조가 없는 공장을 갖추고도 전미자동차노조와의 대립을 감당해내지 못했다. 불행히도 보다 유연한 노동조직을 갖추려는 실험은 제대로 진행되지 않았으며, 새턴 공장은 2010년에 문을 닫았다.

유연성의 또 다른 얼굴

2010년대 들어 유연성의 개념은 다양한 장소에서 다양한 반응을 불러일으켰다. 일렉트로닉 아트(EA)는 엔터테인먼트 소프트웨어 개발회사로 전 세계 여러 곳에 지사를 두고 있으며, 캐나다 벤쿠버에도 사무실이 있다. EA는 2013년 1,300명에 달하는 젊은 (주로 남성) 디자이너, 엔지니어 및 컴퓨터 전문가들을 위해 인체공학적인 작업환경을 제공하며 또한 다양

한 레크리에이션 및 비즈니스 서비스를 제공하는 것으로 알려졌다. 자율적 관리감독, 장시간 근무를 기꺼이 받아들이는 근무 태도, 팀워크에 대한 성실도는 열정 및 창의성과 결합하여 세계에 널리 알려진 혁신적인 게임의 제작으로 이어졌다. EA는 벤쿠버에 입지하고 있는 게임업체들이 집적된 창의적 클러스터의 한 부분이다. 이 클러스터의 기업들은 근로자들에게 높은 임금을 제공하면서 우수한 인재 유치를 통해 경쟁우위를 창출하기 위한 지속적인 연구개발과 혁신을 추구한다.

마찬가지로 중국 선전에 있는 컴퓨타임 공장에서는 4,000명의 직원이 '공식' 최저임금에도 미치지 못하는 급여를 받으며 장시간 근무에 시달리는데, 초과 근무수당은 실질적으로 전혀 없다는 보고가 있다. 근로자들은 임의로 해고가 가능하며 엄격한 관리감독하에 놓여 있는데, 심지어 화장실에 가는 시간조차 감시의 대상이라고 한다. 업무 중에 상해를 입는 것이 흔한 일인데도 의료보험은 제공되지 않으며, 공장의 관리자들은 노동자의 임금을 훔쳐간다는 비난을 받는다. (어느 추정치에서 보고하기로는 2004년 중국에서 새롭게 산업화가 진행되는 도시를 향해 고향을 등진 2억 이상의 이주민 중 대략 70%는 고용주로부터 급여를 받지 못하였으며, 전체 체불임금액은 약 1,560억 달러에 이르는 것으로 알려져 있다.)

이들의 작업 여건은 근본적으로 달라서 인터뷰에 응한 EA 직원 대부분은 자신의 일을 즐기고 있다고 답한 데 반해, 컴퓨타임의 직원들은 가족을 부양하기 위해서는 그저 적은 돈이라도 벌기 위해 그곳에서 일하고 있을 뿐이라고 답했다. 그러나 EA 직원들과 컴퓨타임의 직원들 간에는 몇 가지 유사성이 존재한다. 우선 두 회사 모두 노조가 없고 장시간 근무를 요구한다. 또한 두 회사 공히 직원들에게 상당한 스트레스를 가한다. 이로 인해 EA 근로자들은 때로 직장을 그만두기도 한다. EA의 창의적인 업무와 컴퓨타임의 육체노동은 서로 연결되어 있다. 즉, EA에서 디자인되는 게임의 제작이 중국 공급업자들에 의하여 외부계약으로 이어지는 것이다.

외부계약

외부계약['하청' 또는 '**아웃소싱**(outsourcing)'으로 알려져 있음]이란 회사가 제품생산에 필요한 부품이나 공정의 일부를 다른 회사로부터 구매하는 것이다(이전에는 기업조직 내에서 수행했던 공정이나 활동을 외부화하는 것을 때로는 '수직적 분해'라고 부르기도 한다). 제품 또는 서비스를 외부계약할 때의 이점은 그것이 규모의 경제이든 혹은 범위의 경제이든 외부경제의 이득을 취할 수 있다는 점이다. 외부계약은 종종 노동시장 유연성의 잔인한 측면을 드러내는 것으로 간주되기도 한다. 특히 거대기업은 노동착취, 즉 초과근무, 저임금 및/또는 불안정한 노동 여건에 노출된 착취를 활용하여 비용을 감소시키는 공급자에게 하청을 종종 맡겨서 비난을 초래하곤 한다. 이러한 비난은 거대기업들이 예전에는 양호한 급여를 받고 노조의 보호를 받는 노동을 통해 내부적으로 해결하던 일을 저임금 국가에 아웃소싱할 경우에는 특히 신랄해진다. 그동안 노동력을 착취한다는 비난을 받아왔던 기업들

아웃소싱 외부의 공급자에게 공정의 일부를 맡기는 것. 외주, 하청과 같은 의미로 사용된다.

가운데 나이키가 있는데, 이 회사는 신발 제조와 관련된 모든 일을 외부계약으로 해결한다. 2004년 나이키의 하청 공급업자들은 중국(124개 공장), 태국(73), 한국(35) 및 베트남(34)을 비롯해 전 세계 여러 국가에 산재한 700개 공장에서 65만 명의 노동자를 고용하고 있었다. 나이키의 아시아 하청업체들 가운데 4분의 1이 넘는 곳에서 벌어지는 육체적·언어적 학대를 비롯하여, 많은 공장에서 물과 화장실에 대한 접근조차 제한된다거나, 이 공장 중 4분의 1 정도는 최저임금 수준에 이르지 못하였고, 주 60시간을 일하며 초과근무를 거부하는 노동자들에게 처벌이 내려지고 있었다. 이에 대응하여 나이키는 공정노동협회에 가입하였는데, 이 단체는 신발류와 의류 제조업체, NGO 및 대학 등을 아우르는 조직으로 작업 여건 및 고용관계를 개선시키고자 감시업무를 수행하는 단체이다.

아웃소싱이 널리 흔해지는 부문이 제조업만은 아니다. 북미에 존재하던 콜 센터가 인도와 같은 저임금 국가로 재배치되는 것 역시 동일한 경향이다. 이토록 수익이 많은 회사들은 광고에 수십억을 소비하면서도, 다른 한편으로는 자신들이 판매하는 제품의 생산을 합법적으로 착취노동에 의존하고 있는 점이 비난의 대상이 되는 것이다. 다른 한편으로 가난한 나라에 아웃소싱하는 것을 금지하는 것은, 다른 소득수입의 대안이 없는 그곳의 노동자들에게는 재앙에 가까울 것이다. 노동시장의 문제를 해결하기는 쉽지 않다.

노동시장의 실패와 과제

노동시장이 어떻게 작동하고 실패하는지에 대해서는 상당한 수준의 학문적 진전이 있었다. 일자리의 공급과 일자리의 질 그리고 일자리의 안정성은 모든 시장경제 국가들이 직면한 기본적인 관심사이다. 이러한 측면에서 정부는 노동력의 공급이 수요를 초과할 때 발생하는 **실업**(unemployment)과 노동자가 정규직 일자리를 찾지만 비정규직 일자리밖에 찾을 수 없을 때 발생하는 **불완전고용**(underemployment) 문제에 대해 오랫동안 관심을 가져왔다. 그 외에도 노동시장을 둘러싼 문제는 소득 격차, 차별, 착취 등 매우 다양하게 나타난다. 노동시장과 관련된 지표들은 노동시장의 실패와 과제를 이해할 수 있도록 한다.

실업 일할 의향과 능력이 있는데도 일자리를 얻지 못한 상태

불완전고용 노동자가 취업은 하였으나 완전한 고용상태를 확보하지 못한 상태

선별적 노동 지표

표 5.4는 미국 노동부가 매년 발표하는 노동 지표로서 미국을 포함한 16개국의 생산가능인구, 경제활동참가율, 실업률을 비교한 것이다. 생산가능인구는 15~64세 사이의 인구를 말한다. 실업률이란 생산가능인구 중 (군인 등 비교적 적은 소수는 제외) 급여를 지급하는 일자리를 적극적으로 찾고 있는 구직자 비율을 의미한다. **경제활동참가율**(participation rate)은 생산가능인구 중 공식적으로 고용되어 있는 인구의 비율을 의미한다. 실업률은 적극적으로 구직활동을 하는 실업상태의 인구비율을 나타낸다.

경제활동참가율 15세 이상 인구 중에서 취업자와 실업자를 합한 경제활동인구의 비율

비교통계 대상 16개국 가운데 미국과 일본은 생산가능인구가 가장 많은 2대 국가이고, 그

표 5.4 국가 간 노동력 통계 비교(2012)

국가	생산가능인구(1,000명)	경제활동참가율(여성)	실업률(여성)
미국	243, 284	60.7 (57.7)	8.1 (7.9)
오스트레일리아	18,332	66.2 (59.9)	5.2 (5.3)
캐나다	27,922	66.7 (62.1)	6.3 (5.8)
프랑스	50,782	55.9 (51.2)	10.0 (10.0)
독일	71,274	59.2 (53.2)	5.5 (5.9)
이탈리아	51,729	49.0 (39.7)	10.8 (11.9)
일본	110,752	58.4 (47.7)	3.9 (4.2)
대한민국	41,582	61.3 (49.9)	3.2 (3.0)
멕시코	85,923	58.4 (42.0)	5.1 (5.1)
네덜란드	13,629	64.8 (58.9)	5.3 (5.2)
뉴질랜드	3,492	68.2 (62.6)	6.9 (7.3)
남아프리카공화국	32,959	54.8 (48.3)	25.1 (27.8)
스페인	38,334	53.2 (59.8)	25.2 (25.5)
스웨덴	7,732	65.2 (61.3)	7.9 (7.6)
터키	54,724	63.4 (57.2)	8.3 (10.0)
영국	50,473	63.2 (57.0)	8.0 (7.4)

출처 : US Bureau of Labor, International Comparisons of Labor Force Statistics 1970-2012, 7 June 2013 http://bls.gov/ilc/home.htm
주 : OECD 추정치(1999년 이후의 통계치는 개별 국가의 당해 연도 통계치가 늦게 출간되는 관계로 다소간의 차이는 있음)

수는 1960년대 이래로 꾸준히 증가했다. 예를 들어 미국은 생산가능인구가 1960년에는 1억 1,700만 명에서 2012년에는 2억 4,300만 명으로 증가한 반면, 일본은 같은 기간에 6,500만 명에서 1억 1,000만 명으로 증가했다. 그 외 대부분의 국가들도 동기간 생산가능인구의 증가를 경험했다. 경제활동참가율은 조사 대상 16개국 평균이 60%인데, 49%인 이탈리아에서부터 68.2%인 뉴질랜드에 이르기까지 나라마다 다양하게 나타난다. 여성의 경제활동참가율은 이보다 낮고, 비정규직 일자리에서 일할 확률이 높다. 그러나 경제활동참가율에서 남성과 여성 간의 차이는 지난 10년 동안 줄어들었다. 특히 중국은 세계 최대의 경제활동인구를 보유하고 있고, 경제활동참가율은 74%로 약 5억 9,400만 명이 경제활동을 하고 있다.

노동시장 실패의 대표적인 지표인 실업률은 조사 대상 16개국 가운데 실업률이 4% 이하인 한국과 일본을 제외하고는 대체로 높은 편이다(중국의 실업률도 4% 이하이다). 그러나

1980년대 이후 이들 국가의 실업률은 1950~1960년대보다 더 높아졌다. 일반적으로 1960년대 유럽과 북미의 실업률은 각각 3%와 5%를 상회하여 여러 가지 사회경제적 문제에 직면했다. 그러나 지금은 5% 이내의 실업률 달성을 목표로 삼는 국가들이 일반적이다. 이러한 측면에서 스페인, 프랑스, 남아프리카공화국, 이탈리아의 노동시장 문제는 심각한 상황이다.

한 국가 내에서도 실업률과 경제활동참가율은 다양하게 나타나며, 심지어 한 지역 내에서도 실업률은 연령과 문화적 차이에 따라 다양하게 나타난다. 이는 곧 실업문제가 지역문제임을 의미하는 것이다. 그러나 국가적 차원에서 성별 실업률의 차이는 크지 않은 것으로 나타난다.

실업

실업의 주요 유형 중에 하나는 근로자가 고용주로부터 의도치 않게 해고를 당해서 발생하는 실업이다. 비자발적 실업은 계절적 실업, 주기적 실업, 구조적 실업의 세 가지 형태를 나타낸다. 계절적 실업은 농업과 임업 같은 1차 산업이나 시장이 계절에 따라 영향을 받는 제조업과 서비스업에서 주로 일어난다(예 : 크리스마스 선물은 봄여름에 제작되어 늦여름에 유통업체에 판매되고 가을겨울에 소비자에게 팔리는데, 각 단계에 따른 계절적 고용과 실업이 발생한다). 주기적 실업은 비즈니스 주기를 따라간다. 전형적인 주기적 실업은 사업이 침체기에 접어들었을 때 필요치 않은 직원이 일시적으로 해고되는 경우이다. 계절적 및 주기적 실업 기간에 해고되는 직원들은 비즈니스 활동상 그다음의 활황기에 다시 고용될 것으로 예상된다. 이는 경기침체성 실업의 사례는 아니지만, 경제 전반에 걸친 주기적 침체는 생산수준과 노동력 숙련도를 전반적으로 떨어뜨리는 결과를 초래할 수 있다.

이와 대조적으로 구조적 실업은 근로자가 해고당할 때 일어나는데, 흔히 폐업 · 사업조직 축소 · 기계화와 자동화 공정의 도입에 따라 발생한다. 생산조직의 유연화, 즉 보다 적은 소수의 직원이 보다 광범위한 업무를 수행하도록 조직을 재설계하는 움직임 역시 고용을 감소시킨다. 구조적 실업문제는 흔히 자동화, 대체재의 개발, 신경제공간에서 선진적인 기술과 저렴한 노동력을 활용한 저비용 경쟁의 등장 등으로 인해 일자리가 줄어들게 된 전통산업이 중심적인 지역에서 주로 발생한다. 이런 곳에서 특정 직무에 전문화된 생산직 노동자들이 새로운 일자리를 찾는 것은 쉽지 않다.

또한 실업이 만연한 상황에서 학교를 졸업한 청년들의 실업과 불완전고용 문제는 더욱 심각한 문제로 대두된다. 예를 들어 영국 정부는 적지 않은 수의 청년들이 고용, 교육 또는 직업훈련 상태에 있지 않음(NEET) 상태에 있는 것으로 파악하고 있다. 실업상태에 있는 청년들의 대부분은 주류사회에서 소외되어 있으며, 생활환경이 열악한 지역에 거주하는 것으로 알려져 있다. 영국 정부는 2009년 현재 16~24세 인구의 15~17%가 NEET 상태인 것으로 파악하고 있다. 정부의 한 보고서에서는 이 '유리된 인구'가 초등학교부터 형성되기 시작한다고 기술하였다. 다수의 학자들은 이 NEET가 어릴 때부터 학교를 자퇴하고 별다른 기술이나 자격증이 없더라도 일자리를 제공했던 광업 및 제조업부문이 급속하게 쇠퇴한 데 따른 결과물이라고 보고 있다. 덴마크와 같은 몇몇 국가들은 이러한 문제를 미리 예상하고, 제조업에서 구조적 실업이 발생했을 때 해고 노동자들에게 가능한 한 신속하게 재취업할 수 있도록 교육 및 직업훈련 프로그램을 갖추었다.

선진국의 노동시장정책

고용 전망은 지역과 국가에 따라 크게 달라지는 것과 마찬가지로 노동시장정책의 과제 또한 국가와 지역에 따라 다르게 나타난다. 시장경제에서 노동시장정책의 옵션은 포디즘의 전성기 동안에 노동 여건은 전반적으로 향상되었다. 구조적 실업은 구산업지역과 광업지역의 쇠퇴를 초래한 지역 문제로 인식되었다. 이와 관련하여 실업률이 높은 지역의 산업 활성화를 위한 기업입지 촉진정책과 실업상태에 있는 노동력들의 거주지역을 이전시키는 정책 등의 다양한 정책이 논의되었다. 최근에는 전통적인 실업문제에서 불완전고용, 성차별 및 인종차별, 근로환경, 보육 접근성, 소득 불평등, 이민노동자의 권리 등과 같은 노동문제들로 정책적 관심이 옮겨가고 있다(표 5.5).

노동시장정책의 관심사에 포함되어 있는 항목들은 상호 배타적이지 않다. 사실 많은 항목이 자기강화적 측면을 강하게 가지고 있다[예 : 불완전고용, 저임금, 여성과 인종(민족)적 소수의 차별, 근로환경 취약, 보육 접근성 부족 등].

대부분의 정부정책은 교육훈련 프로그램, 이주 지원, 인종차별 금지법, 최저임금제, 산업쇠퇴지역에 대한 기업입지 지원정책 등을 통해 노동문제를 극복하는 데 초점을 둔다. 이러한 정책들은 종종 논란을 불러일으키곤 한다. 비판론자들은 이러한 정책들의 실효성에 의문을 제기하기도 하고, 정책적 개입이 자유시장경제에 맞지 않는다는 주장을 한다. 인종차별금지법은 오히려 역차별의 소지가 있다는 비판을 받는다. 최저임금제는 임금이 낮은 노동자들에게 불리하게 작용할 소지가 있다고 비판받는다. 이민자들에게 할당된 일자리는 내국인 실업자들에게 불리하게 작용할 여지가 있다고 비판받는다. 보육 접근성 강화정책은 특정 집단에 수혜가 집중될 수 있어서 고비용 저효율 정책이라는 비판을 받기도 한다.

세계적 고용과제

국제노동기구(ILO, 2012) 추산에 따르면, 2011년 현재 전 세계적으로 33억 명의 총 노동력 가운데 약 2억 200만 명이 실업상태에 있으며, 이는 2007년에 비해 3,200만 명 증가한 수치이고, 약 4억 개의 신규 일자리가 만들어져야 현재의 실업률을 유지할 수 있을 것으로 전망된다. 15~24세 청년 실업은 7,450만 명에 달하는데, 이는 2007년 대비 400만 명이 증가한 것이다. 고용상태에 있는 청년들 가운데 다수는 비정규직이다. 2011년 현재 불완전고용은 7억 명으로 추산된다.

표 5.5 선진국의 노동시장 문제 및 정책

문제	정책의 초점	정책적 고려 사항
구조적 실업, 탈공업화	• 해고 노동자의 보유 • 기업 유치를 통한 업종 다각화 • 이주 보조금	• 구인기업이 필요한 일자리가 구직자들이 보유한 기능과 일치하지 않을 수 있음 • 새로이 유치한 기업들의 임금 수준이 낮거나 해고 노동자를 고용하지 않을 수 있음 • 이주 보조금은 이주자들이 타 지역에서 처음으로 일자리를 찾을 때에만 지원함
계절적 실업	• 정책의 다양성 증가	• 원거리에서 비계절적 업무를 찾기가 어려움 • 실업혜택의 연장이 구직 동기를 감소시킬 수 있음
불완전고용	• 개발도상국의 경우, 경제성장, 교육 및 훈련	• 정책의 표적 집단을 특정하기 어려움
청년 실업	• 교육, 훈련	• 정책의 영향이 도달하지 못하는 청년 집단이 존재함 • 항구적 일자리를 제공할 필요가 있음
성별 및 인종 차별	• 동일한 가치의 업무에 동일한 급여를 지불하는 규정 • 차별금지법 • 유리천장 제거	• 역차별적 요소를 고려해야 함
저임금 또는 무임금	• 최저임금 규정 • 가계임금 • 연간최저소득 보장	• 고용주들이 고용을 꺼림 • 임금 및 소득 보장 등으로 인해 급여를 받는 일자리를 찾는 동기가 저하됨
소득 불평등	• 소득세 및 상속세 등을 통한 소득재분배 • 연봉상한제 및 연봉 범위의 통제	• 부자들이 세금이 없거나 낮은 조세피난처로 이전함
근로환경	• 건강 및 안전 규정	• 소기업에 더욱 어려움 • 관료주의 증가
보육 접근성	• 국가지원 혹은 보조금	• 고비용 • 재택 부모에게는 혜택이 없음
이주 노동자	• 이민자격 완화	• 내국인 노동자와의 일자리 경쟁 유발

세계적으로 실업과 불완전고용은 저개발국가에서 가장 극명하게 나타난다. 중국과 동아시아 국가들은 노동력과 소득이 증대되었으나 아프리카, 중동, 남아시아, 라틴아메리카 등의 개발도상국가들은 높은 실업률 상태에 머물러 있고, 다수의 인구가 '빈곤 노동자(working poor)' 또는 '취약고용인구(vulnerable populations)'로 분류된다. 취약고용인구는 임금을 지불하지 않는 가족 노동력에 의존하는 가족기업에서 주로 일한다. 국제노동기구

에 따르면 2011년 현재 그 수는 15억 명에 달한다. 동아시아 국가를 중심으로 절대 빈곤자(일 소득 1.25달러 미만) 수는 2000년대 들어 상당히 감소했음에도 불구하고 일 소득 2달러 미만의 노동자로 정의되는 빈곤 노동자는 2011년 현재 9억 명에 달하는 것으로 추산된다. 15세 미만의 아동들이 학교를 그만두고 힘들고 위험한 노동을 하는 것으로 정의되는 아동노동은 세계적으로 2억 1,500만 명에 달하고, 그중 60%가 농업에 종사하는 것으로 나타났다. 아동, 매우 낮은 임금, 장시간 근로를 특징으로 하는 일터를 두고 일반적으로 스웨트숍(sweatshop)이라 부른다. 스웨트숍 노동과 아동노동문제에 대한 정책적 대응은 단순하지 않다. 단순히 노동착취를 중단시키는 것만으로는 단기적으로 가계소득 수준을 더욱 악화시킬 뿐이기 때문이다. 노동 친화적인 노동법의 제정, 노동자 권리 강화, 노조결성률 제고 등의 적극적인 처방을 통해서 근로조건을 개선시킬 필요가 있다. 아울러 국제노동기구나 NGO 단체가 적극적으로 나서서 나이키와 같은 다국적기업들을 압박한다면 이들 기업의 공급사슬에 포함된 기업들의 노동조건 표준화에 기여할 수 있을 것이다. 또한 노동생산성을 향상시키는 것도 매우 중요한 과제이다.

실업 및 불완전고용과 밀접하게 관련이 있는 문제는 낮은 임금 수준과 소득 불평등이다. 이미 알고 있듯이 1820년 이후에 부자 나라들의 평균임금은 지속적으로 상승된 반면 가난한 나라들의 평균임금은 지속적으로 하락하고 있다(제2장 참조). 임금 격차와 소득 불평등은 아시아의 몇몇 국가에서는 다소 줄어드는 추세지만 선진국과 후진국 간의 국제적인 소득격차는 여전히 크다. 게다가 선진국의 소득 불평등 문제는 1970년대부터 미국을 중심으로 더욱 심화되고 있다. 경제학자인 로버트 라이시(Robert Reich)는 인구통계자료를 이용하여 미국에서 가장 부유한 상위 1%의 가구가 국가 총소득에서 차지하는 비중이 1970년대 후반에는 9%였으나 2007년에는 23.5%로 증가했으며, 2012년에는 소득 상위 1% 가구와 나머지 가구 간의 격차는 1920년대 이후 최대치를 기록하였다고 밝혔다. 그렇게 된 이유는 여러 가지가 있으나 노동력의 감소, 제조업 일자리의 감소, 금융규제 완화, 부적절한 조세정책, 교육 · 훈련에 있어서 부적절한 투자 등의 요인이 주로 작용하였기 때문이라고 보았다. 그러한 요인이 무엇이든 간에 라이시와 같은 주요 경제학자들은 소득 불평등을 장래 미국이 풀어야 할 핵심적인 경제문제의 하나로 인식하고 있다.

이들이 지적했듯이 부유층은 자신들의 수입보다 적은 금액을 소비하고 있으며, 더 많은 돈을 벌기 위해서는 어디든 투자처를 옮길 가능성이 있다. 그 결과 재화와 서비스에 대한 수요는 줄어들고, 일자리를 창출해낼 수 있는 경제적인 역량 또한 마찬가지로 줄어든다. 가계수입을 늘리고자 수많은 여성들이 노동시장에 진입해 들어왔으며, 많은 사람들이 더욱 장시간 노동을 하거나 부업전선에 뛰어들고 있으며, 또한 많은 이들은 빚을 지기도 했다. 하지만 이러한 선택사항 역시 예전처럼 쉽게 할 수 있는 것이 아니다. 소득 불평등을 줄이기 위해서는 보다 급진적인 조세정책과 교육 투자와 같은 정책적 처방을 마련해야 할 것이다.

노동의 지리적 이동성 및 비이동성

일반적으로 노동력은 실업수준이 높은 지역에서 (노동력 공급이 수요에 비해 많고, 임금 하락 요인이 많은 지역) 노동시장 여건이 보다 '양호한' 지역(노동력 공급이 수요에 비해 적고, 임금 상승 요인이 많은 지역)으로 이동한다. 이러한 이주는 그것이 영구적이든 중단기적이든 간에, 그것이 계절적인 것이든 아니든 간에 경제에 활력을 불어넣는 데 도움이 되고 노동의 수요와 공급 사이의 공간적인 미스매치를 해소함으로써 생산성이 늘어나는 혜택을 수반한다. 그러나 노동자들은 각자 가지고 있는 능력이 다양할 뿐 아니라 거주지역을 옮기고자 하는 욕망 또한 다양하다. 이주를 결정하는 이유는 복잡하지만, 경제적 고려사항은 흔히 사회적 · 정치적 고려사항들과 결합되기 마련이다. 더욱이 한 지역에서 벗어나 이주를 하는 데는 원래 지역과 목적지 양쪽 모두에서 비용이 발생한다.

ILO(2006)는 2005년 전 세계적으로 8,600만 노동자가 (전체 총합으로는 더 많은 사람들이) 직업과 관련하여 조국이나 시민권을 가진 나라를 떠나서 살고 있다고 추정했다. 이 이민자들은 총 4,900만 명에 달하며(전체의 55%), 그중 2,050만 명은 북미, 2,850만 명은 유럽(러시아 포함)에 살고 있다. 성별 비중에서의 차이는 미미하다(51~49%). 2011년, OECD 내 12개 선진국이 382만 7,000명의 영구 이주자를 받아들였다(표 5.6). 이들 중 1/3은 OECD 국가 출신이지만 2/3는 개발도상국 출신이고, 그중 중국에서만 52만 9,000명이 OECD 국가로 이주하였다. 미국, 프랑스, 캐나다 등 OECD 내 여러 국가들은 저임금 노동력을 받아들이기 위한 일시적 이주정책을 취하고 있다. 예를 들어 캐나다는 계절제 농업 이주 프로그램과 간병인 거주 프로그램과 같은 일시적 고용이주정책을 펼치고 있다.

개발도상국에서 선진국으로의 이주 외에도 중요한 지리적 이주 패턴이 존재한다. 그 예로 인도 및 파키스탄을 중심으로 한 가난한 나라 출신의 노동자들이 중동의 부국으로 일자리를 찾아 대규모 이주를 하고 있다.

경제적 동기에 의한 국제적 이주는 세계를 바꾸고 있다. 19세기 동안 유럽에서 신대륙(북미, 오세아니아, 남아프리카공화국)으로의 이동이 그 대표적 사례이다. 경제적 동기에 의한 이주는 한 국가 내에서도 쇠퇴하는 지역과 성장하는 지역 간에, 농촌과 도시 간에 일어난다. 이를테면 캐나다에서는 앨버타 북동부의 애서배스카 오일샌드 채굴산업이 급속하게 성장하자 캐나다 전역에서 일자리를 찾아 노동자들이 몰려들었다. 게다가 오일샌드 채굴산업이 성장함에 따라 에드먼턴과 캘거리를 중심으로 한 앨버타 주가 지난 2000년대 들어 급속하게 성장했다. 그러나 2015년 유가 하락으로 인해 이 지역의 인구 성장이 정체되고 실업률이 상승하게 되었다.

반면에 중국에서는 지역 간 및 도농 간 인구이동이 개혁개방 이후에 전례 없는 규모로 일어났다. 1980년에서 2005년 사이에 약 4억 명의 중국인들이 농촌지역에서 도시지역으로 주민등록을 옮겼고, 비공식적인 이동을 포함할 경우 약 5억 4,000만 명이 이촌향도를 한 것으

표 5.6 OECD 국가로 영구 이민한 이민자의 수 및 출신 국가(2011)

이민 목적지로서 OECD 국가	이민자 수(1,000명)	출신 국가	유출-이민자(1,000명)
미국	1,052	중국	529
캐나다	237	루마니아	310
프랑스	211	폴란드	274
독일	233	인도	240
이탈리아	559	멕시코	161
네덜란드	81	필리핀	159
노르웨이	44	미국	135
스페인	692	독일	144
스웨덴	74	모로코	110
영국	343	영국	107
오스트레일리아	192	파키스탄	105
일본	109	프랑스	96

출처 : OECD (2013). International Migration Outlook 2013. http://dx.doi.org/10.1787/migr_outlook-2013-en (accessed March 2014).

로 추정되고, 향후 그 수는 더욱 증가할 것으로 예상된다.

노동력의 지리적 이동을 제약하는 요소도 있다. 가족과 사회적 네트워크는 지리적 이동을 제약하는 강력한 요소이다. 학교에 다니는 자녀를 두었거나 고령의 부모를 봉양해야 하는 사람들은 타 지역 이주를 꺼리는 경향이 강하다. 이주의 비용 부담은 큰 데 반해 그 대가는 불확실하다. 이주 목적지에서 구할 수 있는 일자리가 이주 희망자의 기능이나 자격 그리고 선호도와 일치하지 않을 수도 있다. 게다가 많은 국가들이 이민을 제약하는 정책을 취하고 있다. ILO(2006)에 따르면 선진국에서는 이민자에 대한 직장 내 차별과 착취문제가 이민을 제약하는 주요한 요소이며, 저임금 일자리일수록 노동자 권리를 누리기 어려운 것으로 나타났다.

마지막으로, 국제적 노동력 이주는 주로 더 젊고, 교육수준이 더 높고, 숙련도와 지식수준이 더 높고, 개인의 열정이 더 강한 사람들이 주도하는 경향이 있다. 이러한 유형을 사람들을 타 지역, 타 국가에 빼기는 지역은 쇠퇴할 가능성이 크다. 일부 후진국들의 경우 고등교육을 받은 전문인력의 30~50%가 타 국가로 유출된다. 이러한 현상을 두고 **두뇌유출**(brain drain)이라고 부른다(사례연구 5.2).

두뇌유출 한 지역에서 더 나은 기회를 제공하는 다른 지역으로 고학력자 및 숙련노동자들이 이주하는 것

사례연구 5.2 | 두뇌유출

'두뇌유출'은 보다 나은 교육을 받은 고도로 숙련된 근로자(엔지니어, 과학자, 교수 등)가 일자리 기회가 적은 지역에서 많은 지역으로 이주하는 것을 일컫는 말이다. 두뇌유출은 흔히 자국의 대학 졸업자들을 선진국의 노동시장에 빼기고 있는 후진국가의 이야기로 주로 논의되고 있으나, 이 또한 이주과정의 전반적인 특성을 반영하는 것이다.

일반적으로 이주 목적지는 유입해 들어오는 이주자들에 의해 혜택을 받는다. 이주민의 수입은 곧 조세수입이 되며 주택을 비롯하여 재화와 용역에 대한 수요를 증가시킨다. 다시 말해 인구유입은 지역에서는 스킬-믹스가 다양화됨으로써 지역의 승수효과 및 '선'순환적 축적에 기여한다. 이와 반대로 이주자가 원래 살았던 지역에서의 인구유출은 핵심능력 및 혁신을 위한 잠재력 상실뿐만 아니라 지역 내 세수 감소 및 재화와 서비스에 대한 수요 감소 문제를 유발하게 된다. 그 결과는 하향 나선형의 구조를 띤다. 어떤 경우에 있어서는 인구유출로 인해 실업률이 상승하기도 한다. 예를 들면 캐나다의 대서양 연안 주(뉴펀들랜드와 래브라도, 프린스 에드워드 아일랜드, 뉴브런즈윅 및 노바스코샤 등)에서 꾸준히 인구유출이 일어났는데, 이 지역들의 실업률은 캐나다 평균보다 일관되게 높은 수준을 유지했다.

이주민들은 일자리를 찾게 될 경우 많은 사람들이 수입의 일부를 '고향'에 송금한다. 실제로 ILO의 추정에 따르면 이주민들의 고향 송금액은 놀랍게도 한 해 2,500억 달러에 이르며, 이는 모든 공적개발원조(ODA)와 해외직접투자를 합친 금액을 넘어서는 액수이다. 역-두뇌유출 역시 발생하는데, 실리콘밸리에 있던 인도와 중국 출신 과학자들이 모국으로 돌아가 뱅갈루루나 중관춘과 같은 첨단기술 클러스터에서 활약하는 사례가 증가하고 있다.

양질의 일자리

양질의 일자리 소득수준, 고용안정성, 사회보장 측면에서 안정된 일자리를 의미함

가장 기본적인 노동시장의 과제는 소위 ILO가 칭한 '**양질의 일자리**(decent work)', 특히 청년들에게 양질의 일자리를 제공하는 것이다. 일자리 창출 측면에서 세계화는 기회로 작용하기도 하지만 위기이기도 해서 임금 하락 압력으로 작용한다. ILO의 양질의 일자리 의제는 네 가지 목표, 즉 (1) 일자리 창출, (2) 일할 권리, (3) 확대된 사회보장, (4) 대화 촉진 및 갈등 해소이고, 성 평등과 인종 평등을 강조한다. 이것은 주로 후진국과 개발도상국에 초점을 두고 있긴 하지만, 국가와 상관없이 모든 노동자들이 희망하는 사항이라 할 수 있다. 또한 양질의 일자리에 대한 접근은 빈곤과 불평등을 줄이기 위한 필수적인 첫걸음이라 할 수 있다.

한편, 적절한 사회안전망이 없는 수많은 개발도상국의 정부는 저소득층을 위한 최저소득 보장을 위한 프로그램을 시험하고 있다. 일정 금액의 재정 지원을 통해서 빈곤 탈피를 유도할 뿐만 아니라 교육수준 향상 및 양질의 일자리를 찾을 수 있는 가능성을 높이고자 한다. 이 프로그램은 브라질이나 필리핀과 같은 국가의 농촌지역에서 성과를 거두었다. 그러나 이 나라들 또한 도시지역에서는 성과를 거두지 못했다. 뉴욕에서도 이와 유사한 프로그램이 시도된 바 있다.

결론

양질의 일자리는 대개 소득 이상의 것을 제공해준다. 또한 자존감, 목표의식, 지역사회에서의 확고한 위치와 역할 등의 자긍심을 갖도록 만든다. 빈곤과 관련된 많은 사회문제는 일자리 부족문제와 상당 부분 연관되어 있는데, 직업이 없을 경우에는 적절한 수입조차 생기지 않기 때문이다. 선진국에서는 최소한의 생계를 유지하기 어려운 사람들이 많이 살고 있는 내부도시가 사회적 배제 지역의 다수를 차지하고 있다.

노동자의 권리는 자본주의가 시작된 이후로 크게 향상되어 왔으며, 이는 주로 사회적 저항과도 관련이 있다(사례연구 5.1). 하지만 사회적으로 구축된 노동자의 권리 역시 와해되거나 바뀔 수 있다. 어떤 지역에서는 노동자의 권리가 강화되고 있는 반면, 어떤 지역에서는 노동자의 권리가 위협받거나 아예 존재하지 않을 수도 있다.

전 세계적으로 ILO의 양질의 일자리 어젠다 일자리와 빈곤 그리고 지속가능한 발전 간의 관계를 강조한다. 가난한 사람들에게 있어서 양질의 일자리를 얻는 것은 빈곤을 줄이고 지속가능한 발전을 달성하는 데 필수적인 요소이다. 오늘날 세계의 노동자들은 경쟁적이면서도 보완적인 관계 속에서 상호 연계되어 있기 때문에, 이들을 위한 국제적인 규범과 규칙 그리고 정책을 확립하는 것은 매우 중요하다. 아울러 교육 및 훈련에 투자를 확대하는 것 또한 전 세계 노동력들의 장기 생산성 및 적응력 향상을 위해 매우 중요한 요소이다.

연습문제

1. 유연성의 관점에서 패스트푸드점 노동자와 아웃렛 매장 노동자를 분류해보자.
2. 오늘날의 유연성 강화의 시대에 노동조합이 과연 필요한지에 대해 논하라.
3. 고등학교를 졸업한 이후 자신의 직업 전망이 어떻게 바뀌었는지 말해보자.
4. 선진국과 후진국의 청년 실업 특성을 비교하라.
5. 자신이 살고 있는 지역에서 학력, 지역, 사회계층에 따른 일자리 차별이 있는지 말해보자.
6. 다른 나라에서 여러분이 살고 있는 지역으로 이민 온 사람을 알고 있다면, 그들에게 모국으로 돌아갈 의향이 있는지 없는지, 그리고 그 이유는 무엇인지 물어보자.

핵심용어

경제활동참가율	노동조합	신경제공간	최저임금
고용관계	단체교섭	실업	테일러리즘(과학적 관리법)
구조화된 노동시장	독립적 노동시장	양질의 일자리	파트타임
노동시장 분단	두뇌유출	연공서열	포디스트 노동시장 모델
노동시장 권역	불완전고용	유연적 노동시장 모델	1차 노동시장
노동 이동성	산업별 노조	종속적 노동시장	2차 노동시장

추천문헌

Atkinson, J. 1987. “Flexibility or fragmentation? The United Kingdom labour market in the 1980s.” *Labour and Society* 12: 87-105.
유연성 모델을 소개하는 논문

Hayter, R. and Barnes, T. 1992. “Labour market segmentation, flexibility and recession: A British Columbia case study.” *Environment and Planning D* 10: 333-53.
노동시장 분단을 포디스트 모델과 유연적 모델의 측면에서 고찰한 책

Herod, A. 2000. “Labour unions and economic geography” in *A Companion to Economic Geography*. pp.341-58. ed. Shepperd, E. and Barnes, T. Oxford: Blackwell.
노동조합과 노동자 행위의 지리적 영향을 고찰함으로써 노동이 경제경관 형성에 중요한 역할을 하고 있음을 강조하고 있다.

Peck, J. 2001. *Workfare States*. New York: Guilford.
노동시장은 사회 · 정치적 맥락에 따라 상이하게 발달할 수 있음을 보여주는 논문

Reich, R.B. 2010. *The Next Economy and America's Future*. New York: Knopf.
소득 불평등의 증가 현상이 미국 경제의 구조적 문제점의 하나임을 주장하고 있다.

참고문헌

Clark, G. 1981. “The employment relation and spatial division of labor: A hypothesis.” *Annals of the Association of American Geographers* 71: 412-24.

International Labour Office (ILO). 2006. *Facts on Labour Migration*. ILO: Geneva.

International Labour Office (ILO). 2010. *Global Employment Trends*. ILO: Geneva.

Kruman, P. 2006. “The Great Wealth Transfer,” *Rolling Stone*. 14 December.

Polanyi, K. 1944. *The Great Transformation*. Boston: Beacon Press.

Reich, R.B. 2010. *The Next Economy and America's Future*. New York: Knopf.

제6장

정부

홉스의 주장에 따르면 정부의 대안을 찾는 것은 어느 누구도 바라지 않는 상황이다.

(Williams, 2006: 5)

•••

효율적인 정부가 되기 위해서는 사회경제적 안정성을 확보하는 것이 가장 중요하다.

(Galbraith, 2000, Barb Clapham과의 인터뷰 중에서)

이 장의 목표는 정부가 시장과 상호작용하는 다양한 방식을 살펴보면서 자국 영토 안팎에서 벌어지는 경제활동에 있어서 정부가 시장과 어떻게 상호작용하는지에 대해 살펴보는 것이다. 주요 내용은 다음과 같다.

- 시장에 대한 정부 개입의 원칙을 알아본다.
- 국가 경제발전정책의 특성을 설명한다.
- 다양한 지리적 스케일에서 나타나는 정부의 책임에 대해 살펴본다.
- 국제, 국가 및 지역 발전을 추진하는 데 있어서 정부의 역할을 알아본다.
- 토지이용 및 일상생활의 공간적 루틴을 결정함에 있어서 지방정부의 역할을 알아본다.

이 장은 3개의 절로 구성되어 있다. 1절에서는 시장에 대한 정부 개입의 원칙에 대해 알아본다. 2절에서는 정부 예산과 거시경제정책 및 지역발전정책에 대해 살펴본다. 3절에서는 자유무역협정의 체결을 중심으로 한 국제적인 거버넌스 형태와 환경 거버넌스 문제에 대해 살펴볼 것이다.

정부의 역할

정부조직은 다양한 수준의 공간 스케일에서 경제활동을 비롯한 인간생활의 모든 측면에 영향을 미친다. 하나의 사회가 형성·발전되려면 사회 구성원들 사이에 결속력과 안정성이 있어야 하고, 이를 위해서는 정부의 역할이 필수적이다. 정부의 역할을 강조한 홉스(Hobbes, 1651)에 따르면, 무정부 상태에서는 희소한 자원을 두고 사회 구성원들 간에 공포와 갈등이 일어날 것이다. 하지만 정부는 단순히 자국 국민들을 보호하는 것 이상의 역할을 수행한다. 또한 정부는 국가 간의 관계를 조정·관리하기도 하고, 경제생활에 있어서도 적극적인 역할을 담당한다. 이에 더해 갤브레이스는 효율적인 정부는 안정적이고 형평성 있는 성장을 달성하기 위해서 필수적인 반면, 비효율적인 정부는 이를 방해한다고 보았다. 세계화로 인해 정보, 돈, 재화, 서비스 및 사람들의 이동이 크게 증가함에 따라 정부의 역할은 국내적 차원에서만 그치지 않고 국제적으로도 중요해지고 있다.

베를린 장벽 스토리(1961~89)는 경제의 제도적 구조가 형성되고 변화하는 데 있어서 정부권력의 역할이 얼마나 중요한지를 상징적으로 보여준다(사례연구 6.1). 베를린 장벽의 붕괴는 재화, 서비스, 투자, 아이디어 및 사람들의 이동을 가로막는 가장 중요한 정치적 장해물이 붕괴되었음을 상징적으로 보여주는 것이다. 이는 또한 이전에는 중앙집권적인 계획경제체제를 가진 공산주의 국가에서 보다 개방되고 역동적인 시장경제로의 전환을 알리는 서막이기도 했다.

사례연구 6.1 | 베를린 장벽

© Shutterstock.com/gary718

제2차 세계대전 말미에 베를린 시가지는 4개 구획으로 나누어져 있었는데, 각 구획은 4개 동맹국(영국, 프랑스, 미국, 소련)이 분할 통치하고 있었다. 하지만 소련과 나머지 서구 동맹국들 간의 관계가 악화되면서, 1949년 무렵에는 유럽 전역이 소위 철의 장막이라 불리는 자본주의 국가들와 사회주의 국가들 간의 체제 울타리가 수천 킬로미터에 걸쳐 둘러쳐졌다. 베를린은 사회주의체제하의 동부지역에 있었지만, 그 서쪽은 서독의 일부로 편입되었고, 동독 시민들은 제한된 범위에서 서독에 속한 베를린 서부지역을 여행할 수가 있었다. 결과적으로, 서베를린은 동독 사람들이 서방으로 이동해 가는 출입구 역할을 하게 되었다. 단 12년 만에 약 250만 명이 서독으로 탈출했고, 그 대다수는 고급 고등교육을 받은 지식인 집단이었다. 이에 따라 '두뇌유출'을 막기 위해 서베를린과의 통행을 막는 물리적 장벽이 1961년 8월의 야밤에 기습적으로 세워졌다.

이후 28년 동안 서독과 동독 간에는 사람과 물자의 이동이 극히 제한되었다. 그러나 1989년 말에 이르러 동유럽 전역에서 민주화를 요구하는 민중 시위가 일어나면서 사회주의체제는 결국 붕괴되었다. 11월 9일, 동독 정부는 서독지역으로의 여행제한 해제를 발표하였고, 그로부터 수 시간 내에 베를린 장벽의 통로가 전면 개방되었다. 베를린 장벽의 해체는 무역과 투자, 노동에 있어서 모든 장벽의 제거를 예고하였으며, 1990년의 독일통일을 위한 물꼬를 트게 된 일대 사건이었다. 시장 및 사유재산권에 적응하는 것은 소득과 생활수준 및 일자리 전망 등 모든 것이 서독보다 크게 낮았던 예전의 동독에게는 엄청난 도전이었으며, 독일정부로서는 몰락했던 동독지역의 경제를 재건하는 것이 최우선 과제가 되었다.

시장경제는 민간시장과 '자유기업'이라는 덕목을 환영하고, 자본주의의 옹호론자들은 정부의 간섭을 반대한다. 하지만 정부는 시장경제에 실제로 대단한 영향력을 행사한다. 즉, 정부는 세금으로 거둬들인 돈을 다시 **예산**(budget)을 수립하고 집행하는 과정을 통해서 국민경제에 다시 되돌리고, 공공부문에서 엄청난 수의 일자리를 제공하며, 규제와 법률을 제정하고 개정하며, 지역경제에서부터 세계경제에 이르기까지 경제발전을 위한 정책을 추진하는 등의 역할을 수행한다. 간략히 말해 정부는 특정 지역뿐만 아니라 다양한 스케일에 걸친 공간에서 이루어지는 경제활동에 영향을 미친다. 장소에 기초한 제도로서 중앙정부와 지방정부는 특정 영역을 토대로 하여 통치행위를 한다. 민주주의에서 이들은 모두 주민의 이익을 대변하고 봉사할 의무를 가지는데, 그중에서 가장 중요한 것이 경제발전에 대한 책무일 것이다. 이와 동시에 공간에 기초한 제도로서 정부는 국내 및 국제적으로 재화와 사람, 투자, 서비스 및 정보의 이동에도 영향을 미친다. 각국의 정부는 세계경제에서 자국의 경쟁력을 강화시키고자 노력하며, 국가 간에 호혜적인 관점에서 국제무역 정책수립 및 관련 기구의 운영을 위해 서로 협력한다.

예산 정부가 1회계연도의 사업을 위해 동원하고 사용할 세입과 세출의 내용을 담고 있는 계획

정부-경제 관계의 본질

경제에 있어 정부의 역할은 국가마다 다양하다. 심지어 한 국가 내에서도 정부가 담당해야 할 부문과 민간이 담당해야 할 부문이 무엇인지를 결정하기 위한 명확한 규칙은 없다. 경제활동은 그 성격에 따라 공공부문에서 담당하기도 하고, 민간부문에서 담당하기도 하며, 경우에 따라서는 민관 공동으로 통제되는 부문도 있다.

정부는 자국에 귀속된 영토에 대한 법률적 권한을 행사하는 기관이다. 정부기관들은 각 국가에 따라 상이한 구조 특성을 가지고 있긴 하지만, 대체로 계층적 및 공간적으로 구조화되어 있다.

정부의 형태는 크게 단일정부제와 연방제로 구분된다. 영국과 같은 **단일정부제**(unitary

단일정부제 정치권력이 중앙정부에 집중된 정부체제

연방제 정치권력이 중앙정부에만 집중되어 있지 않고 지방정부에도 이양되어 있는 정부체제

system of government)하에서 권력은 하나의 중앙정부에 집중되어 있는 반면, **연방제**(federal system of government)하에서 권력은 중앙정부와 다수의 지방정부로 분산된다. 일반적으로 중앙정부는 한 국가 내에서 가장 영향력 있는 정치기구다. 중앙정부는 지방정부를 감독하고, 다른 국가와의 외교관계를 책임지며, WTO와 같은 국제기구에서 국가를 대표하는 역할을 한다. 지방정부는 독자적인 권한과 책무와 기능을 가지며, 대부분의 정부 지출을 직접 책임진다. 중앙정부와 지방정부 모두 그 산하에 공기업을 두고 있으며 보건, 교육, 교통, 상하수도 공급 등의 공공 서비스를 제공한다.

민주주의 시장경제에서 정부는 선거를 통해 선출된 대표자에 의해 운영된다. 그러나 어떠한 공공정책을 추진하더라도 모든 구성원의 이익을 만족시키기는 어렵다. 정치인들은 정당의 정치적 이득을 위해 정책에 우선순위를 두며, 이들은 특수한 이해관계를 가진 로비 집단에 의해 영향을 받을 수 있다. 그럼에도 불구하고 대부분의 국민은 정부의 필요성을 느끼고 있기 때문에 자신들이 동의하지 않는 정책이라 할지라도 해도 기꺼이 감내한다. 더욱이 정부는 자체적으로도 다른 기관들과 서로 보완적이며 또한 대립적인 방식으로 다양하고 복잡하게 얽히고설켜 있다. 비록 한계는 있지만 국가권력은 실제적이며, 그 집행은 철저한 감시를 필요로 한다.

사례연구 6.2 | 화폐와 은행

iStockphoto.com/dynasoar

화폐와 시장교환은 문명과 함께 발달하였는데, 처음에는 물물교환을 보완하는 방식으로 시작해서 결국에는 이를 대체하게 되었다. 중국에서는 대략 기원전 1800년경에 조개껍데기가 돈으로 사용되었으며, 기원전 400년 무렵에는 동전을 사용하기 시작했고, 1100년쯤 지폐가 등장했다. 돈은 여러 기능을 하지만, 원칙적으로는 표준화

경제에 대한 정부 개입의 원리

경제 측면에서 정부의 기본적인 책임은 국가의 화폐 공급 및 은행 시스템을 관리하는 일일 것이다(사례연구 6.2). 교환 행위를 위한 표준 통화로서 화폐는 시장이 작동하는 데 있어서 필수적인 도구일 뿐만 아니라 교환을 위한 토대가 된다. 시공간상에서 세계체제를 통합하는 화폐의 흐름은 수많은 시장들이 상호 연결된 금융기관들의 금융 시스템에 의해 조직된다. 금융 시스템의 핵심주체인 은행은 예금자와 대출자를 중개하고 개인과 조직의 소비와 지출 패턴을 형성한다.

경제의 작동에 있어서 화폐의 중요성 때문에, 국민들은 화폐체계가 권위와 안정성을 가질 수 있도록 정부가 제 역할을 해주기를 기대한다. 따라서 중앙정부는 중앙은행(예 : 한국은행)과 연계하여 민간은행 및 관련 금융기관들을 통제한다. 화폐의 공급 및 금리를 통제하는 것과 더불어 정부는 대출에 대한 조건을 설정한다.

은행 시스템은 시장경제에서 정부 개입의 근거를 제공한다. 첫째, 시장 효율성을 제고하기 위해서이다. 둘째, 사회적 우선순위를 달성하기 위해서이다. 셋째, 공공재를 제공하기 위해서이다(그림 6.1).

된 통화의 역할로서 시장에서 '실질적인' 재화와 서비스의 교환을 가능케 한다. 사람들은 교환 행위 속에서 판매자로서 자신이 수령한 화폐가 상품 구매자의 입장이 되어 그것을 사용하는 시점까지 그 가치를 잃지 않을 것이라는 자신감을 가져야 한다. 이를 위해서 정부와 중앙은행은 화폐의 공급을 통제하고 관리한다. 넓게 말해 국가의 금융정책은 화폐의 공급과 재화 및 서비스 수요 사이에 균형을 추구한다. 재화 및 서비스의 교환을 위해 공급되는 화폐량이 지나치게 많을 때에는 인플레이션이 발생하는 반면, 화폐량이 지나치게 적을 때에는 스테그네이션을 일으킨다.

은행은 1200년대 초기에 이탈리아에서 운영되기 시작했지만, 현대적인 의미의 뱅킹 시스템은 자본주의체제가 등장한 이후 지난 250년에 걸쳐 발달되었다. 영국은행은 오늘날 대부분의 국가들이 보유하고 있는 중앙은행의 표본이 되었다. 영국은행은 1694년에 설립되어 영국정부를 위한 은행으로 자리매김하면서, 설립 100년 만에 국가의 뱅킹 시스템 및 화폐공급을 모두 주관하게 되었다. 영국은행은 1946년에 국영화되었다가 1998년에 독립기관이 되었으나, 여전히 정부의 관리하에 있다.

미국에서는 1913년에 연방준비은행이 중앙은행 형태로 설립되었다. 연방준비은행은 일반 은행들이 자체적으로 보유하고 있는 예금이나 증권보다 더 많은 돈을 빌려주는 바람에 지불능력을 상실했다는 사실을 안 고객들이 자신들의 예금을 인출하는 사태를 여러 번 겪은 경험을 토대로 만들어진 것이다. 연방준비은행의 이사회 멤버는 연방정부가 임명하지만 시중 은행들이 컨소시엄을 통해 소유권을 가지고 있다는 점에서 반관반민의 형태로 운영되는 조직이라고 할 수 있다.

중앙은행들은 금리 조정을 통해 뱅킹 시스템에 영향력을 행사한다. 연방준비은행과 영국은행 모두 국가정책에 초점을 둔 국가기관이긴 하지만, 이들은 각기 세계금융 시스템의 정점에 있는 세계도시인 뉴욕과 런던의 금융산업 집적지에 각각 기반을 두고 있다.

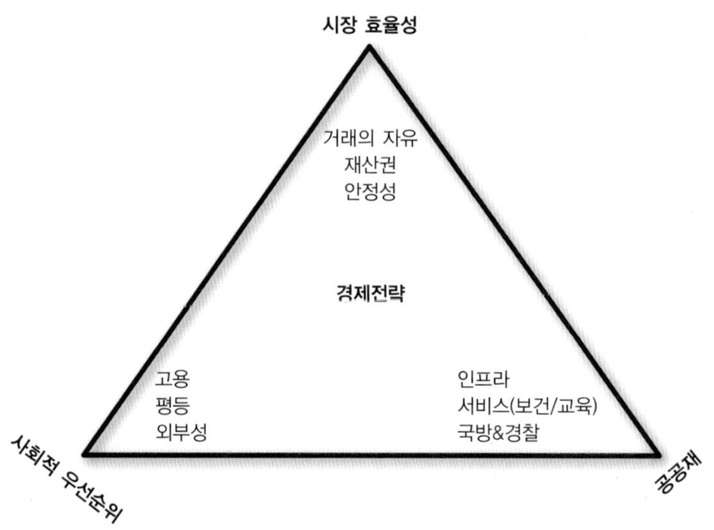

그림 6.1 경제활동에서 정부의 시장 개입 원리

시장 효율성

시장경제에서 정부의 핵심적인 역할은 개인과 기업이 자유롭고 평등하게 교환 행위를 할 수 있도록 만들어주는 것이다. 가격을 결정하고 자원을 효율적으로 배분하는 시장의 능력은 자발적이고 비공식적인 참여에 의해 촉진되지만, 사기 · 협박 · 공갈 등의 행위에 의해 훼손되기도 한다. 이러한 시장의 자유 참여 원칙은 복잡한 거버넌스를 야기하고, 그에 따라 정부로 하여금 다양한 형태로 나타나는 시장의 역기능을 막기 위한 법률과 규제책을 마련하도록 유도한다.

시장교환의 신뢰도와 안정성을 높이기 위해서 정부는 계약 관련 법률단체 설립, 정교한 토지조사 및 재산등록 시스템 구축, 특허 및 상표권 등 지적재산권을 보호하기 위한 방안 구축 등의 방법들을 통하여 재산권을 보장하기 위한 법률 및 조직을 만든다. 정부는 또한 시장교환 과정에서 수반되는 권리와 의무를 위반하는 행위를 제재하기 위한 법률적 제도 구축을 위해 노력한다.

지리적으로 중앙정부는 자국의 영토 내에서 재화, 정보 및 노동력의 자유로운 이동을 보장하고 이를 촉진시키기 위해 노력한다. 물론 연방제 시스템인 국가의 경우는 이와 관련된 권한을 연방정부가 담당할지 지방정부가 담당할지에 따라서 그 상황이 다소 복잡해지기도 한다. 실제로 연방제 시스템인 캐나다의 경우에는 주(州)들 간의 거래장벽이 존재하고, 이것이 재화와 서비스 및 노동력의 이동에 영향을 미친다. 세계적으로 국가 간의 자유무역협정은 시장 효율성을 표준화하고 촉진하기 위한 노력의 일환이다.

그러나 정부가 시장의 이해관계에 반하는 정치적 결정을 내릴 경우 시장 효율성은 침해될 소지가 있다. 정부는 시장의 형태가 사회적 및 정치적 목표에 맞게 작동할 수 있도록 제도적 장치를 확립하야 하며, 특히 공공재와 관련하여 시장 실패가 나타날 경우에 대안을 제시해줄 수 있어야 한다.

사회적 우선순위

국민경제에 있어서 중앙정부는 시장의 효율성을 유지하는 것 이상의 역할을 요구받는다. 아마도 가장 중요한 사회적 관심사는 고용일 것이다. 정부는 사회적 · 물질적 열망과 사람들의 수요를 충족시키고, 경제의 생산능력을 강화하고(고용률을 높여 세수를 늘일 수 있으므로), 실업률 상승에 따른 각종 사회적 · 정치적 부작용을 막기 위해서 고용률을 높이는 데 우선순위를 두는 경향이 있다. 그러나 일자리 창출을 위한 정부의 정책은 기업 투자를 촉진하는 조세 및 금융 규제 정책과 같은 간접적 정책에서부터 보조금 지급 및 인센티브 제공 등과 같은 직접적인 정책에 이르기까지 매우 다양하다.

사람들은 기회 균등, 계층 이동, 소득 분배 측면에서 공평하게 경제 시스템이 작동할 수 있도록 정부가 역할을 해주길 바란다. 이러한 기대는 소득세와 부의 재분배 측면에서 국가 간에 커다란 편차를 나타낸다. 이러한 재분배는 상당한 지리적 요소를 보이는데, 발전된 지역으로부터 낙후지역으로의 부의 재분배를 대표적인 사례로 들 수 있다. 이러한 정책들은 이념적 격차와는 반대로 작동할 뿐만 아니라 낙후지역과 지역 내 저소득층에 대한 지원정책으로 인해 지원을 받는 지역이나 집단은 자력갱생의 의지력을 상실한 채 정부지원에 대한 의존도만 심화될 위험성도 있다.

시장은 발전함에 따라 구매자와 판매자 간의 교환가치에만 초점을 두고, 생산과 소비과정에서 파생되는 다양한 형태의 사회적 비용이나 혜택 등의 외부성을 무시하는 경향이 나타난다. 공공의 수요와 관심사 측면에서 정부는 고용 관행에 있어서의 형평성, 공평한 경쟁, 보건, 안전, 환경보호 등의 문제에 효과적으로 대응하기 위한 법률을 제정한다. 예를 들어 오늘날의 노동시장 규제는 19세기 초반 영국에서 매우 열악한 작업 조건하에서 일하는 노동자와 아동 노동자를 보호하기 위해서 제정된 공장법에 그 뿌리를 두고 있다. 게다가 시장 규제는 자본주의 체제를 보호하는 역할을 했다는 주장도 있다. 정부는 이러한 규제의 효율성과 시장의 효율성 간에 균형을 맞추고자 지속적으로 노력한다.

공공재

개인이나 조직은 식료품, 의류, 자동차 등 다양한 형태의 사적 재화를 구매한다. 경제학자들에 따르면 사적 재화는 배타적이다. 즉, 구매자들이 재화에 대해 배타적인 통제권을 행사한다. 이것이 의미하는 바는 일단 소비되고 나면 더 이상 타인들에게는 유효하지 않다. 예를 들어 커피 한 잔을 구매한 소비자는 그 커피를 마실 권리를 가지며, 일단 마시고 나면 그것으로 그 커피 한 잔을 타인이 마실 기회는 없다. 이와 동일한 추상적 용어로 순수 공공재는 비배타적이다. 즉, 누구나 접근가능한 재화나 용역이며, 소비에 따라 소멸되는 재화가 아니다(표 6.1). 만약 공공재가 자연으로부터 얻을 수 있는 것이라면, 모든 구성원이 그것이

표 6.1 공공재의 특성

	경제적	비경제적
배타적	순수 사적재 (예 : 자동차, 주택, 음식)	클럽재 (예 : 유료도로, 극장, 골프장)
비배타적	공용 풀 자원 (예 : 공유수면, 삼림)	순수 공공재 (예 : 도로망, 공교육, 대기, 바다)

지속적으로 재생산될 수 있도록 보호해야 할 필요가 있다. 민간부문의 공급으로 충분하지 않거나 민간부문이 공급하지 않는 공공재에 대해서는 정부가 공급해야 할 의무가 있는데, 그 대표적인 예로 고속도로망, 국방, 경찰, 소방, 교육 및 보건의료체계, 대기 및 수질, 기초연구 등이 있다.

순수 공공재가 과연 존재하는지에 대한 것도 논쟁거리이다. 예를 들어 인구가 지리적으로 분산되어 있는 경우 공공재에 대한 접근성은 달라져서 보다 원거리에 있는 이용자는 추가비용 부담을 하게 된다. 게다가 학교나 병원 등과 같이 정부의 통제하에 있던 서비스 영역에서도 민간부문에서 서비스를 제공하기도 한다. 그럼에도 불구하고 정부가 많은 준공공재의 지배적인 공급자가 되어야 하는 강력한 근거가 존재한다. 일반적으로 보건, 교육·훈련, 국방, 경찰의 영역에서는 정부가 서비스를 제공하는 것이 필수적이다. 한 국가의 인구 대다수가 이용하는 정부 서비스부문은 규모의 경제를 통해 안정적이고, 표준화되어 있으며, 사회적으로 수용 가능한 서비스를 제공할 수 있다(따라서 '준독점'이라 할 수 있다). 이와는 대조적으로 민간부문에서는 수익 창출을 전제로 한 서비스를 주로 제공한다. 그 결과 수익 창출 가능성이 낮은 부문에 대해서는 서비스가 원활하게 공급되지 못하게 되어 사회·정치적 문제를 야기하기도 한다. 간략히 말해서 한 사회가 교육·보건·교통 등의 서비스를 원활하게 제공하지 못하면, 경제 시스템이 최적으로 작동하기 어려울 것이다.

클럽재 공공재처럼 비경합성이 있지만 무임승차자의 무료 사용을 막을 수 있는 재화를 의미한다.

공공재와 사적 재화 외에도 **클럽재**(club goods)가 재화의 범주에 포함될 수 있다(표 6.1). 클럽재는 집단 구성원의 공통의 이익을 달성하고 착취를 막기 위해서 기꺼이 돈을 지불하고 구매할 의사가 있는 사람들에게 제공하는 재화로 정의된다(제1장 참조). 클럽재는 기술 변화, 환경 변화, 무임승차자 문제 등의 요인에 의해서 침해(또는 파괴)될 수 있다. 더욱이 준공공재 또한, 교통 체증, 수돗물 공급 중단, 병원에 길게 늘어선 대기열 등 감당할 수 있는 수준을 초과한 수요를 초과할 경우 문제가 발생할 수 있다. 이러한 경우 정부는 서비스 사용료를 높인다거나 민간부문으로 이양한다거나 하는 방법을 통해 문제점을 해결하고자 할 것이다.

마지막으로 예나 지금이나 정부는 교통, 통신, 에너지 등 국가 전략적으로 중요하거나 공공의 가치와 복리 증진을 위해 필요하다고 판단되는 부문에 대해서는 국영기업 또는 국가 전매사업을 실시하는 경향이 있다(사례연구 6.3).

국가경제 발전전략

정부는 국민의 삶의 질을 높이는 데 필요한 경제력을 갖추기 위해 노력한다. 최근에는 환경적으로 지속가능한 경제발전이 국가경제 발전전략의 중요한 화두가 되고 있다. 그러나 그 목표는 국가 간에 상이하다. 스칸디나비아 국가들은 이타적 경제를 주요한 목표로 추구하는 반면 미국, 영국 등 기타 국가들에서는 이타적 경제의 중요성이 크게 부각되지 못하고 있다. 국가경제 발전전략은 몇 가지 핵심적 측면에서 차이를 나타낸다.

사례연구 6.3 | 국영기업

왼쪽 그림 : 1936년 설립된 캐나다 국영방송 CBC의 로고
오른쪽 그림 : 1958년 설립된 중국 국영방송 CCTV의 로고

북미, 특히 미국은 민간기업이 차지하는 비율이 지배적이지만, 전 세계적으로는 국영기업이 국민경제에서 차지하는 비중이 높은 국가가 대수이다. 특히 중국은 금융, 석유화학 및 기타 많은 분야에서 국영기업이 과점 또는 독점체제를 가지고 있다. 그 외에도 말레이시아, 인도네시아, 브라질, 러시아, 사우디아라비아 등이 유사한 패턴을 보이고 있다. 이들 국가의 국영기업들은 국내에서뿐만 아니라 국제적으로도 거대기업에 속한다. 국영기업인 일본우체국은행은 자산총액 기준 세계 최대의 은행이다. 캐나다에서는 캐나다 주택담보대출공사(CHMC), 캐나다 방송공사(CBC) 등이 대표적인 국영기업이다. 정부는 국영기업의 최대 주주이며, 이사회 구성 및 의결권을 가지고 통제한다.

국영기업 설립의 목적은 다양하지만 특정 산업을 육성하기 위해서 정부가 주도하거나 투자 주체가 될 경우 관습적으로 국영기업화되는 경로의존적 경향을 보이기도 하고, 천연자원 개발의 경우 외국기업에 의한 국부 유출 가능성을 우려하여 국가 통제하에 두기도 하고, 국익과 직결된 주요 산업부문의 경우 국가가 소유 · 통제해야 한다는 이념적 믿음이 요인이 되기도 한다. 국영기업화가 두드러지는 산업분야로는 주로 사회간접자본의 영향력이 큰 산업부문, 즉 에너지 및 기타 자원의 개발 및 유통분야, 보건 및 교육분야, 교통 · 통신분야, 상하수도분야, 미디어분야, 도박 · 주류 · 담배 등 사회악 분야, 국부펀드 분야 등이다. 많은 국가에서 사회간접자본은 전략적으로 중요할 뿐만 아니라 수입창출의 기반이 되기 때문에 국유화가 두드러지는 분야이다.

최근에는 신자유주의와 세계화의 영향에 따라 선진국가들을 중심으로 사회간접자본의 민영화 현상이 나타나고 있다. 캐나다에서는 캐나다 항공, 캐나다 국영철도회사, 캐나다 국영석유회사 등이 민영화되었다. 그러나 국영기업의 민영화는 효율성을 목적으로 국유 자산을 헐값에 매각하는 것이라는 비판여론도 있다.

대표적으로 국가들은 내수경제 전략과 대외경제 전략을 구분한다. 내수경제 전략은 시장의 규제, 거시경제정책, 교육 · 훈련, 산업지원 프로그램, 교통통신체계, 지역개발, 자원개발, 공간연결성 등의 사회 · 경제 인프라 구축에 초점을 둔다. 반면에 대외경제 전략은 무역 및 해외투자에 초점을 둔다. 그러나 세계화의 심화에 따라 이 두 가지 경제전략은 통합되는 추세에 있다. 더욱이 내수경제 활동은 더 이상 국가의 규제에 영향을 받지 않고 국제적인 수준에서의 무역협정, 분쟁해결 메커니즘, 시장 주도의 환율 평가체제, 환경 표준과 협약에 영향을 받는다.

대부분의 시장경제국가 정부들은 중요한 경제적 목표를 공유한다. 모든 국가가 성장을 안정시키고, 경제위기 위험성을 피하고, 잠재적 분쟁과 갈등을 최소화하기 위해서 거시경제계획을 수립한다. 그럼에도 불구하고 경제성장을 위한 정부의 장기전략은 시공간에 따라 다양하게 나타난다. 정부정책은 실용주의적 고려와 정권을 쥐고 있는 정당의 특성에 크게 영향을 받는다.

자본주의체제를 가진 국가들 가운데 경제에 대한 정부의 영향력이 큰 국가를 **국가통제주의적**(dirigiste) 국가라고 부른다. 대조적으로 신자유주의 이데올로기는 정부 간섭 최소화를 추구한다. 국가가 대부분의 경제활동을 통제하는 사회주의 계획경제체제를 제외하면 국가와 경제의 관계 유형은 (1) **국가주의**(statism), (2) **조합주의**(corporatism), (3) 자유방임주의(liberal), (4) 신자유주의(neoliberal), (5) 발전주의 국가(development state), (6) **복지국가**(welfare state)로 구분된다. 국가주의 모델은 국가통제주의의 대표적인 사례로서 정부가 국가의 전략산업 육성 및 발전을 주도하는 형태를 일컫는다. 조합주의 모델에서 정부는 전략산업 선정 및 육성을 위해 경영계 및 노동계와 협력한다. 자유방임주의 모델에서 정부는 경제적 의사결정을 가능하면 민간부문에 맡기며 자유무역을 선호하는 반면, 국가의 시장 개입은 사회경제적 목적을 달성하기 위해서 필요한 경우에만 국한된다. 신자유주의 국가 모델은 사회경제적 목적 달성을 위해서 시장이 주도적인 역할을 해야 한다고 인식한다. 이와 대조적으로 발전주의 국가 모델에서 정부는 수입과 외국인 투자를 제한하고 전략적으로 중요한 산업을 적극적으로 지원함으로써 자국의 성장 유망산업과 노동자들의 책임을 강조하고, 국민 복리를 위해서 요람에서 무덤까지 생애주기 전반에 걸쳐 국가가 경제발전의 성과를 국민들에게 분배하는 데 초점을 둔다. 이러한 복지국가 모델은 사회민주주의 실현을 추구하는 스칸디나비아 국가들의 경제발전 모델로도 잘 알려져 있다. 이 여섯 가지 모델을 엄격하게 구분하기 어렵다. 예를 들어 신자유주의는 자유주의 전통에서 진화한 것이며, 발전주의 국가 모델은 국가통제주의 혹은 조합주의 모델과 일맥상통한다.

국가주의 중앙정부가 능동적인 역할을 통해 전략적 성장을 주도하는 거버넌스

조합주의 노-사-정 3개 주체가 협력하여 경제발전을 위한 전략적 계획을 수립하는 거버넌스

복지국가 정부가 모든 국민이 경제적 · 사회적 생활에 참여하는 데 필요한 필수품(음식, 피난처, 교육 등)을 수급할 수 있도록 보장하는 모델

지방정부의 전략은 이상에서 논의한 국가 모델과는 상이하다. 예를 들어 캐나다의 퀘벡 주 정부는 지역의 주요 기업들에게 각종 행 · 재정적 지원을 통해 보호 및 육성함으로써 국가통제주의 모델을 따르고 있는 반면, 앨버타 주 정부는 외국인 투자를 적극적으로 유치하고 법인 세율을 낮게 책정하면서 보다 신자유주의적 입장을 취하고 있다. 미국의 경우 신자유주의 입장을 취하고 있는 대다수의 주들과는 다르게 매사추세츠 주 정부는 보건 · 의료 및 교육부문에 대한 대폭적인 지원을 하는 이른바 복지국가 모델을 지향하고 있다. 제3장에서 논의했다시피 혁신체계는 이러한 전략의 국가 간 및 지역 간 차이를 반영한다. 미국에서는 기업가정신을 고취시키기 위한 각종 국가 재정지원 프로그램들을 통해 시장의 혁신 잠재성을 높이고 결과적으로 실리콘밸리와 같은 클러스터의 발전을 유도한다. 그 외에도

대만이나 싱가포르 같은 발전주의국가나 독일이나 북유럽의 복지국가들은 잠재적 협력 상대자들에 대한 지원과 협력 촉진을 위해 국가적 차원의 지원을 한다.

신자유주의 국가

전통적인 자유주의 모델은 시장활동에 있어 정부 개입에 대해서는 반대 입장이다. 하지만 규제를 목적으로 한 정부 개입은 제한하면서도 국가나 지역경제가 쇠퇴할 때, 또한 사양산업의 구조를 재활성화시키기 위한 정부 개입의 정당성은 인정한다. 이에 반해 신자유주의 모델은 규제의 철폐를 선호한다. 즉, 시장활동과 기업행위를 제한하는 규정 및 법령의 완화나 전면 폐지, 또한 현재 공공부문의 통제하에 있는 경제활동의 상당 부분을 민영화활 것을 주장한다. 신자유주의자들은 '요람에서 무덤까지' 교육, 의료보건, 노령연금 등 공적 지원을 통해 모든 것을 제공한다는 복지국가 모델에 특히 적대적이다.

신자유주의는 1970년대, 미국에서는 로널드 레이건 대통령, 영국에서는 마가렛 대처 수상의 통치기였던 1980년대에 특히 가속도를 얻었다. 이들의 신자유주의화 정책은 캐나다와 뉴질랜드 같은 선진국들의 호응을 이끌었고, 칠레와 같은 일부 개발도상국들에게도 영향을 미쳤다. 다양한 보수적 지식인들이 신자유주의 이념을 과도할 정도로 신봉한다. 그러나 비평가들은 신자유주의 정책은 친기업적이고 반노동적이기 때문에 공공재와 공공 서비스 및 공공기관의 중요성을 간과하고 있으며 결과적으로 소득 불평등을 해소하는 데 실패했다고 주장한다. 2008년 글로벌 경제위기가 과도한 시장 규제 완화와 그로 인한 실업률 상승 및 사회적 불평등 심화로 인한 것이었다는 비판이 제기되면서 신자유주의 모델은 신뢰를 크게 잃었다. 게다가 많은 정부들은 여전히 정부 개입적 정책을 취하고 있으며, 한국이나 중국과 같은 아시아 국가들은 발전주의 국가적 정부정책을 지속하고 있다.

발전주의 국가

이 모델에서 정부는 자국의 신생산업을 보호함으로써 산업화를 촉진시키기 위해서 사회·경제적 인프라(예 : 보건의료, 교육, 교통통신 시스템)를 구축하고 중장기적 발전을 위해 전략적으로 필요하다고 판단되는 부분에 대한 적극적인 지원을 한다. 발전주의 모델의 옹호론자들은 소규모의 신생산업은 외국의 거대기업들의 저렴한 수입상품과 직접 경쟁이 어렵기 때문에 관세장벽을 통해서 적극적으로 보호할 필요가 있다고 주장한다. 정부의 보호를 통해서 이들 신생산업은 생산비를 절감하고 규모의 경제를 거둘 수 있는 체력을 키울 수 있다.

발전주의 국가 모델에서 해외직접투자(FDI)의 역할은 그다지 명확하지 않다. 반면에 어떤 이는 FDI가 '베스트 프렉티스(best practices)'의 세계적 확산에 도움을 준다고 주장하지만, 어떤 이들은 FDI가 피투자국의 발전 잠재력을 축소시키면(사례연구 4.4), 국가를 대표하는 기업이 성장할 수 있는 잠재력을 억제시킬 수 있기 때문에 FDI를 제한해야 한다고 주장한다(제3장).

역사적으로 미국, 독일, 일본을 비롯한 산업화된 모든 선진국가들은 내부적으로 자국의 신생산업들을 보호하여 국가를 대표하는 글로벌 기업으로 성장할 수 있도록 산업화를 적극적으로 추진하였다. 19세기 후반 캐나다의 존 맥도널드 경의 후기 연합정부가 도입한 경제정책은 공산품의 수입을 제한하기 위해서 수입상품에 대한 관세를 부과하고 서부지방의 이주를 장려하기 위한 방편의 일환으로 대륙횡단철도를 건설하긴 했으나 FDI를 제한하지는 않았다. 오히려 캐나다 정부는 공산품의 수출도 하지 않고 캐나다 내에 R&D 기반을 갖추지도 않은 분공장들의 유치를 위해 노력했다. 그에 반해 FDI를 제한했던 일본과 스웨덴 같은 나라들은 자국의 대표적인 기업들을 지원하고, 이들은 글로벌 기업으로 성장하는 데 성공했다.

경제발전에 대한 일본 정부의 접근방식은 매우 포괄적이었다. 19세기 후반에서야 서구문명에 개방을 한 상대적인 '후발주자'로서 일본은 서구 선진국들과의 기술 격차가 컸다. 이러한 격차를 줄이기 위해서 일본 정부는 교육체계와 금융체계를 비롯해 조세정책 및 정치제도에 이르기까지 다양한 영역에서 서구의 선진 제도들을 학습하였다. 정부와 기업들은 관료와 직원들을 서구 선진국에 파견하여 선진 제도와 기술을 배우도록 했을 뿐 아니라 선진국의 전문가들을 고용하여 선진 문물의 직접 이식을 추진하였다. 게다가 19세기 후반에 이르자 일본 정부는 (선진국과의 기술 격차가 적다고 판단되는) 조선산업 등을 국가 전략산업으로 선정하고 특별히 지원하였다. 제2차 세계대전으로 인해 자국의 산업기반들이 파괴된 후에도 일본 정부는 비슷한 전략 접근방식을 취함으로써 철강, 화학, 자동차 및 전자산업의 육성에 집중하였다. 이를 통해 선진국들을 앞지르기 시작한 이후에도 일본 정부는 여전히 예전 방식의 산업정책을 취하고 있다.

다른 동아시아 국가들은 훨씬 더 큰 국가통제주의 접근방식으로 발전주의 모델을 추구했다. 한국은 1970년대부터 경제발전 정책을 추진하기 시작했는데, 독재정권은 소수의 재벌기업에 특혜를 주면서 이들을 외국의 경쟁업체들로부터 비호하였다. 싱가포르 정부는 한국보다는 덜 권위적인 정부였음에도 불구하고 국영기업들을 다수 설립하였으며, 외국의 다국적기업들로부터 투자를 유치하여 경제발전을 이끌었다. 싱가포르는 기본적인 산업화 기반이 갖추어지자 교육 및 기초 R&D에 투자하기 시작했다. 중국과 인도는 공산주의 및 사회주의 역사에도 불구하고, 과거에 국가 소유였던 기업들을 민영화하였으며 자국의 경제를 활성화시키는 데 있어 민간부문에 크게 의존하였다.

정부의 정책 개입 및 제도

정부는 경제발전계획에 따라 다양한 정책을 추진한다. 본 절에서는 국가별로 다양하게 나타나는 정책적 제도를 고찰하고, 이것이 어떻게 상이한 경제경관을 만들어내는지를 살펴볼 것이다.

세입과 세출의 지리

정부의 역할은 시장이 효율적으로 움직이도록 만드는 것과 더불어 공공재와 사회복지를 제공하는 것이다. 이를 위해서는 필연적으로 **세금**(tax)을 거두어야 한다.

세금 정부가 재화, 서비스, 소득 등에 부과하는 부담금으로, 정부가 지출하는 모든 돈의 원천이 됨

세입과 세출의 지리는 정부의 소득이 어디에 분포하고 정부의 지출이 어디로 어떻게 분배되는지에 대해 관심을 갖는다. 즉, 돈이 들어오는 곳과 돈이 나가는 곳이 다르다는 점에 주목한다. 세금을 내는 것은 개인이나 기업에는 부담스러운 일이지만, 공공재에 투자된 세금은 개인이나 기업을 끌어들이는 수단이 되기도 한다. 세금을 거둬들이는 지역과 거둬들인 세금이 쓰이는 지역은 그 비중으로 보았을 때 소수의 지역에 집중되어 있다. 조세 수입은 대부분 개인이나 기업에서 나오지만 정부 지출은 개인과 기업 이외에도 비영리기구, 정부기관 등 다양하다. 조세정책은 자국기업들의 국제 경쟁력과 해외직접투자 유치에 상당한 긍·부정적 영향을 미칠 수 있다. 마찬가지로 지방정부도 조세정책을 어떻게 하느냐에 따라 개인과 기업의 투자가 몰릴 수도 있고 빠질 수도 있다.

조세 수입의 국가별 차이

GDP는 한 국가의 규모와 경제력을 나타내는 대표적인 지표로 사용되지만, 한 국가의 조세 수입 규모를 측정하는 지표로도 사용된다. OECD 국가들의 조세 수입은 2011년 GDP 대비 19.6~47.7%를 차지하는 것으로 나타났다(표 6.2). 미국과 일본은 GDP 대비 조세 수입 비중이 하위권에 속하는 반면, 유럽 국가들은 상위권을 차지하고 있다. OECD 국가들의 GDP 대비 조세 수입 비중은 1975년과 비교했을 때 2011년에는 훨씬 높은 것으로 나타났다. 영국과 같은 일부 국가들은 그 증가율이 미미하지만, 그렇다고 해서 이것이 세계화의 결과로 인해 정부의 역할이 축소되었다고 말하기는 어렵다. 상대적 측면에서 보든 절대적 측면에서 보든 정부의 지출이 늘어난 것은 분명하다. 더욱이 이 자료는 경제발전에 있어서 정부의 역할은 더욱 커지고 있음을 보여준다. 한국, 터키, 스페인과 같은 국가들의 경우 1975년에는 OECD 국가들 가운데 소득 수준이 낮았으나, 그 후에 급속한 경제발전을 거두어서 지금은 GDP 대비 조세 수입 비중이 크게 증가했다. 이에 반해 멕시코는 예나 지금이나 낮은 상태를 보이고 있다.

대부분의 선진국들은 GDP 대비 조세 수입 비중이 35~45%인 반면, 개발도상국들은 10~30%를 차지한다. 국가경제에 있어서 조세의 비중은 국가별로 차이가 있지만, GDP에서 정부 지출이 차지하는 비중은 국가를 막론하고 높은 편이다. 예를 들어 대부분의 유럽 국가들의 정부 지출은 GDP에서 차지하는 비중이 45%를 넘는다. 선진국들에서 국가 간에 정부 지출 비중이 차이나는 이유는 두 가지 모순적 상황과 연관된다. 첫째, 모든 선진국은 자국 국민들에게 보건의료, 교육, 치안 등에 있어서 강력한 공공 서비스를 제공한다. 즉, 국민들이 내는 세금의 대부분이 공공 서비스 분야로 흘러들어 가는 것이다. 둘째, 국가 간에

표 6.2 GDP 대비 조세 비중

국가	1975	2000	2011
오스트레일리아	26.5	31.8	26.5
오스트리아	37.4	43.4	42.3
벨기에	40.6	45.7	44.1
캐나다	31.9	35.6	30.4
체코공화국	n/a	39.0	34.9
덴마크	40.0	49.6	47.7
핀란드	36.8	48.0	43.7
프랑스	35.9	45.2	44.1
독일	35.3	37.8	36.9
그리스	21.8	38.2	32.2
헝가리	n/a	39.0	37.1
아이슬란드	29.7	39.4	36.0
아일랜드	29.1	32.2	27.9
이탈리아	26.1	43.2	43.0
일본	20.8	27.1	28.6
멕시코	n/a	18.5	19.6
네덜란드	41.3	41.2	38.6
뉴질랜드	28.5	33.4	31.5
폴란드	n/a	32.5	32.3
대한민국	14.5	23.6	25.9
스페인	18.8	35.2	32.9
스웨덴	42.0	53.8	44.2
터키	16.0	32.3	27.8
영국	35.3	37.4	35.7
미국	25.6	29.9	24.0
OECD 합계	**30.3**	**37.2**	**34.1**

출처 : OECD. 2013. *Revenue Statistics 1965-2012*, OECD Publishing, http://www.oecd-ilibrary.org/taxation/revenue-statistics-2013_rev_stats-2004-en-fr (Table A, Accessed March 2014)

정부 지출 비중이 10% 내외의 차이로 나타나는 것은 조세 부담 및 사회 서비스 공급에 있어서 국가 간에 차이가 있음을 의미하는 것이다. 보편적 사회보장제도는 사회민주주의를 지향하는 스웨덴에서 조세 부담률이 높은 핵심 요인인 반면에, 신자유주의 모델을 따르는 미국은 조세 부담률을 높여 사회복지 혜택을 강화하는 방안에 대한 사회적 논란이 존재한다.

중앙정부와 지방정부 간에 세금을 거둬들이고 세수를 분배하는 방식은 나라마다 다르다. 정부가 쓰는 돈은 주로 세금에서 나온다: (1) 소득세(개인소득세 및 법인세), (2) 종가세(부가가치세 및 수입관세), (3) 재산세(부동산세, 부유세, 상속세 등). 일부 세금은 재화와 서비스의 양에 따라 매기는 고정세율로 부과되지만 나머지는 품목 그 가치에 따라 변동세율로 부과된다. 캐나다에서 재화 · 서비스 판매세(Goods and Services Tax, GST)는 변동세율 방식을 적용하는데, 1991년에 연방정부에서 처음 도입될 당시에는 7%의 세율이 적용되었으나 2008년부터는 5%로 줄어들었다. 주소비세(Provincial Sales Tax, PST)와 재화 · 서비스 소비세(GST)를 합친 개념인 종합소비세(Harmonized Sales Tax, HST)는 1997년에 뉴펀들랜드, 래브라도, 뉴브런즈윅, 노바스코샤 주에서 도입되기 시작하여, 2010년에는 온타리오, 브리티시컬럼비아, 2013년에는 프린스 에드워드 아일랜드 주로 확대되었다. 주소비세는 가치사슬에 포함된 모든 구매품목에 세금을 부과하는 방식이나 종합 소비세는 단지 최종 소비자에게 판매되는 품목에만 세금을 부과하는 방식이다.

만약 종가세율이 지불능력에 따라 증가한다면 조세체계는 누진세 성격을 띤다고 할 수 있다. 누진세 조세체계는 부유층에게 빈곤층보다 높은 세금을 부과함으로써 사회적 형평성을 높이기 위해서 고안된 것이다. 이와 반대로 일률과세는 소득과 상관없이 동일한 세율을 부과하는 역진세적 성격을 띤다.

각국의 정부는 수입의 성격에 따라 다양한 형태의 조세체계를 적용한다. 개인소득세는 캐나다 연방 세수의 60%가량을 차지할 정도로 북미 국가의 주요 세수원이다(표 6.3). 반면에 상품 · 서비스세는 영국, 프랑스와 같은 국가에서 주요한 세수원이다.

지방정부들은 연방정부에 대해 상당한 수준의 예산권을 갖는다. 예를 들어 캐나다의 주정부들은 2011년 국가 총 조세 수입의 약 40%를 차지했으며, 미국의 주정부들은 국가 총 조세 수입의 약 20%를 차지했다(표 6.4). 그러나 멕시코 지방정부들의 경우는 국가 조세 수입에서 차지하는 비중이 매우 낮다. 조세 수입에 있어서 지방정부가 차지하는 중요도는 국가별로 매우 상이하다. 예를 들어 덴마크, 핀란드, 스웨덴, 일본은 그 중요도가 매우 높은 반면에, 멕시코는 매우 낮고, 대한민국의 경우에는 그 중요도가 높아지고 있는 추세이다. 노르웨이와 미국은 지방정부의 지출이 1975~2011년 사이에 감소 추세를 보이고 있는데, 노르웨이의 경우 같은 기간 국영석유공사가 거둬들인 수입이 크게 증가했기 때문이다. 지방정부들은 중앙정부와 달리 부동산세의 의존도가 높아서, 지방 세수의 지역 간 빈부 격차를 일으키는 원인이 된다. 표 6.4는 조세 수입이 사회보장 예산에 차지하는 비율을 국가별로 나타낸 것으로, 프랑스와 독일은 그 비중이 매우 높은 반면에, 캐나다는 그 비중이 매우

표 6.3 2003~04년 및 2012~13년 캐나다 연방정부 조세 수입원(10억 달러)

수입원	2003~04(%)	2012~13(%)
1. 개인소득세	84.9 (45.6)	126.2 (49.0)
2. 재화 · 서비스 판매세	28.3 (15.2)	28.8 (11.2)
3. 법인소득세	27.4 (14.7)	35.0 (13.6)
4. 기타 세금/관세	16.2 (8.7)	19.8 (7.7)
5. 고용보험료	17.5 (8.7)	20.4 (8.0)
6. 기타 수입	11.8 (6.3)	26.9 (10.5)
합계	**$186.1**	**$256.6**

출처 : Department of Finance, Government of Canada.

낮다. 중앙정부와 지방정부를 막론하고 많은 국가들에서 개인 및 법인소득세가 차지하는 비중은 매우 높다.

기업과 마찬가지로 정부도 국채를 발행해서 금융기관이나 개인들로부터 돈을 빌려서 정부기관을 운영할 수 있다. 정부는 세금을 통해서 안정적인 소득을 거둘 수 있기 때문에 금융기관이나 개인들은 국가가 발행한 채권(즉, 국채)을 가장 안전한 자산으로 간주한다. 정부는 세수 부족을 메꾸기 위한 수단으로 대출(또는 차입금)을 이용하기도 한다. 정부는 경기를 부양시키거나 과열된 경기를 안정시키기 위해서 화폐 공급과 금리를 통제하는 수단으로 차입금 수준을 조절한다. 물론 정부 차입금도 이자를 물고 상환해야 하는 것이기 때문에 정부나 납세자들에게 부담으로 작용할 수 있다. 지방정부 또한 지방채를 발행할 수 있고, 그에 따른 부채를 감당하지 못해 파산을 하는 경우도 종종 일어난다.

지출

정부 지출은 크게 (1) 정부활동을 위해 이용하는 재화와 서비스의 구매, (2) 지방정부 및 개인에게 지출되는 이전 지출, (3) 인프라, 교육, 보건 등 공공재에 대한 투자 등 세 가지 유형으로 구분된다. 정부의 지출과 정부부문 일자리는 국가 및 지역경제에 있어서 매우 중요하다. 캐나다의 경우 공공부문 고용은 2014년 현재 국가 총고용의 20%를 차지하고 있으며, 이와 관련된 예산 지출액도 상당하다(표 6.5). 미국의 경우 중앙 및 지방정부 등 정부기관(군인 등 군 종사자 제외)에 고용된 인원은 2014년 현재 총고용의 14%를 차지하고 있다.

정부 지출은 전형적으로 복잡하고 관료제적인 구조로 조직되어 있다. 캐나다의 경우 정부 지출은 중앙 및 지방정부, 원주민 자치조직, 국영기업 등에 분산되어 있다(표 6.5). 2012~2013 회계연도 캐나다 연방정부 예산의 약 50%는 연금 및 고용보험 등의 형태로 개

표 6.4 OECD 국가의 사회보장 수준 및 정부 수준별 세금 세율

국가	중앙정부	지방정부	로컬정부	사회보장
연방제				
오스트레일리아	81.3 (80.1)	15.3 (15.7)	3.4 (4.2)	0.0 (0.0)
캐나다	41.5 (47.6)	39.7 (32.5)	9.7 (9.9)	9.1 (10.0)
독일	31.7 (38.5)	21.3 (22.3)	8.0 (9.0)	38.5 (34.0)
멕시코	80.1 (n/a)	2.5 (n/a)	1.1 (n/a)	14.5 (n/a)
미국	40.6 (45.4)	20.7 (19.5)	15.9 (14.7)	22.8 (20.5)
단일정부				
체코공화국	54.1 (n/a)		6.6 (n/a)	44.1 (n/a)
덴마크	70.8 (68.1)		26.7 (30.4)	2.1 (0.5)
핀란드	47.7 (56.0)		23.3 (23.5)	28.8 (20.4)
프랑스	32.6 (51.2)		13.2 (7.6)	54.0 (40.6)
그리스	64.2 (67.1)		3.7 (3.4)	31.9 (29.5)
이탈리아	52.5 (53.2)		15.9 (0.9)	31.2 (45.9)
일본	33.3 (45.4)		25.2 (25.6)	41.4 (29.0)
폴란드	51.9 (n/a)		12.5 (n/a)	35.4 (n/a)
대한민국	60.1 (89.0)		16.3 (10.1)	23.5 (0.9)
노르웨이	87.7 (50.6)		12.3 (22.4)	0.0 (27.0)
스웨덴	51.3 (51.3)		35.7 (29.2)	12.6 (19.50)
터키	63.3 (n/a)		8.8 (n/a)	27.0 (n/a)
영국	75.9 (70.5)		4.8 (11.1)	18.7 (17.5)

인에게 지출되거나 교육 및 보건 등의 복지예산 집행을 위해 지방정부에 지출되는 이른바 이전 지출로 사용된다. 또한 이전 지출은 농민 보조금, R&D 보조금, 해외 원조, 지방정부 균형발전 보조금 등의 용도로 사용되며, 이러한 용도로 지출되는 예산 비중은 이전 지출 총액의 약 5% 내외를 차지한다. 약 절반에 못 미치는 47%의 정부 지출은 연방정부, 공공기관, 국영기업에 지출하기 위해 편성된다.

중앙정부는 다양한 정부부처를 가지고 있다. 미국이나 캐나다 같은 연방국가들은 지방정부에 지출되는 예산의 비중이 크다. 지방정부들은 교육에서 도시계획에 이르기까지 다양한 서비스를 제공하기 위해 존재하며, 이들 가운데 상당수는 지역경제발전을 촉진하기 위

표 6.5 2003~04, 2012~13년 캐나다 연방정부 예산 분배(10억 달러)

예산 범부	2003~04(%)	2012~13(%)
1. 공채 상환	35.0 (19.0)	29.2 (10.6)
2. 이전 지출	94.3 (51.0)	163.6 (59.3)
국민 이전	42.0	70.3
지방 투자	30.0	58.4
(균형발전지출)	9.3	15.4
기타 지출	23.0	34.9
3. 기타 비용	47.0 (25.0)	82.9 (30.1)
4. 잉여예산	9.1 (5.0)	−25.9
합계	**$186.0**	**$275.7**

출처 : Department of Finance, Government of Canada.

한 지역경제발전 기구를 운영하고 있다. 또한 병원과 대학 운영비를 지원하기 위해서도 연방정부가 지방정부로 재정 지출을 한다. 지방정부 내에서도 주정부는 하위 지방정부에 초중등교육 예산을 지원한다. 캐나다와 달리 미국은 건강보험료를 개인이 부담하도록 하고 있고, 초중등교육 예산은 지방정부 스스로 부담하도록 하고 있다. 미국과 캐나다 양국 간의 보건과 교육부문의 정부 예산 지출 차이는 지역 고용의 양과 질적 특성뿐만 아니라 지역의 보건 및 교육수준에도 영향을 미칠 수 있음을 시사한다.

세수와 세출의 차이는 지역 간 및 국제적 수준에서도 나타난다. 예를 들어 유럽연합 의회에서는 회원국들이 내는 의무 분담금 외에 관세, 농업 분담금, 부가가치세 등을 통해 수입을 거둔다. 유럽연합 예산의 대부분은 지역격차 해소, 인적 및 물적 이동성 향상, 환경 보존 등을 위해 사용되지만, 제3세계 국가 지원 및 세계 평화 유지 등을 위해서도 사용된다.

거시경제정책

거시경제정책은 통화 및 재정정책으로 구성되며, 국가경제의 총합적 성과를 나타낸다. 통화정책은 국가의 통화체계를 운용하고 안정화시키는 데 목적이 있으며, 재정정책은 정부지출을 직접적으로 관장한다. 통화정책은 화폐 공급, 이자율, 은행 대출 등을 조정하는 반면에 재정정책은 정부의 세입과 세출을 조정한다.

거시경제학 저축, 투자, 소비, 고용 및 생산성 측면에서 국가경제의 종합적인 성과를 다루는 학문으로 거시경제정책은 재정 및 통화정책의 조정을 통해 성장과 안정을 달성하고자 함

거시경제학(macroeconomics)은 국가경제의 총합적 성과를 저축, 투자, 소비, 고용 및 생산성 등의 측면에서 분석함으로써 거시경제정책의 수립에 활용되는 경제학의 한 분과학문이다. 비록 정부들이 오랫동안 통화문제를 강조해왔지만, 현대 거시경제정책의 근원은 사

회적 우선순위와 재정정책의 중요성을 실현하는 데 있다.

1930년대 대공황에 대응하여 루스벨트 행정부는 간접적인 금융지원과 고용촉진정책을 통해 국가적 차원에서 유례없는 금융통제와 경제의 수요공급 촉진을 추진했다. 동시대에 존 메이나드 케인스(John Maynard Keynes)는 이러한 정부 개입 경제정책을 옹호하는 거시경제 이론을 창시했다. 그의 주장에 따르면 정부는 공황기 또는 경제쇠퇴기 동안에 발생하는 높은 수준의 실업과 기업실패를 막고 안정적인 성장을 유지할 의무가 있다.

따라서 경기쇠퇴기에 정부는 재정적자를 감수하고서라도 재정력을 동원하여 공공부문 투자(예 : 도로, 댐, 학교 및 병원과 같은 인프라 건설)를 활성화해야 한다. 이러한 공공 지출을 통해서 일자리가 생기고, 소득이 창출되며, 소비 지출에서 승수효과가 발생할 뿐만 아니라 재화와 서비스의 신규 수요를 충족시키기 위해서 민간부문의 추가적인 투자가 촉진된다. 역으로 급속한 경제성장기에는 정부가 나서서 금리와 소득세를 올리고 정부 재정지출을 축소함으로써 인플레이션을 억제시켜야 한다.

1980년대 초반에 이르러 서구 각국에 보수정권이 집권을 하면서 케인스의 거시경제정책을 폐기하는 국가들이 늘어나기 시작했다. 정부 재정 지출이 적자 상황임에도 불구하고 실업과 인플레이션 문제가 해결되지 않았다. 이에 대해 공급 주도 이론이 신자유주의의 등장과 함께 부각되기 시작했다. 이 이론은 정부는 과도한 재정 지출로 적자에 시달리게 되고, 정부기능이 비대해져 재정 부담이 커질 뿐만 아니라 조세 부담률을 높여 민간부문의 투자를 위축시킨다고 주장한다. 공급 주도 이론가들은 소득세율을 낮추고, 정부 지출을 줄이고, 민간투자 활성화를 위해 금리를 내릴 것을 주장한다. 이와 관련하여 '양적 완화'는 민간투자와 소비 지출을 촉진하기 위해서 중앙은행이 화폐 공급을 늘리는 것을 의미한다. 미국, 유럽, 일본은 2008년 글로벌 금융위기 사태에 직면하여 이러한 양적 완화정책을 추진한 바 있다.

그러나 경제쇠퇴기 동안의 정부 지출 및 서비스 축소를 통한 '긴축재정 프로그램'은 실업율과 기업 실패율을 높일 수 있는 위험성이 있다. 최근에는 공급주도형 통화주의 정책은 비판을 받고 있는 반면, 특히 2008년 글로벌 금융위기 이후에 케인스 거시경제정책이 다시금 주목받고 있다. 어느 것이 적절한 거시경제정책인지에 대한 합의는 여지껏 이루어지지 않고 있으며, 각국 정부들은 이 양자 간의 다양한 조합을 통해 거시경제정책을 추구하는 경향을 보이고 있다. 다수의 시장경제 국가들이 직면한 거시경제적 딜레마는 실업률 해소를 위해 장기간에 걸쳐 매우 낮은 금리 수준을 유지하는 데 실패하고 있다는 점에서 간접적으로 드러난다. 게다가 정부 지출은 불가피하게 제한이 있을 수밖에 없고, 세금을 늘리는 것은 세금을 낮추는 것만큼이나 논쟁의 소지가 큰 반면에, 세계화의 가속화에 따라 국가의 경제정책은 다른 나라의 상황과 분리되어 추진될 수도 없다. 정부의 역할이 확대됨에 따라 거시경제정책의 중요성도 높아지고 있으며, 정책입안자들은 장기적 측면에서 국가발전전략을 어떻게 수립해야 할지에 대해 고민해야 한다.

지역발전정책

유럽과 북미 정부들은 1930년대 대공황기 동안 경제성장을 촉진하기 위해 새로운 재정정책을 지역정책을 통해 실험하기 시작했다. 미국은 1933년 미국에서 가장 낙후지역 가운데 한 곳에 수력발전소를 짓기 위해 테네시밸리개발청을 설립했으며, 캐나다에서는 캐나다 서부 지방의 가뭄 피해 농가를 지원하기 위해 프레리 농가재건법을 1934년에 제정했다. 영국에서는 침체된 탄광지역과 구산업지역을 지원하기 위한 특별법을 1934년 제정했다. 낙후지역 경제발전을 촉진하기 위한 지역정책들은 1950년대 및 1960년대에 이르러 더욱 활발히 추진되었다. 이러한 지역정책들은 중앙정부가 기획, 추진, 재정지원을 일괄적으로 담당하는 이른바 '하향식' 개발방식을 띠었다. 1970년대에 이르러 지역정책들은 보다 '상향식' 개발방식으로 전환되어 지방정부 주도로 추진되기 시작했다. 이와 관련하여 대도시의 중심도시 재개발을 위해 **민관 파트너십**(Public-Private Partnerships, PPP)도 나타났다. 오늘날에도 지역발전정책은 중요한 국가정책의 하나로 추진되고 있다.

민관 파트너십 경제발전 프로젝트를 지원하기 위한 공공단체와 민간단체 간의 협정

중앙정부의 역할

중앙정부는 재정지원, 전문인력 제공, 제도 및 법률적 기반 조성 등을 통해 지역개발에 중요한 역할을 한다. 낙후지역 개발을 위해 사용되었던 전통적인 하향식 **지역발전정책**(regional development policies)들은 국가적 목표 측면에서 종종 정당화되곤 했다.

지역발전정책 지역개발을 지원하는 정부의 정책

예를 들어 캐나다에서는 낙후지역에 대한 인프라 제공 및 제조업 보조금 등을 통해 지역격차를 줄일 목적으로 지역경제활성화부(DREE)를 1963년에 설립했다. DREE는 '정의로운 사회 구현'을 슬로건으로 내세우고 모든 지역이 동등한 일자리 기회와 균등한 소득 창출 및 서비스 접근성을 가져야 함을 강조했다. 아울러 낙후지역의 성장 촉진과 실업률 감소를 통한 지역균형발전은 국가 전체의 총량적 성장을 향상시킬 뿐만 아니라 성장지역의 인플레 경향을 억제시키고 지역격차로 인해 발생하는 사회경제적 갈등을 줄이는 효과를 가져다준다고 주장했다.

1980년대까지 그러한 하향식 정책들은 받아들여지지 않았다. 많은 국가에서 지역경제 파급효과가 높지 않은 분공장들을 유치하기 위해 산업 인센티브 정책을 사용하였다. 일찍부터 산업화를 경험한 서구 선진국가들은 탈공업화와 그로 인한 산업지역 쇠퇴 현상을 경험했다. 이에 대한 정부의 대책들은 제조업을 촉진하는 데 중점을 두었으나, 아이러니하게도 오늘날 새로운 일자리의 상당수는 서비스산업에서 주로 나타난다. 1980년대에 등장한 신자유주는 그러한 산업 보조금 정책에 대해 반대 기조를 나타냈다. 더욱이 하향식 정책들은 지역의 특수성을 고려하지 못하였기 때문에, 지방정부들 사이에서는 상향식 발전을 요구하는 목소리가 높아지게 되었다.

그럼에도 불구하고 중앙정부는 도시 및 지역발전정책의 전반에 걸쳐 여전히 중요한 역할

을 담당한다. 중앙정부에서 지방정부로의 분권(권력 이양)과 자치는 많은 선진국가에서 중요한 트렌드가 되었고, 지역격차 해소를 위한 중앙정부 차원의 정책은 여전히 중요한 과제로 남아 있다. 캐나다에서 지역발전을 위한 연방정부의 기관들은 전국 각지에 분산되어 있다. 예를 들어 서부 캐나다 개발청은 에드먼턴에, 온타리오개발청은 키치너에, 퀘벡개발청은 몬트리올에, 캐나다 대서양지역개발청은 멍그턴에 각각 본부를 두고 있다. 각 지역개발청의 지청들은 하위 행정구역 도시에 입지하면서, 연방정부 및 주정부의 지역개발 사업들을 실행하는 역할을 담당한다. 1968년부터 캐나다 연방정부는 지역균형발전 프로그램을 실시하여 소위 '가진(발전된)' 지역으로부터 기금을 거둬 '못 가진(낙후)' 지역에 기금을 이전하여 교육 및 보건 등의 공공 서비스 공급의 지역 간 격차를 해소하기 위한 노력을 기울이고 있다. 브리티시컬럼비아 주와 (특히) 앨버타 주는 '가진' 지역에 속한 반면, 퀘벡 주는 기금 수혜를 받는 대표적인 지역으로, 전체 균형발전기금의 절반가량을 받는다(표 6.5 참조). 최근의 연구결과에 따르면 기금을 내는 '가진' 지역보다 기금을 받는 '못 가진' 지역의 공공서비스 수준이 높은 것으로 나타나기도 했으나, 이 프로그램을 조정하는 것은 정치적으로 매우 어려운 일이 될 것이다.

지방정부의 역할

중앙정부나 도 차원의 공간 규모에서 보자면 이보다 작은 행정구역 단위들은 주민들에게 보다 직접적이고 밀착된 서비스를 제공한다고 할 수 있다. 도 단위 이하 행정구역들은 서로 유사한 경제적 특성을 가지고 있으며, 공통의 거버넌스 구조와 인프라망을 구축하고 있다. 반면에 도 단위 행정구역은 중앙정부의 경제적 기능을 일정 수준 가지고 있고, 보다 포괄적인 차원에서 공공 서비스 체계 및 거버넌스 체계를 갖추고 있다.

최근에는 지방정부가 보다 적극적으로 경제발전정책을 수립하고 추진하는 '상향식 발전' 방식이 다양한 형태로 활성화되고 있다. 상향식 발전 방식은 정책을 수립할 때 지역 특수성과 지역의 입장을 고려하는 것이 매우 중요하다. **지역경제발전**(Local Economic Development, LED) 및 **커뮤니티경제발전**(Community Economic Development, CED)에 관한 이론들은 상향식 발전 방식을 뒷받침하는 전형적인 이론들이다. 지역경제발전은 기업친화적 비즈니스 환경 조성을 통해 지역의 소득 수준을 높이는 데 초점을 둔다. 이를 위해 지역의 기업가들에게 사업에 필요한 기본적인 인프라와 저렴한 업무 공간을 제공하고, 기술 및 마케팅 자문, 수출 지원 등의 필요 서비스를 지원한다. 해외직접투자와 합작투자를 유치하기 위해서 전문 인프라 공급, 각종 보조금 지급, 조세감면, 마케팅 및 경영지원 프로그램 제공 등 각종 기업 편의사항 제공을 한다. 이와 대조적으로 커뮤니티경제발전은 시민의 적극적 참여, 경제적 목표와 사회적 목표를 동시에 고려한 정책 추진, 민관 파트너십에 기초한 지역 주체들의 협력을 통해 경제발전을 추구한다. 커뮤니티의 지속가능성을 위해 경제발전 정책의 추진과정에서 환경적 가치실현을 우선시한다.

지역경제발전 기업가정신과 리더십에 기반한 지역경제발전의 촉진

커뮤니티경제발전 주민참여에 기초한 지역경제발전 촉진에 대한 접근법

지역경제 발전정책을 수립하고 추진하는 과정에서 지역의 제도적 역량을 구축하는 것은 LED 모델과 CED 모델이 공통적으로 추구하는 내용이다. 각 지역에 존재하는 경제발전기구(Economic Development Offices, EDO)는 LED 정책을 수립하고 추진하는 데 필요한 지역 특성을 반영한 수요 발굴, 지역 주체들 간의 협력, 홍보 및 마케팅 등의 측면에서 역할을 수행한다. CED는 사회적 네트워크, 모든 커뮤니티 이해당사자들이 참여한 민주적인 의사결정 및 각종 사회적 활동(예 : 탁아소 운영, 편모 지원, 지역축제 기획, 도시계획 심의 등)을 강조한다. 상위 행정구역 단위 지방정부들은 이러한 행사 및 계획들이 잘 추진될 수 있도록 행 · 재정적인 지원을 한다.

그러나 LED와 CED 모두 비판을 받는 측면도 있다. LED는 과도하게 기업친화적인 반면 사회적 이슈에 대해서는 무감각하다는 비판을 받으며, CED가 강조하는 주민 참여는 때로 주민들 간의 갈등과 분열을 초래할 수 있는 문제점을 내포하고 있다. 지역의 제도적 역량을 구축하기 위한 노력들은 실질적인 성과를 내는 데 실패하는 경우가 종종 있다. 또한 LED와 CED를 추진하기 위해서는 상위 행정단위의 재정적 지원에 의존하는 경우가 많은데, 지역의 요구사항이 적절히 반영되지 못하는 경우도 있다. LED 정책 추진을 둘러싸고 지방정부 간에 '보조금 유치를 위한 전쟁(subsidy wars)'을 초래하기도 한다. 최근에 미국의 지방정부 간에 자동차 조립공장 유치를 위해 조세감면, 전기세감면, 인력훈련지원, 인프라 공급, 노동법의 기업친화적 개정 등을 통한 경쟁이 벌어지고 있는 것이 그 대표적 사례이다. 캐나다에서도 영화산업 투자유치를 위해서 브리티시컬럼비아 주, 온타리오 주, 퀘벡 주가 각종 조세감면책을 무기로 경쟁을 벌이고 있다. 마찬가지로 중앙정부도 기업유치를 위해 보조금 경쟁을 벌이고 있는데, 그 예로 2008년 글로벌 금융위기 때 미국과 캐나다 정부는 GM을 파산위기에서 구제하기 위해서 보조금 게임을 벌였고, 영국과 미국은 유동성 위기에 빠진 은행들을 구제하기 위해서 보조금지원 정책을 추진한 바 있다.

실제로 중앙정부에서 지방정부에 이르기까지 정부는 경제발전정책 추진과정에서 민간부문과 빈번하게 상호작용을 한다.

민관 파트너십

민관 파트너십(P3)은 도심지역 탈공업화, 소매공간의 이심화, 교외화 등에 따라 쇠퇴한 도심지역 재생사업을 추진하기 위해 정부와 민간기업이 협력하는 것을 의미한다. 민관 파트너십은 정부 참여를 정당화하기 위해서 공공의 혜택을 제공할 뿐만 아니라 민간기업의 참여를 정당화하기 위해서 민간의 혜택을 제공한다. 민관 파트너십은 다양한 형태로 추진되지만, 넓게 보면 재원조달, 설계, 마케팅 등 개발과정에 필요한 자원을 공유하거나 역할분담을 하고, 대규모 투자사업 추진으로 인해 발생하는 위험부담을 완화하기도 하고, 기대 수익을 공유하는 것을 기본으로 한다. 일반적으로 정부는 재정지원을 하고, 사업 시행자인 민간기업을 통제하는 역할을 한다. 민관 파트너십이라는 용어는 최근에 만들어진 것이나 그 개념은 캐나다에서 1970년대부터 적용된 것으로 보인다. 최근의 보고서에 따르면 캐나다에서는 1990년대 초반부터 206개의 도심재생 프로젝트가 추진되었고, 그로 인해 약 30만 개의 신규 일자리가 창출되고, 512억 달러의 경제적 파급효과가 유발된 것으로 나타났다.

세계에서 가장 생기 넘치는 도시 가운데 하나인 밴쿠버의 출현은 폴스 크릭(False Creek)으로 알려진 도심지역의 쇠퇴 산업지구를 재생하면서 비롯된 것이다. 이 지역의 도심재생사업은 주정부 및 연방정부가 재정지원하고 지자체가 사업 추진 주체가 되어, 폴스 크릭 지구는 쾌적성이 높은 대규모의 고밀도 주거지역으로, 인근의 그랜빌 아일랜드에는 대규모 시장을 조성하는 젠트리피케이션 계획을 추진하였다. 특히 1979년 문을 연 그랜빌 아일랜드 시장은 연방정부가 소유한 토지를 지자체가 개발하여 시장에 입점한 다양한 업체에 임대하는 방식으로 추진되었다. 폴스 크릭 지구 도심재생사업은 그 인접지역에 1986 밴쿠버 엑스포를 정부가 추진하면서 더욱 탄력을 받게 되었다.

캐나다 라인은 밴쿠버 다운타운과 2009년 개항한 밴쿠버 국제공항을 연결하는 급행철도 시스템으로, 2010 밴쿠버 동계올림픽 개최를 대비하여 대규모 도시 재구조화 프로젝트를 추진하는 과정에서 추진된 대표적인 민관 파트너십의 사례라 할 수 있다. 만약 동계올림픽을 개최하지 않았다면, 캐나다 라인은 건설되지 못했을 것이다. 연방정부, 주정부, 도시정부와 여러 공공기관이 사업 추진 주체로 참여했고, 민간합작투자회사인 InTransitBC는 건설비를 대고 사업 운영권을 가지는 대신 정부로부터 장기 임대하는 방식으로 참여하였다. 캐나다 라인은 건설 이후에 몇 가지 비판을 받았는데, 당초 계획에서는 터널을 뚫어 지하에 건설하기로 했으나 지상에 건설하는 것으로 변경되어 시민들의 요구사항이 반영되지 못한 부분이 대표적으로 지적된다. 철도 구간을 지상에 건설하는 과정에서 3년 이상 건설 구간 인근의 사업체들이 심각한 악영향을 받은 것으로 나타났다. 언론 보도에 따르면 그 과정에서 50여 개의 소기업들이 이전하거나 폐업한 것으로 알려졌다.

도시 재구조화 과정에 지방정부가 참여한 또 다른 좋은 사례는 1980년대 초반 탈공업화로 인해 심각한 고용 감소와 산업 인프라의 쇠퇴를 경험했던 영국이다. 이때부터 영국에서는 민관 파트너십을 통한 **도시재활성화**(urban regeneration)가 비교적 신속하게 추진되었다. 셰필드 시는 그 성공사례의 하나로 언급된다(사례연구 6.4).

도시재활성화 도시의 오래된 경제구조를 재구조화시키는 것을 포괄적으로 의미

셰필드 시의 첫 번째 도시 재구조화는 1980년대 후반에서 1990년대 일어났으며, 이 시기에 철강공장과 낙후된 노동자 주거지구가 있었던 로우어 돈 밸리(Lower Don Valley) 지역은 기존의 흔적이라고는 찾아보기 힘들 정도로 근대적인 상업 및 오락지구로 탈바꿈했다. 그 과정에서 중앙정부와 지자체 간에 갈등이 벌어졌다. 중앙정부와 광역지자체는 대규모 쇼핑몰 건설을 추진한 반면, 셰필드 시는 쇼핑몰 건설이 도심지역 쇠퇴를 초래한다며 반대했기 때문이다. 그럼에도 불구하고 중앙정부는 민간부문의 투자를 지원하기 위해 셰필드 개발공사(SDC)를 설립하고 도시재생사업을 추진하였다. 정부의 막대한 자금조달(1억 100만 파운드)과 EU로부터 지원받은 750만 파운드를 재원으로 도로를 개보수 및 신설하고 붕

사례연구 6.4 | 셰필드 시의 로우어 돈 밸리 재생사업

로우어 돈 밸리는 셰필드의 산업지구 한가운데 자리하고 있었다. 중공업(철강, 주물, 단조, 철사줄 제조 등) 업체들이 모여 있던 이곳에는 1978년만 해도 공장들과 주거환경이 열악한 노동자 주택들이 밀집해 있었다. 그러나 그로부터 10년 뒤에 이곳의 토지는 40%가 비었고 실질적으로는 모든 대형 공장들은 문을 닫거나 사업을 접었다. 이에 대한 셰필드 시의 도시재활성화 전략은 타 지역과 다소 달랐다. 잉글랜드 북부지방의 도시들과는 달리, 노동당이 우세한 셰필드 시의회는 보수당 정부가 저렴한 임대료 및 조세 혜택을 통해 민간투자를 유치하고자 추진했던 '기업지대' 정책을 거부하였다.

셰필드 시의회는 대규모 상업지대 개발이 도심지역 상가의 생존에 위협이 될 것이라는 두려움을 갖고 있었다. 그럼에도 불구하고 중앙정부는 1988년 셰필드개발공사(SDC)를 설립했으며 1988년부터 1997년 사이에 6천만 파운드의 비용을 들여 대중교통 인프라 및 로우어 돈 밸리 지구의 입지 매력도를 개선시켰다. 셰필드개발공사는 셰필드 최대의 철강공장 터에 조성된 메도우홀 쇼핑몰 등을 포함한 4개의 개발 프로젝트를 민관 파트너십 방식으로 추진하고, 대중교통망 확충을 통해 이들 개발 프로젝트들이 성과를 낼 수 있도록 지원했다. 셰필드 시의회는 중앙정부의 의지와는 별개로 대규모 스포츠와 오락시설 투자를 위한 방편으로 유니버시아드경기대회를 개최하기로 결정했다.

최근 수년간 셰필드의 지속적인 도시재활성화는 지역 주체들 간의 협력에 토대를 두고 추진되었다. 셰필드 시는 영국 최초의 지역전략 파트너십 가운데 하나인 셰필드 퍼스트(Sheffield First)라는 조직을 결성하고 도심지역 재활성화 사업에 초점을 두고 있다. 그 외에도 셰필드 운하 초입에 위치한 빅토리아 키스 상업지구 재생, 겨울정원 조성, 산업박물관 건립, 셰필드 시장 이전 및 근대화 사업 등에 초점을 두고 있다. 그러나 이러한 사업들은 연계성과 일관성을 갖지 못한 채 추진되고 있으며, 도심지역 상업지구 재생사업은 당초 계획보다 축소되어 추진되고 있다는 비판을 받고 있다.

괴한 채로 남아 있는 토지의 기초를 닦았으며, 6억 8천만 파운드의 신규 민간투자를 유치했다. 2000년대 들어 도시재생사업의 초점은 도심지역으로 옮겨졌고, 그에 따라 지방정부와 중앙정부 사이의 관계도 개선되었다. 그러나 도심지 재생사업은 단편적인 것이었다. 2014년 현재, 문화산업지구 등 개선을 추구하였던 주요 사업들은 구체화되지 못했으며, 도심지역 소매업 투자는 여전히 불확실한 상태로 남아 있다. 로우어 돈 밸리 지역과의 경쟁 역시 문제로 남아 있다.

도시재활성화를 위한 수단으로 민관 파트너십을 활용하는 것에 대해서는 세 가지 비판론이 존재한다. 첫 번째 비판은 민관 파트너십 사업은 대부분의 위험부담을 공공기관(결국 납세자들)이 감수하는 반면에 민간 사업자들은 대부분의 보상을 가져간다는 것이다. 실제로 민간부문은 민관 파트너십의 위험성에 대해 도덕적 책무를 필히 가지지는 않는다. 캐나다 라인을 지상으로 건축함에 따라 한 소규모업체는 손실보전 소송에서 승소하였는데, 2014년 현재 트랜스링크와 그 민간계약업체에 대항하는 집단소송이 계류 중에 있다. 셰필드에서는 로우어 돈 밸리 재생사업으로 인해 도심지구 상점들이 경영상의 어려움을 겪으면서 지역 쇠퇴를 경험했다.

둘째, 비판론자들은 민관 파트너십에 따라 새로운 시설들이 건설됨으로써 저소득층이 지역사회에서 퇴출되는 문제점이 나타난다고 보았다. 로우어 돈 밸리 재생사업을 통해서도 수천 명의 사람들이 집을 잃고 지방정부가 소유한 도시 내 다른 지역에 있는 주택을 신청해야 했다. 마찬가지로 밴쿠버에서도 폴스 크릭 지구의 젠트리피케이션 사업으로 말미암아 저소득층이 거주하던 저렴한 임대주택들이 고급주택지구로 바뀌면서 그들의 삶터를 잃게 되었다.

세 번째 비판 요소는 민관 파트너십에 소요되는 자금조달 출처는 사업의 우선순위를 결정함에 있어서 강력한 영향을 미친다는 점이다. 캐나다 라인의 경우 연방정부 보조금은 '있거나 말거나' 한 수준에 불과해 상당한 금액의 대응 자금을 지역에서 조달해야 했다. 그 자금은 기존의 지역 우선사업이었던 교통망 확충 사업의 일부를 포기하고 마련한 것이었다. 또한 셰필드에서 SDC의 우선순위는 시의회의 결정 사항이었다. 사실 하향식 계획과 상향식 계획 사이의 경계는 다소 애매모호하다. 그 이유는 하향식 계획은 계획 이행을 위해 지역의 승인과 더불어 지역사업 수행기관의 동의를 필요로 하는 반면, 상향식 계획은 독자적인 자금조달 및 전략수립을 해야 하기 때문이다.

지역계획과 규제

각 국가와 지역들은 지방정부의 속성과 인구 특성 그리고 당면 과제 측면에서 상당한 차이가 존재한다. 지방정부가 경제발전에 적응할 수 있는 능력과 태도 또한 다양한데, 중앙정부를 비롯한 상위 또한 하위 수준 지방정부와의 관계는 협력적일 수도 있고, 적대적일 수도 있으며, 수동적일 수도 있다. 그러나 **지역계획**(community plan)은 개발을 통제하고 사람들

지역계획 토지이용 및 용도지구제를 포함한 지방자치단체의 공식적인 발전계획

의 일상생활에 영향을 미치는 가장 보편적인 수단이다. 그중 도시계획은 도시지역을 대상으로 한 가장 작은 단위의 계획 행위이다. 일반적으로 도시계획 수립은 지방정부의 지역계획부서가 담당하며, 시장 · 군수에 의해 법적으로 승인, 거부 또는 수정된다. 때때로 지역사회의 대표들이 포함된 위원회의 자문 절차를 거치기도 한다(그림 6.2). 이 계획은 용도지역지구 지정 등 토지를 특정 형태의 용도 혹은 활동에 알맞게 분배한다. 주거지구, 상업지구, 공업지구 등으로 지정된 특정 용도지역지구는 다시 하위 부분으로 나누어진다. 예를 들어 주거용 토지는 다시 단독주택, 연립주택, 고층 및 저층 아파트 혹은 복합시설 등으로 구분할 수 있다. 다양한 부차적 법령(지역구분, 건설, 밀도), 시방서(부지의 크기 및 용도) 및 교통통제 등을 통과하여 이행되는 이러한 계획은 공간의 형태 및 토지의 용도를 제도화하고 행위의 패턴을 연결해준다.

도시계획은 세 가지 기본적인 기능을 가지고 있다. (1) 서비스 제공과 교통 효율성의 극대화, (2) 특정 지역에서의 토지이용 규제를 통한 '부정적 외부효과'를 최소화하는 한편 '긍정적 외부효과'는 최대화하는 것, (3) 공원, 학교, 병원, 교회와 같은 공공재 및 서비스의 공급. 도시계획은 어떤 활동이 특정 지역에서 허용되고 또는 허용되지 않는지 여부, 도시 내부의 움직임이 어떻게 조직화될 수 있는지를 나타내는 상세규정을 제공한다. 이러한 계획은 비록 나중에 변경하게 될지라도 전략적이며 장기적인 비전을 제시한다.

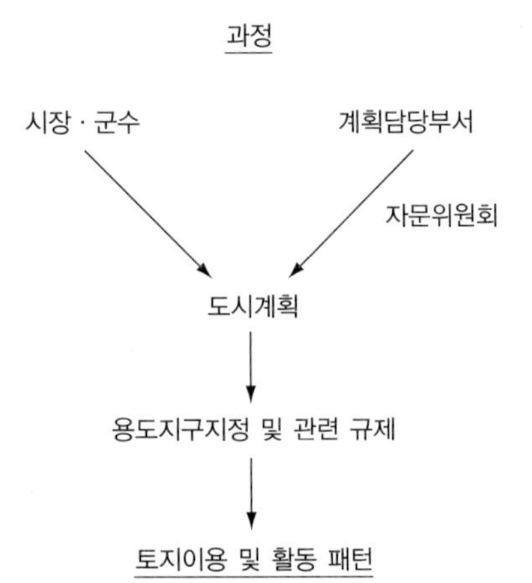

민간토지시장	공공토지 이용
주거지역 (주택, 아파트)	공공기관 (학교, 병원, 정부기관)
상업지역 (사무용, 도소매, 창고)	교통 (도로, 환승체계)
공업지역 (제조업, 첨단산업지구)	녹지공간 (공원, 숲, 보행공간)

그림 6.2 도시공간의 규제 : 도시계획의 관점

일반적으로 토지이용 행위 특성마다 상이한 입지적 요구사항이 있는데, 이것들이 결합되면 문제가 야기된다. 중공업 공장입지를 예로 들자면 인근 지역 주민들에게는 안전 및 건강 측면에서 위협적인 존재가 되기도 하면서도 입지 당사자인 기업 입장에서는 주민들의 존재가 생산활동을 방해하는 요소가 될 수도 있다. 따라서 계획지역 내에서 주거 · 상업 · 공업지구 등 성격이 다른 지구들을 분리 배치하는 것이 각각의 토지이용 행위를 하는 이해당사자들의 이해에 부합될 뿐만 아니라 그들이 필요한 서비스 제공비용을 줄일 수도 있다.

도시계획의 또 다른 초점은 규제에서 벗어난 시장의 힘에 개발을 내맡길 경우에 제대로 공급되지 못할 가능성이 있는 공공재를 공급하는 것이다. 예를 들어 도시에서는 녹지공간이 삶의 질 향상에 기여하는 바가 크다. 하지만 녹지공간을 공원화하여 보존하도록 설계된 용도지역지구 규제가 없을 경우 녹지공간은 분명히 시간이 지남에 따라 사라지게 될 것이며 개별 토지의 소유자들은 이를 판매하거나 다른 용도로 전환하게 될 것이다. 학교와 병원 등으로 지정된 용도지구 역시 비슷한 이유로 인해 필수적이다.

도시계획의 원칙 및 관행은 나라마다 다를 뿐 아니라 하나의 메트로폴리탄 지역 내에서도 하위 지자체들 간에 다르게 나타난다. 건축물의 경계 설정 시에 완충구역을 요구한다거나 건축물의 최대 크기를 제한하는 등의 도시계획 규제는 지역별로 다양하게 나타나는데, 그 이유는 토지이용 관행 및 규제가 만들어진 역사적 배경이 지역마다 다르기 때문이다. 하지만 토지이용은 시간이 지남에 따라 변한다. 선진국의 많은 도시들은 최근 들어 지속가능한 개발과 도시재생을 추구하기 위한 노력의 일환으로 도시 내에 산업용지 비중을 줄이는 대신 상업용지의 비중을 높이는 방향으로 용도지역지구 지정을 변경해 왔다.

국제경제정책 : 자유무역협정

자유무역협정은 국가 간의 재화와 서비스 이동 시에 부과하는 관세 또는 비관세장벽을 줄이거나 철폐하는 내용을 골자로 하는 국가 간의 협정을 의미한다. 정부는 자국의 산업을 외국의 경쟁업체로부터 보호하기 위해 전통적으로 관세 또는 비관세 장벽을 설치하였다. 제2차 세계대전 후 선진국들은 자유무역을 촉진하기 위해서 관세와 무역에 관한 일반협정(GATT)을 1947년 체결하였다. 1995년 이후로 세계무역기구(WTO)는 국제적인 무역협정을 주관하고 148개 회원국 간의 무역 자유화를 촉진하기 위한 임무를 수행해 왔다. WTO는 2~3년 주기로 WTO 회원국 각료회의를 개최하여, 자유무역 촉진을 위한 국제적 합의를 확보하기 위해서 노력하고 있다.

자유무역협정의 기본 원리는 모든 교역 당사국은 동등하다는 점을 강조하는 최혜국(most favoured nation) 지위를 부여한다는 것이다. 지속적인 관세 인하는 세계경제가 보다 자유로운 무역을 지향하고 있음을 시사해준다. OECD 국가들의 관세율은 1947년에는 20% 수준이 일반이었으나, 1995년에는 6.3%로 줄어들었고, 2010년에는 2.8%까지 떨어졌다. 전 세계적으로 평균 관세는 1995년 15.1%에서 2010년에는 8.1%까지 하락했다. 전 세계 34개 최빈국의 관세율 또한 같은 기간 17.6%에서 11.2%로 하락했다. 해외직접투자에 대한 장벽 역시 크게 낮아졌다. WTO 체제하에서 자유무역협상은 주로 서비스, 지적재산권, 그리고 개발도상국의 관세장벽을 낮추는 데 초점을 두었다.

자유무역은 법률과 규제에 배태된 정치적 산물이다. 국제무역은 국가 간 경계를 가로지르는 제품과 서비스의 생산 및 교환을 조직하는 시장을 구성한다. 이것이 강조하는 바는 선진국의 시장은 다층적 거버넌스에 의해 크게 영향을 받고 있으며, 노동, 안전, 상표권뿐만 아니라 환경과 안보 이슈와도 관련되어 있다는 점이다. 예를 들어 9·11 이후 안보 이슈는 무역 규제에 영향을 미치는 항목으로 새로이 추가되었다.

WTO 협정은 국제 거래에 대한 일반적인 가이드라인뿐만 아니라 구체적인 규정까지 포함한 길고 복잡한 법률적 문서이다. WTO의 핵심 임무는 자유무역의 공평성을 확립하기 위해서 국제법적으로 근거를 가지는 무역분쟁조정체계(Trade Dispute Mechanism, TDM)

를 갖추는 것이었다. 무역분쟁조정체계는 국가 간에 무역분쟁이 발생했을 때 분쟁 당사국 정부만 참여할 수 있으며 1년이 넘는 동안 5단계에 걸친 법적 조정 절차를 거친다. WTO의 결정은 구속력을 가지지만, WTO 자체는 법적 강제력이 없다. WTO는 자유무역협정을 위반한 국가에 대한 법적 제재를 정당화하고 있으나, 위반 국가에 대한 무역 보복은 피해 당사국의 고유 권한으로 인정한다. 보호무역주의 조치는 수출에 대해서는 보조금을 지급하면서 수입은 제한을 가함으로써 논란이 발생할 소지가 있다. 무역분쟁이 실제 발생했을 때, WTO의 무역분쟁조정체게기 제 역할을 하지 못하는 경우가 종종 발생한다. 일례로 1980년대 초반부터 발생한 미국과 캐나다 사이의 소프트우드 목재분쟁은 WTO와 NAFTA의 분쟁조정체계로는 해결하지 못했고, 양국 간의 정치적 합의를 통해서 겨우 타협점을 찾을 수 있었다. 양국은 2006년이 되어서야 캐나다산 목재 수출품에 대해 미국이 관세와 쿼터를 부과하는 협정 안에 합의하였다. 한편 EU와 미국 간에는 항공기 제조업에 대한 EU의 보조금을 둘러싸고 분쟁이 발생했으나 WTO는 중재하는 데 실패했다.

다자간 자유무역의 확대를 가로막는 요인들이 존재한다. 첫째, GATT 체제하에서는 무역 당사자의 이익이 명백하거나 누가 봐도 관세장벽이 명백히 존재할 때 그것을 줄이는 데 초점을 두었다. 반면에 WTO는 관세장벽이라고 명백하게 가늠하기 어려운 비관세장벽에 초점을 두고 있다. 관세를 낮추더라도 정부는 쿼터제, 상세한 라벨정보 요구, 건강 및 안전 규정 또는 지역적 내부규정 등을 수단으로 활용하여 교역을 통제할 수 있다. 둘째, 기존의 논의는 천연자원 및 공산품의 무역에 초점을 두었던 반면, 최근에는 기존에 무역의 주요 요소로 취급받지 못했으며 전통적인 관세장벽을 통해 보호받지도 못했던 서비스산업 부문에 주목받고 있다. 셋째, 소련과 동유럽의 사회주의 체제가 붕괴한 이래, 중국이나 인도와 같은 일부 국가들이 자유무역 확대에 적극적으로 나서면서 무역을 둘러싼 국가들 간의 이해관계가 더욱 복잡해졌다. 넷째, WTO가 지역의 이익보다는 다국적기업의 이익에 우선하고, 자유무역으로 인해 국가적 및 세계적으로 소득 격차가 심화되도록 만든다는 비판을 받고 있다. 특히 자유무역정책의 가장 큰 문제점은 개발도상국보다는 선진국에 유리한 요소가 많다는 점이 문제점으로 지적된다.

초국가적 지역 간 무역협정

최근 들어 초국가적 지역 간 무역협정(Regional Trading Agreements, RTA)이 눈에 띄게 확산되었다. 즉, 1985년 26개에서 2003년이 되자 189개에 달하더니, 2014년에는 377개에 이르렀다. 지역 간 무역협정은 비회원국에 제공하는 혜택보다 더욱 유리한 조건을 제공함으로써 회원국들 사이에 무역과 투자를 촉진하고자 마련된 것이다. 이러한 의미에서 RTA는 일종의 호혜적인 보호주의를 표방한다.

EU를 예로 들면 EU 내에서 생산된 부품의 사용 비율을 명문화한 로컬 콘텐트 규정(local content rules)을 통해 EU 회원국 간의 통합을 자연스럽게 유도하고 있으며, 수입제품에 대해 성분, 크기, 원산지 등의 요구사항을 엄격하게 제한하여 역내 생산제품에 암묵적인 특혜를 부여한다. 지역 간 무역협정은 회원국 간 연계를 강화하는 실질적인 효과를 거두었다. 미국은 오래전부터 캐나다의 가장 중요한 무역 파트너였지만, 이런 관계는 1994년에 발효된 NAFTA 협정 이후 더욱 돈독해졌다. 지역 간 무역협정(이른바 지역 통합)은 심지어 기존에 확립되어 있던 국제적 무역 연계를 대체하기도 한다. 영국은 1970년대 초반 EU 가입을 결정함에 따라 영연방 국가로부터의 수입제품에 대해서도 관세를 물리기 시작했다. 이에 대한 반대급부로 뉴질랜드는 영국과의 전통적인 교역 동맹관계를 벗어나 아시아, 특히 일본과의 교역 동맹관계를 끈끈히 맺기 시작했다.

외부효과 거버넌스의 불완전한 영역성

이윤 추구를 목적으로 하는 기업들은 그들이 일으키는 공해문제나 직원 자녀들의 교육 및 건강문제에 대해 본질적으로 관심을 두지 않는다. 마찬가지로 사람들은 전화기나 축구공을 구매할 때 가격이나 품질에 관심을 둘 뿐 그 물건이 생산되고 소비되는 과정에서 야기되는 노동이나 환경문제에 대해 관심을 두지 않는다. 대부분의 생산 및 소비활동에는 기업과 개인이 무시하는 경향이 있는 사회적 비용이 초래된다. 정부는 이러한 부정적 외부효과 문제에 대처해야 한다. 정부는 자국의 영토에서 부정적 외부효과를 일으키는 기업들에 대해 영향력을 발휘할 수 있을까?

선진국에서는 이러한 부정적 외부효과를 정부가 통제함으로써 국민들의 권익과 복지를 보장하고, 환경의 질을 유지한다. 정부가 이러한 부정적 외부효과를 통제하는 메커니즘은 해당 국가와 지역이 가지고 있는 맥락적 특수성에 따라 다르게 나타난다. 연방국가에서는 외부효과에 대한 통제를 중앙정부 차원에서 직접적으로 관장하는 경우도 있고, 지방정부에 위임하는 경우도 있다. 지방정부는 최저임금, 건강보험요율, 교육 시스템 등에 대한 사안에 대해 연방정부의 법률체계를 위반하지 않는 범주 내에서 자율적으로 결정하는 의사결정 체계를 갖는다.

그러나 외부효과에 대한 지방정부 또는 중앙정부의 통제력은 점차 약화되고 있다. 지구온난화 및 미세먼지 문제와 같은 환경오염 문제는 오염 발생국만의 문제가 아닌 국제적인 문제가 되고 있다. 또한 글로벌 가치사슬의 확대와 그에 따른 산업입지를 위한 국제적 경쟁 심화도 국가와 지역단위에서 부정적 외부효과를 통제하기 어렵도록 만드는 요인이 되고 있다. 만약 특정 국가가 환경, 노동, 보건 등의 측면에서 엄격한 규제를 적용할 경우 기업들은 다른 곳으로 입지를 이전할 가능성이 있다. 선진국, 개발도상국을 막론하고 국가와 지역들은 기업 유치를 위해 치열한 경쟁을 펼치고 있으며, 이에 따라 조세, 노동권, 환경보호 등에 대해서 타 경쟁국가와 지역의 눈치를 보면서 적절한 수준에서 타협하는 경향을 나타낸다.

이에 따라 UN, WTO, ILO (국제노동기구) 등과 같은 국제기구와 국가 및 지역 연합체

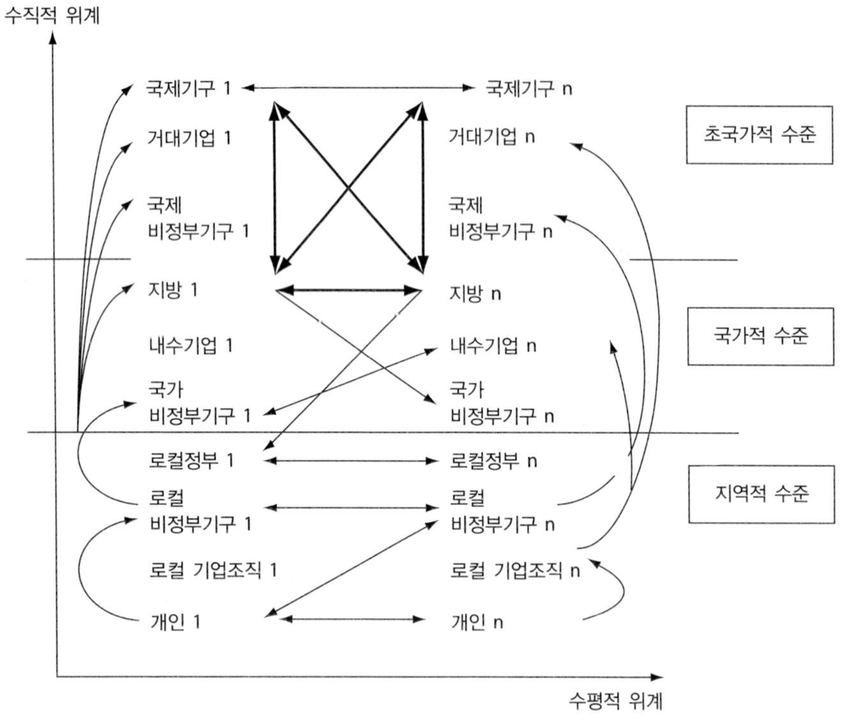

그림 6.3 국제 환경 거버넌스 : 수직 및 수평적 관계도

출처 : Andonova, L.B. and Mitchell, R.B. 2010. "The rescaling of global environmental politics" *Annual Review of Environment and Resources* 35: 255–82.

들이 중심이 되어 부정적 외부효과를 통제하기 위한 국제적 협약 및 규범을 확립하기 위한 시도들이 나타나고 있다. 그럼에도 불구하고 규정이나 협정을 위반한 국가를 제재할 수 있는 법적 강제력을 갖지는 못한다. WTO는 환경 및 노동문제와 관련된 자체 규약을 두고 있으나, 특정 국가의 보호무역정책을 막을 수 있는 법적 권한은 없다.

UN의 환경협약 가운데 습지, 멸종위기종, 오존층 등을 보호하기 위한 협약들은 점차 성과를 거두고 있으나 기후변화협약 등과 같이 국가 간에 민감한 환경 이슈들은 실효성 있는 성과를 거두지 못하고 있는 실정이다. UN은 환경협약들의 이행을 위해 개별 국가들과 협상을 해야 하지만, 특정 국가 차원으로 들어가면 수많은 이해당사자 집단들의 이해관계가 복잡하게 얽혀 있어서 협약의 실효성 있는 이행은 쉽지 않다(그림 6.3).

결론

한 국가 내에서 다양한 층위로 조직되어 있는 정부조직은 국가경제뿐만 아니라 국제경제에 영향을 미치는 중요 행위자 역할을 담당한다. 시장경제가 성장함에 따라 정부의 역할은 더욱 커지고 있다. 모든 국가는 소득 불평등, 빈곤, 환경 파괴와 같은 거시적 이슈에서 기초 서비스 제공, 교통, 주택 등의 국지적 이슈에 이르기까지 수많은 문제에 대해 대처하기 위한 정책들을 추진한다. 자유무역 의제의 채택 및 이를 위한 탈규제 선언에도 불구하고, 정부들은 국내 및 세계경제에 있어서 그들의 영향력을 확대하고, 자국에 유리한 방향으로 이끌기 위한 수많은 노력들을 전개하고 있다. 정부의 정책 기조는 필연적으로 국내 정치에 종속되기 마련이다. 이러한 측면에서 정책과 경제는 분리불가분의 관계를 맺고 있다.

연습문제

1. 스웨덴의 저명한 제도경제학자인 군나르 뮈르달은 캐나다를 세계에서 가장 효율적인 정부 모델로 꼽은 바 있다. 어느 나라가 효율적인 정부 모델을 가지고 있다고 생각하며, 그 이유는 무엇인가?
2. 여러분이 살고 있는 지역의 도시계획을 살펴보고, 그 주요 특징을 정리해보자. 그리고 여러분이 살고 있는 지역에 지역경제발전을 전담하는 위한 기관이 있다면, 그 역할이 무엇인지 살펴보자.
3. 최근에 미국과 캐나다 정부는 자국의 자동차산업과 금융산업을 보호하기 위해서 막대한 보조금을 지원한 바 있다. 각종 자료를 활용하여 보조금의 내역을 살펴보고, 이러한 보조금이 정당화될 수 있는 것인지 논의해보자.
4. 하나의 국가를 선택하여 1980년과 현재의 예산 특성을 비교해보자.
5. 신자유주의의 기본 개념을 설명해보자. 신자유주의 이념은 당신이 살고 있는 지역에 어떠한 영향을 미쳤는가?

핵심용어

거시경제학	민관 파트너십	예산	지역발전정책
국가주의	복지국가	조합주의	커뮤니티경제발전
단일정부제	세금	지역경제발전	
도시재활성화	연방제	지역계획	

추천문헌

국가경제에서 정부의 역할에 대해서는 다음을 참조하시오.

캐나다 – http://www.canadianeconomy.gc.ca/english/economy/gov.html.

미국 – http://www.firstgov.gov/.

일본 – http://www.mizuho-sc.com/english/ebond/government.html.

독일 – http://www.bmwi.de/English/Navigation/root.html.

스웨덴 – http://www.sweden.gov.se/sb/d/576.

Harvey, D. 1989. "From managerialism to entrepreneurialism: The transformation in urban governance in late capitalism." *Geografisca Annaler* 71(B): 3-17.

경제발전에 있어서 도시정부의 역할에 대해 논하고 있다.

Mazzucato, M. 2015 The Innovative State, *Foreign Affairs* January-February Issue.

혁신활동의 촉진자로서 정부의 적극적인 역할에 대해 논하고 있다.

Polese, M. and Shearmur, R. 2006. Why some regions will decline: A Canadian case study with thoughts on local development strategies. *Papers in Regional Science* 85(1), 23-46.

지역 쇠퇴에 대한 지역사회의 대응에 대해 논하고 있는 책

Ray, M.D., Lamarche, R.H. and MacLachlan, I.R. 2013. Restoring the "regional" to regional policy: A regional typology of Western Canada, *Canadian Public Policy* 39: 411-29.

지역 특수성을 고려한 지역정책의 중요성을 강조하는 논문

참고문헌

Galbraith, J.K. 2000. "World of ideas: John Kenneth Galbraith" interview with Barb Clapham, printed in Canadian Investment Review, http://www.investmentreview.com/print-archives/winter-2000/world-of-ideas-john-kenneth-galbraith-729/.

Williams, G. 2006. Thomas Hobbes: Moral and Political Philosophy. *Internet Encyclopedia of Philosophy*. Accessed June 2010. http://www.iep.utm.edu/hobmoral/.

World Trade Organization. 2009. *Regional Trade Agreements Gateway*. Accessed July 2009. http://www.wto.org/english/traptop_e/region_htm.

제7장

비영리조직

현행 경제이론의 개인주의적 성격은 인간의 행위 특성을 이해타산적인 것으로 가정한다는 것에서 명백하게 드러난다. 여기에는 공정성, 적의나 호의, 또는 인간생명의 존중이나 어떠한 도덕적인 측면을 고려할 여지가 없다.

(Daly, 1994: 159)

이 장의 목표는 비영리부문의 경제지리적 특성과 비영리부문이 기업, 정부 및 노동과 어떠한 상호작용을 하는지에 대해 살펴보는 것이다. 주요 내용은 다음과 같다.

- 시장경제에 비영리단체가 존재하는 이유는 무엇인가?
- 비영리단체가 지역개발 및 국제개발에서 어떠한 역할을 담당하는가?
- 시민단체 등이 시장의 행위 및 정부의 정책을 어떻게 변화시키는가?
- 비영리단체가 시장경제의 비물질적 목표에 어떠한 역할을 하는가?
- 사회자본과 경제발전 간에는 어떠한 관계가 있는가?

제7장은 4개의 절로 구성되어 있다. 첫째로 비영리조직의 특성을 살펴보고, 둘째로 이들 단체를 서비스, 표현, 옹호 등 세 가지 기능 측면에서 나누어볼 것이다. 셋째로 환경권과 인권에 대한 옹호가 시장에 미치는 의미에 대해 논의해볼 것이다. 넷째로는 비영리조직과 경제발전 간의 관계를 살펴볼 것이다. 사회자본을 창출하는 주체이자 표현하는 주체로서 비영리조직은 로컬-글로벌 공간경제를 보다 종합적으로 이해하는 데 기여한다.

비영리조직의 역할

세상에는 수많은 재화와 서비스가 표준화된 가격이 매겨져서 시장에서 거래된다. 하지만 가족, 종교, 친구관계, 안전, 예술적 표현, 공정성, 행복 등 그 가치를 화폐가치로 평가하기 어려운 것도 많다. 지난 수십 년간 이러한 '비시장적인' **사회적 가치**(social values)를 실현하는 데 초점을 둔 비영리조직(NPO)과 비정부기구(NGO)가 크게 발달했다. 비영리조직들은 사회적 기업가에 의해 설립되는 경우가 많으며, 그중 일부는 사회적 가치를 직접 실현하기 위한 활동을 하지만, 많은 경우에는 정부를 대상으로 홍보와 설득 작업을 하는 데 1차적 목

사회적 가치 비정부 및 비영리단체에 의해 촉진되는 환경문제, 건강, 인간성, 정서적 행복과 같은 가치

표를 둔다. NGO와 NPO는 노숙자들을 위해 국밥집을 운영하는 등의 비공식적인 소규모 지역단체로부터 시작해 환경 및 인류애적 가치를 대변해 정부와 기업에 적극적으로 로비 활동을 하는 강력한 국제조직에 이르기까지 그 범위가 광대하다. 예를 들어 시 셰퍼드(Sea Shepherd)는 적극적인 실천을 하는 비영리조직으로서 자체 보유 선박을 활용해 공해상에서 해양생물에 대한 위협에 맞선다(사례연구 7.1).

사례연구 7.1 | 시 셰퍼드

시 셰퍼드 보존협회는 그린피스를 창설하는 데 도움을 주었던 폴 왓슨이 1977년에 설립한 비영리조직이다. 시 셰퍼드는 워싱턴 주의 프라이데이 하버에 본부를 두고 있으나, 그 활동 범위는 범세계적으로 해양 야생생물(고래, 돌고래, 물개, 상어 등)의 보호에 초점을 둔다. 해골 및 대퇴골 뼈가 그려진 해적선 깃발은 적극적인 접근방식을 넘어서 공격적이기까지 한 시 셰퍼드의 활동 방식을 상징하는데, 이들은 때로 포경선을 가라앉히거나 고래해체 공장을 파괴하기까지 한다. 시 셰퍼드는 1982년 UN이 채택한 자연보호헌장을 인용하여 국가, 공공기관, 국제조직, 개인, 단체 및 기업들에게 해양 야생생물 보호를 위한 국제법을 준수할 것을 요구한다.

시 셰퍼드는 2013년 현재 장비가 매우 잘 갖추어진 4척의 선박과 여러 대의 소형 보트를 운용하고 있다. 캐나다의 환경운동가인 파리 모왓의 이름을 붙인 다섯 번째 선박은 2008년 캐벗 해협에서 고래사냥을 방해한 일로 인해 캐나다 정부에 체포되어 유죄판결을 받은 후, 2010년에 경매를 통해 팔려나갔다. 시 셰퍼드의 활동은 환경운동 내부에서조차 크게 논란이 되곤 한다.

출처 : http://www.seashepherd.org(2014년 3월 접속)

NPO와 NGO가 매력적인 것은 지배적인 제도들인 시장, 기업, 정부가 충족시키지 못하는 사회적 필요에 봉사하기 때문이다. 대부분의 비영리조직은 특정 지역에 기반을 두고, 지역문제 해결에 초점을 맞춘다. 하지만 이들은 전 세계적으로 수많은 사람들과 연대하여 활동을 한다. 이들 가운데 일부는 강력한 연결망과 지리적 이동성을 갖추고 활동의 상대방이 되는 회사들에 맞서면서 자신들의 메시지를 전달하면서도, 정치적인 측면에서는 중립적인 자세를 취하는 편이다. 이와 동시에 비영리조직은 개발의 본질이 무엇인지, 사회적 가치가 어느 정도 화폐가치로 환산될 수 있을지 등과 같은 중대한 문제제기를 한다.

비영리/비정부부문(non-profit/non-governmental sector)은 지역 및 국가경제의 중요한 부분이다. 이들은 그 목적과 구조에 있어 아주 다양한 형태를 취한다. 이들은 수많은 사람들을 고용하고 있으며, 모든 시장경제 국가의 GDP에서 실질적인 비중을 차지하고 있다. 비영리조직은 사회적 자본 및 인적 자본을 구축하고 규제 거버넌스를 갖추는 데 영향을 미친다. 비영리조직의 발달 및 활동 수준은 지역과 국가에 따라 다르게 나타나기 때문에 경제지리학의 주요한 연구 주제가 될 수 있다.

비영리/비정부부문 비영리와 비정부라는 용어는 서로 혼용되는 경우가 많으며, 두 용어 모두 이익을 추구하지 않는 다양한 서비스를 제공하는 단체를 의미한다. 이 둘의 가장 큰 차이점은 NGO들이 옹호 단체로서 더 강력하게 활동한다는 것이다.

옹호 단체 정부, 기업 등의 행동과 정책을 변경하고자 하는 조직

본 장에서는 비영리조직을 (1) 정부를 대신하여 사회적 서비스를 제공하는 단체, (2) 단체가 추구하는 목적 달성을 위해 적극적으로 활동하는, 이른바 표현 기능을 수행하는 단체, (3) 시 셰퍼드와 같이 시장과 정부의 행위에 대응하여 적극적으로 영향력을 행사하는 **옹호 단체**(advocacy organizations) 세 가지 형태로 구분하여 살펴본다.

비영리조직의 다양성

시장경제에 있어서 모든 종류의 수요는 시장, 정부, 가계, 비영리조직(그림 7.1)에 의하여 충족된다. 시장은 판매자가 부과한 가격을 기꺼이 지불한 사람들에게 재화를 전달한다. 정부는 세금 부과 및 공공재의 공급을 통해 사회의 부를 재분배한다. 가계는 시장과 정부에서 필요로 하는 노동자, 소비자 및 납세자를 공급할 뿐만 아니라 인적 자본과 사회적 자본의 개발을 위한 토대를 깔아준다. 인적 자본은 경제적으로 생산적인 개인을 만들어내는 개인의 능력이자 특성

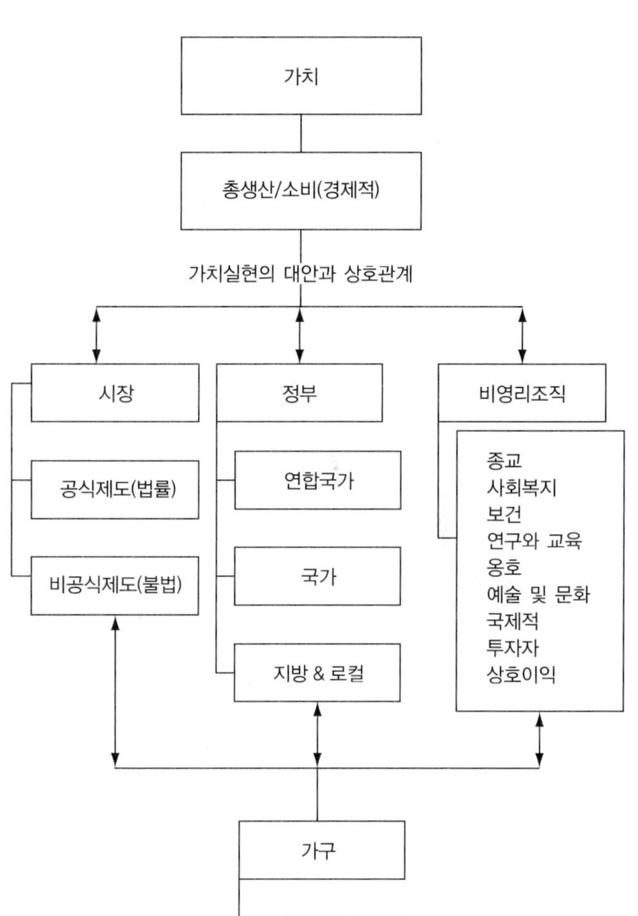

그림 7.1 비영리 가치실현을 위한 비영리조직의 역할

이며, 사회적 자본은 경제발전을 가능하도록 만드는 공유가치와 기대, 사회적 네트워크 및 신뢰와 협력 의지 등의 총합이다. 마지막으로 비영리조직은 사회의 가치를 표현해주며 또한 다른 시장, 정부, 가계가 충족시켜주지 못하는 사회적 수요에 부응함으로써 더 나은 발전에 기여한다.

비영리조직은 왜 존재하는가

비영리부문이 발전하게 된 요인은 다양한 관점에서 설명할 수 있다. 인류학자들은 비영리조직을 상호 간의 지지, 우정, 사회통합(및 배제), 오락 및 재활, 갈등해소 또는 의례적 행위를 지향하는 인간의 수요를 충족시켜주는 것으로 바라본다. 사회학자들은 이들이 일반 사회, 혹은 특정그룹이나 계급의 내부로 개인을 통합시키기 위해 도움을 주는 것으로 바라본다. 정치학자들은 비영리조직이 정부가 수행하기에는 불가능한 서비스를 제공할 수 있는 것으로 바라본다. 경제학자들은 비영리부문의 존재 자체를 시장의 실패에 대한 반응으로 간주한다. 경제지리학에서는 이렇게 다양한 시각을 통합하여 비영리조직 활동의 국지적-세계적 역동성이 삶의 질의 공간적 차이와 지역발전에 어떠한 기여를 하는지를 평가한다.

비영리부문이 기업, 정부 및 가계와는 다른 주체이지만, 이들과 공유하는 특징이 있다. 흥미롭게도 비영리단체는 정부 및 기업과 유사한 조직형태로 구성되어 있다. 이들은 대규모 자금조달이 필요할 정도로 조직규모가 성장할 수 있으며, 직업적으로 안정적이며 승진이 가능한 일자리를 제공하기도 하며, 개인적 야심을 성취하기 위한 통로로 바라보는 리더에 의해 운영되기도 한다. 마지막으로 비영리조직은 정부, 개인 및 기업들로부터 자금지원을 받는다.

비영리조직을 엄격하게 정의하기는 어렵지만 일반적으로 다음과 같은 특성을 지니고 있다.

- 비영리조직은 공식적인 정부조직이 아니며, 어떠한 강압적인 권력도, 규제기관도, 세금을 부과하는 권력도 존재하지 않는다. 비영리부문이 타 영역과 구분되는 가장 중요한 속성은 구성원들의 자발적 참여를 바탕으로 조직되고 운영된다는 점이다.
- 비영리조직은 주주 또는 소유자를 위해 이윤 창출을 목적으로 하지 않는다. 조직 운영을 위해 쓰고 남은 자금이나 수입이 생기면 앞으로의 활동을 지원하기 위해 조직에 재투자된다. 이윤이라는 동기의 부재는 많은 사람들이 비영리기관을 신뢰하는 열쇠가 된다.
- 이들은 자체적으로 조직하고 자체적으로 관리한다. 비영리단체는 마음이 통하는 사람들이 설립해 운영하므로 정부나 기업과 달리 공식적인 감시 감독이 필요치 않다. 비영리단체는 회원들이 존재하고 이들이 활동을 지속하는 한 존재하게 된다. 그럼에도 대부분의 비영리단체들은 내재적 조직구조를 가지고 있고 정기적인 회합을 갖는다.

- 그 활동분야가 무엇이든 간에 비영리조직은 사회적 목적을 달성하기 위해 존재한다는 측면에서 정당성을 갖는다.

요약하면 비영리조직은 기업 및 정부와 일부 유사한 특성을 가지고 있긴 하지만 많은 측면에서 다르다. 비영리조직 가운데는 전 세계적인 활동 범위를 가지고 대규모 조직구조를 갖추고 있기도 하지만, 이들의 활동 무대는 고도로 국지화되어 있다.

비영리부문의 규모와 구성

비영리부문은 스포츠클럽과 종교기관에서 시작해 시민단체와 예술단체에 이르기까지 다양한 영역에서 존재한다. 선진국 경제에서 비영리부문은 경제활동의 상당량을 차지한다. 35개 국가 대상으로 한 연구논문에 따르면, 비영리조직은 1998년 전 세계적으로 대략 1조 3천억 달러, 즉 전 세계 GDP의 5.1%에 해당하는 금액을 지출한 것으로 나타났다(Salamon et al., 1999). 이것은 곧 비영리부문이 세계 7위에 해당하는 경제규모의 국가와 마찬가지의 비중을 차지하는 것을 의미한다.

비영리부문이 고용에 미치는 영향 역시 인상적이다. 정규직 직원의 수가 3,950만 명에 해당한다(그중 2,270만 명은 유급 직원이고, 1,680만 명은 무급 자원봉사자이다). 비영리단체의 중요도는 국가마다 차이가 있는데, 네덜란드는 14.4%의 유급 및 자원봉사자들이 해당 부분에 종사하는 반면, 멕시코는 전체 노동력의 0.4%만이 비영리단체에서 일하거나 자원봉사로 종사한다. 하지만 모든 선진국에서 비영리부문은 활발하게 움직이고 있으며, 전체 노동력의 4~10%를 고용하고 있다. 캐나다는 이 부문에서 12%를 차지해 거의 제조업과 맞먹는 비중을 보이고 있다.

비영리조직의 수도 상당해서 캐나다에서 비영리조직 수는 2003년에 총 161,227개에 이르렀고, 2015년에도 비슷한 수준을 유지하고 있다. 비영리조직 활동 영역 가운데 커뮤니티 스포츠 프로그램을 포함한 문화와 여가 분야가 가장 비중이 크고(29.4%), 종교와 사회 서비스 분야가 그 뒤를 잇고 있다(표 7.1). 그러나 소득 측면에서 보면 건강과 교육분야가 가장 비중이 큰 것으로 나타난다. 2007년 기준 핵심적인 비영리단체들의 수입은 1,000억 달러에 달해 캐나다 GDP의 2.5%를 차지한다(병원, 대학, 학교를 포함할 경우 그 비중은 7%로 높아진다). 핵심적인 비영리단체들은 총수입보다 적은 금액을 직원들의 임금과 상여금으로 지급하며, 투입 노동의 상당 부분을 자발적 노동에 의존한다.

미국의 경우 2010년 현재 등록된 비영리단체는 156만 개에 달하며, 그중 50% 미만이 5천 달러 미만의 수입을 거두는 것으로 나타났다(표 7.2). 캐나다와 마찬가지로 미국도 비영리조직의 활동분야별 비중을 수입 측면에서 보았을 때 보건 및 교육분야의 비중이 가장 큰 것으로 나타났다. 2011년 현재 미국의 비영리부문의 총수입은 1조 5,900달러에 달하는데, 그중 72%는 서비스 수입, 22%는 기부 및 정부지원금인 것으로 나타났다. 미국의 비영리부

표 7.1 캐나다 비영리조직 활동분야별 수입 및 조직 수(2003, 2007)

	수입(백만 달러)		조직 수
활동분야	**2003**	**2007**	**2003 (%)**
문화 및 레크리에이션	8,815	11,391	47,417 (29.4)
연구 및 교육	25,767	34,439	8,284 (5.4)
보건	47,280	62,714	6,103 (3.8)
사회복지	10,160	12,607	19,099 (11.8)
환경	757	983	4,424 (2.7)
개발 및 주거	8,803	12,857	12,255 (7.6)
법, 정치	913	1,355	3,628 (2.3)
박애	3,123	5,756	15,935 (9.9)
국제	1,436	1,880	1,022 (0.6)
종교	6,885	8,062	30,679 (19.0)
기업협회, 조합	6,757	8,492	8,483 (5.3)
기타	5,478	8,333	3,393 (2.1)
합계	**126,174**	**168,869**	**160,722 (100)**

출처 : Statistics Canada, Cornerstones of Community: Highlights from the National Survey of Nonprofit and Voluntary Organizations 61-533-XIE 2004001 2003. Revised, Released 30 June, 2005.

문은 GDP의 5.5%를 차지하고, 근로자 임금 총액의 9.2%를 차지한다. 미국 인구의 27%가 넘는 6,400만 명이 적어도 1번 이상 자원봉사 경험을 했다.

비영리조직은 상이한 지리적 스케일에서 운영된다. 캐나다에서 종교, 커뮤니티 발전, 주택, 스포츠, 여가분야의 NPO들은 주로 작은 지역 수준(기초단위 지역 수준)에서 활동하는 반면 보건, 환경, **사회 서비스**(social services) 분야는 주로 상위 지역 수준(광역단위 지역 수준)에서 주로 활동한다. 그러나 지역 서비스 가운데 일부는 국가단위 조직에 의해 운영된다.

사회 서비스 정부 및 비영리단체가 도움이 필요한 사람들에게 제공하는 기본 서비스

지역단위 조직들은 강력한 지역사회와의 연계성을 바탕으로 지역사회를 움직이는 핵심 주체로서의 역할을 담당하곤 한다. 기업이나 주민들은 한 지역에서 다른 지역으로 옮길 수 있지만, 지역기업인 단체, 스포츠 및 예술 동호회, 병원 등과 같은 기관들은 특정 지역사회에 강하게 귀속되어 있으며, 지역사회를 결속시키는 구심점 역할을 한다. 다수의 비영리조직들은 지리적 및 사회적으로 지출을 재분배하는데, 교육 · 보건 · 사회 서비스 등 정부지원금에 의존해 운영되는 공공 서비스 분야는 서비스 제공 지역과 대상이 제한적인 특성이 있다. 정부지원금 비중이 높다는 것은 곧 자율성을 제한받는다는 것을 의미한다.

표 7.2 미국 비영리조직 : 활동분야, 조직 수, 수입(2010)

활동분야	조직	수입(달러)
등록 비영리조직 총합	1,560,000	
비영리조직 응답자	618,062	2조 6,000억
공공부문 응답자	36,086	1조 5,100억
예술, 문화	39,536	293억
교육	66,769	2,480억
환경 및 동물	16,383	137억
보건	44,128	9,077억
사회복지	124,360	1,964억
국제	7,533	314억
공적 · 사회적 이득	43,875	744억
종교 관련	23,502	130억

출처 : A.S. Blackwood, K.L. Roeger, and S.l. Pettijohn. 2012. The Nonprofit Sector in Brief, Urban Institute Press.

경제적 영향

비영리조직의 세 가지 유형 가운데 경제에 가장 직접적인 영향을 미치는 것은 사회 서비스 단체이다. 단체 운영에 필요한 자금액은 대부분 정부지원에 의한 것이며, 이는 다시 피고용자들에게 임금으로 지불되어 사회 전체에 배분된다. 이와 대조적으로 문화 및 레크리에이션 부문의 단체들은 주로 자원봉사자들에 의해 운영된다. 이 유형의 단체들이 경제에 미치는 영향은 간접적인 경향이 강하다. 정부정책 변화를 유도하기 위한 시민운동단체들은 종종 입지변경을 통해 가치사슬을 재형성한다.

사회 서비스

전통적으로 사회 서비스는 가족, 교회, 지역자선단체 및 지방정부가 제공하는 것으로 간주하는 기본적인 것이다. 그러나 도시화와 핵가족화로 인해 사회 서비스의 수요가 크게 늘어났고 그 대상도 다양화되었다. 초기에는 구세군이나 YMCA 같은 비영리단체들이 그러한 간극을 메워주는 역할을 담당했다. 하지만 사회 서비스의 범위는 계속 확대되었다. 오늘날 '사회 서비스'란 아주 넓은 범위로 보육, 난민지원 및 가족 상담에서부터 재난구조, 홈리스 지원, 노령층 지원 및 장애인에 대한 서비스 등 모든 것을 아우른다(표 7.3).

이처럼 사회 서비스는 다양한 측면에서 경제적 영향을 미친다. 복잡하면서도 노동집약적

표 7.3 비영리 사회 서비스

- **청소년 서비스 및 복지** : 비행청소년 예방 서비스, 청소년 임신 예방, 퇴학 방지, 청소년 센터 및 클럽, 청소년을 위한 직업교육 서비스 프로그램 등 제공. YMCA, YWCA, 보이 스카우트, 걸 스카우트 등
- **가족 서비스** : 가족 평생교육, 부모교육, 편모-편부 지원 서비스, 가정폭력 쉼터 및 서비스 등 포함
- **장애인 서비스** : 가정, 기타 요양원을 제외한 이동시설, 레크리에이션 및 기타 특별 서비스 등 포함
- **노령층 서비스** : 노인층 케어, 재가 서비스를 포함한 주부 서비스, 이동시설, 레크리에이션, 식사 프로그램 및 기타 노령층을 위한 서비스 제공 등 포함. 단, 재가 간병은 제외
- **자립 및 기타 개인적 사회 서비스** : 자립과 개인발전을 위한 프로그램 및 서비스. 후원그룹, 개인상담 및 신용상담/자산관리 서비스 등 포함
- **재난/긴급사태 예방 및 통제** : 재난을 방지하고 예측하며 통제하고 또 완화시키기 위함. 교육 또는 재난의 여파에 대처할 수 있도록 사람들을 대비시키거나 재난 희생자들에게 구조 제공. 자원봉사자 소방부서 및 구명정 서비스 등 포함
- **임시 피난소** : 집 없는 사람에게 임시쉼터 제공. 여행자 지원 및 임시주택 제공을 포함
- **난민 구호** : 음식, 의류, 쉼터 및 서비스를 난민과 이민자들에게 제공
- **소득지원 및 유지** : 생계유지가 어려운 사람들에게 현금지원 및 기타 형태의 직접적인 서비스 제공
- **물질적인 지원** : 음식, 의류, 교통 및 기타 형태의 지원 제공. 푸드뱅크 및 의류배급센터 등 포함

출처 : "International Classification of Non-profit Organizations: Social Services", adapted from Statistics Canada publication, *Satellite Account of Nonprofit Institutions and Volunteering*, 1997 to 2001, Catalogue 13-015-XIE2005000, http://www.statcan.gc.ca/pub/13-015-x/13-015-x2005000-eng.pdf (Accessed September 2010).

인 성격을 띤 사회 서비스는 자원봉사자들뿐만 아니라 수많은 고임금 일자리를 창출해낸다. 이들은 지역경제 내에서뿐만 아니라 전 세계적으로도 다양한 지역에서 많은 액수의 돈을 재분배하게 된다. 또한 달리 직장을 찾거나 구할 수 없는 이들에게 경제활동에 참여할 수 있도록 도와줌으로써 사회 전체의 안녕과 복지에 기여한다. 캐나다는 사회 서비스 조직 운영에 필요한 자금의 70% 정도는 정부(대부분 주정부)의 지원금이고, 20%는 재화와 서비스에 대한 수수료, 나머지 10% 정도는 기타의 기금 및 기부금에 의존한다. 만일 무급 자원봉사자들의 업무를 화폐가치로 환산한다면 전체 수입은 상당히 상승할 것이다. 노령층과 장애인을 지원하기 위한 사회 서비스는 그 어떤 사회 서비스부문보다도 자원봉사자 의존도가 높은 부문이다.

지리적으로 서비스 활동의 특성상 대부분의 사회 서비스 조직은 지역을 바탕으로 활동한다. 그러나 YMCA, YWCA, 적십자 등과 같이 자체 운영기금을 보유하고 있는 대규모 조직들은 그 활동범위가 국제적이다. 예를 들어 1865년 설립된 구세군은 연간 40억 달러가 넘는 예산으로 126개국의 빈곤층 지원사업을 다양한 형태로 수행하고 있다. 구세군 수입 구조는 기부금이 45%, 투자 소득이 24%, 판매 수익이 15%를 각각 차지하며, 정부지원금 비중은 9%에 불과하다. 그리고 전 세계적으로 4백만 명이 넘는 자원봉사자들이 활동하고 있

다. 특정 지역 기반의 NPO 또한 대규모 조직 형태를 두기도 한다. 예를 들어 1993년 설립된 포틀랜드호텔협회는 홈리스 및 약물중독자들을 위해 주택을 지원하고 각종 서비스를 제공한다. 이 조직의 연간 예산은 2,800만 달러이고, 대부분의 수입을 정부지원금으로 충당하며, 453명의 직원이 근무하고 있다. 일반적으로 사회 서비스를 제공하는 단체는 지역마다 상이하게 표출되는 사회 서비스 수요에 대응한다. 사회 서비스 대상자들인 은퇴자, 약물중독자, 극빈층, 실업자, 새로운 이민자 및 어린이 등은 사회 전체에 걸쳐 분포하되 다양한 장소에 산재해 있다. 그러므로 사회에서는 표준적이고 종합적인 수준의 돌봄 활동을 제공하되 특정 지역에 초점을 맞추게 된다. 정부는 비영리조직을 이러한 사회 서비스의 1차적인 제공자로서 지원하는데, 그 이유는 (1) 관료주의적 타성을 가지고 있지 않으므로 정부기관보다 유연하다는 점, (2) 서비스가 필요한 이들에게 더욱 가깝다는 점 때문이다. 예를 들어 AIDS 위기가 닥쳤을 때 지역의 지원그룹은 다른 어떠한 정부 프로그램보다 훨씬 먼저 대응하였다.

1990년대 들어 지역이야말로 사회적 필요에 가장 적합하게 대응할 수 있다는 생각이 널리 확산되면서 여러 사회 서비스에 대한 책임을 중앙정부나 주정부로부터 기초지자체와 비영리조직들이 내려받는 배경이 되었다. 하지만 비영리단체가 개인 기부만으로 활동에 필요한 자금조달을 충분히 충당하기는 쉽지 않기 때문에 상당 수준의 정부지원이 필요하다. 역으로 지역의 수요와 기부 사이에는 반비례관계가 있는데, 기부자들은 자금을 끌어올 역량이 더욱 큰 기관에 기부할 가능성이 크기 때문이다. 그래서 지역의 비영리단체는 지역의 필요에 적절하게 대응할 만한 자금 및 자원봉사자들이 부족할 수 있다.

정부 자금조달에 의존하는 것은 소규모 비영리단체에는 이점이 있으나, 대가가 존재한다. 첫째, 정부지원에 의존하는 비영리단체는 정부의 (늘어나는) 요구사항을 충족시키기 위해 다소간 자율권을 포기해야 한다. 둘째, 정부의 정책 우선순위 변화에 따라 조직의 존립기반이 좌우되기 쉽다. 규모가 큰 비영리단체들은 전문성을 바탕으로 보다 광범위하고 전문적인 서비스를 제공한다. 집중화된 서비스는 건강 문제나 가정사를 의논하고자 할 때 익명성을 제공해줄 수 있다. 대규모 비영리단체가 가질 수 있는 이러한 이점은 이들의 단점으로 지적되는 관료주의적 운영의 위험성과 자원봉사정신의 파괴 등의 문제를 상쇄하는 요인으로 작용한다.

실업자와 장애자를 위한 정부의 책임이 비영리부문으로 옮겨가는 추세 또한 비영리부문의 독립성을 약화시키는 힘으로 작용한다. 제니퍼 월치(Jennifer Wolch, 1990)는 정부의 재정지원을 받아 운영하는 비영리단체는 '**그림자 정부**(shadow state)'로 활동하게 될 위험 소지가 있어서, 정권의 눈치를 보거나 맹목적으로 정부의 정책을 따를 수도 있다고 보았다. 이러한 사고는 미국과 영국에서 중앙정부의 사무를 지방정부로 이양하는 추세와 맞아떨어진다. 지방정부들은 재정 지출 규모를 줄여야 하는 압력이 커지게 되고, 그에 따라 빈곤, 범죄 및 실업과 같은 사회문제에 대처하기 위한 대안적 방법을 찾기 시작했다. 정부는 이러한 사

그림자 정부 비영리단체에 대한 정부의 기금 지원이 비영리단체를 정부에 종속시키는 효과를 가져온다는 주장

회문제에 대한 창의적인 해결 방안을 제시하는 비영리단체에게 재정지원 인센티브를 제공하고, 이들 조직이 책임성과 투명성을 유지하는지 감시하였다. 일부 국가들은 각종 사회 서비스 제공 업무를 중앙정부에서 지방정부 및 민간단체에 이양하면서 소득 불평등과 홈리스 문제가 심화되는 결과를 초래하고 있다.

비영리단체의 표현기능

예술문화단체나 아마추어 스포츠클럽 등의 자원봉사 조직은 표현 기능이라고 불리는 활동을 수행한다. 자원봉사 조직은 지역사회에 초점을 맞추고 유급직원보다 훨씬 더 많은 자원봉사자를 보유한다. 캐나다의 경우 스포츠 및 레크리에이션 부문은 2003년 현재 5,283,956명의 자원봉사자 및 130,913명의 유급직원을 두었는데, 전체 조직의 73.5%는 전혀 보수를 지급하지 않았다.

표현기능에 대한 참여는 지역사회 멤버들 사이에 유대감을 조성하고, 사회적 결속을 고취시키며, 우정을 키우고, 스킬을 가르치고, 협력과 경쟁의 원리를 깨우치도록 만들며, 사회 참여 의식을 높여준다. 이러한 참여는 사회자본 창출의 필수적인 근간이 된다.

스포츠 및 레크리에이션 분야의 자원봉사 활동은 매우 큰 승수효과를 발생시킨다. 이러한 효과는 모든 자원봉사자, 코치, 매니저, 부모와 선수들이 스포츠 장비와 점포, 광고, 음식판매, 교통, 호텔 등에 대한 수요가 일어나는 공간 스케일인 지역단위에서 비롯된다. 자원봉사의 승수효과는 지역사회의 아마추어야구 리그도 프로야구 리그가 가지고 있는 필수 구성요소(선수와 기술)를 모두 가지고 있다는 점만 보더라도 잘 알 수 있을 것이다. 수많은 아마추어 선수 중에서 소수의 운 좋은 선수가 떠오르고, 대학 팀, 프로 스포츠 리그 및 기타 국제대회를 통해 더욱더 많은 이윤이 창출된다. 아마추어 리그와 각종 행사를 통해 창출된 수익은 스타디움, TV 방송, 교통과 주차, 호텔, 음식 및 기념품 판매 등으로 크게 증가한다. 이러한 영향력 때문에 많은 도시들이 스포츠 구단을 유치하고, 각종 스포츠 이벤트를 개최하려고 노력하는 것이다. 이러한 스포츠 공급사슬의 모든 단계에서 자원봉사자들의 참여는 매우 중요한 구성요소라 할 수 있다.

비정부기구(NGO)

1차적 관심사가 특정 정책이나 이념적 입장을 옹호(advocacy)하는 비영리조직을 비정부기구(NGO)라고 한다. 이 명칭은 국가의 정부조직과는 거리가 먼 합법적인 기구임을 강조하는 것이다.

전 세계적으로 수천 개의 NGO가 존재한다. 웹에서 '인권'단체를 검색하면 1만 개가 넘는 사이트를 찾아낼 수 있다. NGO는 1960년대 이후 지구온난화, 생물 다양성 파괴, 노동착취 및 핵 위협 같은 글로벌한 규모의 문제들에 대한 반작용으로 확산되었다. 대부분의 NGO는 인권, 환경문제, 평화와 안전, 경제정책의 네 가지 이슈 가운데 중 한 가지 이상의 이슈에 특히 관심을 쏟는다(표 7.4).

NGO는 지배세력이나 이해관계에 반하는 행위를 적극적인 방법으로 대처하는 방식 때문에 종종 많은 논란을 불러일으킨다. 이미 주목하였다시피 여타 환경 NGO들은 시 셰퍼드 협회의 공격적인 전술에 반대한다. 경제정책을 연구하는 영역에 속한 여러 싱크탱크들은 정기적으로 여론을 향해 서로를 직접적으로 겨냥한다. 싱크탱크는 '적절한' 선거용 어필을 위한 정책 의제를 개발함으로써 유권자들과 효과적으로 소통하고자 한다. 미국은 헤리티지재단, 미국 기업연구소, 카토연구소 같은 보수 색채의 싱크탱크가 특히 강하다. 영국에서는 20세기에 들어서면서 사회주의 진보 색채의 파비안 협회가 노동당의 정책 기조를 수립하는 데 도움을 주고 있다. 캐나다는 보수 진영의 프레이저연구소와 진보 진영의 캐나다 정책대안센터(CCPA)에서 교육의 민영화, 최저임금법 및 환경규제 등의 문제에 관해 대립되는 시각으로 맞서곤 한다.

시민단체는 지역사회에 상당한 역할을 담당하여 지역 수준에서 국제적인 수준에 이르기까지 여러 포럼 등에 자주 초대되어 전문적인 식견, 아이디어를 제공하는 등 공명판의 역할을 담당한다. 어떤 이들은 타협을 피해 공식적인 의사결정 시스템과는 거리를 유지하고자

표 7.4 시민운동단체

범주	사례
인권 및 구호	엠네스티 인터내셔널(AI), 옥스팜, 국경 없는 의사회, 월드 비전 AI는 1961년 영국에서 설립되어 난민, 여성, 죄수 및 인종적 · 종교적 소수자와 관련해 고문 및 차별 등에 반대하는 행동을 취한다. 런던에 본부가 있으며, 약 500명의 전문 직원을 고용하고 있고, 전 세계적으로 수천 명의 자원봉사자를 보유하고 있다. AI는 회비와 기부금을 통해 운영자금을 확보하며, 정부로부터 어떠한 지원도 받지 않는다.
환경	그린피스, 시 셰퍼드, 열대우림 행동 네트워크, 어스 퍼스트! 그린피스는 1971년 밴쿠버에서 설립되어 알래스카 핵실험 및 환경 파괴 행위에 대항한다. 환경의 가치를 향상시키고 평화를 촉구하는 데 전념한다. 전 세계적으로 벌목, 고래잡이와 물개사냥에 반대하고, 핵과 유전자 조작에도 반대한다. 암스테르담에 본부를 둔 그린피스는 42개국에 사무실이 있으며 기부금 및 자원봉사 활동을 하는 수백만의 지지자를 보유하고 있다.
경제	C. D. 호우 연구소, 프레이저인스티튜트, 캐나다 정책대안센터, 파비안협회(영국), 헤리티지재단(미국), 후버연구소 후버연구소는 스탠퍼드대학교에서 보수 싱크탱크로 설립되었다. 대부분의 자금은 대기업들이 설립한 자선재단에서 나온다.
평화와 안전	핵무장해제캠페인(CND), 브루킹스연구소, 카네기 국제평화센터, UN 군비축소 및 평화와 안전위원회 'Ban the Bomb' 로고로 유명한 CND는 1958년 영국에서 설립되어 핵, 화학 및 생물학무기 등에 반대한다. 최근에는 원전 반대 등 반핵운동을 확대하고 있다. 2003년에는 이라크전에 반대하는 캠페인을 벌였다.

하나, 어떤 단체는 정부 관료조직의 '실질적인' 멤버이자 또한 '그림자' 상대로서의 이중적인 역할을 담당한다. 대부분의 단체는 운영자금의 상당 부분을 민간부문(개인 기부자, 기업, 스스로 비영리조직이라 자처하는 이익단체와 연구기관 등)에서 조달한다.

NGO 활동의 지역적-세계적 역동성

이미 살펴보았듯이 특정 지역 수준에서 활동하는 비영리단체가 절대 다수를 차지하지만, 공간적으로 국가 및 국제적 수준에서 활동하는 봉사하는 비영리단체가 더 많이 알려져 있고 또 그 영향력도 더욱 크다. 캐나다에서 이 범주에 속한 대표적인 비영리단체로는 네이처 캐나다, 엘리자베스프라이협회, 볼런티어 캐나다, 로열 캐나다 레지온, 캐나다 공공노조, 캐나다 상공회의소, 국가시민행동, 여성지위에 관한 국가행동위원회, 캐나다 시민자유협회 등이 있다. 전국적으로 많은 조직들이 동맹을 맺고 지역단위의 분회를 운영한다. 대표적인 국제적 비영리단체로는 적십자, 국경 없는 의사회, 그린피스, 국제상공회의소, 옥스팜 등이 있다. 이 국제조직들은 상호 존중 및 우의를 도모하고, 사회 및 경제발전을 촉구하며, 재난이나 긴급사태 시 적극적인 구호 활동을 전개하며, 인권과 평화를 촉진하고 모니터링한다.

NGO 단체가 제공하는 서비스는 다양하다. 국경 없는 의사회는 의료비 지불능력이 거의 없는 이들에게 전문적인 의료 서비스를 거의 무상으로 제공한다. 옥스팜은 지역민들과 함께 적절한 기술을 활용해 경제발전을 위한 기초를 확립한다. 엠네스티 인터내셔널은 정치범을 대변하고, 또 세계야생생물자금은 스스로를 방어할 수 없는 종의 보호를 위해 일한다.

이 조직들의 경제적 영향을 측정하기는 어렵다. 달러로 치면 캐나다에서 국제 NGO로 전달되는 도움은 빈약한 수준이다. 국제 비영리단체에 캐나다가 기여하는 자금의 절반가량은 연방정부에서 나오는데, 이는 캐나다 국제개발기구(CIDA)를 통한 것으로, 비영리단체를 활용해 해외개발의 목표를 추구하므로 지방정부가 사회 서비스를 전달하는 방식과 상당 부분 동일하다. 개인들이 제공하는 1차적인 기부금 역시 정부지원금과 비슷한 수준이며, 나머지는 재화와 서비스의 판매 수입을 통해 충당한다. 미국의 공식 정부 보조금은 GNP의 약 0.2%에 해당하는 금액으로(국제적으로 합의된 수준인 0.7%를 훨씬 밑도는 수준), 민간 및 기관 기부금이 정부지원금의 2배를 초과할 것으로 추산된다. 그러나 공식 기부와 민간 기부 모두 흔히 '직접적'인 것이므로 결과적으로 해외의 NPO는 지원금의 사용 용도에 있어서 종종 제약을 받는다.

이러한 회계상의 제약에도 불구하고, 국제 비영리조직은 실제로 지구촌의 사건에 영향을 미칠 정도로 상당한 능력을 보유하고 있다. 이들은 국제경제의 거버넌스에서 외곽으로 밀려난 이해 관계자들에게 목소리를 낼 수 있게끔 하는 데 특별히 유용할 수도 있다. WTO에 반대의견을 표할 수 없는 나라 혹은 이해당사자들은 국제 NGO에 도움을 요청할 수 있다. 그러나 이러한 조직의 영향력은 자주 논쟁거리가 되곤 하는데, 특히 국가 내부적인 사건에 개입하여 선진국의 가치관을 주입하는 경우가 그 대표적 사례이다.

윤리적 무역

최근 수십 년 동안 제조업 생산은 선진국에서 개발도상국으로 이전하는 패턴을 보였다. 그에 따라 개발도상국들은 노동 착취 및 환경 파괴 등 마치 유럽의 산업혁명기를 떠올리게 하는 사회 · 환경적인 문제를 노정하게 되었다. 일부의 결과에 있어서는 다국적기업까지 거슬러 추적해 갈 수도 있지만, 대부분은 지역 하청업자 혹은 하청 제조업자에게로 책임이 귀결될 뿐이다. 일부 국제적 NGO 단체 및 이러한 문제에 직접 대응할 목적으로 설립된 단체들은 선진국 소비자들에게 이러한 노동착취 및 환경 파괴에 대해 인식을 부각시키고, 그로 인해 해당 기업들이 보다 윤리적인 기업활동을 하도록 강제하기 위한 노력을 전개하였다.

다국적기업이 개발도상국에 투자하는 부문은 섬유, 의류, 전자조립, 신발, 스포츠용품 등 주로 노동집약적 산업이다. NGO 단체들은 생산현장에서 일어나는 근무시간 초과, 부적절한 의료 및 안전 조치에서부터 성희롱 및 아동노동 착취에 이르기까지 무척 광범위한 노동 문제를 제기한다. 환경 측면에서 NGO 단체들은 토양 및 대기오염, 생물 다양성 파괴 등을 '외부효과'가 아닌 기업의 의사결정 시에 반드시 고려해야 할 현실적인 비용이라고 주장한다. 이들은 대중적으로 언론을 활용하여 잘못을 저지른 기업에 '수치와 부끄러움'을 안겨줌으로써 기업 관행상 많은 변화를 가져왔다.

예를 들어 나이키와 월마트가 1990년대 후반 해외 하청업체들의 운영 실태에 대한 자체 감사 처분을 받은 이래로 하청 공급업체들에 대한 감사는 산업계 표준 관행으로 정착되었다. 지금은 대부분의 국제적 기업들이 노동 및 환경상의 준수지침을 개발해 공급업체들로 하여금 이를 준수하도록 요구한다. 이러한 감사의 효력이 어느 정도 나타나는지에 대해서는 다소 의문의 소지가 있을 수도 있지만, 전반적인 여건은 상당 부분 개선되고 있는 추세이다. **공정무역 운동**(fair trade movement)은 이와는 상이한 접근방식을 취한다. 즉, 커피나 초콜릿 같은 소규모 상품을 생산하는 소규모 농가나 장인기업 및 지역사회가 그들이 생산하는 제품을 적정 가격에 안정적으로 판매할 뿐만 아니라 환경 친화적인 생산활동을 할 수 있도록 지원하는 데 초점을 둔다(사례연구 7.2). 1950년대에 옥스팜 같은 국제자선단체에 의해 시작된 공정무역 운동은 1980년대 후반에 네덜란드 사람들이 커피에 최초로 '공정무역' 라벨을 붙인 것이 계기가 되어 확대되기 시작했다. 2010년 무렵 700개가 넘는 생산자 단체가 만들어져, 5백만 명의 노동자와 그 가족들을 지원하고 있다. 국제 공정무역단체가 운영하는 한 인증 시스템은 공정무역의 원칙이 가치사슬 전반에 걸쳐 준수되고 있는지를 종합적으로 판단하여 인증자격을 부여한다. 인증자격을 획득하기 위해서는 농업생산자들이 최소한의 화학물질을 사용해야만 한다(유기농법 장려). 이에 대한 보상으로 유기농 생산자들의 농작물에는 양호한 가격이 매겨지고, 지역사회개발 프로젝트 및 환경적으로 지속가능한 농업을 위한 프로그램을 지원한다.

공정무역 운동 개발도상국의 소규모 생산자들이 생산한 제품이 공정한 가격을 받을 수 있도록 하는 사회운동

사례연구 7.2 | 커피 공정무역

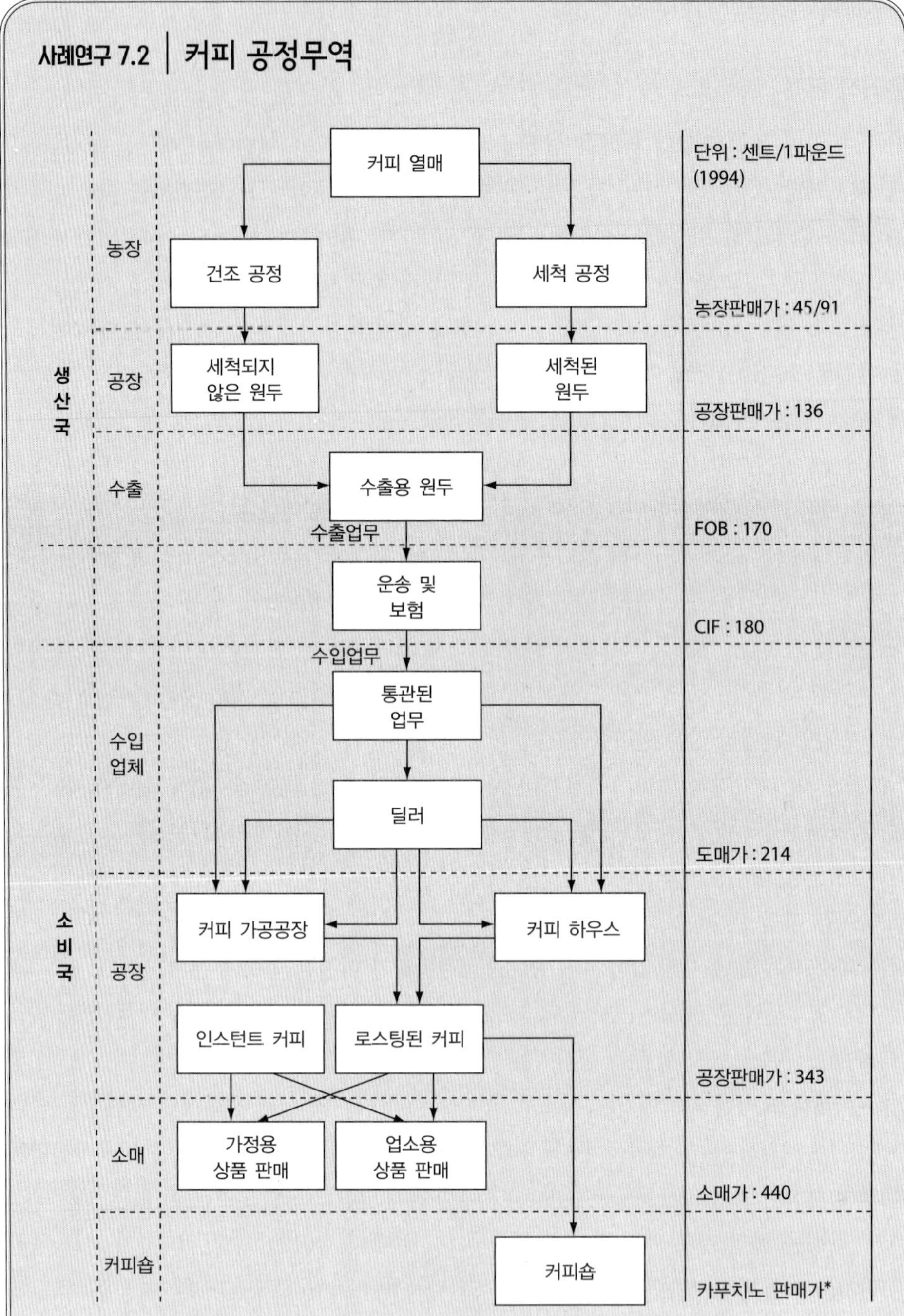

▲ 커피산업 가치사슬

* 커피숍의 카푸치노 판매가는 재료비, 광고비, 매장운영비, 인건비 등을 포함하여 책정됨

출처 : Kaplinsky, R. & Fritter, R., 2001. "Who gains from production rents as the coffee market becomes more differentiated? A value chain analysis." IDS Bulletin Paper, July 2001: 69-86.

세계 커피 원두의 대부분은 개발도상국의 가난한 농부들이 생산하며, 이 가운데 높은 가격을 받고 선진국의 도소매업체에 판매되는 경우는 일부에 불과하다. 예를 들어 에티오피아의 코추지방 농부들이 재배한 원두는 지역 상인들이나 400km 떨어진 아디스아바바로 운송되어 커피협동조합에 판매된다. 가격은 네슬레나 크레프트와 같은 다국적기업들에 납품하는 지역 도매업자에 의해 경매로 정해지고, 원두의 분리 작업은 일당 50센트가 채 되지 않는 여성노동력이 주로 담당한다.

공정무역 운동의 목적은 가치사슬의 말단부에서 생산을 담당하고 있는 영세농가와 작업노동자들이 정당한 노동의 대가를 받을 수 있도록 하는 것이다. 이 운동은 미국과 유럽에서 시작되었으나, 공정무역이라는 용어는 1973년 네덜란드의 한 단체가 처음 사용하였다. 이 용어는 1997년 한 NGO 단체가 개발도상국의 빈곤지역 상품 생산자와 판매자를 인증하고 제품에 표기하기 위해서 사용하기 시작했다. 공정무역 가치사슬은 농민에서부터 시작된다.

오늘날 공정무역을 통해 판매되는 제품은 커피뿐만 아니라 차, 코코아, 면화, 과일, 채소, 쌀, 맥주, 와인, 벌꿀 등 매우 다양하다. 공정무역 협정은 생산자에 대한 최소 가격 보장뿐만 아니라 농작물을 생산하는 지역사회개발 활동도 수반되는 경우가 있다. 2009년 현재 827개 생산자 조직이 70개국에 27,000개 상품을 판매하였다.

최근 수년간 스타벅스 같은 여러 회사들이 기업문화에 공정무역을 결합시키기 시작했는데, 가령 자사상품의 범위에 공정무역 제품을 포함시키는 형식이다. 하지만 여기에는 의도치 않은 부작용이 드물지 않다. 예를 들어 공급자들로 하여금 공정무역 강령을 준수하는 데 드는 비용을 감수하도록 강요하는 대형유통업체들로 인해 영세업자들은 시장에서 밀려나 직원들이 일자리를 잃기도 한다. 또한 소수의 제품에만 부여되는 '윤리적 상품' 라벨은 기업의 홍보용 수단으로 전락하기도 한다.

이와 비슷한 문제는 다국적기업이 윤리적 합법성을 획득할 목적으로 국제 NGO의 요구조건을 전략적으로 이용할 때도 발생할 수 있다. NGO는 그들이 규정한 공정무역지침을 적용하는 과정에서 기업들과 크게 협조하고 있으며, 그리하여 사회적 합법성을 얻고 자금도 조달받고자 한다. 하지만 이들은 기업들에 그다음 목표로 제시할 만한 새로운 이슈를 끊임없이 찾아내야 한다. 또한 언론을 노련하게 활용하여 자신들의 일을 대중에게 알려 정부와 기업에 대한 지렛대 역할 및 자금조달이라는 두 가지 형태로 대중적인 지원을 끌어와야 한다.

주변자원의 보존 및 재배치

현대 환경주의의 뿌리는 1872년 미국 와이오밍 주의 옐로스톤을 세계 최초의 국립공원으로 지정한 시점으로 거슬러 올라간다(캐나다의 첫 국립공원은 1885년에 지정된 캐나다 로키산맥의 밴프국립공원이다). 환경 NGO 단체(ENGO)는 1960년대 후반 이후 크게 증가했다. 1971년 그린피스의 창설은 북미지역 포디즘이 전성기를 구가하는 동안 대두된 환경문제에 사회적 대응을 가장 적실하게 나타내는 징표라고 할 수 있다. 이후에 환경문제는 글로벌 이슈로 확대되어 대규모 자원 채취로 인한 환경 파괴, 지구온난화, 생물 다양성 파괴, 국경을 초월한 오염문제 등이 주요 의제로 다루어졌다. 보통의 환경 NGO 단체들은 자원의 상업적 가치나 지속가능한 자원개발 등의 측면보다는 자원의 '비산업적(non-industrial)' 가치에 주목한다. 이들은 환경오염을 막기 위한 국제적 규제를 강화해야 한다고 주장한다. 또한 기업들로 하여금 환경인증 취득을 장려하고 자원개발 시에는 환경영향평가를 의무화하도록 하고, 과도한 자원개발을 막기 위해 **보존지구**(conservation area) 확대를 정책적으로 유도한다.

보존지구 인간의 간섭을 최소화하면서 자연상태를 유지하도록 하는 일정한 영역

환경보존을 위해 국가가 계획적으로 지정한 보존지구는 1965년 200만 km^2에서 2006년 1,400만 km^2로 크게 확대되었으나, 해양 보존지구는 1973년부터 2010년까지 전 세계적으로 단 1% 확대되는 데 그쳤다. 생물 다양성 보존지구로 지정된 삼림은 2010년 현재 세계 전체 삼림의 12%를 차지한다. 캐나다, 오스트레일리아, 뉴질랜드와 같은 선진국들은 자원의 환경적 가치에 우선순위를 두고 있다. 반면에 저개발국가에서는 환경 파괴로 인해 빈곤이 더욱 악화되고 있음을 UN은 강조한다. 한편 환경보존과 생태관광을 결합하여 지속가능한 발전을 추구하기도 한다. 이와 관련된 대표적인 기관으로 국제자연보존협회(IUCN)가 있다. 이 협회는 세계에서 가장 큰 환경지식 네트워크로 전 세계적으로 거의 11,000명에 가까운 자원봉사 과학자들을 보유하고 있다. IUCN은 기업, 정부, NGO와 협력하여 환경변화에 대한 실질적인 해결책을 찾기 위해 노력한다.

하지만 자연보존은 가난한 곳이든 부유한 곳이든 상관없이 많은 장소에서 강력한 저항에 부딪히게 된다. 세계적으로 환경문제는 기업의 이익이나 지역사회의 이해관계와 충돌하게 되는 경우가 많다. NGO 활동이 여러 국가에 걸쳐 연관되어 있을 때 지역적-세계적 역동성은 더욱 복잡해진다.

필리핀, 콩고, 인도네시아 같은 일부 지역에서는 목재, 광물 및 기타 자원을 두고 심각한 갈등이 벌어지고 있다. 재산권 및 관련 법규가 잘 갖추어진 선진국에서조차도 이러한 갈등은 종종 일어난다. 태즈메이니아의 '숲의 전쟁'은 이와 관련된 전형적인 사례이다(사례연구 7.3).

사회자본과 발전

일부의 경우에는 특정 국가나 이해집단과 갈등관계가 생기기도 하지만, 모든 비영리조직의 종합적인 목표는 사회적 · 집합적 가치를 상승시키는 것이다. 결국 이들의 존립기반은 대중으로부터 지지를 이끌어내는 데 달려 있다. 사회적 가치창출이 비영리조직의 핵심적인 목표라는 점은 곧, 개발이라는 것은 경제적 소득 그 이상의 측면에서 측정되어야 함을 의미한다. 주관적이긴 하나 '삶의 질'의 개념은 화폐적 측면에서 환원되기 어려운 집합적 가치체계로서 웰빙을 이해하는 근거로 사용되고 있다. 예를 들어 수용 가능한 삶의 질이란 물질적 풍요로움뿐 아니라 보다 큰 전체의 한 부분으로서 건강, 교육, 웰빙, 시민의식 등과 같은 측

사례연구 7.3 | 태즈메이니아의 숲 갈등

▲ 태즈메이니아 남서부지방 웰드밸리의 숲('캠프 웰드') 봉쇄 (2006년 2월)

지난 수십 년간 태즈메이니아(오스트레일리아 남동부 해안을 마주보고 있는 아일랜드 주)에서는 천연자원을 두고 심각한 갈등이 있었다. 대규모의 산업자원 채굴에 대한 반대가 1960년 후반에 일어나가 시작했는데, 대형 수력발전 프로젝트로 인해 페더 호 및 인근의 광대한 숲 지대가 수몰되어야 한다는 데 대한 주민들의 반대 여론이 형성이었다.

이 프로젝트를 중단시키려는 주민운동은 성공하지 못했지만, 세계 최초로 '녹색당' 창당을 이끈 계기가 되었다. 1972년에 설립돼 댐 반대 캠페인을 벌였던 유나이티드 태즈메이니아 그룹은 같은 해에 주 선거에 나섰으며, 결국 태즈메이니아 주가 오스트레일리아 녹색당을 이끄는 중심축이 되었다. 이후로 태즈메이니아 주의 환경운동은 눈에 띄게 성장하였다. 태즈마니아 자연 숲 보호에 주목한 환경 NGO들은 대규모의 벌목 및 화전이나 목재 가공보다는 오히려 수출에 비난의 포커스를 둔다. 태즈메이니아 주 오래된 숲의 90%는 일본 수출을 위해 작은 목재 조각들로 가공되었던 것으로 추정된다.

숲을 지키기 위한 지역의 환경운동단체들은 직접적인 행동에 들어가(도로 봉쇄, 벌목 시 나무에 걸터앉기, 장비 잠금, 태업 등) 일시적으로나마 벌목을 중지시키고자 했다. 하지만 대립하고 저항하는 것만으로는 실질적인 변화를 이끌어내기는 어려운 일이다. 그리하여 보다 장기적인 전략으로 대중의 지지를 얻기 위해 언론 홍보, 길거리 캠페인, 유명인사를 대상으로 한 로비 등 지역 내에서뿐만 아니라 전국적으로, 심지어는 국제적으로도 운동을 전개하였다. 이러한 전략은 상당한 성공을 거두었다. 1968년에는 태즈메이니아 주 면적의 4.2%만이 보호지역이었으나, 2006년 현재 그 비율은 39.8%까지 증가하였다.

출처 : 2009년 10월, Julia Affolderbach 제공

면에서도 정의된다. 물론 이들 지표 중에 일부는 소득과도 관련이 있지만, 반드시 직접적이고 선형적인 방식에 따라 정의되지는 않는다. 다수의 비영리조직들은 사회적 수요와 밀접한 관계를 맺고 있다. 어쩌면 비영리부문의 가장 중요한 산출물은 경제적 측면만으로는 창출되기 어려운 사회자본을 창출하는 데 기여하고 있다고 할 수 있다.

사회자본 : 협력적 가치의 포용

사회자본 공유된 가치와 기대, 사회적 네트워크, 그리고 경제발전을 기능하게 만드는 신뢰와 협력 의지 등과 같은 특성들을 모두 포함한 개념

인적 자본 공식적 및 비공식적으로 양성된 경제적 분야에서 개인이 가지는 생산성

사회자본(social capital)이란 용어는 비교적 최근에 만들어진 것이지만 신뢰, 협동, 호혜, 공유가치의 이해 등 그 용어 속에 담긴 특징들은 예나 지금이나 시장교환이나 경제활동을 구성하는 필수 요소라는 점은 주지의 사실이다. 사회자본이 종종 인지되지 못하는 것은 뚜렷한 경제적 결과 없이 개인적인 상호작용을 통해 비공식적으로 운용되기 때문이다. 사회자본이 형성되는 맥락들이 시장과는 관련이 없는 경우가 많기 때문에, 그것을 화폐가치로 쉽사리 표현하기 어렵다. 오히려 사회자본은 가족과 친구, 동료 및 지역사회와의 상호작용을 통해 일상생활 속에서 형성된다. 순수 경제학적 의미에서 '자본'은 이윤 추구를 목적으로 한 재화와 서비스를 생산하는 데 투입되는 설비 투자 또는 이윤 창출을 위해 주식 및 채권 등의 형태로 투자되는 돈(금융자본)을 의미한다. 이러한 관점에서 보자면 숙련된 교육을 받은 노동자 집단은 **인적 자본**(human capital)이 되고, 환경 생태계는 천연자본이 될 수 있다.

금융자본과 마찬가지로 사회자본도 고갈될 수 있고, 따라서 보충해야 할 필요가 있다. 하지만 금융자본은 사용함에 따라 고갈되는 반면, 사회자본은 사용하지 않으면 고갈된다는 점에서 다르다. 즉, 사회자본을 유지하려면 그것을 활용해야만 한다.

어쩌면 사회자본의 가장 중요한 특징은 긍정적 외부효과를 창출하는 능력이라 할 수 있다. 사회자본에 대한 투자, 즉 접촉을 유지하고 확장하기 위해 들이는 시간과 노력은 개인에게 혜택을 줄 뿐만 아니라 호혜적 행위와 기대치에 대한 규범을 확립하는 데에도 도움을 준다. 이러한 측면에서 사회자본은 투자자가 속한 커뮤니티뿐만 아니라 보다 넓은 사회적 차원에서도 타인에게 전달된다. 이러한 규범들의 광범위한 확산은 효과적인 상호작용을 촉진하는 신뢰의 문화를 창출한다. 개인들은 자신의 평판을 구축하고 유지해야 하기 때문에 호혜의 문화는 기회주의적 행동을 억제하는 효과를 낸다.

한편, 사회자본은 두 가지 형태를 취하는데, 하나는 배타적, 다른 하나는 포용적 성격을 나타낸다. 가족, 스포츠 팀, 종교집단과의 유대는 분명히 많은 혜택을 제공한다. 하지만 이러한 유대는 본질적으로 배타적이다. 배타적 사회자본은 특정 집단의 결속력이 배타적일 때 타 집단과는 사회자본이 형성되기 어려우며, 심지어 외부와의 상호작용을 방해하는 경우도 있다. 또한 사회자본은 포용적인 속성도 내포하고 있다. 포용적 사회자본은 다양한 배경의 사람들을 한데 모아주고 서로 간의 차이를 인정하고 매개해주는 활동을 통해 발전된다. 배타적이고 포용적인 형태의 사회자본을 통해 형성된 사회적 연대는 제각기 '강한' 연대(strong ties)와 '약한' 연대(weak ties)로 묘사된다. 전자는 사람들을 특별한 형태의 상호작

용을 통해 결속시키는 반면, 후자는 새로운 접촉과 사고방식에 대하여 개방성을 허락하고 심지어는 격려하기도 한다. 이상적인 것은 두 가지 형태 사이에 균형을 잡는 것이다.

지역적 함의

약한 사회자본과 강한 사회자본 양쪽 모두 성공적으로 투자하는 개인, 지역사회 및 사회는 많은 혜택을 얻고자 한다. 사회자본에 투자함으로써

- '집단행동'의 문제를 해소하는 데 유익하다.
- 효율적인 교환을 용이하게 하는 신뢰와 자신감을 확립한다.
- 우리 개인의 운명이 연결되어 있는 다양한 측면을 인식하게 해주고 선한 행위를 고취시키는 데 도움을 준다.
- 정보교환을 촉진한다.
- 심리적 및 생리적으로 유익한 연대감을 촉진한다.

이러한 혜택은 경제적 상호활동에서 목격될 수 있다. 사회자본은 개인적 의사소통을 통하여 지역경제의 효율성을 촉진시키는 비교역적 상호 의존성에 토대를 둔다. 이것은 또한 긍정적인 형태 및 부정적인 형태로 경로의존성과 밀접히 관련되어 있다. 지역 간에 서로 비교해보면 사회자본의 영향력은 놀라울 정도로 오래 지속됨을 보여준다. 예를 들어 미국에서 사회자본은 북동부, 북서부 및 북유럽 문화적 전통이 강한 주에서 무척 강하게 나타난다. 이 지역들에는 시장교환 및 비시장교환 양쪽 모두에서 개인주의 원칙과 상호호혜의 전통이 매우 강하게 남아 있다. 미시시피 주 및 남부의 기타 지역들은 노예제도가 사회자본의 메커니즘을 파괴하였거나 혹은 그 형성을 방해한 곳으로, 사회자본이 가장 취약한 지역들이다. 어떤 지역이 외부자본을 유치하여 경제 재구조화의 길을 선택할지 외부와의 단절을 통한 고립주의적 정책을 선택할지의 여부는 단지 그 지역이 보유한 부존자원이나 유입자본의 규모뿐만 아니라 과거의 사회적 상호작용 특성에도 의존한다.

지역이 사회자본의 혜택을 받는 형태는 지역에 따라 다양하게 나타난다. 캘리포니아의 실리콘밸리는 사람들의 이직이 자유롭고, 경쟁관계에 있는 회사끼리 협조하며, 위험을 감수하는 행위를 존중하는 것 등이 그 특징이다. 독일의 자동차산업 지대 바덴뷔르템베르크 지역은 제조업자들과 부품 공급업체들 사이에 긴밀한 협조가 있었기에 성공할 수 있었다. 이탈리아의 경우 카를로 베르베라 같은 중소기업들은 긴밀한 지역 및 가족관계, 상호 간의 니즈에 대한 관심, 공통의 노동규범 등에 의해 조정되는 고도로 파편화되고 전문화된 사회적 분업에 기초한 생산 시스템을 이용하여 세계 정상급의 패션제품을 생산한다. 이 지역의 사회자본 특징은 개인 간의 지속적인 상호작용, 산업협회 등 공적인 조직 및 특화된 학교나 훈련 프로그램 및 정부지원을 통하여 점진적으로 발전해 왔다는 점이다.

사회자본과 경제발전의 관계는 복잡하며 또 시간이 흐름에 따라 변화하는 속성을 지닌

다. 확실한 것은 경제발전이 개인 간 또는 지역 간의 가교를 만드는 역할을 함으로써 사회자본이 촉진될 수 있다는 점이다. 하지만 경제발전에 따라 사회자본이 형성되는 최소 단위인 가족관계가 붕괴됨으로써 사회자본의 약화를 초래하기도 한다. 전통적으로 가정은 가치관, 규범 상호작용의 패턴이 최초로 확립되는 장소였다. 본 장의 초반부에서 언급하였다시피, 오늘날 전통적인 가족의 기능은 비영리단체에서 많이 수행하고 있다. 한 가지 중요한 이유로는 여성의 사회적 진출이 늘어나면서 과거보다 더 많은 아이들이 근무시간 동안 보육기관(특히 비영리단체가 운영하는 보육기관)에서 보내야 한다는 점이다. 심지어 경제발전으로 인해 다지에시의 통근입무가 늘어나 사회자본의 근원으로서 가속의 역할이 죽소되는 경향이 심화된데다 학교, 스포츠 및 서비스 클럽이나 정치조직 등 지역사회 기관에서 보내던 시간마저 빼앗겼다. 인터넷이 제공하는 소셜 네트워크 및 기타 연결성이 사회자본의 형성에 미치는 영향은 앞으로 신중히 살펴보아야 할 문제이다.

경제발전과 '국민총행복'

경제발전의 목적은 무엇인가? 이 질문에 대한 해답은 장소(지역)에 따라 다르게 나타날 것이다. 캐나다와 같이 한 나라에만 국한하더라도 집단마다 상이한 대답이 나올 것이다. 주지하다시피 오늘날 1인당 소득 같은 단일 측정치로는 판단하기 어렵다. 그 대안적 지표들은 다양한 '삶의 질' 측면을 고려한 것이다.

행복을 측정하겠다고 하는 생각은 아이러니하게도 세계 최빈국 가운데 하나인 부탄에서부터 시작되었다. 수세기 동안 고립되어 있던 부탄의 왕은 1970년대 국가를 근대화하기로 결심하고 외부세계와의 접촉을 허용했다. 또한 그는 1998년 법치주의 및 의회정부를 확립했다. 외부에서 몰려온 개발의 여파가 부탄의 전통 및 소중한 사회적 가치관을 파괴할 것이라 염려하는 사람들이 늘어나자, 왕은 다음 네 가지 기준을 바탕으로 '행복' 지수를 제안하였다. (1) 지속가능하고 평등한 사회경제적 발전, (2) 환경보존, (3) 문화의 보전 및 촉진, (4) 좋은 거버넌스 등이다. 예상하다시피 이러한 목표를 향한 부탄의 진보는 느리게 진행되었다. 그럼에도 불구하고 이 실험은 삶의 질이라는 것이 물질적인 부, 그 이상의 일과 상당히 연관되어 있는 것임을 크게 상기시켜준다. 이것은 또한 경제발전이라는 것이 단순히 외부의 힘에 의존하기보다는 지역 내 주체와 조직들이 주도적인 역할을 수행했을 때 가능하다는 점도 강조하는 것이다.

결론

비영리 · 비정부부문은 시장, 기업 및 정부가 할 수 없거나 하지 않는 기능을 수행한다. NGO 및 NPO는 고용과 서비스, 기부 및 정부 보조금의 수입 측면에서 직접적으로 경제적인 영향력을 미친다. 게다가 자원봉사자들은 값으로 따질 수 없는 서비스를 제공하되 보수를 받지 않는다. 경제적인 지배구조는 그 두 번째 영향력에 해당한다. 그린피스 및 옥스팜과 같은 NGO는 기업이나 정부의 부적절하거나 부당한 행위를 감지했을 때 개입을 하고, 도덕적 표준을 설정함으로써 경제적 거버넌스에 기여한다. 그러나 시민사회의 가장 중요한 영향력은 아마도 사회자본의 형태에서 발현될 것이다. 이어지는 장들을 통해서 우리는 NPO 및 NGO가 글로벌 경제 전반을 통해서 필수적인 구성 요소가 되었다는 사실을 알게 될 것이다.

연습문제

1. 세계적으로 멸종위기에 처한 생물종 가운데 하나를 선택하고, 해당 생물종의 미래를 결정지을 제도(국가나 기관)의 지리적 특성을 설명해보자. 누가 그 생물종을 위험에 빠트리고 도움을 주겠는가? 어떠한 지리적 기반하에서 나타나겠는가?
2. 여러분의 지역사회에는 얼마나 많은 비영리기관들이 노숙자 및 가난한 사람들을 위해 일하고 있는가? 이러한 조직들이 하는 일은 무엇인가? 이들은 어떠한 지원을 받고 있는가?
3. 세간의 이목을 집중시키는 국제 NGO를 선정하여 그 활동의 지리적 영역을 구분해보자. 그 조직의 주요한 목적, 전략 및 수입원은 무엇인가? 그 조직은 얼마나 영향력이 있는가?
4. 환경 NGO는 왜 그토록 많은 자원갈등에 연루되어 있을까? 이러한 조직들에게 합당한 자원이란 무엇인가? 무슨 근거에서 이들은 비판받을 수 있을까?
5. 행복은 경제발전의 정당한 목표인가?
6. 여러분이 사는 지역사회에서 젊은이들을 위해 자원봉사자들이 운영하는 조직(합창단, 오케스트라, 스포츠클럽 등)을 선정한 다음 그 단체가 어떻게 지원을 받고 있는지 알아보자. 이 조직은 여러분의 지역사회를 어떻게 지원하고 있는가?

핵심용어

공정무역 운동	비영리/비정부부문	사회적 가치
그림자 정부	사회 서비스	옹호 단체
보존지구	사회자본	인적 자본

추천문헌

Affolderbach, J. 2012. "Environmental bargains: Power struggles and decision-making over British Columbia's and Tasmania's old growth forests." *Economic Geography.*

Clapp,A.R. 2004. "Wilderness ethics and political ecology: Remapping the Great Bear Rainforest." *Political Geography* 23: 839-62.
그레이트 베어 레인포레스트 지구가 NGO 단체의 노력으로 보존지구로 지정된 사례연구

Hayter, R. 2003. "The War in the Woods: Globalization, Post-Fordist Restructuring and the Contested Remapping of British Columbia's Forest Economy." *Annals of the Association of American Geographers* 96: 706-29.
환경 NGO 단체가 어떻게 브리티시컬럼비아 주에서 길항력이 되었는지를 고찰한 논문

Helliwell, J. 2007. "Well-being, social capital and public policy." *Social Indicators Research* 81: 455-96.
웰빙과 사회자본을 글로벌 스케일에서 측정하는 방법에 대해 논하고 있다.

Milligan, C., and Conradson, D., eds. 2006. *New Spaces of Health, Welfare and Governance*, Bristol: Policy Press.
자원봉사 섹터의 지리적 특성에 대해 고찰한 논문

Mohan, G., and Mohan, J. 2002. "Placing social capital." *Progress in Human Geography* 26: 191-210.
사회자본이 지역경제발전에 미치는 영향에 대해 고찰한 논문

Pearce, J. 2009. "Social economy: Engaging as a third system." In A. Amin, A. Cameron, and R. Hudson (eds.) *The Social Economy: International Perspectives on Economic Solidarity.* London: Zed Books.
제3섹터로서 NGO의 역할에 대해 고찰한 논문

Putnam, R.D. 2000. *Bowling alone: The collapse and revival of American community.* New York: Simon & Schuster.
사회자본 창출에 있어서 자원봉사단체와 기타 지역사회조직의 역할에 대해 고찰한 연구

Skinner, M.W. 2008. "Voluntarism and long-term care in the countryside: The paradox of a threadbare sector." *Canadian Geographer* 52: 188-203.
캐나다 농촌지역에서 정부가 책임지는 영역이었던 보건 및 사회적 케어 부문을 자원봉사단체가 어떻게 담당하고 있는지를 고찰한 논문

Teather, E.K. 1997. "Voluntary organizations as agents in the becoming of place." *Canadian Geographer* 41: 226-305.
농촌지역 여성들을 위해 자원봉사단체가 어떠한 역할을 하는지에 대한 오스트레일리아와 뉴질랜드 사례연구

참고문헌

Daly, H.E. 1994. *For the Common Good: Redirecting the Economy Toward Community, the Environment and a Sustainable Future.* Boston: Beacon Press.

Salamon, L.M., Anheier, H.K., List, R., Toepler, S., Sokolowski, S. W., and Associates. 1999. *Global Civil Society: Dimensions of the Nonprofit Sector.* Baltimore: Johns Hopkins Center for Civil Society Studies.

Statistics Canada. 2004. *Cornerstones of Community: Highlights of the National Survey of Nonprofit and Voluntary Organizations.* Ottawa.

Wolch, J. 1990. *The Shadow State: Government and Voluntary Sector in Transition.* New York: The Foundation Centre.

PART

3

가치사슬의 입지 역동성

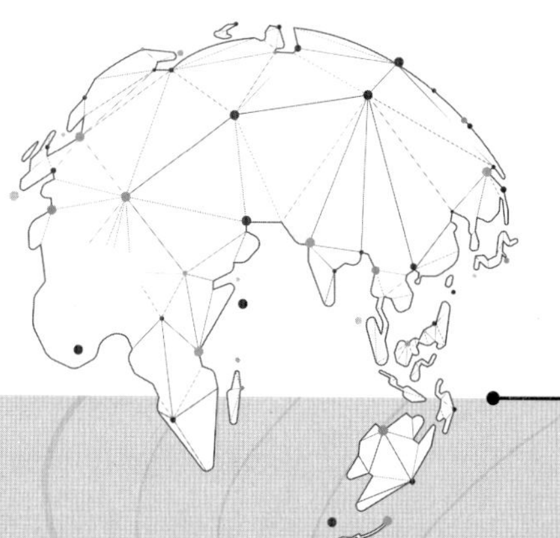

제8장

도시

도시는 거래를 위한 곳, 사람들이 모여 분업하고 전문화하고 교환하는 장소이다.

(Ridley, 2010: 158)

• • •

위대한 도시는 원래 창조적이다.

(Friedman, 1970: 474)

제1부와 2부에서 논의된 주제를 토대로 하여, 이 장에서는 시장과 가치사슬을 통합함으로써 세계경제를 지탱하는 장소로서의 도시를 탐색하고자 한다. 도시들이 그런 역할을 수행하는 방식은 시장활동과 그 활동이 작동되도록 하는 제도들을 집적함으로써 그렇게 한다. 또한 도시들은 가치사슬의 형성을 자극하는 수요와 생산의 중심이기도 하다. 이어지는 장들에서는 특정 부문에서의 가치사슬의 입지 역동성을 고찰할 것이다. 주요 내용은 다음과 같다.

- 도시의 성장을 국지적(내생적), 그리고 세계적(외생적) 역동성으로 설명한다.
- 장소로서의 도시의 특징을 개관하고 도시들의 다양성을 낳은 요인들을 검토한다.
- 산업도시와 창조도시의 차이를 설명한다.
- 도시체계 개념을 도입하고 계층 요인 및 비계층 요인의 역할을 소개한다.
- 시장의 힘, 도시계획, 도시정치, 사회관계, 도시 환경문제 등이 도시 내 불평등 구조 및 패턴을 구축하는 방식을 설명한다.

이 장은 3개 절로 이루어져 있다. 1절에서는 집적 경제의 개념을 개관하고 도시 다양성과 창조성의 성격을 논의한다. 2절에서는 지역, 국가, 글로벌 도시체계에서 도시들의 전문화와 기능적 상호 의존을 탐색한다. 3절에서는 도시의 내부구조를 살펴보고 시장, 계획가, 정치인들이 토지가치, 토지이용, 도시구조를 만들어내는 방법을 검토한다. 이 장은 이전 장들에서 논의한 집적 경제, 규모의 경제, 국지화 경제 및 도시화 경제(제2장), 혁신 행위(제3장)의 개념 위에 전개될 것이다.

도시의 역할

도시는 유기적이고 살아 있는 실체이다. 거기에는 정부, 사업, 노동, 비정부기구, 소비자들이 활발하게 서로, 항상 그런 건 아니지만 협력적으로 상품 · 서비스 · 정보를 교환한다. 그러므로 도시가 기능하기 위해서는 모든 종류의 공식 · 비공식 제도들이 필요하다. 도시 내에서 발생하는 법적으로 인정된 경제활동은 법과 규제가 공식적으로 작동하며 이행하지 않을 경우 제재가 부과된다. 이러한 공식적 통제는 비공식 기대와 관습으로 강화한다. (불법활동 또한 비공식 관습의 제재와 법적인 제재가 가해진다.) 제도적 통치는 다수 사람들의 도시 내 일상생활을 안정적이고 루틴한 사무로 만든다. 동시에 도시의 모든 부분은 매일 변화한다. 그러한 변화가 또한 일상생활의 일부이기도 하다. 기존의 사업이 사라지기도 하고 밤새 새로운 서비스업으로 교체되기도 하며, 쇠락한 근린에 새로운 인구집단 거주자들이 들어와 갑자기 활성화되기도 하고, 철거된 부지가 공지로 있다가 며칠 후 새로운 건축물이 들어서기도 한다. 이러한 변화는 자본주의의 본질인 지속적인 변형을 의미하는 것이다. 시장경제에서 제도는 루틴을 창조하기도 하고 변화를 조장하기도 한다.

오랫동안 잊혀온 것인데 도시의 입지 배후에 있는 요인은 다양하다. 그렇지만 대체로 합의되는 바는 도시의 등장은 농업생산성 증가에 대한 반응이자 자극이라는 것이다. 도시의 성쇠는 문명의 성쇠와 직결된다. 도시는 경제발전을 공간과 장소적으로 성형하는 유기체와 같다. 제인 제이콥스(J. Jacobs, 1984)가 지적하듯이, 애덤 스미스의 국가의 부(*Wealth of Nations*)는 말 그대로 '도시의 부(wealth of cities)'에 기초한 것이다. "도시는 거래를 위해 존재한다." 도시는 노동분업과 교환이 이루어지는 장소이다. 읍(towns)이나 면(villages) 또는 리(hamlets)와 도시를 구별해주는 것은 단순히 규모가 아니라 다양성, 창조성, 권력이다. 그리고 그 속성에 모든 종류의 제도, 즉 공공 및 민간, 공식 및 비공식, 경제 및 비경제적 제도들이 근거한다.

도시는 모든 유형의 교환, 즉 경제적 · 사회적 · 문화적 · 지적 · 정치적 교환이 두드러지는 장소이다. 경제 맥락에서 보면 도시는 1차적인 교환 장소로서 집적과 규모의 경제/불경제에 의해서 다양한 시장이 형성되는 곳이다. 한 도시의 시장이 진화하는 과정은 그 시장에 고유한 것인데, 국지적 · 세계적 역동성이 함께 작용한 것이다. 홍콩의 유명한 중심업무지구는 세계에서 가장 바쁜 항구 중 하나를 끼고 있는 마천루 지구로서 그 좁은 구역에 부와 유흥과 권력이 몰려 있는 권력 집적 지구이다. 그런데 홍콩의 발전과정은 독특하다. 천혜의 항구였고 사람이 거의 살지 않는 곳이었지만 제국의 외부 거점이자 중국이 세계로 통하는 거점이 되면서 글로벌한 '존재의 이유'를 갖게 되었던 것이다(사례연구 8.1).

제2장에서 본 바와 같이 집적은 거래비용, 교통비용, 생산비용을 감소시키므로 도시는 세계경제를 형성하는 강력한 힘으로 작용한다. 도시에서는 구매자나 판매자를 찾기 쉽고, 가격과 품질을 비교하기 쉬우며, 모든 종류의 정보를 교환하기 쉽다. 구매자와 판매자 간 거리가 가까워 규모의 내외부경제가 통합 및 협력을 용이하게 한다. 더욱이 다양한 시장을 통제하면서 진화해온 제도들이 도시의 그러한 속성들을 촉진한다. 시장을 둘러싼 비거래적 상호 의존, 여러 세대에 걸친 연구 · 디자인 · 혁신활동, 그리고 사람들을 모이게 만드는 풍

사례연구 8.1 | 물신의 중심에 선 성당

그 이름도 적절한 홍콩의 '센트럴 디스트릭트'의 중심에는 이질적인 건물이 하나 있는데 성요한 성당이다. 성요한 성당은 세계에서 가장 비싼 땅 중 하나에 있는 비영리기관이다. 그렇지만 그것이 그렇게 이상하지 않은 것이 모든 세계도시에는 토지이용에서 최고 지가를 요구하는 시장의 힘에 거스르며 종교적이거나 정치적인, 혹은 여가적인 목적을 유지하는 건물 및 공간이 존재한다. 성요한 성당은 홍콩에서 유일한 민간 소유 부동산이라는 점에서 거의 유일하다. 다른 모든 토지는 정부로부터 50년 장기 임대한 것이다. 1997년 중국 내 특별행정구역이 된 이후 이 임대 소득은 이 지역정부 수입의 중요한 부분이 되었다. (또한 이는 홍콩에서 소득세가 그토록 낮은 이유 중 하나이기도 하다.) 북미에서의 패턴과 다른 이러한 면모는 경제지리의 제도적 성격을 예시하는 것이다.

홍콩의 토지시장은 시장체계와 조화로운 제도를 구축하는 것이 얼마나 중요한지를 잘 보여준다. 성요한 성당 주변은 은행, 보험, 부동산 개발업체 본사들(그중 몇몇은 아시아에서 최대 자산을 운용한다)과 많은 다국적기업들의 지사들로 즐비하다. 홍콩 주식거래소(HKSE)도 몇백 미터 안에 있다. 이들 기업과 기관은 주장강 삼각주와 세계의 거래를 이어주는 역할을 한다. 홍콩 센트럴 디스트릭트에 모여 있는 기관들은 토지가치를 올려주고, 이윤을 생산하여 중국 본토의 다른 곳으로의 투자를 이끌어낸다. 이러한 임대기반 재산권 시스템이 없다면 이러한 일은 불가능할 것이다. 이 시스템은 하나의 제도로서 다른 곳에서의 법률이나 개인 권리 존중, 자유 발언권 등과 같은 제도들과 마찬가지로 홍콩에서는 중요한 자산이 되어 왔다. 이러한 점은 홍콩을 그 북쪽의 본토와 달리 글로벌 무역 시스템과 어울릴 수 있도록 했다. 이러한 이점은 중국이 자신의 재산권 제도를 발전시키면 시험대에 오를 것이다.

부한 어메니티들이 그것이다. 경제활동 및 토지이용의 조밀한(도시 내) 상호작용은 물론 도시 간 세계경제 시스템을 도시들은 조직한다.

도시는 경제 쇠퇴와 무관하지 않다. 그러나 도시는 창조적 다양성, 인간자원, 사회자본, 건물 및 통신 네트워크 등의 인프라를 갖추고 있어 자체적인 재생기반을 보유하고 있다. 지난 수십 년간의 ICT 혁명 및 글로벌화로 북미와 유럽의 기존 산업도시(지역 배후지와 연관되고 공산품을 수출하던)는 포스트모던 서비스 또는 창조도시로 변모되어 왔다. 21세기의 선진도시는 지식기반 서비스를 수출하고 **공간혁신체제**(Spatial Innovation System, SIS)의 일부로서 연구개발 인력을 연결시키고 새로운 기술을 전 지구적으로 이전한다. 반면 산업도시는 다른 곳에서 다시 집적된다. 세계인구의 절반 정도가 도시에 거주하는데(2008년 기준), 부유한 나라들은 도시화 정도가 높다(제2장 참조). 저개발국이 부유해지려고 노력하는 것도 도시화를 통해서이다.

공간혁신체제(SIS) 세계적인 행위자들을 연결시키는 국제적인 시스템으로서 연구, 개발, 신기술 이전을 포함한다.

일반적으로 말해 계층적 또는 비계층적 관계를 통해 전문화와 기능적 상호 의존을 연결시키는 도시 간 시스템은 점점 글로벌화되어 가고 있으며, 소득 및 생활 수준에서 도시 내 차이를 심화시키고 있다. 앞으로 보겠지만 집적의 힘은 입찰지대 곡선을 만들어 도시 형태를 형성하고, 도시 내 시장 및 기타 경제사회적 활동 패턴을 만든다. 동시에 도시계획과 정부 규제는 집적의 힘이 효율성, 형평성, 환경 지속성의 요구와 균형을 이루도록 시도한다.

ES3N/istock photos

도시는 전지구적이며 국지적이다

공간 집적은 특정 산업부문의 기업들이 규모의 국지화 경제를 실현할 수 있도록 하고 모든 산업부문의 기업들이 도시화 경제를 실현할 수 있도록 한다(제2장). 시장과 집적은 상호 의존적이며 다양한 시장들(곧 도시)과 얽혀 있다. 정치활동, 종교활동, 기타 다른 활동들이 그러하듯이 모든 상품, 서비스, 노동의 교환에는 특정한 장소가 필요하다. 도시는 복잡하고 상호 의존적인 교환에 필요한 인프라와 제도를 제공한다. 즉 건물, 서비스, 규제, 문화이다. 축적이 지속되면 물리적 인프라와 확립된 제도는 투자에 대한 강력한 유인이 된다. 글로벌 도시는 대단히 다양한 유형의 교환을 제공하고, 내부적인(내생적인) 성장 잠재력을 향유하며 엄청난 제도들과 글로벌 접근을 보유한다.

도시는 행정경계 또는 행위 루틴에 기초한 기능적 기준(예 : 통근거리나 교통 네트워크)에 의해 지리적으로 정의될 수도 있다. 그러나 경제적 기능, 규모, 복잡성으로 정의하면 시장 및 제도와 도시 외부세계의 경계들(즉, 글로벌하게)을 넘나드는 행위자들의 상호작용으로 정의될 수도 있다. 이런 점에서 글로벌하다는 것은 외생적 행위자들을 의미한다. 로컬하지 않은 연결과 사태를 의미한다. 통상 한 도시의 탈국지적 또는 글로벌 연결은 지역적인 배후지와의 관계, 즉 공동의 행정관계와 지역 정체성과 국가적 맥락을 공유하는 인접한 영

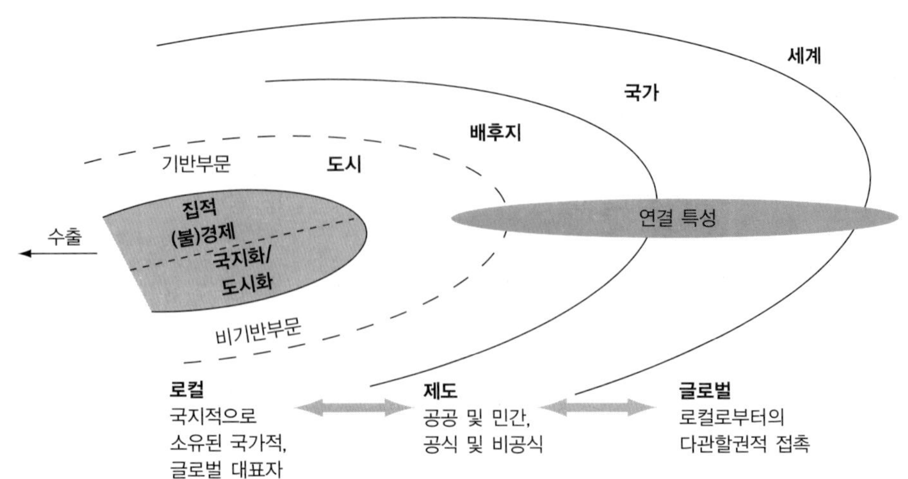

그림 8.1 도시의 글로벌-로컬 경제

역과의 관계로 간주된다(그림 8.1). 더욱이 모든 스케일에서 도시들의 글로벌-로컬 상호작용은 역동적이다. 즉, 장소이자 공간상의 연결로서의 도시의 특성은 시간에 따라 서로 연결되면서 변화한다. 또한 도시들은 자신의 경제를 창출하는데, 많은 인구에 의한 수요가 이를 견인하기도 하고 공공, 민간, 그리고 자발적인 상품과 서비스의 공급이 견인하기도 한다.

기반활동 정의된 영역 바깥에서 소득을 창출하는 활동

비기반활동 역내 소비자들에게 서비스하는 경제활동으로서 수출 소득을 올리지 않는다.

도시 내 경제활동은 보통 기반활동과 비기반활동으로 분류한다. **기반활동**(basic activities)은 수출 소득을 창출하고, **비기반활동**(non-basic activities)은 역내 소비에 공급한다. '도시(또는 수출)기반' 모델에서, 기반 또는 수출활동이라는 것은 '독자적인' 도시성장을 창출하는 것으로 간주되고, 반대로 비기반활동은 '종속적'인 것으로 간주된다. 이러한 관점에서는 기반활동이 도시의 경제적 정체성과 기반, 영향력, 번영을 결정한다. 그리고 도시의 정체성이 도시계획에서 중요한 역할을 한다. 주목할 것은 이 모델에서는 수출 소득이 외국 소비자에게나 또는 더 일반적으로 도시경계 너머, 즉 지역 맥락에서의 판매를 의미한다는 것이다. 이 기반 및 비기반부문을 통계적으로 규정하는 가장 간단한 방법은 입지계수(location quotient)이다(사례연구 8.1).

글로벌시장에서의 장소

전통적으로 전문화된 1차 및 2차 산업활동과 관련하여 현대 도시에서 기반활동은 확립된 시장경제하에서 점점 사업 서비스(생산자 서비스) 및 소비자 서비스를 포괄해 가고 있다(제12장). 상품과 마찬가지로 서비스 역시 외국의 소비자에게 판매함으로써 한 도시에 수출 소득을 가져다준다. 예컨대 로컬 엔지니어링 및 플래닝 자문기업이 다른 도시에 전문성을 판매하는 경우나 기업 본사가 확산되어 있는 지사에 법적 · 기술적 · 마케팅적 지원을 수행하는 경우가 대표적이다. 또한 도시 외부의 방문자들이 도시 내에서 소비할 경우, 즉 극장 관

람, 스포츠 이벤트 관람, 박물관 방문, 호텔 숙박, 쇼핑몰에서의 구매 등의 경우에도 수출 소득이 발생한다.

그러나 수출만이 도시성장을 유인하는 건 아니다. 내생적인 혁신 행동, 이주민, 투자를 유인하는 큰 시장 규모 등으로부터도 도시의 진화가 견인될 수 있다. 혁신은 규모의 경제로 이어질 수도 있고 승수효과나 새로운 수출 잠재력으로 이어질 수도 있다.

성장의 원천이 무엇이든 도시들은 전문화와 교환의 장소이고, 도시의 진화(성장이든 쇠퇴든)는 그 도시의 글로벌 거래 접근성 및 역량에 관한 로컬 특성으로 파악해야 한다. 이런 점에서 상품을 도시 내외로 입고하고 운반하고 교환하는 도매업자, 무역회사, 배송업자 들은 제도적으로 중세시대의 마르코 폴로와 같은 대상인들과 동급이다. 인터넷의 발달로 정보의 흐름은 비용이 없거나 거의 없지만 노하우, 아이디어, 전문성 및 비밀 정보의 교환은 여전히 인적 접촉에 의존한다. 그래서 도시의 접근성과 어메니티가 중요한 역할을 한다.

도시들은 인접도시와 원격지를 연결하는 교통통신 인프라 투자로 시장 및 자원에 접근한다. 그러한 투자는 투자 시점의 다양한 지리적 · 경제적 · 기술적 · 정치적 고려에 의한 선택을 반영한다. 18세기 후반 영국이 산업화를 시작할 때 지주와 지방 기업가들은 운하를 건설하여 상품(원료 및 제품)을 말이나 수레보다 저렴하게 대량으로 운반할 수 있게 하였다. 뒤이어 증기 철도에 투자했는데, 이로 인해 도시 간 연결이 더욱 확장되었다. 예컨대 셰필드의 성장에서 헌츠먼(B. Huntsman)의 도가니강(crucible steel) 혁신이 갖는 잠재력은 운하와 철도 투자에 의한 것이었다(사례연구 3.2).

신대륙 그리고 19세기 캐나다의 경제 공간에서 민간 화폐와 주식이 없는 상황에서 거래 인프라를 제공하는 데 정부가 중요한 역할을 하였다. 밴쿠버는 배후지의 삼림자원과 광물자원을 활용할 수 있었고, 이 때문에 1886년 캐나다 퍼시픽철도(CPR)가 부설되자 대륙의 다른 지역까지 접근하게 됨으로써 수입업자와 거주민들이 모여들 수 있게 되었다. 캐나다 퍼시픽철도사업은 연방정부가 병합 위협을 의미하는 미국과의 남북 연계를 지양하고 동서 연계('국가 건설')를 촉진하기 위해서 추진한 국가정책의 일환이었다. 초창기의 민관 파트너십(PPP)으로서(제6장 참조) 정부가 토지 공여 시스템을 통해 자본을 제공하는 방식을 취했는데, 철도 건설 대금의 일환으로 민간회사는 주정부로부터 토지를 받았다(센트럴 밴쿠버의 6천 에이커 포함). 그래서 그 받은 토지의 가치를 높이기 위해 캐나다 퍼시픽철도는 서부 터미널을 원래의 뉴웨스트민스터에서 밴쿠버로 옮겼다. 그리하여 밴쿠버가 브리티시컬럼비아 주의 중심이 된 것이다. 밴쿠버 성장의 또 다른 계기는 1913년의 파나마 운하 개통이었다. 이 경우 밴쿠버는 미국 정부로부터 수혜를 받은 셈인데, 미국은 대서양과 태평양을 연결하여 아메리카 서부해안과 동부 및 유럽과의 해상교통의 시간, 비용, 위험을 감소시키고자 하였다. 운하의 소유권은 1977년 파나마로 이전되었는데, 교통비를 줄이고자 하는 노력은 여전해서, 중국 기업이 니카라과에 운하를 파서 두 대양을 연결하고자 하고 있다.

20세기 동안 고속도로 투자, 항공 투자, 정보 네트워크 투자 등으로 도시 간 연결성은 점점 증가해 왔다. 일반적으로 도시경제는 국가적 맥락에서 강력하게 형성되는 측면이 있다. 국가마다 경제 규모나 시장 잠재력이 매우 다르다. 국가정부는 규칙과 규제를 수립하고 도시가 세계경제에 참여하는 방식에 강력한 영향을 미친다. 국가정부는 대규모 인프라 투자나 전략적 방향성 제공 등에서 중요한 자금원이기도 하다. 한편 세계의 다른 지역에 대한 접근성 측면에서 도시들의 상대적 입지가 도시의 발달에 중요한 영향을 미친다. 예컨대 캐나다에서 밴쿠버의 환태평양 입지는 선박이나 항공교통 면에서 시간과 비용에 이점이 있다. 다만 국가경제 규모도 훨씬 큰 미국 서해안 도시들에 비해 밴쿠버가 북쪽에 있기 때문에 그 이점은 다소 낮다.

도시의 상대입지는 기술 변동의 영향도 받는다. 배의 규모가 커지고 비행기의 비행거리가 멀어질수록, 그리고 관세장벽이 변하거나, 파나마 운하나 수에즈 운하(1869년 개통되어 아시아와 유럽 간 무역에 영향을 줌)와 같은 새로운 루트가 열릴 경우 큰 영향을 받는다. 국가적 맥락이나 정부체제에서의 중대한 변화도 도시의 상대입지에 영향을 미친다. 예컨대 1974년 영국이 유럽연합(유럽 공동시장)에 가입하자, 영국의 도시들은 기존의 영연방국가들과의 연결이 약화되고, 유럽과의 통합 잠재력이 강화되면서 새로운 조절 양식과 사업 및 문화 실천을 마주하게 되었다. 예컨대 셰필드의 전통적인 금속공업은 다수의 영연방 고객들을 상실하게 되었고, 유럽시장에서는 이를 대체할 고객을 찾기 어려웠다. 반면 오스트레일리아와 뉴질랜드 도시들은 관세 및 비관세장벽을 통해 영국 시장으로의 접근이 어려워졌고, 그래서 국가정책적으로 점차 아시아 개발도상국과의 무역 연관을 추구하게 되었다.

1980년대 이후 중부 유럽 및 중국 계획경제체제의 시장개혁 및 개방은 자국 내 도시들은 물론 다른 지역의 도시들에까지 심대한 영향을 끼쳤다. 예컨대 상하이는 1982년 1,190만 인구에서 2014년 2,390만 인구로 성장했다. 상하이는 장수, 저장을 포함하는 상하이 델타 지역의 선도도시이다. 이 델타 지역은 1억 명 이상이 살고 있으며, 중국 경제의 20%를 점하고 있다. 1980년까지 국제적으로 고립되었던 상하이는 그 연결이 글로벌하게 확장되었고, 보다 일찍 성장한 홍콩 및 주장강 삼각주 지역과 경쟁하면서 상호 보완하고 있다. 상하이의 대성장 및 시장경제로의 이행은 자체로 국가정책 변화의 결과이지만 도시 자체의 로컬한 성격이기도 하다. 반면 홍콩은 꾸준히 번영해 왔다. 홍콩의 중국인 공동체는 주장강 삼각주 지역과 밀접한 인적 관계를 맺고 있으며, 안정적인 법률 시스템, 교육받은 인구, 국내외의 비즈니스 역량을 갖추고 있다.

도시경제로의 국지적 투입

도시는 많은 인구를 가지고 있고 그래서 시장이다. 도시에서 이루어지는 대부분의 경제활동은 도시 내 사람들에 의해 또한 그들을 위해 이루어진다. 주택은 역내에서 건설되고, 팔리고, 매입된다. 부모들은 재산세를 내고, 이는 교사들의 월급이 되고 시내 도로와 경찰을 유지하게 한다. 환자들은 근처의 의사들이나 병원을 방문한다. 거주민들은 동네 공원, 수영장, 체육관을 이용하고 야간활동을 하고 어메니티를 방문한다. 상품과 서비스의 수입도 그러한 활동에 중요한 투입이 되지만, 부가가치가 더 있는 것은 역내 투입이다. 특히 도시 내의 임금, 지대, 기타 서비스 마진들은 일반적으로 수입된 상품과 서비스의 가치를 초과한다. 도시의 로컬 그리고 세계경제는 필연적으로 통합된다. 도시의 인프라 효율성, 거래비용에 대한 거버넌스 효과, 그리고 도시의 어메니티와 관광지는 모두 로컬/글로벌 연결을 제고하는 데 중요한 요소들이다. 한편 글로벌한 힘은 도시의 토지이용 계획이나 인프라, 도시정치에 영향을 미친다. 다수의 도시들은 도시의 중력 중심의 이동을 겪어 왔다. 사업체들은 교외의 저렴한 토지로 이동하기도 하고 숙련 노동자를 위해 적절한 주택을 마련해야 한다. 쇼핑몰, 공항 및 다른 중심지들도 도시의 기능과 경관에 유사한 영향을 미쳐 왔다.

장소로서의 도시의 경제지리는 그 내부구조의 형태 변화, 경제기능의 다양화, 소득의 공간 불평등과 관련하여 설명될 수 있다.

도시 형태

앨런 스콧(Allen Scott, 2008)이 지적한 바와 같이 전 지구적으로 도시화의 일반적인 경향은 대도시와 메가시티 지역의 성장과 확산이 주도하는 것이었다. 1950년과 2005년 사이에 인구 백만이 넘는 도시들은 83개(주로 선진국에 입지)에서 454개(주로 개발도상국에 입지)로 증가했다. 이러한 도시성장은 세계경제와 연관되면서 도시의 내부 형태의 변화를 요구하기도 하고, 한편 그에 의해 제한되기도 하였다. 규모가 커지면서 도시는 주택 교외화 및 경제기능 확산으로 지리적으로 확대되었고, 인접한 중심지들을 흡수하였다. 대규모 대도시 지역은 점차 도시 내에서 '다핵심'(multiple nuclei) 형태를 갖게 되었고, 지역 내에서 다핵적(poly-nucleated) 도시구조를 갖게 되었다. 다핵심 도시는 기존 중심과 새로운 중심, 교외의 계획 중심 등으로 진화된 것으로서 많은 경우 기존의 도심부 또는 중심업무지구(CDB)의 지위를 위협하였다. 자연적 특징(산, 호수, 바다, 강 등)과 정치적 경계도 도시발달을 위한 토지 확보에 영향을 미칠 수 있다. 그러한 제한들 가운데 교통 네트워크의 부설, 관련 인프라 투자 등이 도시성장의 시간과 공간 패턴을 형성하게 된다. 이와 관련하여 지하철의 발달(예 : 1860년대 이후의 런던), 전기 트램의 도입, 자동차의 발달(1890년대 이후), 그리고 도시고속도로 네트워크의 발전(특히 1950년대 이후)은 상품과 여객의 차량 이동, 트럭 운송, 버스 통행을 촉진하였다(제13장). 그러한 연결성은 상품과 사람의 도시 내 이동을 촉진하여 도시의 글로벌 교통 · 통신 시스템과의 연결 및 그 배경을 형성한다.

도시의 기본 형태를 규정하는 교통 네트워크는 정치적 선택과 규제에 의해 형성되는데, 그것들은 다시 과거에 형성된 건조 경관의 영향을 받는다. 기본적인 구성 요소로 보면 이러한 과거의 유산은 도로망 패턴, 건물, 기능으로 이루어진다. 일반적으로 말해서 기능은 건물보다 쉽게 변할 수 있고, 건물은 도로보다 쉽게 변한다. 특히 도로는 변하기 어렵다. 자동차 시대 이전에 발달한 도시들에서는 자동차에 적합한 도로(고속도로 등)를 만드는 것은 어렵다. 어떻게든 일단 도시고속도로 시스템이 건설되면, 그것을 바꾸기 어렵다. 특히 주어진 건조 환경이 역사적 · 문화적 가치를 지니고 있다면(더욱이 건물만이 아니라 도로 패턴이 그렇다면), 새로운 기능, 건물, 개발, 글로벌 연결을 추구하는 변화에 대해 저항하는 근거지가 되어 버린다.

이러한 점에서 도시는 서로 다른 정책적 · 규제적 선택을 수행한다. 유럽이나 북미 지역의 도시를 방문하면 도시 형태에서 뚜렷한 차이를 느낄 수 있다. 북미 도시의 CBD는 고층 빌딩으로 가득차 있지만 유럽의 경우는 그렇지 않고 규제로 고층빌딩이 금지되고 있다(교외 지역은 덜하다). 지역 규모에서 보자. 태평양 북서부 도시들을 방문해보면, 시애틀의 경우 도시고속도로가 넓지만, 밴쿠버의 경우는 비교적 그렇지 않다. 그 차이는 개발 시차와 관련이 있다. 시애틀의 경우 도시고속도로가 1950년대나 1960년대 초에 부설된 것이다. 이때는 고속도로 건설에 대한 정치적 반대로 더 이상의 건설이 중단되곤 하던 시기 이전이다. 밴쿠버의 경우는 시애틀의 경험에 주목하여 고속도로 건설계획이 1960년대 후반에 중단되었다. 도보, 자전거, 기타 전철 등의 형태로 자동차 교통에 대한 대안을 공급하고 있지만, 도시의 형태(도시 내외의 상품 이동을 포함하여)는 여전히 도로의 영향을 받고 있다. 도시는 철도, 송유관, 기타 유틸리티 시스템과 관련된 집배송 공간을 마련해야 한다.

도시 다양화

도시성장은 경제의 모든 측면에서 규모의 내부 및 외부경제가 구현되면서 이루어지는데, 누적적이며 경로의존적이다(제2장). 중요한 성장 궤적 중 하나는 기반활동의 다양화를 통해 일어난다. 이때 기반활동은 공급자의 활동 또는 부가가치 창출활동과 관련된 투자활동과 밀접하게 관련된다. 기업들은 이것을 생산물 차별화와 수요 대응을 통해서 수행한다. 이 궤적에서 공동 노동 풀, 정보 공유, 로컬 활동끼리의 강한 승수효과(사례연구 2.3)로 나타나는 국지화 경제가 특히 중요하다. 그것과 관련되어 **제도적 집약**(institutional thickening)이 전문화된 인프라, 공동시장, 훈련 프로그램, 연구 협회, 대학 연구소, 정부 부처 등의 형태를 취하게 된다. 정보 및 연구 집약적 생산 및 생산과정에 대한 수요 증가로 인해 기업들이 연구개발, 직업 훈련, 장비 구입, 다른 기업과의 정보 · 특허 · 인력 · 장비 교환 등을 수행할 수밖에 없게 되면 승수효과(quality multiplier)가 작동하게 된다. 국지화 경제가 지속되면 비용 효율성 및 업그레이드뿐 아니라 명성, 경쟁력, 모니터링 역량, 생산 유연성 등과 같은 비가시적 이점도 생성된다. 그러한 경제를 특히 소규모 기업에서 이루어질 경우 **마샬 외부성**(Marshallian externalities)이라고 한다. 19세기 후반 그 현상을 가장 먼저 정의한 경제학자 알프레드 마샬(Alfred Marshall)을 기념한 것이다. 그 후 이 외부경제는 셰필드, 피츠버그, 해밀튼의 철강 · 금속공업의 집중이나 뉴욕 · 몬트리올의 섬유산업 발달과 관련하여 주목받았다. 국지화 경제는 제조업 집적이나 클러스터(제11장), 첨단산업(제3장, 제11장), 서비스산업(제12장)의 발달에도 중요한 요소가 될 것이다.

마샬 외부성 전문화와 산업 내 지식 이전, 특히 집적지 내에서의 그것이 혁신과 성장을 촉진한다는 주장도시성장은 특정 산업부문에 국한될 필요 없이 성공이 누적된 결과이다. 도시는 다른 부문으로 다양화될 수 있다. 이러한 다양화 역량은 도시화 경제와 밀접하게 관련된다. 도시화 경제란 대도시에 입지한 모든 기업이 저렴하고 양호하며 다양한 인프라 서비스(교통, 하수, 통신 등)와 적정 가격으로 전문가와 일반 노동자를 섭외할 수 있는 대규모 노동 풀(아마도 가장 중요한 것일 듯)을 향유하는 이점을 말한다. 또한 도시화 경제는 교육 및 훈련 프로그램도 포함한다. 교육 및 훈련은 대학, 전문대, 학교, 연구소 등에서 이루어지며 학생들의 취업에만 국한하지 않고 넓은 사고방식을 가르친다. 비공식적으로 말해서 대도시에서의 사회적 상호작용은 새로운 아이디어를 촉발할 수 있고, 새로운 이민자를 촉진한다. 극장, 레스토랑, 공원, 병원, 활기, 문화 및 환경 다양성과 같은 도시 어메니티도 도시화 경제에서 중요해지고 있다. 도시 어메니티가 사람을 끌어들이기 때문이다. 도시의 이러한 폭넓은 산업 간 영향력 및 새로운 기업 형성을 선구적 도시학자인 제인 제이콥스(Jane Jacobs)를 기려서 **제이콥스 외부성**(Jacobs externalities)이라 한다.

제이콥스 외부성 산업 간의 지식 '확산'이 혁신과 성장을 주도한다는 주장. 특히 다양화된 도시가 전문화된 도시보다 더 혁신적이라는 주장이다.

통상 도시 다양성은 도시에 경쟁력과 변화에 대한 적응력을 제공함으로써 도시성장과 안정성에 기여하는 것으로 알려졌다. 하지만 도시경제 다양성은 모호한 개념이다. 통계적으로 보면 다양성은 한 도시지역의 고용 분포와 기준 고용 분포와의 비로 정의된다(사례연구 8.2). 그러한 정의는 개별 범주들(다양한 활동들을 포함할 수도 아닐 수도 있다)의 내적 이질성을 은폐한다. 그리고 로컬 연계의 정도나 산업조직 및 시장의 성격과 규모 분포에 대해서도 어떤 정보도 제공하지 않는다. 개념적으로 다양성은 서로 다른 활동들이 성장하거나, 기존 특화 기능을 대체하고 새로운 기능이 등장하면서 발생한다. 기존의 특화 기능이 쇠퇴하고 다른 활동이 중요해지면 다양화가 발생한다. 실제로 도시 다양화와 도시성장의 연관, 그리고 성장과 안정성 간의 연관은 분명하지 않다. 마샬 효과가 큰지 제이콥스 효과가 큰지 알기 어렵다.

공간 불균형

19세기 산업화는 도시의 추한 이면을 창출했다. '슬럼', 그리고 고밀도 주거지는 민간이 소유하고, 부권주의적인 공장주가 자신의 일꾼 가족에게 양호한 주거지를 제공하던 '모델' 커뮤니티와는 동떨어진 것이었다. 다양한 방식으로 공중보건 개선이나 주거 개선을 추구한 '복지국가' 정책 때문에 최악의 슬럼들이 부유한 시장도시 경제들에서 공공 및 공공주택 공급을 통해 사라졌다. 그러나 도시 내 그리고 대도시권 내에서 공간 소득 불평등은 여전하고 최근 수십 년간 확대되었다. 그리하여 세계화는 도시 내 경쟁 격화와 경제 수준이 낮은 국가들로부터의 이민 증가를 의미하는 것이 되었다. 저임금 노동자의 유입으로 임금 수준과 노동조합이 압박을 받았다. 특히 기술 변동도 모든 부문에서 단순 노동에 영향을 주었다. 많은 도시들에서 신자유주의 정책들이 공공 서비스를 축소하고 소수의 부유한 사람들이 파이를 더 많이 가져갔다. 더욱이 도시가 성장하고 다양화되면서 도시는 살기에 더욱 비싼 곳

사례연구 8.2 | 입지계수와 다양성 지수

도시의 경제 기반과 승수효과를 측정하는 가장 복잡한 방법은 기업과 개인들의 구매와 판매 행위를 상세하게 현장조사하는 것이다. 그러나 현장조사는 너무 고비용이고 시간 소요가 많다. 간단하고 거친 방법은 입지계수(LQ)를 측정하는 것이다. 입지계수는 한 부문의 국지적인 (도시의) 고용 몫을 같은 부문의 전국적인 고용 몫에 대해 비교하는 것이다.

$$LQ = \frac{LE_i/LE_t}{NE_i/NE_t}$$

여기서 *LE*는 국지 고용이고, *NE*는 전국 고용이다. 첨자 *i*는 특정 산업부문을 말하고, *t*는 전 산업부문을 말한다.

LQ>1이면 그 도시나 지역은 그 산업부문에 특화되었으며 그 산업은 그 도시의 수출 지향적(기반적) 활동이라고 말하고, LQ<1이면 로컬 또는 비기반활동이라고 정의한다. 표는 가설적인 표로서 도시 및 국가산업 부문을 5개로 표시하고 가능한 입지계수를 계산하였다.

이 되었다. 개발도상국의 도시들도 비슷한 경험을 하고 있다. 19세기와 21세기의 이슈가 섞여 문제가 나타나고 있다.

도시와 혁신

존 프리드만(John Friedmann)이 오래전에 인지한 바와 같이 도시는 혁신적인 장소이다. 그런데 그 창조성의 성격, 도시와 관련된 학습, 혁신, 집적 과정의 성격은 시간에 따라 변화한다(제3장). 19세기 산업도시와 21세기 창조도시를 비교해보면 몇 가지 핵심적인 차이와 유사성이 나타난다(그림 8.1). 혁신과 창조성은 구 산업도시에서도 중요한 역할을 하였다. 우리가 살펴본 바와 같이 철강산업에서의 헌츠먼의 결정적인 혁신이 셰필드의 성장에 중대한 요인이 되었다(사례연구 3.2). 1900년까지는 개별 혁신가의 노력이 특정 산업부문에서의 전문 연구개발의 등장으로 보완되었다. 그리고 그 전문화된 연구개발이 새로운 학습기반의 국지화 경제를 일으켰다. 다만 혁신과 창조성은 제조업 관련 테크놀로지에 집중되었고, 이는 주로 산업도시의 기반(수출)활동이 되었다. 반면 오늘날의 창조도시는 서비스업(생산자 서비스, 소비자 서비스, 공공 서비스)에 초점을 두고 있다. 수출활동의 지식 내용도 높다. 마찬가지로 노동력은 블루칼라보다 화이트칼라가 더 많으며, 상이한 기술과 직업들을 포함한다.

다른 차이는 도시와 배후지역 간 연관에서 찾을 수 있다. 산업도시에서는 자원 투입과 노동력이 도시로 흘러가고, 도시는 전략적 의사결정 기능, 연구개발 기능, 2차 제조업활동, 자원 수출을 위한 교통 및 서비스, 배후 주민에 대한 고급상품 공급 등의 기능을 수행하였다. 도시와 배후지역은 자원과 공산품에 대한 공동의 수출기반 활동을 둘러싸고 서로 강하

	1부문(%)	2부문(%)	3부문(%)	4부문(%)	5부문(%)
국가	20	20	30	10	20
도시	5	80	5	5	5
LQ	0.25	4.0	0.17	0.5	0.25

국가 전체와 한 도시 내에서 부문별 고용 몫이 도출되면, 특화 지수나 다양화 지수(D)는 간단히 계산할 수 있다. 예컨대 D는 이 표에서 퍼센트로 표시된 몫들의 차이들의 합의 비율로 계산한다. 이 사례에서 D는 0.60이다.[1] 일반적으로 D값이 높으면 다양성이 낮은 도시이다.

단순한 통계량을 해석할 때는 유의해야 한다. 그래도 이러한 접근은 도시 경제의 구조를 국가 수준과 비교하고, 시간과 공간에 따른 도시구조를 비교하며, 도시구조의 두드러진 특징에 의문을 제기할 때는 유용하다. 기반, 비기반 기능의 구분은 도시계획에서 오랫동안 사용되어 왔다. 또한 LQ 역시 시간과 공간에 걸친 도시의 전문화 패턴, 또는 표현 비교에 유용하다.

게 연결되어 있고 통치되었다. 그러나 전통적인 산업이 쇠퇴하면서, 전통적인 도시-배후지 관계나 그 제도적 기반(기업 본사, 마케팅 연관, 연구개발, 노동조합 본부 등)도 약해졌다. **창조도시**(creative cities)는 배후지역의 자원에 대한 의존이 덜하다. 도시 연관이 세계적이고, 특히 정보 흐름이 중요하다. 그래서 바이오테크놀로지에서 컴퓨터 그래픽 및 섬유 디자인에 이르는 다양한 새로운 창조적인 활동들의 집적지들이 노동력 흐름, 분사 창업(spin-offs), 하청 서비스 등에 의해 국제적 · 국지적으로 연결된다. 일반적으로 말해서 창조도시의 집적을 연결하는 공간혁신체제(spatial innovation systems)는 산업도시만큼 지역배후지와 기능적으로 연결되지 않는다. 사실 인터넷과 교통발달로 국지화 경제가 글로벌 규모로 확대되어 왔다. 예컨대 밴쿠버의 컴퓨터 그래픽 클러스터는 밴쿠버뿐 아니라 LA나 세계의 다른 영화 생산도시와 연결되고 있다(사례연구 8.3)

창조도시 혁신적 사고의 중심지로 보이는 도시들. 여기서 창조성은 교육수준, 경제 및 사회적 다양성, 네트워킹 기회, 사회적 관용, 다양한 로컬 어메니티와 같은 요인들의 산물로 여겨지고 있다.

창조도시는 산업적 자원을 위해 더 이상 배후지역에 의존하지 않는다. 예외가 있다면 야심찬 젊은 노동자와 로컬 식품이다(제10장). 배후지는 레크리에이션, 교외 주택, 별장 장소를 제공하기도 하고, 이러한 것은 번잡한 도시생활에 대한 대안(주로 은퇴자, 인터넷 연결에 따른 노동자들)이기도 하다. 더욱이 창조도시로의 이행은 자원의 가치에 대한 태도를 뚜렷하게 변화시키기도 한다. 산업적 자원 이용을 비산업적 이용으로 변화시키는 것이다. 예

1 역주 : 지니계수 계산법과 유사한 방법으로서 퍼센트로 표시된 특정 도시의 부문별 비율(여기서는 5, 80, 5, 5, 5)을 둘씩 짝을 지어 뺀 후 그 절댓값을 취하여 모두 더하는 방식이다. 5개 부문이므로 숫자 짝은 25개가 나오며, 각 차이의 절댓값의 합은 600이다. 이것은 퍼센트이므로 100으로 나누고, 숫자의 개수가 5개이고 그것이 두 번 더해졌으므로, 2×5로 더 나누면 0.6이 된다. 수식을 굳이 쓰자면 다음과 같다. $D = \frac{\sum|x_i - x_j|}{2n\sum x_i}$ 이다. n개의 이산적인 값에 대한 지니계수의 계산법과 동일하다.

사례연구 8.3 | 룩스 비주얼 이펙트 : 창조도시의 창조

밴쿠버의 룩스 비주얼 이펙트사(Lux VFX)는 창조적인 벤처회사의 기원과 발전에 대해 훌륭한 시사점을 제공한다. Lux VFX는 밴쿠버의 컴퓨터 소프트웨어 디자인 산업의 일부이면서 영화, TV, 광고산업을 위한 시각효과를 3D 애니메이션, CGI, 컴퓨터 그래픽 형태로 만드는 기업이다. Lux VFX의 설립자는 케빈 리틀, 헤더 폴, 할리 폴, 마이클 폴, 조 응고, 제임스 할버슨으로 영화산업을 위한 컴퓨터 그래픽 공급일을 하다 Image Engine에서 작업하던 중에 만나서, 2005년 분사 창업(spin-off)한 것이다. 처음에는 Zoic BC사의 하청업체로 시작했는데, 곧이어 할리우드의 B급 영화(공포물) 제작사 시네텔과 3D 애니메이션을 공급하는 계약을 따냈다. 그들이 처음 한 작업은 네시호의 괴물을 만드는 일이었고, 지금은 시네텔과 13개의 계약을 수행 중에 있다. 현재 Lux VFX는 Sy-Fy 채널에 헬릭스 시리즈(바이러스 실험이 잘못되어 일어나는 SF 호러물)를 제공하고 있는 할리우드의 한 제작사의 주 협력사이다. 직원은 20명이며 8건의 영구 협력, 12건의 계약 협력을 진행 중이다.

설립자들은 처음에 임대료가 싼 교외에 사무실을 둘 것을 고려했지만, 현재 밴쿠버 이너 시티(폴스 크릭과 그랜빌 아일랜드 시장 근처)의 후반작업 업체의 클러스터가 있는 곳에 입지해 있다. 이 위치는 다른 기업들과의 협력이 용이하고, 사운드 및 편집업체, 그리고 컬러링과 같은 외부경제에의 접근이 용이하다. 아울러 공항과의 거리도 20분 정도로 가까워 할리우드에 방문하기도 용이하다. 밴쿠버는 기타 다른 이점도 갖고 있다. 우선 세금이 저렴하여(캐나다 달러가 싸니까) 영화 제작사들에 매력적이다. 대신 몬트리올과 토론토는 자체 세금지원 영화산업 클러스터가 있어, 밴쿠버의 업체들에 중요한 기술을 제공하는 국제적인 소프트웨어 디자인 기업이 있다. 2013년 온타리오가 경쟁적인 세금 인센티브를 제공하자, 많은 LA 기반 제작사들이 재빠르게 밴쿠버를 떠나 온타리오로 이동했다. 그러나 온타리오는 세금 인센티브가 우월하지만 숙련 노동이나 관련시설 등이 부족하고 LA와 시차가 있으며 거리도 멀다는 점이 불리한 요소다. 밴쿠버의 어메니티는 높은 수준이고 재능 있는 사람들에게 매력적이면서 컴퓨터 시대 이전부터 있던 고전적인 애니메이션 그래픽 제작사들이 존재한다.

컨대 경관이나 생태보호구역, 또는 다양한 야외활동 지역으로 활용하는 것이다.

산업도시에서 국지화 경제는 상호 의존적인 기업-공급자 관계와 기업 경쟁관계를 통해 발달한다. 국지화 경제는 산업별 혁신과 연구개발에 의해 뒷받침되는 것으로서, 그러한 혁신과 연구개발은 지역기반이면서 동시에 국가 혁신 체계 내에서 국가적 · 지역적 교육, 연구개발, 산업 연관 정책을 통해 구체화되는 것이다.

국제적인 지식 이전은 19세기 산업화에서도 중요했지만, 그것은 일상적인 일이 아니었다. 그러나 창조도시에서는 혁신적인 수출 지향 서비스의 집적이 비유동적인 국지화 경제를 통해서도 그리고 국경을 넘어서는 유동적인 국지화 경제에 의해서도 우위를 갖는다. 공간 혁신 체계 개념은 국제적인 혁신 이전이 점점 중요해지는 것을 반영하는 것이다. 밴쿠버의 신흥 바이오테크놀로지 산업(그림 3.3)은 정보 집약적인 활동의 집적이 어떻게 유동/비유동 국지화 경제를 창출하는지 잘 보여준다.

새롭고, 글로벌하게 연결된 도시 내 서비스업의 창조적 집적지들은 전술한 두 가지 가설과 관련된다. 마샬 가설은 혁신과 창조성의 원천이 현재 또는 이전의 전문 영역에서 분사

Lux VFX 설립자들은 어떻게 기술을 축적했는가? 제임스 할버슨의 경우를 보면 고등학교를 졸업한 후 지역 커뮤니티 칼리지에 들어가 일반적인 미술 과정을 밟았다. 그러나 '컴퓨터 매니아'(그의 말)였던 그는 2000년 새로 설립된 밴쿠버 영화학교에 들어가 졸업하지 않은 채로 3D 애니메이션을 공부했다(국지화 경제의 한 측면). 그 후 지역 내 비디오 게임 회사에서 경험을 쌓다가, Image Engine에 들어갔다. Lux VFX를 창업하기 전에 뉴욕의 업체에서 입사 통지를 받았으나 학위가 없다는 이유로 미국 이민 요건에 맞지 않아 그것을 포기해야만 했었다. 재능은 형식적으로 측정되는 것이 아니다.

* 사례연구를 위해 정보를 제공한 제임스 할버슨에게 감사한다.

창업되어 나타난다는 것이다. 반면, 제이콥스 외부성 또는 가설은 혁신은 지역 외부의 요구 또는 산업 간 연결에 의해서 촉발된다는 것이다. 이때 산업 간 연결은 서로 느슨하게 연결되어 있으며, 도시 내 사람들 간 상호작용에 의해 생성된다. 리처드 플로리다(Richard Florida, 2012)에 의하면, 그 원천이 무엇이든 창조 계급은 도시의 경제기반을 점차 지배하게 된다. 특히 부유한 시장경제인 곳에서 그러하다. 정의하기는 쉽지 않지만 플로리다는 핵심 계층(super-creative core : 과학자, 엔지니어, 교수, 배우, 건축가, 연구자, 계획가 등)과 창조적 전문가(creative professional : 법률가, 의사, 금융 전문가, 경영자 등)를 구분하였다. 일반적으로 창조 계급론은 도시성장에서 연구개발, 혁신, 설계, 문제해결 능력을 강조한다. 이러한 아이디어는 '인적 자본'(제7장)의 향상을 도시성장의 기초로 보는 생각과 유사하다. 마찬가지로 제품주기 모델(제11장)도 제품이 진화하는 초기 단계에서의 혁신기술 집약, 문제해결, 제품 차별화가 주로 선진국 대도시지역에 입지한다고 말한다.

그래서 도시들은 다양한 어메니티와 도시화 경제, 교육을 통해 재능 있는 노동력을 끌어들인다. 아울러 도시의 다양한 시장이 연구, 디자인, 혁신을 자극한다. 도시는 사람과 사업이 만나는 장소로서 협력적 브레인스토밍과 우연적 학습, 고밀도 경쟁을 고취하고, 이러한 요소들은 새로운 제품 및 생산과정의 발달을 촉진한다. 특히 창조 계급 일자리는 고소득이며 깨끗한 직업이다.

신창조산업의 성격은 매우 다양하다. 생산자기반 사업 서비스는 법률, 회계, 엔지니어링, 탐색, 마케팅 서비스이고 전통적인 기업체나 본사 집적지가 있는 곳 주변에서 발달한다. 어떤 것은 도시의 기존 경제기반이 사라진 후에도 자체적인 수출활동을 수행하기도 한다. 바이오테크놀로지, 텔레커뮤니케이션, 캐드-캠, 원격탐사와 같은 하이테크 활동은 창조활동인데, 도시의 초기 특화지역과 연관이 있을 수도 있고 그렇지 않을 수도 있다. 마지막으로 다양한 문화산업들이 존재한다. 컴퓨터 그래픽, 전자 게임, 음악 프로듀싱, 마이크로 브루어리 등이 그것인데, 스콧과 파워(Scott and Power, 2004)의 용어로 창조적인 부흥도시(resurgent city)의 요소이다. 창조적이고, 지식기반이며, 혁신적인 활동은 도시마다 다양하다. 북미 상황에서 플로리다는 3T, 즉 기술(technology), 인재(talent), 관용(tolerance)의 변이를 탐색하였다. 그래서 가장 창조적인 도시는 가장 재능 있는 사람들을 끌어들이고, 혁신역량이 가장 높으며, 생활양식이나 신 아이디어에 대해 높은 수준의 관용을 보인다.

도시의 체계

도시들은 지역, 국가, 글로벌 스케일에 존재하는 시, 읍, 면, 리라는 체계에 위치해 있다. 최대의 스케일에서 보면 도시는 체계들의 한 일부이다. 1960년대까지 지리학자들은 한 국가 내에서 넓게 분포하는 대도시지역들과 도시들의 기능적인 결합을 논의했었다. 예컨대 장 고트만(Jean Gottmann)은 보스턴에서 볼티모어에 이르는 미국 북미 해안도시들을 메갈로폴리스라고 언급하였고, 피터 홀(Peter Hall)은 런던, 홀란트, 란트슈타트, 파리, 도쿄 등 '세계도시' 지역을 주목했다. 앨런 스콧(2008)의 용어에 따르면 지금은 '도시-지역들의 글로벌 모자이크'가 존재할 뿐이다. 이때 최대의 도시지역은 글로벌시장에 서비스하는 전문활동들로 이루어진 '도시 초클러스터(urban super clusters)'로 이루어진다. 사실 도시화 지역을 정의하는 기준은 다양하다. 예컨대 행정경계, 센서스의 메트로폴리탄 지역, 메가시티 지역을 포함하는 인구 중심 등이 사용된다.

통계적으로 보면 특정 시점 및 특정 국가 또는 지역 규모에서 도시의 규모 분포는 다수의 소도시와 소수의 대도시로 구성되는 인구 피라미드와 같은 형태를 띤다. 이 피라미드의 형태는 다양하다. 상대적으로 평등한 분포를 보일 경우 도시는 규모와 순위가 매끄럽게 변한다. 그러한 도시의 분포는 **순위 규모 규칙**(rank-size rule)에 따른다고 한다. 이러한 경우는 주어진 기간의 몇몇 사례에서 나타난다. 다른 경우는 **종주도시**(primate cities)인데, 런던과 파리가 그 예이다. 종주도시들은 차순위 도시에 비해 현저하게 인구가 많아 전체 **도시체계**(urban system)를 압도한다. 규모 분포와는 무관하게 도시체계라는 아이디어는 도시가 교통

순위 규모 규칙 한 지역의 도시들의 규모가 선형적 관계(엄밀하게는 도시 규모의 순위와 규모의 로그값이 선형적)를 갖는다고 보는 규칙. 실제로 이 규칙에는 많은 예외가 있다.

종주도시 차하위 순위의 도시보다 몇 배 이상의 규모가 되는 수위 도시. 이 도시는 국가 공간에 강력한 정치적, 경제적 힘을 발휘한다. 런던, 파리, 도쿄가 종주도시로 간주된다.

도시체계 한 도시의 변화가 다른 도시에 영향을 미치는 방식으로 서로 연결된 도시들의 집합. 이 체계는 로컬에서 글로벌까지 다양한 규모로 존재할 수 있다.

(항공, 철도, 해상, 도로)과 통신(편지, 전화, 인터넷, TV, 라디오) 시스템으로 서로 연결되어 있다는, 즉 물질 · 정보 · 화폐 · 사람의 흐름을 통해서 서로 연결되어 있다는 것이다. 도시의 다양한 규모는 그 기능과 전문화 정도를 반영한다. 다시 말하면 도시의 상대적인 크기는 대체로 상위의 도시체계 안에서의 상호관계에 의존한다는 것이다. 실제로 국민경제는 국가도시 체계가 국내외적으로 작동하는 방식과 밀접하게 관련된다.

계층적 관계와 비계층적 관계

도시체계는 다양한 규모에서 세계적-국지적 역동성에 따라 계층적으로도 비계층적으로도 형성될 수 있다. 크리스탈러의 중심지이론이 주장한 바와 같이(제1장, 제12장), 소비자 서비스의 마케팅에 따라 취락 패턴은 계층적으로 조직된다. 그래서 도시가 클수록 고차기능의 수와 다양성이 커진다. 그런 도시들은 덜 빈번하게 필요하고 비싸며 특별한 숙련 인력이 필요한 서비스도 제공한다. 이러한 도시들에는 전문화된 의료 및 교육 서비스, 전문 스포츠팀, 필 하모닉 오케스트라, 의회, 고차 소매, 종합 박물관, 전문 미술 갤러리 등이 입지한다. 또한 그러한 도시는 창고 및 배송 서비스의 중심지이기도 하다. 이러한 기능들은 그 존립을 위해서 대규모 시장을 필요로 하며, 이들이 모여 고차도시를 만든다. 저차도시는 수요가 잦고 덜 비싸며, 덜 전문화된 서비스를 제공한다. 잡화, 연료, 패밀리레스토랑, 의류점 등이다.

도시들은 또한 소비자들의 접근성 요구에 크게 영향을 받지 않는 기능들도 포함하고 있다. 자원기반 활동, 제조업, 기업 본사, 연구개발 기능의 입지는 다른 요인들의 영향을 받는다. 그런 기능들이 필요로 하는 특정한 자원이나 숙련노동, 또는 기업들의 관심이다. 도시체계는 계층적으로만이 아니라 체계 내 도시들의 전문화 영역에 의해서도 형성된다. 이때 도시들의 전문화는 그 성격상 계층적 및 비계층적인 입지 역동성의 산물이다. 도시들은 비교우위를 갖는 특정 산업부문에서 수출 전문성을 발전시킨다. 이러한 전문화는 도시의 연계를 지역 또는 국가 맥락을 넘어서까지 확대한다. 북미 지역에서는 뉴욕과 토론토(금융 서비스, 통신, 극장), 샌프란시스코(첨단산업, 금융), LA(오락, 우주), 휴스턴과 캘거리(석유화학), 디트로이트(자동차), 시애틀(소프트웨어, 항공기, 목재 제품)이 있다.

도시의 진화에서 핵심 제도에 해당하는 다수의 비시장활동들이 있는데, 이들은 계층적으로 배열되지 않는다. 예컨대 오스트레일리아, 브라질, 캐나다의 중앙정부는 대도시 지역 바깥에 입지하고 있다. 나아가 한 국가의 주요 도시에 입지하지 않은 정부 관료기구들은 더 많다. 대학들도 널리 확산되어 분포하지만 규모나 우수성 측면에서 엄격한 계층적 원리를 따르지 않는다.

캐나다 도시체계

도시체계는 전형적으로 법률과 문화, 정체성, 그리고 정책들을 공유하는 국가 및 지역이라는 맥락 안에서 진화하는 것이다. 누적적인 집적의 힘 때문에 도시체계는 내적으로 안정적이다. 뉴욕, 파리, 런던, 도쿄는 각자의 국가도시 체계에서 수세기 동안 정점에 있었고, 대부분의 경우 그 도시들의 경제적 중요성도 지속적으로 성장해 왔다. 제2위 도시들도 비교적 안정적이지만, 그 미만의 도시들은 자국도시 체계 내에서 덜 안정적이다. 특히 지역 및 지역산업이 경제, 인구, 그리고 제도적으로 변동하게 되어 성장 또는 쇠퇴하는 경우 그러하다.

캐나다의 경우는 독특한 점도 있고 일반적인 프로세스를 따르는 점도 있어서 검토해볼 만하다. 1867년 캐나다 연방이 출현하기 전에는 캐나다의 취락 패턴은 크게 영국과 프랑스에 대한 원료자원 수출시설을 중심으로 진화했다. 1871년에는 몬트리올, 퀘벡, 토론토가 3대 도시지역이었고 주로 중부나 동부 캐나다에 다른 중심지들도 있었다. 대규모 산업화가 시작되자 국가적 중심지로 토론토와 몬트리올 축이 형성되었고, 이곳은 캐나다에서 가장 중요한 제조업 중심지로 발전했다. 나머지 지역 중에서는 배후의 자원이 풍부한 곳은 급성장하기도 하였다. 전술한 1870년대의 국가정책이란 공산품에 대한 관세, 대륙철도 건설, 프레리의 농업 정착촌 정책인데, 이는 중심부와 배후지의 관계를 강화하는 역할을 하였다. 그래서 중심부의 특화 제조업은 외국과의 경쟁에서 보호를 받고, 국내시장 잠재력을 확대했으며, 배후지는 이민 증가와 접근성 향상으로 자원개발이 촉진되었다.

1950년대와 60년대에는 경제성장을 통해 중심부-배후지 도시 취락 패턴이 강화되고 변화되었다. 특히 서부도시들이 대거 상향 이동하였다. 그리하여 1971년에는 몬트리올, 토론토가 2대 도시가 되고(퀘벡은 7위로 하락), 4개의 서부도시(밴쿠버, 위니펙, 캘거리, 에드먼턴)가 10대 도시 안에 들었다. 동부의 퀘벡 동쪽에는 10대 도시 안에 드는 도시가 없게 되었다(표 8.1). 몬트리올과 토론토는 전국적 및 글로벌 수준에서의 대도시 중심으로서 매우 다양한 명령 · 통제기능, 서비스기능, 제조업기능을 갖고 있다. 반면 주변의 배후도시들은 해밀턴의 철강, 윈저의 자동차 등과 같이 몇몇 부문에 특화되어 있다. 서부에서는 밴쿠버의 제조업 및 명령 · 통제기능이 원료자원(특히 삼림 및 광산자원)을 중심으로 발달했고, 캘거리는 명령 · 통제기능과 금융, 그리고 에드먼턴은 석유자원과 관련하여 장비제조업과 운수업이 발달했다.

1971년 이후에는 서비스부문이 급성장하고 제조업이 쇠퇴함으로써, 캐나다의 도시체계가 변화하였다. 10대 도시에서의 변화를 보면 토론토가 몬트리올보다 앞서게 되었고, 3개의 서부 주요 대도시가 급성장하였다. 몬트리올의 수위성은 원래 캐나다의 자원경제에 대한 금융과 운수 중심 기능이었고, 토론토는 캐나다 최대의 주에서의 정치 · 경제적 역할 때문에 몬트리올과 경쟁했던 것이다. 토론토의 제조업은 캐나다 전체 지역에 공급한다. 1950년대와 60년대에는 제조업과 서비스업이 원료자원 부문을 대체하여 국민경제의 기초가 되었고, 국가정책도 이민과 무역 증가에 따라 국경을 개방하는 방향으로 가게 되었다. 특히 토론토와 온타리오가 그 변화의 수혜 지역이다. 1960년의 자동차협정(Auto Pact)은 캐나다와 미국 간 자동차와 자동차 부품의 무관세 무역을 가능하게 하였고, 캐나다 시장에만 국한되던 규모의 경제를 확대하였다. 아시아 이민자들은 주로 토론토와 그 주변에 정착하였

표 8.1 캐나다 도시 인구 중심지 순위, 1971~2011(상위 25위)

	1971	1981	1991	2001	2011
1	몬트리올	토론토	토론토	토론토	토론토
2	토론토	몬트리올	몬트리올	몬트리올	몬트리올
3	밴쿠버	밴쿠버	밴쿠버	밴쿠버	밴쿠버
4	오타와	오타와	오타와	오타와	캘거리
5	위니펙	에드먼턴	에드먼턴	캘거리	에드먼턴
6	해밀턴	캘거리	캘거리	에드먼턴	오타와
7	퀘벡시티	위니펙	위니펙	퀘벡시티	퀘벡시티
8	에드먼턴	퀘벡시티	퀘벡시티	위니펙	위니펙
9	캘거리	해밀턴	해밀턴	해밀턴	해밀턴
10	런던	런던	런던	런던	키치너
11	세인트캐서린스	세인트캐서린스	세인트캐서린스	키치너	런던
12	핼리팩스	키치너	키치너	세인트캐서린스	빅토리아
13	윈저	핼리팩스	핼리팩스	핼리팩스	세인트캐서린스
14	키치너	윈저	빅토리아	빅토리아	핼리팩스
15	빅토리아	빅토리아	윈저	윈저	오사와
16	오사와	오사와	오사와	오사와	윈저
17	서드베리	새스커툰	새스커툰	새스커툰	새스커툰
18	새스커툰	리자이나	리자이나	리자이나	리자이나
19	시쿠티미	시쿠티미	세인트존스	세인트존스	배리
20	리자이나	서드베리	시쿠티미	서드베리	세인트존스
21	세인트존스	세인트존스	서드베리	시쿠티미	애버츠포드
22	케이프브레턴	트루와리비에레	셔브룩	셔브룩	킬로나
23	선더베이	셔브룩	킹스턴	배리	셔브룩
24	킹스턴	케이프브레턴	트루아리비에레	킬로나	트루아리비에레
25	세인트존스	선더베이	세인트존스	애버츠포드	궬프

출처 : Simmons, J. and Bourne, LS., 2003, *The Canadian Urban System, 1971-2001: Responses to Changing World*, Toronto: Centre for Urban and Community Studies, U of Toronto Research Paper 200. Ibid 2013, *The Canadian Urban System, 2011: Looking Back and Projecting Forward*, Idem Research Paper 228. 저자 및 U of Toronto Cities Centre의 허락으로 사용함

다. FLQ(퀘벡자유전선) 위기와 뒤이은 퀘벡 주 독립운동 또한 다수의 고차 금융 서비스와 전문가들을 토론토로 떠나게 하여 몬트리올을 약화시킨 한 요인이었다. 몬트리올은 최근 수십 년간 자체적으로 변화를 모색하고 있으나, 토론토의 집적은 지속되고 있어 지역, 국가, 세계경제 조건에 따라 다양화해지고 있다. 실제로 2011년에는, 본과 시몬스(Bourne and Simmons, 2013)가 '거대지역(megaregion)'이라고 일컬은 토론토 지역이 인구 8,342,399명으로 몬트리올 지역(4,197,800)의 두 배가 되었다.

또한 1971년에는 중심부-배후지 구분이 덜 분명해졌다. 탈산업화와 자유무역정책(특히 NAFTA)으로 미국 및 멕시코와 경쟁이 확대되어 해밀턴, 윈저와 같은 몇몇 중심도시들을 쇠퇴하게 했고, 첨단산업이 중심부만 아니라(토론토, 몬트리올, 키치너, 오타와) 서부도시들에서도 발달하였기 때문이다. 후자의 도시들은 아시아 태평양 지역의 나라들과의 연결이 유리하기 때문이다. 밴쿠버는 삼림기반 제조업을 많이 잃었지만, 산업활동이 매우 다양해졌다. 그래서 캐나다의 산업발달은 중심부인 토론토-몬트리올뿐 아니라 캘거리와 에드먼턴 대도시지역(2011년 인구 260만), 그리고 조지아 해협의 밴쿠버와 빅토리아 및 애버츠포드 대도시지역(2011년 인구 310만)을 넘어 확대되고 있다. 특화 부문은 다르지만 그러한 서부지역에서도 중심부 대도시지역과 마찬가지로 서비스 고용이 우세하다. 아울러 이들 거대지역에서도 소득 양극화가 문제로 대두되고 있으며, 도시와 주변 촌락지역의 격차가 점점 커지고 있다.

2011년, 4대 거대지역은 캐나다 인구의 54.5%(약 3,350만)를 점하고 있다. 이들 도시들은 이민자의 대부분을 빨아들이고 있으며, 이것이 인구 성장의 주요 원천이 되고 있다. 이들 거대지역들은 집적 경제와 함께, 누적적이고 경로의존적인 성장으로 머지않아 더 성장할 것이다. 도시화 경향은 어디서나 유사하다.

대륙 및 세계도시

캐나다 도시체계가 진화해 가면서 대륙 및 글로벌 도시체계와 점차 통합되어 가고 있다. 캐나다에서는 대륙도시 체계가 특히 중요한데, 이는 캐나다의 무역이 대부분 미국을 상대로 하기 때문이다. 무역 규제가 완화되고, 도로와 철도 연결이 심화되면서, 서부 도시들의 남북 직접 무역량이 점차 증가하고 있다. 그래서 캐나다 도시체계의 계층적 성격은 유지되면서도 변형 압력을 받고 있다. 이러한 패턴은 항공교통에 반영된다.

미국 도시들과의 직접적인 연결에 따라 화물 및 여객량이 증가하였다. 이러한 흐름은 미국이 캐나다의 일부였다면 훨씬 더했을 것이다. 여객 및 화물 유동에 더해 금융 및 해외직접투자 유동이 있다. 온타리오의 자동차산업은 지난 한 세기 동안 디트로이트의 의사결정이 지배해 왔고, 영화산업에서는 밴쿠버와 토론토가 할리우드에 비해 저가 생산의 중심지이다. 또한 앨버타의 유전에 대한 핵심적인 금융은 주로 휴스턴에서 온다. 또한 캐나다의 은행, 부동산 개발업, 테크놀로지 기업들은 모두 미국을 통해 상품을 만든다. 절대적으로 말하면 미국인이 캐나다 기업을 갖고 있는 만큼 캐나다인도 미국 기업을 보유하고 있다. 그러나 상대적으로 말하면 미국인이 보유한 캐나다 경제가 더 중요하다.

글로벌 도시체계에서 토론토는 캐나다에 있는 유일한 알파 레벨 '세계도시'이다. 몬트리올은 베타 플러스 위상이고 밴쿠버는 베타 레벨이다(표 8.2). 도시들의 글로벌 영향력과 세계도시 순위에서의 변이를 이해하는 주요 키는 기업 본사가 수행하는 '명령 · 통제 기능'의 지리적 범위, 연구개발 기능, 특화 사업 서비스의 공급, 세계적으로 소비자를 유인하는 서비스와 어메니티이다. 세계도시는 세계경제 활동의 많은 부분을 수행하고 통제할 수 있는 대도시지역을 갖는다. 그들의 영향력은 지역 및 국가적 배후지와의 잘 발달된 연결성과 다른 도시들과의 빈번하고 심대한 상호작용이다.

이러한 도시들은 자신들의 기능 다수가 독립적이기 때문에 누적된 집적 이익의 표본과 같다. GaWC(Globalization and World Cities)[2]는 사업기능의 경제지리에 기초를 두고 지표를 개발하였다. 그리하여 그 지표는 사업체 본사, 특히 다국적기업, 고차 사업체의 국지화, 또는 생산자 서비스(제12장), 특히 금융(주식 거래, 은행, 보험), 광고, 법률, 회계 서비스, 연구개발, 설계, 엔지니어링, 컨설팅, 비즈니스 컴퓨팅 서비스와 같은 사업체의 명령 · 통제 기능의 글로벌 범위와 규모에 기초하였다.

그리하여 '알파' 세계도시(표 8.2)는 글로벌 영향 범위가 최대이고, 세계경제와 연결되며, 그 명령 · 통제 기능이 시장에서 최고의 기능인 경우다. 이들 세계도시는 세계적인 주식시장과 사업 서비스 클러스터를 갖고 있을 뿐 아니라 많은 거대 다국적기업 본사가 입지해 있다. 아마도 그런 도시에서 가장 요구되는 것은 시장 수요의 변화에 따라 진화할 수 있는 효율적이고 투명한 거버넌스일 것이다. 뉴욕은 지속적으로 세계금융시장의 중심인데 연방, 주, 도시, 그리고 주식거래소의 역량에 따라 새로운 금융상품들이 나올 때 자유시장에 따른 공정한 접근을 보장하기 때문이다. 런던은 1986년의 '빅뱅' 규제완화 이후 뉴욕과 경쟁하는 글로벌 금융시장으로 떠올랐다. 이것은 무엇보다도 대출 및 대부에 대한 감독과 현기업의 기득권을 크게 줄였기 때문이다. 홍콩도 중국의 금융자본을 도모하는데, 그것은 시장 규제와 자유시장의 균형을 유지하는 능력에 달려 있다. 뉴욕과 런던의 힘 중에는 사업 언어로서 영어 사용도 한몫하고 있다(아시아에서는 홍콩이 이점을 갖는 것도 이 때문이다).

특화 도시로서 베타와 감마급 도시들도 글로벌 도시체계에서 핵심 행위자인데, 특히 글로벌 가치사슬에서 그러하다. 세계의 영화산업과 배급산업은 LA에 기반을 둔 할리우드 과점체제가 통제한다. 휴스턴의 석유회사들은 글로벌 최대의 회사들에 속하는데, 이는 베타 및 감마급 도시들에 입지한 탐사, 시추, 정제 다국적기업들을 통제하기 때문이다. 본사 기능은 광범위한 사업 서비스가 그들에게 필요하기 때문에 특히 큰 승수효과를 갖는데, 그래서 본사가 있는 도시는 회계, 금융, 법률, 광고 · 홍보 관련 대규모 다국적기업들의 지사들

---

2 역주 : 영국 러프버러대학교 지리학과에서 피터 테일러(Peter Taylor) 교수의 주도하에 운영하는 '글로벌화와 세계도시' 연구 네트워크로서 세계도시 연구에서 선도적인 역할을 하고 있다.

표 8.2 세계도시 순위(GaWC, 2012 기준)

알파급 세계도시
알파++ : 런던, 뉴욕
알파+ : 파리, 도쿄, 홍콩, 싱가포르, 상하이
알파 : 시카고, 뭄바이, 밀라노, 모스크바, 상파울루, 프랑크푸르트, 토론토, 로스앤젤레스, 마드리드, 멕시코시티, 암스테르담, 쿠알라룸푸르, 브뤼셀, 타이페이
알파- : 서울, 샌프란시스코, 취리히, 부에노스아이레스, 요하네스버그, 비엔나, 이스탄불, 자카르타, 바르샤바, 워싱턴, 방콕, 마이애미, 멜번, 바르셀로나, 뉴델리, 보스턴, 더블린, 뮌헨, 스톡홀름, 프라하, 애틀랜타
베타급 세계도시
베타+ : 베를린, 부다페스트, 코펜하겐, 댈러스, 산티아고, 뒤셀도르프, 함부르크, 마닐라, 룩셈부르크, 몬트리올, 리스본, 텔아비브, 방갈루루, 아테네, 필라델피아, 휴스턴, 베이루트, 키에프, 광저우
베타 : 카라카스, 제네바, 브리스번, 헬싱키, 도하, 카사블랑카, 밴쿠버, 리우데자네이루, 오클랜드, 슈트트가르트, 호치민, 맨체스터, 몬테비데오, 오슬로, 보고타, 카라치, 첸나이
베타- : 리옹, 시애틀, 버밍햄, 브라티슬라바, 디트로이트, 로테르담, 캘거리, 에든버러, 안트베르펜, 아부다비, 퍼스, 캘커타, 덴버, 샌디에이고, 하노이, 소피아, 리가, 아만, 마나마, 니코시아, 키토, 베오그라드, 몬터레이, 알마타, 쿠웨이트시티, 하이데라바드, 포트루이스, 미니애폴리스, 산호세, 라고스, 과테말라시티, 파나마시티
감마급 세계도시(첫 사례 도시만)
감마+ : 자그레브 등
감마 : 글래스고 등
감마- : 낭트 등

출처 : *Cities* 16, Beaverstock, JV, PJ. Taylor, and RG. Smith, 1999, "A roster of world cities", pp. 445-58. copyright 1999. Elsevier의 허락하에 재인쇄함

을 끌어들인다. 그러므로 어떤 도시가 문화 · 환경 인프라 및 거버넌스 역량을 유지하는 것은 다국적기업의 본사를 유치하는 데 있어 매우 중요하다. 토요타시(일본), 포틀랜드(오리건), 벤튼(아칸소), 신시네티(오하이오)는 세계도시는 아니나, 도시구조나 도시 환경 및 거버넌스 역량상 토요타, 나이키, 월마트, 프록터 앤드 갬블(P&G) 같은 글로벌 대기업을 유치하고 있다.

그러나 정치적 · 문화적 · 환경적 특성에 따른 도시 순위는 표 8.2에서 보는 바와 같은 경제적 도시 순위와 다소 다를 수 있다. 컨설팅 기업인 Mercer에 따르면, '삶의 질'에 따라 도시 순위를 매기면 안전, 교육, 건강, 문화, 환경, 레크리에이션 등이 중요하다. 2014년 Mercer는 비엔나, 취리히, 오클랜드, 뮌헨, 밴쿠버를 세계 5대 도시로 들었다. 이 순위는 핵심 인력을 유치하고자 하는 기업의 입지 선호에 영향을 줄 수 있다.

도시 내 토지이용 패턴

도시 형태를 만드는 주요 동인은 경제적 효율성이다. 무슨 활동이 어디서 이루어지고, 어떤 유형의 건물에서 이루어지며, 어떤 종류의 인프라가 필요한지에 따라 중심부의 접근성이 결정된다. 다시 말해서 도시들은 다수의 기능을 제공하고 시간에 따라 변화하는 조직과 사람들의 요구에 부응하는 다양하고도 역동적인 장소이다. 그래서 도시의 경제기능이 시장의 힘에 의해서 돌아가면서도, 도시계획에 의해 시장이 제공하지 않는 공공재와 어메니티와 복지 서비스를 제공한다.

토지이용 패턴은 도시가 공간적으로 어떻게 자신을 조직하는지를 규정한다. 사업들은 서로 공간을 경쟁하고 접근성을 다투는데, 그 사업들이 로컬 또는 원거리 고객들에게 공급하고 다른 로컬 또는 원거리 공급자와 연계되는 시장 기준에 따라 그렇게 한다. 사람들은 주택을 위해 경쟁한다. 자신의 노동, 개성, 가족 요구에 맞는 주택을 위해서 경쟁한다. 또한 레크리에이션, 종교, 녹지 공간과 같은 비시장적인 기능 및 토지이용을 포함하려는 욕구를 위해서도 경쟁한다. 모든 토지이용은 도로, 통로, 자전거로가 연결되어 있어야 대규모 소비 공간이 된다. 토지이용 패턴에 관한 의사결정이 과거에는 새로운 사회·경제·기술적 상황에 맞도록 조정되기 어려웠다. 토지는 공지로 남겨질 수도 있고 투기꾼들의 금융적 기반이 될 수도 있다. 심지어 대부분의 역동적인 도시의 중심업무지구(CBD)에서도 그러하다. 반면 다수의 기관·단체의 토지이용 — 대학, 교회(사례연구 8.1), 정부 건물 등 — 과 개인 주택은 시장의 힘에 의존할 필요가 없다. 도시계획은 다양한 수준의 대도시정부나 시정부 수준에서 이루어지는데, 다양한 토지이용에 대해 경제 목표와 사회 목표의 균형을 추구한다. 최근에는 사회적 목표가 환경 고려와 점점 결합되고 있다.

입찰지대 이론 토지가 다양한 용도로 할당되는 방법이 경쟁적 입찰에 의해 결정된다고 설명한다.

이론적 출발점으로 도시 형태를 결정하는 가장 지배적인 힘이 있는데, 완전경쟁시장이 어떻게 토지이용 패턴을 만드는가 하는 질문에 대한 답에서 그 힘이 중요하다. 그 후에 기술 변동의 영향, 특히 교통체계 관련 기술 변동, 그리고 도시계획 및 도시정치(사회 및 환경적 요구와 관련하여)가 중요하다(그림 8.2)

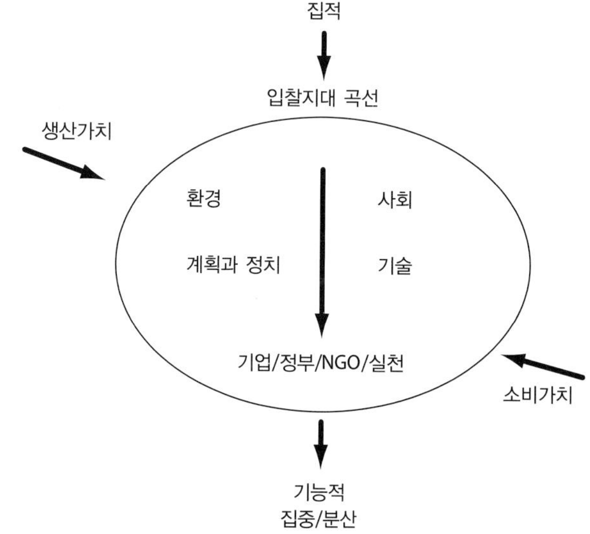

그림 8.2 토지시장과 기타 요인들이 도시 내 경제활동의 입지에 미치는 영향

입찰지대

입찰지대 이론(bid-rent theory)은 중심업무지구로의 접근성에 따라 지가가 달라지면서 경쟁적인 입찰을 통해 토지가 어떻게 다양한 용도로 할당되는지를 설명한다. 원래 모델은 신고전 이론 가정에 기반한다. 완전 정보를 가지고

합리적 의사결정을 하는 경제인이 동질적인 평면 공간에서 토지를 얻기 위해 경쟁하고 있으며, 접근성에 미치는 유일한 변수는 거리이다. 이 모델의 가정은 CBD가 최고의 지가이며(가장 접근성이 좋은 교통 · 통신의 허브이므로) 실제로도 그러하다.

모든 활동이 가장 중심 위치를 원한다고 가정하면(거기가 가장 편리하고 교통비가 최저이므로), 이상적인 평면 위에 그 활동들이 입찰 가능한 액수에 따라 위치가 배분된다(그림 8.3). 토지이용은 금융, 사업 서비스, 소매, 기타 상업 서비스, 창고, 공업, 정부, 기관, 주거지 등을 포함한다. 경쟁적인 입찰 과정에 의해 각 토지들은 최고로 가능한 지대를 얻는다. 입찰지대 곡선이 보여주는 것은 특정 용도가 CBD로부터의 거리에 따라 지불할 의사가 있는 가격 범위가 있고, 이것은 거기서 벌어들일 수 있는 소득과 지불해야 하는 지대 간의 맞교환으로 결정된다는 것이다. 금융기능의 입찰지대 곡선의 최고점에서는 소득이 높은 기능만 입찰 가능하다.

CBD에서의 거리가 증가하면 접근성이 감소하고, 수입의 잠재력도 낮아진다. 접근성 및 지가와 수입의 맞교환은 토지이용 용도마다 다르기 때문에 입찰지대 곡선들은 서로 교차하고, 특정 용도의 수입 잠재력이 사라지는 지점에서 다른 용도가 입지한다.

핵심지역의 접근성

접근성은 핵심지역에서 중요하다. 이것은 수렴과 근접성의 두 가지 힘으로 작용한다. 철도와 전차, 지하철, 도로, 통신 노선 등은 도심지역에서 수렴하고, 이러한 점은 최대의 피고용자와 고객들이 접근할 수 있게 한다. 근접성(proximity)이 필요한 이유는 사람들이 지하철이나 자동차 주차장에서 나와 몇백 미터 이상 이동하기 싫어하기 때문이다. 통념과 달리 인터넷 시대에도 접근성의 중요성이 증가하고 있다. 이는 빈번하고도 효율적인 협상과 협력을 위한 대면 접촉의 필요성 때문이다. 나아가 핵심지역의 높은 접근성은 생산비용과 거래비용을 감소시키고, 규모의 내외부경제를 향유하게 한다. 예컨대 은행과 보험회사는 노동자들이 금융 빌딩에 집중되어 있어 고객 및 바이어와의 거래를 효과적으로 수행할 수 있어 내부경제를 달성할 수 있다.

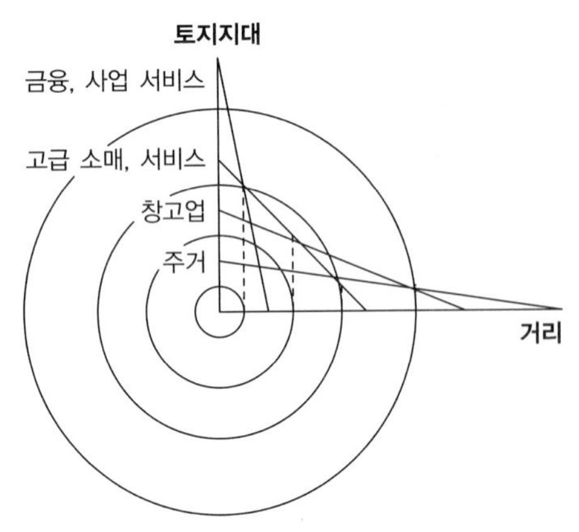

그림 8.3 입찰지대에 의한 토지이용의 할당

도시의 핵심지역 내 기업입지는 도시화 경제 및 국지화 경제의 이익을 얻는다. 교통 인프라는 우월한 접근성을 제공할 뿐 아니라 도심기업이 도시 전체에 걸친 다양한 노동력 풀을 활용할 수 있도록 함으로써 도시화 경제에도 핵심적인 역할을 한다. 다른 인프라(하수 · 쓰레기 처리, 전기, 통신 등)와 보조 서비스(금융부문 고소득 직업자들이 선호하는 식당, 디자이너숍, 극장 등)도 핵심지역에 입지해 있다. 이러한 도시화 경제는 시간이 지나면서 누적되어 기업들이 취할 수 있는 고정 간접자본 및 외부화 자본의 기반이 된다. 서로 다른 가치사슬 단계에 있는 동종 기업들이 집중되어 나타나는 국지화 경제 역시 교통비를 감소시키고 전문화의 깊이를 증가시키며 상호작용을 용이하게 한다. 경쟁하는 기업들이 같이 입지해 있으면 공급자들은 생산 규모와 범위를 증가시킬 수 있고, 관련 비용을 감소시킬 수 있다. 그리하여 주식시장과 상업은행은 브로커, 법률, 회계, 보험회사 등을 끌어들인다.

많은 북미 도시들이 그 핵심지역에 19세기 후반에 시작된 교통수단과 관련하여 발달했다. 산업활동, 상업활동, 정부활동은 처음에 강이나 도시 간 철도를 따라 발달했다. 토지이용은 CBD 주변에 동심원 모양으로 배열되었고, 몇몇 특수 지구가 기능적으로 독립하여 만들어졌다. 예컨대 부유한 기능은 주로 핵심지 근방에, 저소득 주민이나 소수민족 집단은 산업지역과 좋은 주거지지역 사이의 저렴한 토지를 점유하게 되었다. 제조업은 중심부 주변의 토지를 점유하였는데, 이는 교통비가 저렴하도록 하려는 것이기도 하고, 제조업이 어느 정도 높은 부가가치를 창출하기 때문이기도 하다. 산업활동, 상업활동, 정부활동이 핵심지역에 집중하는 것은 결국 다음 몇 가지 요인에 의해 붕괴되었다.

- 도시 내외 고속도로망과 인터넷과 같은 거리를 무력화하는 교통 · 통신 기술
- 산업도시에 기능적, 공간적으로 결합되었던 제품주기의 다양한 단계가 분리됨
- 교외화를 가능하게 한 건축기술, 고속도로, 담보대출 정책
- 핵심지역에 다 수용할 수 없는 수준의 인구 증가. 주거 교외화의 발달로 구도심보다 교외 거주자들에게 접근하기 더 쉬운 새로운 중심지의 성장

한 경제활동이 입찰지대 곡선상에서 토지를 놓고 경쟁할 수 있는 능력은 그 활동이 창출하는 부가가치에 의존한다. 동시에 경제활동이 CBD에 의존하는 정도는 그 활동이 부가가치를 창출하는 방식에 의존한다. 예컨대 주식시장 거래, 투자 금융, 기업 법률 등은 모두 CBD의 외부경제를 필요로 한다. 또한 그런 활동이 점유한 토지의 가치는 그들이 창출하는 부가가치가 더욱 강화한다. CBD 안에서도 금융, 출판, 정부, 엔터테인먼트 지구의 차이가 존재한다. 토론토, 뉴욕, 샌프란시스코, 런던과 같이 CBD가 강한 도시는 주로 주식시장과 금융 서비스를 중심으로 형성된다. 애틀랜타, LA, 디트로이트 같은 도시는 자동차와 텔레커뮤니케이션 기반의 높은 유동성 때문에 경제기능들이 CBD에서 멀리 확산되도록 하였다. 디트로이트의 경우 GM은 본사를 도심부에 두었는데(GM 르네상스 센터), 이는 미국 내 빅 3 자동차회사 중 유일한 경우다.

사실 많은 도시들이 CBD 기능을 수행하는 다핵(multiple nuclei)을 갖고 있다. 이들 핵들은 간선도로망, 고속도로망을 따라 높은 접근성을 창출하고, 쇼핑몰과 비즈니스 센터가 발달해 있다. 이들은 2차나 3차 인구밀도 피크를 이루며, 접근성과 외부경제를 위한 수요를 창출하는 자신의 역량에 따라 입찰지대 곡선을 솟아오르게 한다. 기업과 상업 복합체들은 그러한 수요를 창출하는데, 그들은 고부가가치 서비스를 창출하고 연관산업을 유인하기 때문이다. 금융, 디자인, 제조업, 배송기능은 서로 공간적으로 분화되는데, 이는 각 활동이 지원하는 토지지대를 반영하기 때문이다. 배송과 제조업 활동의 부가가치는 오늘날 감소하고

있으며, 그러한 핵들은 산업단지가 제공하는 도시화 경제/국지화 경제에 관심이 있는 업체들만 유인한다.

주거 토지이용의 가치는 입찰지대 곡선상의 위치가 제공하는 접근성과 어메니티의 다양한 조합에 대한 소비자의 지불 의사와 능력을 반영한다. 높은 지가는 핵심지역이나 다핵지역과 관련되어 있기 때문에, 거기 거주하는 사람들은 전형적으로 고밀도를 받아들이고 노동, 쇼핑, 도시 유흥에 대한 편리한 접근성을 보상으로 받게 된다. 저밀도 주거지는 작업장, 쇼핑, 레크리에이션 입지와 거리가 멀다. 이 두 양극단 사이에 몇 가지 선호되거나 선호되지 않는 지역들이 있다. 다양한 사회집단들이 소득, 환경 어메니티, 생애주기, 민족성 등의 요인과 관련된 이유로 클러스터를 이루어 분포한다.

교통의 중요성

도시 형태의 발달에서 교통의 중요성이 강조될 필요가 있다. 산업도시에 처음 노면전차(streetcar)가 들어왔을 때, 노선은 도심에서 방사상으로 뻗었고, 이는 주택이 더 멀리 건축될 수 있게 하였다. 그러나 공업 및 상업시설은 여전히 도심부에 남았고 CBD로 강화되었다. 그럼에도 불구하고 노면전차 노선을 따라 접근성이 높아진 부분이 나타났고 지가도 상승하였다. 자동차, 트럭, 도로건설 등은 도시를 더욱 근본적으로 변형했고, 공업과 노동자를 핵심지역에서 멀어질 수 있도록 했다. 새로운 핵심지역들이 발달하여 주거, 상업, 도매, 공업 센터 등이 생겼다.

캐나다 중부의 400 계열 고속도로와 미국의 주간고속도로는 도시 주변지역에 도매와 공업을 끌어들였고, 특히 고속도로 주변을 둘러싸게 했다. 토론토 북쪽의 401 고속도로에는 할턴 힐에서 시작된 창고업이 오사와까지 이어진다. 주거지나 쇼핑몰 지대로 단절될 뿐이다. 공항도 도시 주변에 발달하여 쇼핑 서비스, 국제 서비스, 호텔, 긴급한 교통 연결이 필요한 산업들이 입지한다(제11장). 시카고의 철도 중심지도 원래 도시성장의 핵심지에 있다가 도심부를 떠나 교외지역으로 옮겼다. 교외 철도 허브는 트럭, 항공 서비스 등이 공존한다.

교통기반 서비스들은 핵심지역에서 이전해 가고, 그곳은 재개발되어 상업, 주거, 여가지구로 바뀐다. 통신기술이 발달하면서 금융 및 첨단산업 서비스가 핵심지역에 집적하는 경향을 보이고 있고, 대신 반복적인 서비스나 백오피스 기능은 지가가 저렴한 교외나 다른 지역으로 이전해 간다. 그러나 물 공급이나 하수처리와 같은 인프라의 입지 특성은 수십 년간 거의 변하지 않고 있다.

사회

인구와 사회 변화는 도시경제의 토지이용 패턴 변화의 이해에 중요하다. 실제로 사회 계급(소득) 및 민족성에 의한 군집화(또는 격리) 현상은 입찰지대 곡선과 경제적 분화를 변형해

온 요인으로 오랫동안 인식되어 왔다. 부유한 가구들이 같이 거주하면 재산가치가 올라가는데, 세 가지 방식으로 작동된다. (1) 거주자들이 대규모, 고가 빌딩(부동산)에 투자할 의사가 있다. (2) 특정한 사회적 인정을 실어나르는 외부효과를 창출한다. (3) 부유한 근린을 유치하는 다양한 고급 서비스가 있다. 주거 토지이용의 가치는 상품, 서비스 생산을 위한 토지이용의 경우보다 높다. 특히 고밀도 CBD에서 그러하다. 간혹 지방정부가 주택 소유자에게 높은 재산세를 매길 경우에는 고층 주거 빌딩이 오피스 빌딩이나 스포츠 경기장보다 지대 입찰에서 더 우월할 수 있다. 그래서 고소득 집단도 영향력을 행사하여 정치적 힘을 발휘함으로써 인프라 건설에서나 서비스 공급 등에서 자기 엔클레이브의 이익을 관철할 수 있다.

반면, 소수민족 엔클레이브들은 보통 한계 토지를 점유하는데, 한계화된 집단도 구입할 수 있는 수준의 토지를 점유한다. 주로 인프라가 열악하고 서비스 공급이 부족한 곳이다. 어떤 지역은 이민자 집단이 연이어 들어와 사회를 형성하고 새로운 집단이 들어올 수 있는 공간이 되기도 한다. 이러한 지역은 인구밀도가 높고, 다양한 비즈니스 활동이 지가를 바쳐주므로 지가가 결코 낮지 않다.

최근 수십 년간 여러 나라에서 1인 가구가 다수 증가하였으며, 캐나다에서는 특히 많이 증가하였다. 합계 출산율 감소, 이혼율 증가, 동성가구 증가, 자녀 독립 기간 또는 무자녀 기간 증가 등으로 평균 가구 규모는 감소하였다. 이러한 변화는 주거 수요와 배송 서비스업에는 도전이자 기회이다. 예컨대 (인구 구조에서) 65세 이상 인구의 폭이 20년 이상으로 넓어지면 더 다양한 활동 수준과 활동 수요가 존재하게 된다. 양로원(nursing home) 수요나 가사 지원(assisted living) 서비스를 요구하는 노인 비중이 적어지고, 일반 주택에 거주하는 노인 인구 비중이 많아진다는 것이다. 그 결과 공동주택이나 은퇴 후 커뮤니티로 이사 가는 경우가 많아져 주택 규모는 작아지게 된다. 작은 주택이나 은퇴 후 커뮤니티 수요는 비교적 새로운 것으로서 건강하고 부유한 베이비부머들의 은퇴와 함께 증가할 것이다. 이에 따라 서비스 접근성이나 교통 접근성에 대한 노인들의 수요나 커뮤니티 참여에 대한 수요가 중요해질 것이다.

일반적으로 도시가 성장하면 인구가 유입하는 상태에 있게 되는데, 인구구조, 소득, 가치의 변화에 따라 주거, 일자리, 여가활동, 교통 수요가 끊임없이 조정될 것이다. 반대로 도시가 쇠퇴하면 기본 서비스를 유지하기도 벅차게 된다. 세금 기반이 줄고 시설을 개선할 여력이 준다. 두 가지 경우 모두 홈리스, 실업자, 한계 인구들이 도심부 근처에서 임대료가 싸면서 접근성이 나쁘지 않은 자신들의 소굴을 찾게 된다.

도시계획

제6장에서 살펴본 바와 같이(그림 6.2), 도시계획은 지방정부의 계획 부서가 관련 기관의 도움을 얻어 주도하는 과정으로서, 도시 발달을 조정하고 사회 · 공공 목적과 시장의 조화를

추구한다. 즉, 도시계획은 도시가 더 효율적이게 하면서(토지시장과 이동 패턴 관련), 동시에 살 만한 곳으로(사회적 가치와 시민의 요구 측면) 만들려는 것이다. 도시계획은 19세기에 대규모 산업화가 이루어지면서 시작되었다. 개발도상국에서는 지금에야 다수의 사람들이 어떻게 살고 있는지에 대한 고려가 시작되고 있다. 더럽고 불결한 거주 조건이 일반적인 현상이고, 비즈니스 편의에 따라 공장 근처에 바로 거주지가 있었다. 도시계획은 도시를 조직함으로써 사회적인 요구와 경제적인 요구가 동시에 충족되도록 하기 위해 등장했고 공공 및 민간부문에서의 다양한 실험을 통해서 노동 조건 및 생활 조건을 개선하려고 하는 일이다.

지역사회 도시계획은 전형적인 계획 접근법이다. 근린(neighbourhood), 택지 구획(subdivision), 지자체(municipality), 지역(region)이 어떻게 설계되거나 변경되며 서비스되어야 하는지를 설정하는 것이다. 기본적으로 토지이용에 대한 용도지구를 포함한다. 즉, 도로용지, 하수처리, 기타 인프라, 병원, 학교, 여가시설, 상업 및 서비스업 등에 대한 용도지구들이다. 도시계획이 요구하는 사항들은 정책, 세금, 보조금, 규제, 특정 권리 및 의무 부여 등을 통해서 상세화되고 제약되며 지원된다. 이러한 수단들은 궁극적으로 어떤 공간이 어떻게 사용될 것인지를 결정한다. 대부분의 도시계획은 통상 20여 년을 전망하는 것이고 주기적으로 검토된다.

도시계획은 입찰지대 곡선을 만드는 프로세스를 재강화하고 창출하기도 한다. 일반적인 용어로 말해서 도시계획은 CBD에서의 고밀도 용도와 교외의 저밀도 용도를 강화하고, 입찰지대 곡선을 뒤따르기도 한다. 또한 도로망 확장, 고속교통체계 건설, 교외화 계획, 서비스 센터 등이 기존의 입찰지대 곡선을 변경하고 새로운 것을 창출하기도 한다. 그래서 용도지구제 틀은 대규모 산업 및 도매용도를 주거용도와 격리시켜 주거지에 대한 위해를 최소화한다. 또한 공업이 정상적으로 기능할 수 있도록 한다.

연관된 활동들의 군집화를 촉진함으로써 긍정적 외부효과가 유발될 수도 있다. 예컨대 소매센터나 주거지역에 관심을 공유하는 비즈니스와 거주자가 공존할 수 있도록 하는 경우이다. 그러나 용도지구는 사회적으로 최선이 무엇인가에 관한 의문이 생길 수도 있다. 예컨대 CBD에 고소득자와 사회적 주택을 고밀도 방식으로 혼합시켜야 하는가? 역동적인 도시환경에서 주거 팽창이 오염 산업지대로 침범해도 되는가? 새로운 주거기능이 우선시되고, 산업이 쇠퇴하면서 일자리와 소득이 감소하게 되는가? 등의 질문이 그것이다.

도시계획의 지상 명령, 자동차

일반적으로 도시계획은 녹지 공간과 같은 공공재 공급을 통해 도시의 거주성에 중요한 역할을 한다. 예컨대 도시 공원은 생태적 가치로서만 중요할 뿐 아니라 시민들과 방문자들에게 심미적, 여가적, 보건적 필요를 공급하는 데 있어서 결정적이다. 뉴욕의 센트럴 파크, 런던의 리젠트 파크, 밴쿠버의 스탠리 파크, 쾰른의 그린귀어텔(그린벨트) 등 수많은 공원들은 개발을 금지함으로써 살아남을 수 있었다. 시장의 힘에 맡겨졌다면 이들 공원과 이들이 제공하는 사회적 가치는 민간개발 때문에 상실되었을 것이다. 마찬가지로 학교, 병원, 교회, 보도 등도 시장의 힘을 배제하는 유사한 토지 공급이 요구된다. 실제로 대부분의 도시 도로망은 공공재(세금으로 운영되는)이고, 그 경로는 정부가 선택한다.

지난 반세기를 지배해온 도시계획 이슈는 부작용을 최소화하는 수준의 자동차 접근성에 관한 것이다. 자동차와 고속도로는 도시 스프롤로 이어졌다. 쇼핑몰, 창고형 스토어, 복합 쇼핑센터는 그 이점을 취한 것이고, 교외 주거 팽창을 유발했다. 자동차와 가정 연료 수요는 주택에 사용하기도 하지만 인프라이기도 하다. 도로, 학교, 병원 등에도 사용되기 때문이다. 이러한 수요는 자본투자와 일자리를 창출한다. 자동차와 교외는 널찍하고 질 좋은 주택을 다른 곳에서 구하기 어려운 사람들에게 제공할 수 있다. 하지만 이러한 과정은 문제점을 초래하기도 한다: 농장과 자연환경 파괴, 인프라와 주택 및 통근을 위한 자원 과소비, 비만, 중심도시의 상업 및 제조업 지역의 붕괴, 중심도시 지역의 일자리 감소, 이동성 없는 사람들에 대한 차별. 계획가들은 이런 서로 관련된 문제들을 처리하는 데 있어서, 새로운 장소를 설계하거나 옛 장소들을 변경하여 자동차 의존도를 줄이고 다른 가치를 우선시하기도 한다. 도시계획은 버려진 산업지구와 수변 공간을 재생하기도 한다. 또한 환경 규제를 강화하기도 하고 개발을 통해 쇠락하고 유해한 부지를 철거하기도 한다. 고밀도화라든가 교통시설 확충이 개발의 선결 조건으로 요구되기도 한다. 도시계획에서의 이러한 변화는 종래의 사업입지 전략과 상충한다.

자동차 이용은 계속해서 주요 계획적 관심사이자 사회적 관심사이지만 점차 환경과 거주성에 관한 우려가 되어 가고 있다. 이러한 긴장은 특히 산업도시에서 창조도시로의 전환에 따라 명백해지고 있다. 일례로 밴쿠버 대도시지역은 자원기반 산업도시이자 BC 배후지와의 강한 연결과 자원 생산물에 기반한 상품 수출도시로 개발되었다. 그런데 최근 밴쿠버는 '포스트 모던' 도시가 되어 가고 있고, 대규모 자원공업은 거의 남아 있지 않은 서비스 도시가 되어 가고 있다. 또한 점차 다양한 분야의 창조적 활동들에 초점이 맞추어지고 있다. 관련하여 지역도시 계획가들과 지역 정치인들은 밴쿠버를 점차 녹색도시로 가꾸어 가려고 하고 있으며, 자동차 레인을 자전거 레인으로 바꾸고 국경을 통한 자원 수출(석탄, 석유, 천연가스)에 반대하고 있다. 하지만 밴쿠버 대도시지역의 경제는 소비 측면을 제외하고 일자리와 소득 측면에서 보자면 여전히 자원 관련 활동들에 기반하고 있다. 이러한 논쟁은 국가 및 글로벌 도시체계 내에서 밴쿠버의 역할을 어떻게 설정할 것인가에 관한 것이다. 지역 계획가들과 정치인들은 산업 구성의 한 부문으로 이 딜레마를 해소하고자 한다.

생태 발자국에서 녹색 성장으로

도시와 배후지 및 글로벌 무역 시스템의 경제관계는 아마도 환경적 종속으로 가장 잘 표현할 수 있을 것이다. 도시는 자신의 에너지, 물, 식품, 재료, 심지어 필요 산소를 자족할 수 없다. 더욱이 모든 오염, 쓰레기 처리, 이산화탄소를 스스로 해결할 수 없다. 이러한 것들은 도시 경계 안에서 소비되지만 글로벌하게 생산된 것들이다. 좁은 지역에 인구가 집중해 있다는 것은 그러한 요구 사항들이 다른 곳에서 충족된다는 것을 의미한다. 즉, 채소는 도시 밖 수 킬로미터 멀리서 자라고, 석유는 세계의 다른 쪽에서 뽑아지며 온실가스는 대기 중으로 방출된다. 도시를 하나의 생물학적 생산 공간이라고 볼 때, 하나의 도시를 부양하는 데 필요한 에너지 및 물질 수요와 그 폐기물 흡수 수요를 도시의 생태(학적) 발자국이라고 부를 수 있다. 생태 발자국(ecological footprint)은 1인당 헥타르로 측정한다. 이 용어는 웨커네이걸(Wackernagel)과 리즈(Rees)가 도입했는데 밴쿠버의 글로벌 투입과 폐기, 그리고 기타 산출물로 측정했다. 그림 8.4를 보면 몇몇 캐나다 도시에 대한 1인당 자료가 나와 있다. 도시의 생태 발자국이 중요한 것은 세계인구의 절반 이상이 도시화되어 있고, 그들 부유한 사람들이 세계자원을 훨씬 많이 소비한다는 사실 때문이다.

도시의 생태 발자국이 말해주는 바는 도시들이 글로벌 환경 악화의 주범이라는 것이고, 지역경제를 변형함으로써 환경 악화를 줄이는 수단으로 활용할 수 있다는 것이다. 토지이용이 변화하고 교통수단, 물, 에너지 인프라, 건물, 쓰레기 폐기 시스템 등이 변화하면 도시의 집단적 환경 악화를 감소시킬 수 있다. 이러한 변화는 설계와 계획 단계에서부터 이루어질 수 있고 집행과 개선 과정에서 달성될 수도 있다. 환경 효율성과 경제적 효율성을 동시에 성취하려면 그러한 변형이 체계화되어야 한다. 그래야 독립적인 요인들이 함께 작용하

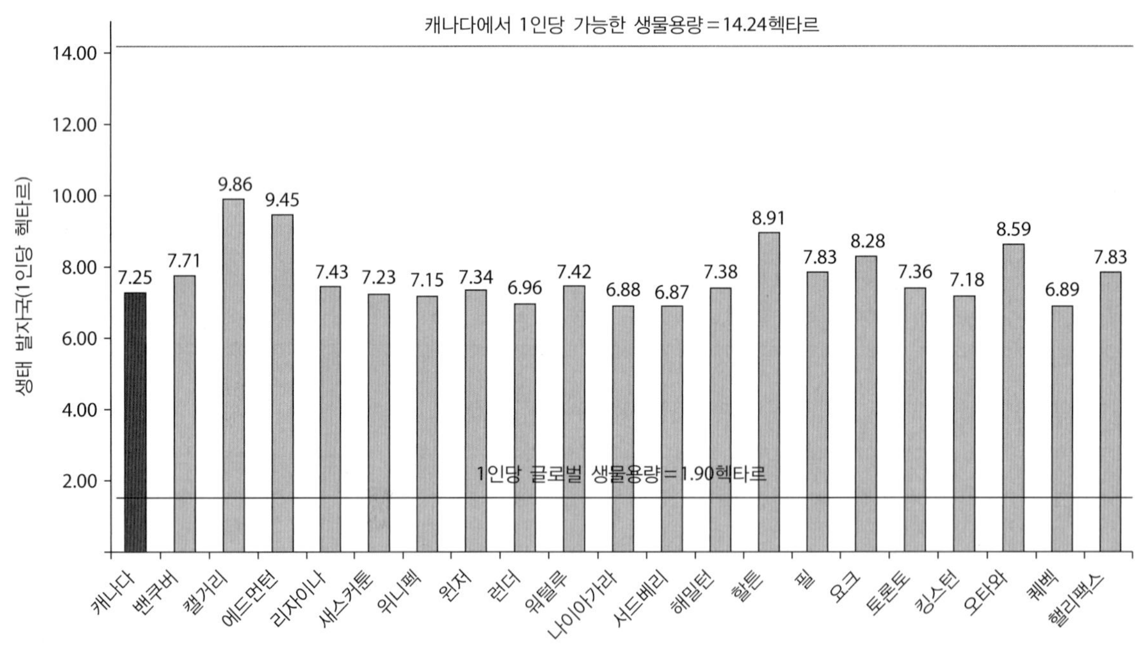

그림 8.4 캐나다 도시의 생태 발자국(밴쿠버에서 핼리팩스까지)

고 무임승차자들이 타인의 참여 의지를 감소시키지 않기 때문이다. 쓰레기 재활용 시스템은 이러한 상호 의존을 잘 보여준다. 도시는 재활용 쓰레기를 수집하고 처리하는 활동과 공간이 필요하고, 거기에 참여하는 사람과 사업장에 인센티브를 제공해야 한다. 이 시스템은 공공과 민간이 혼합되어 이루어지는 것이 좋은데, 공공 및 민간 지불 혼합 프로그램이라든가, 참여자를 위한 페널티와 인센티브 혼합 프로그램이 있다. 이를 위해 도시는 주정부 및 전국 수준에서의 지원이 필요할 수 있다. 예컨대 제품들이 재활용될 수 있도록 보장해야 하고 다른 도시들이 책임을 회피하지 않도록 보장해야 하기 때문이다.

도시의 생태 발자국을 변화시키는 가장 포괄적인 방법은 도시 밀도를 증가시켜 건물과 활동에서 물질과 에너지 수요를 감소시키는 일이다. 이를 위해서는 수십 년간 진행되어 온 교외화로부터의 문화적 전환이 필요한데, 그 결과 도시 전체의 지가가 극적으로 변할 것이다. 교외지역은 더 많은 인프라와 에너지 사용이 필요한데, 이러한 상황은 에너지 시스템 변화(예 : 태양 에너지 패널), 전기 자동차, 수소 자동차, 재활용 시스템 등으로 달성될 수 있다. 아니면 혼합 용도지구제로 통근을 감소시키고, 자연과 도시지역의 통합을 증가시키면 열섬 효과를 억제할 수 있다. 도시의 환경 악화를 감소시키는 다른 전략으로는 신규 빌딩이나 개선 시 녹색 빌딩 규제를 적용할 수 있다. 또는 지구 냉난방 시스템이라든가, 대중교통 권장이라든가, 버스 급행 교통 시스템, 자전거 레인 증설 및 자전거 대여 시스템, 운전에 대한 과금(예 : 혼잡세 등), 상하수도 운영, 쓰레기 처리장에서 연료 추출, 태양 에너지 패널 등이 있다.

도시계획가들은 통상 그러한 시스템을 시작하지만 여러 현실적인 어려움에 부딪히게 된다. 예컨대 주택 공급 및 고용 증진과 같은 전통적인 목표와 충돌할 수도 있다. 계획가들은 또한 기존의 용도지구 접근이 갖는 한계를 극복하기 위해서 노력한다. 예컨대 용도지구제의 경제기능을 분리하여 해당 용도지구를 환경적인 해결책을 위한 용도지구와 통합할 수도 있다. 계획가들은 보통 사업가, NGO, 정부에 의존하여 성과를 내는 설계를 할 수 있는 활동을 수행한다. 이러한 활동을 조정하기 위해 이해당사자들의 동기가 무엇인지 이해해야 하고, 적절한 인센티브와 벌점을 부여해야 한다. 이해당사자들은 환경적 문제해결을 위한 설계, 지원, 모니터링에 참여해야 한다. 금융도 변화를 구현하고 창의적인 해결책을 만들 수 있는 핵심기능이다. 예컨대 오래되고 환경적으로도 비효율적인 주거 타워들을 변형하기 위해서 토론토는 미래에 세금 지불을 담보로 하는 펀드를 조성했고, 도쿄는 세계 최초의 온실가스 배출권 거래제를 도입했다. 중국은 발전된 도시들에게 배출권 거래제를 검토하라고 요구했다. 세계의 수백 도시들이 C40, 지역 환경 이니셔티브 국제회의(ICLEII), 쿨시티와 같은 포럼을 통해 최선의 전략에 대한 정보를 공유하고 있다.

녹색 성장을 통해서도 경제를 개선할 수 있다는 것을 도시들은 알게 되었다. OECD는 이를 위한 네 가지 주요 방안을 제시했다. (1) 빌딩 개선과 대중교통 확충과 같은 활동으로 일자리 창출, (2) 대기질 및 수질 개선, 그리고 자연과의 통합성 향상으로 도시의 매력도 증대, (3) 수출과 수입대체를 통한 녹색제품과 녹색 서비스의 역내 생산 증대, (4) 도시를 더 건강하고 살기 좋게 만들어 토지 가치를 높이는 것이다.

정치, 부동산, 공공주택

완전경쟁 가정에 바탕을 둔 입찰지대 이론은 토지이용의 시장 할당에 대해 유용한 통찰을 제공한다. 그리고 강한 민주적 면모를 갖는 도시계획 프로세스로 보완될 수도 있다. 그러나 비즈니스와 정치 권력 역시 오랫동안 도시 토지이용 패턴에 강력한 영향력을 미쳐왔다. 북미 지역에서 서부의 취락들은 주로 토지 공여 시스템에 의해 형성되어 왔다. 거대 철도회사가 토지를 구획하고 CBD와의 접근성을 결정하였다(전술한 밴쿠버의 경우처럼). 유럽에서는 토지 귀족들이 자신들의 취락 발달에 중요한 영향을 미쳤다. 많은 경우 그들은 여전히 도시를 포함한 대규모 토지의 소유자이다.

오늘날에는 부동산 개발업자가 도시경제에서 중요한 역할을 한다. 이들이 하는 일은 미국과 캐나다의 경험이 알려주듯이 다양하다. 미국에서는 교외화가 주로 소득과 소수민족 요인에 따른 격리와 고소득 백인 가계의 재입지를 의미했었다. 그 결과 다수의 미국 도심부는 거의 모든 활력을 잃었다. 캐나다에서는 저소득, 민족 다양성, 빈곤을 경험하였다. 그러나 캐나다의 경우 사회 격리가 미국보다는 덜하다. 그리고 캐나다의 경우 도심부의 주거 근린에서 주택 유기도 거의 없었다. 캐나다에서는 미국에서보다 다양한 수준의 정치 행위자들이 CBD의 활력을 위해 강력하게 활동하였다. 또한 캐나다의 부동산 개발업자는 도심부를 안정적인 이윤의 원천으로 간주하였다. 그래서 투자를 통해 도심부를 개선하려고 하였다.

1990년대 중반까지 캐나다 최대의 CBD에 있던 고층 빌딩 대부분은 올림피아 앤 요크, 캐딜락-페어뷰, 옥스퍼드, 트라이젝과 같은 메이저 개발업자나 주요 은행들이 통제하고 있었다. 그러한 빌딩 중 다수는 안정적인 투자처를 찾아 포트폴리오를 개선하려던 연기금에 넘어가기도 했지만, 개발업자들은 몇 가지 방법으로 CBD 개선에 기여해 왔다. 그 방법은 역사건물 보존하기, 정부의 밀도 제한 초과 허용을 대가로 한 어메니티 개발하기, 임차인을 구 빌딩에서 새 빌딩으로 옮겨주기, 높은 수준의 빌딩 유지·보수, 혼합 용도로 시너지 효과 창출하기, 빌딩을 유명 브랜드와 결합시켜 CBD의 명성 제고하기 등이다.

교외에서는 다른 유형으로 개발업자들이 단독(detached) 및 준단독(semi-detached) 주택을 주도적으로 공급했다. 주택 개발업자들은 대중에게 넓고 저렴한 주택을 공급했다는 칭찬을 듣는 반면, 농장이나 자연 녹지였던 땅에 붕어빵 같은 주택(cookie-cutter houses)을 지었다는 욕을 먹는다. 개발업자들은 대량생산 기법을 현장 주택건설에 적용하여 규모의 경제를 달성하였고 계획가, 부동산업자, 계약업자, 은행, 보험가 등 모든 관련 참여자들을 조정하여 주택건설 활동에 참여시켰다. 이러한 일은 쉽지 않다. 계획가들과 협력해야만 도로 건설을 통해 고속도로와 연결할 수 있고, 폐기물 수집 및 처리, 학교와 병원 등과 연결할 수 있다. 부지 마련, 건설, 마케팅, 판매, 유지, 그리고 금융에 이르기까지 거의 모든 단계에서 이러한 복잡한 조정 작업이 필요하다. 그럼에도 이익이 가장 중요하고, 시장 안정성과 비용 효율성, 그리고 외부성 조정 능력이 중요하다. 특히 개발 과정은 수십 년을 거슬러 올라가는 일련의 제도들과 얽혀 있다. 모기지 공급, 임금 상승, 고속도로건설, 그리고 상업 및 공업 센터 건설 등과 얽혀 있다. 이러한 주택, 곧 1차적인 가계 자산을 공급하는 일은 북미 경제에서 점차 중요해지고 있으며, 소비 패턴의 근간을 이루어 가고 있다(제14장).

현대 시장경제에서 도시는 어떻게 개발되어야 하는가에 대한 많은 논쟁과 갈등이 존재한다. 특별한 부지에 대한 고려에서부터 광범위한 개발계획, 용도지구 재설정, 교통로 확보, 대중교통의 역할, 여가시설, 공공주택(social housing) 등에서의 논쟁들이다. 이러한 논쟁들은 시의회 회의실의 공개 포럼에서 이루어지기도 하고, 시민 참여 형태로 발생하기도 하며, 계획안 회람 과정에서 생기기도 하며, 시 정치인 · 관료 · 부동산업체 대표들의 사적인 회합에서 이루어지기도 한다. 그러나 의사결정은 공공의 의견 없이 또는 거의 없이 이루어진다. 간혹 시장이나 의회가 개발 지향적이거나 아니면 공공 지향적으로 쏠릴 수도 있다. 개발 지향적인 경우 시장의 힘과 사업 이익이 보다 강력하게 관철되고, 공공 지향적인 경우 연령대와 소득 범주를 아울러 사람들이 살 만한 장소를 만들려는 경향이 있다. 그래서 후자의 경우 공원, 대중교통 시스템, 공공주택과 같은 공공재 공급을 더 강조한다.

이념적인 것을 떠나서 저소득 가계를 위한 적정한 수준의 주택을 공급하는 것은 도시들의 오랜 숙제였다. 시장과 입찰지대 곡선은 주거용지를 지불 능력이 있는 사람에게 부여하고 그럴 수 없는 사람들은 배제한다. 한계 빈곤층은 저가 임대나 공짜 임대 거주지에 살게 된다. 저가 아파트(tenement), 슬럼, 불량주택지구, 판잣집, 저가 숙박시설 등이 그것인데, 과밀하고 편의시설이 부족하며 비위생적이고 반사회적 또는 위험한 곳이다. 역설적이게도 이러한 거주시설들은 제곱미터당 많은 사람들이 들어가기 때문에 건물주에게는 꽤 돈이 된다. 한계 빈곤층에게 다른 대안은 거리의 임시 거처이다. 많은 도시, 지역, 연방정부에서는 이에 대한 대응으로 저소득자를 위한 공공주택(보조금에 의한 거주지)을 도입했다. 최소한의 생활수준은 시민의 권리이다. 나아가 공공주택은 공공재라고도 할 수 있는데, 전체 경제 측면에서 사회 · 정치적 불안 요소를 제거하면서 보다 건강하고 만족스러우며 생산적인 노동력을 공급하는 것과 같다. 공공주택에 대한 초기의 실험은 19세기에 이루어졌는데, 몇몇 개명된 공장주들이 고용 노동자를 위한 '모범' 커뮤니티를 조성한 것이었다. 이것은 단순히 이타적인 목적만 있는 것이 아니라 안정적이고 효율적이며 헌신하는 노동력을 위한 것이었다. 보다 획기적인 공공주택 공급은 정부 보조와 정부 통제에 의거한 것이다. 영국에서 있었던 가든 시티 운동과 대규모 의회 주택이 그것이다(사례연구 8.4)

저가 주택을 공급할 필요가 남아 있다는 것은 여전히 모든 도시에서 큰 문제이다. 지가가 상승하고 젠트리피케이션이 일어나며 주요 스포츠 이벤트 같은 '스펙터클'이 있는 부자 도시에서도 저가 임대 주거지를 철거하면 저소득 인구의 상황을 악화시킬 수 있다. 해법은 쉽지 않지만 적절한 형태로 지방정부가 개입하는 것이 중요하다. 예컨대 특별용도지구제라든

사례연구 8.4 | 잉글랜드의 의회 주택

의회 주택(council housing) 공급은 시의회가 조성하고 통제하는 것인데, 영국에서 1920년대와 30년대에 도입된 주요 사회 실험이었다. 주택 부지는 커서 보통 2~3만 명을 수용할 정도였으며, 공장 근처에 단칸방을 빌려 살던 열악한 상황에 있던 노동자들의 생활 조건을 근본적으로 개선하였다. 셔그린 같은 의회 주택 부지는 교외에 지어졌고 비교적 넓었으며 정원을 갖추고 학교와도 가까웠다. 의회는 가족 규모와 소득을 고려하여 주택을 배당했고, 임대료를 걷었으며, 이사 요구를 소정하였고, 소형 냉장고와 같은 현대화된 설비를 단체로 갖춰 놓았다. 의회 주택은 복지국가정책(제6장)의 일부로 볼 수도 있다. 그런데 1980년대의 민영화 정책이 도입되었고, 이는 자가 소유(예 : 주택을 개선하고 부를 축적할 인센티브)가 효율적이라는 신자유주의적 사고를 반영하는 것이었다. 그러나 민영화는 노인들이나 실업자들의 주택 임대를 어렵게 하는 문제에 직면했다. 민영화는 공공주택을 돈 주고 살 수 있다는 것을 의미하기도 하지만 임대료 수금을 민간기관이 대행하는 것도 포함한다. 주택 가격은 다양하지만 비교적 저렴한 편이었다. 홈스테드 로드 19번지 주택들을 보면 새로운 대문이 만들어지기도 했고, 현관문 틀이나 주차 공간 등이 새로 생긴 것을 볼 수 있는데, 이것이 (민영화의) 증거가 된다.

▲ 홈스테드 로드 19번지. 저자가 태어난 곳이다. 셰필드 셔그린에 있는 일렬 4주택('4 블럭')의 일부이다. 2011년 6월

가, 개발업자에게 공공주택을 계획에 포함하도록 요구한다든가, 주택 임차 규칙을 보다 쉽게 변경할 수도 있고, 기존 부동산 사이의 공간에 주택을 지을 수 있도록 할 수도 있다. 또

는 공지나 사용되지 않는 건물을 포함하는 토지를 공공주택 목적으로 활용할 수도 있다. 그러한 토지는 여러 도시(와 소읍)에 널려 있다. 이러한 토지들은 보통 기업이나 부유한 개인이 토지 은행 형태로 소유하는 경우가 많은데, 그 지가가 입찰지대 곡선에 맞는 지가를 실현할 수 있는 적절한 매각 시점을 기다리는 경우다.

결론

세계 인구의 도시화가 진행되고, 세계 경제활동의 불균등한 집중이 소수의 지역에서 이루어지고 있다는 것이 지리의 중요성을 보여준다고 자주 거론된다. 도시 내에서 사람과 기관들이 토지이용을 경쟁하고 그와 관련된 갈등이 있다는 것이 그러한 점을 잘 보여준다. 더욱이 도시들은 글로벌 및 지역적 가치사슬의 결절을 조직하는데, 도시와 도시체계를 내외적으로 연결할 뿐 아니라 자원기반에 저임금인 주변과 지역사회를 연결한다. 이 책의 나머지 부분에서는 이러한 가치사슬, 즉 도시 내외, 그리고 도시와 주변 사이를 연결하는 가치사슬이 부문 간 연결(에너지, 농업, 공업, 서비스, 교통 등)과 대체로 도시기반인 소비의 종점을 연결하는 것을 다룬다.

가치사슬은 도시들을 연결하고 도시들의 내부구조에 영향을 미치며, 특히 경제활동의 입지와 지가에 대한 효과를 통해서 영향을 미친다. 도시의 경제지리학에 대한 이 장의 소개는 이전 장들에서 다룬 개념과 주제들이 도시, 읍, 마을에서 세계경제 체계를 조직하는 데 중요한 역할을 한다는 것을 다루고 있다. 로컬, 그리고 글로벌 제도들이 상호 교차하는 장소로서 대도시는 세계경제를 조직한다.

연습문제

1. 여러분이 살고 있는 도시의 경제기반은 무엇인가? 그것은 어느 정도로 다양한가?
2. 여러분의 도시나 읍에서 최근 잘 알려진 토지이용 갈등을 선정해보자. 그리고 그 갈등을 입지와 주요 관련 행위자들의 이익이라는 관점에서 설명해보자. 그 갈등은 어떻게 해소되었는가?
3. 베를린이나 상하이는 알파급 도시로 간주되지 않는다. 그러나 두 도시는 모두 대단히 역동적인 곳이다. 이들 도시는 1980년과 지금 어느 범주에 넣을 수 있을까? 설명하라.
4. 여러분의 도시 또는 읍(혹은 여러분과 가장 가까운 도시나 읍)의 원래 위치는 어디였는가? 다음을 요약하라. ① 그 도시의 지역적 · 국가적 · 글로벌 연결은 어떠한가? ② 지역

적 · 제도적 · 인구적 발전은 어떠한가? 그 도시의 소축척 항공 사진을 보고 도시 형태를 관찰해보자. 어떤 경제적 영향이 그런 모양을 만들었을까?

5. 여러분의 도시는 자원을 활용한 보다 지속가능한 도시발달을 위해서 어떤 정책을 활용하는가? 어떤 녹색 경제인가?
6. 여러분의 도시에는 저소득 가구가 어디에 살고 있는가? 공공주택으로는 무엇이 공급되었는가?

핵심용어

공간혁신체제	마샬 외부성	입찰지대 이론	창조도시
기반활동	비기반활동	제이콥스 외부성	
도시체계	순위 규모 규칙	종주도시	

추천문헌

Beaverstock, J., Taylor, P., and Smith, R., 1999, "A roster of world cities," *Cities* 16: 445-58.
세계 도시의 분류 틀

Filion, P., 2010, "Growth and decline in the Canadian urban system: The impact of emerging economic, policy and demographic trends," *Goejournal* 75:517-38.
많은 데이터로 통찰력 있게 개관함

Hutton, T., 2009, "The inner city as site of cultural production sui generis: A review essay," *Geography Compass*, 600-29.
내부도시를 재정의하는 데 있어서 문화산업이 하는 역할을 개관. 특히 런던, 샌프란시스코, 싱가포르, 뉴욕을 참조함

Jacobs, J., 1984, *Cities and the Wealth of Nations*, New York: Random House
국민국가보다는 도시가 오히려 세계경제의 주요 조직자라는 주장을 함

참고문헌

Bourne, L., 2006, "Understanding change in cities: A personal research path," *The Canadian Geographer* 51: 121-38.

Florida, R., 2012, *The Rise of the Creative Class Revisited*, New York: Basic Books.

Friedman, J., 1970, "Review symposium: The economy of cities, Jane Jacobs (New York: 1969)," *Urban Affairs Review* 5: 474-80.

OECD, 2013, *Green Growth in Cities, OECD Green Growth Sutides*, OECD Publishing.

Ridley, M., 2010, *The Rational Optimist*, New York: Harp Collins.

Scott, A.J., 2008, *Social Economy of the Metropolis*. Oxford: Oxford University Press.

Scott, A.J., and Power, D., 2004, *Cultural Industries and the Production of Culture*, Taylor & Francis.

Simmons, J. and Bourne, L., 2003, *The Canadian Urban System*

1871–2001: Responses to a Changing World, Research Paper no. 200. Toronto: University of Toronto Center for Urban and Community Studies.

Simmons, J. and Bourne, L., 2013, *The Canadian Urban System in 2011: Looking Back and Projecting Forward*. Research Paper no. 228. Toronto: University of Toronto Centre for Urban and Community Studies.

Wackernagel, M., and Rees, W. 1996, *Our Ecological Footprint: Reducing Human Impact on the Earth*. Gabriola Island, BC, New Society Publishers.

제9장

에너지와 광물자원

자원은 원래 자원이 아니라 자원이 되는 것이다.

(Zimmerman, 1939)

이 장의 전반적인 목적은 가치 순환상 자원의 장소와 지역 발전에 대한 자원의 함의를 검토하는 것이다. 특히 비재생 광물자원의 맥락에서 바라볼 것이다. 주요 내용은 다음과 같다.

- 자원의 산업화가 자연의 비시장적 가치에 어떻게 영향을 주는가를 탐구한다.
- 글로벌 무역에서 에너지 자원의 중요성을 밝힌다.
- 재생에너지원 탐색에 영향을 미치는 국내 및 국제정책을 검토한다.
- 자원기반 가치사슬이 왜 대규모로 작동하는지 설명한다.
- 민간기업과 국영기업의 통합에 대한 서로 다른 접근법들이 왜 중요한지 검토한다.
- 자원 탐사의 지역적 발전을 위한 함의를 탐구한다.

비재생자원 화석연료와 같이 사용하면 고갈되는 유한한 자원. 대부분 지질작용으로 오랜 시간에 걸쳐서 변형되고 특정 장소에 집중된 광물이나 유기물 또는 무기물이다. 보크사이트, 철, 금과 같은 광상은 광물, 석유나 천연가스는 생물이 기원이다.

재생자원 삼림이나 어류와 같이 사용하더라도 반드시 고갈되지 않는 자원. 단 사용 비율은 대체율을 넘지 말아야 한다. 많은 재생자원은 삼림, 어류 등으로서 생물적이고, 지속가능한 사용을 위해서는 취용 및 경영상 제한이 필요하다. 바람, 태양 에너지와 같은 재생자원은 기술개발을 필요로 한다.

이 장은 **비재생자원**(non-renewable resource)에 초점을 맞춘다. 왜냐하면 석탄, 석유, 천연가스가 경제에서 혈액과도 같기 때문이다. 그러나 **재생자원**(renewable resource)은 우리가 앞서 논의한 참치나 태즈메이니아 숲(제7장)과 같은 것으로서 두 가지 이유에서 염두에 두어야 한다. 첫째, 취용(exploitation, 取用)[1]의 패턴이 비슷하기 때문이다. 광물과 화석연료는 비재생자원으로 알려졌는데 일단 취용되고 나면 대체될 수 없기 때문이다. 이러한 점은 회사나 공동체에 큰 영향을 미친다. 숲이나 어족 자원과 같은 재생가능한 자원에 대해서도 지속가능하게 관리되지 않으면 그러한 결과는 비슷할 수 있다. 둘째, 비재생자원의 취용은 보통 재생자원의 취용, 평가, 창출과 갈등관계에 있기 때문이다. 광물과 화석연료의 시추, 채굴, 정재, 소비의 과정은 재생자원의 생태적 기반을 손상시킬 수 있고, 따라서 사회가 재생에너지나 신물질과 같은 대안을 모색할 수 있다. 비재생자원과 재생자원의 취용을 비교해보면 이 장에서 제시되는 개념들이 유용하다는 것을 알 수 있다. 이 두 가지를 염두에 두고 일반적으로 자원 취용이 어떻게 진화해 왔는지 검토해보자.

이 장은 3개 절로 이루어졌다. 1절은 자원의 시장가치와 비시장가치를 구분하고, 국제무역에서의

1 역주 : exploitation의 번역어로 흔히 '착취'가 많이 쓰이고 '전유'가 그다음으로 쓰인다. 전자는 부정적인 의미를 담고 있고 후자는 중립적이나 전용한다는 뜻만을 담기 때문에 영어 표현이 담고 있는 '채취, 사용, 소모'의 의미를 모두 구현하기 어렵다. 중립적이면서 익숙한 우리 말 중에서 고르면 '개발'이나 '사용', '채취'도 가능하지만, '전유'와 마찬가지의 한계를 갖는다. 그래서 익숙하진 않으나 국어사전에 이미 등재된 말로 '취용'(가져다 사용함)이라는 번역어를 사용하고자 한다. 이것이 자원을 채취하여 사용함으로써 소모해버린다는 의미를 적절히 담을 수 있는 가장 근접한 번역어라고 생각한다.

자원의 역할, 자원 거버넌스 이슈, 지속가능 발전의 모색을 검토할 것이다. 2절은 자원 순환 모델을 검토하고 자원기반 가치사슬의 조직을 탐색할 것이다. 마지막으로 3절은 자원과 개발과의 관계를 논의할 것이다.

자원 취용의 모순

정교하고 압도적인 우리의 서비스 기반 경제는 여전히 자연자원이라고 부르는 것에 의존하고 있다. 자원은 모든 수준, 국가 · 지역 · 로컬 수준의 경제발전에서 핵심적이다. 그리고 아마도 오랫동안 그러할 것이다. 그러나 E. W. 짐머만이 지적했듯이, 자연자원은 문화적으로 창조되는 것이다. 석탄이나 석유같이 자연적으로 생겨난 물질도 특정 문화가 사용을 발견하기 전까지는 '자원'이 아니다. 그리고 그 사용은 해당 문화가 도달한 기술 수준과 경제발전 수준에 따른다. 자연자원은 양 측면에서도 위치 측면에서도 제한이 많다. 대부분의 경우 자원의 위치는 다양한 자원이 이동해 갈 생산 및 소비 중심지와 멀리 떨어져 있다. 광물자원은 세계적으로 고루 분포해 있지 않으며 경제적으로 채굴 가능한 주요 광상은 더 적다. 세계무역에서 중요한 부분 중 하나는 소수의 위치에 있는 자원에 접근할 필요에 의해서 돌아간다. 그래서 자원은 가치주기의 지리적 기반이라고 불리는 것이다. 자원은 가치주기를 글로벌 생산과 통합하고 자원의 배분 시스템은 거대한 경제 및 조직적 문제를 일으킨다.

자원은 산업에서 투입재로서 중요하지만 더 중요한 것이 있다. 환경자원은 그것이 시장에서 거래되든 아니든(이 둘은 상호 관련됨) 농업, 물질과 에너지의 재사용, 관광 같은 경제활동을 유지시킨다는 것이다. 물론 주거 품질이나 작업장 품질도 향상시킨다. 자원의 비시장적 가치에 대한 가치를 고려하여 자원 취용에 대한 정책적 통제를 부과하기도 한다. 이 장은 주로 잘 알려진 자원의 사용에 집중할 것이고, 그렇지 않은 자원 사용에 대해서는 이후의 서비스와 소비 장에서 거론할 것이다. 우선 자원 취용의 모순부터 검토해보자.

자연자원은 자연에서 '자유롭게 공급'되는 것처럼 보인다. 그러나 폴라니가 지적한 바와 같이 시장에서 거래되도록 진화되지 않은 '의제상품'(fictitious commodities)이다(제5장). 이 자원을 시장거래가 가능한 형태로 전환하는 것은 사회적인 과정으로서 그 취용의 성격과 영향에 관한 네 가지 심각한 결과로 귀결된다. 첫째, 소유권의 발생이다. 자연이 자연자원을 자유롭게 공급했지만 사회는 모종의 소유권을 확립하여 경제적으로 안정적인 취용을 확보해야 한다. 그러나 자연 부존(natural endowment)이라는 자원의 성격은 공공의 일부라는 소유권 개념으로 귀결된다. 그러므로 정부정책은 늘 자원정책이 민간의 취용을 추구할 뿐 아니라 사회 전체의 이익이 되는 것을 추구한다. 이러한 경향의 한 결과는 자원부문에서 국영기업이 강력한 영향력을 갖는 것이다.

둘째, 자원 취용 잠재력이 기술경제 레짐과 상호 의존적이라는 것이다. 그래서 내연기관의 발명과 확산 이후, 석유 취용과 정제가 확대되고 복잡한 기업조직이 발달하여 석유를 탐사하고 배송하면서, 세계 정치가 현저히 변화하였다. 다음과 같은 기술, 즉 바람과 태양광을 전기로 변환하는 기술과 핵융합 반응로나 인공 광합성을 통한 생물연료 기술이 합리적인 비용 수준으로 발전할 경우에만 석유시대는 종료될 것이다. 바꾸어 말하면 기술과 경제적인 문제가 맞기만 하면, 화석연료로 영원히 인간성을 유지할 만큼 지하에 탄소가 충분하다는 것이다. 자연자원은 사회적으로 창조되고 사회적으로 종료되며 사회적으로 대체된다.

셋째, 취용이 사회적으로 받아들여져야 하는 것과 마찬가지로, 자원의 비시장적 가치, 생태적, 여가적, 정신적, 심미적 가치도 취용을 따라 또는 취용 이전에 고려되어야 한다. 환경 NGO들은 자연의 비시장적 가치의 중요성을 주장하면서 정책 결정자들이 그 가치를 우선하도록 촉구해 왔다(제7장). 그 한 결과로 생태경제학자들은 '자연 자본'과 '생태계 서비스'라는 개념을 만들어냈으며 그런 가치를 오랫동안 부정해 온 경제체계에 이러한 고려가 생겨날 것이라고 기대하고 있다. 자연의 비산업적 가치에 대한 공공지원은 점차 증가하고 있는데, 삶의 질 관점에서부터 미래 세대에 대한 지속가능성에 대한 관점에서 그러하다. 실제로 사람들은 자연자원에 대해서는 다른 상품과 다르게 느끼고 있다. 대부분의 자원개발 정책은 이제 산업적 이익은 물론 비산업적 이익까지 약속하고 있으며, 환경 보존 수단을 제안하고 기업 사유나 기업 통제에 대해 제한을 부과하기도 한다.

넷째, 대부분의 자원 취용은 그것의 지속성을 위협하는 모순을 내포하고 있다. 자원 부존 지역이 취용을 확대하려고 하면, 자원 부족 지역은 자원 효율성을 증가시켜 자원 의존도를 줄이려고 한다. 더욱이 화석연료 및 광물자원의 채굴, 정제, 운송, 사용은 환경을 위해하기 때문에 사회는 그 취용을 최소화하려고 한다. 한편으로 자원 취용은 빠른 경제성장, 높은 **자원지대**(resource rent)(공공 토지에서 자원을 사용할 수 있는 권리를 살 때 정부에 지불하는 금액), 비교적 높은 임금 소득, 경제활동의 다양화라는 선순환으로 이어질 수 있다. 한편 많은 자원지역들은 특정 자원의 순환주기에 갇히는 경우가 많다. 일단 그 지역이 의존하는 자원이 기술적으로 과잉해지거나 환경적으로 열악해지고 나면 자원을 통한 부를 지속가능한 고소득 개발로 전환하지 못하는 경우가 많다. 지역경제에서든 세계경제에서든 자원 활용의 모순은 앨버타 주 북부의 애서배스카 오일-타르 샌드 개발이 잘 보여준다(사례연구 9.1)

자원지대 공공자원을 취용하기 위해 정부에 지불하는 돈. '자원 로열티'라고도 한다.

오일/타르 샌드 광상은 거대하지만 그 개발 패턴은 특별할 것이 없다. 자원의 취용은 통상 접근성이 좋은 위치에 있는 고품위 광상에서 시작한다. 그 후에 그 광상이 고갈되면 접근성이 덜한 곳으로 이동한다. 이러한 이동은 **자원주기**(resource cycle)에 반영된다. 자원주기란 초기 발견 시기에는 느리게 성장하다가 급성장 단계로 이어지고, 그다음에는 고원상의 정체 단계에 이르다가 종국에는 쇠퇴하는 일련의 사이클을 말한다. 이 주기가 작동하는 방식은 다양한 요인에 의존하지만, 시장의 **호황-불황 주기**(boom-bust cycle), 기술 변동, 사회 및 환경 태도 변화, 지정학적 변화 등이 포함되는데, 이러한 요인들은 기업에나 지역 공동체에 문제를 안겨준다.

자원주기 자원 취용과 관련된 장기 패턴으로 초기의 급성장 기간과 뒤이은 고원, 그리고 최종적으로 쇠퇴로 이어진다.

호황-불황 주기 급성장과 쇠퇴가 교대하는 기간

사례연구 9.1 | 애서배스카 오일샌드

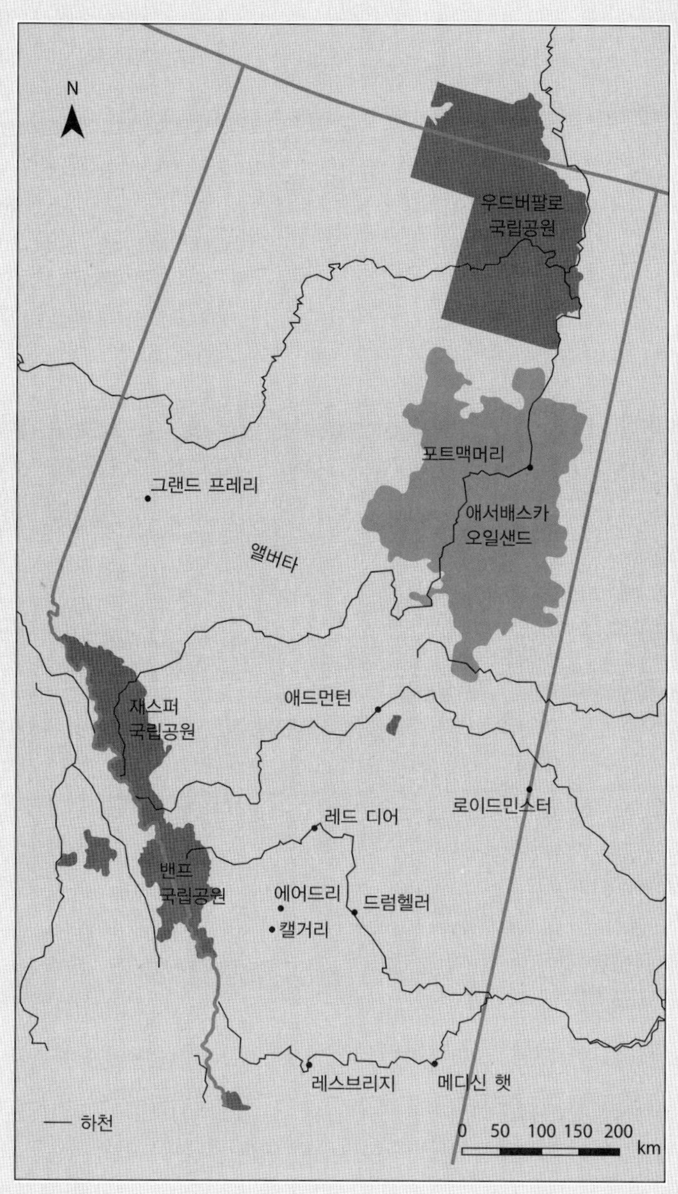

애서배스카 오일샌드는 캐나다 원주민 크리족이 카누의 방수제로 사용하던 역청 광상이었다. 이것이 갖는 화석연료로서의 가능성은 20세기 초까지는 알려지지 않았다. 1920년대의 연구개발 결과 그 가능성이 알려지기 시작했지만 오일샌드로 석유화학 공정을 시작하려면 그 전에 40년의 채굴기술 개선이 필요했었다. 그러나 그때에도 오일샌드는 경제적이지 않았다. 더 싸고 접근성 좋은 원천에서 나오는 보통 석유의 양이 줄어

(계속)

들어 석유 가격이 증가하고, 결정적으로 환경비용을 외부화할 정도로 대규모 생산이 가능한 추출 방법이 개발되어야 했다. 애서배스카 계획은 앨버타 주 북부 삼림지역의 세 가지 오일샌드 프로젝트 중 가장 컸다. 오늘날 이 프로젝트는 자원추출산업에 대한 환경운동의 반대를 피뢰침처럼 한몸에 받는 사업이 되었다.

환경비용은 컸다. 많은 새들과 순록들을 포함한 포유류들이 사는 소택지와 삼림 생태계가 파괴되었다. 2009년 기준으로 생산된 원유 1배럴당 오염된 물 2~4배럴이 생산되어 연못 등에 버려졌고, 온실가스 80kg이 대기 중으로 방출되었다. 물론 기업들은 이러한 상황을 개선하려 하고 있다(예 : 탄소를 지하 광산에 가둔다거나 하는 조치들을 통해서).

애서배스카 오일샌드는 채굴 가능한 표층 역청을 적어도 3,500억 배럴이나 포함하고 있고, 다른 방법으로 채굴할 수 있는 역청까지 포함하면 9,800억 배럴이나 된다고 추정된다. 캐나다의 석유 매장량은 사우디아라비아, 베네수엘라에 이어 3위라고 추정되고 있다. 2013년에는 앨버타의 오일샌드에서의 생산량이 하루 198만 배럴이었고 2020년에 370만 배럴, 2030년에는 520만 배럴로 상승할 것으로 예상되고 있다. 앨버타에 가져온 오일샌드의 경제적 영향은 14만 6,000개 일자리였다. 하나의 오일샌드 일자리가 다른 일자리를 유발하여 발생한 일자리 수는 1.5개였다. 2013년까지 앨버타 주는 3,020억 달러를 오일샌드 관련 세금으로 거두었고 연간 44억 달러의 로열티를 더 걷었다. 2023년에는 이 로열티가 182억 달러로 증가할 것이 예상되고, 2040년에는 6,000억을 넘을 것으로 예상된다(2013년 캐나다 달러 기준). 포트맥머리(지역 서비스 센터)는 1950년대까지 인구 수백 명 정도의 소도시였으나, 2010년 인구가 7만 6,000명으로 급증하였다. 캐나다에서 이곳의 경제적 영향은 51만 4,000개 직간접 일자리(2014년)로서 신규 건설을 유발하고 기존 프로젝트를 유지하며 연방정부에는 총 5,740억 달러의 세금을 내고 있다(2013년 달러 기준).

애서배스카 오일샌드는 캐나다 경제에 있어서 캐나다 달러의 가치가 유가에 연동되도록 한다는 의미를 갖는다. 석유가 희소하고 비싸면, 오일샌드는 취용이 가능해지고, 캐나다 달러의 가치가 올라 캐나다 수출품은 비싸지고 수입품은 싸진다. 유가와 달러의 연동은 2014년에 잘 드러났다. 국제시장에 석유가 넘쳐나자 캐나다 달러 가치가 낮아졌고, '프래킹(수압 파쇄법, fracking)' 기술을 도입한 미국 업체들과 시장점유율을 방어하려고 저렴해진 기존의 중동 유전에서 석유를 들여오게 되었다. 그런데 애서배스카 오일샌드의 경우 유가가 하락하고 환경적 반대가 증가하면서, 미국으로 가는 키스톤 파이프라인 증설과 브리티시컬럼비아를 거쳐 아시아 시장으로 가는 노던 게이트웨이 파이프라인 건설에 환경적인 반대가 증가하였다. BC 주에서는 원주민들의 토지 요구가 파이프라인 증설 관련 갈등을 심화시키고 있다. 확장보다는 축소가 앨버타 오일샌드의 장래가 될지도 모른다.

출처 : Pembina Institute(2006); Boreal Songird Initiative(2007); Canadian Association of Petroleum Producers(2010), http://www.energy.albera.ca/oilsands/791.asp(2015).

자연의 가치

자연자원의 시장가치는 가격과 비용으로 나타낸다. 어떤 자원이 특정 가격으로 소비자에게 전달될 수 있는데, 그 가격이 해당 자원의 가치, 생산비, 운송비, 그리고 금융 및 리스크 상쇄비용까지 포함한다면, 시장이 허용하는 한도에서 그 자원은 취용될 수 있다. 시장 조건에 영향을 주는 다양한 경제적, 기술적, 제도적, 정치적 요인들은 자원주기의 역동성과 관련된다. 그런데 자원의 비시장가치는 평가하기 어렵다. 실제로 250년 전 대규모 산업화 및 도시화가 시작될 때는 자연 취용이 자연자원에 갖는 영향은 대체로 무시되었다. 공기나 물처럼 생물과 광물자원이 무한히 풍부한 것처럼 보였다. 대부분의 자원은 누구나 접근할 수 있는 일종의 공공재처럼 보였고, 약간의 정부 통제만 있었다(표 6.1). 그래서 자연의 자정작용을 널리 신봉하였다. 예컨대 많은 삼림지역에서는 목재 생산의 지속성은 세대 이전에만 의존했고, 도시나 산업지역에서는 바다가 자연적으로 배출물을 분해할 것이라고 생각했다. 실제로 브리티시컬럼비아의 빅토리아 시는 이 가정을 여전히 유지하고 있다.

그러나 최근 수십 년간 전 지구적으로 자연자원의 고갈에 대한 경고가 증가해 왔다. 생태계 서비스(ecosystem service) 개념이 이러한 손실의 함의를 측정하는 잣대가 된다. 밀레니엄 생태계 평가에 따르면 생태계 서비스는 인간이 생물과 무생물의 상호작용으로부터 얻는 편익인데, 이를 영양주기와 에너지 흐름으로 측정한다. 여기서 편익(benefit)이라는 말은 생태계 서비스가 하는 기여를 일컫는 것으로, 인간활동이 궁극적으로 의존하는 기반이다. 생태계 서비스는 생선이나 다른 식량, 목재, 물, 광물, 에너지와 같이 시장 거래 가능한 상품을 포함한다. 또한 그러한 생산물을 산출하는 서비스, 즉 영양 처리, 종자 처리, 토양 재생, 수분 작용을 포함한다. 나아가 탄소 순환(carbon sequestration), 홍수 및 육수 통제, 대기 정화, 토양 정화, 물 정화, 동물에 의한 전염병 순환 통제(표 9.1)까지 포함한다.

생태계 서비스를 추정하는 것은 복잡하다. 서로 다른 생태계에 대해서 상세한 과학적 연구를 해야 하고, 이를 화폐액으로 집계해야 한다. 이렇게 얻은 가치는 생태계 서비스를 상실함으로써 발생한 사회적 비용을 평가하는 것이기도 하다. 예컨대 저습지와 산호초는 태풍으로부터 보호하는 역할을 하는데, 이들이 없다면 재산을 파손하고 토양을 제거하며, 생

표 9.1 생태계 서비스의 분류

구분	갈래	그룹
공급	영양	바이오매스, 물
	물질	바이오매스, 섬유, 물
	에너지	바이오매스 기반 에너지원, 기계 에너지
조절/유지	폐기물, 독성, 기타	바이오타의 중개, 생태계의 중개
	흐름 중개	고체 흐름, 액체 흐름, 기체 흐름
	물리 · 화학 · 생물 조건 유지	생애주기 유지, 유전자 풀 보호
		질병 통제, 토양 형성 및 조성, 물 조건
		대기 조성 및 기후 조절
문화	생태계와의 물리적 · 지적 상호작용	물리적 · 실험적 상호작용
	토지/해양경관(환경경관)	지적 · 대표적 상호작용
	정신적 · 상징적 · 기타 상호작용, 토지/해양경관(환경경관)	정신적 · 상징적
		기타 문화적 결과

출처 : Haines-Young, R. and M. Potschin(2013). *Common International Classification of Ecosystem Services*(CICES), Version 4.3. *Report to the European Environment* Agency. www.cices.eu.

명을 위협할 것이다. 삼림은 하천 유역과 지하수면을 보호하며, 탄소를 흡수하고 토양을 보존한다. 저습지를 제거하고 산호초가 감소하며 삼림이 파괴되면 이 모든 것은 사회에 비용을 부과하게 된다. 콘스탄차 등(Constanza et al., 2014)의 연구에 의하면 생태계 서비스를 글로벌하게 추정했더니 약 142조 7,000억 달러나 나왔다. 이는 전 세계 GDP보다 훨씬 많은 액수다. 생태계 서비스는 지속적으로 하락해 왔고, 이는 글로벌 GDP의 손실을 의미하는데, 1997년에서 2011년까지 매년 4조 3,000억에서 20조 2,000억 달러어치만큼 손실인 것으로 추정되었다. 이 추정에 대한 비판이 없지 않지만, 이 연구가 보여준 바는 생태계 서비스의 가치를 지역 수준에서 추정하도록 자극을 주었다. 데이비드 스즈키 재단은 캐나다의 생태계 서비스 가치를 추정했다(www.davidsuzuki.org).

글로벌 경제의 핵심 상품

'가시적' 상품(원로나 공산품)의 전 세계 교역량은 175조 9,800억 달러에 달하는데, '비가시적'(서비스) 상품의 교역량 43조 4,800억 달러보다 약 4배가량 많다. 가시적 무역 총액 중 연료와 광산물은 43조 5,000억 달러이고 농업제품은 1조 4,300억 달러이다. 이러한 원료제품 중 일부는 수출 전 가공과정이 있는 자원상품이다(예 : 철광석은 펠렛화 과정을 거친다). 또한 주요 자원이 원료로 투입되는 다양한 공산품도 있다(예 : 임산물, 화학제품, 철강).

자원 수출에서 오일샌드는 없다(표 9.2). 2012년 글로벌 무역에서 자원의 비중은 1/3을 넘었다. 그해 원유 수출 가격은 석유제품을 제외하고도 천연가스의 4배를 넘었고, 구리나 알루미늄 같은 다른 상품(원유 다음으로 중요한 상품 범주인데도)의 10배 이상이었다. 중요 농산물(과일, 너트 등)보다 18에서 20배를 넘었고, 밀보다는 40배를 넘었다. 확실히 화석연료의 국제 거래는 어마어마하다. 중동지역은 주요 석유 수출지역으로서, 2012년 대부분의 전 세계 석유 소비지역에 공급했다(그림 9.1a). 다른 수출지역은 러시아와 그 주변지역들, 캐나다, 남미(특히 베네수엘라), 북아프리카(특히 알제리), 서아프리카(특히 나이지리아) 등인데, 이들은 주로 인접 대륙으로 수출했다. 2012년 주요 석유제품 수출국은 미국, 러시아, 중동이었다. 2012년 원유의 주요 수입국은 미국(22%), 유럽(24.6%), 태평양 지역(33.5%)이었다(그림 9.1b). 이러한 흐름은 북미지역(주로 캐나다와 베네수엘라에서 미국으로), 유라시아(주로 러시아에서 서유럽으로), 아태지역(주로 인도네시아에서 중국, 오스트레일리아, 일본으로) 내의 역내 흐름과 서부 아프리카 나이지리아에서 북미와 아시아지역으로의 수출로 보완된다. 석유가 국제경제에서 갖는 중요성은 세계 최대의 기업 목록만 훑어봐도 알 수 있다(표 9.3). 2013년 글로벌 10대 기업 중 6개가 에너지회사였고, 그중 5개는 석유회사였다. 나머지 두 회사는 자동차 제조사였고, 다른 경우는 자동차를 소유한 고객에 의존하는 월마트였다. 그다음 10대 회사에는 더 많은 석유 및 자동차회사가 포함되어 있다.

2012년 데이터를 다시 보면 천연가스 무역은 주로 지역 내에서 이루어졌다. 러시아와 그

표 9.2 주요 상품의 세계 수출입(2012)

상품	주요 수출국	수입액(10억 달러)	수출(10억 달러)	상위 5개국의 비중	
				수입(%)	수출(%)
밀	미국, 오스트레일리아, 캐나다	48.2	48.7	24.5	63.0
쌀	인도, 태국, 베트남	23.8	24.4	29.2	75.1
설탕	브라질, 태국, 인도	45.3	44.5	24.3	51.9
차	스리랑카, 케냐, 중국	7.8	8.2	24.7	60.6
커피	브라질, 독일, 베트남	40.0	39.2	43.9	47.1
코코아	나이지리아, 코트디부아르, 네덜란드	17.5	19.5	49.6	66.4
과일/너트	미국, 스페인, 칠레	92.7	88.4	37.4	38.1
고무	나이지리아, 태국, 인도네시아	28.5	36.4	58.5	88.4
양모	오스트레일리아, 중국, 뉴질랜드	6.8	6.6	71.0	72.8
면화	미국, 인도, 오스트레일리아	24.3	22.6	72.8	74.9
기름용 씨앗	미국, 브라질, 캐나다	79.7	75.0	65.9	74.6
목재(거친)	미국, 러시아, 뉴질랜드	17.3	12.6	67.8	48.8
목재(단순)	캐나다, 러시아, 스웨덴	38.8	36.3	44.0	49.0
생선	노르웨이, 중국, 미국	61.0	57.8	41.0	41.3
구리	칠레, 페루, 오스트레일리아	53.7	51.9	78.5	69.5
알루미늄	오스트레일리아, 브라질, 미국	16.6	14.0	55.3	70.4
원유	사우디아라비아, 러시아, 나이지리아	1,722.6	1,562.3	55.3	46.8
석유	러시아, 미국, 싱가포르	90.4	1016.3	32.1	39.9
천연가스	러시아, 카타르, 노르웨이	370.2	327.5	55.3	61.9
철광석	오스트레일리아, 브라질, 남아프리카공화국	158.6	126.7	83.5	81.1
석탄	오스트레일리아, 인도, 미국	145.2	127.1	64.3	80.4

출처 : United Nations International Merchandise Trade Statistics, http://comtrade.un.org/pb/CommodityPagesNew.aspx?y=2012

주변국가들이 주요 공급자였고 유럽이 주요시장이었다. 유럽과 유라시아는 북아프리카와 중동에서도 천연가스를 수입했다. 세계의 모든 지역은 중동에서 천연가스를 얼마쯤 수입한다(그림 9.2a, 9.2b). 석탄의 경우 국제무역량은 더 적다. 2012년에 인도네시아는 최대의 석탄 수출국이었고 오스트레일리아는 2위였다(그림 9.3a). 대신 아시아 국가들은 최대의 수입국들이다(그림 9.3b). 오스트레일리아의 최대 수출(주로 일본과 유럽으로 가는데)과 남아프

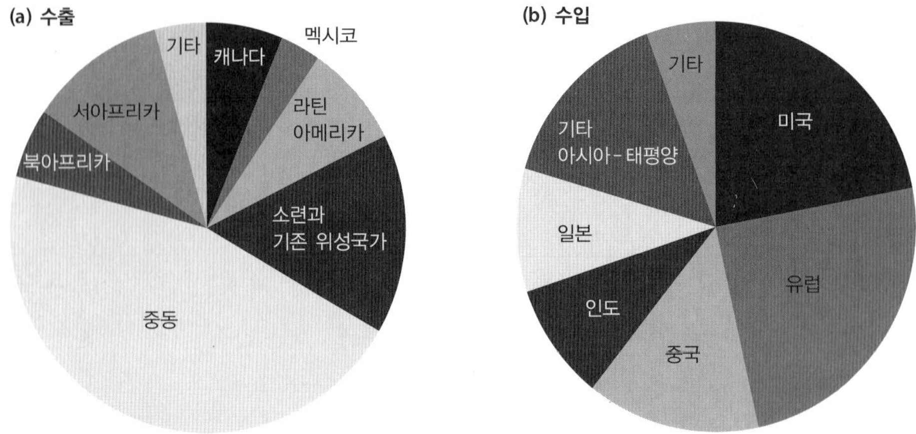

그림 9.1 세계 주요지역의 석유 수출과 수입(2012)

출처 : *Canadian Oxford School Atlas*, ed. by Quentin H. Stanford and Linda Masci Linton(9e, OUP, 2008), OUP. OUP의 허락하에 재인쇄함

리카공화국의 최대 수출은 주로 유럽으로 간다. 캐나다와 미국도 주요 수출시장이다(그림 9.3) 그러나 세계에서 생산된 석탄 대부분(84%)은 국내에서 소비된다. 중국, 미국, 인도가 주요 소비국이다.

수출된 자원은 대부분 부유한 나라로 가는데, 건설 골재에서부터 전자산업을 위한 희토류까지 그 나라의 다양한 산업 수요에 기여한다. 선진국들은 주요 국내자원을 자신들의 초기 산업화에 사용했고, 수입으로 더 많은 필요량을 쓰고 있는 것이다. 미국은 충분한 광물을 보유하는 축복을 받았지만, 산업화를 위해서는 수입을 해야 하는데, 물량이 부족하거나

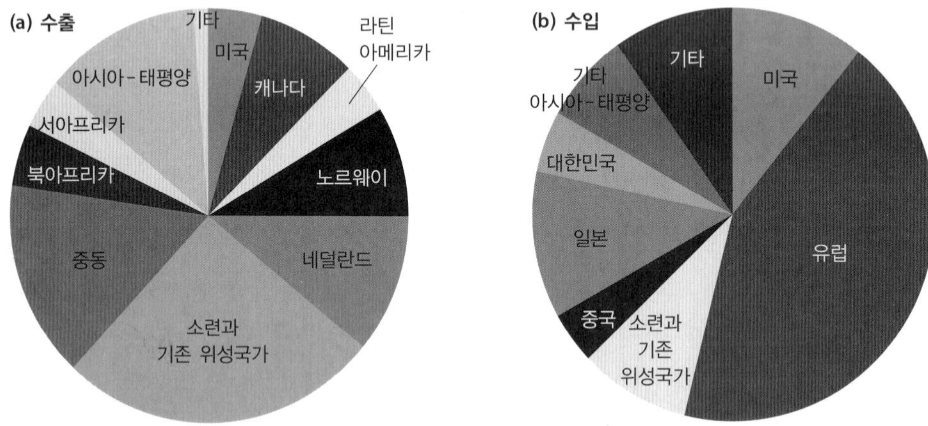

그림 9.2 세계 주요지역의 천연가스 수출과 수입(2012)

출처 : *Canadian Oxford School Atlas*, ed. by Quentin H. Stanford and Linda Masci Linton(9e, OUP, 2008), OUP. OUP의 허락하에 재인쇄함

표 9.3 포춘 500대 세계 대기업(2013)에서 석유기업의 비중

순위	기업	수입(10억 달러)	고용
1	로열더치셸*	481.7	94,364
2	월마트	469.2	2,200,000
3	엑손 모빌*	449.9	88,000
4	중국 석유*	428.2	1,015,039
5	중국 국영석유*	408.6	1,656,465
6	BP*	338.3	85,700
7	중국 국가전망공사#	298.4	849,594
8	토요타	256.7	333,498
9	폭스바겐	246.6	549,763
10	토털 S*	234.3	97,176
11	쉐브론*	233.9	62,000
12	글렌코 엑스트라타#	214.4	61,000
13	일본 포스트홀딩스	190.9	209,000
14	삼성전자	178.6	236,000
15	E.ON AG	169.8	72,083
16	필립스 66*	169.6	13,500
17	ENI SpA*	167.9	77,838
18	버크셔해서웨이	162.4	288,500
19	애플	156.5	76,100
20	AXA	154.6	94,364

출처 : Fortune Magazine(www.fortune.com/global!500/2013/), 2015년 10월 검색. @2013 Time Inc.의 라이선스
*는 석유회사, #는 자원 및 유틸리티회사

아니면 비용 절감 때문이다. 일본은 초기 산업화에 필요한 석탄과 철광석을 충분히 보유했었지만, 곧이어 자원을 수입에 의존하게 되었고, 특히 석유에 의존하게 되었다. 중국도 세계의 공장으로 떠오르면서 주요 자원 소비국이 되었다. 중국은 자체적으로 자원기반이 좋은 나라지만, 급격한 산업화로 국내자원을 소진하여 수입량이 점점 증가하고 있다. 2010년 이후로는 최대의 에너지 소비국이 되었고, 2013년에는 세계 석유 소비량 증가의 1/3을 차지할 정도였다. 2014년에는 석유 소비에서 미국을 추월하였다. 그리고 다른 자원의 수입도 증가하고 있다. 한국도 경제력이 성장하면서 최근 수십 년간 주요 자원 수입국이 되었다. 인

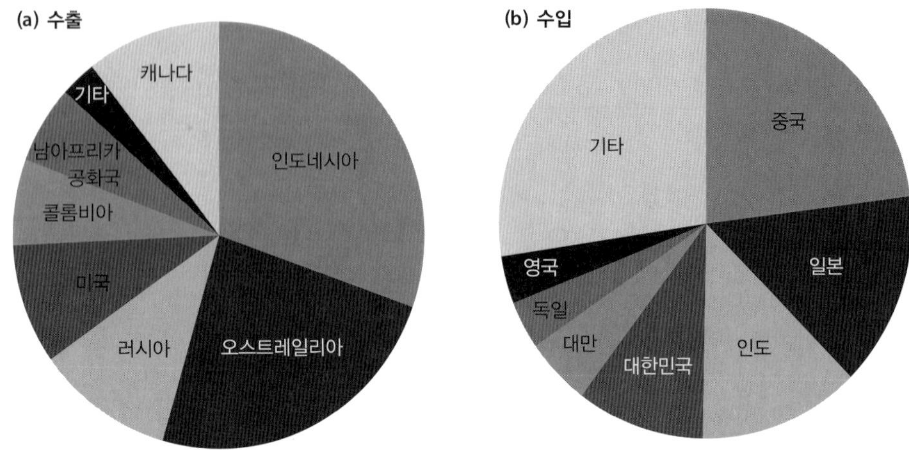

그림 9.3 주요 지역별 석탄 수출 및 수입(2012)

출처 : *Canadian Oxford School Atlas*, edited by Quentin H. Stanford and Linda Masci Linton (9e, OUP, 2008), copyright ⓒ Oxford University Press, 옥스퍼드대학교의 허락하에 재인쇄함

도 또한 자원을 수입하기 시작했다.

화석연료는 세계경제에서 혈액과 같다. 석유, 석탄, 천연가스(표 9.4)는 1차 에너지원(정제 과정 겪기 전 자연에서 얻는 에너지 자원)으로서 1980년 세계 소비량의 약 90%를 점하였고 2012년에도 86.91%나 된다. 석유는 그 중요성이 조금 감소했지만 여전히 주도적인 1차 에너지원이다. 그러나 종래의 에너지 소비 흐름, 즉 석탄과 천연가스 몫이 증가하는 경향은 1983년 이후 지속되어 왔고, 가까운 장래에도 지속될 것이다(표 9.4). 석탄과 천연가스 매장지는 석유 매장지보다 접근성이 좋은 편이다. 석탄과 석유는 1차적으로 전기를 생산하

표 9.4 세계 1차 에너지원 소비(1980, 2006, 2012) [단위 : 백만 톤(석유 환산)]

연료 유형	1980(%)	2006(%)	2012(%)
석유	2,981.3 (44.9)	3,958.9 (35.2)	4,130.5 (33.1)
천연가스	1,295.8 (19.5)	2,557.9 (22.8)	2,987.1 (23.9)
석탄	1,804.2 (27.2)	3,278.0 (29.2)	3,730.1 (29.9)
수력	384.6 (5.8)	689.0 (6.1)	831.1 (6.7)
원자력	161.0 (2.4)	6532 (5.8)	560.4 (4.5)
기타	6.8 (0.1)	95.0 (0.8)	237.4 (1.9)
합계	6,633.7	11,233.7	12,476.6

출처 : BP Statistical Review of World Energy 2013(http://www.bp.com/en/global/corporate/about-bp/energy-econoics/statistical-review-of-world-energy-2013.html), 2014 6월 접속

기 위한 것이다. 석탄은 미국, 중국, 인도, 독일에서 전기를 생산하는 데 오랫동안 쓰였다. 대체 에너지는 점차 증가하고 있지만 현재 글로벌 소비량의 13.1% 정도이다. 기타 에너지원은 수력발전과 원자력발전이다. 수력이나 원자력은 석유나 석탄과 대체로 비슷한 비중이다.

이 거래 패턴 배후의 가장 중요한 이유는 에너지 자원의 입지가 고정된다는 사실에 있다. 투자는 자원이 있는 곳에 채굴을 목적으로 이루어진다. 그런데 이들 입지는 보통 접근 및 수출에 필요한 교통이 불편하고 도시 인프라가 부족하다. 채굴은 그 자원의 가치가 투자 수요를 충분히 충당할 정도로 높은 경우에만 경제적으로 가능하다. 두 번째 중요한 이유는 자원의 수송이 어렵고 이용 가능한 형태로의 처리과정이 어렵다는 점에 있다. 즉, 때로는 자원의 원천으로의 접근이 어렵고, 때로는 시장으로의 접근이 어려우며, 간혹 둘 다 어렵다.

정치적 거버넌스와 자원에 대한 권리

자원 취용은 국내 및 글로벌 통치 레짐 안에서 이루어진다.

자원의 재산권

'공유'자원(open access resource)은 재산권이 없다. 역사적으로, 특히 대규모 산업화 이후 공기나 물 같은 많은 자원은 아무런 제한 없이 취용되고 열악해져 왔다. 북미의 들소들은 사냥으로 19세기에 이르러 사실상 멸종되었는데, 이것이 공유자원의 한 예이다. 다른 예로는 물고기의 총량이 무절제한 심해 어획으로 거의 1/10로 줄어든 것이다. 재산권 개념이 있으면 자원의 사용을 규제할 수 있다. 그러나 사적으로든(개인이나 기업) 공동으로든(정부나 공공단체) 소유할 수 있는 자원에 대하여 적용된다. 재산권은 명문화된 책임과 함께 자원 소유에서 오는 권익을 부여하자는 것인데, 세 가지 원칙에 근거한다(제1장). 첫째, 재산권은 배타적이다. 재산이나 자원 소유자는 그 사용에 대한 유일한 권리를 갖는다. 둘째, 자원 사용권의 유지는 법의 보호를 받으며 임의로 제거될 수 없다. 셋째, 재산권은 이전 가능하다. 즉, 그 소유자는 재산권을 팔거나 거래할 수 있다. 이러한 특성은 원래 사적 재산권에 해당하는 것이지만, 토지나 자원을 사용하는 권리에도 다른 형태로 적용 가능하다. 예컨대 **공동 재산**(common property, **공동 풀**)은 특정 집단만 접근할 수 있도록 제한하는 것으로서 그 사용도 집단 내에서 규제된다. 그래서 이것은 아무나 '공유(open access)'하는 것과 다르다. 광물자원을 규제하는 법은 대부분의 나라에서 특이한 점이 있다. 즉, 그 자원이 부존하는 토지의 소유자(민간이든 공공이든)가 그 지하의 것을 취용하는 권리를 팔 수 있다는 것이다. 그 표면의 권리는 여전히 보유하면서도 말이다. 어떤 나라에서는 정부가 표면 토지 소유자의 기대와 이해관계에 아랑곳하지 않고 지하에 매장된 자원에 대한 권리를 판매할 수 있다. 예컨대 요즘 노스다코타에서 일어나고 있는 수압 파쇄 열풍은 지하에 매장된 셰일 오일과 셰일가스 개발의 권리를 수십 년 전에 농부들이 싸게 팔아서 이루어진 것이다.

공동 재산(또는 공동 풀) 자원 재산권이 특정 집단에 부여되는 자원

석유와 천연가스의 경우 지표면 아래에서 물질이 이동함으로써 추출 가능성이 달라지기 때문에 그 재산권 할당이 복잡하다. 미국 석유산업 초기에는 표면 토지 소유자가 마음대로 굴착하여 그 아래에서 경쟁적으로 최대한 많은 석유를 추출하였는데, 이는 규제 장치가 부재한 가운데서 적용된 재산권(민간 또는 공동) 개념의 결과였다. 일반적으로 부적절한 재산권 개념(민간, 또는 공동)으로 자원이 개발되면 공유자원만큼 나빠지기 쉽다. 시장경제의 출현으로 재산권의 민영화가 시작되었는데, 지리적 용어로는 18세기 후반의 농업 상업화가 대표적이다. 유럽과 신대륙에서 전통적인 공동 재산권은 사라지고, 점유를 통한 사실상의 소유권이 법적으로 형식화되었다. 광물권도 민영화 경향의 일부가 되었다. 그럼에도 토지에 대한 정부 소유 또는 정부 통제가 대부분의 나라에서는 강한 전통으로 남아 있었다. 캐나다의 경우 토지의 11%만 민간 소유였고, 나머지는 왕권 토지(공공 소유)였다. 이 중 41%는 연방 왕권 소유였고 48%는 주 왕권 토지였다. 미국에서는 전 토지의 28.8%만 연방 소유였다. 나아가 주마다 대단히 달랐지만 각 주정부는 상당한 토지를 소유했다. 구 공산주의 또는 사회주의 국가들(중국, 인도, 러시아 등)과 권위주의 국가들(사우디아라비아, 리비아, 짐바브웨 등)에서는 정부가 자원을 통제하고 또 확장하고 있다. 경우에 따라서는 통제력이 약한 경우도 있지만 그러하다.

각 나라들은 재산권을 나름의 방식대로 정의하고 분류하고 있지만, 그 소유자의 사용 결정에 대해 모종의 제한을 직접(자원 취용 권리 제한) 또는 간접적(용도지구제나 환경 규제)으로 두고 있다. 심지어 자원의 민영화를 지향하는 정부도 사용권을 제한하기도 한다. 자원계약은 통상 시간 범위, 재생 가능성, 지대 지불, 최소/최대 생산 수준 등을 특정하게 된다. 또한 환경 영향을 감축하는 설계를 제공하도록 한다. 더욱이 어느 나라에서든 공공 또는 민간 토지는 수많은 토지이용 수요 경쟁에 직면해 있으며 용도지구제나 다른 규제에 둘러싸여 있다. 공공 및 민간 재산권에 영향을 미치는 정부정책은 자원이란 공공의 이익에 복무해야 한다는 생각을 요청하는 공적인 유산이다.

일반적으로 자원은 공공재로서 국가나 지역의 경제발전을 위해 사용되어야 한다는 생각을 정부는 견지한다. 실제로 낙후지역이나 가난한 나라에서는 그들이 비교우위를 갖는 것으로 보통 천연자원이 유일하다. 그러므로 모든 지역에서 발전에 대한 열망 때문에 모든 가능한 자원을 최대한 빨리 취용하려 한다. 이러한 자원 프로젝트를 촉진하기 위해 정부는 교통 설비와 같은 경제 인프라와 주택, 병원, 학교와 같은 사회 인프라를 모두 지원한다. 초국적기업은 자원 관련 계약에 투자하고 국영기업은 필요한 개발 목표를 채워준다(제3부).

지정학

안보와 국익이라는 이름으로 정부는 핵심자원에 대한 접근을 조정하고 통제하려 하곤 한다. 실제로 19세기 유럽의 식민지 경영의 주요 동기 중 하나는 자원에 대한 통제를 보장하려는 것이었다. 그렇게 형성된 식민지 시기의 관계들은 지금도 남아 있다. 그래서 영국에 기반한 석유회사들은 사우디아라비아, 쿠웨이트, 이라크에 영향을 미친다. 그리고 미국 기반 다국적기업들은 1920년대에 형성된 것들이며, 프랑스의 석유회사들은 알제리에 강한 연계를 갖고 있다. 고대에 메소포타미아라고 불리던 곳이 현재 이라크가 되었는데, 이는 식민지를 경영하던 프랑스와 영국 간 타협의 산물로서, 1920년부터 1932년 독립 때까지 영국이 통제하였다. 1991년과 2003년 미국과 영국이 침공한 이유 중 하나는 이라크의 막대한 매장 원유였고, 당시 대통령 사담 후세인은 그들과 경쟁하던 나라의 투자를 독려했었다. 2003년의 침공 이후로 미국과 영국의 석유회사들은 자국 정부가 이라크의 매장 원유를 얻기 위한 노력을 지원해 왔고, 그 두 정부는 이라크에 필요한 법적 절차를 심기 위해 이라크 정부에 로비를 진행하였다. 프랑스의 석유 대기업 토털(쉐브론과 합작) 또한 여기에 협력하였다.

이와는 다른 유형의 지정학적 영향력은 캐나다가 미국에 안정적인 자원 공급자가 되기 위한 노력에서 볼 수 있다. '대륙주의'라는 이름으로 미국 기반 다국적기업들은 대부분 미국 시장에 공급하는 것을 목적으로 캐나다의 광물과 삼림자원에 대한 접근권을 얻었다. 아울러 최근 미국에서 셰일오일과 셰일가스 프래킹을 확대하는 것도 국가 안보와 캐나다(와 멕시코)로부터의 수입 의존 감축이라는 이름으로 정당화되었다. 동시에 에너지 자급으로 일자리도 창출하고 대외 지불 부족분도 감축할 수 있다고 여겨졌다.

한편 식민지 유산과 다국적기업이 초래한 악영향으로 많은 나라들이 경제개발을 위해 천연자원을 이용하게 되었고, 외국인 소유의 부정적인 영향을 제한하고자 했다. 그 방법은 이윤 제한, **부가가치**(value-added) 창출활동, 지역 연구개발 등이다. 예컨대 다음과 같은 것들이 시도되었다.

부가가치 기본 원료나 서비스에 노동과 자본의 투입을 통하여 가치가 부가되는 것

- 자원부문의 국유화와 국내 선도기업 창출하기
- 자원 카르텔을 형성하여 해당 멤버들이 생산 수준을 고정시켜 가격을 유지 · 증가시키기. 예컨대 **석유수출국기구**(Organization of Petroleum Exporting Coutntries, OPEC)는 1960년 이란, 이라크, 쿠웨이트, 사우디아라비아, 베네수엘라(그 후 참가국 증가)가 결성했다.
- 원료자원에 대한 수출 제한 또는 금지를 도입하여 지역 부가가치 생산과정을 촉진하기
- 자원 취용에 대한 대정부 지대 인상하기
- 지역기업이 자원에 접근하는 것을 보호하는 보호 조치 수립하기

석유수출국기구(OPEC) 유가 유지를 위해 회원국 간에 생산을 통제하기 위하여 결성된 카르텔

이러한 정책들은 논란이 많은데, 그 이유는 자유무역 원칙에 반하기 때문이라기보다는 구현하기가 어렵기 때문이었다. OPEC는 상대적으로 성공적인 것으로 보였는데, 이것은 회원국이 세계 석유 매장량에서 지배적인 위치에 있었기 때문이다.

더 논란이 많은 것은 정치적 목적으로 정부가 자원을 사용하는 경우다. 1973년 욤 키푸르 전쟁에서 미국은 이스라엘을 지원했는데, 이에 OPEC는 대미 석유 수출을 중단한 바 있다. 21세기 초에는 베네수엘라와 러시아가 석유를 정치적 지렛대로 사용하였다. 이에 대응해서

시장 규모가 큰 나라(특히 미국)와 다국적기업들은 석유 매장량과 다른 핵심상품들의 양을 유지하기 위해 공급자 다변화를 추구했다. 나아가 공급을 파괴할 수 있는 사회적 · 정치적 사건들에 대한 경고를 지속했다. 중동지역에는 미국의 육해공군력이 상존하기 때문에 이러한 지정학적 이해관계가 반영된다. 석유는 전략자원 이상이다. 중국은 몇 가지 희토류 금속(가돌리늄, 세륨, 유로퓸, 란타늄) 매장량의 30%를 묵혀두고 있다. 이 금속들은 휴대전화, 카메라, 하이브리드카와 같은 전자제품에서 중요 소재이다. 그러나 중국은 또한 낮은 생산비로(즉, 환경적으로 파괴적이게) 2009년까지 글로벌 공급의 90%를 생산하였다. 같은 해에 수출량을 크게 감축했는데, 환경 파괴를 멈추고 소규모 생산업체들을 정리할 목적에서다. 다른 나라들은 중국이 시장을 조작하려 한다고 우려했고, 일본은 중국이 영토 분쟁에 대한 보복이라고 여겼다. 그러자 그간 가격 결정력 바깥 수준에서 생산하던 오스트레일리아, 캐나다, 미국, 말레이시아, 러시아가 새로운 생산지 투자, 재사용 투자, 대체기술개발 투자를 시작했다. 세계무역기구(WTO)에도 제소하여 2015년 이 건이 받아들여졌고, 중국은 희토류에 대한 수출 통제를 철회하는 데 합의하였다.

석유에 있어서 중국은 다양한 종류의 자원 공급에 관한 보안에 관여하고 있다. 일본은 특히 공급 변동에 취약한데, 거대 무역회사나 종합상사들(일본의 무역회사 형태로 제품 및 소재를 광범위하게 취급)은 명시적 또는 묵시적으로 정부 지원을 받는데, 되도록 세계의 다양한 공급처에서 자원을 구하려 하고 있다. 예컨대 종합상사들은 석탄 수입에서 오스트레일리아, 캐나다, 남아프리카공화국, 미국 등의 수입선을 활용하고 있다.

환경 영향

광물자원 사업은 직간접적으로 환경에 대한 인간의 위해에 책임이 있다. 그중 최대의 위해는 온실가스의 생산이다. 아울러 석유와 석탄의 채굴, 운송, 정제, 사용은 인간의 온실가스 방출의 대다수를 점한다. 대안은 거의 없지만 온실가스 감축을 위해서 화석연료를 다른 에너지원으로 최대한 빨리 바꾸어야 한다. 두 번째 위해는 광산개발과 운영에 의한 서식지 파괴와 그로부터 오는 생물 다양성 상실이다. 지하자원 채굴, 특히 노천광산 채굴은 대규모 지표 절개, 채굴 물질 야적, 하천으로의 유해 폐기물 배출을 초래한다. 이러한 위해는 환경적 외부화의 직접적인 결과이면서 애서배스카 오일/타르 샌드 프로젝트에서 전형적으로 관찰할 수 있다(사례연구 9.1)

석유 유출은 전술한 환경 외부성과는 사고 발생 측면에서 조금 다르다. 그러나 그 파괴적인 영향력은 환경적일 뿐 아니라 경제적으로도 관련된 인간 삶에 매우 큰 영향을 미친다. 2010년 멕시코 걸프만에서의 영국석유(BP)의 석유 유출 사건은 1967년의 대형 유조선 토리 캐년호의 영국 해안 난파, 1979년의 멕시코 캄페체만의 익스톡1(Ixtoc I, 멕시코 해양 유전 중 하나) 해양 시추선의 석유 유출 사건, 그리고 1989년 유조선 엑손 발데스호의 알래스카

해안에서의 전복 사건과 같은 일련의 대형 기름 유출 사건 중 하나이다. 영국 석유 사건에서는 약 5백만 배럴이 걸프만으로 유출되었으며, 보고되지 않은 사건이 있을 수 있지만, 역사상 최악의 유출 사고로 꼽힌다.

에너지 전환 : 에너지원과 에너지 체계

화석연료를 대체할 재생에너지(RE)로 많은 후보들이 경쟁하고 있다. 가장 잘 알려진 것은 수력, 태양광(햇볕을 전기로), 태양열(액체를 가열하여 터빈을 돌리는 방식), 풍력, 조력, 바이오연료, 핵연료이다. 탄소포집 및 저장기술(또는 탄소제거기술, CCS)도 석탄이나 다른 화석연료를 더 녹색으로 만든다. 이러한 대안 중 대부분은 문명의 전기화(civilization's electrification)를 지속시킬 것이다. 재생에너지에 의한 전기생산을 보조하는 두 가지 중요한 것이 있다. 그것은 전기 저장과 스마트그리드(간헐적 재생에너지 공급의 균형)를 통한 공급 조직이다. 수소, 고성능 배터리, 펌프 워터, 열, 얼음은 저장의 예이다. 스마트그리드는 간헐적 에너지원에서 얻은 에너지를 받아들이고, 보완하며, 재분배할 수 있다. 그것도 시장의 요구와 컴퓨터화된 통제에 따라 전송선을 타고 에너지량의 대규모 변동이나 지리적 스케일의 변동, 공급원의 다양성 등에 맞출 수 있다. 또한 사용자(열 펌프, 연료 셀, 전기 자동차 등이 전기를 얻을 수도 있고 반대로 스마트그리드에 전기를 보낼 수 있다)의 반응에 따른 수요에도 맞출 수 있다. 경제지리/자원지리의 관점에서 가장 흥미로운 것은 전기로의 이러한 전환이 에너지 공급의 지역화, 나아가 국지화를 증진시킨다는 것이다. 화석연료 공급은 오랫동안 자원의 주변부였는데 중대한 변화를 맞을 것이다.

에너지원은 에너지 유형에 따라 구축된 인프라, 비즈니스, 정책, 소비문화의 체계를 아우르는 변화에서 중심이 된다. **에너지 전환**(energy transition)은 재생에너지로의 체계적인 변화를 의미하는데, 특정 부문 및 지리적 맥락에서 다중 스케일 프로세스로 일어나는 기술경제 패러다임의 이동과 본질적으로 비슷하다. 에너지 전환의 다섯 가지 양상은 다음과 같다.

1. **사이트**(site) : 많은 곳에서의 에너지 전환의 기초는 그 지역에서 가능한 재생에너지 생산과 저장에 대한 잠재력이 될 것이다. 풍력, 수력, 태양광, 조력, 바이오연료, 지열 에너지원은 모두 지역에 따라 다르고, 각 지역은 해당 지역에서 가능한 최선의 조합을 동원하여 에너지 시스템을 설계함으로써 전환을 진전시켜야 한다. 뚜렷한 사례는 덴마크의 풍부한 수력 이용과 미국 남서부의 태양광 활용 증가이다.
2. **시츄에이션**(situation) : 어떤 지역도 역내 에너지원에만 의존하는 경우는 없고 전기를 다른 지역에서 수입할 것이다. 태양 및 풍력 에너지는 지역에 따라 다르기 때문에 에너지의 수출입을 유연하게 할 수 있는 다른 지역의 스마트그리드와 상호 연결이 잘 되는가 여부에 따라 어떤 지역의 스마트그리드의 품질이 결정될 것이다. 어떤 지역은 시츄에이션이 좋을 수 있다(예 : 퀘벡 아래의 뉴잉글랜드는 퀘벡의 수력을 더 잘 활용할 수 있는데 이

는 LA가 브리티시컬럼비아의 수력을 활용하는 것보다 그러하다). 그러나 시츄에이션은 기술과 경제성에 따라 달라진다. 고압의 전력을 직접적으로 전송할 수 있는 가능성 또는 LA의 경제력이 브리티시컬럼비아에서 전기를 수입하고, 중서부에서 풍력 전기를 수입할 수 있게 한다.

3. **사회경제적 역량**(socio-economic capacities) : 한 지역의 기술, 금융, 경영 역량은 역내에서 재생에너지 기술을 개발하고 적용하는 데 있어서 결정적이다. 이러한 역량은 기업 내 역량이 포함되는데, 기업 내 역량은 노동력이 보유하고 교육 시스템이 지원한다. 또한 아울러 지방정부의 조절적 · 정책적 실체의 역량도 포함한다. 또한 재생에너지에 대한 사회문화적 태도 역시 중요하다. 에너지 문제를 인식하고, 행동할 의지를 가지며, 정부 · 비정부기구, 기업협회 등이 거버넌스를 형성하여 역할을 하는 것이 중요하다. 가장 많이 지적되는 바와 같이 정책, 규제, 표준이 만들어지고 외부 행위자 또는 모든 이해당사자의 요구가 있어야 한다.
4. **착근성**(embededness) **및 경로의존성**(path dependency) : 재생에너지는 소비의 인프라, 정책, 소비 양식을 바꿀 것이다. 그리고 지역에 뿌리내려진 이해관계, 그래서 변화에 저항하는 이해관계를 바꿀 것이다. 그 이행의 속도와 효과는 사회경제적 변화 의지에 달렸다. 즉, 재생에너지의 새로운 형태는 과거의 소비 양식의 유산을 끌어안게 될 것이다. 예컨대 자동차와 개인 교통 수단을 중심으로 건설된 도시는 전기 버스나 전기 지하철에 의존하는 도시보다는 전기 자동차로의 전환을 선호할 것이다.
5. **다중 스케일**(multi-scalar)**의 영향** : 한 지역에서 무슨 일이 일어나든 국가 및 국제적 영향을 받을 것이다. 기후 변화에 대한 UN 수준의 권고는 개별 국가의 정책으로 해석되고 전환되어 변화의 주요 동력이 될 것이다. 국가 및 글로벌 거버넌스가 비효과적이기 때문에 많은 도시들은 다양한 전략을 개발하겠지만 말이다. 국제 환경 NGO들도 국가 및 지역정책을 만드는 데 영향을 미칠 것이다. 실천적인 수준에서 볼 때 에너지 전환을 가능하게 하는 과학기술은 대규모이고 장기적인 개발이겠지만 글로벌 연구 · 개발 노력, 특히 학계에서의 변화, 그리고 다국적기업의 연구실 수준에서의 변화이다. 대부분의 에너지 전환이 지역 맥락에서 일어나지만, 그것을 가능하게 하는 기술, 즉 전기 자동차나 녹색 빌딩, 녹색 냉장고 등은 다국적기업 수준에서 설계되고 만들어진다. 녹색개발이 갖는 이익을 약속함으로써 많은 지역에서 에너지 전환이 촉진되었지만 많은 산업에서 재생에너지 공급 측면에서 결과적인 승자는 다국적기업이었다(사례연구 9.2).

그러나 지역 에너지 전환기에 자원산업에 무슨 일이 일어날 것인가? 첫째, 수력전기는 세계 최대의 그리고 가장 믿을 만한 재생에너지원으로 남을 것이다(수력발전도 환경에 파괴적이긴 하지만). 많은 수력발전소는 소비 중심지의 범위 안에 있다(예 : 하이드로 퀘백). 그리고 산업을 저렴한 발전소 입지로 유인한다(예 : 아이슬란드의 알루미늄 제련업과 워싱턴

사례연구 9.2 | 녹색개발과 딜레마

David Cooper/GetStock.com

녹색개발은 두 가지 중요한 목적이 있다. 환경적 목표를 달성하고 환경산업을 육성하는 것이다. 세계의 각국 정부, 특히 선진국 정부들은 녹색개발을 산업기반을 유지 재생하는 수단으로 추구하고 있다. 국민들의 수요에 부응할 뿐 아니라 소비자에게 비용이 부과되더라도 녹색개발전략을 추구하는 것이다. 아울러 국제시장을 장악하려는 목적도 있다. 녹색산업에서의 경쟁은 녹색기술발전을 촉진하고 있다. 그러나 모든 경쟁 국가들이 승리하는 것은 아니다.

1990년대에 일본은 자국 제조업체로부터 태양 패널을 구입하면 보조금을 지급하는 방식으로 세계 최대의 광전지(PV) 산업을 일구었다. 1994년에서 2004년 사이 태양 에너지 용량은 31에서 1,000메가와트로 증가했고 일본은 세계 광전지 셀의 60%를 생산했다. 그러나 2005년 이 산업은 스스로 유지되지 못했고, 시장 지향적인 정부는 보조금을 없앴다. 21세기 첫 10년 동안 일본은 이 에너지 전환 기술에서의 우위를 세계에 내주고 핵에너지에 집중했다. 후쿠시마 사태로 일본은 다시 재생에너지 정책이 되살아났고, FIT(feed-in-tariff, 발전차액지원제도) 프로그램을 적용하여, 전기망이 개설되고 태양 에너지 투자가 일어나 일본을 세계 2위의 시장으로 만들었다. 또한 해상풍력발전소도 건설하기 시작했다. 그러나 동시에 기존에 사업적 관심사였던 '핵 마을' 사업 때문에 규제기관 및 정치인들에 의해 핵에너지 산업이 사라지지 못하게 되었다. 그래서 핵반응로를 다시 가동하고 새로 건설하거나 수출하는 작업을 하고 있다.

비슷한 시기에 일본은 광전지산업도 성장하고 있었다. 덴마크는 풍력산업에서 선두였는데, 이는 화석연료와 핵에너지 의존을 줄이려는 주민 운동과 정부정책의 결과였다. 덴마크의 방식은 국지화된 전력생산에 의존하는데, 2천 개가 넘는 에너지 협력사 및 전기 협력사들에 의한 것이다. 기업과 정부의 연구개발 협력은 세계 최대의 풍력 터빈 산업이 발달하도록 하였다. 정부, 산업, 사회 지원이 강하게 협력하여 2014년에는 덴마크가 총에너지 소비의 25%를 재생에너지에서 얻었고, 수출의 10%를 재생에너지에서 얻었다.

독일은 햇볕이 좋지 않지만 2000년 태양력에 투자하기로 결정하였다. 그 동기는 추가적인 전기원을 얻기

(계속)

위한 것이기도 하지만 광전지 제조업을 발달시키려는 것이기도 하다. 독일 정부는 발전차액지원제도를 수립했고, 이를 통해 전기 협력사들은 광전지 패널(또는 다른 재생에너지 시스템)을 장착한 사람들이 생산한 전기에 대해 시장가격 이상을 지불할 수 있었다. 법적으로 2006년까지 매년 산업생산의 가치는 4억 5,000만 유로에서 49억 유로까지 상승하였다. 또한 공장의 현대화, 고용의 증가(약 5만 개 일자리)가 생겼다. 계획, 건설, 장비, 시스템 엔지니어링, 생산운영, 모니터링, 금융 패키지, 훈련 및 컨설팅 서비스(기술 컨설팅, 적용가능성 연구, 환경 영향 연구, 회계, 측정 도구 등) 등의 부문에서 수출도 있었다. 이같은 독일의 정책은 중국이 들어오기 전까지 얼마간 독일을 세계 광전지 생산 중심지로 만들었다. 심지어 독일의 에너지 전환은 2020년까지 재생자원에 의한 전기생산을 40%까지 생산하는 과정에 있다. 이러한 '에너지 전환'은 독일 소비자와 재생에너지를 생산하고 구매하는 소규모 업체들의 압도적인 지지로 가능한 것이었다.

중국의 광전지산업은 2005년에 시작한 것이었지만, 2010년까지 세계 최대가 되었다. 이는 유럽과 북미지역에서의 수요에 의한 것이었는데, 중국에서의 광전지 수요는 제한된 상황에서였다. 중국에서의 수요는 풍력 터빈 생산의 확산이었다. 중국 정부는 풍력발전을 지역 생산에서 70% 정도로 요구했다. 녹색 에너지 장비산업에서 중국의 등장은 국가 정책이 주도한 것이면서 동시에 대규모 지역적 규모의 외부경제가 작동한 것이기도 하다. 그러한 지방정부와 지방 투자 및 꾸준한 공간 확보는 선진국들에서는 보기 어려운 것이다. 중국의 급성장은 수백 개의 유럽과 미국의 소규모 태양광 회사들을 제쳤고, 글로벌 금융위기(과잉생산과 가격 붕괴)와 유럽, 일본, 미국 간 무역 분쟁으로 초래된 혼란을 감당했다. 중국 정부는 대기오염과 온실가스 방출 문제에 대한 한 가지 해결책으로 광전지를 선택함으로써 중국과 세계의 광전지산업을 되살렸다.

심지어 미국에서도 지역 및 국가 수준의 녹색개발정책은 큰 어려움을 만났는데, 솔린드라와 같은 최고의 회사도 실패할 정도였다. 반면 캘리포니아는 수십 년간 북미의 대안 에너지 전환에서 앞서가고 있다. 캘리포니아의 많은 저탄소정책들은 발전소와 내연기관에서 오는 대기오염을 줄이려는 노력에서 시작되었다. 관련 기관 중 하나인 남캘리포니아 대기자원위원회(SCARB)는 세계 자동차산업을 바꿀 만큼의 표준을 만들 수 있을 정도였다. 캘리포니아는 오염을 줄이는 것이 경제적으로도 이익이라는 것을 알고 있었다. 4만 개의 업체에 수천억 달러의 투자와 50만 개의 일자리가 유발되었기 때문이다. 솔린드라와 같은 몇몇 회사는 사라졌지만 그런 속에서도 환경 관련 대기업들이 일어서고 있다. 솔라시티는 자가 소유자와 사업체들이 저감장치 설치선행비용(upfront cost)을 절감할 수 있도록 했으며, 설치가 진행되는 동안에도 에너지 비용이 감축될 수 있도록 하였다. 광전지산업은 패널을 만드는 것보다는 조립하고 설치하는 데 더 많은 강조점을 두면서 국지화 또는 지역화되었다. 이 모델은 성공적이었고 다른 계약도 증가하고 있다. 가정과 사업체들이 전력망을 연결하고 있으며 요금을 많이 내지도 않고 그리드 유지비를 많이 내지도 않는다. 그래서 비용은 지역의 발전기 생산자와 고객들이 더 많이 부담하게 되었다.

다른 북미지역의 노력은 그다지 성공적이지 않았다. 2006년 온타리오는 3년 만에 5만 개의 신재생에너지 일자리를 창출하고자 북미에서 가장 적극적인 FIT 제도를 채택하였다. 사업 참여자를 끌어들여 전기를 생산하는 데는 성공했으나, 2009년 보고서에 따르면 지역 승수효과는 기대보다 낮았던 것으로 나타났다. 결국 지역기업에 보조금을 주는 것으로 전환되고 규모에 대한 제한은 폐지되었으며 '메이드 인 온타리오' 조건을 걸게 되었다. 그래서 온타리오 정부는 한국 기업 삼성과 계약하여 2.5기가와트급의 태양광 및 풍력발전소를 개발하게 되었지만, 삼성과 부품 공급사들이 만드는 발전설비는 해당 조건하에 이루어졌다. 다른 나라는 온타리오의 경우와 반대로 하여 산업을 육성 · 보호하려 하였지만 WTO 제소를 초래하기도 했다. 온타리오의 프로그램은 강력한 사회정치적 반대에 직면하기도 했는데, FIT 프로그램의 비용문제에서부터 풍력발전소 입지 반대에 이르기까지 모든 면에서 반대를 겪어야 했다. 온타리오는 세계에서 석탄발전 세대에서 탈피하려는 몇 안 되는 지역 중 하나이다.

녹색개발 촉진에 대한 초기의 연구를 위해서는 하자르(Hajer, 1995)를 참고하라. 또한 제3장에서 논의된 '녹색 패러다임'을 참고할 수 있다.

주의 마이크로소프트 데이터뱅크). 다른 대규모 전기생산 입지는 소비자와 공업에 가깝게 입지한다. 거대한 풍력발전소는 텍사스에서 앨버타까지 분포하고, 태양광발전소는 유럽과 멀지 않은 사하라에 입지한다. 화석연료는 탄소포집 및 저장기술(CCS)과 함께 다른 가능성이 있다. 이 기술은 아직 비싸고 비효율적이며 지질층에서의 유출 위험 등이 있긴 하지만 그러하다. CCS는 수력과 마찬가지로 다른 환경 위협도 있다. 즉, 거주지 파괴나 경관 파괴, 오염 등의 문제를 야기한다.

두 번째 중요한 함의는 자원 주변부에서의 자원 사용에서 오는 변화이다. 이것은 풍력 터빈이나 태양광 전지 설치가 이루어진 지역에서 지주에 더 많은 이익이 흘러들어가는 문제를 포함한다. 그래서 결국 소득이 건설과 유지보수를 통해 주변으로 흘러들어가고 기술 이전도 이루어진다. 이러한 이익 중 몇 가지는 태양 및 풍력에너지가 지주가 갖는 지표면에 대한 권리를 사용한다는 사실로부터 오는 것이다. 광물 추출의 경우와 다른 경우다.

자원주기와 가치사슬

자원산업은 다른 종류의 경제활동과 자연에 뿌리내려 있는 방식에서 차이가 있다. 자원 취용은 직접적으로 자연을 변화시키고 자연은 자원활동에 직접적인 영향을 미친다. 특히 특정 위치로부터의 기대 생산가치는 탐사, 생산, 운송, 배송, 경제발전이라는 복잡한 가치사슬의 맥락에서 고려된다. 마지막으로 자원주기 자체가 일련의 고유한 어려움을 부과한다.

자원주기

자원주기 모델은 장기적인 자원 취용에 관한 세 가지 주요 단계로 이루어진다: (1) 발견, (2) 생산, (3) 유기. 발견 단계는 특정 부지에 대한 탐사, 개발, 부존량 측정을 포함한다. 생산 단계에서 급속한 확장이 끝나면 안정화 단계가 오고 쇠퇴 단계에 이른다. 그리고 공급이 완전히 고갈되면(또는 경제성이 상실되면) 유기가 일어난다. 유전 취용의 이상적인 패턴은 전체적으로 한 최고점을 가진 호황-불황 주기(boom and bust cycle)로 생각할 수 있다. 그런데 하위 지역들과 개별 유정들의 주기가 겹쳐지면 지역 전체적으로는 쇠퇴의 전조인 고원 상태를 달성할 수 있다. 먼저 개발된 지역에서 최고 생산지점에 이르면 새로운 공급지역이 등장하여 (기존 지역은) 쇠퇴 가능성이 높아진다. 미국의 전통적인 생산방식(즉, 프래킹 공법이 아닌)의 석유생산은 전체적으로 1970년대에 쇠퇴가 시작되었고, 1990년대 이후 수입이 국내 생산을 상회하게 되었다. 멕시코의 거대한 칸타렐 유전은 2006년에 쇠퇴가 시작되었고, 북해 유전은 1999년 이후 쇠퇴가 시작되었다. 앨버타의 전통방식 석유생산은 쇠퇴하는 와중에 있다. 자원주기 모델은 주로 석유와 같은 비재생자원에 잘 적용되지만, 어류와 삼림과 같은 고갈률이 대체율보다 높은 재생자원에도 적용 가능하다.

한 지역에서 접근성이 가장 좋은 자원 광상이 고갈되면 접근성이 덜한 곳으로 대체되고,

채굴비용은 비싸진다. 평균 생산비가 상승하고 품질도 하락한다. 중부 앨버타의 석유 퇴적 분지에서는 1947년에 생산을 시작하여 1973년에 정점을 찍었다. 그 이후에는 생산이 감소하고 점차 비싸지게 되었다. 이곳에서의 천연가스 채굴비용도 점차 상승하였다. 2006년에는 1996년 생산 수준에 비해 거의 2배의 가스정을 뚫어야 했다. 그 와중에 북부 앨버타의 애서배스카 오일/타르 샌드 지역에서(사례연구 9.1) 석유생산이 증가하였다. 그러나 비용은 비쌌다. 2009년에는 새로운 오일샌드 광상의 운영비용이 배럴당 9~14달러였다. 이라크나 사우디아라비아에서의 석유의 경우 배럴당 1달러이고 중남부 앨버타나 미국의 경우 약 6달러이다. 애서배스카 오일/타르 샌드가 경제성이 있어서 확장하려면 석유 가격은 배럴당 50달러 이상이어야 한다.

자원주기 과정에서는 비용이 증가하는 경향이 존재하지만 실제 가격은 그와 같은 방식으로 증가하지 않는다. 그래서 저렴한 자원이 새로 개발되거나 자원 소비 산업들이 덜 비싼 대체자원으로 전환하면 자원 생산자는 자주 **비용-가격 압박**(cost-price squeeze)을 겪게 된다. 석유의 경우 2000년대는 신흥시장에서의 수요가 지속적으로 높아져, 글로벌 공급이 고갈되거나 적어도 더 비싸질 것이 예상되는 극적인 전환점과 같은 것이라고 여겨졌다. 그러나 수압 파쇄법이 석유 가격을 되돌려 잠시나마 감소하는 궤적을 그리도록 하였다. 애서배스카 오일샌드 개발업자들이 직면한 문제는 고유가의 지속가능성이다. 더 싼 대체 에너지가 나올 수 있다는 인식이 확산되면 에너지 사용을 더 효율적으로 할 것이고, 주기적인 에너지 산업에서 급격한 가격 변화가 있을 것이다.

비용-가격 압박 생산자가 평균 생산비용 증가와 제품가격의 하락에 직면하는 상황

자원주기는 지속성이 다양하다. 어떤 것은 몇 년만 지속되고 다른 경우는 수십 년 지속되거나 수백 년 지속되기도 한다. 또 어떤 경우는 한 번 버려진 광산이 기술 및 경제 조건이 변화하면서 다시 채굴되기도 한다. 단기간 변동은 비즈니스 주기에 따라 일어난다. 경제활동 수준에서의 가파른 변동이 비교적 짧은 기간(몇 달에서 1년) 일어나는 경우이다. 성장 기간(높은 수요)과 후퇴 기간(낮은 수요)이 교대하면서 몇 달에서 몇 년까지 지속되는데, 이는 전체적인 자원주기 패턴 안에서의 변동을 반영한다. 이러한 비즈니스 주기 동안 개별 사업자는 이윤과 생산이 들쑥날쑥한다(그림 1.4 참조). 일반적으로 특정 장소에서 자원주기의 지속성은 비용과 가격이 다양한 요인에 의해 영향받는 방식에 의존한다. 또한 자원의 스케일과 범위에도 의존한다. 고갈률, 시장 접근성, 저가 공급지역과의 경쟁, 대체 에너지의 가능성, 새 공급지역의 개장을 가능하게 하는 기술 변동, 그리고 기존 공급의 지속가능성 등이 그것이다.

궁극적으로 자원주기는 특정 자원에 한정된 것이 아니고 부존자원의 유한성과 정의되는 방식에 따른다. 석유의 경우 기존 지역, 예컨대 텍사스, 앨버타, 멕시코는 2009년 이후 전통적인 석유 공급에서는 생산 감소를 겪었는데, 이것은 자연적으로 나오거나 표면에서 직접 채굴할 수 있는 석유 풀이 감소한 것이다. 그러나 기술발달로 비전통적인 석유원, 즉 오일샌드, 오일셰일, 오일사암, 심해오일, 초심해오일, 그리고 극지방오일 등을 취용할 수 있게

되었다. 그런 관점에서 보면 공급은 예측 가능한 미래의 문제가 아니다. 오히려 지구온난화에 대한 영향과 기타 유해한 환경 영향 때문에 석유생산 증가에 대한 공공의 우려가 높아지고 있다. 석유(석탄과 천연가스도 역시)는 수요 감소 때문에 아직 정점이 아닐 수 있다.

자원 취용의 산업조직

자원주기는 생산조직에 강력한 영향을 미친다. 자원생산은 보통 규모가 크고 생산지가 멀다. 이러한 요인들은 기업들이 리스크를 최소화하고 가치사슬상 원료 처리와 같은 부분에서 잠재력을 포착하는 것이 더 중요해지게 만든다. 민간이든(투자자 소유) 공공이든(국가 소유) 자원기업들은 다른 부문의 기업들보다 더더욱 내적 통합성을 추구한다. 투자자 소유 회사(IOC, 민간기업)는 다양한 공급원을 확보하려 하고, 특정 광물자원에만 연결되지 않는 기술을 개발하려고 한다. 국가 소유 회사는 반대로 국가나 지역에서 이익을 취하는 데 초점을 두는 경향이 있다. 자원기업들은 그 동기나 효율성 면에서 매우 다양하지만 모두 지속가능한 경제적 이익을 얻기 위해 투자와 기회를 극대화할 수밖에 없다.

소규모 기업들은 농업, 어업, 임업과 같은 몇몇 산업에서 역할을 하기도 한다. 제10장에서 보겠지만 기업 통합은 이러한 산업에서도 중요한 흐름이다. 다만 소기업들은 다국적기업들보다는 지역경제에 강하게 연결되어 있는 경향이 있다. 반면 국가 소유 기업들은 로컬 연결이 강하면서도 규모의 경제를 추구한다(그림 9.4)

왜 통합이 필연적인가

광물자원회사에 있어서 그것이 투자자 소유든 국가 소유든 세 가지 요인이 내부 통합(수직적 통합, 수평적 통합)을 추동한다.

첫째, 채굴 과정은 설립하기도 또 운영하기도 매우 비싸다. 채굴을 시작하기도 전에 탐사비용, 시험 채굴비용이 이루어져야 하는데 매우 비싸다. 그러고 나서도 자원 처리비용(정제, 파쇄, 용융, 펠렛화 등)을 절감하기 위해서 복잡하고도 자본집약적인 기술이 필요하다. 파이프라인, 유조선, 특수 철도 등도 갖추어져야 하며 배송 및 마케팅 네트워크도 수립되어야 한다(미국에만 16만 개 주유소가 있다).

둘째, 자원활동은 전형적으로 2차 생산물을 부산물로 만들거나 유해 폐기물을 만들어낸다. 이러한 것들은 다른 생산물 형태로 변형되어야만 한다. 예컨대 석탄과 석유는 보통 천연가스와 함께 발견되는 경우가 많다. 그러므로 그런 석탄이나 석유 중 하나에 전문화된 회사들은 천연가스도 취급할 준비를 해야만 한다.

셋째, 논의한 바와 같이 모든 상품은 시간이 지나면서 가치가 감소한다. 광물자원도 예외가 아니다. 그래서 어떤 형태로든 부가가치를 포착하는 것이 중요하다. 대체로 그것은 추가처리 및 배송활동의 결과에 의한 가치사슬상의 하류 부분 쪽일 것이다. 이러한 점은 민간기업이든 국영기업이든 모두에 적용된다. 현재 그 양자는 전형적으로 동기에서도 다르고

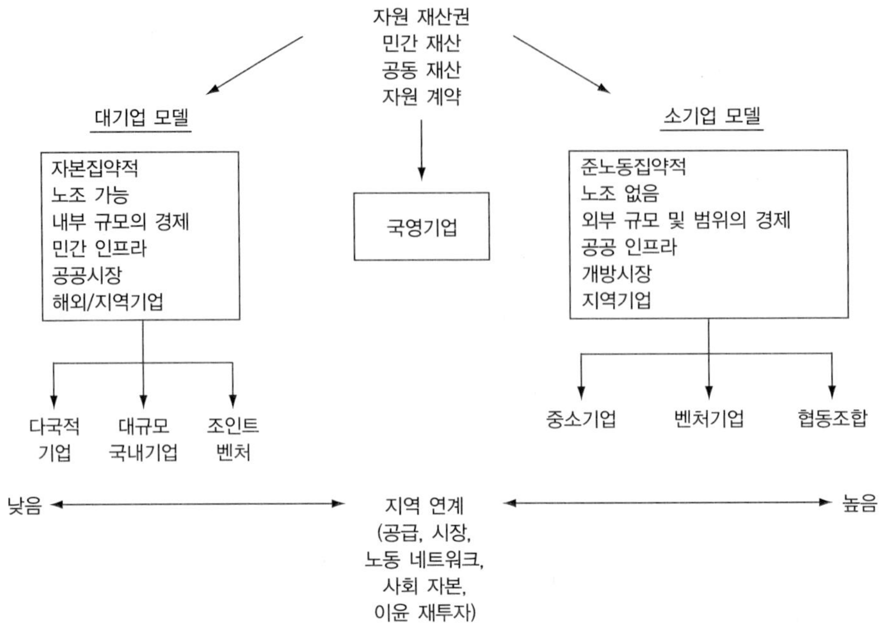

그림 9.4 자원 취용의 산업조직 : 기본 제도 유형

선구적인 연구를 위해서는 Baldwin(1956)을 참고하라. 그는 플랜테이션(대기업농업)과 기업가적(소규모 농장) 모델을 구분하여 농업 맥락에서 이 모델을 개발하였다.

출처 : Hayter, R., 2009, "Resource industries," *International Encyclopedia of Human Geography*, Vol. 9, Kitchin, R, Thrift, N. (eds), 381-9. Elsevier의 허락하에 재인쇄함

가치사슬이 내적으로 얼마나 통합되어 있는가 하는 점에서도 다르다. IOC(민간기업)는 생산에서 정제 및 배송, 판매에 이르는 모든 단계를 통제하지만 국영기업은 생산, 정제, 판매에 초점을 둔다. 이러한 차이는 다수의 서구 석유회사들이 1950년 이전 범위 측면에서 글로벌했다는 점에서 드러난다. 국영기업들의 성장은 비교적 최근의 일이다.

다국적기업(투자자 소유 회사)

가장 친숙한 수직적 통합의 사례는 아마도 거대 석유기업, 즉 추출, 정제, 석유제품의 판매를 통합한 셸, 엑손 모빌, 쉐브론, BP일 것이다. 물론 이들이 유일한 사례는 아니다. 수직적 통합은 알루미늄 부문에서도 거대기업들 사이에서 표준이다. 알코아(사례연구 9.3), 리오 틴토 알칸, 레이놀즈 패키징 같은 기업들이 대표적이다. BHP 빌리톤, 앵글로-아메리칸, 리오 틴토와 같은 최고의 채굴회사들은 매우 다양화되어 광물자원 분야에서 모든 하위 분야들을 포괄한다.

고도로 통합된 석유 및 알루미늄회사들에서는 그 내적 통합의 정도가 매우 높을 수 있다. 2012년에는 그 회사들은 보크사이트 공급의 2%만 독립 광업회사들에 의존하고 있는데(사례연구 9.3), 2006년에는 25%를 외부 공업회사에 의존했었다. 다른 회사에서는 개방시장에

사례연구 9.3 | 알코아의 글로벌 가치사슬

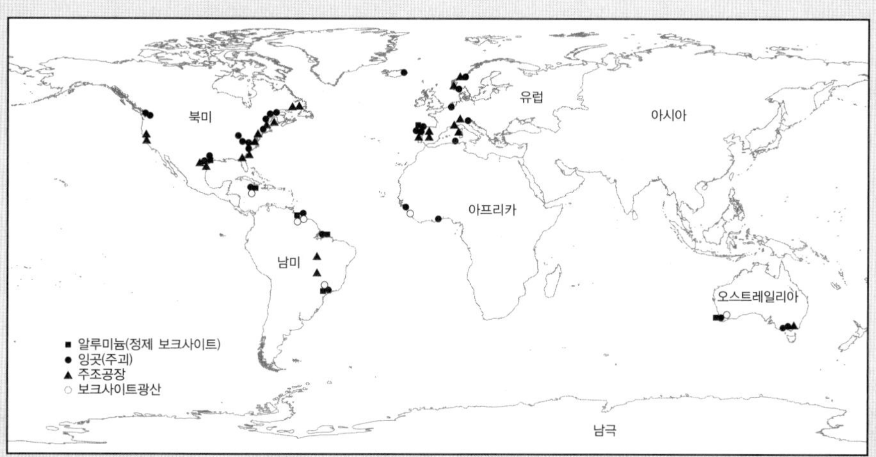

알코아는 세계 3위의 알루미늄 기업이다. 40여 개국의 350개 지사에 31,000명의 노동자가 일하고 있고 2013년 매출은 미화 230억 달러이다. 2006년 알코아는 포장지 사업을 팔아 규모를 줄였지만, 여전히 고도로 통합되어 있다. 광산 콘트롤 분야, 즉 오스트레일리아, 브라질, 기니, 자메이카, 수리남 등에 있는 원료 보크사이트를 공급하는 광산들을 통제하는 분야에 더하여 정제, 용융, 성형(알루미늄을 잉곳, 롤, 코일 형태로 만드는) 등의 분야가 거의 모든 대륙에 걸쳐 있다. 지도에서 볼 수 있듯이 이러한 공장들은 모두 해안이나 해안 근처에 있다. 해수에 대한 접근을 용이하게 한 것은 입지상의 유연성을 제공한다. 즉, 유연성은 공급원에 대한, 그리고 세계의 시장에 대한 것이다. 용융 부문은 극도로 에너지 집약적이기 때문에 이 공장은 저렴하고 대규모의 에너지를 공급하는 곳 근처에 입지한다. 알코아의 대규모 용융 공장은 퀘벡의 베이 코모에 있는데, 수력발전을 사용할 수 있는 곳이다. 2012년 알코아는 보크사이트 5억 5,200만 톤을 사용했는데 4,500만은 자체 광산에서 충당했고, 710만 톤은 연관 광상에서, 110만 톤은 독립 광산에서 충당했다.

알코아는 200여 개의 분공장을 주로 미국과 유럽에 두고 있고, 바퀴, 패스닝 시스템, 운송장치의 고정밀 주형, 항공기, 석유산업 등의 최종재를 생산하고 있다. 본사는 2006년 이후부터 뉴욕에 있지만 가장 오래되고 더 큰 '실무' 본사는 피츠버그에 남아 있다. 알코아의 연구개발 지출은 2013년 미화 1억 9,200만 달러였다(판매액의 0.9%).

서든 관계시장에서든 외부 공급자의 자원 공급에 훨씬 더 많이 의존한다. 예컨대 철강회사는 석탄, 철광석, 고철을 완전 외부업체나 부분 외부업체에서 구매한다. 미쓰비시나 미쓰이 같은 고도로 다양화된 무역회사들(종합상사)은 일본의 공업이 필요로 하는 자원을 공급하는 데 있어서 지리적 다변화에서 강력한 영향을 미쳐왔다. 더 일반적으로는 공급선을 다변화하고 합리적인 비용으로 공급 안정성을 유지하는 것이 무역업자, 자원 구매자, 자원 소비국가들의 이익이 될 경우 자원을 개발하는 것은 생산지역에도 이익이 된다. 불행하게도 그러한 다변화는 과잉 공급을 초래할 수 있다. 일본인 투자자들이 더 저렴한 석탄을 찾아 텀블러 리지를 버리고 떠나면서 BC 주의 석탄산업에 나타난 것과 같다.

자원 다국적기업이 향유하는 핵심 이점은 수백 개의 생산 부지, 다중적인 교통 네트워크, 수천 개의 공급 아웃렛 등을 통해 규모의 경제를 이루어내는 그들의 능력이다. 다국적기업의 대규모 통합이 산출하는 이점은 다음과 같다.

- 탐사 및 연구개발 투자 역량 : 새로운 자원을 발견하고 개발하는 것에 더하여 거대 자원기업은 신기술을 개발하는 능력을 보유하고 있다.
- 세계 전체에 대해 제품과 서비스에 대해 비용을 부과하는 능력 : 예컨대 다국적기업은 본사와 연구개발 서비스를 위해 보조금을 요구하고, 이러한 비용에 대해 공공조사를 거의 받지 않는 능력을 보유한다.
- 부지 리스크를 관리하는 능력 : 대안자원에 대한 접근이 가능하다면 다국적기업이 노사 분규나 정치적 불안정 때문에 생산을 중단할 필요가 없다. 생산지를 옮기기만 하면 되니까!
- 국제적 지원 : 자유무역과 해외직접투자를 지원하는 정부와 세계은행과 같은 다면적인 기구는 다국적기업에 의한 대규모 자원 취용이 개발도상국을 돕는 데 중요한 역할을 할 수 있다고 믿는다.
- 투자 인센티브 : 부유한 나라든 가난한 나라든 많은 나라의 정부들은 다국적 자원 프로젝트를 환영한다. 이들이 많은 일자리를 창출하고 대규모 투자를 유치하며 실질적 수출 소득을 창출할 것을 약속하기 때문이다. 해외직접투자 유치를 추구하는 정부들은 전문적 생산 능력과 해외시장 접근성이 용이한 다국적기업이 대규모 개발을 해주면 관대한 재산권 제도를 제공하고 낮은 세금과 낮은 로열티를 부과한다.

조인트벤처

조인트벤처 조직은 둘 이상의 회사들을 포함하는데 석유, 가스, 석탄, 임업 등 몇 가지 자원 부문을 넓게 포괄한다. 예컨대 신크루드는 애서배스카 오일/타르 샌드 지역에서 최대의 운영자이자 캐나다, 미국, 중국 등 여러 나라의 회사들과 조인트벤처를 이끌고 있다. 그리하여 2011년 원유 1억 배럴을 생산했고 5,500명을 직접 고용했다. 주요 자원개발에서 조인트벤처를 운영하는 이유는 다양하지만 다음과 같은 것들을 포함한다. 금융 리스크를 공유하고, 마케팅 책임을 분할하며, 전문성을 보완하는 것이다. 후자의 맥락에서 많은 조인트벤처들은 지역 협력사들을 참여시키는데, 그들의 지역사회, 지역정치, 지역경제에 관한 지식, 심지어 환경 조건에 관한 지식을 활용한다. 아울러 외국 협력사들과 생산 및 마케팅 전문성 그리고 금융자원을 활용한다. 이런 관점에서 지역 협력사들은 외국 투자자들에 대한 공간적인 진입장벽을 줄일 수 있다. 반면 외국 투자자들은 신기술을 개발하고 마케팅 연결을 구축하면서 지역 협력사에 대해 고정비용과 리스크를 줄일 수 있다(제4장). 지역 협력사들은 자원의 외국 소유에 대한 비난을 줄일 수도 있다. 조인트벤처는 모든 협력사들이 동의하지 않는다면 더 규모가 커질 필요가 없고 협력사가 팔릴 수도 있다. 특히 석유부문에서는 '지역 협력사'들이 국영일 수도 있는데, 이는 외국인 투자에 정당성을 더해준다.

국영기업

시장경제에서 투자자가 소유하는 다국적 자원기업이 오랫동안 주요 행위자였지만, 국영기업도 또한 중요하다. 예컨대 캐나다는 국영기업을 잘 활용한다. 페트로캐나다는 1975년 설립된 국영기업으로 국내 최대였다. 1991년 민영화되었을 때 연방정부도 지분을 갖고 있었고, 외국인 투자는 25%로 제한되었으며 단일기업이 10% 이상을 소유할 수 없게 하였다. 그러나 2004년 오타와의 연방정부는 주식을 팔아 2009년에 미국 기반인 선코에 합병되었다. 비슷하게, 서스캐처원의 탄산칼륨 생산기업도 1975년 지방정부 소유 기업으로 설립되었고 서스캐처원의 칼륨광산을 운영하였다. 그러나 1989년 민영화되었고, 지금은 세계 칼륨의 1/4을 통제하고 있다. 캐나다는 자유무역을 추구하고 미국에 의존하는 경향이 있는데, 이는 자원문제에 관해 캐나다가 민족주의적 입장을 좋아하지 않는 것과 관련된다. 또한 자원에 대한 주 통제와 연방 통제 사이의 긴장도 존재한다.

세계적으로 자원 민족주의에서 가장 중요한 경향은 석유부문에서, 그리고 개발도상국에서 1970년 이후부터 있었다. 그 이전까지 글로벌 석유산업은 이른바 '칠 자매'라는 미국, 영국 기반 통합 다국적기업이 지배했다. 이들 중 몇몇(엑손, BP, 셸, 쉐브론)은 지금도 여전히 남아 있다. 국영기업 중 다수는 다국적기업의 힘에 대한 대응으로 설립되거나 국가에 밀착된 석유 취용의 이익을 확보하기 위해서 설립된 경우가 많은데, 지금은 주요 부존량을 통제하고 최대의 생산자이다(그림 9.5). 몇 개의 주목할 만한 국영기업들은 이 표에서 생략되었는데, 노르웨이의 스타토일, 중국의 시노펙, 말레이지아의 페트로나스이다. 석유 민족주의가 서구경제에 매우 위협적인 것으로 간주되었지만, 그런 현실은 받아들여지고 있고, 투자자 소유기업과 국영기업 간의 조인트벤처도 빈번하다. 심지어 다국적기업들이 극지방 등 다른 지역에서 석유와 가스를 탐사하고 자국 내에서 수압 파쇄공법을 사용하도록 하게 한 것은 OPEC 등의 석유 민족주의이다.

광물자원의 국가 통제는 다양한 국가적 목표를 위해서 사용될 수 있다.

- 소비자의 에너지비용 절감
- 일자리 창출 : 국영기업의 생산단위당 고용은 산업 평균 이상이다.
- 경제발전(생산 및 기타 직접적인 활동을 통해, 그리고 인프라 개발 및 기업조직 및 비즈니스 노하우의 이전 등 간접적인 방식을 통해)
- 수출 소득 획득

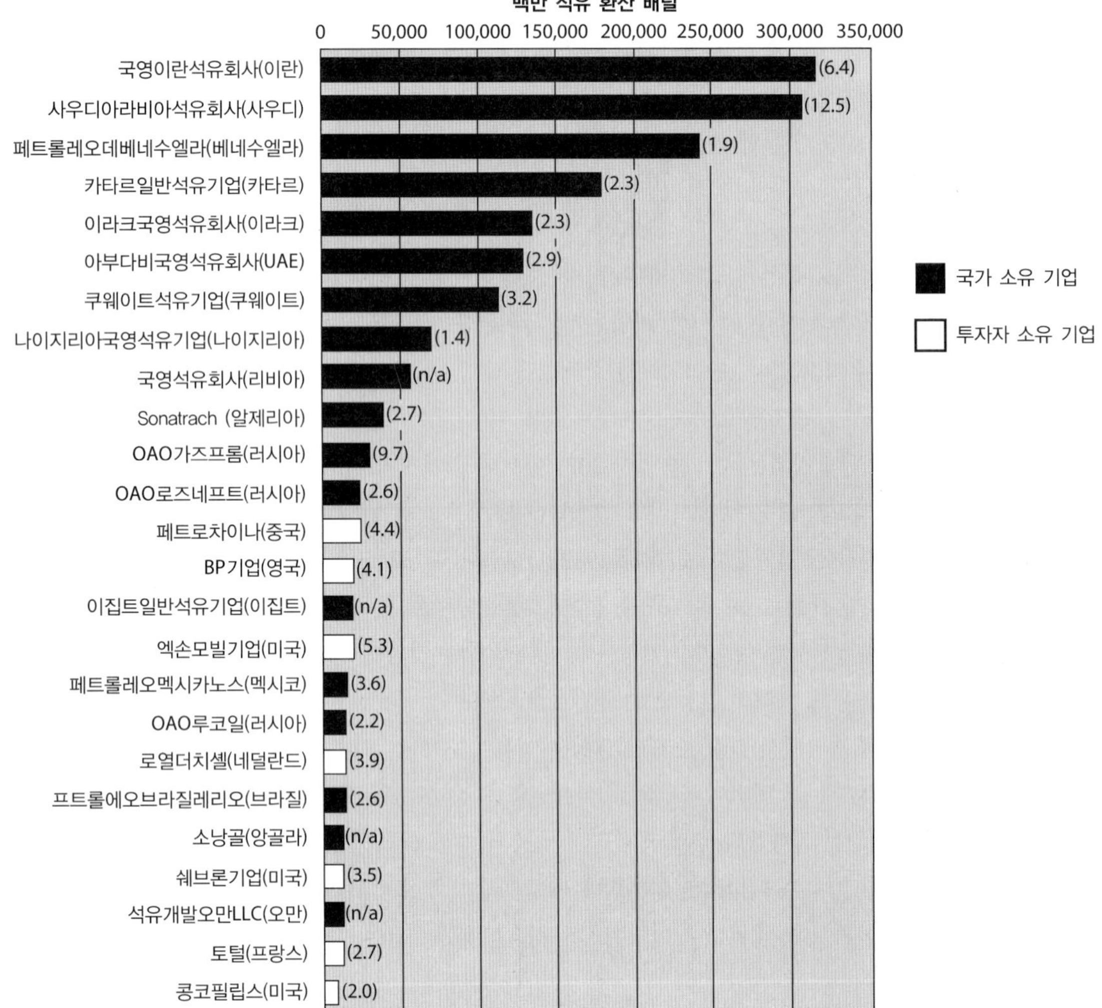

그림 9.5 세계 최대의 석유 및 천연가스 회사의 부존량 규모(및 1일 생산량*)(2010)

*1일 생산량은 백만 석유환산 배럴이다.

출처 : Petrostrategies (http://www.petrostrategies.org/Links/worlds_largest_oil_and_gas_companies.htm(2014년 6월 접속).

- 대외정책 : 생산의 국가 통제를 통해 다른 나라에 압력을 행사(특히 석유의 경우)
- 공급 안보 확보 : 예컨대 중국은 국내 석유 부존량으로 모든 수요를 충당할 수 없다. 그래서 국영기업인 중국 석유는 10개의 다른 나라(캐나다 포함)에서 석유를 탐사하고 생산하여 자국내 소비(산업 및 개인)에 충당한다. 해외자원에 대한 직접적인 통제는 생산량이 중국으로 갈 수 있도록 보장한다.
- 부가가치의 확보 : 국영기업은 민간 다국적기업보다 생산 영역에서 하류부문 활동들에 더 많이 투자한다. 예컨대 석유부문에서는 다국적기업은 정유공장을 선진국 지역의 시장에 근접하여 입지하는 것을 선호한다. 그러나 국영기업은 정유공장을 생산지

에 입지시키는 경향이 있다.

- 주권적 부(wealth) 기금이 국영기업에 의해 꾸준히 창출된다. 그리고 그것은 국내 투자에 또는 국가적인 다른 부문의 투자에 사용된다.

자원 순환에서 소규모기업

글로벌 자원산업에서 거대 석유회사들이 중핵이지만 독립적인 소기업들도 여러 수준에서 작동하고 있다. 다수의 소규모기업들은 석유와 광물 취용에 전문화되어 있다. 1990년대에 미국의 독립 정유사들은 시장점유율을 8%에서 23%까지 증가시켰고(메이저 정유사들은 여전히 60%를 통제했고 수입이 나머지 10%가량이었다), 독립 소매업자들은 시장점유율이 17%였다. 1만 개 이상의 미국 및 글로벌 회사들이 메이저 석유 및 가스회사를 장비, 서비스, 공급, 설계, 엔지니어링 면에서 지원하고 있다는 것은 거대기업과 소규모기업들이 경쟁적이면서도 협력적인 관계를 맺고 있다는 것을 보여준다.

세계 최대의 석탄 생산국인 인도에는 2000년대 초 총생산량의 88%가 국영기업인 석탄인도회사(Coal India Ltd)가 운영하는 광산에서 나왔다. 그 외에는 유의미한 다른 회사가 1개가 있을 뿐이고, 나머지는 무수히 많은 무허가 기업들이 폐기 석탄과 찌꺼기를 팔아서 연명해 가고 있다. 중국에서는 석탄생산이 2만여 개의 광산으로 나누어져 있고, 여기에서 6백만 명이 고용되어 있었다. 그러나 정부가 석탄산업을 통합시키고 정리하면서 그중 수천 개가 폐쇄되고 수백만 명이 다른 일자리를 찾아야 했다. 세계적으로 소규모, 수공적인 광업에 1억 명 정도가 활동하고 있고 주로 산업용 희토류 금속을 추출한다. 이런 식으로 생산된 양은 많지 않지만 그 수입은 중요하다. 불행하게도 이들은 불법적인 활동인 경우가 많은데 환경적으로나 보건 및 안전 모두에서 취약하다.

상품시장

(여기서의) 상품시장은 원료물질이나 1차 생산물, 즉 석유, 밀, 콩 등의 가격을 매기는 교환을 의미한다. 현대 상품시장에서 이루어지는 실천과 규율은 19세기 후반 시카고 농업시장에서 형성된 전통에 근거하고 있다. 모든 상품시장에서 특히 직접 검사가 불가능한 상품을 취급하는 상품시장에서 1차적으로 요구되는 것은 생산물이 질적으로 표준화되었는가이다. 그래서 석유는 서부텍사스유라고 부르는 표준에 따라 정해진다. 이것은 미국에서 채굴되고 정제되어 특정 성질(예 : 유황 함유량)을 갖는 고품질 경질유이다. 서부텍사스유의 가격은 다른 품질의 석유(대체로 낮은 가격인) 가격에 대해 지표가 된다. 예컨대 북해산 브렌트유, OPEC 바스켓 가격 등이 그것이다.

상품거래의 유형은 크게 두 가지다. **현물거래**(spot transaction)는 교환 장소에서 완결되고, 배송은 2일 이내에 이루어진다. 반면 특정 주어진 시간에 합의된 가격으로 거래가 이루어지지만 배송이 나중에 이루어지는 것은 **선물거래**(futures)이다. 선물시장에서는 판매자와

현물거래 특정 장소에서 거래가 완료되고 2일 이내에 배송되도록 하는 거래

선물거래 나중 특정 시점에 배송되는 것으로 가격을 합의하는 시장 계약

구매자가 의무 이행 시간을 맞추는 것이 유동적이다. 예컨대 선물거래의 구매자는 이 의무를 제3자에게 팔 수 있는 옵션을 갖는다. 그러나 선물은 투기에도 열려 있다. 가장 중요한 상품거래는 런던금속거래소, 뉴욕상업거래소(이상 금속과 에너지), 그리고 시카고무역위원회(농산물)에서 이루어진다.

상품시장은 무역상들의 거래가 이루어지는 물리적 장소였다. 그러나 이제는 전자 교환이 대체했고, 거래는 사이버 공간 어디에서든 이루어진다. 어떤 부문, 특히 농업과 같은 부문에서는 상품시장이 장기 계약을 지향하여 쇠퇴하고 있지만, 석탄과 석유의 경우 전기 서비스에 대한 규제가 완화되면서 오히려 증가하고 있다. 유럽 배출권 거래제와 같은 탄소 배출권 거래가 성립되어 탄소 배출권 시장을 창출했고 혁신을 촉발하고 있지만 배출권의 과잉 공급도 나타나고 있다.

자원기반 발전

세계의 여러 지역은 경제성장과 발전을 보유한 자연자원에 의존하고 있다. 고소득의 자원 주변부도 있고, 자원개발에 의존하는 어떤 나라나 지역 또는 도시는 제조업 및 서비스업으로의 전환에 성공한 경우도 있다. 하지만 자원기반 발전은 보통 자원 수출 의존이 높은 가난한 나라에서 지속가능하지 않고 문제를 일으킨다.

자원 : 이점인가 굴레인가

원리상 자원 취용은 그것이 창출하는 소득을 통해서뿐만 아니라 인구 성장 및 인프라 창출로 이어지는 다양한 승수효과 및 분사 창업효과를 통해 발전을 촉진하게 되어 있다. 이상적인 시나리오라면 자원이 있는 '텅 빈' 땅은 투자와 기업가정신과 기업조직을 끌어들일 것이다. 노동이 공급되고 필요한 사회경제 인프라(시장 접근성을 위한 교통 등) 구축을 위하여 정부지원이 이루어질 것이다. 자원 수출은 노동과 자본의 소득을 창출하고 정부는 세금 수입을 얻을 것이다. 시간이 지나면 자원생산은 연계효과의 창출을 통하여(그림 9.6) 다른 경제활동에 대한 투자와 다양성을 촉발할 것이다. **후방 연계**(backward linkage)는 자원산업에 원료를 공급하는 회사들이 형성하고, **전방 연계**(forward linkage)는 자원활동의 생산물로 생산을 하는 회사들이 형성할 것이다. 석유산업의 경우 유정탑(oil derrick) 같은 장비를 만드는 산업과 석유 소방 서비스나 법률 서비스 같은 전문 서비스를 제공하는 사업은 대표적인 후방 연계이다. 정유는 전방 연계를 대표한다.

후방 연계 (수출) 자원부문으로의 투입을 공급하는 활동에 투자하는 것

전방 연계 (수출) 자원부문으로부터의 투입을 구매하는 활동에 투자하는 것

이러한 이상적인 시나리오(그림 9.6)에서는 인구 성장이 최종 수요 및 재정 연계를 촉진한다. **최종 수요 연계**(final demand linkage)는 지역 소비를 위한 생산물 수요가 창출한다. 인구와 소득이 증가하면 점점 고차 '중심지'의 상품과 서비스가 가능해진다(제1장). 재정 연계(fiscal linkage)는 개인과 사업체가 정부에 내는 세금을 통해서 이루어지는데, 일자리를

최종 수요 연계 지역 소비를 위한 상품과 서비스를 공급하는 활동에 투자하는 것

창출하고, 인프라를 구축하며 보건과 교육 등의 공공재를 창출한다. 이러한 것은 시간이 지나면서 지역의 혁신 잠재력을 향상할 것이다. 연계된 활동들과 승수효과는 도시에 집중될 것이고 거기에서 집적 경제가 새로운 성장 형태를 위한 잠재력을 증가시킬 것이다(자원부문 밖에서). 또한 자원부문 자체는 기술혁신으로 운용비용 절감이나 지역자원의 새로운 사용을 도입하는 등의 수혜를 받을 것이다. 시간이 지나면 활동의 범위가 다양해져서 자원산업은 지역경제의 다양한 기둥 중 하나가 될 것이다. 북미에서는 자원 연계 활동들의 집적이 뚜렷한 도시들이 있다. 휴스턴이나 캘거리는 석유부문의 본사와 연구개발센터가 집중하고 관련 서비스 및 장비 공급업자들이 집중해 있다. 몬트리올, 토론토, 밴쿠버와 같은 많은 다른 도시들은 자신들의 자원기반을 훨씬 넘어섰다.

그러나 불행하게도 그러한 다양화는 허상이다. 자원이 풍부한 지역은 보통 자원 의존에 갇힌 채 결국 쇠퇴하게 된다. 캐나다의 선구적인 역사학자이자 경제지리학자인 해롤드 이니스(Harold Innis)는 지적하기를 자연자원의 부는 국가의 이익이 되는 만큼 충분히 개발되지 않을 것이고, 오히려 발전을 방해할 것이라고 하였다. 캐나다의 경제, 취락 패턴, 교통 네트워크가 몇몇 모피, 어류, 목재, 밀, 광물 등 핵심 '특산물'의 취용과 수출에 의존해 왔다는 것을 그는 잘 알고 있었다. '대도시 권력'(처음에는 영국, 나중에는 점차 미국)에 대한 수출이 캐나다 경제발전을 이끌었다는 것이다. 이니스는 이를 다음과 같은 점 때문에 '**특산물의 함정**(staple trap)'이라고 보았다. 즉, 특산물에 의존하는 발전은 불균등하고, 모든 수출 붐은 결국 꺼지게 된다는 것, 그리고 특산물에 의존하는 다양성(전후방, 재정 연계를 포함하여)은 그것이 모두 나타날 때에도 제한된다는 것이다. 캐나다 자원도시의 생애주기 모델은 정체된 발전과 장기적인 쇠퇴를 예언했다(그림 9.7)

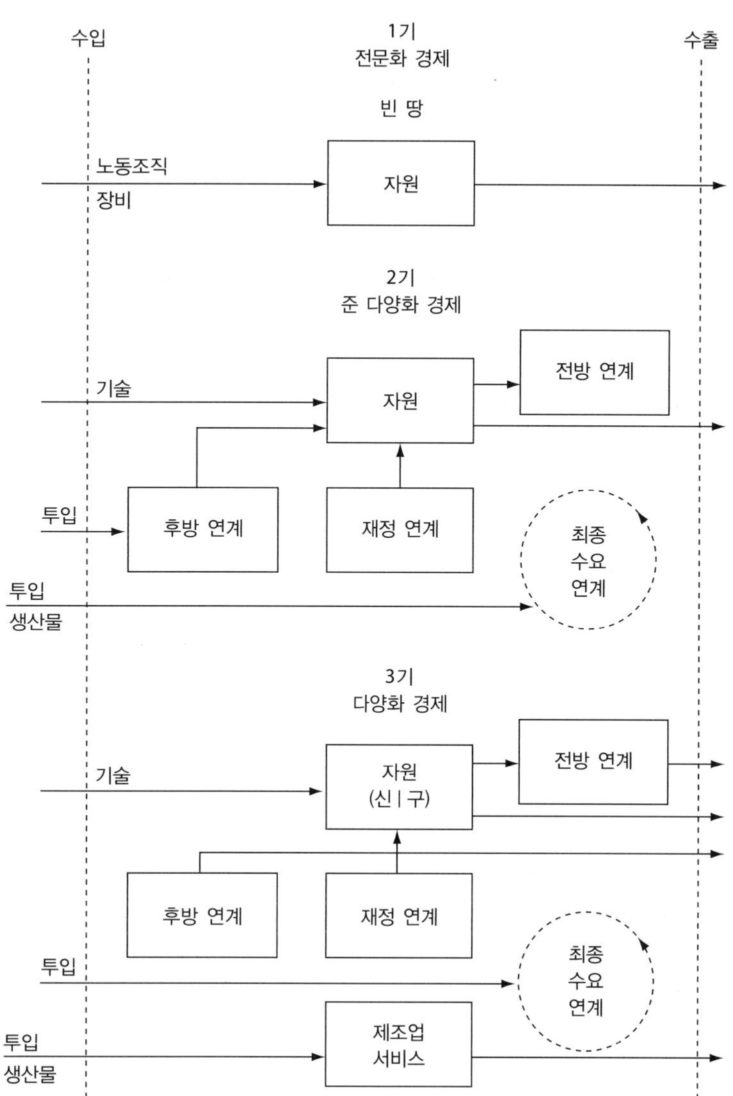

그림 9.6 자원개발과 다양화에 관한 시각화 모델

주 : 연계의 정의는 사례연구 2.2 참조

특산물의 함정 발전을 위해 자원에 의존하는 경제가 경제의 다양화를 도모할 기회가 제한되는 것을 경험하게 되는 것

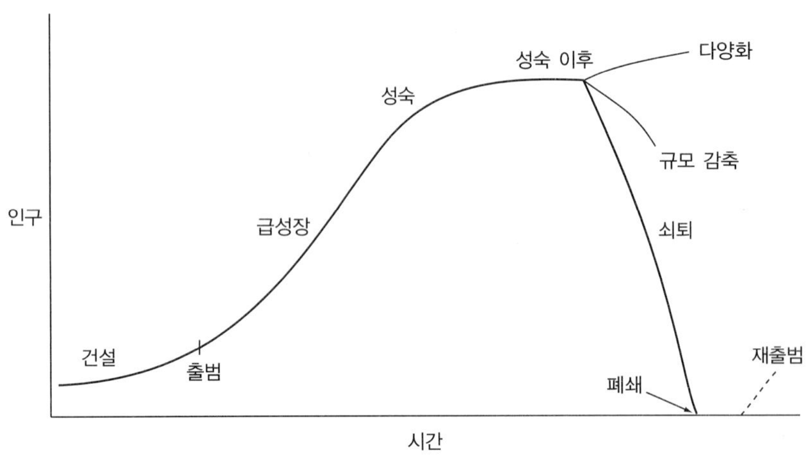

그림 9.7 캐나다 자원도시의 생애주기

출처 : Lucas(1971); Bradbury and St Martin(1983)

이 모델에서 특정 자원 취용을 목적으로 설립된 도시는 급격한 내적 성장을 경험한다. 인구가 안정화되고 자원 수출이 최고조에 이르는 순간이 성숙기의 시작점이 되고, 이는 자원활동이 감소하기 시작할 때까지 지속된다. 이 지속 기간은 대단히 다양할 수 있다. 바로 그 지점에서 도시는 두 가지 넓은 가능성에 직면한다. 새로운 실제와 다양성에 적응을 시도할 수도 있고, 아니면 주민이 다른 곳에서 새로운 기회를 찾도록 내버려둘 수도 있다. 이 시점은 도시가 공급하던 지역 서비스가 '하락'하기 시작하는 시기이다. 결국 도시는 완전히 버려진다. 자원도시에서 다양화는 자원부문 바깥에서 서비스 일자리를 창출하는 방안을 찾는 것을 의미한다. 도시가 대도시지역과 충분히 가까운 경우는 숙박지나 은퇴자 커뮤니티로 재투자할 수도 있다. 보통 다양화에 대한 기회는 관광산업에 초점을 두는데, 보통 도시의 자원 역사와 관련된 관광상품을 개발한다.

그러나 소기업 전통이 거의 없거나 아예 없는 고립된 도시의 경우 성공 전망은 크지 않다. 전통적으로 캐나다의 자원도시들은 단일 회사의 통제 아래 개발된 경우가 많다. 1950년 이후 개발된 도시들은 계획할 때 생활 조건을 대도시 기준으로 만들었다. 그러나 자원도시를 쇠락 불가능할 정도로까지 계획할 수는 없는 노릇이다. 물론 쇠퇴는 자동적인 과정이 아니다. 어떤 자원도시는 인접한 도시지역이 팽창하면서 흡수됨으로써 살아남기도 했다. 다른 경우는 관광, 스포츠 및 레크리에이션, 보건 및 교육과 같은 활동을 개발해냄으로써 살아남았다. 다른 경우는 소규모 가난한 인구만 남아 그럭저럭 버텨나가고 있다.

자원주기가 마지막 단계에 이르면 다양화는 점점 어려워진다. 그 단계에서는 자원이 고갈되기 시작하고 채굴이 점차 비싸진다. 시장으로부터의 고립, 도시화 경제 부족, 그리고 지역산업 소유가 부재하는 경우 어려움은 가중된다. 전문 노동자들은 다른 곳의 같은 자원부문에서 기회를 찾으려고 재훈련을 받으려 하지 않는 경향도 한몫한다. 글로벌 규모에서도 마찬가지로 중요 자원을 가진 가난한 나라들도 다른 경제들과 마찬가지로 '**자원의 저주**(resource curse)'(이니스가 말한 '특산물의 함정'과 흡사한)라고 불리는 것으로부터 어려움을 겪는 선택을 하는 경향이 있다. 그리하여 자원경제들은 자신들의 자원 전문성에 갇히거나 어려움에 빠질 수 있다. 이것은 **네덜란드병**(Dutch disease)과 관련된 것으로서 발전이 빠르게 상승했다 하락하는 성향으로 인해 다양화에 대한 관심과 능력이 감소되는 것이다. 그

자원의 저주 풍부한 자원기반이 실제로는 가난한 나라가 지속가능한 발전과 다양화를 달성할 능력을 제한할 수 있다는 아이디어. 이니스의 '특산물의 함정'과 유사하다.

네덜란드병 자원 붐이 자국 통화가치를 증가시키고 수출품이 비싸지고 수입품은 싸지게 함으로써 제조업과 같은 다른 활동을 제약하는 경향을 말한다.

러한 감소는 원료자원 수출을 강조하는 외국인 소유 지분이 높기 때문에 발생하기도 하고 자원 채취의 목적에 국한된 교통 및 인프라 프로젝트에 의해 발생하기도 한다.

자원경제들은 왜 호황기의 이점을 이용해 선순환 모델이 예상되는 다양한 연계를 개발하지 않는가? 후방 연계의 경우 다국적 거대기업이 필요한 것(서비스, 장비, 연구개발 등)을 자국 공급자로부터 얻기를 선호한다면 기회는 희박할 수 있다. 자원 보유국 정부는 다국적기업의 그러한 선호를 수용하여 자원 취용을 원활하게 하고 자유무역 원칙을 지지하는 길을 선택할 수 있다. 전방 연계의 경우도 그 다국적기업이 주요 시장 가까운 곳에 투자하기를 선호하고 운송비 조건도 운수기업들이 자원 부국에서 부가가치 활동을 하는 것을 억제한다면 마찬가지로 신통치 않을 수 있다. 특히 광산채굴에서는 자원 프로젝트가 자본집약적이고 상대적으로 적은 노동자만을 고용하는 경우가 많다. 임금이 높더라도 전체적인 지출은 크지 않아서 이 경우 최종 수요 연계의 발전도 제한적이다.

재정 연계의 경우도 자원 붐에 의해 피해를 입을 수 있다. 네덜란드병 가설에 따르면 자원 붐은 다른 부문에서의 발전을 다양한 방식으로 잠식한다. 통화가치를 증가시킴으로써(제조업 및 서비스 수출이 비경쟁적이게 됨), 그리고 정부지원이 자원산업에 집중되도록 함으로써 다른 부문을 손상한다는 것이다. 다양화에 실패하는 문제는 정부가 재정 잉여를 사소한 것에 쓰거나 부적절한 프로젝트에 허비하거나 또는 부패가 광범위한 경우 심각해진다.

자원 붐과 쇠퇴주기가 자원 의존을 강화하면서 다양화에 어려움을 만들기도 한다. 자원 붐 기간에는 정부, 노동자, 그리고 도시는 다양화에 대한 인센티브가 거의 없다. 그런데 자원 붐이 고갈되고 지대도 감소하면 다양화를 위한 금융의 필요성을 찾기가 더 어려워진다. 더욱이 자원경제들은 국제시장에서 무역 측면에서 쇠퇴를 경험한다. 즉, 그들의 수출품 가격이 하락하고 그들이 수입하는 제조업 상품과 서비스의 가격은 상승한다. 자원 공급자들 간 경쟁과 대체 생산물의 개발이 무역 쇠퇴를 부채질한다. 반면 자원도시에 사는 사람들은 보통 매우 많은 비즈니스 주기를 경험한다. 그래서 그들은 목하의 불황이 자원주기 전체의 '쇠퇴(winding down)'인지 아니면 곧 다른 호황이 돌아올 것인지 알아차리기 어렵다. 그래서 자원 의존은 장기적인 발전에 깊은 어려움을 부과한다.

자원 공급지역과 소비지역은 보통 자원이 얼마나 빨리 취용되는가에 관해 매우 다른 관점을 갖고 있다. 전형적으로 소비지역은 더 빠른 취용률을 선호한다. 공급이 증가해야 가격이 내려가기 때문이다. 반면 자원지역은 느린 성장률을 선호한다. 인플레이션 효과를 줄이고 자원의 수명을 늘리고자 하기 때문이다. 그렇게 자원의 시간 지평을 충분히 늘려 자원지대를 통해 사회자본을 구축하고 다양화 기회에 자금을 제공하며, 높은 이윤율이 사라지지 않도록 하려는 것이다. 예컨대 1970년대와 80년대에 뉴펀들랜드 주 정부와 캐나다 연방정부 간에 히버니아 해상유전을 얼마나 빨리 취용해야 하는가에 대한 큰 의견 불일치가 있었다. 최근에는 OPEC 카르텔이 원유 공급을 증가시키지 않으려 하고 있는데, 이는 유가를 감소시키는 시장경제의 욕망을 만족시키지 않기 위해서이다.

결론

인간과 자연의 긴장은 특히 물질과 에너지가 필요한 비재생자원에서 뚜렷하다. 그래서 글로벌 환경 변화는 간단히 배출량으로 측정되는데, '현명한 자원 사용'을 규정하는 새로운 노력을 요구하고 있다. 더 현실적인 가격 설정(예 : 탄소 배출에 세금을 부과하여 가격을 설정함으로써 환경비용을 내부화하는 것)이 더 효율적인 자원 사용을 유도하는 데 결정적이다. 아마도 가장 근본적인 해결책은 연구개발과 혁신을 자원 사용에 초점을 맞추고 환경에 위해가 더 작은 대안적인 연료를 개발하는 데 초점을 맞추는 것이다.

연습문제

1. 그림 9.1은 OPEC 국가들, 특히 중동 국가들이 주요 석유 수출국임을 보여준다. OPEC의 석유생산 제한정책은 개발을 촉진하는 데 성공적이었는가? 그 시장 제한이 사라진다면 글로벌 개발에 유익할까? 다음 중 하나를 토론하라. 만약 애서배스카 오일/타르샌드가 폐쇄된다면 (a) 석유산업, (b) 캐나다 경제, (c) 지구온난화에 어떤 영향을 미칠 것인가?
2. 자원의 공공 소유 사례가 있는가? 자연은 공공 신탁이 되어야 한다고 생각하는가? 자원 소유와 통제의 일반적인 패턴은 무엇이며 여러분의 지역에서는 어떠한가?
3. 부엌에서 수도꼭지를 틀 때 또는 거실에서 전등 스위치를 켤 때, 그 물과 전기는 어디서 오는가? 그것들은 어떻게 거기에 도달하는가? 이러한 공급의 성격과 조직이 최근 몇 년 동안 변해왔는가? 어떻게 변해왔는가? 장래에 어떻게 변할 것인지 알고 있는가?
4. 여러분이 사는 지역은 에너지 사용을 줄이고 더 지속가능한 에너지원을 촉진하기 위해 어떤 프로그램을 운용하고 있는가? 얼마나 성공적이었는가?
5. 여러분 지역에 원자력이 있어야 하는가? 세계는 그러한가? 에너지 자급은 좋은 생각인가?
6. 이 장(그리고 내용)은 물을 자원으로 다루지 않았다. 맑은 물의 세계경제지리를 한 장에 저술한다면 그 개요를 쓸 수 있겠는가? 여러분의 커뮤니티에서는 물 공급이 어떻게 이루어지고 규제되는가?

핵심용어

공동 재산	석유수출국기구(OPEC)	자원의 저주	현물거래
네덜란드병	선물거래	재생자원	후방 연계
부가가치	호황-불황 주기	전방 연계	
비용-가격 압박	자원주기	최종 수요 연계	
비재생자원	자원지대	특산물의 함정	

추천문헌

Auty, R.M., 2001, *Resource Abundance and Economic Development*, Oxford: Oxford University Press.
자원의 저주를 논의하고 개발도상국에서 풍부한 자원이 경제 발전을 이끄는 아이디어에 대해 찬반의 증거들을 탐색한다.

Bakker, K. and Bridge G., 2006, "Material world? Resource geographies and the matter of mature", *Progress in Human Geography* 30: 11-23.
자연의 물질세계와 인간행동 간 관계에 관한 최근의 생각을 심화하여 논의한다.

Bradshaw, J.J., 2007, "The greening of global project financing: The case of the Sakhalin-II off-shore oil and gas project," *The Canadian Geographer* 51: 255-79.
환경 NGO가 석유 다국적기업을 어떻게 책임을 요구하는가에 대한 사례연구

Bridge, G., 2001, "Resources Geography," *International Encyclopedia of the Social and Behavioral Sciences* 132: 66-9, Elservier Science Limited.
'자원'의 의미를 포함하여 자원지리학에 대한 간략한 소개

Bridge, G., Bouzrovski, S., Bradshaw, M., and Eyre, N., 2013, "Geographies of energy transition: Space, place and the low-carbon economy," *Energy Policy* 53: 331-40.
에너지 전환의 지리에 대한 훌륭한 개관

Campbell, C.J., and Laherrère, JH., 1998, "The end of cheap oil," *Scientific American*, March: 78-83.
석유의 글로벌 생산 감소에 관한 명징한 경고, Duncan and Youngquist(1998)와 같은 방향

Clapp, R.A., 1998, "The resource cycle in forestry and fishing," *The Canadian Geographer*, 42: 129-44.
자원주기 모델을 설명하고 그것을 두 가지 재생가능 자원산업에 작용하는 것을 논의한다.

Duncan, R.C, and Youngquist, W., 1998, *The World Petroleum Life-Cycle*, http://dieoff.com/page133.htm(2009년 8월 4일 접속).
산업 연구자가 쓴 글로벌 석유생산에 대한 예측. 예측이 정확했던 것으로 입증된 바 있다.

Freudenburg, W.R., 1992, "Addictive economies: Extractive industries and vulnerable localities in a changing world economy," *Rural Sociology*, 57: 305-32.
북미의 자원도시의 다양성을 제한하는 경제적 및 비경제적 요인들에 대한 훌륭한 개관

Hanink, D. 2000, "Resources," pp. 227-41, in Sheppard, E. and Barnes, T.J., eds, *A Companion ot Economic Geography*, Oxford: Blackwell.
자원개발에 관한 핵심 개념과 이슈에 대한 유용한 안내

Hardin, G., 1968, "The tragedy of the commons," *Scientific American* 162: 1243-8.
'공유지', 사실상 접근이 열려 있는 자원에 대한 인간의 과잉 취용 경향에 관한 효시가 된 논문

Hayter, R. and Barnes, T., 1990, "Innis' staple theory, exports, and recession: British Columbia 1981-86," *Economic Geography* 66: 156-73.
캐나다 모델인 이니스의 특산물의 함정 이론에 대한 개관. 이 이론은 자원개발과 그것이 1980년대 초 브리티시컬럼비아 경제의 심각한 불황과의 연관에 관한 것이다.

Lahiri, Dutt, K., 2003, "Informal coal mining in Eastern India: Evidence from the Raniganj Coalbelt," *Natural Resources Forum* 27: 68-77.
국영 및 민간회사 모두가 억제하고 있지만, 이 지역의 소규모 석탄 채굴은 수천 명 인도인의 삶에 중요하다.

Le Billon, P, 2001, "The political ecology of war: Natural

resources and armed conflict," *Political Geography* 20: 561-84.
가난한 나라에서 자연자원 취용은 '실제' 전쟁의 중심에 있다는 것을 검토한 논문

Parker, P., 1997, "Canada-Japan coal trade: An alternative form of the staple production model," *The Canadian Geographer* 41: 248-66.
일본 무역회사와 석탄 사용자들이 특히 캐나다와 석탄 공급을 개발해 온 방식에 대한 여전히 유효한 분석

Patchell, J. and Hayter, R., 2013, "Environmental and evolutionary economic geography: Time for EFG?" *Geografiska Annaler* Series B 95: 111-30.
진화경제지리학을 환경지리학과 엮는 방법에 관한 저자의 다규모적 관점

Stern, P. and Hall, P., 2010, "Historical limits: Narrowing possibilities in Ontario's most historic town," *The Canadian Geographer* 54: 209-27.
코발트 광산도시가 관광지로 전환하고 자신을 브랜드화하기 위해 수행한 노력과 그 전략으로 인해 억제되었던 다른 선택들

Watkins, M.H., 1963, "A staple theory of economic growht," *The Canadian Journal of Economic and Political Science* 29: 141-8.
이니스의 캐나다 경제발전 모델을 요약한 고전적인 연구

Yergi, D, 1992, *The Prize, The Epic Quest for Oil, Money and Power*, New York: Free Press.
중동 석유산업의 발전에서 기업과 국가의 관심이 얽히는 것에 대한 상세한 설명

Zimmerman, E.W., 1956, *World Resources and Industries*, New York: Harper Row.
1939년에 초간되어 1960년대까지 경제지리학 교재로 널리 사용된 고전적인 연구서

참고문헌

Constanza, R., et al., 2014, "Changes in the global value of ecosystem services," *Global Environmental Change* 26: 152-8.

Zimmerman, E.W., 1956, *World Resources and Industries*, New York: Harper Row.

제10장

농업

도시의 수많은 임금 소득자들, 즉 참으로 쓸모없고 자본이 지급하는 임금(그것도 생활필수품을 얻기 위해 어떤 가격에라도 지불할 수밖에 없는)에만 의존하는 사람들이 만약 그나마 최소한 생필품은 자급할 수 있는 곳인 시골에 살았다면 그편이 훨씬 나을 것 같다.

(Bryce, 1914)

• • •

그러나 밀물은 결코 돌아오지 않는다. 땅으로 돌아가는 것은 헛된 꿈이다. 우리는 더 이상 목축시대로 돌아갈 수 없다. 방추와 베틀이 있는 방으로 되돌아가는 것보다 더욱.

(Howe, 1915)

이 장의 전체적인 목표는 농업부문의 경제지리와 세계경제에서 농업의 역할을 검토하는 것이다. 주요 내용은 다음과 같다.

- 세계의 농업활동의 다양성을 탐색한다.
- 튀넨의 지대 모델을 소개하고 로컬에서 글로벌까지 다양한 스케일에서의 그 모델의 적용 가능성을 검토한다.
- 개발도상국과 선진국에서 식품 안전성의 서로 다른 의미를 탐색한다.
- 농업에서 정부 보조금의 역할을 검토한다.
- 식량산업과 관련하여 환경 및 보건적 관심을 조사한다.
- 전통 및 산업화된 농업에 대한 현재의 대안을 탐색한다.

이 장은 3개의 절로 되어 있다. 1절은 로컬 및 글로벌 스케일에서 농업에 영향을 미치는 시장, 정치, 문화의 힘을 개념적으로 논의한다. 2절은 국내 및 글로벌시장을 연결하는 농업조직을 강조하고, 개별 농가의 가격 수용자로서의 역할, 그리고 식량의 생산·처리·배송에서의 통합 압력을 논의한다. 3절은 농업을 형성하는 지역 및 커뮤니티의 역동성을 탐구한다.

임업과 어업은 몇 가지 중요한 점에서 농업과 다르지만, 몇몇 성격을 농업과 공유한다. 적절한 곳에서 이들을 포함하여 논의할 것이다.

농업에서의 지리적 다양성

차를 멈추고 도로가 매대에서 농장에서 갓 나온 신선한 옥수수를 사본 적이 있는가? 비슷한 도로변 매대는 일본에도 있는데, 지나가던 사람들이 농산물을 상자째로 살 수 있다. 튀니지에서는 아이들이 손을 흔들어 자신들이 밀로 만든 빵을 판다. 베트남에서는 열차를 타고 가다 역에 정차하면 수십 명의 로컬 과일 생산자들이 과일을 팔고 있다. 프랑스에서는 포도 농부들이 지하 저장고에서 로컬 포도주(vin du terroir) 한잔 마시라고 당신을 초대할 수도 있다. 이런 사례들은 모두 농부들의 딜레마를 표현한다. 즉, 시장은 멀고 배송은 비싸다는 것. 고객들이 접근하는 이 몇몇 사례에서는 농부들이 운송비를 절약할 수 있고 중개상을 배제하여 소매가에 근접한 가격을 부를 수 있다. 이 사례들은 생산 장소와 소비 장소, 그리고 양자를 연결하는 배송 시스템의 지리적 긴장을 전형적으로 보여주는 것이다(그림 10.1).

환경 조건 토양, 지형, 식생, 물, 기후 등 특정 지역의 자연상태

세계의 농업생산은 지역적으로 특화되어 있다. 이것은 **환경 조건**(environmental condition)과 지역문화 전통에서 비용과 시장 접근이라는 경제적 고려 및 지역경제발전 수준, 기술 진보 정도, 그리고 정부 거버넌스 및 국제무역 패턴에 이르는 광범위한 다중의 요인의 영향을 농업생산이 받고 있다는 것을 의미한다. 농업의 경제지리는 다양한 작물 및 가축보다 훨씬 더 많은 것을 포괄한다. 농업이 GDP에 기여하는 정도는 나라마다 대단히 다양하다. 캐나다와 같은 선진국의 경우 그 기여율은 매우 작다. 캐나다의 농업생산량과 수출량이 상당함에도 그러하다. 저개발국에서는 인구의 많은 부분이 농업에 종사하지만 그 생산력은 훨씬 낮다. 시장-제도-혁신 형태의 결과 그들이 농업에 종사하는 만큼 제조업이 없는 것이다.

서로 다른 지역의 서로 다른 곡물은 경쟁 이점을 반영한다. 농산물시장은 생산지에서 먼 경우가 많다. 농부들은 작물의 운송비를 계산해야 하고, 재배할 가치가 있는지 결정해야 한다. 이러한 비용은 무슨 작물을 어디서 재배할 것인지를 결정한다.

개별 농부는 공간상에 흩어져 있고 상대적으로 적은 양을 생산하므로, 농부들이 규모의 경제를 향유하기는 어렵다. 토지를 결합하여 크고 소수의 농장을 만드는 것은 규모의 경제를 창출하는 한 방법이다. 농업 효율성을 개선하는 다른 방법은 농부들이 집단적으로 **협동조합**(co-operative)을 만들어 가치사슬상의 하류부문, 즉 운송 · 저장 · 마케팅 등을 통제하는 것이다. 그러나 점차 이러한 일은 소수의 대규모, 거대기업들이 떠맡고 있다. 소비자에게는 이러한 조직은 저가의 표준적인 농공업(agro-industrial) 생산물의 확대를 의미한다. 농부들에게는 부가가치가 점점 가치사슬상의 다른 부문에서 가져가는 것을 의미한다. 결과적으로 농부들의 수입은 줄어들고 한때 농업 활동의 클러스터로 흥성했던 마을이 쇠퇴하게 되는 것을 의미한다.

협동조합 회원이 공동으로 소유하고 운영하는 조직 또는 사업체

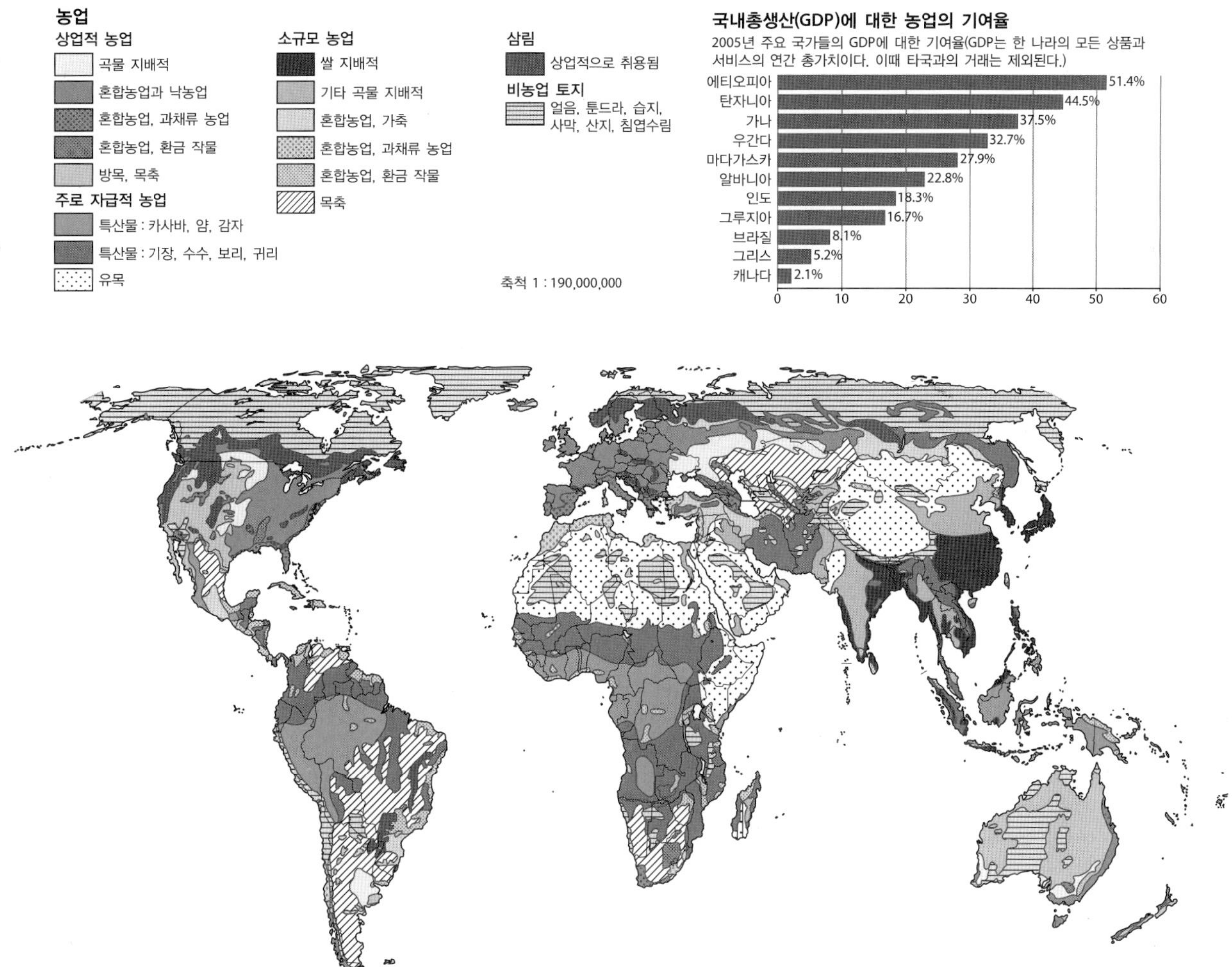

그림 10.1 세계의 농업 지도

출처 : *Canadian Oxford School Atlas*, ed. by Quentin H. Stanford and Linda Masci Linton(9e, OUP, 2008), OUP. OUP의 허락하에 재인쇄함

지역 및 글로벌시장 : 불균등과 딜레마

농업이 어디서 어떻게 이루어지는지를 지배적으로 결정하는 것은 시장이었다. 수천 년간 농장 생산물은 지역시장에만 국한되었다. 그러나 지난 두 세기 동안 전국시장 및 국제시장이 점차 중요해졌다.

시장과 자연

농업 특화를 자연적 변이(토양, 기후, 지형)와 관련짓는 것은 유혹이다. 실제로 그러한 변이가 비용과 수입구조를 통해 중요하게 작용한다. 그러나 자연 조건이 균질하게 분포되더라

요한 하인리히 폰 튀넨 독일의 지주이자 경제학자로 *The Isolated State*(1826)에서 농업 토지이용 이론(나중에 도시 토지이용 이론으로 확장됨)을 소개했다.

입지지대 단위 토지에서 얻는 잉여 수입으로 수입이 비용과 상쇄되는 한계 토지에서 얻는 수입 이상의 잉여를 말한다.

정상 이윤 생산활동을 지속하게 하는 데 필요한 최소한의 이윤. 이론적으로는 비용으로 계산된다.

집약적 농업 상대적으로 헥타르당 투입(단위 토지당 노동, 자본, 비료, 종자)이 높고 소득도 높은 농업 양식

조방적 농업 상대적으로 헥타르당 투입(단위 토지당 노동, 자본, 비료, 종자)이 낮고 소득도 낮은 농업 양식

도 농업활동의 지리적 변이는 시장과의 거리에 따라 발생할 것이다. 이러한 현상을 설명한 것은 1826년 독일의 경제학자이자 지주인 **요한 하인리히 폰 튀넨**(Johann Heinrich von Thünen)이 농업 토지이용 패턴이 도시시장 주변에서 체계적으로 변화할 수 있다고 주장한 것이 효시이다. 그의 원래 모델은 도시를 둘러싼 토지가 모든 면에서, 즉 토양 비옥도와 기복에서부터 교통 접근에 이르기까지 모두 균질하다는 것을 가정했다. 그리고 모든 농부(경제인으로서)는 토지에서 최대의 소득을 얻기 위해 **입지지대**(locational rent) 극대화를 추구한다고 가정했다. 시장에서의 거리에 따라 각 농업활동의 입지지대는 운송비 때문에 감소한다. 경작의 한계지에서는 수입이 비용으로 상쇄되고 **정상 이윤**(normal profit)만을 얻게 된다. 이 수준은 경작을 유지하는 최소한의 수입이다. 경쟁 압력하에서 입지지대를 극대화하기 위해서는 농부들은 도시에 최대한 가까운 토지(여기서는 높은 생산비가 낮은 교통비와 상쇄됨)에 노동과 자본을 투자하여 헥타르당 생산량(소득)을 늘리려 한다. 시장에서 멀어짐에 따라 농부들은 교통비와 생산비를 줄이려고 한다. 농부들은 헥타르당 생산량이 낮고, 노동 및 자본 투입이 낮으며, 헥타르당 운송비도 낮은 작물을 선택한다.

튀넨의 이상적인 경관에서 헥타르당 수입과 교통비 기울기가 농업활동의 종류에 따라 다르다면, 이 선택은 도시로부터 거리가 멀어짐에 따라 상이한 작물의 동심원 패턴을 만들어 낸다. 헥타르당 투입, 소득, 생산량이 높은 농업 유형은 **집약적 농업**(intensive agriculture)이라고 하고, 온실을 이용하는 과일 및 채소생산이 사례다. 반대로 헥타르당 투입, 소득, 생산량이 낮은 농업 유형은 **조방적 농업**(extensive agriculture)이라고 하고, 양 및 소 방목이 사례다. 어떤 경우는 동일한 작물, 예컨대 밀은 집약적으로 재배되기도 하고 조방적으로 재배되기도 한다. 그것은 입지지대에 따른 선택이다. 즉, 이 모델은 시장 근처의 집약적 농업과 운송비가 중요한 주변지역의 조방적 농업을 설명하는 모델이다.

물론 동질적인 평야는 실제로 드물다. 하나의 시장을 둘러싸고 있는 곳에서도 어떤 지역은 다른 곳보다 더 생산적일 수 있다. 예컨대 토론토의 북쪽에서 홀란드마쉬 지역은 채소작물로 유명하고, 서쪽의 나이아가라 단애지역은 어떤 종류의 농업에도 불리한 지역이다. 강이나 철도 또는 도로를 끼고 있는 지역은 그렇지 않은 지역보다 시장 접근이 더 쉬워, 생산활동을 더 끌어들일 수 있다. 이웃 도시와의 경쟁도 튀넨의 완전한 동심원을 파괴할 수 있다. 그렇지만 오늘날에도 서구의 도시(온타리오 남부와 같은) 주변의 농업 토지이용 패턴은 넓게 그의 모델과 유사하다.

상업농업은 19세기 동안 새로운 교통 시스템(운하, 철도, 증기선)을 따라 급격하게 팽창하였고, 특히 '신세계'로 급격히 팽창해 들어갔다. 동시에 시장 주변의 집약적 농업 패턴과 국가 및 글로벌 수준의 주변지역에 조방적 농업 패턴이 나타났다. 프레리와 중서부의 밀 농업과 오스트레일리아와 뉴질랜드의 양 방목, 그리고 아르헨티나의 소 방목이 조방적으로 발달하여 유럽과 북미 동부 도시들의 수요 증가에 대응했다. 튀넨의 이론을 염두에 두면 입지지대는 자연부존과 인간 전문성의 차이에 영향을 받으며, 생산의 공간 패턴은 지역 특성

에 따라 달라진다.

더욱이 지역 전문화의 패턴은 고정되지 않는다. 환경 조건이 동일하더라도 시장 선호, 운송비, 정부 정책 및 규제(예컨대 살충-제초제 규제와 보조금), 경쟁 압력, 농업 기술 등과 같은 많은 요인들이 기존 패턴을 바꿀 수 있다. 일반적으로 20세기에 이르러 운송비가 감소하면서 입지지대 및 농업 전문화에 대한 운송비의 영향은 감소되어 왔다. 그리고 주변지역의 조방적 농업도 유지할 수 있게 되었다. 물론 농업 기술도 영향력이 크다. 냉장고는 도시 주변의 원예농지가 이제는 수천 마일 떨어진 캘리포니아, 멕시코, 스페인 또는 연중 온난한 지역까지 분포할 수 있게 하는 데 영향을 주었다. 생명공학 또한 농업지리에 가장 강력한 영향을 주었다. 정부 보조금, 비옥도 차이, 노동비, 토지비용, 장비 가격, 기타 투입(종자, 비료, 살충제 등) 가격도 농업 토지이용을 형성하는 데 더 많은 영향을 주고 있다. 예컨대 미국에서는 옥수수 재배지역이 점점 콩 재배로 이동하였고, 2014년에는 콩 재배 면적이 약 8,480만 에이커였다. 거의 '왕' 옥수수의 재배 면적과 동일했다. 콩은 가격이 높았고 중국에 대규모 수출시장이 열렸기 때문이다. 더욱이 비료비용도 낮았었다. 그러나 옥수수 재배 면적은 부분적으로 유지되었는데, 이것은 그것이 미국이 에너지 자급 및 환경보호 목적으로 연구개발 프로그램과 보조금을 통해 개발하고자 했던 바이오디젤과 에탄올 연료의 주요 원료였기 때문이다.

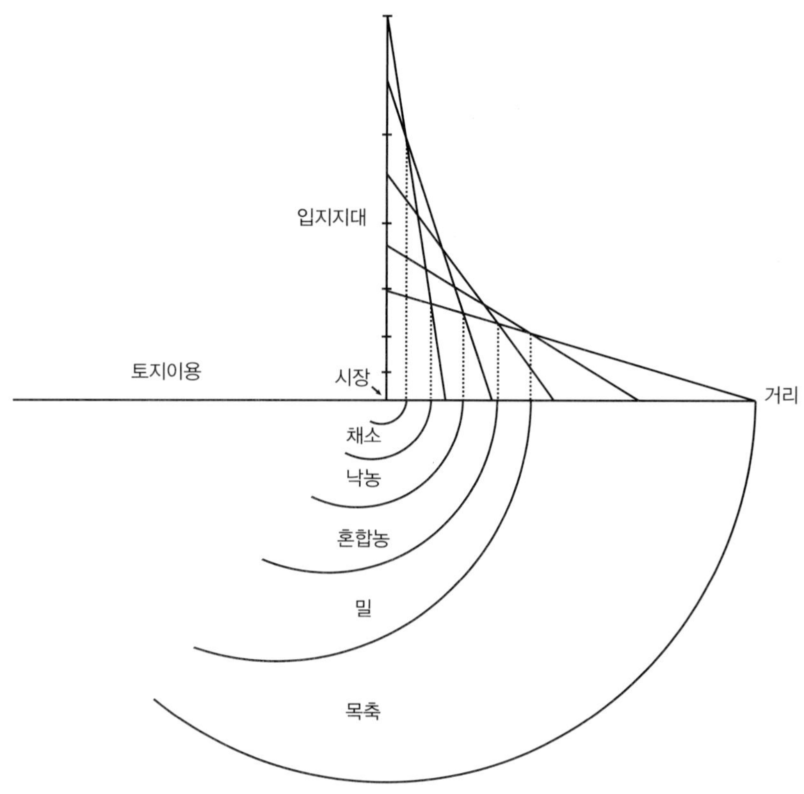

그림 10.2 입지지대에 의한 토지이용

시장 주변에 등질적인 평면이 있고 상이한 농업활동이 단위 토지당 창출할 수 있는 최고 지대에 따라 입지한다. 그 합은 총수입에서 총비용을 뺀 값이다.

LR = Y[(p − a)] − Yfk

LR : 입지지대

Y : 헥타르당 생산량

p : 생산물 단위당 가격

a : 생산비

k : 시장까지의 운송거리

f : 생산물 단위당 운송비

일반적으로 지역 특화는 시장 수요에 대응하여 개발되고 변화된다. 그래서 남부 인도와 말라카 군도(스파이스 군도)는 향신료 생산에 특화되었고, 이는 환경적으로 그것이 불가능한 유럽시장에 공급하기 위한 것이다. 캐나다의 지역 특화는 프레리의 곡물과 소, 산악과 구릉지의 소, 오카나간 계곡과 나이아가라 반도의 과일과 채소, 그리고 세인트로렌스 저지대의 낙농업이었다. 미국에서는 중서부는 옥수수와 콩에 특화되었고, 캘리포니아는 과일, 채소, 너트류, 면화, 쌀, 포도에 특화되었다. 플로리다는 오렌지류, 채소, 사탕수수에 특화되었다. 몇 가지 예외가 있다면 감자, 토마토, 옥수수는 모두 다른 곳(주로 유럽)에서 기원했고 경관적으로 지배적이라는 것이다.

글로벌 무역의 증가와 함께 전문화도 강화되어 왔다. 비교적 저가인 농산물, 즉 대두나 대두박, 밀, 옥수수는 낮은 가격에 대량으로 수출된다(표 10.1). 초기 처리를 한 상품은 수

표 10.1 세계 최대 무역량 농업상품(2011)

순위	상품	수량(톤)	가치(1,000달러)	단위가치(달러/톤)
1	대두	90,813,977	51,403,325	566
2	밀	147,205,956	51,184,265	348
3	기타 식량	13,416,474	49,892,030	3,719
4	팜유	36,589,672	42,034,273	1,149
5	옥수수	108,067,148	36,342,489	336
6	고무(양건)	7,179,256	33,765,962	4,703
7	포도주	10,004,329	33,041,355	3,303
8	커피(원두)	6,445,688	28,303,554	4,391
9	증류주	4,074,220	27,945,091	6,859
10	대두박	63,593,084	27,458,049	432
11	쇠고기(무뼈)	4,931,836	26,246,728	5,322
12	담배	1,003,748	25,381,577	25,287
13	치즈	4,764,853	24,670,883	5,178
14	면화사	7,856,760	23,177,384	2,950
15	설탕(원당)	33,838,303	22,649,899	669
16	패이스트리	6,958,052	22,542,345	3,240
17	초콜릿	4,717,528	22,429,658	4,755
18	닭고기	11,391,477	21,792,056	1,913
19	돼지고기	5,260,397	18,300,081	3,479
20	설탕(정제당)	21,921,611	16,694,636	762

출처 : FAO database(FAOSTAT). http://faostat.fao.org/site/342/default.aspx. 허락하에 재인쇄함

출가치가 부가된다. 부유한 시장경제 국가에서는 상품 수출이 중요해지고 그래서 (a) 잠재적으로 가난한 나라의 중요한 식량원이 됨과 동시에, (b) 가난한 나라의 비효율적인 농부들에게 위협이 된다(표 10.2). 풍부한 보조금으로 프랑스는 2011년 오스트레일리아나 캐나다보다 밀을 더 많이 수출했다. 예상대로 2011년의 최대 농업 수출국은 부유한 나라들이다. 중국은 최대 교역상품 6개 중 4개의 최대 수입국이다(표 10.3).

표 10.2 주요 농업상품 수출국(2011)

순위	지역	상품	가치(1,000달러)
1	미국	대두	17,563,868
2	말레이시아	팜유	17,452,177
3	인도네시아	팜유	17,261,248
4	브라질	대두	16,327,287
5	미국	옥수수	13,982,404
6	인도네시아	천연고무	11,735,105
7	브라질	설탕(원당)	11,548,786
8	미국	밀	11,134,659
9	태국	천연고무	10,634,724
10	프랑스	포도주	9,941,495
11	아르헨티나	대두박	9,906,725
12	미국	면화사	8,425,179
13	영국	증류주	8,330,057
14	브라질	커피(원두)	8,000,416
15	브라질	닭고기	7,063,214
16	프랑스	밀	6,738,299
17	이탈리아	포도주	6,075,404
18	캐나다	밀	5,742,111
19	오스트레일리아	밀	5,709,036
20	브라질	대두박	5,697,860

출처 : FAO database(FAOSTAT). http://faostat.fao.org/site/342/default.aspx

표 10.3 주요 농업상품 수입국(2011)

순위	지역	상품	가치(1,000달러)
1	중국	대두	29,726,067
2	중국	면화사	9,466,067
3	중국	천연고무	8,572,961
4	미국	커피(원두)	7,081,860
5	인도	팜유	6,765,572
6	중국	팜유	6,634,042
7	미국	증류주	6,399,268
8	일본	담배	5,758,924
9	일본	옥수수	5,347,247
10	일본	돼지고기	5,205,930
11	미국	포도주	5,046,034
12	독일	커피(원두)	4,902,386
13	미국	천연고무	4,837,811
14	영국	포도주	4,781,924
15	독일	치즈	3,997,915
16	미국	맥주	3,795,971
17	일본	천연고무	3,783,464
18	독일	포도주	3,252,589
19	이집트	밀	3,199,207
20	영국	식품준비품	3,111,616

식량안보와 보조금

1996년에서 2006년까지 세계 고용에서 농업의 고용 몫은 41.9%에서 36.1%로 떨어졌고, 2012년에는 33.5%가 되었다. 그래도 여전히 10억 명이 종사하고 있다. 세계 농업 노동자의 대다수는 남부 및 동부 아시아와 사하라 이남 아프리카(이곳은 노동력의 약 2/3가 농업에 종사)에 있다. 이들 지역에서는 농업생산 대부분이 시장으로 가지 않고 지역에서 소비된다. 이것은 **자급농업**(subsistence agriculture)으로서 가계 소비를 주목적으로 하는 농업이기 때문이다. 자급농업은 소규모이고 다작물이며(연중 가계를 부양하려면 한 가지 이상의 곡물이 필요), 노동집약적이다. 반대로 선진국에서는 노동력의 1/3만 농업에 종사하고 GDP 기여

자급농업 가족 부양을 위한 농업으로 잉여 생산은 적거나 없다.

율도 매우 낮다. 이러한 나라에서는 농업이 대규모이고 자본집약적이며 고도로 전문화되어 있을 뿐 아니라 국내 소비 및 국제도시 시장을 지향한다.

식량 불안은 인류의 인구문제 중 하나로 남아 있다. 2013년 유엔 식량농업기구(FAO)(http://www.fao.org)는 약 8억 4,200만 명, 특히 남아시아 및 동아시아, 그리고 아프리카의 인구가 장기적인 영양결핍 상태에 있는데, 시골지역의 3/4이 그러하다고 추정했다. 알려지지 않은 기아 주민의 영양 부족까지 합하면 더 많을 것이다.

기아의 원인은 복잡하다. 척박한 토양, 강수 부족, 과잉 인구, 전쟁, 질병, 교육 부족(특히 여성에게), 정부의 부패 등을 포함한다. 시장 접근이 부실한 것도 중요한 요인 중 하나다. 자급농업도 소규모 잉여가 있어서 적절한 시장에 운반할 수 있다면 그 잉여 농산물을 팔 수 있다. 그러나 많은 경우 인프라 투자(교통, 통신, 저장시설 등)가 부족하여 소농들은 생산물을 팔 수 없고 소득을 얻을 수 없고 생산성 향상에 투자할 수도 없다. 이러한 문제를 줄이기 위해서는 유엔의 새천년개발 프로그램 중 하나가 필요하다. 즉, 선진국과 개발도상국 모두에게 요청되는 프로그램으로서 영양 개선, 농업생산성 향상, 자연자원 보존, 사회 안전망, 마을 수준에서의 시장 접근을 확보하도록 하는 것이다.

식량안보(food security)는 선진국에게도 적어도 두 가지 방식으로 요청된다. 첫째, 대부분의 나라들은 스스로 전혀 생산할 수 없거나 또는 다른 나라만큼 경제적으로 생산할 수 없는 식량을 어느 정도 수입에 의존해야 한다. 일본과 영국은 자국 인구의 칼로리 필요량의 거의 절반을 수입에 의존한다. 둘째, 사람들이 소비하는 식량의 안전을 확립하는 것은 핵심 사안이다. 그래서 농업이 주요 산업이고 경쟁 효율성이 있더라도 국민건강을 위해서 정부는 높은 수준의 규제를 해야 한다. 이 규제는 전국적이어야 하는데, 이는 국내에서 온 것이든 수입된 것이든 식량이 국가 내 어디로든 운송되기 때문이다. 중앙정부 당국은 식량에서 발생한 질병의 위치를 추적해야 한다.

식량안보 국민들이 건강한 삶을 유지하기 위해 필요한 충분한 칼로리와 영양을 얻을 수 있도록 식량에 접근하는 것을 보장하는 것

농업의 정치경제는 식량안보 이상을 포함한다. 유럽과 북미에서는 독립 농가들이 중요한 유권자들로서 지방정부에서 전국 정부에 이르기까지 강력한 로비를 수행하는 조직을 갖고 있다. 두 번째로 강력한 로비조직은 농식품산업인데, 이들은 농부조직과 때로는 협력하기도 하고 때로는 갈등한다. 이들의 로비 압력 때문에 선진국의 농업은 많은 보조금을 받고 있어서 정부 지불이 농가 소득의 중요한 부분을 차지할 정도이다. 보조금은 농가의 자급과 촌락의 고용 수준 유지와 관련된 이유로도 제공될 수 있다. FAO가 마련한 보조금의 지표를 보면 캐나다 정부는 2007년 모든 농업상품에 대해 그 가치의 1%만큼 보조하였다. 그런데 미국은 10%였고 유럽은 26%로 추산되었다. 2007년과 2008년에 캐나다 연방정부와 주정부는 농업부문 GDP의 40%에 해당하는 보조금을 지급하였다. 많은 나라들이 농업을 보조하지만 가장 최대의 지원은 EU, 미국, 일본이다. 농부에 대한 직간접 지불이 보조금의 가장 많은 부분이고, 연구와 검역에 대한 지출이 그다음으로 중요하다.

농업 보조금은 비싸지만 그에 대한 불만은 거의 없다. 이는 그들이 대표하는 농부와 문화

전통에 대한 존중 때문이기도 하고, 지방 생산에 대한 지원 그리고 일정 정도의 지방 자급에 대한 지원이기 때문이기도 하다. 그러나 개발도상국과 개발도상국을 지원하는 나라들은 선진국에서의 보조금을 비판한다. 왜냐하면 보조금이 선진국의 농산물 가격을 낮추기 때문이다. 선진국의 농업 보조금 때문에 저개발국이 자국의 농산물을 수출하기 어렵기 때문이기도 하고, 선진국 농산물을 수입하게 되어 자국 생산자들이 매기려는 가격을 낮추기 때문이기도 하다.

다수의 선진국들은 개발도상국들과 반대의 문제에 직면해 있다. 그것은 너무 많은 식량을 생산하고 또 너무 많이 소비하고 있다는 것이다. 그러나 양만 문제가 되는 것은 아니다. 점점 더 번영하면서 식량 소비의 유형이 크게 변화되었다는 것이다. 채소, 과일, 곡물 소비로부터 점점 고지방, 고염도, 고당도에 영양 가치는 낮은 육류, 유제품, 가공식품 비중이 높아지고 있다는 것이다. 그 결과 2000년 과체중 인구가 세계적으로 13억이나 되어 영양 부족 인구(8억 명)를 훨씬 넘어서게 되었다(Popkin, 2007). 더 나쁜 것은 다수의 과체중 인구는 선진국에 살고 있고, 그들의 생활 패턴은 점차 개발도상국으로 '수출'되고 있어 유사한 결과를 초래하고 있다는 것이다. 불량하게 가공된 식품에 기반한 식사, 그리고 운동 부족은 개발도상국 사람들을 점점 더 서구의 많은 사람들이 겪는 것과 유사한 만성질병(당뇨, 심장병 등)의 위험에 노출되게 되었다.

영양학자인 마리온 네슬레(Marion Nestle, 2007)는 다음과 같이 지적하였다. 주주가치를 증가시키려는 압력 때문에 식품가공회사와 식료품회사들이 (a) 점점 더 저품질 식품을 생산하고 판매하게 되었으며, (b) 식욕을 유발하는 성분과 마케팅 기술을 연구하도록 했다는 것이다. 이 문제는 정부가 식품가공과 식품화학 관련 연구개발을 더 지원하면서 악화되어 왔다. 과일과 채소 분야의 연구개발에는 지원이 덜 주어져 왔다는 것이다.

농업과 환경

농업, 임업, 어업은 모두 사람을 위해 자연 생태계를 착취하는 활동이다. 오늘날 농경지는 지표의 10%를 취하고 있으며 목축과 목초지는 약 30~40%를 취하고 있다. 브라이언트(Bryant, 1997)가 추정한 바에 의하면, 농업 이전 사회에서 세계는 622억 3백만 제곱킬로미터의 삼림을 갖고 있었는데, 이 중 절반이 제거되었고 22%만 원래대로 자라고 있다. 지구의 해양 및 육수환경의 거의 대부분은 모두 어업과 양식업으로 취용[1]되고 있다. 그 결과 서식지 상실, 야생 개체수 감소(어떤 경우는 멸종), 생물 다양성 감소가 이어지고 있다. 후자의 문제는 광범위한 **단일 경작**(monoculture) 선호에 의해 악화되고 있는데, 농업에서뿐 아니라 임업과 어업에서도 그러하다. 단일 식량 작물(밀, 쌀, 대두)이나 하나의 상업적 수목(팜, 고무나무, 소나무)으로만 넓게 재배하면 야생생물이 머물 자리를 거의 남기지 않게 된다. 양

단일 경작 한 가지 유형의 작물을 재배하는 것

1 역주 : '취용'(exploit)은 'exlpoit'을 번역한 말로 표준국어대사전에 '가져다 씀'이라고 등재되어 있다.

식업에서는 상업용 어류 농장이 야생종의 서식지를 빼앗기 때문에 그들에게 치명적인 질병과 기생충을 키우게 된다. 그리고 많은 경우 야생어류를 잡아 양식어류의 먹이로 주게 된다.

단일 경작은 대량의 살충제(살충제, 살균제, 제초제)와 비료를 투입하게 된다. 그 결과 토양과 물이 오염된다. 즉, 토양 붕괴와 토양 침식이 나타나며 호수와 강의 퇴적과 부영양화가 나타난다. 해안지역에서는 저산소증이 나타나고 잔류 화학물질로 소비자에게 위해가 된다. 산업적 농업에서는 또 다른 파괴적인 실천이 나타나는데, 가축을 과밀 사육하면서 건강상태를 유지하기 위해 항생제를 남용하는 것이다. 그리고 관개는 시간이 지나면 염분이 토양에 축적되어 더 이상 땅을 사용할 수 없게 한다. 화학비료와 농약을 사용하여 70억이 넘는 인구를 부양하고 있는데, 이것은 아마도 지구가 부양했을 인구 크기보다 20억 이상은 더 많은 수치로 보인다. 그러나 이 개입, 즉 소위 녹색혁명이라고 하는 것은 심각한 환경문제를 일으키는 것이다(사례연구 10.1).

농업은 여러 경제부문 중에서 전기생산 다음으로 두 번째로 큰 **탄소 발자국**(carbon footprint)이다. 영농을 위해 숲을 불태우면 탄소가 대기 중으로 방출되고, 삼림을 대체한 경작지나 목초지는 이산화탄소를 저장할 용량을 약화시키고 태양 복사를 반사시킨다. 농업에서 화석연료를 사용함으로써 방출되는 이산화탄소와 산화질소 외에, 가축과 쌀 경작을 통해 방출되는 메탄도 지구온난화의 중요한 요인이다. 농업과 다른 산업활동으로 발생하는 기후 변화는 물론 반동 효과가 있다. 기온과 강수가 변화하여 세계적으로 농업생산과 생산비에 상당한 변화가 있다. 예컨대 캘리포니아에서는 아몬드 생산과 다른 너트류 생산이 급격히 확장되었는데, 이것은 건강상의 이점 때문에 소비가 늘어난 것이다. 그런데 그 결과 물 수요가 증가하여 물 가격이 올라감으로써 많은 농부들이 농사를 그만두게 하고 있다. 미국의 다른 곳에서는 소 사육 규모가 감소했는데, 이는 초지가 감소하여 사료비용이 올랐기 때문이다. 기후 변화의 영향은 열대 및 사하라 이남의 개발도상국에서 가장 잔혹하게 나타나고 있다.

탄소 발자국 어떤 활동의 환경 영향을, 그 활동이 대기에 방출하도록 하는 탄소의 양으로 측정하는 척도

환경 훼손의 경제적 결과는 모든 수준에서 심각하다. 첫째, 환경 훼손은 직접적으로 토지 생산성을 감소시킨다. 이것은 이미 식량이 부족한 가난한 자급농의 식량을 더 줄이는 것이다. 생산물을 시장에 팔 수 있던 농부들에게는 그 결과가 그렇게 절망적이지 않더라도 그들이 생산성 향상을 위해 투자할 역량은 감소할 것이다. 환경 훼손은 세계적으로 10억 명의 사람들이 기아에 머물게 하는 악순환의 1차 요인이다.

둘째, 환경 훼손은 소비자에게도 고비용을 부과한다. 오염된 토지의 생산성을 높이려면 더 많은 투입이 필요하고 이것은 비용을 높여 가격이 상승하고 공급은 감소한다. 그리고 어떤 식량은 현재 다수의 야생 어종에서 일어나고 있는 것처럼 시장에서 사라질 수도 있다.

셋째, 환경 훼손은 현재의 인구에게뿐 아니라 미래 세대에게까지도 건강비용, 어메니티 손상 등의 형태로 외부성을 부과한다.

넷째, 환경 훼손은 물 순환, 광합성, 탄소 저장, 식물 내 수분작용, 종자 산포 등과 같이

생태계가 수행하는 지구 생명에게 중요한 기능을 방해한다. 특정 오염 사례가 해당 지역 바깥에는 알려지지 않더라도, 하루 혹은 1년 동안 일어난 모든 환경 훼손의 누적 효과는 전 지구적으로 영향을 미친다. 지방, 지역, 그리고 전국 정부의 법과 규제로 많은 잠재적인 재앙들이 방치되어 왔다. 그러나 국제 수준에서는 환경 거버넌스가 매우 취약하다. 환경에 관한 글로벌 거버넌스 수립이 실패하면 세계의 어획량이 붕괴할 것이다. 한 과학자 집단(Worm et al., 2006)은 2050년까지 세계의 바다가 죽을 것이라고 경고하기도 했다.

모든 산업부문과 마찬가지로 농업도 지속가능해야 한다. 그러나 지속가능한 농업이라는 용어로 표현되는 다양한 전망과 모순이 존재한다. 많은 사람들에게 그것은 유기농을 의미하기도 한다. 화학농약, 화학비료, 항생제, GMO 사용을 금지하는 것이다. 그리고 통합된 구제법, 자연비료 사용, 작물 교대, 다작물 경작 등과 같은 대안적 실천을 의미한다. 지속가능한 농업을 이렇게 이해하는 사람들은 그렇게 재배된 식량이 보다 건강하고, 가족 농장과 마을에 더 많이 지원해야 하며, 방사와 방목 형태로 동물 복지를 보호해야 한다고 믿는다. 유기농업은 화학물질과 화학 에너지 투입에 의한 단일 경작보다 지역 환경과 지역 시장에 더 민감하게 한다.

지속가능한 농업에 관해 다소 반대되는 관점도 있다. GMO와 개선된 농약과 비료, 그리고 다른 하이테크 접근이 지속가능한 농업의 유일한 길이라는 것이다. 왜냐하면 유기적 경로로는 전 지구의 증가하는 인구를 부양할 수 없기 때문이다. 이 관점에서는 진보된 기술이 식량을 보다 집약적으로 생산할 수 있게 하고, 더 많은 생물권을 자연에 되돌려준다고 본다. 양측의 논리와 증거들은 지속적으로 제기되고 있으며, 두 접근 모두 역동적이고 서로 교류하고 있다. 예컨대 무갈이 농업(no-tillage agriculture)[2]과 영구작물개발은 연구가 필요하지만 그 결과는 두 관점 모두가 받아들일 만하다. 도시농업도 마찬가지인데 텃밭(garden lot)을 활용한 방식이든 수경재배를 활용한 방식이든 그러하다. 가장 중요한 것은 지속가능한 농업에 관한 두 가지 관점 모두 현재 선진국에서 지배적인 종래의 농업, 산업적 농업 형태의 개혁에 강력한 영향을 미칠 것이라는 것이다. 그리고 보조금과 개발도상국에서 지배적인 저생산성 농업에도 영향을 미칠 것이다. 우리는 이 장을 통해 이들의 상호 교류를 살펴보고자 한다.

조직 : 올드 맥도날드[3]에서 맥도날드로

농업시장의 공급 측면은 개발도상국이나 선진국이 엇비슷하게 시장 경쟁의 전형이다. 수만

---

2 역주 : 토양을 뒤섞는 작업(쟁기질이나 써래질) 없이 그냥 파종하는 방식의 경작

3 역주 : "Old McDonald had a farm, I-A-I-A-O~"로 시작하는 유명한 동요에서 따온 말로 한 농장에 소, 돼지, 닭 등을 키우는 방식을 표현하는 것이다.

명의 농부들이 동시에 같은 상품을 팔려고 경쟁한다. 수요 측면에서는 잠재적 소비자의 수가 훨씬 많다. 그러나 농부와 소비자를 매개하는 운송기업, 도매회사, 소매상은 꾸준히 줄어든다. 소수의 거대기업이 남아 판매뿐 아니라 가치사슬상의 투입에 대한 통제력을 증가시키고 있다.

시장 용어로 말하면 농부와 배송업자(중간 처리업자 등)의 관계는 가격 수용자와 가격 형성자의 관계와 같다. 경쟁하는 농부들이 매우 많기 때문에 그들은 시장 가격을 설정할 권력이 없다. 그들은 가격이 어떻든 수용해야만 한다. 더욱이 경쟁 상황 때문에 수요에서의 작은 변화도 큰 가격 변동을 초래할 수 있다. 반면에 대규모 배송업자들은 시장 지분이 많기 때문에 필요한 가격을 설정할 수 있고 수요 변화의 비용을 농부에게 전가할 수 있다.

개방시장(농부들)과 관리되는 시장(배송업자, 중간 처리업자, 장비 공급자) 사이의 긴장은 농업 공급사슬의 형태에 미치는 가장 강력한 영향이다. 이 긴장은 농부들이 공간상에 넓게 분포한다는 단순한 사실로부터 비롯된다. 이것은 곧 농부들의 생산이 도시시장에 모여야 하고 운송되어야 한다는 것을 의미한다. 이 절에서는 시장의 이러한 다양한 유형과 글로벌에서 로컬 스케일에 이르는 조직의 변화를 검토할 것이다.

국내시장과 글로벌시장의 상호 의존

대부분의 나라는 자신들이 소비하는 식량 대부분을 생산한다. 그리고 농업시장도 거의 국내 조건이 지배하고 있다. 밀이나 우유 같은 상품의 가격이 매겨지는 방식은 국내시장, 수요, 배송, 규제 등을 통해서 복잡하게 결정된다. 특정 시기에 식품의 가격은 토지, 비료, 사료와 같은 투입비용에만 의존하는 것이 아니라 최근의 기후 조건, 현재의 농산물 가격, 기술 수준(자본 집약도) 등에도 의존한다. 현재의 농산물 가격은 인간 소비가 아니라 다른 소비, 즉 동물 사료나 바이오 연료에도 적용된다. 상품 보존량을 유지하면 기후 변화 등으로 발생하는 가격 변동을 완화시키는 데 도움이 된다. 인간이 소비하는 식량의 국내 소비는 인구, 소득, 취향에 의해 결정되고 다른 나라에서 수입되는 경쟁상품의 가격에 의해서도 결정된다.

대부분의 국가에서 주로 국내시장이 수요와 가격을 결정한다고 하더라도, 국제시장도 또한 강한 영향을 미친다(그림 10.3). 수출상품의 가격은 국제시장에 의존한다. 국제 가격이 내려가면 국내 공급은 증가할 것이고 가격과 소득은 하락할 것이다. 수출국은 국제 가격이 하락할 때 이익을 얻고 국제 가격이 올라가면 손해를 본다. 국제 가격은 크게 상품 무역업자들이 결정하는데, 그들은 글로벌 생산의 중요 부분에 대한 거래에서 다수 상품의 가격을 결정하는 역할을 한다(제9장). 국제공정무역기구(제7장)와 같은 기관들이 있어 이들이 국제시장의 권력과 관련 회사들의 힘에 대항하기도 한다. 캐나다는 식량생산에서 중간 순위이긴 하지만 주요 수출국이면서 국제시장에 매우 의존한다.

일시적인 급등(2008년 바이오 연료 수요 급증으로 발생한 것과 같은)이 있었지만 식량

농업상품 가격에 영향을 미치는 요인

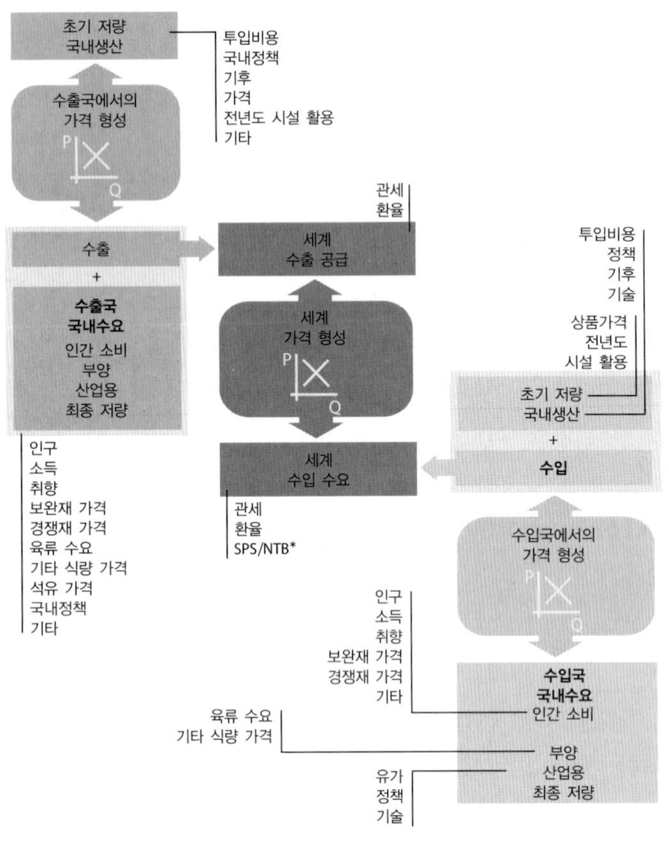

*SPS/NTB : 위생 및 식물위생 척도 적용 합의/비관세장벽
(Agreement on the Application of Sanitary and Phytosanitary Measures/Non-Tariff Barriers)

그림 10.3 국내 및 국제 농업시장의 상호 의존

출처 : UN FAO, 2009. Electronic Publishing Policy and Support Branch, Knowledge and Communication Department, FAO, *The State of Agricultural Commodity Markets*, 2009. http://www.fao.org/3/a-i0854e.pdf. 허락하에 재인쇄함

의 글로벌 실질 가격(인플레 조정)은 수십 년간 점차 하락해 왔다. 이는 종자 개량, 비료, 농약, 장비 개선, 농업 지식의 확산, 경작지의 확대 등이 꾸준히 이루어진 탓이다. 그러나 가장 중요한 것은 녹색혁명(사례연구 10.1)으로 가는 꾸준한 연구개발 프로그램 덕분이다. 그리고 최근 유전자 변형(GM) 식량 덕분이다. 유전자 변형식품은 서로 다른 종의 유전자를 혼합하는 것이다. GM 식품이 처음 승인된 것은 1994년 미국 연방 농무부가 Flavr Savr 토마토를 승인한 것이다. DNA 이식이 가능하다는 것이 처음 발견된 것은 1946년이다. 유전자 변형식품은 그 후 현저히 확대되어, 특히 미국에서는 대부분의 옥수수, 대두, 면화가 유전자 변형이다. GM을 사용하는 이유는 생산량 증가와 농약이나 제초제 사용 필요성의 감소 때문이다. 그러나 GM 종자생산은 거대 다국적기업인 몬산토가 압도적으로 주도하는데, 종자 가격이 매우 높다. 몬산토는 특허권을 보호하는 데 지극히 적극적이다. GM 식품의 건강에 대한 함의는 비정부기구들을 중심으로 계속 논의 중이다.

수직 · 수평적 생산 통합

농업생산은 인간 식량, 동물 사료, 산업 원료의 가치사슬에서 한 부분을 차지한다. 신선작물이나 육류의 경우 농업상품은 생산물이다. 가공식품과 공산품의 경우 농업은 원료를 제공한다. 그 원료는 생산과정에서 변형된다. 유사한 농업상품은 이 모든 시장을 위해 현재 재배될 수 있다. 예컨대 감자는 직접 소비를 위해 재배되기도 하고, 가공식품을 위해서도, 섬유용 전분 제작을 위해서도, 종이나 풀 제조, 혹은 의약품 제조, 또는 바이오플라스틱 제조를 위해 재배될 수도 있다. 농공업(agri-industry)의 가치사슬에서 1차 생산물이 결정적으로 중요하지만 그 양은 전체 가치에서 일부에 불과하다. 캐나다의 경우 농산업 시스템은 대략 GDP의 8%이고 고용은 210만 명(2013년) 정도이다. 그런데 여기서 1차 농업생산물은 GDP의 1.3%에 불과하고 전국 고용의 1.8% 정도이다. 상류부문(upstream)의 투입과 서비스 공급자들(예 : 장비나 비료 공급자)은 GDP의 0.7%, 고용의 0.4% 정도이고, 하류부문의 식품과 음료 가공은 각각 2%에 1.7%이다. 식품 소매와 도매는 각각 2.6%와 3.7%이고, 식품 서비스는

사례연구 10.1 | 녹색혁명

녹색혁명이라는 말은 1960년대에 나온 말로서 아시아, 남미지역에서 생산량 좋은 곡물의 신품종(주로 쌀, 밀, 옥수수) 육종과 기계화로 농업생산이 비약적으로 증가한 것을 일컫는 용어였다. 신품종을 개발하려는 연구 프로그램은 1940년대 중반에 시작되었고 멕시코와 필리핀에서 이루어졌다. 이 프로그램은 미국 농학자인 노먼 볼로그(Norman Borlaug)의 지도하에 이루어졌는데, 록펠러 재단의 자금 지원과 나중에 여러 국제기구의 지원이 있었다.

녹색혁명은 특히 일련의 재앙적인 식량 부족을 겪고 있던 인도에서 성공적이었다. 그러나 폭넓은 비판도 받았는데, 환경적인 측면과 사회경제적 측면에서였다. 환경주의자들은 기계화가 비재생 화석연료에 의존한다고 비판했고 기술 투입으로 단일 작물의 집약적 경작(관개, 화학비료, 농약)이 강제된다고 주장하였다. 이것은 토양, 물공급, 생물 다양성은 물론 인간의 건강에도 심각한 결과를 초래한다는 것이다. 다른 비판은 녹색혁명의 사회경제적 영향에 초점을 맞춘 것이다. 예컨대 기계화는 농장 노동자의 고용원을 제거시킨다는 것이다. 그래서 하이테크 투입의 비용이 부농과 빈농 사이에 커지게 되고, 개발도상국이 선진국에 점점 의존하게 된다는 것이다.

각각 1.5%와 5%이다.

이 절 초두에 언급한 바와 같이 농업의 가치사슬의 특징은 상류(투입 공급자) 및 하류(가공, 운송, 배송)부문에 비해 생산(영농)부문의 경쟁자 수가 매우 많다는 것이다. 이러한 상류와 하류부문을 지배하는 과점기업들이 가치사슬을 지배하고 있다. 소수의 상류-하류부문 다국적기업들이 유전자 생산에서부터 농산물 가공에 이르는 기능들을 통합하고 조정함으로써 이들 농업활동 간의 시너지를 전유하고 있다(그림 10.4). 카길(2013년 66개국에서 14만 명을 고용하고 1,367억 달러의 수입을 벌어들임)과 같은 기업은 저장, 운송, 가공(특히 제네릭과 가정용 브랜드 제조)을 통합하고 원료 및 반원료를 다른 식가공기업에 공급한다. 카길은 미국 최대의 (농업분야) 민간기업이다.

식품 가공업자들은 식료품점이나 편의점, 레스토랑, 자동판매기에서 볼 수 있는 친숙한 브랜드를 만드는 일을 한다. 그러나 그들은 소매나 서비스업으로 업종을 확대하지 않으려 한다. 식품 소매는 주로 국내시장에 집중하는 다른 기업체가 수행한다. 식료품 소매업자가 특정 상품에 대해서는 직접 제조를 통해서(캐나다의 슈퍼마켓 체인 중 하나인 로블로는 캐나다 최대의 제빵업체이기도 하다), 또는 채소나 과일생산 농부들과 계약을 통해서 상류부문을 통합하기도 한다. 캐나다에는 약 4천여 개의 독립 식료품 소매업체가 있지만 4대 식료품 소매업 체인이 총판매의 75%를 지배한다. 독립 식료품업체들은 캐나다 독립 식료품 소매업체연합(CFIG)과 같은 조직을 통해 식품 안정과 공급체인 효율성에 관한 정보를 공유하고, 거대 체인업체가 향유하는 규모의 경제를 어느 정도 향유하고자 한다. 식료품 소매업체들은 점점 백화점과 경쟁해야 하고, 드럭스토어 · 주유소 소매업체, 기타 전통적인 식품

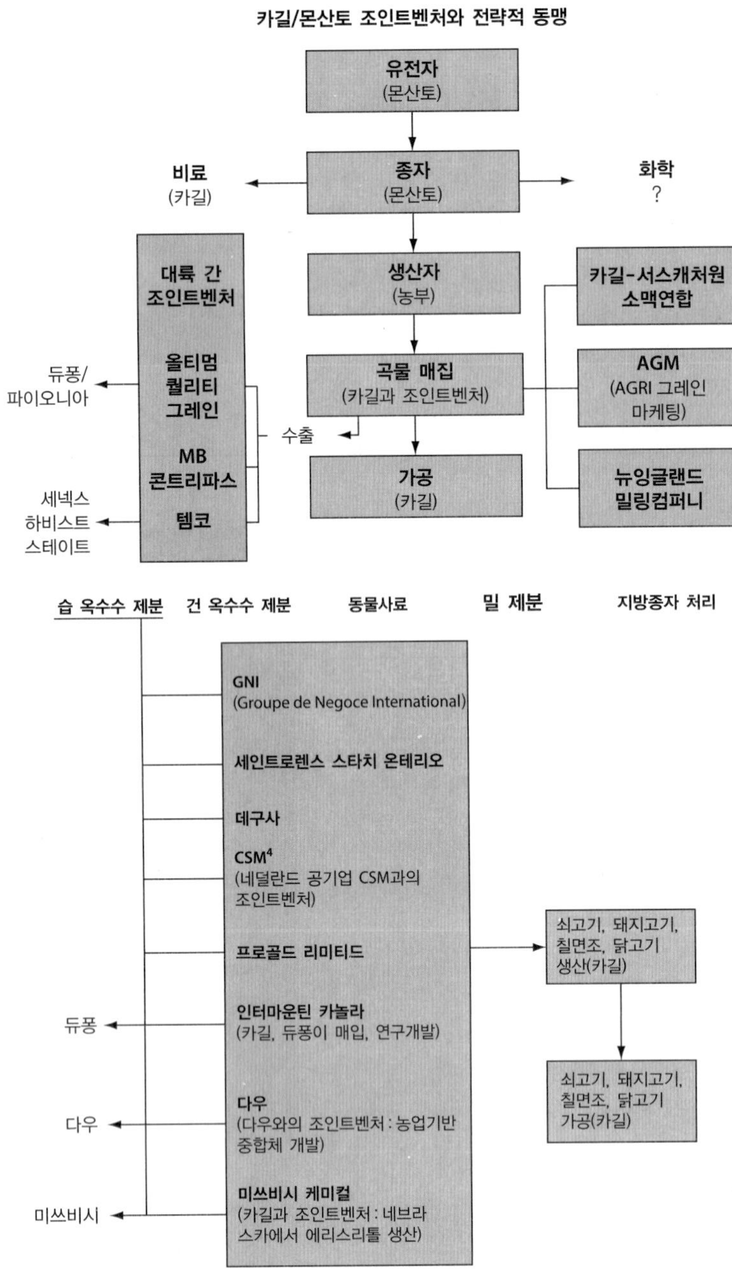

그림 10.4 몬산토/카길 클러스터

출처 : Food Circles Networking Project. http://www.foodcircles.missouri.edu/cargil.pdf

소매업체들과 경쟁하고 있다. 이들의 시장점유율은 총합 15% 정도이다.

음식 서비스업체들은 더 큰 통합을 추구한다. 일반 레스토랑과 패스트푸드 레스토랑을 합하면 캐나다인의 평균 식품 지출의 36%를 점유한다. 실제로 레스토랑에서 식사하는 경우는 8%에 불과하다. 가치사슬의 다른 분야에서보다 음식 서비스 산업에서의 경쟁이 더 심하지만 주목할 만한 수평적 통합(예 : 카라 오퍼레이션)과 수직적 통합(예 : 팀 호튼)이 있어 왔다. 특정 하위 부문에서는 독점 정도가 더 높아지기도도 한다. 예컨대 맥도날드는 미국 햄버거 시장의 약 90%를 점유한다. 많은 대규모 음식 서비스업체들은 후방으로 식품 준비업과 식품 가공업과 통합되어 있다. 어떤 경우는 운송, 저장, 심지어 관계 계약과 품질 표준 등을 통해 농업생산까지 통제하고 있다.

재활용

농업도 많은 양의 쓰레기(봉지에 담기거나 유기물 형태 또는 하수도 연니 형태)를 산출하지만, 재활용은 농업 가치사슬의 일부는 아니다. 지리적으로나 생태적으로 후자의 두 가지 쓰레기 형태는 곧 그들이 원래 담고 있던 영양이 다시 돌아오지 않는다는 것을 의미한다. 대부분의 쓰레기 매립지는 쓰레기 발생지에서 멀리 있기도 하다. 그러나 유기물 쓰레기는 재활용될 수 있다. 하수 연니 형태도 가공처리를 거치면 비료로 쓸 수 있거나 메탄 에너지를 만들 수 있다. 부엌 유기물 쓰레기(채소,

4 20세기 초 네덜란드 기반 제빵 원료 제조업체. Centrale Suiker Maatschappij(Central Sugar Company)의 이니셜이 회사명이 되었다. 현재 본사는 조지아 주 애틀랜타에 있다.

육류)는 보통 지역 쓰레기의 40% 정도를 이루는데, 비료가 되거나 메탄이나 합성가스로 전환될 수 있지만 대부분 매립지로 간다. 캔이나 유리, 플라스틱 등은 재활용 시설로 간다. 그런 물질들은 유기물보다 국제 원료시장으로 갈 가능성이 크다. 유기물 쓰레기가 배송으로의 하류부문으로 통합되거나 생산의 상류부문으로 통합되는 경우는 거의 없지만 기업들은 점차 자신들의 포장에 책임을 져야 한다. 특히 '반환'이 입법화된 지역(유럽 등)에서는 그러하다.

폐기물 수거와 처리는 시정부와 주정부의 책임이다. 지난 수십 년간 대부분의 도시들은 이들 서비스를 민간업체에 외주를 주었다. 이제 관련 산업들은 규모의 경제를 취하기 위해 소수의 대기업으로 통합되고 있다. 웨이스트 매니지먼트, 브라우닝 페리스, 얼라이드 웨이스트 등이 북미지역 쓰레기 수거와 처리시장의 대부분을 통제하고 있다.

통합의 이점

농업에서도 다른 산업부문에서처럼 통합을 추구하는 이면에는 규모의 경제에 관한 욕망이 있다. 예를 들면 다음과 같다.

- 시설과 장비 : 소매 진열대에서 고객에게 판매되기까지 곡물처리 시설과 가축 집중 비육장에서부터 저장운송(특별히 설계되고 냉장시설 등을 갖춘 트럭, 바지선, 철도차량) 및 가공시설이 필요하다.
- 연구개발 : 여러 농업 하위 분야들이 생명공학, 화학, 기계 엔지니어링, 수정 기술, 유전자 변형 기술, 살충제나 살균제 개발, 비료개발 기술 등이 필요하다.
- 마케팅 : 농업생산이 도시시장에서 먼 곳에서 이루어지므로 마케팅 기술이 필요하다. 많은 농업생산물은 브랜드화되어 포장된 상품이 되거나 다른 상품이나 서비스(식료품점, 레스토랑 등)의 일부가 되어야 한다.
- 경영 : 영농 규모가 커지고 범위가 확대되면서 조정의 필요성이 증가했다. 예컨대 코코아는 3개 대륙에 있는 몇 개의 나라들이 생산하고 구입한다. 그래서 두 개의 다른 대륙에서 초콜릿으로 가공된다. 경영 능력이 클수록 기업들은 가격이나 협상 면에서 농부들에 대해 정보우위를 갖게 된다.
- 금융 : 농업과 임업은 기후, 질병, 환경 변화, 정치 등과 관련된 리스크가 서로 다르다. 그러한 리스크를 관리하기 위해서는 금융자원이 필요하다. 대규모 농업경영에서 가장 두드러진 특징 중 하나는 대량으로 사고파는 능력이다. 이에 따라 대규모 농업경영은 가치사슬상에서 낮은 가격을 추출할 수 있다. 금융 권력이 인수합병 기회에서 이점을 제공할 수 있다.
- 공급체인 책무성 : 식량 공급사슬에서 건강과 환경문제가 발생하면 규제가 강화되곤 한다. 그러면 많은 소규모 영농인들은 강화된 새 규제를 맞추기 괴로워하지만, 최근의

여러 가지 건강 적신호들(대장균, 광우병 등)은 모든 식품 생산물의 기원을 추적하는 것을 필수로 하고 있다. 공급자가 소수라면 이 일은 쉬울 것이다. 역설적으로 유기농 농부는 인증을 위해 돈을 지불해야 하고, 보통 농부는 자신들의 환경적 위해를 외부화할 수 있다. 그리고 심지어 추가적인 인증서비용을 치르지 않아도 된다.

- **표준화** : 대량생산되는 식품은 질적으로 표준화된 투입을 필요로 한다. 그리고 식품안전 규제는 이러한 경향을 강화한다. 그러한 표준화는 대규모 통합기업에서 훨씬 쉽다. 표준화를 강조하는 것 또는 '상품화'(농부들은 점점 이 말을 더 언급한다)를 강조하는 것은 연구개발과 생산물 혁신을 통해 차별화를 수행할 필요를 강화시킨다.

통합과 압축을 추동하는 힘은 농업 가치사슬의 모든 부분에서 작동하고 있다. 북미의 거의 모든 닭고기, 소고기, 돼지고기 생산은 이제 소수의 회사들이 통제하고 있다. 청과물이

사례연구 10.2 | 통합 맥도날드

맥도날드는 프랜차이즈 시스템이다. 회사, 공급자, 소유/경영자로 구성된 다리 셋 달린 의자와 같은 시스템이다. 회사는 제품을 개발하고 생산을 운영하며, 배송하고 훈련 시스템을 만들며 모든 투입물 구매를 조정한다. 그래서 36,000개 레스토랑에서 하루 6,900만 고객을 유치하고 연간 미화 270억 달러어치를 팔아치운다(2014년).

맥도날드는 대량배송이 가능한 공급자와만 계약한다. 공급업체는 다국적인 경우도 있지만 대부분 지역기반이다. 지역기반 기업은 비용을 절감할 뿐 아니라 입맛에서의 문화적 차이를 포용할 수 있도록 한다. 캐나다에서는 100개의 공급업체가 1,440개 맥도날드 레스토랑에 공급하는데 카길의 한 부서가 모든 쇠고기와 닭고기를 공급한다. 맥도날드가 인도에 진출했을 때, 고기를 표준에 맞게 가져올 수 있는 소수의 공급자들과 협력했다. 맥도날드는 모든 식품 공급자들에게 엄격한 통제를 유지한다. 그렇게 해서 자신의 품질 표준을 맞추고 정부의 건강 및 환경 규제에 대응하려는 것이다. 또한 NGO 거버넌스에도 따르고 있다. 예컨대 맥도날드는 열대우림을 파괴한 땅에서 기른 소의 소고기를 사용하는 것과 부리를 자른 닭으로부터 얻은 닭고기는 금지한다.

제3자 운수업체는 운송 및 배송 센터(DC)에 서비스를 공급한다. 전 세계에 180개의 배송 센터가 있고 각각 400개의 최소유지상품단위(SKU)를 관리하며 약 200개의 레스토랑에 배송한다. 이러한 시스템은 끊임없이 개선되어 레스토랑의 공급 요구는 자동적으로 충족하면서도 재고 유지 및 기록 유지 부담을 경감한다.

맥도날드는 프렌차이즈 점포에서 월매출의 4%를 받아 돈을 번다. 프랜차이즈들은 자격을 갖추기 위해 엄격한 훈련 프로그램에 참여해야 하며 가게 인수 자금의 30%를 내야 한다. 맥도날드는 음식 준비, 음식 서비스, 종업원 훈련에 필요한 표준을 설정하였다. 그 후 환경적인 수요를 충족하기 위해 점차 포장 재활용과 음식물 쓰레기의 퇴비화를 위한 책임을 수용하게 되었다. 맥도날드가 성공한 주요 요인 중 하나는 음식 준비 기술을 쉬운 노동 훈련 및 셀프 서비스와 잘 결합시킨 것이다. 매장에서 쓰레기통에 이르기까지 운영을 통합하여 비용을 절감하고 이윤을 구축한 것이다. 패스트푸드 노동자들도 여기서의 수입에 대해 불만이 있었지만, 그들은 노조도 만들지 않고 동일한 가격(임금)으로 서로 경쟁하는 농부들과 같은 지위를 취하게 되었다.

나 곡물의 경우는 다르다고 하더라도, 계절 변동을 완화해야 한다는 압력, 부드러운 생산 및 배송 수준을 갖춰야 한다는 압력, 특정 농산품을 표준화하고 브랜드화해야 한다는 압력, 그리고 농업을 산업화해야 한다는 압력은 지속된다. 이러한 경향은 맥도날드가 수십 년 동안 이끌어온 것이다(사례연구 10.2).

1차 생산자부문

올드 맥도날드의 농장은 더 이상 없거나 적어도 많지 않다. 소규모 혼합농장, 즉 닭도 키우고 돼지도 키우고 소도 키우고 정원도 있고 곡물도 있고 하는 그런 농장은 단일 생산물에 집중화된 전문화된 영농으로 대체되었고, 비싼 장비와 화학약품 및 시설을 집약적으로 사용하는 농장으로 바뀌었다. 캐나다에서 소규모 농부들은 다수가 취미로 하는 것이고, 다른 소득원이 있는 경우이다. 캐나다 농부들의 수는 지난 세기 급격하게 줄어들었다. 그러나 농업 가치사슬의 1차 부문, 즉 실제 식량을 생산하는 부문은 여전이 인구가 많은 편이다. 농부들은 경쟁, 시장 변화, 기술과 정책, 자연재해, 환경 관심 증가라는 거대한 도전에 직면해 있다. 앨버타 남부에서 쇠고기를 생산하고 곡물시장이 수출시장에서 내수시장으로 전환된 것은 이러한 도전을 시사하고 있다(사례연구 10.3).

농부들이 직면한 도전

농업에 있어 '거대한 전환'은 자급적 농업에서 상업적 농업생산으로 강조점이 이동한 것이었다. 농부들도 끊임없는 경제성장과 지속적인 생산성 증가를 지향하는 자본주의적 흐름에 맞춰야 했다. 동시에 농업생산의 상대적 가치는 감소하기 시작했다. 1857년 독일의 통계학자인 에른스트 엥겔(Ernst Engel)은 사람들이 소득이 올라가면 식품에 지출하는 비율이 감소한다는 것을 알아냈다. 과거보다 식품지출 비용이 더 커졌더라도 그것이 소득액 증가를 따르지는 못했다는 것이다. 오늘날 캐나다인은 평균적으로 소득의 10% 미만을 식료품에 지출한다(그림 10.5). 농부들은 몇 가지 점에서 선순환(혹은 관점에 따라서 악순환)에 들어와 있다.

엥겔 법칙(Engel's Law)은 농업 생산자들에게 몇 가지 어려움을 주는 사실 중 하나다. 다른 어려움은 다음과 같다.

엥겔 법칙 소득이 증가하면 식료품에 지출하는 비율이 낮아진다는 이론

- **수입 증가 수요** : 농부가 영농을 위해 대출하여 투자할 때 이자를 내야 한다. 그러므로 자본 투자는 충분한 수익을 창출해야 하는데, 이는 대출금을 갚기 위해서도 또 영농비용을 충당하기 위해서도 그러하다. 이런 식으로 생산성 향상 압력은 항상적이다.
- **자본 집약도** : 농부들은 다음과 같은 것들을 통해서 생산성 향상을 추구한다. 즉, 기계도입, 자동화, 종자 개선, 종자 가축 개선, 비료 개선, 농약 개선, 특히 농지 확장 등이다.
- **가격 및 위험 통제 부족** : 농업의 산업화 이후 농업의 가치사슬에서 저장 및 가공부문의

사례연구 10.3 | 앨버타 레스브리지 카운티의 비육장

비육장은 도살을 위해 소를 먹이고 준비하는 전문 농장이다. 그들은 방목장과 낙농장에서 소를 받아 '비육하여' 90~150일 후에 정육공장으로 보낸다. 소들은 거기서 도축되어 소고기로 만들어진다. 어떤 비육장은 방목장 주인들이 소유하기도 하고(전방 통합), 다른 경우는 정육기업이 소유한다(후방 통합). 그러나 많은 경우는 독립적이기 때문에 곡물 및 소시장에서의 매일매일의 변동에 민감하게 반응한다. 이러한 리스크를 피하기 위해서 많은 비육장들은 '관습'에 따라 하루 단위로 계약하거나, 정육공장과 '전방 계약'을 하여 미리 정해진 무게와 품질 특성을 갖는 소를 정해진 마릿수로 공급한다.

비육장 내부는 전단 적재기와 분뇨 살포기와 같은 전문장비로 청결을 유지한다. 비육장 운영자는 이 서비스를 사육장 청소업체와 계약해 왔는데, 사육장 청소업체는 주정부의 환경 규제에 맞추어 분뇨처리는 물론 바닥긁기 청소와 분뇨 적재 서비스를 수행한다. 비육장 운영자는 비싼 전문장비를 구입하지 않고 시기에 맞추어 서비스를 활용하면서 전문업체에 의존하여 노동비를 절감한다. 또한 사육장 청소업체는 수거된 가축 분뇨를 규제에 맞게 퇴비로 살포하여 보리 산출량을 극대화한다.

레스브리지 카운티는 캐나다의 어떤 도시보다 육우가 집중된 것을 자랑스럽게 생각한다. 농업정책에 따라 1980년대에 1만에서 3만 두까지 수용할 수 있는 대규모 비육장이 앨버타에 등장했다. 곡물 수출에 대한 화물 운임 보조(크로우 운임[5]이라고도 한다)가 끝나자 농부들은 소를 자체 소비하기 위해 사료 곡물을 재배하기 시작했다. 앨버타 주정부는 농민들에게 보조금 손실을 보상했고, 특히 관개용수를 사용하는 지역에 적

---

5 역주 : 크로우(crow) 운임(크로스네스트 화물운임)은 캐나다 정부가 중서부 농민과 제조업자를 위해 지정한 저렴한 철도

용하였다. 레스브리지 카운티의 비육장은 미국 중서부에서 수입된 옥수수와 다양한 부산물, 즉 메탄올이나 바이오디젤 공장의 건식 증류장치에서 나오는 곡물과 같은 부산물 및 사탕무 처리공장에서 나오는 부산물을 활용한다. 비육장이 일으키는 환경 부담에 대해서는 논란이 있다. 악취, 다량의 분뇨(일부는 곡물 비료로 사용됨), 지하수 오염, 분뇨처리장에서 나오는 오수, 분뇨 오수 웅덩이 등이 하천과 개천을 오염시킬 가능성 등에 대해서이다. 이에 앨버타 자연자원보존위원회(ANRCB)는 분뇨처리에 관한 규제를 마련하였다.

* 이 정보는 Ian MacLachlan(전 레스브리지대학교 지리학과) 교수가 제공함(2014년 10월)

기업들은 농부들의 수보다 훨씬 더 많이 감소했다. 농업생산물의 구매자들 간 경쟁이 덜하기 때문에 농부들의 시장 지배력은 감소했다. 더욱이 수요는 가격 탄력적이고 소득 탄력적이다. 사람들은 더 많이 사려하지 않고 더 많이 지불하려 하지 않는다. 반면 공급 측은 해마다 기후, 질병 등에 따라 변화한다. 농부들은 그들이 직면하는 리스크를 통제하지 못하고 그들이 받는 가격을 통제할 수 없다. 흉년에도 희소성에 따라 오는 높은 가격의 이익을 충분히 누리지 못하고, 풍년에도 공급 증가에 따라 가격이 폭락한다.

- **투입비용 통제 부족** : 대부분의 농부들은 개방시장에 출품하거나 크고 강력한 조직에 판매하지만, 종자 투입, 비료 투입, 장비 투입은 가격을 통제할 수 있는 소수의 판매자들에 집중된다. 예컨대 몬산토는 유전자 변형 종자의 80%를 공급한다.

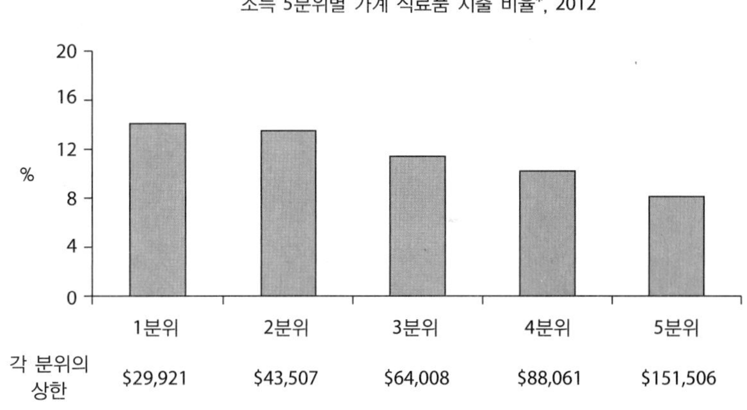

그림 10.5 캐나다에서 엥겔 법칙 : 2012년 가계 소득별 식료품 지출 비율

* 5분위 : 가계들을 그 소득에 따라 오름차순으로 정렬하고, 5등분으로 나누어 각 그룹이 가구수의 20%가 되게 한다. 그러면 1분위는 가장 소득이 낮은 20% 그룹이고, 5분위는 소득이 가장 높은 그룹이다.

출처 : Statistics Canada and Agriculture and Agri-Food Canada(AAFC).

계약, 협동조합, 마케팅 위원회

농부와 그 하류부문 구매자 간의 거래는 하나의 시장으로 관리되는 경우는 드물다. 대신 관계적 계약, 협력, 마케팅 위원회를 통한 거래가 존재한다.

대부분의 식료품점과 패스트푸드 체인, 그리고 식품가공업자들은 대규모 농장과 직거래한다. 이것이 **관계적 계약**

운임으로 일종의 보조금이었다. 적용 구간은 앨버타의 레스브리지에서 BC 주의 넬슨까지였고 중간 구간에 크로스네스트 패스를 지난다. 이것이 시작된 것은 19세기 말 BC 남서부 광산도시 넬슨 등지에서 광산 파업이 일어나자 미국 철도회사에서 BC 남서부까지 철도를 연결하려 하였다. 이에 캐나다 정부와 캐나다퍼시픽 철도회사는 협정을 맺고 앨버타 주 레스브리지에서 BC 주 남부에 철도를 새로 개통하고 저렴한 운임을 적용하기로 하였다(1897년). 이 운임은 앨버타 주의 농민들에게 매우 유리하였고 거의 100년간 이용되다가 1995년 폐지되었다.

(relational contracting)이고 구매자에게 양, 가격, 품질, 배송 타이밍, 다양성 등에 대한 통제권을 더 많이 부여함으로써 개방시장으로 했을 경우보다 리스크를 줄인다. 동시에 농부들은 농산물의 시장진출을 확보하고, 이윤 마진이 충분하다면 투입 투자를 계획하기도 용이하다. 관계적 계약은 높은 수준의 정보 교환을 포함하고 거래 당사자 간의 영농 협력이 동반된다. 그러나 리스크도 있는데, 구매자가 기후나 다른 조건에 취약한 하나의 농장으로부터 대규모로 구매하는 경우이다. 농부들은 그 관계가 끝나면 거의 사용되지 않는 투자를 해야 하므로, 계약 내용을 주의 깊게 설정할 필요가 있다. 관계적 계약의 유형 중 하나로 **생산 계약**(production contract)이 있는데, 구매자가 상품을 소유하고 일부 투입물도 제공할 수 있으며, 농부는 시설, 장비, 사료와 같은 다른 투입에 따라 생산 서비스를 제공하는 것이다. 이 경우 양측의 거래 파트너는 자신들의 투입에 따라 보상을 받는다. 그러나 일반적으로 생산 계약은 구매자에게 더 큰 통제력을 부여한다. 관계적 계약의 다른 유형으로는 **시장 계약**(market contract)으로 알려진 것이 있는데, 이것은 구매자가 품질, 가격 등을 조건으로 걸고 농부는 상품과 투입을 소유하고 운영하는 것이다.

관계적 계약은 농업가공회사들과 대규모 상업적 농장들 사이에 가장 인기 있는 방식인데, 특히 미국에서 그러하다. 이 거래 방식은 1969년 시장 거래의 11%였다가 2005년에는 41%로 증가하였다. 그리고 관계적 계약의 40%는 돼지와 가금산업에 집중되어 있다. 예컨대 세계에서 두 번째로 큰 닭고기, 돼지고기, 소고기 가공 및 배송업체인 타이슨은 2013년 약 6,800개 가금농장과 계약 관계에 있고 340억 달러의 수입을 창출했다. 크래프트나 켈로그, 하인츠 같은 다른 브랜드 제조업체들도 많은 관계적 계약을 맺고 있다. 이러한 것은 레스토랑 체인에서 표준화를 수행할 때 필수적이다. 켄터키 프라이드 치킨은 모든 닭다리가 특정한 크기와 모양을 갖도록 표준화하고 있다. 농부들은 종자나 농약 같은 투입 공급자와 상류부문 쪽으로 계약하기도 한다. 몬산토는 세계의 주요 유전자 변형 종자와 살충제를 공급하는 회사로서 농부들에게 엄격한 조건을 걸어 계약하고 있다. 수백 명의 농부들이 전년도 곡물로 생산된 종자의 저장, 사용, 판매에 관해 몬산토가 금지하는 사항을 위반하여 법정에 불려가고 있을 정도이다. 몬산토는 지적재산권을 더욱 보호하기 위해 자신의 종자를 구매하지 않고 단순히 가지고만 있는(사용하여 경작을 했는지와 무관하게) 농부들을 고소하고 있다.

19세기 이래 가치주기상에서 지위를 향상하려는 농부들이 사용하는 대부분의 조직은 **협동조합**(co-operative)이었다. 협동조합의 유형은 세 가지가 있는데, 모두 농부들에게 규모의 경제를 제공하고 상류와 하류부문 방향으로의 통합을 부여하며 구매와 판매 상황에서 가격 수용자 역할만 하던 농부의 어려움을 벗어나게 한다. **마케팅 협동조합**(marketing co-operative)은 회원의 생산물을 가져와 브랜드화하고 배송하며 소매 판매한다. 앨버타 소맥협회, 매니토바 곡물연합, 서스캐처원 소맥연합, 곡물재배협동조합 등은 회원들의 곡물을 취합하여 협동조합 소유 곡물창고에 저장하고 세계시장에 판매한다. 이들 협동조합들은

1990년대부터 합병되기 시작하여 비테라 코퍼레이션으로 민영화되었다. 2009년 비테라는 오스트레일리아 회사를 매입하여 규모를 키워 카길과 아처 다니엘 미들랜드 같은 거대기업과 경쟁하고 있다. 캐나다의 낙농시장에는 협동조합들이 59%를 통제하고 있는데, 가공처리와 배송은 온타리오의 게이-리어, 대서양 연안의 스코스번이 주도하고 있다. 퀘벡에서는 코옵 페더리가 가금 도축의 65%를, 그리고 가금 소매의 절반을 통제하고 있다. 대서양 연안주인, 온타리오, BC 주에서는 협동조합들이 채소와 과일을 운영하고 있다. 2007년에 캐나다의 1,309개 농업협동조합이 판매한 양은 국내외를 통틀어 89억 달러가 넘는다. 지역 공급에 초점을 두는 협동조합은 코옵 애틀랜틱, 페더레이티드 코어퍼레이티브, 그로우마크 등인데 비료, 화학약품, 사료와 종자비용을 절감한다.

협동조합은 EU 농업의 기반이다. 그리고 미국에서도 점점 4,000여 협동조합이 3백만 명 이상의 회원을 보유하고 있다. 협동조합의 기능 중 하나로 정치적 행동도 있다. 회원들에게 자신들에게 영향을 미치는 정책에 대해 알려주고 단합된 목소리를 정책결정 과정에 전달하고 충분한 복지 서비스를 강화하고 보장한다. 협동조합은 정치에 개입할 뿐 아니라 정당을 형성하기도 한다. 캐나다에서는 제2차 세계대전 이전 몇 개의 주정부가 협동조합이 주도하는 정당으로 형성된 적이 있다. 특히 앨버타연합농부(UFA)가 그랬다. UFA 회원은 협동조합공동체연합(CFC, 현재의 NDP의 전신)을 기초한 사람들이었다. 그리고 이들은 지금의 캐나다인들과 다른 국가 사람들이 당연한 것으로 받아들이는 정책들, 즉 노령연금이나 보편 의료와 같은 다수의 정책들을 의결하였다.

협동조합은 자신의 정치적 영향력을 정부 지원을 얻어내는 데 사용하기도 한다. 특히 농부들을 위한 무역정책을 개선하는 노력 등에서 그러하다. 마케팅 위원회(marketing board)는 국가나 주정부가 생산 수준과 가격을 통제함으로써 공급과 수요를 조절하기 위한 조직이다. 그 목표는 생산주기, 기후 변화 등에 따른 가격 변동을 안정화하는 것이다. 생산을 통제하는 방법은 쿼터를 부과하거나 특정 산업에 진입을 통제하기도 한다. 캐나다에는 현재 마케팅 위원회가 80개 이상의 하위 분과를 두고 있으며, 가장 유명한 것은 밀, 낙농제품, 달걀 마케팅 위원회이다. 보수당 정부의 자유시장 지향(신자유주의적) 철학에 따라 캐나다 밀 마케팅위원회(CWM)는 2012년 곡물 구입에서 구매독점자의 지위를 상실하였고, 2015년 외국인 소유로 대부분 민영화되었다. 미국은 마케팅 위원회가 없다. 그러나 생산자 집단이 존재하고, 이들이 지방정부와 주정부가 자신들 지역의 농업의 모든 회원들이 연대할 수 있도록 조치하거나 규제하도록 촉구하고 있다. 가격 정보에 대한 정보 수집과 출판을 통해 농부들과 하류부문 기업들이 더 나은 가격 정보를 얻을 수 있도록 돕는다.

지역 재생과 재정착

촌락-도시 간 인구 이동은 산업화와 탈산업화에 수반된다. 그것은 공간적으로 분절되고 시간적인 국면들로 이루어진 과정이다. 유럽과 북미에서는 2세기 동안 일어난 과정이며, 중국에서는 현재 극적으로 일어나고 있으며 인도와 아프리카에서는 곧 일어날 것이다. 촌락의 인구 이탈은 자본 잡약도의 증가(즉, 농림어업에서의 일자리 감소)로 초래되었으며 제조업 및 서비스 산업에서의 고용 기회를 제공하는 도시의 집적력에 의해 이끌렸다. 캐나다는 좋은 사례이다. 1921년까지 캐나다는 촌락 국가였다. 그 후 도시인구는 78%(2010년)까지 상승하였다. 이 인구 대이동 때문에 촌락 공동체들과 그들에게 서비스를 공급했던 읍과 면은 인구를 상실하고 어떤 경우 소멸되었다. 이러한 인구 감소를 막기 위해서는 1차 생산자들이 자신들의 생산물에 가치를 부가하면서도 상품화의 덫을 피하는 방법을 찾아야 한다. 이를 위해서 농부들은 자신의 상품을 지역 소비자와 연결된 짧은 가치사슬에 팔기도 하고 원거리 도시시장과 관련된 긴 가치사슬에 내놓기도 했다.

최근의 경향

선진국에서는 농업 가치사슬이 GDP에 기여하는 부분이 여전히 중요하다. 예컨대 캐나다의 경우 2012년에 음식 서비스, 식품 소매, 식품 도매, 식품 가공, 투입 및 서비스 공급 그리고 농업기반 가치사슬의 1차 농업부문이 GDP의 약 6.7%였고 총고용의 약 12%였다. 1차 농업이 GDP에 기여하는 비율은 1.3%였고 고용은 1.6%였다(그림 10.6). 우선 목표는 더 적은 사람들이 더 많은 땅을 사용하여 더 많이 생산하는 것이다. 마진(단위 이윤당)은 감소했을지라도 농장들은 더 커졌다.

미국과 EU의 농업부문은 그 궤적이 똑같진 않아도 유사하다. 미국의 농장 수는 1960년 4백만에서 1990년 2백만 개로 줄었고, 그 이후로는 안정적이다. 그러나 생산의 집중도는 훨씬 높아졌다. 농장의 2%가 모든 농업 상품의 50%를 넘게 생산한다. 법인 등록된 기업적 농업이 가족 농장(family farm)보다 지배적이다. 가족 농장은 수십 명의 전업 농민과 계절적 농업 노동자(일부는 비공식 노동자)들로 이루어진다.

수십 년 동안 EU의 공동농업정책은 대규모, 자본집약적 농장에 기반한 농업에 '합리적'으로 접근하도록 권장했다. 그러나 소규모 영농을 유지하도록 돕는 전통과 정책은 결국 대규모 농장을 수용하는 방향으로 변화하였다. 2010년 EU에는 1,220만 개의 농장이

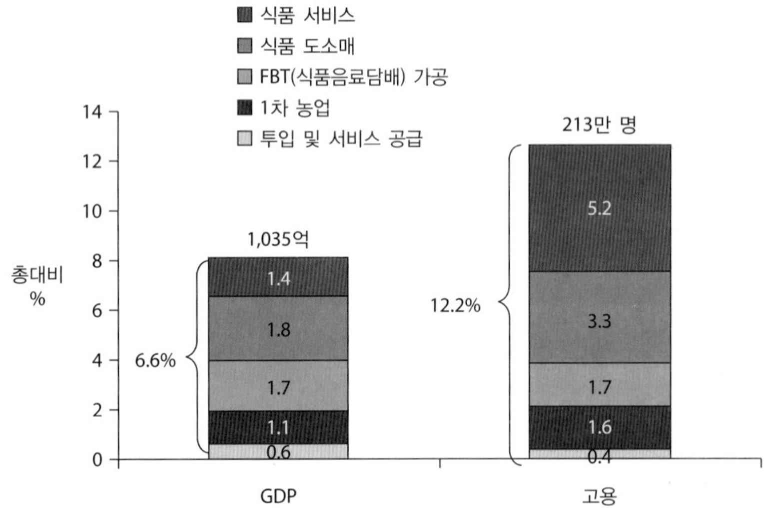

그림 10.6 캐나다 농업 가치사슬의 GDP 및 고용에 대한 기여율(2012)

출처 : Statistics Canada, AAFC

있었고, 그중 절반은 2헥타르 미만 농지를 갖고 있었다. 대신 대규모 농장(100헥타르 이상)의 수는 적었지만(약 2.7%) 전체 농지의 절반이 집중되어 있었다. 농장 규모와 고용자 수는 초기의 농업정책이나 EU 가입 시기에 따라 나라마다 다르다. 영국의 경우 마가렛 대처 정부가 농업합리화 정책을 채택하여 평균 농장 규모를 확대하였지만, 이탈리아는 소규모 농장을 지원하는 정책을 추구하였다. 프랑스는 양자를 혼합하였다. 합리화 정책과 대규모 토지로 인해 EU 내에서 50헥타르 이상 농가의 규모가 가장 높은 비율(37%)을 차지하면서도 소규모 전통적인 농업을 지원하는 정책도 추진하였다. EU에 새로 가입한 많은 나라들은 농장 수가 현저하게 감소했는데, 이는 EU 시장이 큰 규모와 효율성을 요구했기 때문이다.

개발도상국에서는 농업이 아직도 소수의 지주에 의해 지배되고 있고 로컬 및 글로벌시장을 위해 생산한다. 그러나 앞에서 언급한 바와 같이 로컬시장 판매가 글로벌시장에서의 가격에 영향을 받는다. 개발도상국은 유럽과 북미, 오스트레일리아 등이 농업에 보조금을 주어 개발도상국에서의 농산물 가격을 낮추고 소규모 지주를 가난하게 만든다며 WTO에 불만을 제기한다. 그러는 와중에도 다국적기업은 지속적으로 개발도상국으로 진출하여 구매자가 되거나 생산을 조직한다. 개발도상국 정부들이 무역과 해외직접투자를 장려하는지 혹은 억제하는지는 해당 국가의 역량, 역사적인 영향력, 그리고 경제적 접근 방식에 따라 달라진다.

촌락 공동체의 붕괴와 다양화

역설적이게도 농장의 효율성이 높아지면 소규모 공동체에는 부정적인 승수효과가 나타난다(사례연구 2.2). 농민 수가 줄면 사료, 공구가게, 은행 등 로컬 업체에 대한 수요가 줄기 때문에 지역경제는 어려워진다. 그런 서비스 때문에 큰 농장은 보통 좀 더 큰 읍으로 간다. 수요 감소가 소매 판매 감소와 학생 수 감소, 동네병원 고객 감소로 이어지면서 도시화 경제와 촌락의 인프라는 쇠퇴하게 된다. 수요가 최소 수준 아래로 낮아지면 서비스와 인프라를 유지하려는 정부정책도 비효율적이 된다. 학교와 동네병원은 문을 닫게 된다. (더 큰 규모의) 지역 슈퍼마켓이 (소규모 공동체의) 주요 가로에서 (소매) 업체들을 끌어들이거나, 정부가 도시중심지에 서비스를 집중시키면 그러한 경향은 더 강화된다. 필요한 서비스를 더 이상 얻기 어려워진 주민들은 이사를 가게 되고 로컬 인력이 유출되어 마을은 활력을 잃는다.

대부분의 선진국에서 이루어지는 촌락 인구 감소라는 뚜렷한 장기 경향은 다양한 정도로 완화되기도 하고 심지어 역전되기도 했지만, 농민들에 대한 것은 아니었다. 인구 증가는 급성장하는 대도시지역에서 통근이 확장된 결과이다. 그리고 은퇴자들이 대안적인 생활양식을 추구했고 여행과 레크리에이션 기회가 확대된 경우이다. 과거 20년간 포스트생산주의라는 관념, 즉 생산과 생산에 관한 사회적 가치의 역할이 감소하는 것을 넓게 지칭하는 용어가 논의된 바 있다.

촌락 공동체 수출에서 원산지까지

농부들이 규모 증가의 덫에 빠지지 않고도 이윤과 소득을 올리는 능력은 제품 차별화 역량에 달려 있다. 차별화는 수직적일 수도 있고(딸기의 당도와 색깔과 같은 품질 등급에서의 차별화), 수평적일 수도 있다(다양한 딸기 품종이거나 다른 위치에서의 동종 딸기라든가 또는 독특한 맛의 경우). 핵심은 1차 생산자가 품질과 차별성 모두에서 명성을 구축할 필요가 있다는 것이다.

마케팅 협동조합은 농부들이 품질 향상을 위해 협력하도록 한다. 차별화의 효과는 협동조합이 제품을 자신의 브랜드로 출시할 때 특히 강력하게 나타난다. 예컨대 온타리오는 게이-리어 낙농업 협동조합, 캘리포니아의 블루 다이아몬드 아몬드 협동조합, 캘리포니아와 애리조나의 감귤류를 대표하는 선키스트 협동조합 등이다. 대부분의 협동조합, 특히 캘리포니아의 협동조합은 특정 지역에 깊이 뿌리내려 있고 지역에 참여한다. 일반적으로 마케팅 협동조합은 수직적 차별화에 초점을 두고 그것으로 다른 제품 공급자와 경쟁한다. 과거에는 협동조합이 다른 지역으로 생산을 확장하는 것이 이상한 일은 아니었지만, 이제 생산자들은 점점 더 지리적 원산지에 초점을 맞추면서 다른 경쟁자들과 제품을 차별화하려 한다.

브리 치즈, 파미지아노 레기아노 치즈, 샴페인 와인, 키안티 와인, 파르마 햄 등과 같이 많은 유명제품은 자신의 브랜드 이름을 원산지에서 취하는 경우가 많다. 이러한 제품들은 유명해서 그 이름이 모든 유형의 제품에 일반적으로 쓰인다. 특정 지명이 부가가치를 획득하기 위해서는 생산자들은 지명의 사용을 제한할 수 있어야 한다. 특정 이름을 인증된 지역 제품에만 사용하도록 국가적으로 또 국제적으로 규제하는 일은 지난 세기부터 발전되어 왔다. 많은 브랜드 이름은 이제 무역 상표와 동등한 지위를 갖는 것으로 WTO는 인정하고 있다. '원산지 명칭(appellation of origin)'(*Appellation d'origine contrôlée*, AOC) 시스템을 주도하는 나라는 프랑스이다. 이것은 원래 포도농가에서 발전시킨 것으로 치즈농가와 채소 및 과일 생산자, 그리고 고기 생산자들도 채택한 것이다. 지금은 다른 곳에서 생산된 유사한 유형의 생산물은 권위가 부여된 생산물의 이름을 사용하는 것이 금지된다. 많은 다른 나라들도 유사한 시스템을 발전시켰다. 북미지역에서 **지리적 표시제**(geographical indication)를 공식적으로 사용한 것은 와인에 국한된다. 캐나다에서 이 시스템은 VQA(Vintners Quality Assurance)라고 불린다. 그러나 PEI 감자, 노바스코샤의 랍스터, 플로리다의 오렌지도 비공식적이지만 유사한 지위를 갖는다.

지리적 표시제 특정한 지역에서 재배된 작물에 주어지는 법적인 상표로서, 어떤 경우는 지리적 표시가 경작이나 가공방법에 대해서도 규제한다.

지리적 표시를 획득하는 것은 특정 지역의 생산자들이 공동의 목표를 위해 협력하도록 공동체를 조직할 동기를 부여한다. 그 우선적인 목표는 지역의 생산물에 명성을 구축하는 것이고, 해당 명칭의 사용이 지역 생산자와 지역의 인정된 생산물에만 국한되도록 하는 것이다. 브랜드 명칭의 가치를 보호하고 향상하기 위해서는 생산자들이 품질 규정과 생산량 규정을 개발하고 법적인 상표를 보호하고 마케팅 및 연구개발을 조직해야 한다.

많은 농업부문에서 지역들은 지역의 명성을 구축하는 데 초점을 두어 왔지만, 와인지역들은 각 와인 생산자들의 개별적인 명성을 향상하는 데에도 역량을 개발해왔다. 보르도와 같은 장소와 개별 와이너리의 명성이 지역의 명성을 구축하는 것은 상호 의존적인 과정이다. 어떤 지역의 25~50%를 대표하는 생산물의 집단적 명성을 구축하는 데에는 협동조합이 필수적이다. 협동조합이 회원들의 생산물을 혼합하거나 표준화한다. 그런데 독립 와인 생산자, 치즈 생산자, 기타 농민들이 자신의 생산물을 차별화하기 위해 강력하게 노력하는 지역에서는 개별 생산자들이 점차 더 많은 차별화를 추구한다. 이 경우 협동조합은 한 회원의 생산물에 상표를 붙이거나 다른 표시를 하기도 한다.

지역조직은 집단적 명성에서 규모의 경제를 제공하고 연구개발, 배송, 마케팅에서 범위의 경제를 제공한다. 그렇게 해서 개별 생산자들은 경영 규모를 증가시키지 않더라도 통합의 이점(브랜드화 포함)을 향유한다. 몰론 회원 다수가 결정한 규칙에 권위를 부여하기 위해서는 그러한 조직은 정부로부터의 위임이 필요하다(사례연구 10.4).

도시의 시장에 판매하기 위해 제품을 차별화하는 것에 덧붙여, 지역 정체성을 차별화하면 도시시장이 생산자에게로 접근하게 되고, 농업이 다른 활동으로 확장될 수 있다. 농가를 방문하는 이들에게 맛을 보고 제품을 사도록 하는 것에 추가하여 레크리에이션이나 오락과 같은 다른 유형의 활동을 제공할 수 있다면 제품판매를 현저하게 증가시킬 수 있다. 농업관광은 지역과 도시/촌락 인프라 경제를 모두 되살리는 데 도움을 줄 수 있다. 관광이 레스토랑, 역사경관 등의 비즈니스를 창출한다면 그러하다. 그렇게 되면 더 많은 생산자들을 끌어들일 수 있고, 이것은 다시 다양한 제품과 서비스에 대한 수요를 증가시킬 것이다. 생산자들이 보조를 받아 곡물을 재배하거나 또는 경작지를 묵혀 두더라도 촌락의 생태적이고 경관적인 기능을 보존할 수 있다는 것이 알려지고 있다. EU는 특별한 다목적 농업을 촉진하면서, 임업과 어업과 같은 다른 유형의 촌락 비즈니스도 촉진하는데, 이들 주요 활동을 관광과 결합하여 추진하고 있다.

그린벨트의 등장

도시개발은 농업용 토지를 주거용, 공업용, 상업용으로 개발하는 것이었다. 튀넨의 이론이 사실이면 이러한 토지이용에서 오는 지대(농업용 지대보다 높을 것)는 농업을 도시중심으로부터 멀리 밀어낼 것이다. 최고의 농업용 품질을 지닌 토지가 더 이윤이 높은 용도로 사용되기 위해 사라졌다. 이러한 일은 시장의 힘에 더하여 도시계획가들이 도시의 세금기반을 증가시키기 위해 더 많은 토지를 병합하였기 때문이다. 최근 통계를 찾긴 어렵지만 최고의 농업용 토지가 도시화로 상실되는 것은 보통 많은 나라, 적어도 북미나 유럽에서 중요한 문제로 보고된다. 이때 시장 수요 증가에 부응하여 경작지를 확장하고자 하는 농부들은 점차 주변지역으로 옮겨간다.

역설적으로 로컬 채소, 과일, 육류, 낙농제품들에 대한 수요는 높아지지 않았다. **로커보어**

로커보어 지역에서 재배된 식료품을 소비하려는 사람들을 일컫는다. 로컬 농업을 지원하고 식품 운송에 따른 환경비용을 최소화하려는 운동의 한 방편이다.

사례연구 10.4 | 이탈리아의 키안티 클라시코 지역

키안티는 이탈리아 투스카니 지방의 플로렌스와 시에나에 있는 도시들 사이 언덕의 와인지역이다. 2세기 이상 동안 이 지역의 작은 부분에 부여된 이름은 특별한 원조 와인의 탄생지라는 것이었다. 이 지역 바깥의 와이너리들이 키안티라는 이름을 사용하기 시작하자 그 지역 내 와인농장들은 80년간 싸운 끝에 영역 상표권의 인정을 얻어냈다(지리적 표시제). 그리고 이 상표를 사용하기 원하는 와인농장들에 대한 통제권을 얻었다. 이탈리아 정부는 다른 지역의 생산자들도 키안티라는 이름을 사용하는 것을 허가하는 1929년 결정을 철회하지 않으면서 원래의 키안티 지역에는 키안티 클라시코라는 이름으로 새로운 정체성과 지역을 창조할 수 있도록 했다. 결국 그들은 이 상표를 사용할 수 있는 경계를 만들고, 공동의 와인 영농 방식, 마케팅, 기타 다른 집단적 활동을 수행했다. 1970년대 와인농장이 넘쳐나자 이 영역의 정체성은 클라시코 와인이라는 중요한 가치를 갖게 되었고, 시설 개선 투자와 실천을 촉진할 수 있었다. 이 지역은 기업가들을 끌어들였고 도시로 이주해 갔던 노동력이 다시 돌아왔다.

키안티 클라시코의 남자들은 지하 저장고 기술에 집중하고 여자들은 따뜻한 환대로 농장에 오는 관광객을 끌어들이며, 지역 전체에 이를 위한 조직을 꾸렸다. 1980년대까지 많은 생산자들이 관광객을 수용할 수 있도록 와이너리를 개선하였다. 얼마 후 클라시코 지역은 투스카니 요리를 배우려는 관광객뿐 아니라 '슬로푸드' 운동의 첫 방문지가 되었다. 와인농장주들의 협회가 조직되어 지역의 문화적 유산인 교회, 농장 저택, 성채 등을 보존하였다. 동시에 삼림도 보존하여 포도농장이나 마을이 그곳으로 확장되지 않도록 했다. 이러한 식으로 농업, 관광, 환경 보존이 서로를 강화하고 있다.

이 와인지역은 피렌체와 시에나 두 지방의 일부를 포괄하는데, 5개의 코뮨과 4개의 세그먼트로 이루어져 있다. 와인농장주들의 목표가 다른 시민들이나 정치인들의 목표와 대체로 일치하기는 하지만, 가끔 산업 및 도시개발 이슈와 갈등을 빚기도 한다. 그러나 이 지역은 지역, 국가, 유럽연합 정부의 지원하에 다기능 농업이 어떻게 가능한지 하나의 모델이 되고 있다.

(locavore) 수요는 농장 숍, 도로변 매대, 농장 수확 체험에 의해서만 아니라 도시의 직거래 장터를 통해서도 이루어지고 있다. 도시의 직거래 장터는 농부와 소비자가 직접 만나서 경제적이고 사회적인 가치의 거래를 도모하는 것을 말한다. 경제적 · 사회적 부가가치는 또한 **커뮤니티 지원농업**(community supported agriculture)이기도 한 것으로 다수의 소비자가 개별 농부의 생산물에서 1년간 일정량을 구매하고 철에 따라 생산물을 규칙적으로 배송받는 것을 말한다. 이러한 식으로 농부들은 소득을 보장받아 영농 개선에 필요한 투자를 할 수 있게 된다. 로컬 생산의 부활은 유기농 식품에 대한 수요가 증가하고 환경적 가치에 대한 지지, 그리고 산업화된 농업에 대한 반감이 증가하면서 강화되고 있다. 백악관에서 유기농 텃밭을 만든 것은 도시농업에 대한 존중이 증가하고 있는 것을 반영한다.

커뮤니티 지원농업 소비자들이 (보통 지역 소비자들) 농부들과 계약하고 농산물을 구매하는 제도

비정부기구, 농부 집단, 그리고 궁극적으로 정부는 **그린벨트**(greenbelts)를 보존하려고 노력해왔다. 그린벨트는 도시를 둘러싼 토지로서 농업, 자연, 레크리에이션 용도로 사용되는 지대이다. 영국에서 런던 주변의 그린벨트가 처음 제안된 것은 19세기 전반이었고 공식적으로 설치된 것은 1938년이었다. 현재는 영국의 13%의 토지가 보호되고 있는데, 최대 14개의 그린벨트가 있다. 다른 그린벨트로는 코펜하겐 주변의 그린벨트, 미국 포틀랜드와 샌프란시스코 주변의 그린벨트, 동독과 서독 사이의 옛 국경에 조성된 그린벨트가 주목할 만하다. 캐나다는 3개의 그린벨트가 있다. 오타와, 남부 온타리오의 '골든 호스슈', BC 주(농업용 토지 보존지역은 연속적인 벨트는 아니지만 일련의 보호구역이 여러 곳에 존재)에 있다. 그린벨트에 대한 공통된 위협으로는 도시 스프롤, 자원 추출(특히 골재), 도로건설 등이다. 도시와 지역 당국의 협력이 잘 되려면 단기 재정적 필요가 녹지 공간에 대한 장기적 요구를 넘어서지 않아야 한다. 로컬 농업 및 로컬 마케팅에 대한 지원도 이루어질 필요가 있고, 농업과 자연의 다기능적인 이익(특히 생태적인)에 대한 인식, 그리고 생산자와 소비자에 대한 교육, 도시 주민의 접근성 등에 대한 지원도 필요하다.

그린벨트 농업, 자연, 레크리에이션 용도로 용도제한된 도시 주변의 토지

결론

농업의 핵심 과제는 생산이 공간상에 널리 퍼져 있기 때문에 상하기 쉬운 생산물이 원거리 시장으로 배송되어야 한다는 점이다. 이러한 점은 시장과 제도가 다양한 방식으로 풀어야 하는 조직적인 문제를 만들어낸다. 튀넨의 고전적인 설명은 도시시장을 둘러싼 토지이용에 대한 고전적인 설명인데, 거리와 가치 사이의 관계에 대한 것으로서 여전히 유의미하다. 그러나 도시시장은 규모와 복잡성 면에서 확장되어 왔으며, 시장에서부터의 거리와 규모의 경제가 증가해왔다. 농업생산은 공간적으로 광대하게 확장되어 차별화되었고, 그 안에서 농장에서의 수집, 저장, 가공처리에서부터 배송과 마케팅에 이르기까지의 가치사슬을 통합하는 몇 가지 방식이 존재한다. 그러나 최근 수십 년간 소수의 거대기업이 시장을 지배하게 되었다. 이러한 진화는 식품비용을 낮추고, 식료품 소매점과 레스토랑 부문에서의 폭넓

은 선택권을 증가시켰다. 불행하게도 그것은 또한 선진국에서나 개발도상국에서나 환경적 손상과 영양적 불균형, 그리고 독립 개별 농장의 생존에 대한 압박을 증가시켰다. 농부들은 가치사슬상에서 자신의 위치가 애초에 취약하다는 것을 인식해왔다. 그래서 집단적으로 스스로를 조직하여 동일한 규모의 경제를 취하고자 하며, 대규모 기업의 이점을 취하고자 한다. 그들은 또한 집단적 또는 개별적 브랜드화를 통해 자신들의 제품을 탈상품화하는 의미를 찾아내고 있다.

연습문제

1. 설탕 생산과 무역의 글로벌 지리를 지도화하라. 설탕이 영양적 가치가 거의 없다면 왜 설탕 소비는 그토록 큰가? 어떤 회사가 설탕의 생산과 분배를 통제하는가?
2. 담배 생산의 글로벌 지리를 지도화하라. 1인당 담배 소비에서의 변이를 설명해보자.
3. 캐나다와 프랑스의 밀의 수출지리를 비교해보자.
4. 여러분의 커뮤니티에서 가계와 정원 쓰레기는 어떻게 처리되는가?
5. 시골지역은 도시 확장으로부터 보호받아야 하는가? 그린벨트와 농업 보존지역에 대한 찬반 의견을 설명해보자.

핵심용어

그린벨트	엥겔 법칙	정상 이윤	커뮤니티 지원농업
단일 경작	요한 하인리히 폰 튀넨	조방적 농업	탄소 발자국
로커보어	입지지대	지리적 표시제	협동조합
식량안보	자급농업	집약적 농업	환경 조건

추천문헌

Almstedt, A. 2013., Post-productivism in rural areas: A contested concept. in Lundmark, L. and Sandström, C. eds. *Natural Resources and Regional Development Theory*. Umeå: Umeå University.
포스트 생산주의에 대한 논쟁을 개관하였다.

Carter-Whitney, M., 2008, *Ontario's Greenbelt in an International Context: Comparing Ontario's Greenbelt to Its Counterparts in Europe and North America*, Toronto: Canadian Institute for Environmental Law and Policy.
온타리오와 다른 곳에 있는 그린벨트를 비교하였다.

Kedron, P., and Bagchi-Sen, S., 2011, "A study of the renewable energy sector within Iowa." *Annals of the Association of American Geographer* 101: 1-15.
아이오와의 에탄올 산업의 진화를 정부정책, 연구개발, 혁신, 농부의 역할과 농가공업체들과의 관계로 설명하였다.

Maye, D., Holloway, L., and Kneafsey, M., eds., 2007, *Alternative Food: Geographies, Representation and Practice*, Amsterdam: Elservier.
대안적인 식료품 가치사슬의 사례

Morgan, K., Marsden, T., and Murdoch, J., 2006, *Worlds of Food, Place, Power, and Provenance in the Food Chain*, Oxford: Oxford University Press.
식품 가치사슬과 그 거버넌스에 대한 개관

Patchell, J., 2008, "The region as organization: Differentiation and collectivity in Bordeaux, Napa, and Chianti Classico." In Stringer, C. and Le Heron, R. eds. *Agri-Food Community Chains and Globalising Networks*, Aldershot, England, and Burlington, VT: Ashgate.
식품 가치사슬에서 시장 권력을 가진 3대 와인 재배지역

Wrigley, N., 2001, "The consolidation wave in US food retailing: A European perspective." i 17: 489.
식료품 가게에서 농장에 이르기까지 식품부문의 합병과 후방 통합에 대한 개관과 비판

참고문헌

Bryant, D., Nielsen, D, and Tangley, L., 1997, *The Last Frontier Forests*, Washington, DC: World Resources Institute; http://pdf.wri.org/lastforntierforests.pdf.

Bryce, P.H., 1914, *Effects Upon Public Health and Natural Prosperity from Rural Depopulation and Abnormal Increase of Cities*, Association, Jacksonville, Fla., 1 Dec. 1914.

Howe, F.C., 1915, *The Modern City and Its Problems*, Charles Scribner's Sons, p. 6.

MacLachlan, I., 2005, "Feedlot Growth in Southern Alberta: A Neo-Fordist Interpretation." In Gilg, A., Yarwood, R., Essex, S, Smithers, J., and Wilson, R., eds. *Rural Change and Sustainability: Agriculture, the Environment and Communities*, CABI Publishing, pp. 28-47.

Nestle, M., 2007, "Eating made simple", *Scientific American*, September: 60-9.

UN Millenium Project. 2005. *Halving Hunger: It Can Be Done*. Summary version of the report of the Task Force on Hunger, New York: The Earth Institute at Columbia University.

Worm, B., et al., 2006, "Impacts of biodiversity loss on ocean ecosystem services." *Science* 314 (5800): 787-90.

제11장

제조업

제조업부문이 강하지 않고서는 어떤 나라도 꾸려 나가기 어렵다.

(Fingleton, 2006)

이 장의 전체적인 목표는 제조업활동의 현대적인 입지 역동성을 분석하는 것이다. 주요 내용은 다음과 같다.

- 제조업 입지의 집중 경향과 분산 경향을 검토한다.
- 입지가 제조업의 이윤에 어떻게 영향을 미치는지 탐색한다.
- 제조업기반 가치사슬의 변화하는 입지 역동성과 조직을 설명한다.
- 상품생산 산업에서 가치사슬이 가치주기로 이동하는 것을 탐색한다.
- 입지와 개발에서 가치사슬 역동성의 함의를 설명한다.

이 장은 3개 절로 되어 있다. 1절은 전체적인 제조업의 패턴에 초점을 맞추고 개별 업체의 입지를 형성하는 힘을 살펴본다. 2절은 입지가 제품주기에 어떻게 영향을 미치는지 검토한다. 3절은 집적에서 클러스터링과 단순 집적을 주목한다.

제조업에서의 지리적 차이

2009년 토요타는 GM의 77년간 지배를 끝내고 판매와 생산 양면에서 세계 최대의 자동차 제조업체로 등극했다. 2014년 말에도 토요타는 여전히 그 지위를 유지하고 있고, GM과 폭스바겐은 거의 비슷했다. 그들과 함께 몇몇 다른 업체들, 즉 현대, 포드, 피아트-크라이슬러, 르노-닛산이 글로벌 자동차시장을 지배한다. 이 경쟁적 과점시장에서 이들 거대 다국적기업들은 자회사를 입지시키고 현지 회사들을 인수하고 세계 주요 시장에서 점유율을 확대하려 하고 있다.

최고가 되기 위해 토요타는 제조가 이루어지는 방식을 혁명적으로 바꾸었다. 다른 기업들(GM을 포함하여)은 토요타의 혁신적인 생산 시스템을 따라해야 했고, 기존 공장을 폐쇄하고 새로운 공장을 열기도 했는데, 보통 자동차산업이 전무한 새로운 경제공간에서 그렇게 했다(제5장 참조). 토요타 자신은 하나의 거대 공장을 거의 닫은 적이 없었지만 세계로의 지리적 팽창과 새로운 장소에 공장을 입지시키는 것은 성공을 위해 핵심적인 것이었다(사례연구 11.1). 토요타의 팽창은 왜 하필 그 나라가, 왜 그 지역이, 왜 그곳이 선택되었는지에 대한 다양한 입지 요인들을 나타내는 것이다.

제조업은 원료와 부품을 고안, 가공, 조립하여 제품을 만드는 것이다. 제조업은 물건을 만드는 것으로 이해되지만 가치의 부가과정을 포함한다. 즉, 단순히 조립하거나 부품을 변형하는 것뿐 아니라 배송과 마케팅, 설계와 연구개발과 같은 서비스를 포괄하는 것이다. 일반적으로 제조된 생산물은 그 구성 요소와 프로세스의 합보다 큰 가치를 지닌다. 제조업활동은 매우 다양하지만 크게 **1차 제조업**(primary manufacturing)과 **2차 제조업**(secondary manufacturing)으로 구분된다. 1차 제조업은 원료나 원료상품을 보다 가공된 상품으로 만드는 것을 말한다. 예컨대 원유의 정재, 가금 도축, 곡물 제분, 목재의 제재 등이다. 이런 종류의 활동은 이전 장들에서 논의되었기 때문에 본 장은 2차 제조업에 초점을 둘 것이다. 2차 제조업은 부품이 새로운 생산물, 즉 컴퓨터, 비행기, 자동차, 버스, 선박, 산업용 기계, 파이프라인, 화학물질, 공구, 가구, 의류, 그리고 레저 및 레크리에이션 용품(스키, 하이킹 부츠, 스노보드, 서핑보드, 보트, 카약, 산악장비, 하키 스틱, 축구공, 전문 의류 등) 등으로 변형되는 것을 말한다.

1차 제조업 주로 천연원료를 가공하는 제조업활동

2차 제조업 가공된 원료에 가치를 부가하는 활동

제조업은 오랫동안 경제성장의 엔진으로 간주되어 왔다. 18세기 후반에 시작된 산업혁명은 제조업활동과 일자리의 광범위하고 급격한 증가로 정의되었고, 부유한 시장경제들의 지구적 지배의 등장을 추동하였다. 실제로 '발전된', '선진화된', 또는 '산업화된' 나라는 동의어가 되었다. 이러한 조합은 최근 수십 년간 제조업이 한국과 대만과 같은 신흥공업국(NIC)의 등장에서 했던 역할로 인해 다시 강조되었다. 제조업은 여전히 중국과 인도가 자신들을 현대적이고 도시화된 사회로 바꾸려는 계획들의 기초이다. 또한 부유한 나라들에게도 제조업은 여전히 혁신, 생산성, 일자리, 기술, 수출 등 세계경제에서 살아남기 위해 필요한 것들의 원천으로 중요하다. 오늘날의 제조업 혁신에서는 환경에 유해한 영향을 최소화하는 방안이 우선시된다.

제조업활동은 보통 거대기업이 지배하는 가치사슬 안에서 조직되지만, 수천 개의 크고 작은 공급업자들이 결합되어 있다. 최근 제조업기반 가치사슬은 더 정교해졌다. 전통적으로 제조업은 부유한 시장경제에 집중되었었다. 그때는 세계의 나머지 지역과 자원이나 소규모 시장 형태로 상대적으로 단순하게 연계되어 있었다. 그러나 1960년대와 70년대에 이르러 일부 대기업이 생애주기상 '성숙' 단계에 이른 몇몇 제품의 공장을 가난한 나라로 이전하기 시작하였다. 그렇게 신국제분업(international division of labour)이 창출되었다. 최근에는 세계화가 심화되면서 가치사슬이 지리적으로 더욱 미묘해졌다. 입지 의사결정이 끊임없이 변하는 노동비, 기술, 창조성의 조합에 더욱 기반하게 되었기 때문이다. 더욱이 한때 지배적이었던 서구(그리고 일본의) 기업들은 이제 새로 산업화된 나라들에 기반하는 다국적기업들과 경쟁하게 되었다. 2014년 자동차회사에서 한국의 현대와 중국의 SAIC 자동차

사례연구 11.1 | 북미지역의 토요타

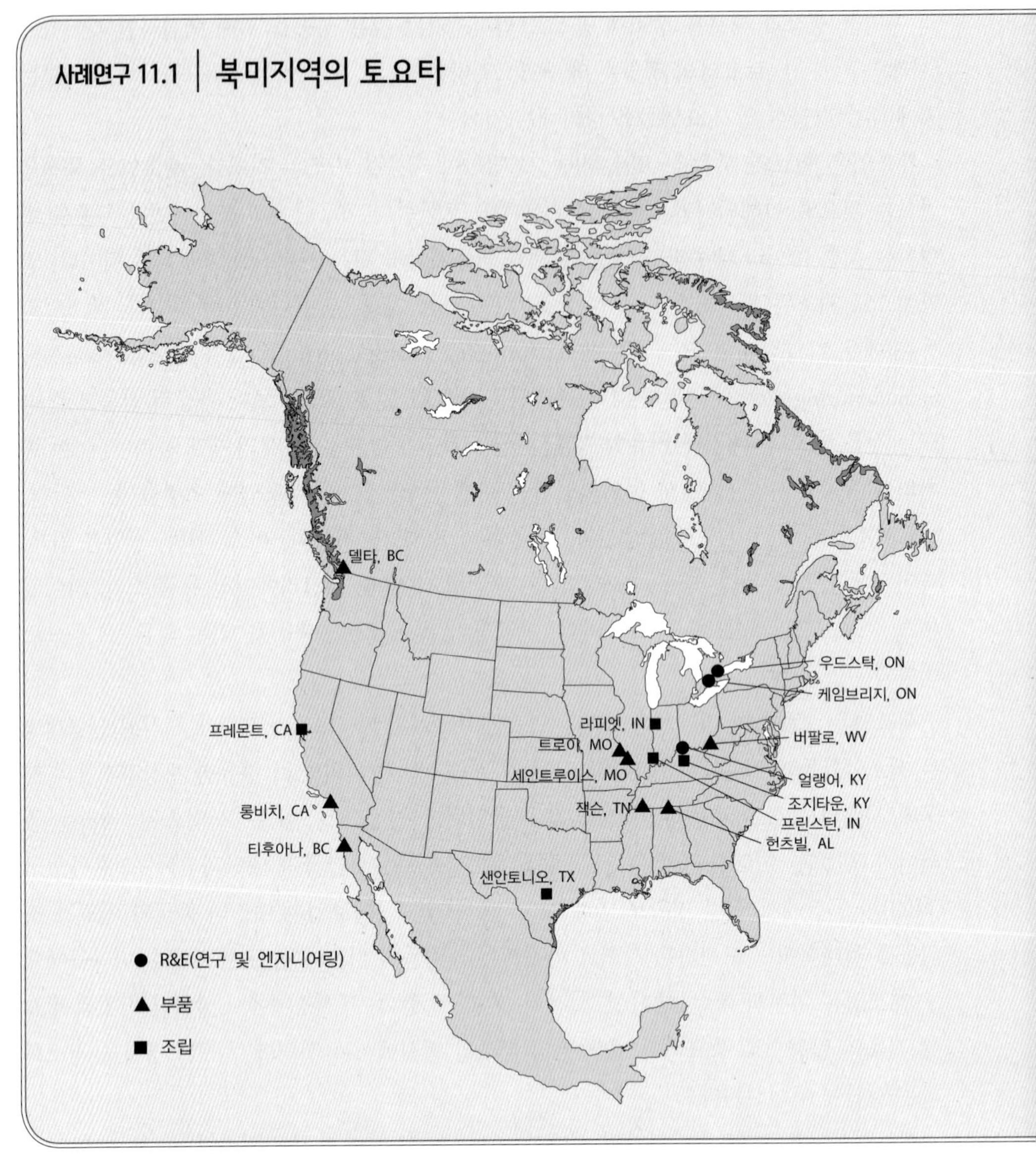

(SOC인, 제6장 참조)가 8위와 10위 규모에 올라섰다.

변화하는 제조업의 지리

제조업의 입지 역동성은 공간 규모와 시간 범위에 따라 다양하다. 지구적으로 보면 최근 수십 년간 세계화라고 하는 것의 중요한 양상으로서 가장 놀라운 흐름은 새로운(1960년대 이후) 아시아-태평양 경제공간에서 제조업활동의 경쟁이 격화된 것이다. 베를린 장벽의 붕괴 이후(사례연구 6.1), 동유럽 국가들에서의 산업 팽창과 현대화도 확장된 EU 안에서의 재통 일본 자동차산업의 지리는 크게는 집적이라는 특징을 갖는다는 점에서 서구 경쟁자들과 유사하다. 소수의 핵심 공장 주변에 다수의 공급업자들이 집적되어 있다는 점에서 그러하다. 토요타는 자신의 첫 자동차를 1930년대에 만들었고, 수출은 1950년대에 시작했다. 그러나 1959년 브라질에 공장을 건설한 것을 예외로 하면 1980년대까지는 일본에서 생산을 집중해 왔다. 미국 기업들이 해외 분공장을 수십 년간 설립해온 그 시점에도 말이다. 실제로 대부분의 토요타 역사에서 생산은 토요타시(1959년 이전에는 코로모)에 집중되어 왔다. 토요타의 국제적 팽창은 1984년 GM과 조인트벤처 형태로 캘리포니아 프레몬트에 조립공장을 세우면서 시작되었다. 얼마 후 미국과 캐나다에 조립공장을 추가로 설립하였고, 유럽에도 설립하였다. 이는 일본으로부터의 수출이 초래하는 정치적 반발을 회피하려는 것이었다. 그 후 토요타는 생산과 배송만이 아니라 연구개발, 설계를 글로벌 스케일로 확대했고, 최근에는 중국과 아시아 다른 나라에까지 진출했다. 프레몬트 공장은 2010년 폐쇄되었지만(일자리 4,700개 상실) 그 자리에는 테슬라(Tesla Motor)가 전기차 생산공장을 다시 열었다. 2003년과 2013년 사이에 토요타의 연간 자동차 조립 대수는 북미지역에서만 128만 대에서 186만 대로 증가했다. 후자는 기록적인 생산 대수가 되었는데, 이것은 토요타가 2010~2011년의 리콜 문제를 어떻게 극복했는지를 보여준다.

2008년 토요타는 8번째 북미지역 공장을 온타리오 우드스탁에 설립했다. 이 공장은 연구개발 센터를 포함하는 것으로서 건립비용이 약 10억 달러나 되었고 RAV-4 모델 SUV를 생산하기 위한 것이었다. 이 모델은 당시까지 일본에서만 생산되던 것이었다. 온타리오에 공장을 입지하기로 결정한 것은 캐나다의 보건제도 때문이기도 하다. 이 보건제도가 노동자 1명당 하루 4~5달러를 절감할 수 있을 것으로 예상되었다. 그 외에도 캐나다의 직업 훈련비용이 미국에서보다 싸다는 점을 토요타 캐나다의 사장은 지적하였다. 한편 미국에서는 직업 훈련비용이 높지만, 정부의 보조금이 크고 임금이 낮을 뿐 아니라 노조가 없다는 점이 그것을 상쇄한다. 프레몬트 공장을 매각한 후 토요타는 북미지역에 8번째 공장을 미시시피 주 블루스프링에 설립했는데, 이는 코롤라(원래 프레몬트에서 생산하던)를 생산하기 위한 것이었다.

토요타는 보통 시장 접근성과 점유율 증가를 위해 미국과 캐나다, 그리고 북미와 세계 다른 지역 간 투자 균형을 맞추려고 한다. 지금은 다수의 개발도상국에도 생산설비를 갖추고 있다. 2000년 중국에 첫 공장을 세운 후, 토요타는 중국의 거대한 시장잠재력의 이점을 취하기 위해 중국 생산을 크게 증가시켰다. 2010년에는 중국에 7번째 조립공장을 세웠다. 그러나 2009~11년에는 리콜 위기를 맞이하게 되었는데, 이는 너무 급하게 확장하면서 품질 통제를 상실한 것으로 해석되었다. 그래서 토요타는 더 이상의 공장 설립을 중단하였다. 2015년 토요타가 공장과 차 제작비용을 감축하기 위한 신규 공장 플랫폼(토요타 뉴 글로벌 아키텍쳐)을 개발하면서 그 중단 선언은 해제되었다.

합이라는 점에서 주목할 만하다.

글로벌 관점

18세기 중반 산업혁명 전야에 제조업활동의 분포는 세계적으로 인구 분포와 상관이 있었다. 최대의 국가였던 인도와 중국은 최대의 제조업 국가였다. 다만 제조업의 규모는 작았고 가정이나 소규모 작업장에서 수행되었고 주로 촌락 기반이었다. 그 후 서구에서 섬유, 철강, 증기기관, 철도에서 혁신이 찾아왔고, 제조업은 서구지역에서 폭발적이었다. 그 길은 혁신과 생산물 면에서 영국이 주도했다. 1830년 글로벌 생산의 10%를 생산했고 1880년에는 23%를 생산했다. 미국, 독일, 프랑스, 기타 유럽 국가들은 재빠르게 제조업부문을 확장시켰다. 1800년대 중반, 세계 국가들의 부의 분배는 제조업 분포를 그대로 반영했다. 그리고 1900년 부유한 서구시장 경제들(일본 포함)은 글로벌 제조업의 92%를 점유했다. 20세기에 이르러 미국은 세계의 독보적인 제조업 국가가 되었다. 포디즘이라고 하는 기업조직, 생산체계, 노동관리 형태가 대량생산을 주도하는 양식이 되었다(제3장).

그러나 유일한 비서구 산업 강국이었던 일본과 서구의 독일이 제조업을 유연한 대량생산 형태로 드라마틱하게 재조직하면서 포디즘 양식은 1970년대에 쇠퇴하기 시작하였다(그림 11.1, 표 3.1). 일반적으로 말해서 일본과 독일의 다국적기업들은 핵심 노동자(제6장)와 공급업자의 기능적으로 유연한(functionally flexible) 관계(그림 4.3)를 강조하였다. 즉, 계층적 성격이었던 공급업자와의 관계를 기능적으로 유연하게 하여, 소수의 주도적이고 혁신적인 공급업자와는 안정적이고 직접적인 거래관계를 맺고, 부가가치가 낮은 활동에 대해서는 다수의 중소기업들(SME)과 계약하였다(사례연구 11.4의 토요타 사례). 이러한 유연한 대량생산 시스템은 시장 변동과 기술 변화 및 경쟁에 더 잘 대응할 수 있었다. 어떤 지역에서는 유연전문화(flexible specialization)가 중소기업들의 국지화된 집적으로 진화했다. 이들은 전문화되고 다변화된 생산물의 네트워크를 형성하고 시장과 기술 변동에 다른 방식으로 대응하였

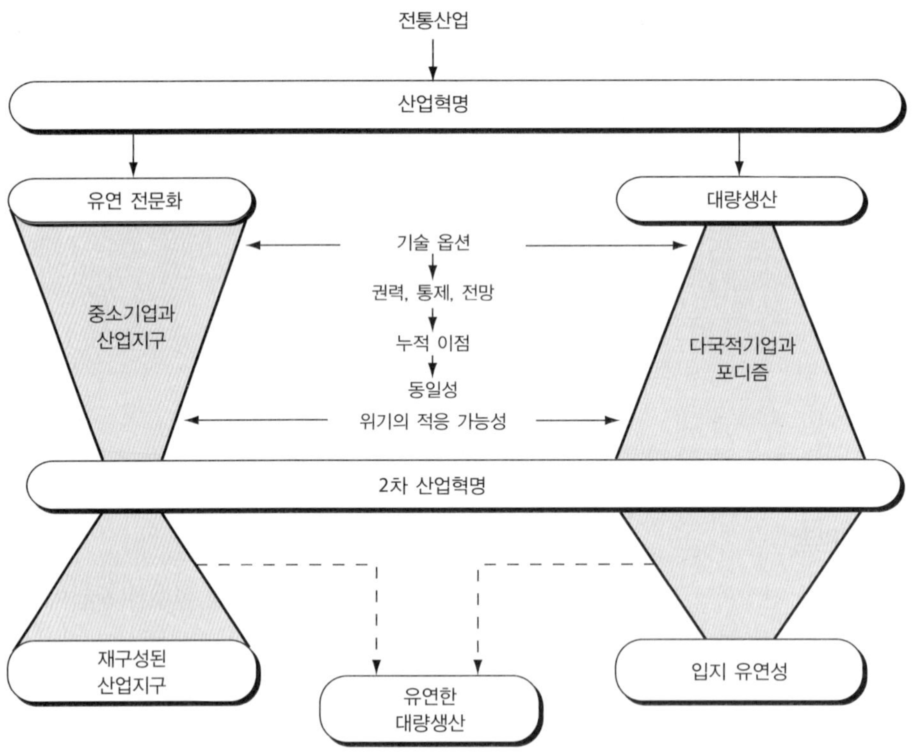

그림 11.1 대량생산과 유연한 생산

다. 이와 달리 생산 유연성은 저임금 생산 부지와 **주변부 노동력**(peripheral labour force), 즉 고용–해고가 쉬운 노동력(제5장)을 찾아다니는 것을 의미하기도 한다. 유연한 제조과정과 고용을 추구하는 것은 지리적으로 모순적인 패턴, 즉 분산 패턴과 집중 패턴으로 나타났다.

1960년대에 들어 수출이 증가하기 시작하자 일본 제조업체들은 매우 경쟁적인 국내시장에서 개발했던 전문기술을 사용하여 북미와 유럽의 제조업체들을 위협하였다. 이에 미주지역의 기업, 그리고 나중에는 유럽과 일본의 기업들도 생산비용이 덜한 생산지를 찾아나섰다. 멕시코[**마킬라도라**(maquiladora)]와 같은 곳이거나 아시아의 NIC 또는 '호랑이들'(한국, 대만, 홍콩, 싱가포르)이었다. 국내산업의 발전을 자극하고 해외투자를 유치하기 위해 설계된 다양한 정부 프로그램의 지원을 받아 호랑이들, 즉 NIC들은 빠르게 글로벌 수출국이 되었고 2차 제조업 상품의 혁신 국가가 되었다.

마킬라도라 주로 멕시코와 미국의 국경을 따라 입지하고, 간혹 내륙 쪽에 입지하기도 하는 수출가공지대에 있는 외국인 소유 분공장을 말한다. 저임금 노동력과 투입물의 무관세 수입, 그리고 수출을 위한 제품생산이 특징이다.

호랑이들의 성공에 자극을 받아 세계의 인구 대국들은 시장경제를 포용하게 되었다. 중국은 1970년대 후반 해외투자에 자국을 개방하였고, 그 후 30년이 안 되어(2001) WTO의 회원국이 되었다. 인도는 중국처럼 여전히 사회주의 국가이지만 그 경제는 사회주의와 민족주의를 혼합하여 운영하고 있고, 최근에는 개혁도 이루어지고 있다. 25억 인구에게 일자리와 발전을 주고자 이 두 거대국가, 특히 중국은 글로벌시장을 위한 제조업을 추구하였다. 그 결과 수억 명의 노동자들이 제조업에 몰려들었으며 제조업부문 노동력이 2배가 되었다. 기존 시장경제에 기반해 있던 많은 제조업체, 특히 전자, 제화, 섬유, 가구 제조업체들이 중국과 인도로 재입지하였다. 이들 나라는 해당 제조업의 선두가 되었고, 이제는 국제적으로도 경쟁하면서 자국 국민들에게도 공급하고 있다.

선진국에서 개발도상국으로의 공장 이전, 그리고 개발도상국의 경쟁력 증가는 1980년대 이후의 수출 점유율 증가로 나타난다(표 11.1). 독일, 미국, 일본이 주도하던 구 시장경제들이 여전히 큰 수출국이지만 아시아–태평양 국가들(일본 제외)의 제조업 수출 점유율이 눈부시게 증가하였다. 1990년에는 중국의 공산품 수출 점유율은 캐나다보다 낮았지만 2012년에는 세계 최대의 수출국이 되었고, 글로벌 수출액의 16.8%를 점유하게 되었다. 2012년 범중국(홍콩과 대만을 포함한 중국)은 전체 수출의 22.7%나 되었다. 같은 시기에 한국의 수출은 4%였다. 싱가포르와 다른 아시아–태평양 국가들(말레이시아, 태국 등)도 중요한 수출국이다. 다른 곳에서는 멕시코가 최근 수십 년간 주목되는 새로운 공산품 수출국이 되었다. 이때 EU 데이터에는 소속 회원국들의 기여가 숨겨져 있다는 것과 방글라데시의 섬유와 같이 몇몇 나라들은 고도로 특화된 수출 제조업을 갖고 있다는 점을 고려해야 한다.

자동차생산의 진화는 글로벌 제조업의 지리가 크게 변화한 것을 잘 보여준다(표 11.2). 1900년에는 글로벌 자동차산업이 주로 미국과 독일에서 약 10,000대를 생산하였다. 1920년대에는 미국이 글로벌 생산을 주도하였고, 캐나다(격차가 좀 크지만)와 영국이 뒤이었다. 전쟁이 끝나고 나자 대부분의 주요 산업국가들은 적어도 2개 이상의 자동차 제조기업을 갖고 있었다(포드 · GM · 크라이슬러, 폭스바겐 · BMW · 메르세데스, 르노 · 시트로엥 · 푸

표 11.1 주요 국가의 제조업 수출가치(1980~2012)

주요 국가/지역	가치(10억 달러), 1980	가치(10억 달러), 1990	가치(10억 달러), 2000	가치(10억 달러), 2012
미국	142.2	290.5	648.9	1,102
일본	122.7	275.1	449.7	710
중국	8.7	44.3	219.9	1,925
EU15	553.7	1,203.3	1,901.8	-
EU27	-	-	2,012.0	4,385
독일[1]	162.1	375.7	483.2	1,052
프랑스	81.1	161.3	272.8	595
영국	78.7	146.7	233.0	508
캐나다	30.0	73.3	175.6	211
대한민국	15.7	60.6	154.9	463
브라질	7.5	16.1	31.7	82
러시아	-	-	24.8	101
멕시코	4.4	25.3	138.6	269
홍콩[2]	18.0	75.6	192.5	423
싱가포르[2]	8.3	37.5	117.7	283
폴란드	11.7	8.5	25.4	EU 27
인도	-	-	-	180
대만	-	-	-	262
전 세계	**1,092.4**	**2,391.2**	**4,696.2**	**11,490**

1. 독일 자료에서 1980년 것은 서독만이고 1990년 자료는 동서독 모두임
2. 재수출을 포함함. 2012년의 독일, 프랑스, 영국의 값은 EU27에서 외삽하여 추정한 값
출처 : WTO 통계 데이터베이스

조, 사브 · 볼보, 피아트 · 아파로메오, 로버 · 레이랜드, 토요타 · 닛산 · 혼다 · 미쓰비시 · 마쓰다). 그리고 관세보호를 통해 그들의 경영을 돕고 있었다. 이러한 경쟁, 즉 국가적 보호주의와 외국에 분공장을 설립하는 공동의 기업전략을 결합한 경쟁은 자동차 수출을 제한하는 효과를 내고 있었다. (철강과 철강제품과 같은 산업도 구조나 입지 면에서 비슷했다.)

1973년 석유 파동 이후 일본은 소형 자동차를 수출하기 시작했다. 1975년에는 일본이 세계에서 두 번째 자동차 생산국이 되었고, 1980년에는 미국을 앞질렀다. 그러나 일본의 자동차 수출은 서구 국가들에게 아직 완전히 수용되지는 못했다. 그것은 정치적 압력으로 미국

표 11.2 주요 국가의 자동차생산(1900~2012) (단위 : 1,000대)

	1900	1925	1950	1975	1990	2000	2012
북미지역							
미국	4	4,266	8,006	8,965	9,780	12,800	10,781
멕시코			22	361	804	1,936	3,002
캐나다				1,442	1,922	2,962	2,464
서유럽지역							
독일	2	63	306	3,186	4,661	5,527	5,649
프랑스				2,861	3,295	3,348	1,968
이탈리아		49	128	1,459	1,875	1,738	672
영국		167	784	1,648	1,296	1,814	1,577
스웨덴			18	367	336	301	163
스페인				814	1,679	3,033	1,979
아시아-태평양							
일본				6,941	13,487	10,141	9,943
중국					709*	2,069	19,272
대한민국				36	1,322	3,115	4,562
인도						801	4,145
브라질				930	914	1,682	3,343
러시아				1,964	2,000	1,206	2,232
전 세계	**10**	**4,901**	**10,577**	**32,998**	**44,165**	**58,374**	**84,141**

* 1991년
출처 : Industry Canada: Statistical Automotive Industry, 1998 ed, International Organization of Motor Vehicle Manufactures(OICA), http://oica.net, Chaina Automotive Industry Yearbook 2003, Morales(1004:16)

이 자발적인 수출 한도제를 도입했고, EU도 다수의 관세 및 비관세장벽을 설치했기 때문이었다. 그러자 1980년대에 일본의 제조업체들은 시장 접근을 위해 생산시설을 해당 국가에 설립하는 방안을 추구할 수밖에 없었다. 최근 독일과 한국은 수출과 분공장 측면에서 일본의 시장 지배에 도전하고 있으며, 중국과 인도도 떠오르는 자국시장과 수출시장에서 강력한 생산자로 부상하고 있다. 1975년에는 한국, 인도, 중국 모두 자동차 생산자가 아니었지만 2012년에는 글로벌 생산의 1/3 이상을 점유하고 있다.

입지 경향 : 개관

지역시장이 일정한 규모만 된다면 어디든 입지할 수 있는 산업이 있다. 예컨대 모든 거주지에는 도로를 내는 데 자갈이 필요하다. 다행히(돌 운반은 비싸므로) 돌 공급원은 거의 항상 근처에 있다(하상이든 깰 수 있는 바위든). 보다 큰 스케일에서는 농축액에서 음료를 생산하는 경우로서 어디나 있는 투입(물)의 운송비를 최소화하기 위하여 국제적으로 산재되어 있다. 두루 존재하는 또는 산재하는 공장은 식료품 가공에서 일반적이다. 규모의 경제, 교통 발전, 냉장고, 배송 통합(distribution-integration)이 기업 통합과 지리적 집중을 촉진하기 전까지 그러했다. 예컨대 1961년에는 캐나다에 1,710개의 낙농가공공장이 있었다. 2013년에는 279개소만 있었고, 그것의 14%는 사푸토, 아그로푸, 파말라트가 소유하고 있었다. 이 세 거대기업은 캐나다 우유의 75%를 점유하고 있었다. 나머지 25%는 많은 소규모 낙농업자가 생산하였다. 초창기의 많은 로컬 신문들은 인터넷 때문에 쇠퇴하였고, 대부분 로컬 시장이 최소한 신문 하나 정도를 유지하고 있다. 전체적으로 산업지역에 기반한 공장들은

사례연구 11.2 | 주장강 삼각주

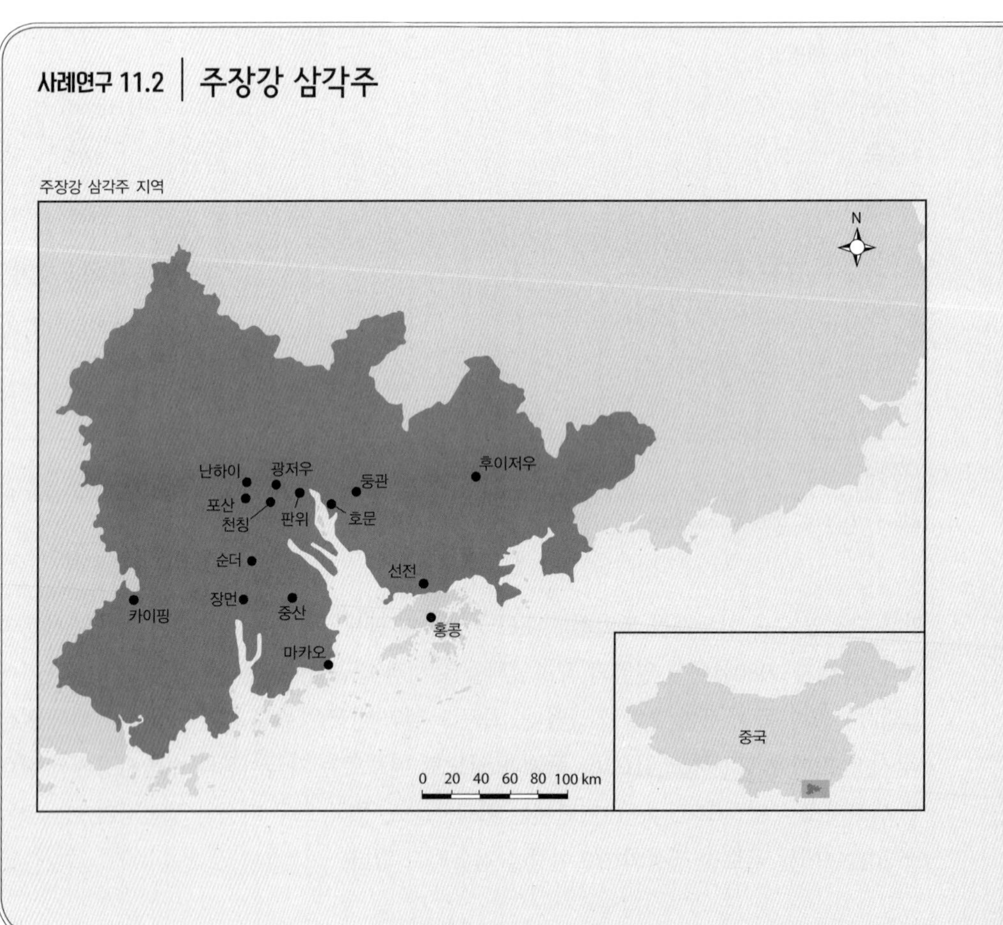

두루 존재하는 공장을 대체해왔다.

경제사학자인 시드니 폴라드(Sydney Pollard, 1981)는 유럽의 산업화를 '지역적 현상'이라고 묘사했다. 이웃하는 도시들과 읍들이 결합하여 기능적으로 연결된 산업 **연담도시**(conurbation), 즉 도시지역의 집적(회랑)을 만들면서 이루어진 지리적으로 불균등한 성장이라는 것이다. 북미와 일본에서의 산업화 또한 마찬가지로 지역적이다. 북미에서는 서로 다른 분야가 특화되는 연담도시들이 거대한 공업 벨트를 만들었다. 그 공업 벨트는 북동 대서양 연안(보스턴, 뉴욕)에서 필라델피아에 이르고, 피츠버그를 거쳐 중서부의 시카고와 디트로이트에 이르며, 북쪽으로는 퀘벡과 남부 온타리오에 이른다. 일본에서는 도쿄와 오사카를 중심으로 동서축의 산업화 지역이 만들어졌다. 중국의 산업화 규모는 전대미문인데, 1979년 경제 개방 이후 수십 년 만에 베이징-톈진, 상하이, 주장강 삼각주와 같은 지역에 발전된 연담도시로 나타났다(사례연구 11.2). 오늘날 중국의 내륙, 특히 양쯔강을 따라서 또 다른 산업화의 동력이 개발되고 있다.

연담도시 둘 이상의 도시들이 연합하여 기능적으로 연결된 대규모지역으로서 그 도시들이 공업지역일 때 연담도시라고 한다.

세계적으로 서로 다른 공업지역이 각기 특화된 지역을 이루고 있다. 북미의 공업 벨트는

1979년 중국 정부는 근본적인 경제개혁을 단행했다. 마오주의(Maoism) 중앙계획경제 30년 동안 시장경제와의 접촉이 극단적으로 제한된 이후, 중국이 세계의 나머지 나라들을 따라잡으려면 그것이 필수적이었던 것이다. 이러한 변화의 이점을 취한 첫 번째 부문은 일부 경공업 분야였다: 주방용 도구, 장난감, 전자. 바로 1950년대에 홍콩의 성장을 주도했던 업종이었다. 이 부문 제조업체들은 홍콩 인근의 선전 같은 도시로 빠르게 확대되었다. 선전은 1984년 중국의 산업 현대화를 주도할 경제특구로 지정된 5개 도시 중 첫 번째 도시였다. 경제특구에서는 수출용 제품을 만든다는 조건에서 투입물이 무관세로 수입될 수 있고, 해외직접투자가 자유롭게 진입할 수 있었으며 세금은 낮았다. 대규모 다국적기업이 이 지역에 들어왔고, 이들에 투입물을 공급하는 업체도 입지했다. 1990년대 이후 주장강 삼각주는 엄청나게 성장했다. 이 지역(홍콩과 마카오 포함)은 중국 면적의 0.2%에 불과하지만 2002년 중국 GDP의 9%를 점유했고 중국 수출의 33%를 담당했다. 1980년 이 지역의 촌락 인구는 1,600만 명이었으나 2015년에는 7,000만 명으로 집계되었고 대부분 새로 산업화된 도시에 살고 있다.

1997년 홍콩이 반환되자 홍콩은 주장강 삼각주 지역의 의사결정 센터이자 출입항이 되었다. 이 지역의 본토에 있는 몇몇 소도시들은 차별화된 특화 분야를 갖는 큰 제조업 도시들이 되었다. 즉, 둥관의 전자 · 컴퓨터 · 주변기기, 광저우의 자동차 · 자동차 부품 · 기타 수송장비, 후이저우의 레이저 다이오드 · 디지털전자 · CD-ROM · 전화기 · 배터리 · 회로판, 난하이의 섬유 · 알루미늄제품, 판위의 스포츠용품 · 섬유 · 의류 · 모터사이클, 포산의 산업용 세라믹 등이다. 선전은 전자제품 수출 면에서나 다국적기업의 유치 및 혁신 역량 면에서 이 지역의 중심도시가 되었다. 이 지역의 역동성은 '세계의 공장'이라는 별명이 조만간 신제품 생산 능력과 산업 프로세스를 인정받는 별명으로 바뀌게 될 수 있을 정도이다.

주장강 삼각주의 수출에 문제가 없는 것은 아니다. 급격한 도시 팽창은 수백만 명의 가난한 이주민에 의한 것이다. 주로 촌락에서 온 사람들로서 그들은 저임금 일자리와 열악한 생활 조건에서 살고 있으며, 시 거주민이 받는 권리인 보건, 교육, 위생 등의 수혜에서는 제외된다. 도시화로 인한 심각한 혼잡과 부적절한 규제나 행정으로 심각한 대기 및 수질오염, 농지 황폐화가 초래되고 있다. 이러한 부정적 외부효과의 근본 원인은 북미지역이 저렴한 수입품을 원하기 때문이다.

상세한 분석은 린(Lin, 1998)과 엘라이트 등(Enright et al., 2007)을 참고하라.

탈산업화를 겪고 있으나 여전히 유리와 세라믹, 자동차 조립 및 자동차 부품공업, 운수, 중공업, 기계, 철강, 석유화학, 식품가공 등이 집중되어 있다. 다른 산업 집중지역은 조지아의 카펫산업, LA, 시애틀, 휴스턴, 몬트리올의 항공기 조립 및 기계공학, 실리콘밸리의 전자산업 등이다. 다른 곳들 역시 각기 지역적 특화 산업이 있는데, 모터사이클과 악기는 일본의 하마마쓰, 선박은 한국의 인천, 스포츠카는 남부 독일과 북부 이탈리아, 항공기는 프랑스 남부, 메모리 칩은 대만 등이다. 모든 공업지역은 수많은 기업들의 복합체이며 각 기업은 하나 또는 그 이상의 산업에 종사하고 있으면서 국지화 경제와 도시화 경제를 통해서 서로 관련되어 있다.

공업활동의 인프라와 공간구조는 지역과 시간에 따라 다양하다. 산업화 초기에는 입지가 원료 접근성에 지배되었다. 석탄과 같은 투입이나 수송을 위한 하천이 영향을 미쳤다. 이때의 집적 경제는 선택된 도시에 지리적 집중으로 이어졌다. 시간이 지나면서 생산물에도 변화가 있었고, 가공기술, 제품과 노동력의 수송 양식에도 변화가 있었다. 이 변화가 다양한 산업을 교외지역에 입지시켰고, 부지가 넓어지자 단층 건물에 다양한 디자인의 공장이 가능해졌다. **교외화**(suburbanization)는 뉴욕 같은 대도시에서는 1900년 즈음 시작되었지만, 많은 사람들이 차를 갖게 되는 제2차 세계대전 이후 본격화되었다. 그러자 교외지역에 여성 노동력이 공급되었다. 그 후 공장들이 대도시에서 보다 먼 촌락지역으로 확산되면서 지역 집적의 패턴이 또다시 변화하였다. 촌락지역은 저렴한 토지를 공급했고, 저렴하면서도 조직되지 않은 노동력을 제공했으며 교통 접근도 좋았다. 이러한 **비대도시 산업화**(non-metropolitan industrialization)는 1950년대의 미국에서 중요한 경향이 되었다. 제조업이 러스트벨트에서 선벨트로 옮겨간 것은 미국에서 20세기 후반에 있던 흐름과 관계있다. 즉, 첨단기업들이 위락 및 문화 어메니티를 강하게 선호했던 것이다. 비슷한 이동이 다른 시장경제들의 기존 공업지역에서도 일어났다. 특히 해외직접투자를 통한 제조업의 국제화도 제조업 입지 변화의 일부이다. 일본에서는 어떤 공장들이 촌락지역으로 이동했지만 이 같은 경향은 미국에서와 같이 강하지는 않았다. 대부분의 공장들은 핵심도시에 계속 집중되어 있었는데, 이는 중소기업이 발달하면서 전체적인 생산이 점점 집중화되었기 때문이다.

교외화 경제활동(또는 주거기능)이 중심도시로부터 바깥쪽으로 이동하는 현상인데, 여전히 시가지화 지역이나 통근권 안에서 확산하는 현상

비대도시 산업화 경제활동이 대도시지역 바깥으로 확산해 가는 현상으로 촌락지역으로까지 이전하는 것이다.

개발도상국이 해외직접투자를 유치하기 위해 추진한 수출자유지대(EPZ) 정책이 제조업의 글로벌 확산에서 중요한 도구였다. 수출자유지대는 보통 새로운 경제공간에 입지하는데, 기존의 중심지에서는 먼 곳에 입지하여 통상 사회경제적 인프라를 제공한다. 철로, 도로, 항구나 공항 등을 부설하고, 다국적기업이 관세 없이 투입물을 들여올 수 있도록 하고, 생산물은 수출하도록 하며 촌락지역에서 저임금 노동력을 활용할 수 있도록 한다. 주장강 삼각주와 멕시코의 마킬라도라와 같은 사례에서와 같이 어떤 EPZ는 새로운 공업 집적의 중심지가 되기도 한다. 그러나 멕시코와 같은 몇몇 나라들에서는 산업화 전략의 핵심 요소로 EPZ를 강조하지만, 한국과 같은 나라에서는 국내기업을 선호하였다. 중국, 인도, 대만과 같은 나라는 보다 균형 있는 접근을 취하였다.

마지막으로 **탈산업화**(deindustrialization)는 특정 지역에서 상당히 긴 시간 (2차) 제조업의 일자리수의 절대적이고 영구적인 감소를 의미하는데, 중요한 입지 경향의 하나이다. 자원 기반 제조업(및 광업)이 폐쇄되면 고립된 소도시나 지역은 쇠퇴한다. 그러나 탈산업화라는 말은 주로 대규모 산업지역이었던 곳에서의 공업 쇠퇴에 적용된다. 북부 잉글랜드, 독일 루르 지역, 북미 제조업 벨트와 같은 산업 연담도시와 같은 곳이다. 국가적으로 보면 영국은 다른 나라보다 일찍 그리고 더 깊이 탈산업화를 겪었다. 1966년에서 1980년대 초까지 제조업 일자리의 절반을 상실했고, 그 경향은 지금도 계속된다. 미국과 독일에서는 제조업 벨트에서 탈산업화를 겪었는데, 다른 지역에서의 성장으로 어느 정도 보완되었다. 탈산업화된 도시 중에서 재생(rejuvenation)에 성공한 경우도 있는데, 일반적으로 서비스부문이 성장하면서 도시 정체성이 완전히 바뀌고 있다. 디트로이트와 같은 도시의 경우는 지금도 절망적이지만 재생을 추구하고 있다. 탈산업화의 이유는 복잡하다. 그러나 주로 낡은 기술, 낡은 제도 및 태도에 잠겨진 지역에서 주로 이루어지고, 또 새로운 경제공간과의 경쟁을 수행할 수 없게 된 지역에서 일어난다.

탈산업화 특정 지역이 장기적으로 제조업 일자리가 순 감소하는 현상

공장의 입지

새로운 공장의 입지를 선택하는 것은 단순히 비용을 극소화하면 된다고 생각할 수 있다. 그러나 그것은 복잡한 일이다. 서로 다른 많은 입지 조건들이 있고 그중 어떤 것은 정량화할 수 없으며, 저비용 탐색도 서로 다른 장소들에서 가치(이윤)를 창출하고 시장에 접근하는 제조업자의 능력에 의존하기 때문이다. 예컨대 기업들은 어떻게 고숙련 고생산 노동력에 대해서 저임금 저숙련 노동력을 맞교환(trade off)하는가? 나아가 그러한 고민은 많은 다른 요인들에 의해서도 영향을 받을 수 있다. 즉, 교통비와 서비스의 공간적 변이, 도시화와 국지화 경제, 에너지 비용, 세금 수준, 보조금, 정치적 안정성, 그리고 어메니티 등에서 그러하다. 하나의 입지가 모든 관련 입지 조건에서 동시에 '최고'의 입지가 되는 것은 불가능하기 때문에 의사결정자들은 다양한 장점과 단점을 맞교환해야 한다. 많은 **입지 요인**(location factors)은 정량화할 수 없고 주관적이라는 점 때문에 이 맞교환은 실제로 예단적이다. 토요타의 사례에서 보여주듯이 개별 기업은 비슷한 설비라도 다른 장소에 다른 맞교환 방식으로 입지시킬 수 있다(사례연구 11.1). 더욱이 대기업은 입지 조건을 변경할 수 있는 힘이 있고, 자신의 선택에 근거해서 현지 정부(host government) 등과 낮은 세금, 저임금, 약한 규제 등을 놓고 협상할 수 있다.

입지 요인 기업에게 상이한 지역이 갖는 유리점과 불리점

일반적으로 말해서 새로운 부지에 입지를 선택하는 것은 사업부문의 형태(제4장)나 기술 경제적 가능성(제3장), 산업 유형과 공간 스케일에 따라 매우 다양하다. 예컨대 후자의 맥락에서 입지 요인 구성과 상대적 중요성은 의사결정자가 대륙에서 선택하느냐, 국가에서 선택하느냐, 지역에서, 혹은 마을이나 마을 내 부지 수준에서 선택하느냐에 따라 달라질 것

이다. 특히 넓은 지역 스케일에서는 본 장에서 초점을 두고자 하는 것처럼 전통적인 비용-극소화 접근(베버가 1929년에 고안한)이 제조업 입지 패턴을 이해하는 출발점으로서 유용할 것이다.

제조업 입지에 대한 비용-극소화 접근

최소 비용 모델은 가장 간단한 형태에서 완전경쟁시장을 가정한다. 기업들의 의사결정은 완정 정보를 갖고 있고 합리적인 경제인이라는 가정하에 이루어진다. 이 완전한 의사결정자는 어느 입지가 비용을 최소화하고 이윤을 극대화할 최고의 입지인지 결정할 것이다. 장기적으로는 경쟁이 경제적으로 합리적인 하나의 입지 패턴을 강제할 것이다. 왜냐하면 덜 완전한 의사결정자가 불리한 입지에 입지시킨 공장들은 결국 망할 것이기 때문이다. 분석적으로 보면 이 모델은 우선 최소 운송비를 제공하는 입지이고, 그다음으로는 노동 · 집적 · 기타 합당한 요인으로 평가할 수 있는 입지이다.

운송비의 영향

구득비용 공장에 운송 투입(물질 공급과 서비스)되는 화물비용

구득비용(procurement cost)은 투입물(원료와 서비스)을 공장으로 운송하는 비용이다. 배송비(distribution cost)는 산출물을 소비자에게 운송하는 비용이다. 보통 총비용은 거리에 따라 증가하고, 평균비용은 고정비 효과 때문에 감소한다(그림 11.2). 항상 그런 것은 아니지만 산업입지에서 운송비의 효과는 투입과 산출시장이 어디에 있고, 투입이 가공과정에서 물리적으로 어떻게 변하는가에 따른다. 알프레드 베버(Alfred Weber)는 투입을 어디에서나 얻을 수 있는 보편(ubiquitous) 투입과 가공과정에서 물리적 특성이 변하지 않는 '순수(pure)' 투입, 변화하는 '비순수(impure)' 투입으로 구분했다. 예를 들어 하나의 시장에 배송하고 **보편 투입**(ubiquitous inputs)을 사용하는 한 공장의 적정(비용 극소화) 입지는 시장 자

보편 투입 베버의 입지이론에서 어디서나 얻을 수 있는 투입

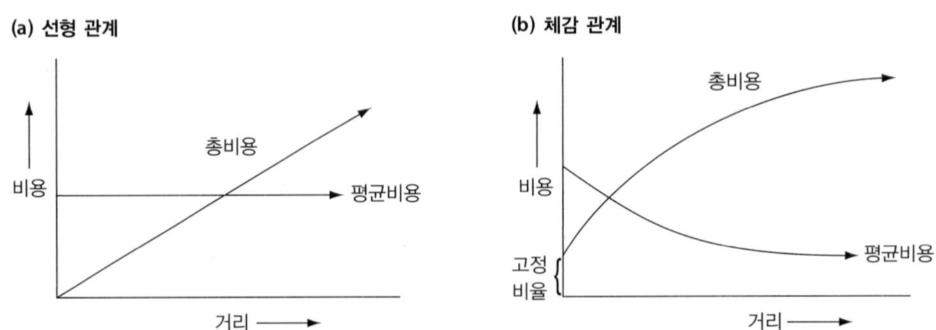

그림 11.2 운송비와 거리의 관계

톤 · 킬로미터당 평균비용=총운송비/거리. (a)에서 총비용은 거리에 따라 증가하는 가변비용(노동, 연료)으로만 정의되고, 평균비용은 일정하다. (b)에서는 총비용이 가변비용만이 아니라 고정비용(터미널비용)으로도 정의된다. 그래서 총비용은 거리에 따라 증가하나 (그 증가율은) 체감하고, 평균비용은 감소한다.

신이다. 배송비가 0이 될 것이기 때문이다(모델은 구득비용도 어디든 0이라고 가정한다). 단일 시장에 배송하는 어떤 공장이 하나의 **순수 투입**(pure inputs)을 사용하고, 운송비가 거리에 따라 선형적으로(비례적으로) 변한다면, 최적 입지(optimal location)는 두 위치 사이의 어디든 가능하다. 반대로 어떤 공장이 보편 투입을 사용하고 공간적으로 분포하는 다수의 구매자들에게 서비스한다면, 최적 입지는 시장들 간의 중간점, 또는 **중앙값**(median) 지점이 된다. 거기서 총배송비가 극소화될 것이기 때문이다. 공장 설비와 관련 요금에 고정비용이 있다면 운송의 평균비용은 거리에 따라 점차 체감(tapering off)할 것이다. 그러한 체감은 특히 철도, 해양운송, 파이프라인에서 나타나는데, 장비를 설치하고 터미널을 만드는 데 대규모 고정비용이 들기 때문이다(제13장).

순수 투입 베버의 입지이론에서 가공과정에서 물리적으로 변하지 않는 투입물

중앙값 관찰값들의 절반이 양쪽에 분포해 있는 상황에서 그 중간 위치

비순수 투입(impure inputs)의 경우 가공과정에서 발생하는 물리적 특성의 변화는 최적 입지를 결정할 것이다. 그래서 광석 용융이나 어류 가공과 같이 무게가 감소하거나 손상 가능성이 낮은 투입에 근거한 제조활동에서는 구득비용이 배송비용보다 높기 때문에 '투입-지향적(input-oriented)'이다. 투입이 가공과정에서 무게를 얻거나 손상 가능성이 높은 제조활동에 대해서는 배송비가 더 높기 때문에 '산출-지향적(output-oriented)'이다. 예컨대 종이상자 제조업이나 음료 제조업이 그러하다. 어떤 공장이 여러 원천에서 얻은 하나의 비순수 투입을 사용하면, 최소 운송비 입지는 그 투입 원천들과 산출물 시장 사이의 중간점이 될 것이다.

비순수 투입 베버의 입지이론에서 가공과정에서 물리적으로 변화하는 투입물

다양한 입지 요인의 '유인'은 **등운송비선**(isotims)으로 측정할 수 있다. 등운송비선은 각 입지 요인 주변에서 비용 평면상에서 모든 혹은 선정된 입지로 가면서 운송비가 동일한 지점(투입 근처의 구득비용과 시장 근처의 배송비용)을 나타내는 선이다(그림 11.3a). 등운송비선은 각 입지 요인에서의 거리에 따라 증가한다. 각 입지 요인에 맞는 등운송비선이 각 위치에서 합해지면 총운송비 평면이 도출될 수 있고 극소 운송비 지점('P')이 정해진다. 가설적인 사례인 그림 11.3에 나온 바와 같이 구득비용이 배송비용보다 높으면 P가 해당 투입 원천으로 가까이 가고 시장에서는 멀어질 것이다. **등비용선**(isodapane)(비용 등고선)은 총운송비가 동일한 지점을 연결한 선으로서, P에 입지하지 않았을 때의 운송비 벌점을 보여준다(그림 11.3b). 이 비용 평면을 그림 11.3b상의 A-B선을 따라 가로지르는 단면을 그리면 공간-비용 곡선을 얻는다(그림 11.3c).

등운송비선 각 입지 조건에서 운송비가 동일한 선

등비용선 최소 운송비 지점을 둘러싼 운송비가 동일한 선

노동, 집적, 그리고 기타 요인

베버에 있어 노동과 집적 경제는 산업입지에 강력한 영향을 미친다. 극소 교통비 입지 P는 최선의 선택이 아니다. 왜냐하면 그것은 특정 제조업활동에 대해 노동비(L)를 극소화하지 않거나 또는 외부경제(E)를 극대화하지 않기 때문이다. 예컨대 해당 지역에 저렴한 노동비를 제공하는 단일한 지역이 있다고 하자. 말하자면 노동 공급이 특히 대규모이고 경쟁적인 경우이다(그림 11.4a). 공장이 P에 입지할 것인지 아니면 L(또는 E)에 입지할 것인지는 노동

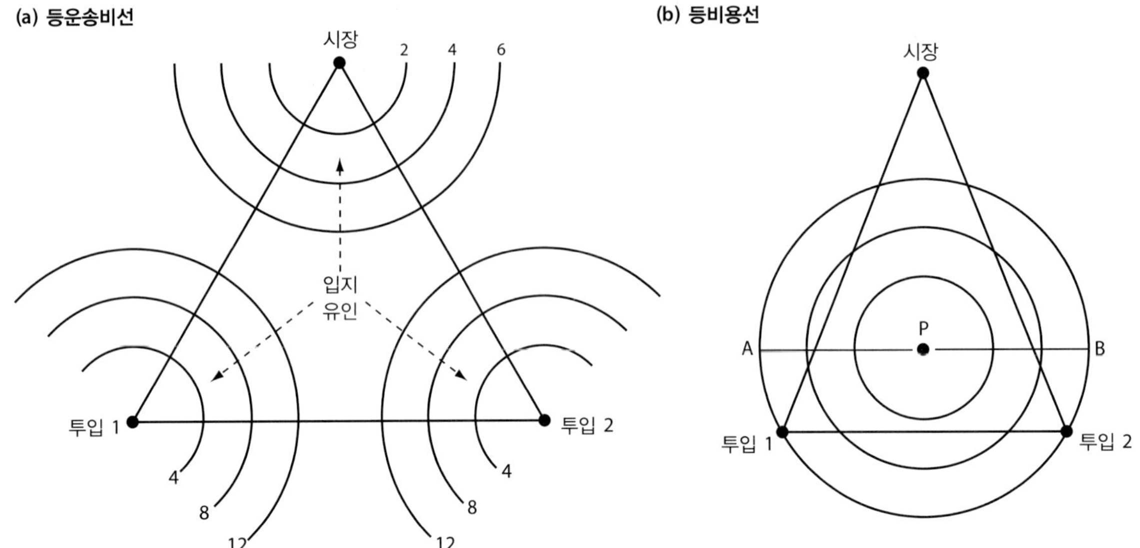

등운송비선은 각 입지 요소를 둘러싸고 있는 운송비가 동일한 선이다. 톤·킬로미터당 4·8·12달러 등운송비선은 투입 1과 투입 2에 보이고, 톤·킬로미터당 2·4·6달러 등운송비선은 시장에서 나타난다.

등운송비선을 더하면, 총운송비용이 도출된다. P는 최저 운송비 지점이다. 등비용선은 P를 둘러싸고 있는 총운송비가 동일한 선이다.

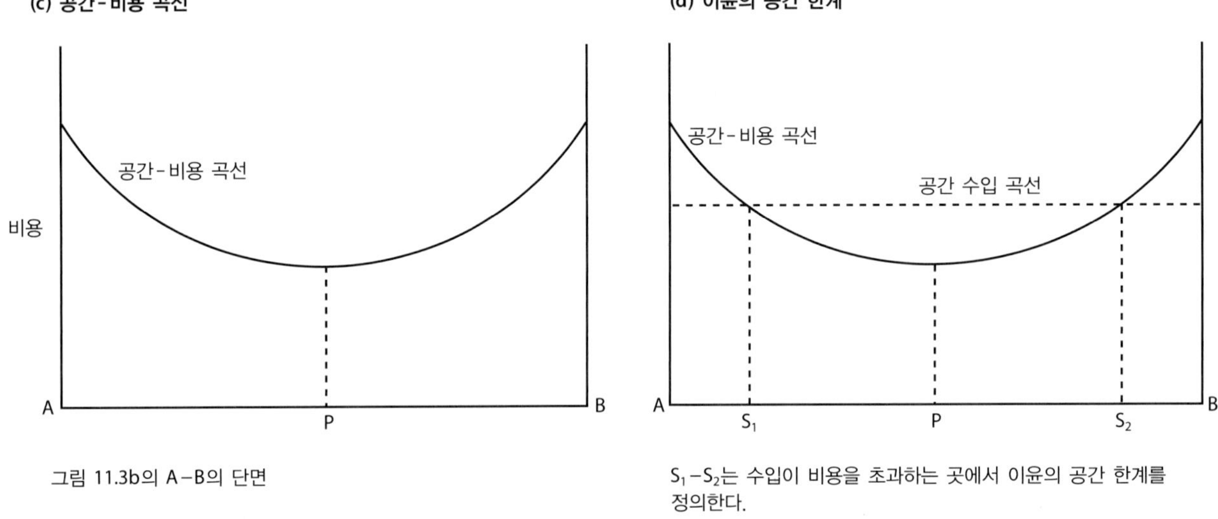

그림 11.3b의 A–B의 단면

S_1–S_2는 수입이 비용을 초과하는 곳에서 이윤의 공간 한계를 정의한다.

그림 11.3 베버의 입지 삼각형

임계 등비용선 노동과 같은 다른 입지 조건의 비용을 같게 하는 등비용선

비 절감이 P에 입지하지 않음으로써 발생하는 교통비 벌점을 상쇄하는가 아닌가이다. 분석적으로 보면 이에 대한 답은 **임계 등비용선**(critical isodapane)에 의존한다. 즉, 운송비 벌점이 노동비 절감액과 동일한 임계 등비용선에 의존한다. L이 임계 등비용선 안에 있으면 공장은 그곳으로 이동해야 한다. 노동비 절감이 운송비 증가보다 더 크기 때문이다. L이 임계

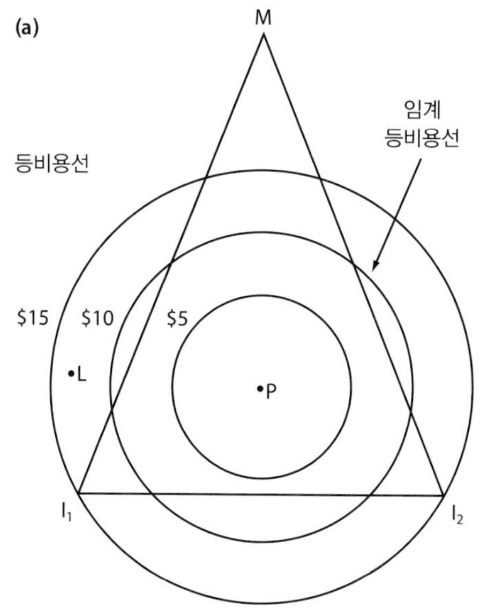

P = 최소 운송비 지점. 저렴한 노동비 지점은 평균비용을 10달러 절감한다. 공장은 P나 L 중 무엇을 선택해야 하는가?

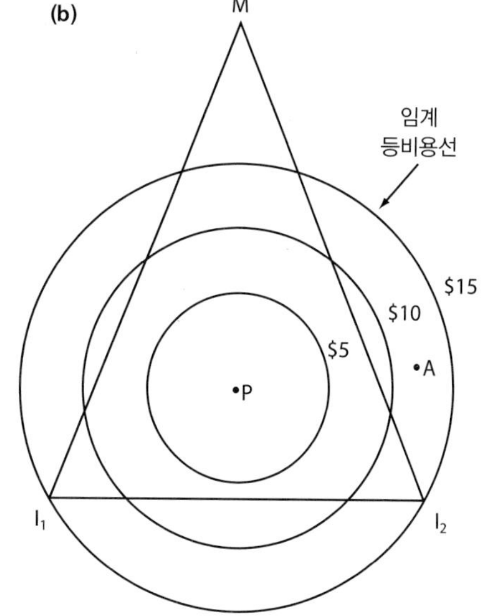

집적 경제는 평균비용을 15달러만큼 절감한다. 공장은 P나 A 중 무엇을 선택해야 하는가?

그림 11.4 최소 운송비 입지와 관련하여 저렴한 노동비 입지와 집적 경제

등비용선 바깥에 있으면 공장은 P에 머물러야 한다. 마찬가지로 그 공장주가 P와 집적 경제를 극대화하는 E와의 선택 상황에 직면해 있고, 후자에 의한 비용 절감이 교통비 벌점보다 크다면 최적 입지는 E이다. 집적 경제에 의한 최소 비용 입지는 P와 L과 다를 수 있다(그림 11.4b).

다른 입지 요인은 에너지비용, 환경비용, 건물이나 유틸리티 비용, 세금 수준 또는 정부 보조금 등이 유사한 방식으로 비용 평면상에 그려질 수 있다. 그래서 다 합치면 보다 복잡한 총비용 평면이 그려질 수 있다. 또한 비용 변이는 서로 다른 스케일로 표현될 수 있다. 지역적으로, 국가적으로, 국제적으로. 그리고 비용 계산도 개별 지점마다 산출될 수 있다. 공장이 이윤을 얻기 위해서는 그 수입이 비용보다 커야 한다. 수입은 모든 지점에서 동일할 수 있으나 위치마다 다른 가능성이 더 높다. 수입이 비용을 초과한다면 어떤 위치도 **이윤의 공간 한계**(spatial margin of profitability) 안에 있다고 보아야 한다(그림 11.3d).

이윤의 공간 한계 주어진 활동을 수행할 수 있는 대안적 입지들의 범위

요소 대체와 그것의 입지에 대한 함의

어떤 스케일의 입지 요인들이 포함되든지 최소 비용 모델의 중요한 함의 중 하나는 입지 선택은 일종의 대체 행위라는 것이다. 시장 근처에 입지한 기업은 높은 구득비용을 낮은 배송비용으로 대체한 것이다. L이나 E에 입지한 기업은 높은 교통비를 낮은 노동비용 또는 더 큰 집적 이익과 맞교환한 것이다. 어떤 입지 결정이든지 특정한 맥락과 맞교환에 따른 것이

고 다양한 양태를 갖는다. 예컨대 기업들은 높은 노동 생산성을 제공하는 사람들을 버리고 낮은 노동비를 제공하는 입지의 이점을 취할 수 있다. 어떤 커뮤니티는 세금이 비싸서 불리하거나 또 집적 이익도 거의 없다 하더라도 정부 서비스나 보조금 형태의 이점이 있을 수 있다. 아니면 교통비가 비싸더라도 에너지 비용이 저렴할 수 있다. 장기적으로 생존가능하기 위해서는 기업의 맞교환 의사결정에 따른 비용이 경쟁력을 유지하기에 충분해야 한다.

대체 원리 입지이론에서 하나의 입지 조건을 다른 조건으로 맞교환할 수 있는 가능성

대체 원리(substitution principle)란 공간상에서 시장 관련의 유연성을 일컫는 용어로서 대안 입지를 가능하게 하는 것이다. 생산물이 유사한 공장들은 서로 다른 입지에서도 생존할 수 있다. 입지 이점과 시장 (그리고 비시장) 관계의 상이한 조합에 기댐으로써 그것이 가능하다. 서로 다른 입지는 서로 다른 대체 가능성을 제공한다는 사실 때문에 생산물이 비슷한 다수의 제조업자들이 생존할 수 있게 된다. 토요타(사례연구 11.1)의 경우 온타리오 우드스탁과 미국 남부가 각각 노동력 이점을 갖지만 매우 다른 종류의 것이다.

입지 조건 비용과 수입, 그리고 다른 속성들의 공간적 변이

나아가 **입지 조건**(location condition)의 중요성은 시간이 지나면서 바뀔 수 있다. 예컨대 운송비는 일반적으로 100년 전에 비해 오늘날 덜 중요해졌다. 당시 제조업은 '중'공업(heavy indutries)이 주도했었다. 중공업은 대량의 원료를 사용하고, 거대한 쓰레기를 만들어내며, 배송 운반이 어려운 최종 생산물을 생산한다. 이러한 조건에서는 오늘날과 같이 고속도로 등 교통 네트워크가 발달하고 원료 가공 효율성도 증가한 시기보다 운송비가 훨씬 중요한 고려 사항이었다. 가벼운 무게와 높은 부가가치 '경'공업(light industries)이 부상한 것도 교통비의 중요성을 감소시키는 데 기여하였다. 베버의 용어로 말하면 교통비 중요성의 상대적인 감소는 등비용선상의 간격이 넓어져서 P에 위치하지 않는데서 오는 벌점이 줄어든 것을 의미한다.

넓게 말해서 교통 네트워크의 개선은 글로벌화의 핵심 조건 중 하나이다. 그럼에도 여전히 교통시설로의 접근은 중요하고, 환경적 지속가능성에 대한 관심이 증가하면서 오염을 줄이기 위해 교통비에 대한 새로운 관심이 증가하고 있다(제13장). 교통은 입지 요인으로서 비교적 덜 중요해졌기 때문에 노동과 집적 경제 이점이 보다 중요해졌다. 교통발달이 글로벌화를 가능하게 했지만 노동 특성의 다양성을 드러내기도 했다.

입지 선정

베버의 이론에서는 입지 의사결정이 완전히 합리적이고 주어진 비용 조건에 근거한다고 말한다. 그러나 실제 '진짜 세계'에서의 의사결정자는 자신들의 선택을 제한된 정보하에서 제한된 합리성하에서, 과거의 경험과 기존의 기업구조와 전략에 의해 형성된 선호에 따라 수행한다. 새로운 입지 선정은 많은 시장 및 비시장 관련 요인들에 의해, 그리고 엄밀하게 정량화할 수 없는 비가시적이고 정성적인 특성들에 의해 영향을 받는다.

의사결정자들은 입지 조건을 중요성 정도가 다양한 입지 요인들로 번역한다. 그들은 보통 고숙련에 교육수준이 높은 노동력을 유치하고 유지하기 위하여 문화적 어메니티, 교육

어메니티, 위락 어메니티, 환경 어메니티에 대한 접근성을 제공하는 입지를 선택하기도 한다(표 11.3). 노동비가 입지 선정에서 중요하다면 그 노동력의 기술, 태도, 문제해결 능력 또한 중요하다.

특히 호황기에는 노동 활용가능성(labour availability)이 비용보다 중요해진다. 노조가 지배하는 노동력에 대해 기업들이 긍정적인 관점을 갖든 부정적인 관점을 갖든 도시화를 고려할 필요가 있다. 어떤 나라 또는 지역에서는 정치적 불안 또는 정부의 부패가 투자에 부정적인 영향을 미친다. 집적 경제는 주요한 고려사항이나 이를 화폐가치로 양화시키는 것

표 11.3 입지 조건의 제도적 유형화

입지 조건 : 시장관계	가시적 · 비가시적 특성에 대한 언급
고객	배송비, 개인적 접촉, 고객과의 상호작용, 기호와 요구사항의 다양성, 경쟁자 위협
노동	임금 및 비임금 이익, 고용 및 훈련비용, 기술, 활용가능성, 노조, 태도, 가치
공급업자 : 원료 투입	운송비, 공급업자와의 개인적 접촉, 품질, 신뢰성, 적기 투입 가능성
공급업자 : 장비	배송(고정)비용, 유지 및 문제해결 서비스, 품질, 신뢰성
공급업자 : 서비스	비용, 공급업자와의 개인적 접촉, 품질, 신뢰성
운송	운임률, 신뢰성, 빈도, 다양성, 손상, 활용가능성
토지	비용(고정), 서비스 여부, 규모와 형태, 수준, 토양과 지표 조건
건물	비용(고정/임대), 새건물/옛건물, 재산세, 활용가능성, 규모와 모양, 접근성
주택	기존 주택의 시장가격, 주택 공급비용, 품질과 활용가능성
에너지, 유틸리티	전력, 물, 폐기물처리 등에 드는 비용(세금 포함), 다양성, 신뢰성, 활용가능성
정부 서비스	법인세, 소득세, 공공재(안전, 건강, 교육), 신뢰성, 품질
집적 : 국지화 경제	관련 활동의 집적에서 오는 비용 이점(예 : 공동 숙련 노동에의 접근). 불경제와 불리점
집적 : 도시화 경제	대도시 입지에서 오는 비용 이점(예 : 다양한 노동 풀). 불경제와 불리점
입지 조건 : 비시장관계	
비교역 상호 의존	협력(비협력)과 정보교환의 이점(불리점). 신뢰와 부정행위
산업 결합	공동의 서비스(예 : 마케팅)를 제공하는 협회(보통 정부 보조)
어메니티 : 사회적	엔터테인먼트, 문화, 스포츠 기능 및 시설
어메니티 : 환경적	심미적 · 위락적 고려, 대기 질
국내 정부정책과 태도	투자 보조, 세금 감면, 훈련 보조, 용도지구제, 건물 허가, 적극적/수동적 개발 태도
국제 정부정책	무역정책(관세와 쿼터), 외국인 투자정책, 정치 안정성, 법률 시스템의 신뢰성
환경과 사회정책	대기, 수질, 토지이용 규제, 노동법, 보건, 노동자 보상, 기업 채무, 환경 NGO 활동

은 쉬운 일이 아니다. 일반적으로 비가시적 또는 '부드러운' 입지 조건이 갖는 중요성을 인식하면 새로운 맞교환이 발생할 수 있다. 기업들은 자신이 저임금을 선호하는지 아니면 숙련된 생산적 노동을 선호하는지 결정해야 한다. 낮은 세금을 선호하는지 높은 세금이 필요한 어메니티와 서비스를 선호하는지 결정해야 한다.

입지 의사결정은 또한 대기업과 중소기업 간에 큰 차이가 있다. 중소기업의 경우 새로운 설비를 기존 공장이 있는 곳에 설립하는 경향이 있고 입지 선정지들을 공식적으로 거의 분석하지 않는다. 반면 대기업은 보다 역동적이어서 입지 옵션들을 숙고하여 분석하고 입지 전문가를 고용할 정도이다(제4장). 더욱이 다국적기업은 로컬 · 지역 · 국가정부와 세금, 인프라 제공, 노동 훈련 제공, 에너지 비용, 저렴한 부지, 수입 투입물에 대한 관세 감축 등에 관하여 협상할 수 있는 자원과 노하우와 경험을 보유하고 있다. 그래서 다국적기업은 다양한 종류의 보조금을 찾아 여러 지역 커뮤니티들을 서로 경쟁 붙일 수 있다. 지역 커뮤니티들은 투자를 유치하려고 다른 지역에 비해 더 많이 베팅하곤 한다. 예컨대 미국에서는 지난 30년간 주와 소도시들이 독일과 일본 다국적기업의 새로운 자동차 조립공장을 유치하기 위해 과도하게 경쟁해왔다. 다국적기업은 또한 세금을 감축하기 위해 새로운 본사의 입지를 탐색하는 경향이 있다(제4장). 이러한 종류의 행위(제조업에 국한되지 않음)가 갖는 함의는 입지 조건은 주어지는 것이 아니고 협상되고 조작될 수 있다는 것이다.

제품주기와 가치사슬의 역동성은 입지 의사결정을 더욱 복잡하게 만든다.

입지, 제품주기의 역동성, 가치사슬

제조업이 포함된 가치사슬은 제품주기의 역동성 때문에 끊임없이 양태가 달라지고 있다. 많은 제품들과 산업들은 효율성을 개선한다거나 가치를 제고한다거나 또는 둘 다를 개선하는 혁신에 의존한다. 혁신과정은 제조업체마다 매우 다양하다. 시장이나 문제해결 과정에서 혁신이 촉발될 수도 있으며, 이런 경우는 개별 경영자나 엔지니어의 영리함, 경험, 지식에 주로 의존하고 공식적인 연구개발과는 연관이 없다. 다른 경우는 연구개발이 일시적인 기초로 관여하는 경우이다. 이러한 연구개발은 특정한 상황에 맞추기 위하여 기존의 인적 자원을 활용하여 수행된다. 기계나 장비 제조업자들의 공정 혁신에만 의존하는 기업들도 많다.

그러나 어떤 산업에서는 혁신이 공식적이고 제도화된 연구개발의 일부이다. 제품 혁신은 일련의 예상 가능한 단계를 따른다. 즉 급성장, 성숙, 성장 감소, 다양한 정도의 쇠퇴, 그리고 제품 차별화를 통한 새로운 성장이다(그림 3.1). 이러한 진화과정 동안 기술은 실험실 장비와 파일럿 플랜트(연구개발 단계)에서 비교적 소규모로 운영되고(혁신 단계), 그리고 거기서 표준화된 기계를 사용하여 대량생산하는 대규모 공장(성숙 단계)으로 이동한다. 실제로 혁신과정은 반드시 선형적인 건 아니다. 기초 연구개발로 시작해서 상업화로 끝나는 일반적인 과정 대신에 마케팅 필요를 인식하고 연구개발로 '거꾸로' 가는 혁신도 있다. 또한 혁신은 공유된 정보에 의해 각 단계의 앞뒤로 자극될 수도 있다. 공정 혁신은 기존 제품의 효율성과 품질을 개선할 수 있지만 신제품을 개발하는 예기치 않은 기회를 얻을 수도 있다. 최근의 3D 프린팅의 개발은 각광받는 사례다. 일반적으로 제품주기의 역동성, 혁신, 입지는 밀접하게 관련된다.

가치사슬을 제품주기 관점으로 보면 의류, 세제, 전자, 자동차, 항공기 등 많은 산업에 대한 통찰을 얻을 수 있다. 이러한 산업들에서 혁신과 성숙은 다양한 방식으로 공간조직과 구조 재편을 촉발한다. 대부분의 경우 소수의 핵심기업(보통 다국적기업)이 브랜드화, 금융, 디자인, 조립, 품질 통제, 배송 제어와 같은 핵심활동을 통해 해당 가치사슬을 통합한다. 그런데 최근 제조활동뿐 아니라 연구개발이 글로벌하게 확산되면서, 경제성장의 기초로서 혁신에 대한 정책적 관심이 증가했다. 또한 기술의 복잡성도 증가하면서 가치사슬의 발전도 더 복잡해졌다. 지리적으로 제품주기의 역동성은 확산을 촉진할 수도 집중을 촉발할 수도 있다. 그리고 더 일반적으로 말하면 전통적인 중심과 주변관계를 변경하면서 더 복잡한 노동의 공간 분업을 초래할 수도 있다.

제품주기의 역동성과 입지 확산

제품주기의 입지적 함의가 처음 검토된 것은 1960년대에 전자산업과 같은 연구 집약적인 부문의 미국 기반 다국적기업이 왜 가난하고 저임금인 나라에 투자하는가를 연구하기 위해서이다. 그 후 제품주기 모델은 기업들이 가난한 나라와 시골지역으로 분공장을 확산하는 이유를 설명하는 일반화된 틀로 자리 잡았다. 부유한 나라의 시골지역 분공장은 대도시 산업화 경향의 일부이기도 하다. 원래의 모델(그림 3.1)에서는 다양한 투입의 상대적인 중요성이 제품의 생애에 따라 변화한다. 그리고 이 변화는 생산의 확산을 촉진시킨다. 그래서 초기 단계(연구개발, 혁신제품의 처녀 제작)에서는 사업소가 부유한 나라에 입지해야 한다. 특히 대도시의 집적지에 입지하여 고숙련 전문가들(과학자, 엔지니어, 기술자)과 숙련 노동에 접근할 수 있어야 한다. 선진국은 신제품을 구매할 의사가 있는 소비자로 구성된 대규모, 고소득 시장을 제공하고, 집적은 외부경제(도시화 및 국지화)를 제공하기 때문이다. 즉, 대학, 생산자 서비스(엔지니어링 컨설팅, 회계 및 법률 등), 전문 엔지니어링 업체, 기계 제조업, 벤처 캐피털 공급, 핵심 노동자를 유인할 다양한 어메니티를 제공할 수 있다. 더욱이 연구개발과 설계는 다국적기업이 자신들의 활동을 글로벌하게 조직하는 '핵심기능'으로서 보통 집중되는 경향이 있다(보안을 유지하기 위해서이기도 하고 규모의 경제를 실현하기 위해서이다).

제품주기의 나중 단계에서 제품이 표준화되고 대량생산되어 시장이 잘 알려지면, 기업들은 다른 투입 및 입지 조건을 찾게 된다. 일반적으로 제품이 성숙하면 기업이 평균 생산비를 감축할 필요가 생긴다. 비용을 감축하는 중요한 방법 중 하나는 숙련 노동을 비교적 미숙련 노동으로 교체하고 규모의 내부경제를 취하기 위해 대규모 공장에서 검증된 기술을 사용하는 것이다. 이 모델에서 제조업이 더 자본집약적이 되고 표준화되거나 성숙하면 노동비의 지리적 차이가 결정적 사안이 된다. 입지 분석 면에서 볼 때 이윤성의 공간적 한계는 넓어지고, 전문화된 노동력에 대한 필요나 규모의 외부경제(집적지에서 발생하는)는 미숙련 노동(어디에서나 구할 수 있는, 특히 저개발국에서 더 저렴한)과 공장과 기업 수준에서의 규모의 내부경제로 교체된다. 다국적기업은 분산된 분공장들에도 본사 서비스(마케팅, 회계, 전략 수립)를 쉽게 공급할 수 있기 때문에 기업 수준의 규모 내부경제는 지리적으로 이동하게 된다. 분산되어 분포하는 공장들은 주로 건물, 토지, 교통 · 통신시설과 같은 기본적인 경제간접자본(economic overhead capital)만 제공하는 위치에 분산되어 분포한다.

기본적인 제품주기 모델은 투자의 '여과과정'으로 묘사되기도 하는데, 저렴한 노동력이 있는 위치에 투자하기 때문이다. 부유한 나라에서는 그러한 분공장이 보통 특수 목적의 산업단지에 있거나 저발전된 지역에 있다. 반대로 가난한 나라에서는 그러한 분공장은 중국 선전과 같은 경제특구에 있다. 더욱이 토요타의 글로벌 팽창이 나타내는 바와 같이(사례연구 11.1), 저비용 입지도 시장 접근이 있어야 의미가 있다. 이 모델의 수정된 버전에서는 기업들이 노동관계가 어렵고 고비용인 기존 부지를 대체하고서 노조 없는 노동관계가 있는 새로운 형태의 경제공간을 선호한다.

분공장과 국지적 발전

저렴한 노동력에 접근하기 위한 분공장화 경향은 지역발전이라는 관점에서 두 가지 이유로 비판되었다. 첫째, 분공장은 관련 공장에서 투입물을 가져오고 모기업이 입지한 나라에 기반하여 공급하기 때문에(사례연구 4.4) 지역에 유의미한 승수효과를 일으키지 않는다는 것이다. 오히려 분공장은 연구개발이나 글로벌 마케팅과 같은 높은 수준의 기업기능이 없어서 "무엇인가 부족한 경제"를 만든다. 둘째, 저렴한 노동력 제공에 의존하는 피투자국은 더 저렴하고 보조금도 더 많이 주는 새로운 경제공간이 등장하면 경쟁에 취약해진다는 것이다. '밑바닥 경쟁(race to the bottom)'에 대한 우려는 선진국 경제에서도 문제가 될 정도이다. 밑바닥 경쟁은 분공장들이 더 낮은 임금지역으로 끊임없이 재입지하기 때문에 생기는 출혈 경쟁이다. 캐나다의 대서양 연안지역이나 잉글랜드의 북동부지역과 같은 선진국의 낙후지역에서도 경제 활성화를 위해 분공장을 추구했으나 결과는 실망스러웠다. 멕시코에서는 1990년대 후반 임금이 상승하고 다른 지역(특히 아시아)이 더 경쟁적이 되는 바람에 수백 개의 마킬라도라 공장들이 폐쇄되었다.

반면 재입지가 반드시 불가피한 것은 아니다. 많은 마킬라도라 공장들은 임금이 증가했어도 살아남았다. 현실적으로 입지 의사결정은 노동비에만 의존하지 않는다. 주어진 입지를 좀 더 매력적이게 할 수 있는 다른 노동 특성이 있을 수 있는데, 노동 생산성과 노동조합이다. 더욱이 분공장이 일단 설립되면 모기업 입장에서는 중요한 고정자본이면서 매몰비용

(sunk cost)이 된다. 나아가 전에 살펴본 바와 같이 시장에 대한 접근성(글로벌이든 로컬 규모든)은 절대적이다. 많은 분공장들이 멕시코 국경지역에 입지한 이유 중 하나는 NAFTA를 통해 획득한 미국 시장과의 근접성이다. 오늘날 더 많은 유럽 및 북미 기업들이 중국에 접근하는데, 이는 그 광대한 시장에 대한 접근성을 얻기 위함이다. 폭스바겐과 같이 초기에 투자했던 몇몇 기업들은 지금 거대한 시장점유율을 누리고 있다.

현지 입지 적응

공장이 일단 설립되면 해당 공장부지는 오랫동안 존립하게 된다. 간혹 확장되기도 하고, 현대화되기도 하며 합리화되거나 전혀 새로운 용도로 바뀌기도 한다. 1950년대 초 이후 보잉사의 상업용 항공기 조립공장은 시애틀에 집중되어 있었다. 이 공장의 하청 패턴은 북미 전역으로 확대되었고, 일부는 일본으로까지 확대되었다. 그 후 회사는 분공장을 다른 곳에도 설립했고 본사도 시카고로 옮겼다(2001년). 그러나 항공기 조립은 여전히 시애틀 지역에 강하게 집중되어 있다. 포드와 GM의 원래의 미시건 주 생산부지나 볼프스부르크의 폭스바겐 생산부지, 그리고 토요타시의 토요타 생산부지도 모두 지금까지 중요한 생산부지로 남아 있다. 국제적으로 분공장이 확대되었음에도 불구하고 그러하다.

사실 새로운 부지에서보다 기존의 부지에 더 많은 자본 투자가 일어난다. 이것은 유사하거나 더 효율적인 기술을 활용하여 기존 제품 조합의 생산을 확장하기 위한 것인 경우도 있고, 기존 생산라인을 대체 또는 확장하여 더 많은 부가가치를 창출하려는 경우도 있으며, 아니면 생산라인을 새로 추가하기 위한 경우도 있다. 그것도 아닌 경우는 공장 역량, 생산라인의 수, 노동자의 수를 감축하여 생산을 합리화하기 위한 것이기도 하다. 다공장 기업과 다국적기업은 간혹 제조업활동을 기존 입지들 사이에서 재할당하기도 한다. 기존의 입지가 자본 투자를 유치하는 데는 몇 가지 이유가 있다. 새로운 입지에서는 완전히 새로운 투자를 해야 하지만, 기존의 입지에서는 기존 고정자본과 매몰비용(건물, 설비, 인프라)이 감가(상각)될 뿐이다. 보통 투자된 자본을 이동하는 것은 어렵거나 불가능하다. 기존의 입지는 숙련 노동을 갖고 있는데, 다른 곳에서는 이것을 시간과 돈을 들여 개발해야 한다. 또한 기존 입지는 다른 장소가 복제하기 쉽지 않은 다양한 부가적인 이점을 가져다준다. 예컨대 자원 접근성이라든가 교통비 이점 등이다.

제조업체들이 비용 증가를 관리하는 중요한 전략 중 하나는 제품의 부가가치를 증가시켜서 더 높은 가격을 설정할 수 있도록 하는 것이다. 예컨대 1950년대에 대만의 전자기업들은 메모리칩 전자제품을 생산하기 시작하였다. 처음에는 소규모 국내시장을 겨냥하였고 나중에 수출시장을 추구하였다. 그러나 결국 대만에서 임금이 상승하자 저비용 전자 제조업은 중국으로 이전하였다. 반면 대만에서는 에이서와 같은 브랜드 파워를 가진 회사들이 고품질 부가가치 제품생산에 초점을 맞추었다. 그리고 1960년대와 70년대에 대만에 설립된 대부분의 일본과 미국 분공장들은 저비용 운영을 한동안 유지하였다. 그러나 지금은 고숙련,

고임금 노동력을 활용하는 고부가가치 제품을 생산하고 있다. 싱가포르의 섬유산업도 유사한 진화를 경험하였다. 저렴한(브랜드 없는) 제품의 제조에서 디자인과 고급 의류제품 생산으로 전환하였다. 이들 고급제품들은 제조업자의 이름을 상표로 내걸고 메이저 가치사슬에 판매한다.

기업들은 보통 특허에 의한 브랜드화를 통해 가치창출을 도모한다. 제품의 중요한 부분을 설계하고, 공작하고 제조하는 회사들은 자신들의 브랜드로 그것을 판매하는데, 이러한 기업들을 브랜드 제조업체 또는 OEM(주문자상표부착생산방식)이라고 한다. 어떤 산업에서는 OEM이 계약업체, 즉 다른 핵심기업이 설계한 디자인으로 제품을 제작하여 공급하는 계약 제조업체를 일컫는 것으로 쓰이기도 한다. 반대로 기업들이 설계를 수행함으로써 가치사슬을 개선하면, ODM(제조업자개발생산방식)이라고 한다. 기업들이 자신의 브랜드를 만들어 팔기 시작하면 그 업체는 OBM(제조업자브랜드개발생산방식)이라고 한다. 한편 월마트와 시어스 같은 대형 소매업체들이 다양한 브랜드제품(의류, 가정용 기기류, 식품 등)을 원제조업체들과 계약하여 그것들을 월마트나 시어스라는 이름으로 판매하고 있다는 점도 주목할 필요가 있다(이 경우 원제조업체는 자신의 브랜드 부가가치를 잃는다).

공급업자 협력

생산자 주도 가치사슬 기업과 공급업자 간 관계가 제조업회사에 의해 조직되는 경우

구매자 주도 가치사슬 기업과 공급업자 관계가 월마트와 같은 서비스회사에 의해 조직되는 경우

통상 **생산자 주도 가치사슬**(produce-driven value chain)과 **구매자 주도 가치사슬**(buyer-driven value chain)의 구분은 강력한 핵심기업에 의한 공급업자의 협력 유무를 기준으로 한 것이다. 생산자 주도 사슬에서는 핵심기업이 생산자(보잉, GM, 토요타)이고 구매자 주도 사슬에서는 핵심기업이 소매업자, 브랜드 제조업체, 마케팅업체(월마트, GAP, 나이키)이다. 오늘날 구매자 주도 가치사슬에서 생산이 조직되는 경우가 점점 많아지고 있다. 전자공업(애플, 노키아)과 제화업(나이키, 아디다스)은 일반적으로 연구개발, 디자인, 프로토타입을 제조하고, 나머지 공정은 계약 제조업체에 맡긴다. 도소매 기업들, 즉 월마트나 JC 페니는 보통 설계명세서(specification)만을 공급하고 디자인부터 제조업체에 맡긴다.

비용을 절감하고 부가가치를 높이는 방법 중 하나는 강력한 다국적기업이 관련 시장에서 공급업자의 공급을 조정하는 것이다. 조정은 공급업자에게 가격, 수량, 품질, 배송 일정을 특정함으로써 이루어진다. 이렇게 되면 공급업자들은 고객 맞춤형 제품을 공급하는 극히 작은 '중개인(jobber)'이 되기도 하고, 또는 소량의 제품을 공급하는 배치 생산 제조업자(batch manufacturer)가 되기도 한다. 어떤 공급업자는 다국적기업 자신일 수도 있다. 특히 생산자 주도 사슬에서는 그러하다. 하나의 가치사슬에서의 특정 노동 분업도 다양한 요인에 의존하는데, 사슬 내 각 프로세스들의 효율적인 구분 방식, 생산 크기, 표준화 정도, 핵심기업의 내외적 직무 조정 역량 등을 포함한다. 제조업 가치사슬을 만드는 사업 간 거래(B2B 거래)에서 표준화되거나 아니면 다양한 고객에 맞춘 제품을 공급하는 공급업자들은 규모의 경제를 취할 수 있는 최선의 지위에 있는 경우가 많다. 규모의 경제를 달성해야 핵

심기업이 협상을 통해 효율성 이점을 취할 수 있다.

협력은 다섯 가지 일반적인 목표에 기여한다.

1. 생산량의 통제
2. 적절한 일정 조정 및 적기 배송
3. 비용 통제
4. 품질 통제
5. 환경적 지속가능성과 기업의 사회적 책임

데이터베이스, 컴퓨터, 통신기술이 개선되면서 이들 목표 달성이 더 쉬워졌다.

제조하느냐 구매하느냐의 의사결정

가치사슬을 조직하는 데 있어서 하나의 핵심기업은 먼저 필요한 것을 내부에서 만들 것인지(그러면 하나의 관리형 시장을 창출할 것이다), 아니면 다른 기업으로부터 살 것인지를 결정해야 한다. 관리형 시장(administered market)도 여전히 중요하지만 과거보다 덜 중요해졌다. 이것은 외부 공급업자들이 점점 고객의 요구에 적응해 가고 다른 업체와 협력하고 있기 때문이기도 하고, 그들이 점점 효율적이 되어 가고 있기 때문이기도 하다.

기업들이 공개시장(open market)에서 공급업자를 찾아내기로 결정하면 거래비용이 발생할 것이다. 그러나 이 비용은 기업이 여러 경쟁 공급업자들이 있는 집적지 내에 같이 입지하면 절감될 수 있다. 기업들이 멀리 있는 공급업자와 일하기를 원하면, 특히 새로운 공급업자를 발견하면, 전통적인 그러나 여전히 효과적이고 경제적인 방법은 무역박람회이다. CeBIT(유럽 사무자동화, 정보통신센터 박람회), 즉 매년 하노버에서 열리는 정보통신기술 박람회나 광저우에서 연 2회 열리는 광둥박람회가 유명하다(사례연구 11.3). 이러한 이벤트는 전 산업에 대해서 매년 수천 개가 열린다. 산업협회와 정부(시정부에서 국가정부까지)의 지원을 받아 구매자와 공급업자가 만나서 자신의 산업분야에서 최신 트렌드를 확인하고 경쟁기업의 기술과 가격을 비교하며 새로운 거래를 성사시키거나 자신의 위치를 평가할 수 있다.

정보통신기술이 진보하면서 공개시장의 기능도 개선되었다. 기업들은 공급업자들을 비용, 품질, 배송, 지속성 등과 같은 기준으로 등급을 매긴 데이터베이스를 구축하고 그것을 공급사슬 경영 시스템과 연결하였다. 비슷한 데이터베이스가 산업협회나 알리바바 그룹 같은 기업체에 의해 만들어졌다. 어떤 기업은 웹을 사용하여 계수학적인 패키지 입찰(package bidding), 즉 개별 상품보다는 상품 패키지에 입찰하는 것이 허용되는 입찰을 수행하기도 하고 역경매, 즉 판매자가 제품을 낮은 가격으로 공급하는 경매에 참여하기도 한다. 가장 용의주도한 기업은 그러한 경매에서 더 나아가 구매자와 공급업자가 전자 상거래에 참여하도록 하는 거래를 수행한다.

사례연구 11.3 | 광둥박람회

Hanhanpeggy/Dreamstime.com

동네의 할인점에 있는 모든 제품이 어디서 왔는지 궁금해한 적이 있는가? 그것을 확인할 수 있는 기회는 광둥박람회이다. 이것은 매년 봄과 가을 2회 열리는데, 1957년 시작되었고 문화혁명(1966~68) 때도 살아남은 중국 유일의 대외적인 무역박람회이다. 1979년 초 중국 경제의 개방 이후 세계에서 가장 큰 박람회가 되었다. 2009년 봄에는 글로벌 불황이 깊던 시기였는데 2만 개 기업이 전시했고 16만 5,000명의 바이어가 방문했으며, 2주 동안 260억 달러어치의 거래가 이루어졌다. 2013년에는 20만이 넘는 바이어들이 모였고 2만 5,000개 기업이 6만여 개 부스를 설치하였다.

이 박람회는 특히 중국이 무엇을 공급하는지 알고 싶지만 세계 각국을 다 방문할 수 없는 새로운 무역업자에게 중요하다. 소규모 또는 중규모 비즈니스를 대표하여 이들 무역업자들은 몇 가지 매력적인 아이템을 탐색하여 모국에 가서 팔려고 한다. 박람회의 일차적인 목적은 새로운 비즈니스 관계를 형성하는 것이다. 보통 대규모 소매업자들은 잠재적인 공급업자를 이 박람회에서 만난다. 박람회 이후 공장을 방문하여 직접 거래하기도 한다.

한편 기업들은 기존의 밀접한 관계에 있는 기업에 핵심 공급업자로 전환하기도 한다. 제조업에서는 관계적 시장이 중요한데, 그것이 밀접한 협력을 가능하게 하기 때문이다. 일본의 자동차산업은 공급업자와의 기업 간 협력의 성공 사례로 대표적이다. 연구개발, 투자, 가격 설정, 품질관리 등 모든 면에서 그러하다. 이러한 방식은 다른 나라와 여타 산업으로 빠르게 확산되었다. 관계형 시장의 주요 맥락은 여전히 지역적 · 국내적 집적이지만, 가치사슬이 글로벌 규모로 확장되면서 이 또한 효율적인 관계형 시장에 의존하고 있다.

디자인과 시스템 개발에서 애플이 성공한 것은 그 임원들이 세계 각지로부터 온 신뢰받는 협력자들(ODM, 계약 공장, 부품 및 원료 전문가 등)과 밀접하게(그리고 비밀리에) 작업했다는 점 때문이기도 하다. 마찬가지로 월마트 역시 그 주요 공급업자들과 긴밀하게 일한다. 대부분의 다국적기업들은 공급업자들과 공동 작업하는 핵심적인 자원들을 보유하고 있으며, 판매 증가 등 직무 수행이 최고라고 인정되면 정기적으로 보상한다.

환경적 책임 : 가치사슬에서 가치주기로

경제활동이 환경에 주는 충격을 낮춰야 하는 필요성은 이 책에서 여러 번 다룬 것이다. 그러나 경제활동 중에서 제조업은 더 무거운 책임을 져야 한다. 대부분의 환경문제가 상품의 생산, 사용, 처분/재활용과 밀접하게 관련되기 때문이다. 우리가 폐기물과 재활용, 탄소 방출, 유해물질 등에 관심을 갖든 그렇지 않든 환경문제에 대한 해결은 제품 설계 변화, 원료 투입 변화, 생산과정 변화에 달려 있다.

대부분의 제품은 가치사슬 단계마다 여러 가지 환경 이슈를 갖고 있다. 그리고 환경 이슈를 다룬다는 것은 가치사슬 전체를 통하여 협력적인 대응을 요구하는 것이다. 예컨대 통신 및 컴퓨터 전자산업은 제조과정에서 핵심적인 자원과 에너지를 사용한다. 이것들은 많은 유해물질을 사용하고 배출한다. 그래서 노동과 마을을 건강상의 위험에 노출시킨다. 그래서 이들을 저장하고 처리할 시설이 필요하다. 전자제품이 공장을 떠나면 그것들은 유해물질과 결합하여 가정과 사업장으로 들어간다. 부품과 제품이 세계로 배송되면서 포장과 수송도 영향을 미친다. 기업과 소비자 들이 주변기기와 네트워크를 돌릴 때 에너지를 사용하기 때문에 **서버 농장**(server farm)이 전기를 쓰는 곳으로서 가장 빠르게 성장하는 곳이다.

서버 농장 수백 또는 수천 개의 컴퓨터를 모아 두고 매일매일의 대규모 수요에 서비스하는 곳. 냉량한 상태를 유지하면서 돌아가야 하므로 막대한 전력이 소모된다.

또한 전자산업은 모든 수준의 정부에게 e-쓰레기, 단종 제품 문제 등의 문제를 안겨주는 것으로 악명이 높다. 미국과 중국은 2013년 각각 1,000만 톤과 1,110만 톤의 e-쓰레기를 배출하였다. 추산에 따르면 미국은 폐기된 전자제품 중 재활용 비율이 약 2/3 정도인데, 모바일 폰은 10% 미만이 해체되어 재활용된다. 지역의 쓰레기 처리 또는 재활용은 제품의 수명주기를 짧게 함으로써 새로운 문제를 던져 주기도 한다. 실제로 e-쓰레기는 부유한 나라에서 가난한 나라로 흘러간다. 가난한 나라에서는 지역의 규제가 약하여 유해물질의 이동을 금지하는 국제적 관습을 무시한다(그림 11.5). 적절한 규제가 없어서 납, 카드뮴, 수은과 같은 독성물질을 함유한 e-쓰레기의 알루미늄, 구리, 강철을 벗겨내 파는 사람들(아동들이 포함된)에게 건강상의 위해를 안겨주고 있다. e-쓰레기는 또한 환경문제까지 일으키는데, 발암물질인 다이옥신과 중금속을 방출하고 비재생자원을 사용하는 문제를 안고 있다.

Peter Essick/Aurora Photos

그림 11.5 중국의 e-쓰레기와 재활용

가치주기 접근

환경문제는 점점 설계와 제조과정에 변화를 요구하고 있어 글로벌 가치주기 문제가 나타나게 되었다(그림 11.6). 이 접근의 개념적 기초는 가치사슬을 일련의 연결되고 순환적인 프로세스로 변형하는 것이다. 그것은 생산, 분배, 소비 각 단계에서의 쓰레기를 제거하거나 재활용하는 과정을 의미하고, 전체 생산과정에서 '닫힌 회로(close the loop)'[1] 처럼 되는 것을 의미한다. 가치주기 접근(또는 '요람에서 요람까지'[2] 생산 또는 산업생태학이라고도 알려짐)은 기존 제품의 변형과 새로운 제품의 개발을 요구한다. 가치사슬의 일부분과 같이 가치주기의 각 단계는 가치를 생산한다. 다만 가치가 전에는 잘 몰랐던 프로세스와 제품으로 가치주기에서는 생성된다. 즉, 부산물(전에는 쓰레기), 자원절약, 오염방지, 보험절약, 친환경기업 이미지에 의한 브랜드 구축, 고용 건강성 개선, 보존성, 생산성 등이다.

가치사슬을 가치주기로 변형하기 위해서는 네 가지 상호 관련된 요소가 필요하다. 첫째는 생애주기 분석(LCA)이다. 이것은 제품의 제조, 상류와 하류부문(추출, 가공, 부품제조, 조립, 배송, 소비, 폐기와 재활용), 운송, 포장, 관련 인프라 등에 관여된 모든 생산과 프로세스에서 환경 영향을 평가하는 것이다. 둘째, 친환경 디자인(DfE)이다. 이것은 LCA를 사용하여 제품을 설계하는데, 제품의 생애를 통하여 환경 영향을 최소화하거나 제거하는 기술과 실천을 통합한 제품을 설계하는 것이다. DfE는 기존 기술의 개선을 요구할 수도 있고, 어떤 원료의 교체를 요구할 수도 있으며, 둘 다 요구할 수도 있다. 물론 제품의 혁신도 요구한다. 셋째, 환경 거버넌스이다. 에너지를 보존하고 오염을 줄이는 데 많은 기술이 필요하지만, 대부분의 기업들은 금지가 명시되지 않는다면 계속 환경비용을 외부화하기 때문에 환경 거버넌스가 필수적이다. 국제적 · 국가적 · 지역적 정부정책이 순환을 통한 가치창

1 역주 : 재활용 쓰레기를 재활용하거나 재사용하고, 소비자는 재활용 재료를 사용한 제품을 사용함으로써 전체적인 순환과정에서 자원의 재활용/재사용이 이루어지는 과정을 의미한다.

2 역주 : 요람에서 요람까지(cradle to cradle) 개념은 복지국가의 모토인 '요람에서 무덤까지'를 비틀어 사용한 개념으로, 최대한 자원을 재사용/재활용하고, 재생가능한 자원을 사용하며, 유해 독성물질을 사용하지 않고, 이를 위해 재활용 가능한 자원을 사용하거나 토양 속에서 소멸되는 유기물 같은 자원을 사용하는 것을 말한다. 목표는 쓰레기를 최소화하고 자원을 반영구화하는 것이다.

출을 지원하고, 시스템 이탈로 외부화하는 것을 막아야 한다. 마지막으로 기업의 통합전략이다. 이것은 기업 운영을 다른 활동, 즉 가치주기상에서의 상류와 하류부문 모두에 있는 다른 활동들과 통합하는 것이다.

하나의 기업으로는 전체 가치주기를 통제할 수 없다. 그래서 높은 수준의 기업 간, 제도 간 상호작용과 협력이 필요하다. 생산자들은 직간접 환경 영향에 책임을 져야 하고 LCA와 DfE에 필요한 정보를 알고 있어야 하며 공유해야 한다. 글로벌 가치주기에 거버넌스를 부과하는 지리적 과제는 무척 어렵다. '무임승차자' 국가가 거버넌스를 따르지 않는 기업들 때문에 오염물 천국(pollution havens)이 될 수도 있기 때문이다. 유럽과 일본은 전기전자장비의 쓰레기에 대해서 이 문제를 포함하고 있는 제품 책임에 대한 법과 규제를 부과하고 있다. 북미에서는 더 느슨하지만 환경 입법은 지난 수십 년간 급증하였다. 더욱이 개발도상국은 선진국에 제품을 수출할 뿐만 아니라 그들의 오염물질과 쓰레기도 받아왔다는 것을 알고 있다. 이러한 상황을 선진국의 소비자들과 정부가 인지하고 주목하게 하는 데에는 NGO들이 도움을 주었다. 이런 까닭으로 그리고 특히 온실가스에 대해 더 엄격한 규제가 가능하기 위해서는 사실상 모든 다국적기업이 제품과 공정을 가치주기를 염두에 두고 설계해야 한다.

지리적 경향

가치사슬로 연결된 세계경제에서는 추출, 가공, 생산, 배송, 소비, 그리고 재활용의 각 단계에서 발생하는 환경 영향이 다른 위치에서도 필연적으로 발생하게 되어 있다. 환경 영향을 줄이기 위해 그러한 활동들을 변경하면 기존의 가치사슬을 변경하게 되고 동시에 새로운 가치사슬을 창출하게 된다. 실제로 재사용을 위한 원료 재활용(가치주기 접근이 발전하기 전부터 오래전에 확립된 경향인데)은 다양한 입지적 결과를 낳았다. 예컨대 고철을 사용하면 경제성이 없어진 철광석이나 주괴(ingot) 근처에 입지한 철강공장들이 더 생존할 수도 있다. 종이생산에서 재활용 신문을 사용하면 종이공장이 전통적인 삼림기반 입지에서 벗어나 대도시기반 입지가 가능해진다.

가치주기 내에서 완전히 새로운 공정과 생산물을 설계하면 이로부터 다양한 입지적 함의가 도출되는데, 전술한 BMW 완전 전기 자동차 i3 시리즈 개발에서 논의한 사례가 이를 잘 보여준다(제2장). 이 사례에서 환경적 고려가 새로운 공급업자와 공장 입지를 물색하도록 했다. 예컨대 탄소섬유는 일본의 공급업자에게서 들여오고 그걸로 만드는 부품은 수력전기가 저렴한 워싱턴 주에서 만들었다. 마찬가지로 테슬라와 파나소닉은 저가차 대량생산을 위한 리튬 배터리 공장으로 '기가팩토리'를 네바다 주에 세웠는데, 이는 주에서 풍부한 재생에너지를 공급하고 12억 5,000만 달러의 보조금을 지급했기 때문이다. 무엇보다도 제조업에서의 재생가능 에너지 사용 없이는 EV(전기자동차)의 환경적 비전은 의미가 작다. 그 두 회사는 미국 남서부의 몇몇 주정부들과도 이 문제에 관하여 협의했었다. 이와 비슷하게 구글, 마이크로소프트, 애플도 100% 재생에너지로 에너지를 충당하는 데 참여하는데도, 에너지를 점점 많이 쓰게 되는 점 때문에 새로운 서버 농장을 재생에너지 발전소 근처에 설립하고 있다.

기업들은 환경 영향이 작은 생산설비 및 공급업자도 필요하고 환경기술과 친환경 설계를 발전시킬 역량도 필요하다. 토요타도 하이브리드 전기자동차를 개발하면서 새로운 연구개발업체, 정부 실험실, 기존 1차 공급업체들과 협력하면서 내적 역량과 기술을 창출하였다. 그렇게 함으로써 자동차 클러스터와 나고야 산업 집적지를 더욱 강화하고, 이제는 분공장과 하이브리드 기술 연구개발을 해외에 설립하고 있다. 토요타는 미래의 기술로 연료전지에도 관심을 가지고 있으며, 일본 정부 및 협력업체들과 협업하면서, 동시에 수소전지에 관심을 갖는 캘리포니아의 대학, 기업, 주정부와도 밀접히 협업하고 있다. 문제는 소비자와 정부들이 재활용을 실천하게 할 금전적 동기를 어떻게 만드느냐 하는 것이다. 어떤 지역에서는 반환제도(take-back)에 관한 법을 규정하여 기업과 소비자가 재활용의 비용과 수입을 공유하게 함으로써 관련 시장이 형성되게 하고 있다. 다른 지역에서는 기업들이 글로벌 재활용에 참여하여 자체적인 재활용 시스템을 구축하도록 하고 있다. 그래서 델, 애플, 삼성은 단종 기기 무료 반환정책을 실시하고 있다.

두 개의 '성공' 스토리를 보면 가치주기의 요구에 맞는 제품을 개발하는 것이 그렇게 어려운 일만은 아니라는 것을 알 수 있다. 첫째 1987년 몬트리올 의정서는 화학공장들이 지구의 오존층을 심각하게 손상해온 것으로 드러난 CFC를 생산하지 말도록 요구하였다. 당시 세계 최대의 화학 다국적기업인 듀퐁(미국 기반)은 이미 대안을 마련해 놓고 있었고, 그것을 개발하는 프로그램을 본격화했다. 그러자 ICI(영국 기반 화학 다국적기업)와 같은 듀퐁의 과점적 라이벌들을 자극하여 그들도 같은 일을 하게 하였다. CFC는 에어로졸 형태로 냉장고에 냉매제로 사용되었던 것으로 수소염화불화탄소(HCFC)로 대체되거나 더 성공적인 불화탄소(FC), 또는 수소불화탄소(HFC)로 대체되었다. 오존 고갈문제는 해결되었고(NASA는 오존층이 2050년 정상적인 수준으로 돌아갈 것으로 추정하고 있다), HCFC는 2030년까지 사용을 금지하기로 되어 있다. 그러나 FC와 HFC도 여전히 지구온난화에 기여하므로, 이 물질들을 사용하는 것도 대안적인 자원이나 공정을 개발함으로써 감축되거나 제거될 필요가 있다.

둘째, 이미 언급한 바와 같이 BMW와 토요타, 테슬라에 의한 전기자동차의 개발은 다른 기업들이 선도하는 경우에서와 같이 에너지 소비를 감축하고자 하는 열망에 자극받은 것이다. 그러나 자동차의 연료 효율이 점점 높아지더라도 더 많은 자동차가 생산되고 있다. 세계 자동차 생산은 1990년에 비해 2012년에 거의 2배가 되었다(표 11.2).

군집과 집적

지배적인 요인에서건 아니면 일련의 지배적인 입지 요인에서건 제조업은 최선의 장소로 이동한다고 이 장 서문에서 말한 바 있다. 그러나 제조업 자본의 이동성은 그 장소에 무엇을 의미할까? 공장들은 항상 가계와 커뮤니티를 분열시키는 위협인가? 짧게 대답하면 그렇다. 그러나 좀 더 복잡하게 대답하자면 제조업은 산업 클러스터의 진화에 따라 뿌리내려진 외부경제의 이점을 향유한다.

움직이는 건 제조업이지만 제조업의 지리는 지역적 · 국지적으로 정의된 외부경제에 의해 고정된다. 제8장에서 본 바와 같이 대도시 또는 도시지역으로 공간 스케일을 넓혀 보면 이 외부경제는 집적(agglomeration)이다. 이 외부경제는 디트로이트의 경우에서처럼 끝날 수도 있고, 주장강 삼각주의 경우에서처럼 빠르게 진화할 수도 있다. 그러나 보통 작은 공간 규모에서, 그리고 산업지구나 클러스터라고 하는 특별한 곳에서 잘 관찰된다는 점이 성공적인 집적을 구축하는 데 있어서 핵심이다.

클러스터의 외부경제를 계산하는 것은 쉽지 않다. 고정자산의 이익이나 숙련 노동 풀 및 연관기업 접근성을 평가하고 집계하는 것도 어렵지만, 클러스터가 창출하는 비거래적 상호의존, 즉 인적 네트워크, 협력 행동, 정보 공유 등과 경쟁과 혁신이 창출하는 적극적 외부성을 평가하기란 쉬운 일이 아니다. 모든 집적과 클러스터가 똑같이 성공적인 것도 아니다. 클러스터의 구성 요소들이 약하게 연결되어 있고 다소간 덜 독립적으로 운영된다면 그들이 향유할 수 있는 이점은 제한될 것이다. 더욱이 클러스터는 섬이 아니라 글로벌 가치사슬에 통합되어 있어야 한다.

클러스터를 규정하는 산업부문들에 내적인 다양성이 있으면, 이들을 분류하려는 다양한 시도들이 있었다. 그래서 단일 기업이 지배하는 '허브-스포크(hub and spoke)'형 클러스터가 있고, 다수의 중소기업으로 구성된 유연 전문화된 클러스터가 있으며, 그 사이에 다양한 변이들이 있다. 정책적으로는 클러스터에 대한 포터(Poter)의 '다이아몬드 해석'이 영향력이 컸다(사례연구 11.5). 다음 절에서는 세계 최고의 두 집적지를 다룰 것인데, 두 가지 핵심 유형의 클러스터를 조명하고 새로운 제도적 혼합의 특성을 검토할 것이다. 판이 커지면 기업들처럼 클러스터들도 서로 경쟁하지만, 반대의 경우 기업들은 경쟁 이점을 찾아 떠날 수 있는 것과 달리 지역은 클러스터를 활성화하든지 쇠퇴를 감내하든지 해야 한다. 마지막으로 정부가 제조업 클러스터의 성장을 자극하는 것이 가능한지 검토하고자 한다.

실리콘밸리와 그 영향

캘리포니아의 샌프란시스코 근처 샌타클래라 밸리는 좋은 와인을 생산하던 곳이었다. 오늘날 이곳은 세계적으로 기술 '공원', '클러스터', '복합체'의 모델로 알려진 실리콘밸리로 더 잘 알려져 있다. 그러나 실리콘밸리는 선구적인 사람들, 스탠퍼드대학교, 미국 정부의 국방정책이 모두 중요한 역할을 한 특별한 역사를 갖고 있다.

스탠퍼드는 1891년 팰러앨토에 설립되었다. 팰러앨토에는 진공관 개발을 위해 고용한 발명가인 리 디 포리스트(Lee de Forest)가 있는 패더럴 헬레그래프사가 있었고, 제1차 세계대전 이전 수년간 군사 계약에 의한 연구와 생산도 이루어지고 있었다. 수십 년 후 포디즘의 시대에 실리콘밸리는 ICT 운동의 최전선이 되어 레이더에서 실리콘 트랜지스터, 마이크로프로세서, 퍼스널 컴퓨터에서 인터넷 인프라, 브라우저, 검색엔진에 이르는 혁신들을 생산해내고 있었다. 스탠퍼드 자신은 씨앗과 같은 역할을 했다. 프레드 터만(Fred Terman)은 1940년대와 50년대 스탠퍼드 공대 학장으로서 자신의 회사를 설립하려는 학생들의 노력을 지원했다. 휴렛패커드(HP), 쇼클리 트랜지스터(트랜지스터에 실리콘을 처음 사용한), 페어차일드 반도체, 인텔 등이었다. 이러한 발전을 통하여 창업기업과 대기업, 군사 연구, 대학 연구가 서로 얽히게 되었다. 전문 벤처 캐피털 투자자, 법률가, 부동산 개발업자 들도 자신들의 역할을 했다.

스탠퍼드에 중심을 둔 활동들의 클러스터는 강력한 원심력을 발휘했고, 첨단기술기업과 엔지니어링, 투자자, 경영인들을 세계에서 끌어들였다. 정보 확산의 문화, 협력과 경쟁의 문화가 사람들이 한 기업에서 다른 기업으로 옮겨가도록 촉진했다. 새로운 회사를 창업하는 것은 실패할 수도 있고 매각될 수도 있으며 다시 재결합할 수도 있다. 그 과정에서 회사들 사이에, 그리고 회사 내에서 정보가 공유되고 비공식적 또는 법적 계약을 통해서 사람들 간의 관계가 중개되었다. 2006년에는 실리콘밸리와 산호세를 포함한 샌프란시스코 베이 지역 전체에서 40만 개의 고임금 첨단 일자리가 창출된 장소가 되었다. 이것은 미국에서 가장 많이 집중된 곳이고, 혁신 면에서도 주목할 만한 기록이다. 인텔과 HP 외에도 이 지역에서 활동하는 주요 회사로는 애플, 구글, 페이스북, 시스코, 이베이, 어도비, 오라클, 야후 등이 포함된다.

1960년대 이후 실리콘벨리에서도 집적의 기능적 구조가 바뀌었다(그림 11.6). 일반적으로 제조업이 감소하고(실리콘 칩의 가공과 조립은 다른 곳으로 이동함), 연구개발(특히 소프트웨어 디자인)이 증가했다. 조립활동은 한때 중요했었으나 지가와 노동비의 증가, 높은 세금, 환경 제약 및 기타 다른 요인들 때문에 감소했다. 1950년대와 1960년대에는 휴렛패커드와 같은 큰 기업들이 생산공장을 다른 곳에 설립하기 시작했다. 예컨대 대만에 소규모 지역시장에 공급하는 소규모 공장을 설립했다. 1970년대와 80년대에는 실리콘밸리의 혁신을 대량생산하는 공장이 아시아의 저임금 지역으로 점차 이동했고, 거기서 만든 제품들이 미국을 포함한 다른 나라로 수출되었다. 1990년대에는 반도체 웨이퍼 가공 및 혁신적인 공업이 보다 고숙련 노동자들이 있는 싱가포르와 유럽으로 이동하였다. 그리고 새천년에는 실리콘밸리의 기업들이 거대한 시장과 기술발전의 이점을 위해 중국으로 재입지하였다. 반대로 일본의 기업들은 자신의 웨이퍼 가공을 일본에 남겼고, 조립공장만 저임금 지역으로 재입지하였다.

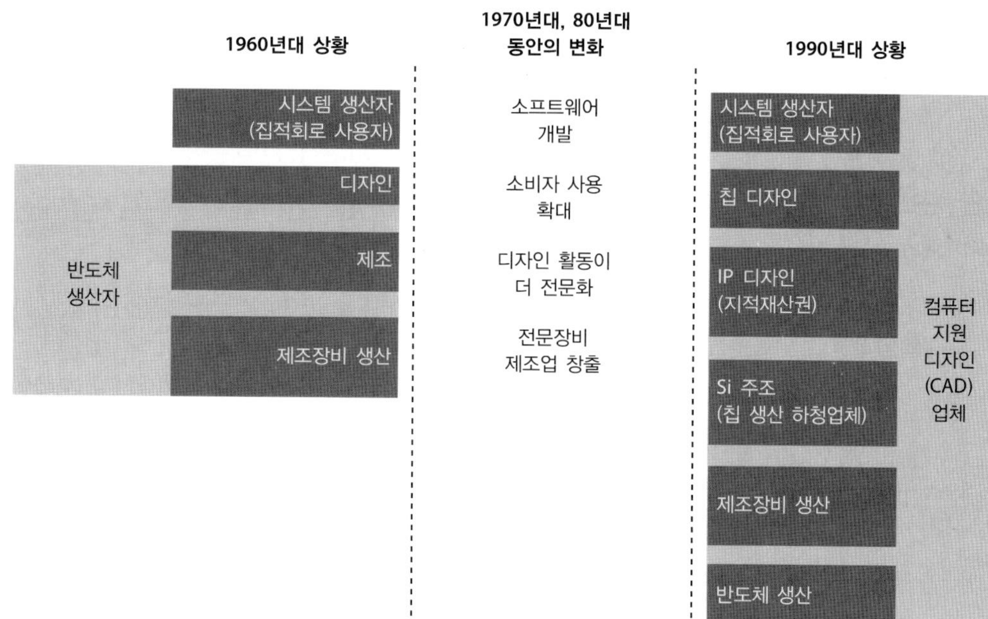

그림 11.6 반도체 산업조직의 변화

출처 : McCann, P. and T. Arita, 2002, Edward Elgar Publishing. http://www.e-elgar.com. 허락하에 재인쇄함

실리콘밸리에 자극을 받아 유사한 유형의 연구 중심, 첨단기술 클러스터들이 대만(신주과학단지)과 인도 벵갈루루와 같은 장소에 빠르게 발달하였다. 주로 실리콘밸리에서의 경험이 있는 아시아 태생의 과학자와 공학자들이 주도하였다. 신주와 벵갈루루는 연구소 설립과 건물 및 교통 인프라 제공과 같은 점에서 국내기업을 지원하는 정부정책의 이점을 얻었다. 이전에 '가난한' 나라들이 지금은 제조업에서뿐 아니라 연구개발과 혁신에서도 주도적인 역할을 하고 있다. 나아가 성공적인 아시아의 클러스터들이 부가가치 형성에서 중요한 역할을 할 뿐 아니라 제품주기 모델의 역동성을 '뒤집고' 있다. 예컨대 대만은 전자산업에서 연구개발은 미국, 일본, 유럽에서 이루어지는 다국적기업의 분공장 입지로 시작했다. 그러나 지금은 전자산업 연구개발이 대만에서 이루어지고, 대만의 기업들은 자신들의 생산을 중국으로 보내고 있다.

토요타시

면화와 섬유를 생산하는 나고야 시 주변지역에서 토요타는 섬유기계를 생산하던 제조업자였다. 1930년대 자동차공업이 성장하자 토요타는 코로모읍 근처에 새로운 경제공간을 선택하고, 결국 그곳을 토요타시로 지명을 바꾸어버렸다. 토요타 생산 시스템(TPS)은 토요타

내부의 생산 개선과 계층화된 관계적 시장으로 조직된 공급업자들과의 밀접한 상호관계로 발전해왔다(사례연구 11.4, 사례연구 11.1). 가장 중요한 주요 공급업자들은 핵심기업의 근처에 입지해 있다. TPS의 두 핵심 아이디어는 자동화된 생산에서의 인간 제어와 그리고 필요할 때에만 생산하는 제품 및 부품의 **적시생산**(just-in-time, JIT) 배송이다. 장비설치, 팀워크, 품질 통제, 노동자 작업 흐름 제어 등에서의 혁신과 노동자와 경영자 간 임금 차이의 제한, 그리고 상여금 시스템, 기업별 노동조합 등이 TPS의 핵심적인 특징들이다.

적시생산 부품과 구성품을 공장에 배송할 때 사용 직전에 배송하는 시스템

토요타시 주변에서 토요타는 1차 하청 계약자들의 납품을 받고, 그들은 그들 주변의 2차 공급업자들의 공급을 받는다. 그리고 이들 각 거래의 층위는 적기 배송을 기반으로 조직되어 있다. 기업 간 관계는 매우 안정적이고, 공급업자들이 연구개발과 기술개발에 투자하도록 촉진한다. 그러나 동시에 경쟁적이 되도록 한다. 토요타는 보통 특정 부품에 대해서 두세 개의 잠재적인 공급업자를 두기 때문이다. 이 시스템은 매우 효율적이다. 토요타는 200여 개의 **1차 공급업자**(tier 1 suppliers)만 직접 관리하지만, 수천 개의 공급업자로부터 투입물을 받는다. JIT 시스템은 비싼 재고비용을 사전에 예방하면서 필요한 제품을 배송하고 품질관리도 더 잘 이루어지게 한다.

1차 공급업자 가장 중요한 공급업자들로서 핵심기업과 직접적인 접촉과 사업관계를 맺는 하청기업

TPS는 수천 개의 부품기업과 '조직재편성(reengineering)', '린생산'과 같은 경영틀의 변형을 통한 모델을 활용했다. 품질 통제는 더 적극적이었다. 1980년까지 토요타와 다른 일본 자동차 제조업체들은 미국 정부가 연구기금을 지원하여 성공의 기반을 닦은 북미산업들의 생존력을 약화시켜 왔다. 자동차산업에서 글로벌 경쟁이 격화되면서, 토요타는 자신의 공급업자들에게 비용 감축에 대한 압력을 강화했다. 이 압력은 2010년 토요타의 대량 리콜 사태를 유발한 가속기와 브레이크 결함의 한 요인이 되었다. 이 리콜 사태는 품질과 신뢰성에 기반한 토요타의 브랜드 명성에 큰 상처를 입혔다. 이러한 문제는 규모의 불경제인가? 토요타는 북미 기업들에 비해 의사결정이 너무 많이 혹은 너무 적게 자율적인가? TPS는 개선될 필요가 있는가?

실제로 TPS는 1950년 이후 주목할 만하게 진화해왔고, 비단 전기자동차 개발에서만이 아니라 지속적으로 발전하고 있다. 관련하여 일본 정부는 2009년 토요타시를 '에코모델 시티'로 지정하고, (자연스럽게) 하이브리드 추가기능과 재생에너지 설비 등 최신 설비를 갖춘 스마트 주택의 건설을 지원하고 있다. 나아가 녹색기업들에게 1990년의 탄소 배출 수준을 2050년까지 절반으로 줄이도록 하는 목표를 촉구하고 있다.

클러스터는 계획적으로 조성될 수 있는가

각 정부는 제조업 집적을 촉진하려고 한동안 애써왔다. 부유한 시장경제에서도 분공장을 유치하는 산업단지는 지역정책의 공통된 형식이었다. 이를 주창하는 사람들은 이렇게 주장한다. 기업의 집중은 건물과 교통시설의 높은 고정비용을 투자하게 하고, 동시에 지역 승수효과를 창출한다. 가난한 나라들은 비슷한 생각으로 경제특구를 조성하도록 하였다. 1970

사례연구 11.4 | 토요타의 기업 간 관계와 입지

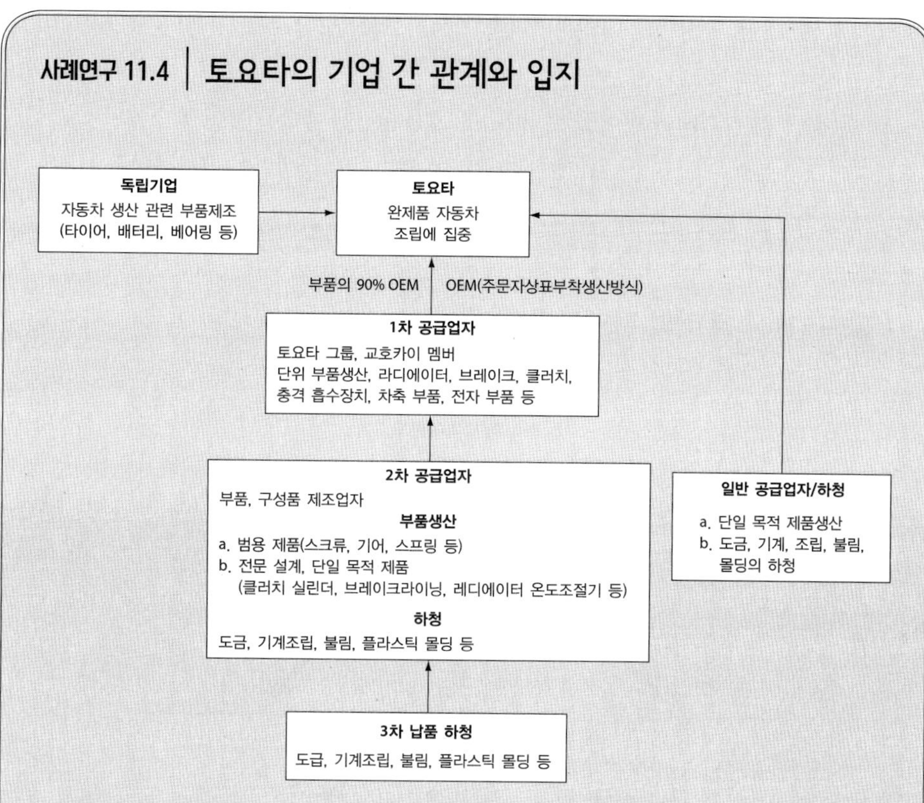

▲ 토요타 생산 시스템

토요타 생산 시스템의 핵심은 모기업과 13개의 다른 기업이다. 이들 중 어떤 기업체는 토요타에서 분사된 것이고, 또 다른 어떤 기업체는 토요타가 투자한 것이다. 각각은 많은 산하기업과 공장을 갖고 있다. 그러나 회사의 본사, 연구·개발, 주요 생산설비는 토요타시에 있다. 그다음으로 인접지역에 217개의 부품, 구성품, 원료 공급업자들이 교호카이(協豊會) 그룹을 이루고 있다. 그리고 125개의 장비 및 배송업체들이 에이호카이(榮豊會) 그룹을 구성하고 있다. 교호카이 멤버 중에서 121개는 토요타 주변 도카이 지역에 입지하고 있고, 65개는 도쿄 주변 간토 지역에, 31개는 오사카 주변 간사이 지역에 입지하고 있다. 각 공장은 더 작은 수의 기업들이 납품하고 있다. 구성품이나 모듈은 교호카이 회원사들이 공급하는데, 수십 개의 공급업자들(그들도 납품을 받는다)이 공급하는 부품과 구성품들로 조립되고 있다. 2차와 3차 공급업자들은 보통 구매자 기업과 근접해 있다. 이러한 계층제는 각 수준에서의 복잡성을 낮추기 때문에 중요하다. 그래서 토요타의 공장들은 제한된 수의 부품을 관리하여 JIT 배송이 잘 이루어지게 한다.

토요타의 관계적 시장은 협력적이면서 경쟁적이다. 거래는 구성품이나 원료의 설계와 엔지니어링에 대한 협력에서 시작하고, 하나의 자동차 모델의 생애 전체를 통하여 지속된다. 어떤 회사들은 토요타가 신뢰하고 제품을 설계하여 납품한다. 다른 경우는 토요타의 자체 설계에 따라 납품된다. 계약은 각 기업이 해야 하는 투자까지도 고려하여, 시간이 지나면 비용이 감소해야 한다는 것까지도 명시한다. 토요타는 보통 둘 이상의 기업들과 계약하는데, 이는 입찰 과정에서뿐 아니라 제품 생애주기 전체를 통하여 경쟁을 유도하기 위해서이다. 공급업자들은 그 수행에 따라 다음 계약 시에 보상을 받거나 벌점을 받는다.

년대 후반 정부들은 자신들의 실리콘밸리를 창출하고자 했다. 주로 전자와 생명공학이 주도하고 기술적으로 정교한 산업들이 입지하는 첨단산업단지를 조성하기 시작하였다. 이러한 노력은 최근 더 강화되어 마이클 포터(Michael Porter)가 제안한 클러스터 개념틀로 공식화되었다. 그의 분석은 글로벌 수준에서 지역과 로컬리티의 경쟁력이다(사례연구 11.5).

사례연구 11.5 | 포터의 다이아몬드

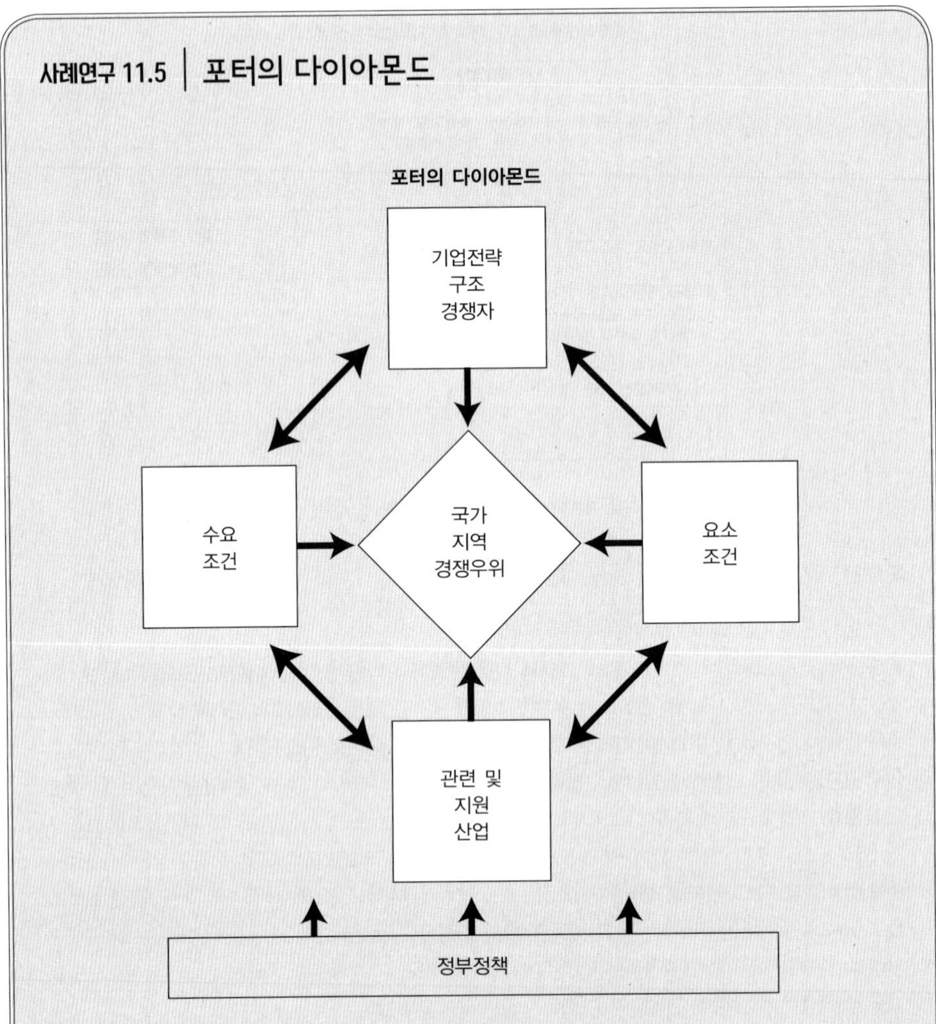

마이클 포터(1990)에 따르면 국가와 지역 발전을 추동하는 산업 전문화는 네 가지 범주로 분류될 수 있는 요인에 의해 형성된다.

1. **요소 조건** : 자원이나 인구와 같은 주어진 조건과 인프라, 교육, 지식, 자본장비, 금융에 대한 투자로 발전되는 요인
2. **수요 조건** : 국내시장의 규모와 복잡성. 이것은 기업들이 신기술을 개발하고 국제적인 이점을 얻을 수 있는 규모를 제공한다.
3. **관련 및 지원산업** : 산업 및 관련 산업에서의 공급자들 간 경쟁과 품질

4. **기업전략, 구조, 경쟁자** : 기업 목표의 적절성과 국내 경쟁자가 존재할 수 있는 맥락에서의 기업조직

이 '다이아몬드' 모델이 지역 및 국가발전 모델로서 경제학자들의 전통적인 비교우위 모델보다 낫다고 그는 주장했다(사례연구 2.4). 후자는 비교우위의 기초로서 주어진 자원부족을 강조한다. 그러나 포터의 다이아몬드 모델은 경쟁우위가 시간이 지나면서 창출될 수 있다고 주장한다. 예를 들어 교육(요인 조건 중 하나)에 대한 투자와 기업 선도(기업전략 변수)를 통하여 가능하다고 했다. 포터의 다이아몬드는 또한 정부가 국가의 경쟁우위를 위해 역할을 할 수 있다고 보았다. 예를 들어 국가 및 지역 수준에서 경제활동의 클러스터를 창출함으로써 가능하다는 것이다. 또한 규제(금융에서 안전까지), 구매, 보조금, 인프라, 교육, 세금, 리더십과 같은 영역에서 정치적(긍정적이고 부정적인) 의사결정이 이루어진다. 또한 전쟁, 정치 변동, 돌발적 기술 변동, 금융 및 상품시장의 변동과 같은 사건들도 경제활동에 영향을 미치는 기회가 될 수 있다.

클러스터는 기업들이 국제적으로 성공적인 제품을 꾸준히 개발하고 지역발전을 지속가능하게 이끌 수 있는 힘을 가진 것으로 보였다. 그러나 제조업 클러스터를 활력 있게 유지하는 것은 쉬운 일이 아니다. 캐나다의 경우 정부들은 별다른 준비 없이 경쟁적인 클러스터를 창출하려고 시도하였지만, 대체로 실망스럽게 되었다. 생약제학 클러스터 분야는 그 사례다. 몇몇 캐나다 대학과 공공 및 민간 연구소는 생의학 연구로 유명하다. 또 토론토와 몬트리올은 생산설비를 갖추고 있다. 그리고 캐나다인들은 많은 약품을 소비한다. 그러나 다수의 약품은 다국적기업들이 파는 것이다. 캐나다가 상당한 양의 복제약품을 생산하지만 그 연구는 브랜드화된 제품으로 전환되지는 않고 있다. 그리고 생의학 클러스터는 규모가 작다. 캐나다 회사들은 미국 회사들에 비해서 배송 체인을 통제하지 못하기 때문에 이윤 면에서도 비교가 되지 못한다.

그럼에도 불구하고 캐나다는 끊임없이 클러스터 접근을 촉진하고 있다. 국가연구위원회(National Research Council)는 18개 입지에서 연구와 대학-산업 상호작용을 지원하고 있다. 그중 11개는 클러스터 상태에 도달한 것으로 간주된다. 주 정부와 산업협회들도 바이오테크놀로지(서스캐처원)나 무선 및 GPS 기술(캘거리)과 같은 분야에서 기업들이 국지화되고 집중하는 것을 지원한다. 이런 기업 중에서 해당 분야에서 글로벌 리더인 경우도 있다. 그러나 이들은 주로 연구기업이고 대부분의 투입을 글로벌 가치사슬에 기대고 있다. 그러한 기업들은 급여가 높고, 고숙련 일자리 기회를 제공하며, 시장에도 그리고 글로벌 전문가 풀에도 연결되어 있다. 그러나 이들은 서로 거의 상호작용하지 않기 때문에 지식 집약적이고 창의적인 이 기업들과 연구소들은 혁신 클러스터를 형성한다고 보기 어렵다. 그냥 단순히 같은 장소에 모여 있는 것이다.

이와 비슷하게 군집보다는 그냥 집적해 있는 경우는 밴쿠버에서도 볼 수 있다. 밴쿠버의 지역기업가, 특히 일렉트로닉 아트의 설립자를 포함한 지역기업가들은 폭넓은 전문 첨단활동(전자, 바이오기술, 항공우주산업, 해양산업, 인쇄, 연료전지, 이미징-소프트웨어 장비, GIS 등)에 참여하고 있다. 그러나 대부분의 기업들은 규모가 작다. 가장 큰 것은 맥도날드

데트빌러(GIS)인데, 약 1,500명을 고용하고 있다. 밴쿠버에 모여 있는 재능 있는 사람들은 대학, 레크리에이션 기회, 다문화, 어메니티 등에 끌린 것이다. 그러나 그들 기업은 상호작용이 제한되고 있다. 제조업과의 상호작용도 제한되고 있다. 밴쿠버에서는 오직 프로토타입이나 소규모 제조업만 수행하고 있다.

결론

이 장은 제조업활동의 입지 역동성을 형성하는 복잡한 힘들을 보여주었다. 제조업이 경제발전에 결정적이고, 기술이전의 주요 요인이며, 국제무역의 중요한 요소이기 때문에 이러한 역동성을 이해하는 것은 중요하다. 입지와 이윤성은 밀접하게 관련된다. 동시에 제조업활동은 언제 입지할 것인가에 대해 선택권이 있다. 같은 활동도 많은 다른 장소에서 수행될 수 있으며, 각각은 자신의 이점과 불리한 점이 있다.

연습문제

1. 여러분의 지역사회에서 주요 제조업지역은 어디에 있는가? 그것들은 어떻게 생겨났는가?
2. 몇몇 부유한 나라, 또는 부유한 나라의 대지역은 최근 수십 년간 탈산업화를 겪고 있다. 이것을 우려해야 하는가?
3. 여러분의 커뮤니티는 제조업기반을 보호하거나 발전시키는 것을 추구해야 하는가?
4. 여러분의 커뮤니티에서 제조업활동의 주요 클러스터를 설명해보자.
5. 녹색 제조업을 어떻게 정의할 수 있는가? 여러분의 커뮤니티에서 사례를 찾을 수 있는가?

핵심용어

교외화
구득비용
구매자 주도 가치사슬
대체 원리
등비용선
등운송비선
마킬라도라
보편 투입
비대도시 산업화
비순수 투입
생산자 주도 가치사슬
서버 농장
순수 투입
연담도시
이윤의 공간 한계
임계 등비용선

입지 조건	적시생산(JIT)	탈산업화	1차 제조업
입지 요인	중앙값	1차 공급자	2차 제조업

추천문헌

Edington, D. and Hayter, R., 2013, "The in situ upgrading of Japanese electronics firms in Malaysian Industrial clusters," *Economic Geography* 89: 227-59.
클러스터에 관한 문헌을 개관하고 현지 입지 적응의 중요성을 강조한 논문

Gertler, M., 2004, *Manufacturing Culture: The Industrial Geography of Industrial Practice*, Oxford: Oxford University Press.
독일과 캐나다의 산업적 실천을 비교 조사하여, 독일의 제조업 실천이 어떻게 수정되어 왔으며 온타리오에서 적응했는가를 검토한다.

Hayter, R., 1999, *Industrial Location Dynamics: The Firm, the Factory and Production System*,
출간되지 않은 제조업 입지론 교재로 다음에서 접근할 수 있다: http://www.sfu.ca/geography/wp-content/uploads/2010/08/dynamics_hayter.jpg

Lepawsky, J. and McNabb, C., 2010, "Mapping international flow of electronic waste." *The Canadian Geographer* 54:177-95.
전염물 천국 가설(부유한 나라가 가난한 나라를 쓰레기 처리장으로 활용한다는)은 국제적인 e-쓰레기의 흐름을 일부만 설명한다는 주장

Lyons, D., Rice, M. Wachal, R., 2009, "Circuits of scrap: Closed loop industrial ecosystems and the geography of US international recyclable material flows 1995-2005," *The Geographical Journal* 175: 286-300.
'닫힌 회로' 재활용 시스템은 로컬, 지역, 국가 수준에서만이 아니라 글로벌 수준에서도 고려되어야 한다는 주장

Patchell, J., 1997, "Creating the Japanese electric vehicle industry: The challenges of uncertainty and cooperation." *Environment and Planning* A 31: 997-1016.
새로운 자동차 기술개발에서 기업들과 다른 행위자 간의 협력을 논의한다.

Potter, A. and Watts, H.D., 2010, "Evolutionary agglomeration theory: Increasing returns, diminishing returns, and the industry life cycle." *Journal of Economic Geography* 11(3): 1-39.
산업혁명 초기의 중심지인 셰필드에서의 시간에 따른 집적경제와 집적 불경제를 분석하였다.

Wainwright, O., 2014, "Work begins on the world's first 3D printed house." *The Guardian*, March 28.

참고문헌

Aritsa, T. and McCann, P., 2002., "The relationship between the spatial and hierarchical organization of multiplant firms: Observations from the global semiconductor industry." pp. 319-63 in P McCann, ed. *Industrial Location Dynamics*, Cheltenham: Edward Elgar.

Enright, M.J., Scott, E.F., and Chang, K., 2007, *Regional Powerhouse: The Greater Pearl River Delta and the Rise of China*, Singapore: John Wiley.

Fingleton, E., 2006, "Manufacturing matters." *Fortune*, http://money.cnn.com/magazines/fortune/fortune_archive/2006/03/06/8370712/index.htm(2009년 10월 접속).

Lin, G.C.S., 1997, *Red Capitalism in South China: Growth and Development of the Pearl River Delta*, Vancouver: University of British Columbia Press.

Pollard, S, 1981, *Peaceful Conquest: The Industrialization of Europe 1760-1970*, Oxford: Oxford University Press.

Porter, M., 1990, *The Competitive Advantage of Nations*, New York: Free Press.

Weber, A., 1929, *Alfred Weber's Theory of the Location of Industries*, trans. by C.J. Friedrich, Chicago: University of Chicago Press.

제12장

서비스

후기산업사회의 가장 기본적이고 단순한 특징은 대부분의 노동자가 농업 또는 제조업에 종사하지 않고 서비스에 종사한다는 것이다.

(Bell, 1973 : 15)

이 장은 서비스 입지의 역동성을 파악하고, 서비스가 지역과 발전에 미치는 영향을 이해하는 것이다. 주요 내용은 다음과 같다.

- 공간적 분포와 집적을 통하여 서비스 활동의 시장 지향성을 이해한다.
- 서비스 활동의 다양성을 알아보고, 고용창출과 경제성장에서 서비스의 역할을 이해한다.
- 도시에서 서비스(특히 소매와 소비자 서비스) 활동의 조직과 입지 역동성을 이해한다.
- 지역적·국제적 가치사슬에서 생산자 서비스의 역할을 이해한다.

이 장은 4개 절로 구성된다. 1절은 서비스의 정의, 그리고 서비스업체와 입지의 특성을 접근성과 통합의 맥락에서 살펴본다. 나머지 3개 절에서는 서비스의 세부 분야인 소비자 서비스, 생산자 서비스, 공공 서비스를 각각 살펴본다.

서비스산업의 발전

서비스 또는 3차 산업은 소매, 금융, 관광 같은 소비지향의 업종뿐만 아니라 1차 산업(원료)과 2차 산업(제조업)에서 요구되는 연구, 엔지니어링, 광고 등의 다양한 업종을 포함한다. 서비스 활동은 '후기산업적' 활동이라 불리지만, 서비스가 원료 또는 제조업과 분리된 활동을 의미하는 것은 아니다. 벨(D. Bell)이 **후기산업주의**(post-industrialism)에서 정의하는 서비스 활동이란 경제활동에서 정보의 사용 증가에 따른 서비스에 대한 사회적 수요의 증가와 다양화를 의미한다. 벨은 교육과 의료부문의 성장을 강조했지만, 이 외에도 다양한 서비스가 빠르게 성장하였다. 사업 서비스 또는 개인 서비스로 분류된 업종들, 그리고 환경과 관광분야의 업종들이 성장하였다. 이들 서비스는 사회적 요구에 부응하면서 다양한 채널을 통해 발생되었다. 때로는 연구분야 또는 유연적이고 혁신적인 노동력을 요구하는 교육기관처럼 신규 서비스의 필요에 대한 사회적 공감대를 통해 서비스가 개발된다(사례연구 12.1).

후기산업주의 총생산과 종사자의 비중에서 서비스가 제조업을 대체하는 시장경제의 발전 양상

사례연구 12.1 | 지식경제 살리기

© The British Columbia Collection/Alamy

▲ 해발 370m의 버나비산의 정상에 위치한 사이먼프레이저대학교의 항공사진

여느 선진국과 마찬가지로 캐나다도 1960년대 고등교육의 급속한 발전을 경험하였다. 20세기 들어 급속한 경제성장을 경험하였고, 이에 따라 우수한 노동력이 필요하였다. 기존에 설립된 대학의 규모는 확장되었고, 신규 교육기관들도 설립되었다. 1965년 설립된 사이먼프레이저대학교는 3개의 캠퍼스에 3,300명의 교직원과 35,000명의 학생을 보유하고 있다. 비슷한 시기에 설립된 빅토리아대학교도 비슷한 규모를 가지고 있다. 1908년에 설립된 브리티시컬럼비아대학교는 대학 팽창의 시점을 전후로 2개의 캠퍼스에 10,000명 이상의 교직원과 50,000명 이상의 학생이 공부하는 교육의 장소로 발전하였다. 단과대학들도 브리티시컬럼비아 지역에서 설립되었는데, 이 중 5개가 1988년 대학으로 승격되었다. 1990년에 설립된 북 브리티시컬럼비아대학교(UNBC)는 최근 지역 내 고등교육기관으로 부상하였다.

지역 차원에서 대학은 고용창출의 기회를 많이 제공하는 기관이며, 연구 · 교육 · 훈련의 차원에서 국가의 장기적 경제발전을 위한 핵심기관이다. 최근 캐나다 정부는 대학 캠퍼스 내에 '기술 센터'를 설치하면서 혁신을 위한 대학의 역할을 독려하고 있다. 예를 들어 브리티시컬럼비아 주정부는 1980년대 사이먼프레이저대학교(사진에서 하단부 오른쪽의 원형 도로에 위치한)를 포함한 4개의 대학에 '디스커버리 파크'를 설립하였다. 이 프로젝트는 성공적이었는데, 만약 디스커버리 파크가 첨단기술의 기업을 유치하는 데 한계가 있었다면, 사이먼프레이저대학교(다른 대학과 함께)는 혁신을 위한 기업가 인큐베이터 프로그램을 개발해야 했을 것이다.

서비스부문 서비스부문은 제조업의 상품처럼 물질적 상품을 생산하지 않는 것으로, 부정적 의미로 정의되는 경향이 있다. 하지만 서비스는 상품생산을 촉진하고 통제하며, 개인과 사회의 수요에 부응하는 유통과 판매, 정보제공, 창의성, 관리, 의사결정 활동이다.

때로는 신규 서비스가 우연히 발생하기도 하는데, 가령 제품과 스타일에 대한 최신 정보를 갖춘 판매원이나 미용사가 소비자들과 접촉하는 과정에서 창의적인 신규 서비스가 출현하기도 한다. 비록 일부 서비스가 정보 콘텐츠(information contents)가 없거나 일부만 있더라도, **서비스부문**(service sector)의 급속한 성장을 추동하였던 힘은 전문화된 정보에 대한 수요였다.

전통적으로 1차 산업과 2차 산업만 기반산업, 즉 국가와 지역경제를 위한 외부(수출)소득의 원천으로 간주되었다(제8장 참조). 3차(서비스) 활동은 지역시장에 의존하는 활동으로 인식되면서, 관례적으로 비기반 산업으로 분류되었다. 하지만 오늘날 서비스는 수출에서 중요한 역할을 하는 활동으로 인식된다. 실제 지역과 로컬의 공공정책은 서비스산업으로부터 고용창출과 경쟁적 이점을 실현하고 있다.

서비스의 정의

3차 산업의 성장은 고도화되고 복잡한 지식기반 또는 정보 집약적 경제의 결과이자, 이를 위한 필수조건이다. 서비스부문은 성숙경제(maturing economy)로 정의되는데, 개인과 사업체가 요구하는 전문적 활동의 토대가 서비스이기 때문이다. 서비스는 청소, 설거지, 허드렛일 같은 지루하고, 단조롭고, 저임금의 많은 직업을 포함하지만, 또한 가장 재미있고, 고소득의 직업들도 포함한다. 교육, 의료, 금융관리, 컴퓨터 기술, 디자인, 엔지니어링, 저널리즘 같은 서비스는 다양한 교육과 훈련을 필요로 할 뿐만 아니라 지속적인 평생학습도 요구한다.

미국과 캐나다의 경우 서비스부문의 고용은 1970~2012년(캐나다는 2014년 기준) 2배 이상 증가하였고(표 12.1), 총고용에서 서비스가 차지하는 비율은 각각 79.9%와 79.0%를 차지한다. 1차 산업, 제조업, 건설업(사회간접시설 포함)으로 지칭되는 상품생산 부문이 나머지 고용을 구성한다. 하지만 비즈니스, 교통, 금융, 무역, 자영업 그리고 정부 업무(예 : 농업, 광업, 임업, 산업과 사업)에서 많은 (생산자) 서비스들은 상품의 가치사슬에서 중간 투입의 요소로 사용된다. 따라서 상품생산을 광의적으로 정의하는 경우 현대 경제에서 고용의 절반 이상은 상품생산과 관련된 것으로 볼 수 있다.

그동안 전통 서비스(소매 · 도매 무역)가 서비스 성장을 주도하는 것으로 인식되었으나, 사실 서비스 성장을 주도한 것은 다른 서비스 활동이다. 서비스 성장의 대부분은 의료, 교육, 법률, 기술 전문 분야, 그리고 보험과 부동산에서 이루어졌다(표 12.2). 또한 서비스 성장은 시장경제 분야에서 두드러졌는데, 서비스 생산은 인도 GDP의 절반 이상을 차지하게 되었고, 중국에서도 비슷한 수준에 도달하고 있다. 서비스는 이미 인도 수출산업을 선도하는 역할을 담당하고 있으며, 중국은 저가의 제조업으로부터 기대할 수 있는 성장의 한계에 직면하자 점차 서비스부문의 역할을 강조하고 있다.

표 12.1 미국과 캐나다의 1970년과 2012년의 산업별 고용 변화

	미국		캐나다	
구분	1970	2012	1970	2014
1차 산업	4,140	2,913	674	664
제조업	17,850	11,918	1,751	1,696
건설업	3,650	5,641	389	1,368
중간 합계	25,640	20,472	2,814	3,728
서비스 합계	46,105	116,067	5,065	14,044
기타(자영업)	4,933	8,816	-	-
총고용	76,678	145,356	7,879	17,772

출처 : US Bureau of Labor Statistics and Statistics Canada http://www40.statcan.gc.ca/l01/cst01/econ40-eng
주 : 캐나다의 1970년 1차 산업 자료에서 총합은 약간의 수정이 가해진 것임(왜냐하면 각 부문의 공식 자료는 총합으로 더해지지 않은 것임). 사회간접시설은 서비스로 분류되었음

차이와 공통점

서비스가 경제에서 차지하는 중요성에도 불구하고 통상적으로 서비스는 1차 산업과 2차 산업에 포함되지 않는 활동으로 정의되고 있다. 서비스는 소매와 도매를 지칭하는 3차 서비스 외에 4차 서비스(지식 창조와 정보처리 관련 활동)와 5차 서비스(상위 수준의 의사결정 활동)로 세분화되어야 한다고 주장한다. 그러나 아직까지 서비스 분류에 대한 합의가 이루어지지 못하고 있다. 실제로 산업분류 체계에서 서비스는 소매, 도매, 교육, 건강, 금융 등을 포함하는 분야로 분류된다.

이와 동시에 '비물질적' 서비스와 1차 · 2차 산업 간 관계에 주목해야 한다. 엔지니어링, 디자인, 법률 등의 서비스 활동은 창의적 · 제도적 · 일상적 활동을 통해 광업과 제조업의 '물질적' 활동으로 통합된다. 의료, 여가, 요양 같은 서비스산업은 제조업과 농업의 상품생산에 의존하여 서비스가 수행된다. 대체적으로 3차 산업은 자원과 제조업의 장비, 재료, 에너지 부문에 의존적이다. 달리 말하면 서비스는 한편으로는 관리의 기능에 의해서, 다른 한편으로는 원조의 기능에 의해서 자원과 제조업 가치사슬의 한 부분을 구성한다. 따라서 어떤 경제활동이 물질적인가 또는 비물질적인가를 명확히 구분하는 것은 쉽지 않다. 서비스가 갖는 통합적 요소(unifying factor)란 곧 가치를 더하는 기능이다. 서비스가 다른 활동과 구분되는 근본적 이유는 서비스의 부가가치가 비물질적이란 특징 때문이다. 과거에 서비스 부문의 직업을 다른 직업과 구분했던 것은 서비스 노동이 신체적 노동에 포함되지 않는다는 이유 때문이었다. 그러나 1970년대 이래 **상품생산 부문**(goods-producing sectors)의 컴퓨터화(computerization)는 신체적 노동의 상당 부분을 불필요하게 만들었다. 반면에 서비스

상품생산 부문 통계적으로 1차 산업, 제조업 및 건설업 부문을 의미한다. 이론적으로 많은 서비스를 포함하여 자원을 활용하고 물질적 상품을 생산하면서 부가가치를 창출하는 활동이 상품생산 부문이다.

표 12.2 미국(2012)과 캐나다(2014)의 서비스 고용 (단위 : 1,000명)

분류	미국(%)	캐나다(%)
사회간접시설	554 (0.5)	156 (1.1)
도매업	5,673 (4.9)	601 (4.2)
소매업	14,875 (12.8)	2,134 (15.0)
교통/창고	4,415 (3.8)	906 (6.4)
정보	2,678 (2.3)	정보 · 문화 · 레저에 포함
금융	7,786 (6.7)	1,082 (7.6)
전문 · 과학 · 기술	사업 서비스에 포함	1,366 (9.6)
사업 · 빌딩 · 기타 지원 서비스(미국)/전문 · 사업 서비스(캐나다)	17,930 (15.4)	751 (5.3)
교육 서비스	3,347 (2.9)	1,346 (9.4)
건강보험과 사회지원	16,972 (14.6)	2,234 (15.7)
여가 · 요양(미국)/정보 · 문화 · 레저(캐나다)	13,746 (11.8)	798 (5.6)
임대	여가에 포함	1,160 (8.1)
공공행정	21,917 (18.9)	955 (6.7)
다른 서비스	6,175 (5.3)	772 (5.4)
총 서비스	**116,067**	**14,261**

출처 : 자료는 미국의 노동통계국과 캐나다의 통계국 자료에 기초하여 재구성하였다. 미국 자료는 2012년 평균 수치이며, 자영업을 포함한 수치이다. 캐나다 자료는 2014년 5월 추정치이며, 캐나다의 공식 자료에서 사회간접시설은 상품생산 부문에 포함된다.

활동에서 배송 또는 상품의 이동이 요구되면서 많은 신체적 노동이 필요하게 되었다.

전통적으로 물론 현재에도 그렇지만 서비스 지리학은 소비자와의 근접성이 요구되는 소매활동에 초점을 두었다. 서비스 공급자는 상호작용(생산)이 발생하는 장소에 입지하거나 장거리 상호작용을 위해서는 어떤 형태로든지 기술적 수단에 의존하게 된다. 이러한 점에서 서비스는 기능에 따라 소비자 서비스(전통적 소매, 전자상거래, 개인 돌봄, 여행 안내), 생산자 서비스(비즈니스를 위한 법률, 회계, 컨설팅 서비스), 공공 서비스(의료, 교육)로 구분된다.

접근성, 통합, 혁신

크리스탈러의 중심지이론(제1장 참조)이 제시하는 핵심은 서비스 공급의 접근성과 효율성 간 균형이 필요하다는 점이다. 저차위 서비스는 도달 범위가 좁고(소비자는 서비스를 구매하기 위해 단거리를 이동하려고 한다), 작은 배후지역(상대적으로 인구가 적은 지역은 기초 서비스 위주의 수요가 발생한다)을 요구한다. 식료품 가게, 이발소 같은 개인 비즈니스는 저차위 서비스의 대표적 사례이다. 대규모 투자가 필요하지 않는 소규모의 비즈니스는 분산되어 분포하고, 적은 수의 고객에게 서비스를 제공한다. 반대로 고차위 서비스는 넓은 배후지역을 갖고 상품의 도달 범위가 넓고, 비즈니스를 위해 많은 투자가 요구된다. 그러므로 고차위 서비스는 접근성이 좋은 소수의 중심지에 집중된다. 서비스(업체)는 더 넓은 배후지역을 원하는데, 이로 인하여 투자비용이 증대되고, 서비스의 계층성이 나타난다. 결과적으로 크리스탈러의 **시장 원리**(marketing services)가 제시하는 중심지들 간 **포섭적 계층성**(nested hierarchy)이 나타난다(사례연구 12.2, 표 1.1 참조).

시장 원리 크리스탈러의 중심지 이론에서 제시하는 시장 원리란 서비스는 소비자의 접근을 최대로 할 수 있도록 입지해야 한다는 것이다.

포섭적 계층성 최고차 중심지는 소비자 근처에 입지하는 모든 저차위 상품뿐만 아니라 고차위 상품을 전체 인구에게 제공하는 반면에, 저차위 중심지는 작은 중심지에서 저차위 상품을 제공한다.

크리스탈러는 촌락에 기초하여 중심지 모델을 발전시켰다. 그의 이론이 제시된 후 농촌에서 도시로 대규모의 이주가 발생하여 농촌 인구는 감소하였고, 도시의 서비스 집중은 증가하였다. 이는 결국 서비스에서 규모의 경제의 중요성을 부각시켰다. 경쟁력 있는 대규모의 상점은 저렴한 가격으로 서비스를 제공하게 되면서 상품의 도달 범위가 넓어졌고, 쇼핑을 위한 소비자의 이동 시간과 소비의 규모가 증가하였다. 크리스탈러 모델은 도시 내부에서 접근성이 높은 편의점과 주유소 같은 저차위 서비스로부터 금융, 의료, 오락과 같은 고차위 서비스의 분포에 대한 원리를 설명한다. 하지만 지역화 경제(localization economies)가 발달하면, 저차위와 고차위 서비스의 집중이 강화된다. 왜냐하면 동일 또는 유사하거나, 서로 관련된 고차위 서비스의 클러스터가 나타나면 소비자는 먼 거리도 이동하기 때문이다.

서비스가 집적되면 비교의 기회가 증가하고 선택의 확실성이 높아져, 소비자의 거래비용은 줄어든다. 집적 이익은 유사한 서비스 공급자들이 상호 비교를 통해 차별화 전략을 추구하고, 광고와 안전의 효과가 나타날 때 집적이익은 커진다. 한편 경쟁기업이 서로 간 견제하고, 자신들에게 필요한 전략을 추구하는 과정에서도 집적이익은 발생한다. 집적은 공급자의 비용 지출을 줄이는데, 경쟁 때문에 소매업자(비용을 소비자에게 부담시키는 존재)가 부담해야 하는 비용이 집적에 의해 줄어들기 때문이다. 소매업에서 지역화 경제의 이점은 전문화된 식당, 유흥업소, 쇼핑 지구에서 쉽게 발견된다. 예를 들어 캐나다 도시에서 등산장비협동조합(Mountain Equipment Co-op)은 서로 경쟁하지만, 아웃도어 매장들은 집적되어 있다. 도쿄의 아키하바라 지구는 세계에서 가장 크고 다양한 전자제품 집적이 이루어진 곳이다.

결국 서비스의 공간적 분포는 접근의 효율성 제고와 거래비용의 감소를 추구하는 경쟁지향적(competition-driven) 현실의 결과이다. 효율성은 규모와 범위의 내부 · 외부경제에 영향을 받는다. 한 공간에 유사한 서비스가 분포하는 것은 구매, 물류, 마케팅, 경영 측면의 효율성을 제고하는 기회를 제공한다. 서비스는 서비스 상호 간 통합을 통해 효율성을 추구한다고 인식되기 쉬우나 그렇지 않는 경우도 있다. 예를 들어 지역사회 또는 도로에서 서로 경쟁하고 보완적 관계를 맺는 서비스업체들은 공공기관과 광역단체가 제공하는 거버넌스와 사회간접시설 때문에 집중된다. 서비스는 한 공간에 집적되기도 하는데, 예를 들면 쇼

사례연구 12.2 | 서비스 접근성에 대한 크리스탈러의 모델

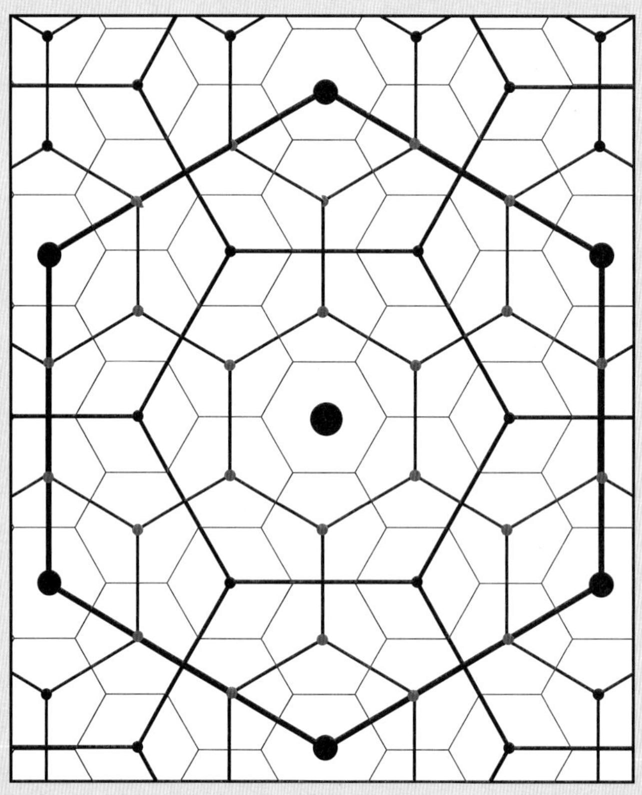
중심지는 k=3 체계에 따라 분포하고, 4가지 계층적 차원을 보여준다.

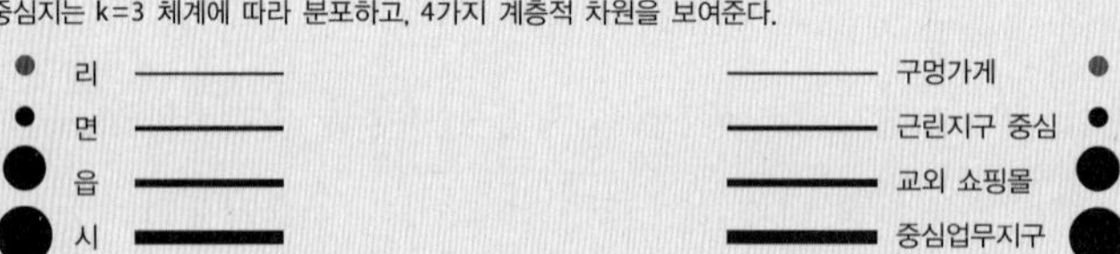

크리스탈러 경관(k=3)에 대한 중심지

주 : 각각의 육각형은 소비자가 서비스를 제공받는 시장면적의 한계이다.

신고전 모델에 의하면 규모가 가장 크고 접근성이 가장 좋은 중심지는 모든 유형의 서비스를 제공하고, 이보다 접근성이 낮은 중규모 중심지는 중간 그리고 저차위 상품을 제공하고, 가장 접근성이 낮고 작은 중심지는 상품의 도달 범위와 배후지 인구가 적어 저차위 서비스를 제공한다. 이 모델은 소비자는 원하는 상품 또는 서비스를 구입하기 위해 가장 가까운 중심지를 방문한다고 가정한다. 육각형 모양의 시장은 인접 중심지 간 시장의 중복을 피하면서 주변지역의 소비자에게 최소 비용으로 서비스를 제공할 수 있게 한다. 시장원리는 저차위 중심지를 포함한 3개 시장 면적의 크기에 서비스를 공급하므로 k=3 체계로 명명된다. 예를 들어 A차 중심지는 인접한 B차 중심지에 A차 상품을 공급하는데, 6개 B차 시장 면적 각각의 1/3을 포섭한다. 크리스탈러에 의하면 이러한 공간적 계층성은 교통 원리에 의해 복잡해지는데, 특정 도로를 따라 특정 방향으로 통행을 유발시키는 교통 네트워크에 의해 소비자 접근성이 변하기 때문이다. 그리고 행정 원리란 정치적 경계(지역과 국가)가 공간적 계층을 한층 변화시킨다는 것으로, 행정 구역(지역)별 무역과 제도의 차이가 공간적 계층성을 가져온다는 것이다.

핑몰이 이에 해당한다. 이처럼 서비스는 수평적 · 수직적 통합(즉, 도시화 경제와 지역화 경제)에 많은 영향을 받는다. 왜냐하면 서비스는 끊임없는 혁신을 필요로 하고, 제품주기의 현실을 고려해야 하기 때문이다. 서비스의 혁신은 새로운 상점의 형태와 전자상거래의 출현이 특징인 소매부문에서 가장 잘 나타나며, 소프트웨어 디자인 같은 새로운 서비스 활동과 기술에서도 잘 나타난다. 결국 서비스의 혁신은 가치사슬을 통합하는 새로운 도전을 의미한다.

소비자 서비스

북아메리카의 서비스 분포와 토지이용 패턴을 살펴보면, 저차위 서비스(구멍가게, 도로변의 상점)는 마을 또는 지역사회에 집중되고, 고차위 서비스(백화점, 악기, 스포츠, 유흥, 병원, 회계 등의 전문서비스 매장)는 읍과 도시의 **중심업무지구**(Central Business Districts, CBD)에 집중되는 패턴을 보였다. 하지만 1950년대 이래 교외화는 서비스의 공간적 분포에 많은 변화를 가져왔다. 소비자의 자동차 이용 증가와 서비스 공급자의 트럭 중심의 상품 제공은 대도시권의 확장과 함께 고차위 서비스의 분산을 가져왔다. 미국에서 교외 쇼핑몰의 건설은 1960년대 소매경관의 주된 특징이었고, 캐나다도 마찬가지였다. 최근 수십 년 동안 대형마트(월마트가 가장 전형적인 예)와 대형 쇼핑센터(최소 23,000m^{2}의 소비 공간에 3개 이상의 대형마트와 다수의 소형 매장을 가진)는 소매 입지의 다양성을 한층 다변화시켰다. 동시에 도심지역은 고밀도, 고소득 주택의 건설에 힘입어 서비스 수요의 증가가 나타났다. 서비스는 대도시에 집중되었고, 농촌지역의 서비스는 감소하였다. 이처럼 서비스의 분포는 스케일에 따라 다른 형태로 나타났다(그림 12.1). 예를 들어 자동차 판매와 관련 서비스(소매활동의 20%를 차지하는)는 유사한 업종을 중심으로 집적되는 패턴을 보이게 되었다.

중심업무지구 도심 그리고 도시 내에서 가장 접근도가 높은 지역으로 상업과 소매활동 지구로 정의된 곳을 의미한다.

소비자 서비스 형태

소비자 서비스(consumer services)의 집중은 소매상가, 쇼핑센터, 대형마트에서 잘 나타난다. 도심보다 교외지구가 보다 넓은 주차 공간을 제공하지만, 소매상가는 주요 도로의 인도나 대중교통의 정류장 근처에 발달한다. 전형적으로 소매상가 지구는 저차위 서비스로 시작하여 일부 전문 서비스 매장을 포함하게 되었고, 시간이 지남에 따라 대규모의 시장을 형성하게 된다. 이에 대한 대표적 사례는 차이나타운과 종족 중심의 소매지구라 할 수 있다.

소비자 서비스 개인 소비자에게 공급하는 서비스

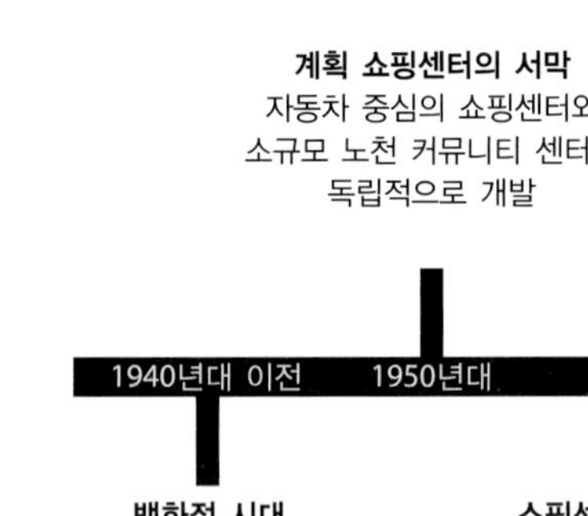
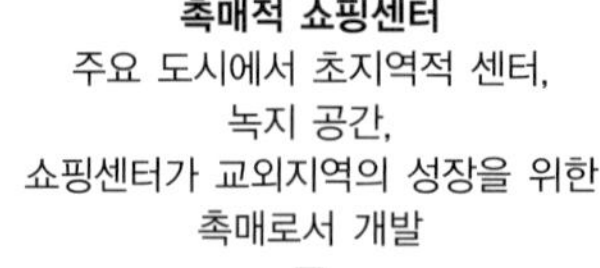
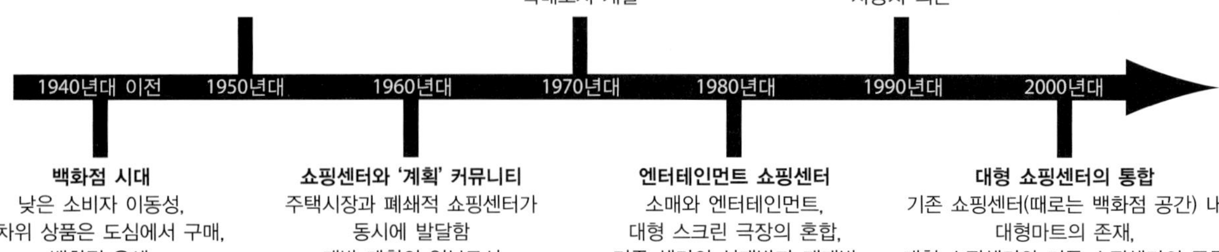

그림 12.1 캐나다 쇼핑 시스템의 진화

출처 : Buliung, R. and Hernandez, T., 2009, *Places to Shop and Places to Grow: Power, Retail, Consumer Travel Behaviour, and Urban Growth Management in the Greater Toronto Area*, Neptis Foundation(neptis.org).

소매상가 지구는 은행, 우체국, 그리고 다른 서비스를 동시에 입지시키면서 광역 경제공간의 로컬리티 일부로 통합된다. 최근에는 체인점(약국, 편의점, 장비, 패스트푸드점) 형태의 서비스가 소매상가 지구에 입지한다. 쇼핑몰 또는 쇼핑센터는 폐쇄된 공간의 형태로 종종 350,000m2 이상의 면적에 들어서며, 한 회사가 세우고, 소유하고, 운영하는 특징을 보인다. 쇼핑센터는 동일 범주의 서비스 간 경쟁을 부추기고 다목적 쇼핑을 유도하면서 다양한 소매 서비스와 다른 서비스를 제공한다. 대규모의 쇼핑몰은 또한 엔터테인먼트 센터의 기능도 수행한다.

대형 쇼핑센터는 3개 또는 그 이상의 대형마트를 포함하고, 쇼핑센터와 소매상가가 제공하는 서비스를 포함한다. 대형 쇼핑센터의 매장들은 다른 곳에 위치한 전문 서비스 매장과 경쟁하기 위해 특화판매(category-killers)라는 라벨을 부착하기도 한다. 월마트 같은 대형마트는 모든 형태의 소매 관련 서비스를 제공하지만, 캐나디안 타이어, 홈디포, 이케아는 장비, 목재, 자동차 또는 가구·장식 같은 특정 분야의 서비스에 특화된다. 대형 쇼핑센터는 소규모 매장에 비해 물건을 싸게 제공하고, 다양한 고유 브랜드의 상품을 판매하고, 고가의 브랜드는 일부만 판매한다. 초기 대형마트는 간선도로에 독립적으로 위치하였으나, 대중적 인기가 높아지면서 경쟁과 보완의 관계 속에 대형마트들이 한 장소에 입지하게 되었다. $1km^2$ 내에 몇 개의 대형 쇼핑센터가 들어선 지역은 중심센터(power node)라 불리기도 한다.

한 지역의 서비스 형태는 인구학적 구조(가구 형태), 사회계급과 소득, 종족성과 생활양식, 근린/개발의 역사, 기술, 기업전략, 인프라 개발, 지구와 커뮤니티 개발의 특성 등 여러 복잡한 요인의 상호작용에 따라 달라진다. 서비스경관이 비교적 빠르게 변한다고 하지만 기존 인프라가 하룻밤 사이에 사라지지 않는다. 예를 들어 토론토 대도시권에서 1996~2006년 소규모의 전문 쇼핑몰, 상가, 독립 가게들의 총 매장 면적은 약간의 감소만 있었다. 하지만 쇼핑센터의 매장 면적은 급격한 감소를 경험하였다.

대형마트는 1980년대 중반부터 북미와 유럽에서 동시적으로 발달하였는데, 캐나다의 첫 번째 대형마트는 월마트였다(사례연구 4.1). 이제 캐나다의 도시에 대형마트가 존재하는 것은 흔한 모습이 되었는데, 대형마트는 교외고속도로 주변의 독립된 건물로, 소매상가의 일부로, 또는 중심지역의 재활성화 지역의 일부로 존재한다. 대형마트는 매장 디자인(배치, 조명 등)의 혁신, 그리고 접근성과 주차가 편리한 장소 선택을 통하여 시장점유율을 높이고 있다. 어떤 경우에 대형마트는 쇼핑몰을 재배치시키고 백화점을 위축시키기도 한다(그림 12.2, 사례연구 12.3). 비록 대부분의 대형마트가 소비자의 자동차 이용을 고려하여 입지하지만 일부는 도심 내부에 입지하기도 한다.

대형마트의 성장은 소매수명주기(retail life cycle)가 짧아지고 있음을 의미한다. 백화점은 시장에서 최고의 점유율을 기록하는 데 약 80년(1860~1940)의 시간이 걸렸고, 슈퍼마켓은 약 35년(1930~65)의 시간이 걸렸고, DIY(do-it-yourself) 상점은 15~20년(1960~1980년대)의 시간이 걸렸다. 반면에 캐나다에서 매형마트는 시장의 주도권을 장악하는 데 15년이 걸리지 않았다. 소매업의 입지 또한 변화하였다. 교외 쇼핑몰은 중심업무지구의 시장을 잠식하면서 성장하였는데, 1965년 미국의 교외 쇼핑몰은 중심업무지구와 비슷한 시장점유를 기록하였다. 그러나 최근 교외 쇼핑몰의 시장점유는 위축되었다. 2007년 모기지 위기 후 2년 동안 미국에서 2,000개 대형 쇼핑몰이 폐쇄되었다. 경제침체는 쇼핑몰 침체의 직접적 원인이지만, 지역(장소) 간 과잉과 경쟁은 오히려 쇼핑몰의 성장에 긍정적 요인으로 작용하기도 하였다.

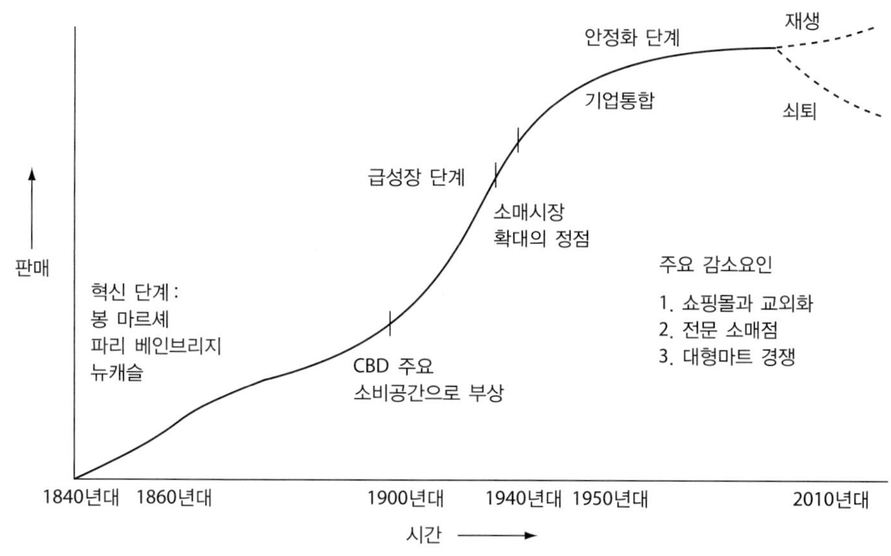

그림 12.2 도심 백화점의 일반화된 수명주기

사례연구 12.3 | 캐나다 2개 소매 아이콘의 수명주기

분류	
	이튼
기원	아일랜드 이민자 티모시 이튼에 의해 1869년 토론토(당시 인구 70,000명)에 설립되었다. 이튼은 정찰제와 환불보장제를 실시하였다. 창업자 이튼은 토론토 근교에 있었던 잡화점의 공동 소유자였다. 1907년 이튼의 2개 매장은 1884년 시작된 우편 주문 서비스를 판매에 도입하였다. '세입자의 성경'으로 알려진 이튼의 카탈로그는 원거리에 위치한 로컬 상점 주인에게는 실질적 위협이었다.
성장	1950년대까지 이튼은 캐나다 전역에 90개 이상의 매장을 갖게 되었고, 백화점 시장의 50%를 차지하였고, 약 25,000명을 고용하였다. 이튼은 종업원에게 주택, 의료, 여름 캠프 서비스를 제공하는 등 친가족적 성향을 보이기도 했으나, 낮은 임금을 지불하였고 노조 설립에 반대하였다.
쇠퇴	1976년 우편 카탈로그 사업은 수요가 감소하면서 비용 절감을 위해 중단되었다. 1977년 토론토에 주력 매장의 성공적 개장에도 불구하고, 이튼은 기존 경쟁자와 대형마트로 인해 시장점유율이 하락하고 있었다. 1997년 백화점 시장의 12.4%만 점유하게 되었고, 1999년에 파산에 이르게 되었다. 채권자들은 4억 1,900만 달러를 요구하였다.
현 상태	시어스 캐나다는 입지가 좋은 몇 개의 매장을 회생시키려 했으나 실패하였다. 마지막 매장은 2002년 문을 닫았다.
	더베이
기원	북아메리카 최초의 상업적 기업인 HBC는 거대한 허드슨 만 수역에서 모피 무역을 위해 영국의 왕으로부터 사업 승인을 받으면서 1670년 설립되었다. 1881년 HBC는 카탈로그 사업(이튼처럼 규모가 크지는 않았음)과 함께 최초의 백화점(위니펙에 위치)을 개장하였다. 1960년대 이름을 '더 베이'로 변경하였다.
성장	1970년 본사는 영국 런던에서 위니펙으로 이전하였고, 1977년 토론토로 이전하였다. 1960년대 모건을 합병하면서 전국적 규모로 성장하였다. 1970년대 더베이는 심슨, 젤러, 필드 같은 주요 경쟁업체를 인수하였고, 1990년대 밴쿠버의 우드워즈와 K-마트 캐나다를 인수하였다. 더베이는 홈아웃피터스 같은 전문매장을 개장하였고, 캐나다 전역에서 약 100개의 매장을 운영하였다.
쇠퇴	비록 현재 캐나다의 주요 백화점이지만, 더베이(이튼처럼)는 1997년 이후 수익 감소를 경험하였다.
현 상태	2006년 더베이는 회사를 경영하는 첫 번째 미국인이 된 제리 주커에 인수되었다.

주 : 캐나다의 첫 번째 백화점은 1866년 몬트리올에서 개장되었다.

전자상거래 : 새로운 이야기, 오래된 주제

인터넷은 카탈로그 판매를 대체하였고, 기존의 오프라인 회사들과 치열한 경쟁을 벌이고 있다. 제프 베조스(Jeff Bezos)는 1995년 아마존(Amazon.com)을 설립하였는데, 1년 후 미국 정부는 민간기업이 인터넷을 개발할 수 있도록 결정하였다(그림 12.2). 1998년 아마존은 책 이외의 분야로 다변화를 시도하였고, 일반인과 기업이 광고, 판매, 결제할 수 있는 플랫폼을 개발하였다. 2008년 아마존의 매출은 191억 6,000만 달러에 이르렀고, 2014년에는 750억 달러에 이르렀다. 하지만 아마존의 순이익은 수백만 달러에 불과하였다. 아마존 종업원의 약 60%는 경영, 소프트웨어 개발, 편집일에 집중되었고, 나머지는 유통 센터(2014년 기준으로 미국에 10개, 캐나다에 1개, 다른 세계에 14개가 존재)에 고용되었다.

2000년 닷컴의 폭발적 등장은 많은 전자상거래 업체의 퇴출을 초래했다. 하지만 시장이 안정되면서 전자상거래는 급격히 증가하였고, 아마존과 이베이는 전자상거래를 주도하게 되었다. 뒤를 이어 애플, 알리바바, 텐센트, 라쿠텐 같은 아시아 거대기업들이 등장하였다. 인터넷 판매는 소기업이 세계시장에 접근할 수 있는 기회를 제공하였다(때때로 위에서 언급된 거대기업들의 서비스를 사용하면서). 2013년 미국 내 온라인 판매는 3,000억 달러로 성장하였고, 전 세계적으로 9,000억 달러의 시장으로 성장하였다. 온라인 판매는 성장의 속도가 매우 빨라 세상을 놀라게 하고 있다. 2007년 미국에서 소매업계의 1위를 차지한 월마트의 3,800억 달러의 매출과 비교할 때 아마존은 140억 달러의 매출로 25위에 랭크된 소매업체였으나, 2013년 아마존은 670억 달러의 매출로 11위에 랭크되었고 월마트는 4,680억 달러의 매출을 기록하였다. 아직 상위 10개의 소매업체가 크로거, 타깃, 코스트코, 홈디포, 월그린, CVS 케어마크, 로우스, 세이프웨이, 맥도널드 같은 식품, 의류, 약품 등 재래식 소매 공급자이다. 분명히 소비자들은 아직도 망고가 익었는지를 확인할 수 있거나, 약사의 의견을 물을 수 있는 로컬의 익숙한 소매 매장의 방문을 선호한다. 현재는 여전히 전자상거래의 초기 단계라 할 수 있다. 두 유통방식 간 경쟁은 과거의 전투를 회상시킨다. 19세기 말 시어스가 주도한 카탈로그 사업은 처음에는 로컬 상점의 수익을 감소시켰고, 그 후 백화점의 형태로 발전되었고, 제품 브랜드화와 다양한 서비스의 발전을 가져왔다. 이러한 소매업계의 다변화는 시어스로부터 야기된 위기에 대한 대응의 결과였고, 이튼이나 심슨 같은 캐나다의 백화점들은 자신들의 카탈로그를 개발하였다. 현재 많은 재래식 유통기업은 카탈로그뿐만 아니라 인터넷을 통한 판매도 추진하는 다차원 소매업체로 전환 중에 있다(전자상거래 자료 : http://nrf.com)

중심주의

교외화는 서비스의 공간적 패턴에 많은 영향을 미쳤다. 교외가 개발되면서 중심주의 계획가(서비스 센터로 소비자의 접근을 최대화하려는 사람)는 다핵심모델(multi-nucleated model)에 기초하여 CBD 서비스의 공간적 계층성을 재구성하려고 하였다. 개발의 핵심은 로컬 쇼핑몰이었다. 안전, 규모경제, 그리고 잠재적 고객에 대한 접근성을 목표로 쇼핑몰은 소비자에게 주차 공간을 제공하고, 기후의 영향을 받지 않으면서 다양한 상품과 서비스의 선택이 가능하도록 개발되었다. 상점, 쇼핑센터, 클러스터 또는 소매상가는 접근성과 지역화 경제를 고려하면서 주택개발의 프로젝트와 함께 개발되었다. 개발과정에서 공식적 관계가 약했던 CBD 개발과는 달리 쇼핑몰 개발은 로컬 정부, 계획가, 개발업자, 그리고 부동산 소유자 사이의 공식적 협상을 통해 추진되었다(대형 소매업체들은 계획에 덜 의존적이었으나 높은 접근성의 이점을 활용하고자 하였다).

중심주의 계획(centrist planning)은 개발에서 소비와 사회성을 강조하는데, 대부분의 쇼핑몰은 경제적 활동뿐만 아니라 고용 창출과 장소의 사회적 활용을 강조하면서 개발된다. 하지만 **중심주의**(centrism) 관점은 문제가 있는데, 서비스의 배후지역과 도달범위는 크리스탈러가 가정하는 것처럼 몇 개의 고정된 계층적 수준에 잘 들어맞지 않기 때문이다. 배후지역과 도달범위는 로컬 인구수, 소득 수준, 교통 네트워크 같은 요인들의 변화에 영향을 받는다. 개발계획과 지구 조정에 대한 정부정책은 장기적 영향을 고려하지만, 미래를 위한 고밀도 주택, 사무공간, 스포츠 시설, 호텔, 소매 클러스터의 적절한 균형을 예측하는 것은 쉽지 않다. 게다가 소매업의 낮은 임금과 승수효과의 한계는 쇼핑몰 중심의 계획이 커다란 경제적 효과를 가져오기 힘들 것이란 점을 암시한다.

중심주의 서비스 센터로 소비자의 접근을 최대화하려는 계획의 방향을 의미한다.

거대한 소매업체의 출현은 중심주의 계획의 문제점을 드러낸다. 월마트, 테스코 같은 거대 소매업체는 이윤 창출뿐만 아니라 수입한 상품과 본사의 서비스 사용을 통해 지역의 수익을 유출시킨다. 이러한 유출은 지역사회에서 활용할 수 있는 승수효과를 줄이며, CBD 그리고 소매상가 지구의 사회적 · 경제적 토대를 약화시킨다. 예를 들어 CBD의 고차위 기능과 로컬 소유의 소규모 사업은 외부에서 유입된 대규모 소매업체의 출현으로 위협을 받는다(이러한 위험은 캐나다, 미국, 영국에 만연되어 있음). 캐나다 온타리오 주의 브랜트포드, 해밀턴, 키치너, 피터버러 같은 중소도시(인구 7만~70만 명)는 쇼핑몰 개발을 통해 CBD 재생을 시도하였으나, 성공하지 못하고 있다. 유치와 개발과정에서 쇼핑몰과 대형마트에 대한 다양한 지원은 로컬 비즈니스를 차별하는 것이며, 소비자 시장에서 쇼핑몰과 대형마트의 지배력을 강화시킨다(사례연구 12.4). 게다가 쇼핑몰과 대형마트에서 창출되는 고용이 반드시 지역주민으로 채워지지 않는데, 만약 고용창출이 지역기반이 아니라면 지역사회의 고용을 축소시키는 결과를 가져온다. 대형마트의 확장은 자동차 의존을 줄이고 환경적 지속가능성을 제고하려는 도시계획의 실천에도 방해가 된다. 토론토 대도시권의 경우 대형마트는 남부 온타리오에서 그린벨트를 조성하려는 시도와 갈등을 빚고 있다. 다른 한편으로 셰필드의 미도우 홀 콤플렉스 같은 쇼핑센터의 등장은 전차, 버스, 철도 서비스를 제공받던 철강회사의 노동력을 대체하였고, 급격한 사회변화를 야기하였다(사례연구 6.4).

비즈니스 조직

소비자 서비스의 대부분은 소규모이고 독립적이다(표 4.3 참조). 선물 가게, 피트니스 클럽, 식당, 편의점, 또는 금융 컨설팅을 설립하는 것은 종종 많은 자본을 요구하지만, 사업과 관련된 경험, 전문지식, 의지가 서비스업을 시작하는 데 가장 중요한 요소이다. 비록 대부분의 서비스업체들이 독립적이나 이들은 가격사슬로 통합되어 있고, 이들 업체의 수요와 공급관계가 로컬에서 이루어지기 때문에 (승수효과를 통한) 가치창출은 지역사회에 큰 영향을 미친다. 중소규모 도매업과 소매업은 상품의 유통뿐만 아니라 로컬제품의 개발과 판촉에도 중요한 역할을 한다. 이들 업종의 성공은 공급사슬을 조정하고, 수요를 예측하고, 서비스를 제공(예 : 소매업에서 매장의 진열)하는 능력에 달려 있다. 여행사, 장례식장, 자동차 수리점 같은 서비스도 넓은 범위의 가치사슬에 통합된다. 소규모 업체의 사업 거래의 많은 부분이 오픈 마켓에서 이루어지기에, 업체들은 서로를 신뢰해야 하고 사업의 지속성을 고려해야 한다. 소규모 업체들도 제품의 이용과 판촉과 관련하여 특정 공급업자들과 장기적 관계(예 : 관계적 시장)를 개발할 수도 있다. 예를 들어 영국의 대중적인 하이킹 코스에 위치한 B&B(Bed and Breakfast) 운영업체들은 콘투어 같은 여행 알선업체와 안정적 관계를 발전시켜 왔다. 콘투어는 도보여행자와 직접 계약하고, B&B와의 거래비용을 감소시킨다. 영국에서(그리고 세계 곳곳에서) 대중적인 도보여행의 코스를 따라 팩호스, 셰파 같은 전문업체는 한 B&B에서 다른 B&B로 도보여행자의 가방과 배낭을 이동시켜주는 서비스를 제공한다. 또한 정부와 소규모 서비스업체들은 관계적 시장을 공동으로 발전시키기도 하는데, 예를 들어 우체국, 복권 매장, 대중교통 등 정부가 제공하는 일부 서비스는 로컬 서비스업체를 통해 제공된다.

대부분의 서비스업체는 소규모이지만, 소기업의 역동성은 전국적 스케일에서 구축되기도 한다(사례연구 12.5). 일부 회사들은 글로벌 수준의 사업관계를 구축하기도 한다.

기업 통합

규모의 경제와 범위의 경제는 서비스에서 매우 중요한데, 매출과 수익의 대부분은 대규모 서비스업체가 차지한다. 대형마트는 다양한 제품을 취급하고, 엄청난 물량을 소화하며, 소규모 업체보다 싼 값에 판매할 수 있다. 영세업체와 비교하여 대형마트의 경쟁력은 대량구매에 의한 비용 절감에 의한 것으로 제품의 이동과 재고를 관리하는 물류 시스템을 갖추고 있고, 광고를 통한 대규모 매출이 가능하다. 또한 대규모 업체는 소규모 업체와 비교할 때 불공정한 이익을 취하는 경향이 있다(사례연구 12.6). 다양한 스케일(지역적, 국가적, 국제적)에서 사업이 추진되므로 대기업은 규모에 따른 수익체증(increasing returns)이 가능하고, 복잡한 경영 시스템을 운영할 수 있다. 이는 일부 패스트푸드 체인의 엄청난 속도의 국제화를 통해 알 수 있다(표 12.3). 대규모 서비스기업들은 제품과 매장/입지에 대한 포트폴리오를 활용하고, 각각의 포트폴리오는 제품수명에 대한 정보를 포함한다. 예를 들어 의류 소매

사례연구 12.4 | 테스코 : 소매 자이언트의 권력

2004년에 세워진 영국 노팅엄 주변의 테스코 엑스트라는 약 10,000m²의 매장 면적을 갖고 있다. 원래 이곳은 경쟁업체가 소유하던 소규모 매장이었으나, 테스코는 비교적 쉽게 이 매장을 인수하였고, 지하 주차장을 만들었다(버스로는 쇼핑이 힘든 구조).

테스코는 2010년 식품시장의 31%를 차지한 영국에서 가장 규모가 큰 식품체인이다. 2014년 독일의 알디와

업체와 미용실 체인들은 계절별로 스타일의 변화를 시도하고, 목표시장과 장소에 따라 매장의 특성을 다르게 한다.

2003년 캐나다 소매업은 330개 체인을 관리하는 94개 업체가 시장의 78%를 장악하고 있다(Gomez-Insausti, 2006). 상위 3개 업체가 3,200개 매장과 시장의 25%를 점유하고, 30대 업체가 14,000개 매장과 시장의 68%를 점유하고 있다. 상위 3개 또는 4개 기업이 주도하는 업종은 다양한데, 이들은 잡화시장의 86%를 점유하고(2011년), 식품시장의 62%, 가구시장의 35%, 의류시장의 19%를 점유한다. 거대 체인들은 끊임없이 입지 변화를 추구하는데, 일부 매장을 폐점시키고 다른 곳에 매장을 개장하는 경우가 빈번하다. 2000년대 초반, 대형 쇼핑센터가 발전하면서 거대 체인들은 소규모 쇼핑센터는 포기하였는데, 이곳은 더 브릭

리들이 입점하면서 테스코의 점유율은 28.7%로 다소 감소하였다. 2008년 국회경쟁위원회는 2015년 이후 독립적으로 운영되는 편의점과 식료품점은 생존할 수 없을 것이라 결론지었다. 영국에서 개인 상점은 엄청나게 감소하였고, 신경제학재단(2006)은 1997년과 2002년 사이에 매주 50개의 소규모 전문 상점들이 문을 닫았던 것으로 추정하였다. 비록 소규모 상점들의 매출이 유지되고 있으나, 2009년 이후 CBD에서 전문 상점들의 감소가 두드러지고 있다. 이와 함께 테스코 같은 거대업체가 소규모 상점에 대해 권력을 남용하고, 엄청난 규모의 불공정한 이익을 누리고 있다는 우려가 커지고 있다. 불공정 사례는 다음과 같다.

- **약탈적 가격 조정** : 거대 체인은 일부 상품에 대해 소규모 상점들이 따라올 수 없는 낮은 가격의 판매가 가능하다.
- **약탈적 공급 조정** : 거대 체인은 공급업자가 자신의 노동자에게 적정 임금을 제공하기 어려울 정도로 낮은 금액으로 납품을 요구하고, 최소한의 종업원 권리와 낮은 임금 조건으로 상품을 구매하고, 가격 인하에 대한 자신들의 요구에 따르지 않는 소규모의 납품업체는 언제든지 바꿀 준비가 되어 있다. 소규모 납품업체는 이러한 위협에 대해 쉽게 불평할 수 없는데, 거대 체인과의 거래관계를 끊고 싶지 않기 때문이다. 한편 대중은 낮게 책정되는 소비자 가격에 대해 분노하지 않는다.
- **공격적 확장 전술** : 엄청난 권력을 토대로 거대 체인은 소규모 경쟁업체들의 폐업을 강요하고, 세금으로 인한 일시적 손실은 감가계정을 통하여 해결하는 능력을 보유하고 있다.
- **대규모 개발에 우선하는 로컬 계획의 실천** : 거대 체인에 의해 주도되는 쇼핑몰과 쇼핑센터는 공적 자금으로 조성된 고속도로를 통한 소비자의 접근성으로 이익을 보며, 혼잡과 오염과 관련된 공공비용(부정적 외부효과)은 지불하지 않는다.
- **증가하는 규제(제품 라벨, 고용관계, 회계, 기록 실천)** : 거대 소매업체들은 소규모 업체에 비해 공정거래자율 준수 프로그램의 운영에 따른 비용 지출을 상쇄시킬 능력이 있다.
- **거대 체인에 유리한 편파적 규제** : 엄청난 시장점유에도 불구하고 영국의 반독점위원회는 테스코가 식품업의 범주에 포함되지 않는다는 이유로 24시간 편의점 마켓의 운영을 허가하였다.
- **토지 은행** : 거대 체인들은 일부 빈 땅을 소유하는 전략을 추진하는데, 이는 이 땅이 다른 소비를 창출시키는 개인 또는 사회적 용도로 활용되지 못하도록 하기 위함이다. 최근의 보도에 의하면 테스코는 영국에서 상점이 들어서지 않는 310개의 빈 땅을 소유하고 있다.

한편 테스코의 시장점유가 감소하자 거대 소매업체들 사이의 경쟁이 치열해지고 있다.

같은 소규모 체인에 의해 인수되었다. 대부분의 큰 업체들은 가격의 범위가 다른 하나 이상의 체인을 운영하는데, 이러한 경향은 의류부문에서 두드러진다. 공급체인의 집중은 갭, H&M, 자라 같은 체인들이 전 세계 시장으로 침투하는 계기를 가져왔다. 2010년 이들 국제적 소매업체는 캐나다 시장의 40%를 점유하고 있다.

많은 서비스 기업은 수직적으로 통합되어 있다(예 : 웨스턴). 일부 기업은 혼종적 형태의 협력을 추구하기도 한다. 예를 들어 프랜차이즈는 관계적 시장의 형태를 추구한다. 프랜차이즈 시스템은 일반적으로 두 가지 유형을 추구한다. 첫 번째 유형은 제품-무역-브랜드(product-trade-name) 프랜차이즈 시스템이다. 프랜차이즈 사용업체는 단순히 브랜드 명칭, 상표 그리고/또는 프랜차이즈 제품을 사용할 권리를 갖는다. 프랜차이즈 사용업체는

사례연구 12.5 | 좋은 삶에 대한 관심 증가

Stockbyte/Thinkstock

제조업자, 도매업자 또는 소매업자가 될 수 있는데, 이들의 목적은 제품의 유통을 증가시키는 것이다. 이런 형태의 프랜차이즈 운영은 자동차와 트럭, 음료수, 타이어, 주유, 맥주산업에서 흔하다.

두 번째 유형은 비즈니스 형태 프랜차이즈 시스템이다. 식당, 음식 서비스, 호텔/모텔, 인쇄, 소매, 부동산부문에서 흔히 나타나고 은행, 의사, 변호사, 치과의사, 회계사, 안경사로부터 선호도가 높다. 이미 만들어진 서비스 또는 제품을 사용하는 것과 함께 프랜차이즈를 통해 질 관리뿐만 아니라 기술적 · 경영적 지원도 제공받는다. 자본 투자와 운영에 대한 비용 부담이 적고, 성장 가능성에 대한 기대가 큰 편이다. 프랜차이즈 기업도 몇 가지 방법을 통해 이익을 얻는데, 로열티를 얻을 수 있을 뿐만 아니라 사업의 빠른 성장, 동기부여가 높은 자영업자와의 계약, 구매와 물류에서 규모의 경제의 이점을 활용할 수 있다. 또한 새로운 공동체로의 진입이 용이한 장점도 누릴 수 있다. 하지만 과잉 의존, 자유의 훼손, 책임회피, 무임승차 같은 문제도 제기된다. 각각의 프랜차이즈는 지역 단위의 경영, 적절한 경쟁, 최소요구치의 확보가 중요하다.

위락산업은 다양한 관계적 형태로 발전해왔다. 예를 들어 힐튼은 몇 개의 브랜드(힐튼, 햄프턴, 콘래드, 엠버시 스위트)를 가진 체인이며, 주요 장소의 호텔과 수많은 프랜차이즈

굿라이프 피트니스 클럽은 1979년 온타리오 주의 런던에서 185m²의 면적에 '노틸러스 피트니스'라는 이름으로 시작하였다. 현재 300개 클럽에 12,000명 이상의 종업원을 둔 캐나다 최고의 피트니스 클럽이 되었다. 이 회사는 7년 연속 캐나다의 베스트 50 경영상을 수상하였고, 캐나다 10대 최고 기업문화상에 선정되기도 했다. 클럽의 초기 운영은 운동기구 중심이었으나, 시작부터 핵심 비즈니스는 서비스 지향이었다. 2006년 굿라이프 클럽은 고객 지향적 서비스로 올해의 국제 기업인상을 수상하였다. 창업자이자 소유주인 데이비드 파첼-이반은 체육교육과 비즈니스학과를 졸업했고, 모든 인스트럭터를 체육교육 전공자로 고용하였다. 훈련과 경력 쌓기를 통하여 인스트럭터에게 고객 지향적 문화를 주입하는 것은 전국적 클럽으로 성장하는 원동력이 되었다.

굿라이프는 끊임없이 자신들의 포트폴리오를 변화시키는데, 스쿼시 코트를 에어로빅 룸으로 이동시키고, 스테어 마스터를 운동용 자전거로 교체하고, 영양과 개인 훈련을 결합시킨다. 다양한 고객을 지향한 서비스의 혼합이 지속적으로 개발되고 있다. 클럽의 형태와 입지도 새로운 변화를 추구하는데, 작은 것과 큰 규모의 클럽, 여성 전용 클럽, 심장 운동 전용 클럽, 쇼핑몰과 식품점에 입지하는 클럽, 교외 쇼핑상가에 입지하는 클럽, 심지어 기차역이나 토론토 공항에 입지한 클럽 등이 이러한 변화의 사례이다.

클럽의 입지는 선택이 중요한데, 어떤 사업을 포기하려는 사람으로부터 장소를 인수하는 것이다. 초기의 클럽 팽창은 두 가지 방식으로 전개되었다. 한편으로 클럽은 인구학적 분석에 따라 결정된 장소에 문을 열었고, 다른 한편으로 좋은 입지에 있으나 운영이 빈약한 다른 클럽을 인수하면서 사업을 확장하였다. 후기의 확장은 집적 모델을 따랐는데, 로우로(캐나다 최고의 음식 유통업체) 같은 보완적 서비스와의 제휴를 통한 방식이었다. 굿라이프 탄생 30주년에 즈음하여, 파첼-이반은 입지에 대한 보다 과학적 접근을 시도하였다. 그런 뒤 그는 100개의 클럽을 더 인수하였다.

기업가주의적 유연성과 결단력이 굿라이프 성공의 핵심이었다. 만약 파첼-이반의 어머니가 책을 좋아하지 않았더라면, 그는 이러한 성공을 할 수 없었을 것이다.

에 대한 소유권을 갖고 있다. 이와 반대로 베스트 웨스턴은 하나의 브랜드 아래 독립적으로 운영되는 약 4,000개의 호텔로 구성된 자발적 체인이다. 캐나다에는 수십 개의 로컬 B&B 협회 또는 조합이 존재하고, 마케팅과 경영에서 회원의 이익을 도모하고 있다. 일반적으로 체인은 소비자에게 편의, 기능, 진열, 분위기 또는 맛의 새로운 결합을 제공하는 로컬 사업으로 시작한다. 그런 다음 새로운 장소로 이러한 시장진입의 이점을 확대하고, 동시에 끊임없이 신제품을 개발하고, 규모와 범위의 경제를 넘나들고 입지 선정에서의 경험을 축적한다.

쇼핑계

소매업을 비롯한 서비스의 국제화, 계획 쇼핑몰의 팽창은 세계의 소비자를 표준화하는 효과를 가져왔다. 소매체인의 등장은 많은 소비자로부터 환영을 받지만, 이는 또한 로컬의 정체성과 통제력 상실에 의한 적대감을 생성한다. 이러한 상실에 대응하고자, 일부 지방정부는 행정구역 내 개인 체인(특히 '포뮬러 식당')의 아웃렛 수를 제한하고 있다. 예를 들어 2002년 캘리포니아의 아르카타 시의회는 포뮬러 식당을 정의하는 법 조항을 개정하고, 도시 내 9개 이상을 허가하지 않는다는 조례를 통과시켰다. 캘리포니아, 워싱턴, 메인, 로드아일랜드, 위스콘신, 유타 주의 여러 도시도 로컬의 매력과 다양성을 보존하려는 목적에서 비

표 12.3 패스트푸드의 진화 : 맥도날드, 켄터키 프라이드 치킨, 스타벅스

회사	기원	성장	2013/14년 규모
맥도날드	맥도날드 형제는 1940년 캘리포니아의 샌버너디노에서 식당 문을 열었고, 1948년 '빠른 서비스 시스템'을 도입하였는데, 이것이 바로 패스트푸드 산업의 혁신이었다. 맥도날드의 창업자 레이 크록은 일리노이 데스플레인스에서 첫 번째 매장을 열었다.	캐나다에서 첫 번째 맥도날드는 1967년 브리티시컬럼비아의 리치먼드에서 개점하였고, 해외 첫 번째 프랜차이즈 매장은 1971년 네덜란드에서 개점하였다. 맥도날드는 1965년 주식이 상장되었고, 매장의 80%가 프랜차이즈로 운영된다.	프랜차이즈 총매출액은 119개국 35,000개 매장으로부터 700억 달러에 이른다(2013년 기준). 전 세계적으로 180만 명을 고용하고 있다.
켄터키 프라이드 치킨	커넬 샌더스는 켄터키 코빈에서 1936년 첫 식당을 열었고, 1940년 치킨 요리법을 도입하였다. 1952년 유타의 솔트레이크시티에서 첫 번째 KFC 프랜차이즈가 개점되었다.	1960년까지 미국과 캐나다에 400개의 KFC 매장이 있었다. 매장 수는 1971년 전 세계에 걸쳐 3,500개로 늘어났고, 1979년 6,000개로 확대되었다.	118개 국가에 19,000개의 매장이 있고, 약 230억 달러의 매출을 올렸다(2013년 기준). 유미 브랜즈(A&W, 피자헛을 소유하는)를 자회사로 갖고 있으며, 세계 최대의 식당 체인을 갖고 있다.
스타벅스	1971년 첫 번째 스타벅스 매장은 워싱턴 주의 시애틀에서 개점되었다. 원조 매장에서는 단지 커피콩만 팔았다. 스타벅스는 카페 체인으로 발전하지는 않았으나, 1987년 마케팅 디렉터였던 하워드 슐츠가 스타벅스를 인수하였다.	1987년 캐나다 밴쿠버를 포함하여 17개 지역에 스타벅스 매장이 있었다. 1991년 116개 지역에 매장이 들어섰다(미국과 캐나다). 첫 번째 해외 매장은 일본(1996년)에 들어섰고, 2001년 전 세계 4,709곳에 매장이 들어섰다.	연 149억 달러의 매출을 올리며(2013년 기준), 2014년 64개 나라에 200,000명의 파트너(고용인)가 존재하였다.

미국에서 가장 오래된 패스트푸드 체인은 A&W로 알려지고 있다. 첫 번째 매장(루트비어를 판매)은 1922년 캘리포니아의 로디에 설립되었다.

슷한 조례를 통과시켰다. 유타의 작은 마을인 스프링필드(인구 500명)는 2006년 조례를 통과시켜 서브웨이 프랜차이즈로부터 고소당하기도(성공하지는 못했으나) 했다. 표준화(체인들은 낮은 가격으로 보다 편리하게 소비자에게 서비스를 제공하고 고용을 창출한다는 것)가 보편적이라고만 할 수 없는데, 슈퍼마켓이 항상 낮은 가격으로 서비스를 제공하는 것도 아니며, 일부 소비자들은 체인 증가에 따른 불편함을 느끼고, 대형매장은 종종 개점 당시와 같은 많은 종업원을 유지하지 않는다. 게다가 사례연구 12.4가 제시하듯이 지역과 국가의 규정은 소매체인에게 유리하게 제도화되어 있으며, 대형 소매체인과 로컬 상점의 경쟁관계는 공정하지 않다고 판단되는 여러 이유가 존재한다.

비기반에서 기반으로의 변화 : 관광의 사례

앞서 언급한 것처럼 기반활동은 수출(또는 외부)시장을 지원하는 것이며, 비기반활동은 로컬 소비의 수요를 충족시키는 활동이다(제8장 참조). 기반활동은 외부로부터 지역 내부로 승수효과를 통한 발전을 촉진시키는 수익을 창출하기에 중요한 활동으로 인식된다. 기반활동의 대표적 사례는 1차와 2차 산업부문의 활동(자원, 제조)으로, 이들 부문에서 생산된 제품은 외부시장에 판매된다. 반대로 서비스(3차)활동은 비기반활동으로 간주되는데, 로컬의 공급에 초점을 두면서 외부로부터 수입을 유발하지 못한다고 간주했기 때문이다. 그러나 실제로 기반과 비기반의 구분은 모호하고, 서비스는 중요한 기반활동이 되었다. 서비스는 '**비가시적 무역**(invisible trade)'의 성장을 견인하면서 수출시장을 지원하기 때문이다(표 12.4와 다음 절의 '생산자 서비스' 참조). 사실 런던과 뉴욕의 금융부문은 오랫동안 수출상품이었고, 관광은 전 세계 많은 장소의 주요한 수입원으로서의 중요성이 커지고 있다(그림 12.3).

비가시적 무역 서비스 국제무역을 의미

관광의 경우 식당, 교통, 관람(박물관 등)처럼 방문자들이 소비하는 서비스의 상당수(대부분은 아니지만)는 원래 지역 수요를 위한 것이다. 이들 서비스는 로컬의 취향과 관심을 반영하고, 로컬의 납세자들에 의존하여 운영된다. 비즈니스 방문자와 관광객 또한 이들 서비스를 이용하는데, 파리의 루브르박물관이나 런던의 대영박물관 또는 워싱턴의 스미소니언박물관을 생각하면 된다. 이들 서비스가 기반활동으로 어느 정도로 인식되며, 소득과 고용창출에서 어느 정도 역할을 하는지는 서비스의 중요성에 대한 지역사회의 합의와 정부의 설득을 이끌어내는 서비스 공급자의 능력에 달려 있다. 현재 관광업에서 가장 빠르게 성장하는 분야는 문화유산(박물관, 역사적 건물, 전쟁기념물 등), 생태관광(야생동물 보호, 도보여행, 야생 경험) 등과 관련된 교육인데, 이는 후기산업사회 담론에서 주장하는 서비스 성장 분야와 유사하다. 이들 분야에 대한 교육의 필요성은 NGO뿐만 아니라 민간과 공공부문에서 관광교육의 발전을 가져왔다(사례연구 12.6).

대부분의 장소에서 관광 서비스는 국내시장을 지원하기 위해 발전되었는데, 예컨대 캐나다에서 국내 관광객의 지출은 외국 관광객의 지출보다 4배가 많다. 그러나 그리스, 태국, 바하마 같은 국가들은 외국 관광객에 대한 의존이 높은 편이다. 2012년 프랑스, 미국, 스페인, 중국은 관광객의 유입이 많은 대표적 국가이며, 관광 수입의 상위 국가는 미국, 스페인, 프

표 12.4 세계 상품과 서비스 수출의 가치(1980~2012) (단위 : 10억 달러)

	1980	1990	2000	2006	2012
상품 수출(백만 달러)	2,034	3,449	6,545	12,083	17,930
서비스 수출(백만 달러)	365	780	1,493	2,755	4,150
상품 수출에서 서비스 비중/총무역에서 서비스 비중(%)	17.9/15.2	22.6/18.2	22.8/18.5	22.8/18.6	23.1/18.8

경상 달러(인플레이션 감안하지 않음)
출처 : WTO International Trade Statistics Database, http://www.wto.org/english/res_e/statis_e/statis_e.htm

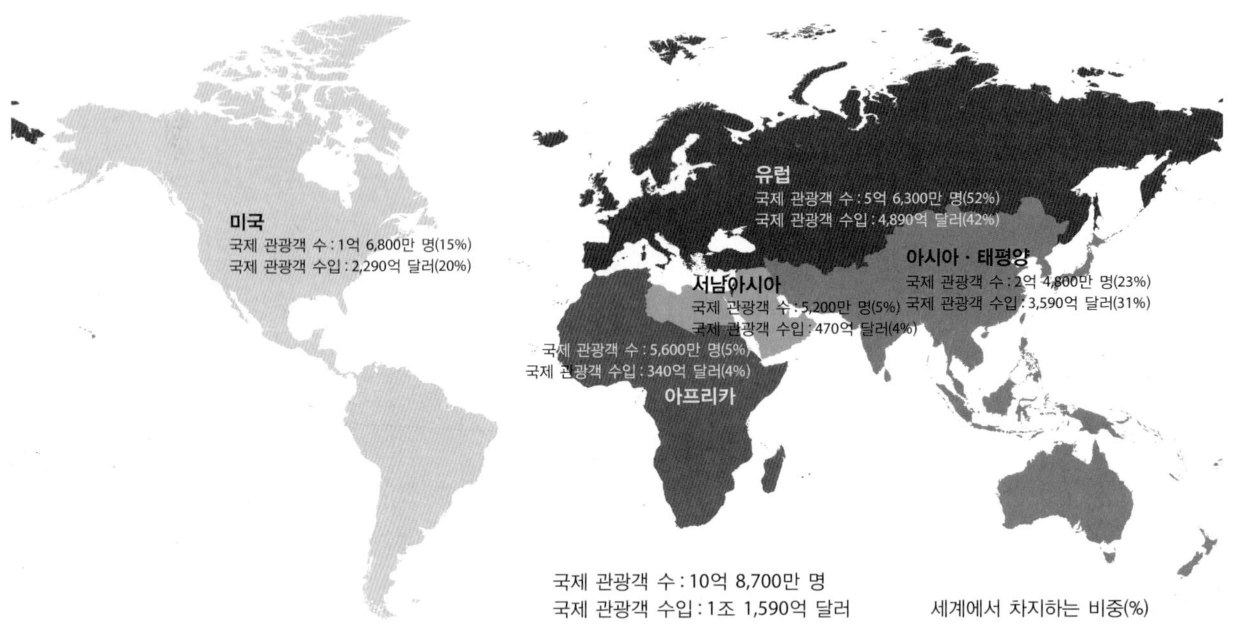

그림 12.3 도착과 입국에 의한 관광객의 목적지

출처 : United Nations World Tourism Organization(UNWTO)

랑스, 중국이다. 2013년 미국은 1,396억 달러의 관광 수입을 올린 반면에, 캐나다는 176억 달러의 수입을 올렸다. 일반적으로 관광의 글로벌 패턴은 지역화되어 있다. 예를 들어 대다수의 프랑스와 스페인 방문자는 다른 유럽 국가들로부터 유입되며, 미국은 북아메리카 국가로부터, 그리고 중국은 아시아 국가로부터의 방문자가 많다. 아마도 프랑스는 관광이 기반과 비기반활동의 양면성을 보여주는 가장 대표적 사례일 것이다. 프랑스의 관광객 유치는 로컬 주민을 위해 고안되었다. 하지만 프랑스는 관광객을 위해 자국의 문화경관을 개선하려고 하나, 그렇다고 해서 디즈니랜드처럼 변모시키려고 하지는 않는다(규칙을 준수하는 예외로서).

생산자 서비스

생산자 서비스는 다른 사업에 판매되는 비물질적 투입(non-material inputs)이다. 디자인, 엔지니어링, 회계, 광고, 컴퓨터 서비스 등이 생산자 서비스에 포함된다. 콜센터와 백오피스의 기능은 단순화되어 있고, 분산적 입지가 가능하지만 생산자 서비스는 지식 집약적이고, 수요자와 공급자의 대면접촉에 의한 협력관계에 의해 서비스가 발생한다. 생산자 서비스는 지난 수십 년 동안 가장 빠르게 성장한 경제부문이며, 수출을 견인하는 요소가 되었다.

사례연구 12.6 | 문화유산 산업

▲ 리보수도원은 북요크셔에 위치한 13세기 시토수도회로 잉글리시 헤리티지에 의해 운영된다.

외국 관광객이 영국을 방문하는 주된 이유 중의 하나는 문화유산을 보기 위함으로 런던이 주요 방문지이다. 내셔널 트러스트와 잉글리시 헤리티지는 농촌지역에 존재하는 역사적 장소의 네트워크를 개발하였는데, 여기에는 교회, 수도원, 성, 시골 저택, 기념비, 박물관, 건물 등이 포함된다. 유적경관은 과거(철기시대 요새, 묘지, 돌 장식)의 모습으로 개발되어 내국인과 외국인 방문자를 끌어들이고 있다. 설계, 건축, 과거의 공학 원리를 보유하고 있는 도시와 읍은 방문자에게 산책과 관찰의 재미를 제공하고, 안내문의 정보를 읽는 재미를 제공한다. 내셔널 트러스트와 잉글리시 헤리티지는 역사교육에 대한 강한 책임의식 속에 많은 정보를 제공한다(책, 팸플릿, 여행 안내, 녹음, 전시, 예전의 운영장비). 이제 문화유산 교육은 단순히 영지와 기념물 자체가 아니라 과거에 사람들이 어떻게 살았고, 일했고, 죽었는지에 대한 정보를 제공하는 것이다. 문화유산은 초등학교 교육과정의 일부가 되었다.

문화유산의 경제학은 복잡하다. 정부, 개인사업, 비영리단체(비용 측면에서 보자면)로부터 관광객에게 정보가 제공되는데, 이러한 정보 제공은 정부의 보조금으로 운영되고, 관광객에게 무료로 서비스가 제공된다. 이러한 수입, 정부 보조금, 기부금은 비록 계절적이긴 하지만, 농촌지역의 고용과 소득 창출에 직접적 영향을 미친다. 노동을 공급하고, 서비스를 제공하고 운영하는 것은 대부분 자원봉사자에 의해 수행된다. 문화유산으로부터 파생되는 긍정적 외부효과는 막대하고, 이를 지속할 충분한 가치가 있다. 로컬의 숙박, 술집, 식당은 관광객의 유입으로 수익을 얻게 되고, 심지어 문화유산이 제공하는 분위기로 인해 부동산 가격의 상승도 나타난다.

전문화와 아웃소싱의 경제

기업들은 단기간 사용하는 전문지식을 외부화하면서 시간과 돈을 절약하는데, 엔지니어에서 임시 직원에 이르는 다양한 외부 공급자로부터 서비스를 구매한다. 이들 전문지식은 정규 직원을 고용하면서 기업에서 직접 수행하기에는 많은 비용이 든다. 어떤 기업은 회계명세서, 법률 서류 또는 환경 인증과 관련된 업무를 처리하기 위해 외부 전문가를 활용하고, 어떤 기업은 필요한 서비스를 수행하고자 임시 직원을 고용하고, 어떤 기업은 콜 센터 직원으로 하여금 단순화된 직무를 수행하도록 한다. 요구되는 서비스를 외부에서 구매하는 것은 모든 유형의 조직(기업, 정부기구, NGO)으로 하여금 함몰비용의 위험을 줄이고, 업무의 유연성은 증대시킨다.

생산자 서비스는 전문화된 시장을 발전시키고, 글로벌 스케일에서 규모와 범위의 경제를 실현시킨다. 예를 들어 글로벌 스케일에서 활동하는 딜로이트 앤 투시, 어니스트 앤 영, KPMG, PwC 같은 회계법인은 다양한 경영 지원 서비스(회계, 세금, 병합과 합병, 현장조사)를 제공하고, 공기업 연매출의 99%를 점유하는 미국 공기업의 회계 중 78%를 담당하고 있다. 그러나 대부분의 생산자 서비스 업체들은 소규모이고, 개인 또는 파트너 관계로 운영되는 독립된 조직이다.

생산자 서비스 시장은 긴밀한 상호 협력을 요구하는 관계가 중요하다. 고객과의 대면접촉이 일반적인데, 고객과의 신뢰를 통해 서비스 공급자의 명성이 나타난다. 고객과의 접촉 필요성 때문에 생산자 서비스업체는 군집하는데, 특히 독립된 전문가들이 광고, 엔지니어, 소프트웨어, 디자인 등과 같이 서로 다른 전문성을 갖고서 동일 프로젝트에 참여하는 경우 군집이 필요하다. 한편, 자신의 분야에서 탁월한 전문성을 갖춘 서비스 공급자는 고객보다는 자신의 편의에 맞춰 비즈니스를 수행하는데, 유명한 변호사나 디자이너가 이러한 사례에 포함된다. 고객과의 긴밀한 상호작용의 중요성은 통신기술에 의한 가상공간에서의 만남이 가능함에도 불구하고 국제여행을 필요로 한다. 이처럼 기업들은 외부로부터 생산자 서비스를 활용하며, 전문지식의 일부만 자체적으로 해결한다.

1980~2012년 세계 총무역에서 서비스(비가시적) 무역은 15.2%(3,650억 달러)에서 23.1%(4조 1,500억 달러)로 성장하였고, 서비스는 전체 수출의 약 1/4를 차지한다(표 12.4). 서비스 수출은 미국과 영국 등 선진국 시장에 집중되는데(표 12.5), 2012년 두 국가는 세계 서비스 수출의 20.7%를 차지하였다. 2012년 미국과 영국은 각각 2,100억 달러와 1,060억 달러에 이르는 서비스 무역수지(수출-수입)의 흑자를 기록하였다. 비록 2012년 서비스 수출 상위 4개 국가가 모두 선진국이지만, 중국이 일본에 앞서 5위를 차지하고 한국, 인도, 싱가포르, 홍콩이 상위 20개 국가에 포함된다. 홍콩(남부 중국과의 긴밀한 관계 속에)과 싱가포르(아세안 국가연합과의 긴밀한 관계 속에)는 아시아 전역에서 사업 서비스를 제공하기 위해 서로 경쟁(상하이와 함께)하면서도 상호 보완적 관계를 맺고 있다. 홍콩의 서비스 무

표 12.5 2012년 상업 서비스의 상위 수출과 수입국가

수출국	가치(10억 달러)	비중(%)	수입국	가치(10억 달러)	비중(%)
미국	621	14.3	미국	411	9.9
영국	280	6.4	독일	293	7.1
독일	257	5.9	중국	280	6.7
프랑스	211	4.8	일본	175	4.2
중국	190	4.4	영국	174	4.2
일본	142	3.3	프랑스	172	4.1
인도	141	3.2	인도	127	3.1
스페인	136	3.1	네덜란드	119	2.9
네덜란드	131	3.0	싱가포르	118	2.8
홍콩	123	2.8	아일랜드	112	2.7
아일랜드	116	2.7	대한민국	107	2.6
싱가포르	112	2.6	캐나다	105	2.5
대한민국	110	2.5	이탈리아	105	2.5
이탈리아	103	2.4	러시아	104	2.5
벨기에	95	2.2	벨기에	92	2.2
스위스	90	2.1	스페인	89	2.1
캐나다	78	1.8	브라질	78	1.9
스웨덴	76	1.7	오스트레일리아	63	1.5
룩셈부르크	70	1.6	아랍에미리트	63	1.5
덴마크	65	1.5	덴마크	57	1.4
오스트리아	61	1.4	홍콩	57	1.4
세계 서비스 총액	4,350	100.0		4,150	100.0
세계 무역 총액	(22,080)			(22,338)	

출처 : WTO, 2012, *International Trade Statistics 2013*, Table 1.9, page 26. http://www.wto.org/english/res_e/statis_e/its2013_e/its2013_e.pdf

역수지 흑자는 242억 달러에 이른다. 프랑스와 스페인도 무역수지의 흑자가 큰 나라에 포함된다. 미국과 영국의 서비스 수출업자들이 영어가 세계 무역의 언어라는 점에서 이점을 얻는다면, 프랑스와 스페인의 수출업자들은 과거 식민지에서 아직도 광범위하게 사용되는 자신들의 언어에 기초한 식민지 권력의 역사로부터 이점을 얻는다.

마지막으로 서비스부문은 막대한 외국인 투자 유치를 간과할 수 없다. 1997년, 2007년, 2008년 미국으로 그리고 미국으로부터 해외직접투자의 1/3 이상은 서비스부문에서 발생하였다.

지역발전

생산자 서비스는 소비자 서비스에 비해 '기반활동' 범주에 포함될 가능성이 크다. 생산자 서비스는 비즈니스를 위한 협력을 지원하고, 대학과 근접을 통해 이점을 누리고, 사회간접시설을 공유하고, 전문 노동력 풀에 쉽게 접근하기 위해 집적하는 지식 집약적 활동이다. 생산자 서비스의 집적은 도시와 지역의 내부산업 클러스터(intra-industry cluster)를 활성화시키고(다른 산업과 연계하는 활동), 긍정적인 누적인과 효과를 가져온다. 캐나다에서 생산자 서비스가 온타리오에 집중되는 경향은 매출과 고용 자료를 통해 쉽게 알 수 있다(표 12.6). 토론토의 ICT 클러스터(소프트웨어 개발, 반도체, 통신장비, 유선 서비스, 무선 서비스, 창조, 콘텐츠 개발)는 북미에서 3번째로 크며, 다양한 내부산업과 외부산업의 분야를 포함하고 있다. 지역적 · 국가적 · 국제적 기업들은 금융, 사업 서비스, 디자인, 영화, TV 등의 분야에서 토론토에 위치한 다양한 클러스터와 함께 사업을 전개한다. 규모는 작지만 생산자 서비스의 집중 패턴은 앨버타에서도 나타나는데, 엔지니어링, 측량/지도제작 분야의 클러스터는 캐나다에서 가장 규모가 크고 지역의 석유산업을 위한 서비스를 지원한다.

생산자 서비스의 발전은 도시 또는 특정 지역에 군집되는 창조산업의 성장과 밀접한 관련이 있다. 교육과 훈련 시스템이 우수하고, 혁신적인 노동력에 대한 접근과 정보를 공유하는 지역화 경제(localization economies)를 발전시키면서, 이들 클러스터는 고비용지역에서 자신의 생존에 필요한 경쟁적 이점을 창출한다. 부가가치가 높은 제품과 서비스를 공급하면서, 클러스터는 지역의 고소득을 창출한다. 지식기반 클러스터는 다양한 요소들로 구성되는데, 예술, 컴퓨터 그래픽, 섬유 디자인, 패션, 전자게임, 에너지, 생명공학, 나노공학 등과 같은 혁신적 집단을 포함할 뿐만 아니라 법률, 금융, 회계 같은 전통적 집단을 포함한다. 이들의 공통분모는 혁신의 능력이라 할 수 있다. 클러스터가 갖는 공통된 매력이라면 같은 생각을 가진 사람들의 집중과 고품격 어메니티 환경이라 할 수 있다. 정부와 산업협회는 실리콘밸리처럼 적절한 조건(사회간접시설, 어메니티, 세금정책 등)을 보장하는 클러스터를 발전시키기 위해 노력하고 있다. 하지만, 성공은 보장할 수 없다.

도시, 읍, 지역의 지방정부는 백오피스와 콜센터 서비스 기업을 유치하기 위해 인센티브를 제공하고 있다. 비록 이들 비즈니스의 상당 부분이 임금이 싼 지역(특히 인도)에 입지하고 있으나, 제품과 재료를 직접 배달해주는 서비스를 선호하므로 선진국에서도 여러 곳에 콜센터가 입지한다. 노바스코샤 주는 로우어 새크빌의 핼리팩스에 스테이플 콜센터와 500개의 직업을 유치하고자, 노바스코샤 커뮤니티 대학에 잠재적 직원을 교육시키기 위해 150만 달러를 투자하고, 5년간 총임금의 10%, 최대 700만 달러까지 되돌려주는 옵션을 제시하

표 12.6 2012년 캐나다 생산자 서비스의 매출(백만 달러, %)

서비스	애틀랜틱 캐나다	퀘벡	온타리오	매니토바	서스캐처원	앨버타	브리티시 컬럼비아
회계	625.7 (4.2)	2,883.9 (19.3)	6,260.8 (41.9)	448.3 (3.0)	395.7 (2.6)	2,283.1 (15.3)	2,035.8 (13.1)
광고 및 관련 서비스	116.4 (1.6)	1,641.9 (23.0)	4,112.9 (57.7)	97.1 (1.3)	75.5 (1.1)	471.5 (6.6)	606.1 (8.5)
건축	110.5 (3.4)	694.3 (21.4)	1,271.7 (39.2)	92.1 (2.8)	77.1 (2.4)	503.7 (15.5)	469.7 (14.5)
소프트웨어 개발 및 컴퓨터	573.8 (1.6)	8,428.0 (23.4)	18,150.5 (50.4)	519.3 (1.4)	431.2 (1.2)	4,101.1 (11.4)	3,417.6 (9.5)
컨설팅	191.6 (2.0)	1,834.4 (19.3)	4,273.7 (45.1)	161.7 (1.7)	118.1 (1.2)	1,724.6 (18.2)	1,146.9 (12.1)
전문디자인	13.3 (1.2)	180.1 (16.2)	587.4 (52.7)	16.6 (1.5)	n/a	139.6 (12.5)	168.6 (15.1)
고용	297.9 (2.6)	1,534.8 (13.4)	5,731.4 (50.0)	70.8 (0.2)	83.0 (0.5)	3,063.4 (26.7)	675.3 (5.9)
엔지니어링	1,164.9 (4.1)	5,689.1 (20.3)	6,831.0 (24.4)	329.3 (1.2)	812.3 (2.9)	9,900.2 (34.8)	3,603.8 (12.7)
측량 및 지도제작	45.6 (1.5)	339.8 (11.4)	394.7 (13.3)	35.2 (1.2)	143.9 (4.8)	1,603.9 (54.0)	295.9 (10.0)

출처 : Statistic Canada에 기초하여 정리

였다. 온타리오의 피터버러도 비슷한 유인정책을 사용하고 있으며, 토론토와 근접성을 콜센터 입지의 장점으로 내세운다. 하지만 토론토에도 북미에서 가장 큰 대규모의 콜센터들이 입지하고 있는데, 이들 센터는 투자 규모가 가장 크며, 약 2,900개의 콜센터에 11,000명 이상이 고용되어 있다.

생산자 서비스의 해외 아웃소싱은 비용 절감 효과가 매우 크다. 비록 거리가 문제가 될 수 있으나, 인도의 업체는 거리의 문제를 극복하여 왔다. 선진국의 임금 수준보다 낮은 가격으로 일하고자 하는 양질의 숙련된 노동력을 인도는 제공하기 때문이다. 초기 해외 아웃소싱은 일상적이고 상대적으로 단순한 소비자 서비스에 제한되었으나, 기술적 수준이 발전하면서 낮은 가격으로 최고급 서비스를 제공하는 단계로 도약하였다. 아일랜드도 비슷하게 지식 집약적 서비스를 유치하기 위해 양질의 노동력을 활용하였다. 인도와 아일랜드 정부는 정책, 자금, 사회간접시설을 통하여 생산자 서비스의 유치를 지원하였지만, 성공에서 가

장 중요한 요인은 노동자의 영어가 능숙하다는 점 때문이었다. 일본의 기업도 해외 아웃소싱업체의 선정에서 언어를 중요하게 고려하는데, 많은 생산자 서비스를 중국 북동부의 다롄으로부터 아웃소싱하고 있다. 다롄은 1904년부터 1945년까지 일본에 점령되어 일본어에 익숙한 사람들을 다수 보유하고 있었기 때문이다.

수출 지향적 서비스의 분산, 특히 저임금 입지를 원하는 단순 업무의 분산이 제조업의 제품주기 모델과 유사한 노동의 공간적 분업을 가져올 것이란 주장에 대해선 논란의 여지가 있다. 첫째, 서비스는 시장 지향적이어서 제조업처럼 노동비용의 최소화를 추구하기 힘들다. 둘째, 성숙 단계의 서비스라도 제조업처럼 제품의 표준화와 과정의 단순화를 지향하기 힘들고, 사실 서비스에서 전문화와 틈새시장의 중요성이 커지고 있다. 셋째, 많은 서비스 제품은 주문생산으로 가격 경쟁에 덜 민감한 특징을 보인다. 넷째, 데이터 처리기술의 발전은 노동 수요를 줄이면서 값싼 노동력의 필요를 줄이고 있다. 사실 서비스 공급자는 자본설비의 변화에 영향을 받는 제조업보다 통신기술의 변화에 보다 즉각적으로 영향을 받는다. 왜냐하면 서비스는 건물과 설비에 대한 필요가 제조업보다 단순하고 비용이 저렴하기 때문에, 백오피스는 제조업 분공장보다 쉽게 설립되며, 또한 쉽게 문을 닫는다.

공공 서비스

선진 시장경제에서 모든 정부기능은 '서비스' 범주에 포함된다. 현재 정부 소유의 제조업과 자원 관련 기업은 거의 없으며, 서스캐처원의 페트로캐나다, 포타쉬처럼 과거 정부 소유 기업은 민영화되었다(하지만 국가 소유의 자원, 제조업 관련 공사들은 많은 국가에서 여전히 중요하다. 제6장과 제9장 참조). 어느 정도까지 정부가 서비스를 제공해야 하는지 판단하기 힘들며, 개인 서비스와 공공 서비스를 명확히 구분하는 것도 힘들다. 게다가 같은 서비스가 개인 또는 공공 공급자로부터 이용될 수 있으며, 정부는 개인과 비영리단체를 통하여 서비스를 제공하기도 한다. 모든 사회는 국방, 법률 제정 · 집행, 도시계획, 도로, 거리 조명 등과 같은 다양한 서비스가 있고, 이들 서비스는 항상 공공부문에 의해 제공된다. 이와 함께 선진국은 민간 공급자도 허락은 하지만 교육과 의료를 공공 서비스로 제공한다. 일본, 영국, 북미에서 국가 철도 서비스, 로컬 버스 서비스, 사회적 주택, 수도 · 에너지 공급을 포함한 각종 서비스가 민간부문에 의해서 또는 공공부문에 의해 운영되어야 하는지에 대한 논란이 지속되고 있다.

공공부문이 서비스를 제공해야 한다는 논의(특히 교육과 의료에 대하여)의 핵심은 이들 서비스가 공공재에 속한다는 원칙을 강조하며, 따라서 지불할 능력에 상관없이 모든 사람이 이용할 수 있어야 한다는 점이 강조된다(표 6.1). 이러한 주장의 이면에는 부분적으로 도덕적 측면이 작용하고, 또한 실천적 측면도 고려된다. 교육과 의료는 긍정적 외부효과(positive externalities)를 생산하는데, 이들은 개인뿐만 아니라 사회 전반을 이롭게 하기 때문이다. 역으로 만약 교육과 의료(그리고 '공공재'의 성격을 띤 다른 서비스들)가 민영화된다면, 이용할 여유가 있는 사람에게만 서비스가 제공될 것이다. 보편적 사용에 따른 긍정적 외부효과가 사라진다면, 사회는 대체로 많은 문제에 직면할 것이다. 교육과 의료에 대한 국가의 관리를 반대하는 것은 한편으로 정부 개입을 최소화하고 시장기능을 선호하는 이데올로기에 뿌리를 두고 있으며, 다른 한편으로 비효율성과 관료주의화에 대한 우려 때문이다.

교육과 의료보험

공공 서비스는 모든 (적절한) 대중을 위해 사용되는 것으로 정의된다. 반대로 민간 사업체는 수익을 목적으로 서비스를 제공한다. 정부는 교육과 의료보험에 보조금을 지불하는데, 사회의 모든 구성원이 지불할 능력이 같지 않기 때문이다.

교육과 의료 서비스를 정부가 제공해야 한다는 주장은 양질의 건강과 교육을 통한 사회경제적 발전을 강조한다. 이들 서비스는 직접적으로 경제발전과 관련되고, 보다 건강하고 보다 잘 교육받은 노동력이 생산적이며, 혁신적이고, 유연적이라는 인식과 관련된다. 네트워크 효과와 비슷하게, 만약 모든 개인이 보다 건강하고 보다 잘 교육을 받는다면, 모든 사람의 경제가 진보할 것이다. 이들 서비스가 갖는 또 다른 이점은 본질적으로 경제적이지는 않더라도, 삶의 질과 사회의 건전한 발전을 위함이다. 예를 들어 교육과 범죄 발생은 부적 상관성의 관계를 보여준다. 이와 함께 성과에 기초하여 보상이 기대되는 사회에서 양질의 교육과 의료보험의 이용은 인간의 기본 권리로서 충족되어야 한다. 저소득 가정의 사람들이 다른 사람들과 경쟁하고 보조를 맞추기 위해서는 교육과 의료보험에 대한 접근이 필수적이다.

진화적 관점에서 교육과 의료보험은 경제적 발전의 원인과 결과이다. 경제적 발전은 교육과 의료보험에 투자할 사회적 능력을 증가시키고, 인적자본의 향상은 경쟁적 이익을 발전시키는 사회적 능력을 제고시킨다. 대학의 연구와 대학-산업 협력은 이에 대한 대표적 사례일 것이다. 그러나 이러한 효과는 유치원 · 초등 · 중등 교육을 통해 개발되는 인적자본의 기초가 없다면 불가능할 것이다.

일반적으로 공공 서비스를 제공하는 비용은 고도로 체계화된 세금 제도를 통하여 정부에 의해 조달되는데, 부과되는 세금의 규모는 개인이 지불할 수 있는 능력에 의해 결정된다. 즉, 부자는 가난한 사람에 비해 더 많은 세금을 내야 하고, 개인 공급자로부터 서비스를 구매할 능력이 없는 사람들에게도 공공 서비스가 효율적으로 제공되어야 할 것이다. 일반적으로 정부에 의해 교육과 의료보험이 지원되는 국가에서 이들 서비스에 대한 시민의 참여는 필수적이다. 공립학교와 사립학교를 선택하는 것은 개인의 자유이지만(개인이 수업료를 지불할 수 있다면), 캐나다에서 일정 기간 교육에 참여하는 것은 의무이다. 비슷하게 모든 종업원과 사업 소유자는 세금을 내야 하는 정도의 수익이 발생한다면, 공공 의료보험에 가입해야 한다. 비록 다른 곳에 개업할 수 있겠지만, 대부분의 의사는 의료보험 시스템에 의존한다. 그리고 캐나다, 특히 미국에서 다양한 개인 의료보험의 이용이 가능하며, 어떤 형태의 의료보험이든지 가입 안 하는 것은 사실상 불가능하다.

국가적 편차

시장경제는 19세기에 보편 교육의 토대를 제공하였고 20세기를 거치면서 의료보험 시스템의 점진적 발전을 가져왔다. 선진국은 공립과 사립학교를 포함해서 현재 GDP의 최소한 5%를 교육에 소비한다(캐나다와 스칸디나비아 국가들은 약 7%를 소비하고, 학생의 역량에 대한 국제평가에서 상위 10위권에 항상 포함된다). 의료보험 지출 또한 높은 편인데, 유아사망률은 신생아 1,000명당 3~6명이 사망하는 수준으로 줄어들었다.

그러나 대부분의 개발도상국은 선진국에 비해 교육 시스템 발달 수준이 낮다. 문맹률이 약 30%에 이르며, 일부 국가에서는 60%에 이르기도 한다. 의료보험도 비슷한 수준인데, 인구당 의사와 병상 수가 매우 낮은 편이며, 유아사망률이 매우 높은 편이다. 이러한 불행한 현실은 도시와 제도적 발전에 한계가 있음을 의미한다. 개발도상국의 많은 인구는 농촌지역에 거주하고 있으며, 도시에 존재하는 교육과 의료보험에 대한 접근이 어렵다. 보편 교육과 의료보험은 모두 공공재로, 제공에 앞서 섬세하고 복잡한 제도를 필요로 할 뿐만 아니라 시작과 관리에서 높은 사회적 합의와 비용 분담이 요구된다.

심지어 선진국에서도 교육과 의료기관이 어떻게 운영되어야 하는지에 대해서는 많은 논란이 존재한다. 중요한 점은 공공과 민간부문 간 균형을 유지하는 것으로, 교육이 전적으로 공공재로서만 인식되어야 하는지도 논란거리이며, 교육으로부터 가장 수혜를 많이 받는 사람이 교육비를 지불해야 하는지에 대한 이슈도 제기된다. 물론 교육에 대한 접근, 기회의 형평, 선행 투자와 대출 부담 같은 미묘한 사항에 대한 논쟁도 존재한다. 국가가 이러한 난제를 해결하는 방법은 교육 시스템의 차이에 기인한다. 선진국은 초등과 중등교육에 대한 참여를 제도화하고, 성과에 따라 대학에 입학하는 제도를 운영하고 있다. 이러한 교육제도의 가치는 곧 경제 시스템의 토대로 작동하며, 기회와 이동성의 형평을 제공하고, 정치경제적 시스템을 합법화하는 데 기여한다.

많은 국가에서 학교는 전통적으로 교육을 담당하였던 교회 또는 사원으로부터 탄생하였다. 로컬 공동체, 무역, 자선가, 개인의 관심에 의해 학교와 대학이 출현하였지만, 오늘날 선진사회에서 초등과 중등교육은 정부의 지원에 의해 운영되고 있다. 캐나다처럼 대부분의 선진국은 정부가 예산과 행정을 투입하면서 초등학교와 중등학교를 관리한다. 이는 학교의 재정과 운영이 공립, 사립, 비영리단체에 의해 운영됨을 의미한다. 미국, 일본, 오스트레일리아, 영국에서 사립학교는 전체 학생의 약 10~20%를 교육하고 있으며, 초등학교에 비해 중등학교의 진학 비율은 더 높은 편이다. 미국에서 대부분의 사립학교는 종교단체가 운영하고 있으며, 학생 수가 감소하면서 등록 학생이 점차 감소하고 있다. 일부 국가(또는 지역)는 사립학교에 대한 공공재정의 지원을 금지하는 반면에, 일부 국가는 사립학교에 재정을 지원하고 있다. 경제에 대한 국가별 철학의 차이가 교육에서 다른 결과를 가져오고 있다. 사립학교는 대부분 자선과 비영리 상태에서 운영되기에 잘 알려지지 않았지만, 사실 사립학교는 재단의 소유이다(자기 선택적 집단 내에서 공유되는 서비스를 기부한 사람에 의해 조성된). 학교 운영과 관련하여 서로 다른 경제 시스템이 작동한다. 미국에서 공립학교의 운영에 대한 불만이 커지면서, 학생이 학교 선택에서 정부 재정을 사용하는 차터스쿨(charter school)이 운영된다. 스위스와 네덜란드에서 일부 중등 또는 전문학교는 견습생 제도, 협력 프로그램을 통해 기업으로부터 재정을 지원받고 있다.

선진국은 대개 대학교육을 육성하기 위해 대학에 보조금을 지원한다. 일부 선진국은 등록금을 무료로 제공하지만, 일부 비용은 학생이 직접 부담하도록 하고 있다. 이슈가 되는 것은 학생들의 부담비용이 지난 20년간 증가하고 있다는 것으로, 특히 영국의 대학은 정부 재원에서 수업료 중심의 재원으로 변화하였다. 유럽의 국가들은 무료 등록금을 선호하지만, 앵글로-아메리칸 국가들은 등록금 제도를 선호하면서 학생 융자와 장학금 제공의 혜택을 부여한다. 사립과 공립대학은 등록금 운영에서 차이를 보인다. 캐나다와 유럽의 대학은 정부지원 그리고 약간의 민간기부와 등록금에 의해 운영된다. 미국 대부분의 학생은 주정부에서 운영하는 공립대학에 진학하지만, 약 20%의 학생은 엘리트 연구대학과 자유예술대학(liberty art college)을 포함한 사립대학에 입학한다. 엘리트 대학은 비영리이지만, 투자가 기부금 형태로 전환되는 기부와 비싼 등록금에 의해 대학 재정이 유지된다. 일본의 대학은 정부에 의해 재정이 지원되지만, 대다수의 학생은 등록금이 비싼 사립대학에 입학한다. 캐나다 소재 대학의 총 운영자금은 2009년 374억 달러였고, 이 중 등록금에 의한 수입은 76억 달러에 지나지 않았다. 주정부와 연방정부의 재정지원이 각각 172억 달러와 33억 달러였고, 다른 수입원은 상품과 서비스의 판매, 투자 수익, 개인기부, 지방정부 지원금 등에 의한 것이었다. 고등교육을 공공 서비스로 제공하지 않는 이유 중의 하나는 대학 졸업 후 학생들이 직장을 구하면 등록금을 충분히 납부할 수 있다는 판단 때문이다(그림 5.3). 등록금이 지속적으로 인상하자 많은 학생은 시간제 또는 전일제 일을 하면서 등록금을 마련하고 있다. 공부에 필요한 시간의 관점에서 보자면, 일을 한다는 것은 학생 본연의 교육에 충실하지 못하는 결과를 가져온다. 의료보험 서비스는 다른 공공재의 서비스와 다른 면이 있다. 즉, 의료보험은 집단적 보험의 형태인데, 필요에 의해서 병원에 갔을 때만 제공되는 서비스이다. 의료보험은 현재까지 무임승차자(예 : 건강한 젊은 사람들이 보험료를 납부하고 노인들이 서비스의 대부분을 수혜 받는) 문제가 대두되었는데, 즉각적인 혜택을 보지 못하기 때문에 보험료 납부를 원하지 않는 사람들에 의해 재원이 마련되기 때문이다. 의료보험은 또한 예기치 못한 도덕적 위험의 딜레마에 직면하였는데, 보험회사가 건강하지 못한 사람을 배제시키기 때문이다. 이러한 문제를 해결하고자 캐나다를 비롯한 많은 선진국은 국가에서 운영하는 일반 의료보험 제도를 실시하고 있다. 세금으로 보험료를 공제하기 때문에 무임승차자 문제가 해소되고, 건강상의 문제, 그리고 건강에 해를 끼치는 행동(예 : 흡연)에 상관없이 모든 사람에게 의료 혜택이 부여된다. 캐나다의 연방정부는 국가건강표준을 설정하고, 의료 관련 재정의 일부를 주정부에 제공하고, 나머지는 주정부가 제공하는 방식을 취하고 있다. 병원, 의사, 정부가 의료보험 시스템의 재정운영에 책임을 지면서, 개인과 가정은 이러한 고민에 얽매이지 않도록 하고 있다. 수년 동안 미국은 일반 의료보험 서비스를 제공하지 않는 유일한 선진국이었다. 개인 의료보험의 수혜는 의료보험회사에 지불하는 보험료(개인이 지불하거나, 기업이 종업원을 위해 지불하는)에 의해 결정되며, 연방정부는 노인을 위해 메디케어에 그리고 일부 가난한 계층을 위해 메디케이드에 보조금을 지급한다. 많은 미국인(2009년 인구의 15.4%)은 의료보험을 전혀 갖고 있지 않으며, 이들의 절반 이상은 홈닥터를 이용할 수 없다. 모기지 위기 이전에 개인적으로 파산한 미국인의 절반은 막대한 의료보험을 지불해야 했다. 2010년 지난 20년 이상 논쟁거리였던 '부담적정보험법(Affordable Care Act)'이 통과되었는데, 이는 민간보험회사와 민간병원에 의존하는 미국 의료 시스템의 단면을 보여준다. 무임승차자 문제를 해소하기 위해 모든 사람이 피보험자가 되어야 하고, 보험에 가입할 수 없는 사람에게는 보조금이 지급된다. 공공, 그리고 개인보험에 대한 선택은 개인의 몫이다. 달리 표현하면 단일 지급인(국가) 의존에서 보험시장 의존으로 바뀐 것이다. 도덕적 위험문제를 해소하기 위해서 보험회사는 모든 가입자가 건강기록에 상관없이 로컬과 지역 표준에 따라 보험료를 납부하도록 하고 있다.

국내적 차이

보험의 혜택 정도는 연방정부와 단일정부 간에 많은 차이가 있다(제6장 참조). 영국, 이탈리아, 프랑스 같은 단일정부에서 교육 · 의료보험 시스템의 구성과 재정에 대한 책임은 중앙정부에 있다. 반대로 연방정부 시스템에서 교육 · 의료보험은 주 또는 주정부 간 차이가 허용되면서, 지역정부(주정부 또는 지방정부)에 의해 관리된다. 또한 주정부 또는 지방정부 내에서도 도시와 지역에 따라 약간의 편차가 나타난다. 미국의 주정부 간 교육에 할당되는 재정 규모는 상당한 편차를 보인다(그림 12.4 참조). 이러한 차이는 문화적 태도, 정치적 이데올로기, 경제적 조건에 의한 것이다.

한편 캐나다의 주정부 간 편차는 미국보다 훨씬 적은데, 연방정부는 국가적 수준에서 일정 정도의 서비스를 균등하게 제공하고자, 가난한 주에는 추가적 자금을 지원하는 주정부 형평 프로그램을 운영한다. 연방 시스템은 의료보험과 교육에 있어 주 또는 주정부 간 편차를 허용한다. 주 또는 주정부 내에서도 도시와 지역에 따라 약간의 편차가 발생한다. 캐나다의 주정부는 교육에서 상당한 수준의 형평성을 보이는데, 이는 학생 규모를 반영한 예산을 학교에 지원하기 때문이다. 심지어 한 연구에 따르면, 가난한 주의 학생은 부자 주의 학생에 비해 더 많은 혜택을 누리고 있다(Eisen et al., 2010). 비록 주정부가 교육과정과 교육인증에 대한 막대한 권한을 갖고 있지만, 각 학교위원회는 지역의 필요에 따라 일정 정도의 자율권과 재정을 갖는다. 그러나 교육장비와 시설에 대한 학교의 재정 확보에서 부자 지역

(a) 학생당 초등과 중등교육 지출비용(2010~2011)

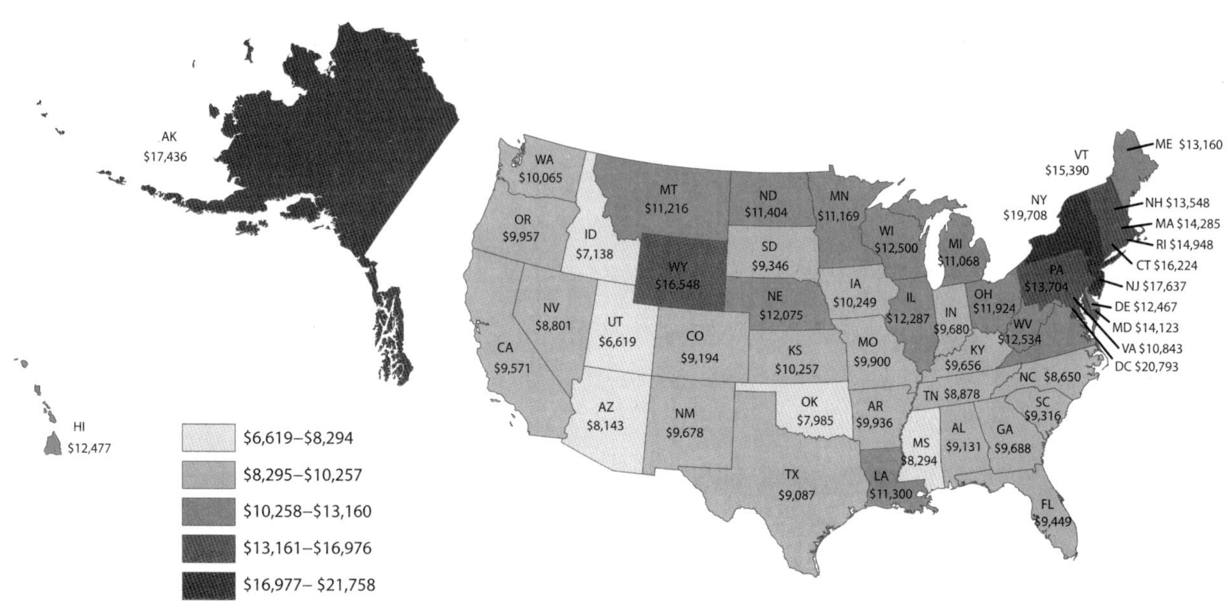

(b) 국가, 지역, 로컬 수준에서 학교 지원금의 비율(2010~2011)

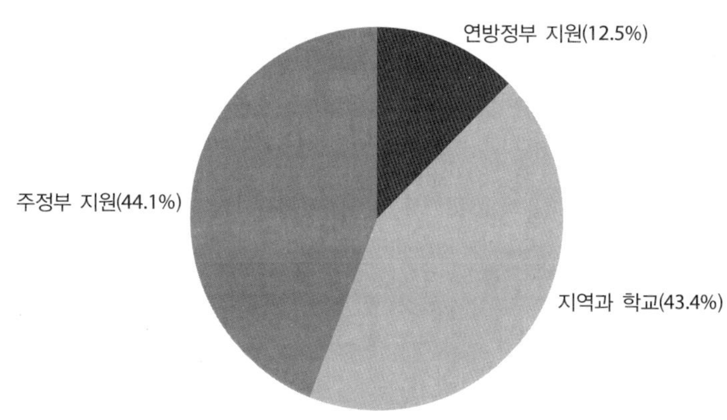

그림 12.4 미국에서 학교에 대한 지출

출처 : Digest of Education Statistics, Institute for Education Sciences, US Department of Education, http://nces.ed.gov/programs/digest/d09/tables/dt09_172.asp

과 빈곤 지역 간 격차가 커지고 있다는 우려가 확대되고 있다.

미국에서는 같은 대도시권 내에서도 부유한 교외지역과 빈곤한 도심주변의 지역 간 차이가 매우 심하게 나타나는데, 이는 학교 재정에 충당되는 상당 부분의 돈이 지역의 세금에서 나오기 때문이다. 연방정부는 이러한 차이를 보완하기 위해 도심주변의 빈곤한 학교에 추가적인 돈을 제공한다. 하지만 이 금액으로는 도심주변의 학교가 처한 문제를 해결하기에는 역부족인데, 이들 학교는 다양한 배경의 학생들로 구성되고, 소수종족 자녀의 비중이 높고, 비행 · 범죄 또는 임신으로 인해 학업을 중단하는 '위험'에 처한 학생이 많고, 학급당 학생 수가 많고, 컴퓨터와 같은 교육자료의 활용이 제한적이다. 미국에서 교육 현황에 대한 최근 연구에서 졸업률과 같은 수행성 지표가 교외지역에서 매우 높게 나타남은 그다지 놀랄 일이 아닐 것이다(Swanson, 2009).

심지어 국가의료서비스(NHS)를 갖추고 있는 영국 같은 단일국가에서도 의료보험은 병원과 진료소의 제도적 특성 때문에 지역마다 다르게 나타난다. 국가의료 서비스 센터에 일종의 시장 원리가 도입되면서, 환자는 의사와 병원비용을 사전에 체크하는 것이 가능해졌고, 약간의 선택이 가능하게 되었다. 연방 시스템은 의료보험 서비스가 지역적 수준에서 구성되도록 허락한다. 따라서 캐나다의 주정부는 의료 서비스를 통제하고, 수십 년 동안 여러 차례 의료 서비스를 재조직하면서, 일반보험 서비스가 제공될 수 있도록 하였다. 이러한 의료제도가 정치적 그리고 사회적 자본의 역량으로 구축되는 것이 간과되어서는 안 될 것이다. 미국의 연방정부가 의료보험에 적극 개입하는 이유는 단지 일부 주정부만이 의료 서비스 체계가 제대로 구축되어 있기 때문일 것이다.

접근성과 효율성

의료와 교육 서비스가 단일국가 또는 연방정부 형태로 제공되는 것이 바람직한가에 상관없이, 정부라는 조직에 의해 공공재 공급과 관련된 모든 지리학적 딜레마를 해결할 수 없다. 접근성과 효율성의 문제는 매우 중요하다. 의료와 교육 서비스에 대한 접근이 제한된 지역은 소득이 낮고, 생활과 삶의 수준이 낮고, 실업률이 높고, 교육수준이 낮다. 이러한 현실의 결과는 순환적 · 누적적 인과의 악순환을 반영한다. 허약한 건강과 불충분한 교육은 좋은 직업에 대한 접근을 제한하고, 이는 더 나은 의료 · 교육 · 생활수준에 대한 접근을 제한하게 된다. 의료보험과 교육을 공공 서비스로 제공하는 것은 가난한 사람들이 좋은 직장을 구할 기회를 증대시킬 것이다. 결과적으로 생산성이 높은 고용의 증가는 공공재로서 의료와 교육을 제공하기 위한 세수를 증가시킬 것이며, 순환적 인과관계의 선순환(virtous cycle)을 가져올 것이다.

학교와 병원 같은 공공 서비스 시설의 분포는 기본적으로 소매와 다른 서비스 시설의 분포와 같다고 볼 수 있다. 왜냐하면 이들 시설의 분포는 사람들이 시설에 접근하기 위해 이동하는 거리의 평균을 반영하며, 또한 그러한 서비스를 제공하는 데 필요한 최소한의 인구를 반영하기 때문이다. 따라서 일반병원과 초등학교는 연구병원이나 대학보다 지리공간상에 보다 넓게 그리고 보다 균등하게 분포한다. 하지만 이를 일반화하는 것은 문제인데, 왜냐하면 이들 서비스의 분포가 반드시 시장 원리로만 결정되지 않기 때문이다. 이보다 사회가 각 지역에 제공해야 할 서비스에 대한 최소한의 수준을 결정하게 된다. 캐나다 정부는 모든 지역이 지역에서 필요로 하는 서비스를 보유할 수 있도록 보편적이고 공평한 접근의 원칙을 유지하기 위한 세금과 관련 정책을 추진하며, 시장의 힘이 공공의료와 교육 시스템의 공급에 위협이 되지 않도록 한다. 모든 주는 초등학교와 중등학교의 학생 1인당 약 10,000달러 정도를 지원하고, 북부지역에는 1인당 15,000~20,000달러를 제공한다. 그럼에도 불구하고 이들 서비스는 재원의 한계에 직면하고 있으며, 민간과 정부지원의 균형 등 서비스 제공의 방법에 대한 다양한 논쟁이 제기되고 있다.

사실 인간이 공간상에 분포한다는 사실만으로도 **공공 서비스**(public services)에 대한 접근은 완전히 평등할 수 없다. 지역병원으로부터 한 시간 거리에 살고 있는 사람은 5분 거리에 사는 사람보다 서비스 이용에 제한이 있을 것이며, 대학에 다니는 비용은 주변에 거주하는 학생보다 교통과 거주비용이 추가적으로 발생하는 농촌 거주 학생에게 더 부담스러울 것이다. 인구가 불균등하게 분포한다는 것은 밀집지역과 희박지역의 사람 모두에게 의료 또는 교육에 대한 공평한 서비스를 제공하는 것이 사실상 엄청난 비용을 수반함을 간과할 수 없다. 캐나다에서 또 다른 고민은 외딴지역의 보호구역에 거주하는 선주민에 대한 의료보험과 교육에 대한 서비스 공급의 한계로, 도시 거주자에 비해 건강 상태가 좋지 못한 편이다. 공공 서비스를 제공하는 자원은 한정적이기 때문에 정부는 인구학적 · 경제적 조건뿐만 아니라 사회적 기대의 변화에 부응하여 서비스 공급 수준을 항상 조정해야 한다.

공공 서비스 정부 자체 또는 NGO를 통하여 제공되는 서비스로 주로 공공재나 외부효과(예 : 민간부문은 서비스를 제공할 수 없거나 서비스 공급이 사회 전반의 수혜적 효과를 지향한다)를 추구한다.

결론

서비스부문은 세 가지로 구분된다. 소비자 서비스는 식료품점, 미용실, 바텐더, 오락과 같이 개인(가정) 소비자에게 서비스를 제공하는 것이다. 생산자, 그리고 생산 관련 창의적 서비스(기업법률 서비스, 비즈니스 회계, 소프트웨어 디자인)는 주로 정보를 다룬다. 서비스는 고객의 접근이 필수적이나, 편리함이 비용보다 더 중요하다. 비용은 관련된 서비스가 집적되거나 공간상의 통합을 통하여 줄일 수 있다. 소비자에 의해 발생하는 서비스 수요는 가치사슬을 통하여 나타나는데, 소비자와 생산자 서비스는 더 많은 수요를 창출하고 있다. 특히 생산자 서비스는 복잡하고 지리적으로 독특한 방법에 의해 집적되는 경향이 있다. 마지막으로 공공 서비스는 공공재 특성을 가진 서비스를 제공하기 위해 존재하는 것으로, 민간부문은 공공 서비스를 전혀 제공하지 못하거나 또는 사회 전반에 혜택이 돌아가는 긍정적 외부효과를 담보할 수 있을 정도로 서비스를 제공하지 못한다. 교육과 의료보험은 경제에 대한 직 · 간접적 영향이 크기 때문에 공공 서비스 중에서 가장 중요하다.

연습문제

1. 거주하는 도시에서 대형마트의 분포를 지도에 표시해보자. 대형마트가 지역의 소형 가게에 미치는 영향은 무엇인가?
2. 거주하는 도시의 쇼핑센터에 대하여 기능에 따른 소매활동을 구분해보자. 지역 소유의 서비스는 어떻게 중요한가? 상업지구의 도로 또는 고속도로에서 소매활동을 구분해보자. 지역 소유의 사업체들은 왜 중요한가?
3. 여러분의 지역사회는 '포퓰러' 또는 대형마드를 제한하고자 하는가?
4. 여러분이 거주하는 도시에 있는 모든 커피숍을 지도에 그려보자. 커피숍들은 왜 특정 장소에 입지하는가? 여러분이 자신의 커피숍을 운영하고 싶다면 어떤 곳에 개업하겠는가?
5. 여러분의 지역사회에서 주요 수출 지향적 생산자 서비스를 확인해보고 지도로 그려보자.
6. 여러분이 거주하는 지역에서 공립과 사립학교는 재정(세금 관련) 확보와 분포에서 어떤 특성을 보이는가?
7. 의료 서비스는 수입에 상관없이 모든 사람이 무료로 이용할 수 있어야 하는가?

핵심용어

공공 서비스	서비스부문	중심업무지구	후기산업주의
비가시적 무역	소비자 서비스	중심주의	
상품생산 부문	시장 원리	포섭적 계층성	

추천문헌

Bain, A. L. 2006. "Resisting the creation of forgotten places: Artistic production in Toronto neighbourhoods." *The Canadian Geographer* 50(4): 417-31.
고급일 필요는 없으나, 창조도시의 일환으로 인식되는 예술가 공동체의 군집에 대한 분석

Beyers, W. B. 2005. "Producer services" pp.382-3 in Warf, B. ed. *Encyclopedia of Human Geography*. Thousand Oaks, CA: Sage.
생산자 서비스를 함축적으로 소개한 연구

Birkin, M., Clarke, G., and Clarke, M. N. 2002. *Retail Geography and Intelligent Network Planning*. Chichester: Wiley.
서비스 아웃렛 분포에 대한 지리학, 지리학적 기법에 대한 최신의 연구

Bryson, J. R. and Daniels, P. W. 2007. *The Handbook of Service Industries*. Cheltenham: Edward Elgar.
Beyer의 생산자 서비스 개관에 대한 연구 후, 세부 서비스부문과 이슈를 상세히 소개한 책

Buliung, R. and Hernandez, T. 2009. *Places to Shop and Places to Grow*. Toronto: Neptis Foundation.
지속가능성 성취라는 맥락에서 설명된 대형 쇼핑에 대한 연구

Filon, P. and Hammond K. 2006. "The failure of Shopping

malls as a tool of downtown revitalization in mid-size urban areas." *Plan Canada*(Winter): 49-52.
온타리오의 많은 중규모 도시에서 CBD 활성화를 목적으로 개발된 쇼핑몰의 상태를 평가한 것으로 대부분은 성공적이지 못하였다.

Hernandez, T. and Simmons, J. 2006. "Evolving retail landscapes: Power retail in Canada." *The Canadian Geographer/Le Géographe canadien* 50: 465-86. doi:10.1111/j.1541-0064.2006.00158.x
어떻게 캐나다 소매경관은 '대형 쇼핑' 개발의 형태를 띠면서 거대 소매기업의 성장과 클러스터에 의한 변화를 경험하게 되었는지를 논의한 연구

Illeris, S. 1996. *The Service Economy: A Geographical Approach.* New York: John Wiley.
어떻게 소비자, 생산자, 공공 서비스가 서로 관련되는지에 대한 연구

Leslie, D. and Reimer, S. 2006. "Situating design in the Canadian household furniture industry." *The Canadian Geographer* 50(3): 319-41.
전통산업의 맥락에서 '창조적 클러스터'를 탐색하는 사례연구

Schultz, C. 2002. "Environmental service providers, knowledge transfer, and the greening of industry." pp. 165-86 in Hayter, R. and Le Heron, R. B., eds. *Knowledge, Industry and Environment*. London: Ashgate.
제조업에 대한 소규모의 전문화된 기업에 의해 제공되는 환경 서비스의 본질과 범위에 대한 소개서

United Nations. Manual on Statistics of International Trade in Services. http://unstats.un.org/unsd/tradeserv/TFSITS/MSITS/m86_english.pdf.
통계보다는 정의 등을 다루는 자료

Wilson, K. and Cardwell, N. 2012. "Urban Aboriginal health: Examining inequalities between Aboriginal and non-Aboriginal populations in Canada." *The Canadian Geographer* 56(1) 98-116.

World Trade Organization. http://stat.wto.org/StatisticalProgram/WSDBStatProgram Home.aspx?Language=E.
서비스와 상품에 대한 상세한 자료

참고문헌

Bell, D. 1973. *The Coming of Post-industrial Society*. New York: Basic Books.

Eisen, B., Milke, M., and Slywchuk, G. 2010. *The Real Have-Nots in Confederation: Ontario, Alberta and British Columbia.* Winnipeg: Frontier Centre for Public Policy.

Gomez-Insausti, R. 2006. "Canada's leading retailers: Latest trends and strategies for their major chains." *Canadian Journal of Regional Science* 3: 359-74.

New Economics Foundation. 2006. *Submission to the Competition Commission Inquiry into the Groceries Market.*

Swanson, C. B. 2009. *Closing the Graduation Gap: Educational and Economic Conditions in America's Largest Cities.* Betheseda: Editorial Projects in Education.

United Nations. Manual on Statistics of International Trade in Services. http://unstats.un.org/unsd/tradeserv/TFSITS/MSITS/m86_english.pdf.

World Trade Organization. http://stat.wto.org/StatisticscalProgram/WSDBstatProgram Home.aspx?Language=E.

제13장

교통과 통신 네트워크

교통과 통신이 경제적 활동에 미친 영향을 설명함에 있어 지리학은 매우 유용한 학문이다.

(Innis, 1946 : 87)

이 장의 목적은 경제집단을 위한 기반시설로서 교통과 통신 네트워크의 역할을 설명하는 것이다. 주요 내용은 다음과 같다.

- 네트워크 작동에서 고정비용과 규모의 경제의 중요성을 조사한다.
- 공공재로서 네트워크의 관리, 생성, 운영에 있어 정부 제도의 역할을 이해한다.
- 공간적 상호작용의 원리, 즉 공간에서 상품과 서비스의 흐름을 위해 필요한 세 가지 조건을 이해한다.
- 연결성과 네트워크 구성 관련 지표를 통해서 네트워크 효율성의 공간적 특성을 이해한다.
- 서로 다른 지리학적 스케일에서 연결성의 이슈를 이해한다.
- 네트워크의 환경비용과 비용 절감 관점을 살펴본다.

이 장은 3개 절로 구성된다. 1절에서는 공간적 상호작용, 교통 결절, 물류를 통해 네트워크 경제를 이해하는 것이다. 2절은 네트워크의 비용, 연결성, 제도, 디자인에 초점을 둔다. 3절에서는 지역 간 그리고 도시 내부 스케일에서 네트워크의 역할을 살펴보고, 교통·통신과 관련된 환경적 이슈를 살펴보는 것이다.

교통과 통신 네트워크의 역할

교통과 통신 네트워크는 무역, 지역발전, 세계화, 즉 '경제적 삶의 방식(grooves of economic life)'을 작동시키는 핵심이다. 교통과 통신은 노동의 공간적 분업과 국가의 부(그리고 빈곤)를 지탱하는 하부구조이다. 도로, 철도, 고속도로, 운하, 바다, 항공, 파이프라인, 정보 네트워크는 전 세계를 연결한다. 이들은 경제적 활동을 원거리 장소로 이동시키고, 부와 권력 그리고 인구가 많고 접근성이 양호한 대도시의 권력과 위상을 강화시킨다. 다른 어떤 것보다 장거리 이동수단인 교통과 통신에서 이룩된 시간과 비용절감 기술에 의해 인간 삶은 극적인 변화를 경험하였다. 산업혁명에 의한 철도와 운하 시스템으로부터 정보통신기술의 광섬유와 인터넷에 이르기까지 글로벌 통신과 교통은 상품, 인간, 정보를 이전보다 대량으로 더 빠르고 더 싸게 이동시킨다. 무겁고 내구성이 강한 상품은 몇 년이 아니라 며칠 만에 전 세계를 항해한다. 과일과 야채는 세계의 한 곳에서 다른 곳으로 큰 부담 없이 수입할 수 있을 정도의 낮은 가격에 불과 몇 시간 만에 이동된다. 정보와 돈은 인터넷을 통해 즉시적으로 전송된다. 교통과 통신부문에서 엄청난 진보가 있었지만, 이들은 자본 집약적이고 매몰 비용이 크기에 경제발전(긍정적 · 부정적 측면)과 환경(주로 부정적 측면)에 다양한 영향을 미친다. 네트워크 경제가 활성화되면서 기술혁신, 교통, 통신 효율성은 커지고 있다.

경제부문의 효율성은 대체로 규모의 경제와 범위의 경제의 결합을 통해 나타난다. 규모의 경제와 범위의 경제의 효과는 통신과 교통에 의한 **네트워크 외부성**(network externalities) 또는 **네트워크 효과**(network effects)로 나타난다. 사용자의 수와 연결이 증가하는 네트워크의 발달로, 가치를 생성하고 비용을 줄이는 네트워크의 역량이 증가한다. 인터넷의 사용과 사회적 미디어의 출현으로 네트워크의 가치가 증가한 것으로 인식되기 쉬우나 사실 네트워크는 예전부터 공공시설과 교통에서 중요한 역할을 수행하였는데, 특히 교통에서 통합 서비스의 출현과 함께 네트워크의 중요성이 부상하였다(사례연구 13.1). 경제부문은 교통과 통신을 통하여 네트워크로 연결되고, 네트워크는 기업으로 하여금 수많은 공급자, 유통자 또는 연구자를 유연하게 연결시키며, 또는 역으로 소비자로 하여금 글로벌시장에 접근하도록 한다.

네트워크 외부성(네트워크 효과) 다른 이용자의 수가 변할 때 한 네트워크의 사용자에 대한 수익(이익 또는 손실)에서 변화를 의미한다. 이는 또한 수요자 측면의 규모의 경제로 언급된다.

사례연구 13.1 | 고정관념에서 벗어나기

기술의 진보는 교통과 통신발전의 핵심이며, 이는 기술경제적 패러다임을 가져왔다. 기관차, 차, 인터넷은 모두 출현 당시 최첨단의 기술이었다. 하지만 보다 평범한 혁신도 또한 혁명적이다. 표준화된 강철 상자인 컨테이너는 적은 비용으로 한 교통수단으로부터 다른 교통수단으로 이동을 수월하게 하면서 국제무역을 변화시켰다. 만약에 어떤 물건이 차보다 작다면, 컨테이너 박스 중의 하나에 실려 배, 트럭, 기차, 항공의 통합 서비스를 통해 이동이 가능하다.

컨테이너화는 어떤 한 사람에 의해 발명된 것이 아니다. 유럽과 북미의 철도와 선박회사들에 의해 다르게 발전해온 운송방식이 터미널 비용의 절감을 추구하는 과정에서 컨테이너화가 나타났다. 스캐그웨이, 알래스카, 화이트호스, 유콘 사이를 운행하는 독립된 철도였던 화이트패스와 유콘루트(White Pass and Yukon Route)는 컨테이너 발명의 선구자였다. 1956년 배와 철도를 번갈아 가면서 물건을 효율적으로 이동시킬 수 있는 표준화된 박스가 등장하였다. 컨테이너의 세계 표준화를 위한 시도는 1960년대 산업협회토론을 통해 전개되었고, 첫 번째 국제표준화가 1970년대 나타났다. 국제 표준화의 목표는 다양한 결절을 가진 시스템의 네트워크를 개발하는 것이었는데, 다양한 회사가 참여할 수 있는 일반화된 상호작용의 수단을 개발하고자 하였다. 하지만 1980년대와 1990년대 탈규제의 시대가 열릴 때까지 국가마다 다른 양식의 사용으로 컨테이너의 글로벌 표준화는 지연되고 있었다. 오늘날 한 운송수단에서 다른 운송수단으로 효율적 전환이 가능한 몇 가지 형태와 크기로 컨테이너가 표준화되었다. 화물기차와 컨테이너 선박 같은 운송수단은 컨테이너를 운반하기 위해 전문화된 것이다.

(계속)

컨테이너화 네트워크는 한 교통수단의 방식(예 : 철도 궤도의 폭)이 다른 교통수단과 표준화를 통해 연결되도록 하였다. 컨테이너가 표준화될수록 컨테이너 선적은 GPS, 고주파식별(radio frequency identification, RFID), 바코드 등과 같은 선적과 운송을 위한 정교한 기술을 활용할 수 있다.

▲ 싱가포르의 컨테이너 선착장

© Dennis Chang - Singapore/Alamy

네트워크

이동하는 상품, 사람, 정보는 광범위한 경제활동의 영역을 구성하면서, 수백만 명의 사람을 고용하고, 막대한 투자를 끌어내고, 수많은 자원(토지와 에너지를 포함하여)을 소비한다. 네트워크에 직접적으로 기여하는 산업부문(이동하는 물자, 에너지, 사람, 제품, 정보)은 경제부문 중에서 공공시설, 교통, 정보분야에 속한다. 캐나다에서 이들 세 부문은 각각 GDP의 2.5%, 4.1%, 6.2%를 차지하면서, 총 GDP의 12.8%를 차지한다. 미국에서 이들 부문은 각각 1.3%, 3.4%, 4.8%를 차지하고, 총 GDP의 9.5%를 차지한다. 이들 GDP의 구성 비중은 자동차 제조, 컴퓨터와 통신장비, 도로건설, 인터넷 케이블 설치 등은 포함하지 않는 것이다.

인간, 상품, 정보가 제대로 기능을 발휘하기 위해서는 시장으로 이동해야 하는데, 이는 곧 교통과 통신에 의존하는 것이다. 교환을 위해 한 장소에 모이는 사람에 의해 이동이 발생하고, 한 장소의 판매자로부터 다른 장소의 구매자로 상품과 서비스가 선적되고 이송되는 과정에서 이동이 발생한다. 이동 또는 상호작용이란 본질적으로 구매자와 판매자 간 상호 보완적 관심에 의해 발생한다. 따라서 이동은 일종의 선형적 과정으로도 이해되는데, 사물은 한 장소에서 다른 장소로 최소 비용의 경로(최단거리는 아닐지라도)를 따라 이동되는 경향이 있다. 구매자와 판매자는 교통비용과 운송시간을 최소화하는 것이 목표이지만, 교통과 통신 서비스의 공급자는 이동을 통한 수익, 매출, 성장에 우선적으로 관심을 둔다.

환승은 복잡한 형태를 띠며, 이동 단계에 따라 바로 환승되지도 않으며, 대체로 목적지로 이동과 대량의 교환을 가능하게 하는 하부시설에 의존한다. 대부분의 상품과 정보의 패키지는 몇 개의 서로 다른 교통과 통신 시스템의 결절 또는 허브를 통하여 이동하는데, 이 과정에서 다양한 상품과 정보는 네트워크 하부시설에 의존하게 된다. 상품과 정보의 상호작용을 위해 서로 중복되는 다양한 교통과 통신 시스템이 존재하고, 이동이 이루어지는 두 지점 사이의 교통과 통신의 선형적 경로뿐만 아니라 다양한 경쟁적 상황 속에서 교환을 가능하게 하는 네트워크가 필요하다. 컨테이너화는 정말로 중요한 혁신이었는데, 선박 · 철도 · 트럭 네트워크를 통한 상품의 이동을 용이하게 하였다(사례연구 13.1).

공간적 상호작용의 원리

공간상에서 경제적 상호작용은 세 가지 조건을 요구하는데, 상보성, 환승가능성, 낮은 개입기회이다. **상보성**(complementary)은 한 장소의 특정한 상품 또는 서비스의 생산이 다른 장소에서 발생한 수요에 의해 충당될 때 나타난다. 상보성은 상품과 서비스, 지식, 투자뿐만 아니라 사람(경제적 이주자로부터 관광객에 이르는 모든 사람)에 의한 공간상의 흐름을 자극한다.

상보성 한 장소에서 어떤 제품에 대한 수요가 다른 장소의 제품으로 충당되는 공간적 상호작용의 조건으로, 이를 통해 교환이 촉진된다.

환승 양도성(transferability)의 원리는 **결절**(nodes) 또는 지점 간 특별한 상품이나 서비스를 양도하는 비용과 관련되는데, 만약 합리적 가격으로 양도되지 않는다면 교환은 발생하지 않을 것이다. 생산 또는 수요 지점으로부터 거리가 증가함에 따라 비용이 증가하는 것이 일반적이기 때문에, 장소 간 거리가 멀어짐에 따라 거래의 양과 가치는 줄어든다. **거리조락**(distance decay)이라 알려진 이러한 경향은 두 결절 사이의 모든 경로에서 발생하며, 또한 경로(예 : 주도로를 벗어나서)로부터의 거리에 따라 발생한다. 거리조락은 심지어 통신에서도 보이는데, 전자우편과 전화의 통화량은 대체로 짧은 거리에서 많이 발생한다.

환승 양도성 공간적 상호작용의 조건으로 이윤이 생산과 이동비용을 충당할 때 두 장소 사이에서 교환이 발생하는 것을 의미한다.

결절 네트워크 연결(도로, 전선, 무선연결 등)에 의해 연결된 지점을 의미한다.

거리조락 거리가 증가함에 따라 상품, 사람, 정보의 공간적 이동이 줄어드는 경향을 의미한다.

상품의 운송은 거리에 따라 평균비용이 감소하지만(테이퍼링 효과 참조), 총 교통비용은 양도되기까지의 거리에 따라 증가한다. 물리적 · 기술적 · 정치적 또는 문화적 장벽에 의해 환승 양도성의 한계가 나타나기도 한다. 이들 한계적 요인이 무역을 제한하는 정도는 교통수단의 유형에 따라 달라지는 경향이 있는데, 예를 들어 석탄운송은 지형의 상태에 영향을 많이 받고, 전자화폐의 전송은 어느 정도는 기술에 의존적이다(전자통신 네트워크와 전통적 교통수단 간 중요한 차이는 전자통신 네트워크는 초기 거래비용이 설정된다면, 약간의 추가적 비용에 수많은 잠재적 거래 파트너와 연결될 수 있다는 점이다).

개입기회 장소들 사이의 공급 또는 수요에 대한 대안적 요소가 존재한다면, 두 장소 사이의 교환이 발생하지 않는 공간적 상호작용을 의미한다.

마지막으로, 만약 **개입기회**(intervening opportunities)(공급 또는 수요에 대한 대안적 요소)가 어떤 지점에 존재한다면, 장소 간 상호작용의 가능성은 줄어들 것이다. 일반적으로 거리가 증가하면 개입기회 가능성은 커지는데, 이러한 현상은 상품과 서비스 무역에서 전화와 인터넷 통신의 사용에서 확인된다. 인터넷 이용과 장거리 전화비용의 감소에도 불구하고, 일반적으로 통신은 매우 지역화되어 있다.

네트워크 경제와 외부성

교통과 통신기반 시설이 막대한 고정자본으로 구축된다는 것은 전통적으로 강조되었던 규모의 경제(활동의 증가에 따른 평균비용의 감소)가 (잠재적으로) 중요함을 의미한다(제2장과 이 장의 뒷부분 참조). 만약 특별한 경로가 다른 목적으로 사용된다면 범위의 경제 또한 강하게 나타난다.

그러나 결절 또는 장소가 두 군데로만 연결되는 경우는 드물며, 대개 다른 많은 장소와 직접 또는 간접적으로 연결된다. 교통, 공공시설, 통신 시스템 또는 사회적 네트워크를 이용하는 과정에서 같은 시스템을 사용하는 사람들은 여러 장소를 서로 연결시키는데, 이것이 네트워크의 일반적 형태이다. 네트워크 외부성 또는 영향은 시스템의 사용 증가에 따른 추가적 또는 한계비용이 일부 발생하거나 전혀 발생하지 않을 때 나타난다. 하지만 시스템을 통한 수익 또는 가치는 모든 사용자와 네트워크 운영자에게 제공된다. 이러한 대표적 사례는 전화 시스템인데, 만약 두 사람이 전화를 갖고 연결을 원한다면, 하나의 회선으로 연결이 가능할 것이다. 만약, 다섯 사람이 전화를 갖고 있다면, 10개의 회선으로 연결이 가능할 것이다. 모든 사람의 상호 간 무역이 가능한 전자상거래의 성장은 네트워크 외부성이 분명하게 나타나는 사례이다. 이처럼 교통과 통신에서 네트워크 외부성은 네트워크의 구성요소가 서로 호환될 수 있으면 증가하게 된다. 네트워크에서 철도 궤도의 넓이와 신호 시스템은 동일해야 하는데, 그렇지 않으면 선적되었던 상품은 하역 후 다시 선적되어야 할 것이다. 예를 들어 영국의 초기 철도 시스템은 궤도의 폭이 달라서 철도가 표준화될 때까지 효율성이 떨어졌다. 그리고 인터넷 거래는 컴퓨터가 동일한 디지털 언어를 사용할 때 가능하다. 이처럼 네트워크 경제의 잠재성은 컨테이너 박스(사례연구 13.1) 또는 파일 포맷(예 : PDF)의 형태에 상관없이 표준화된 기술의 호환성에 의존한다.

다양한 결절을 효율적으로 연결하면서 하드웨어와 소프트웨어를 결합하는 네트워크는 대규모의 규모경제를 요구한다. 네트워크의 규모경제는 전통적인 내부 규모경제와 다른데, 사용 증가(규모의 확대)가 종종 독립된 사용자 또는 연결되는 네트워크의 행위주체에 의해 발생하기 때문이다. 규모의 경제가 전통적으로 평균값(제2장 참조)에 의해 분류된다고 알려지지만, 실제로 네트워크 외부성은 수요 중심적이고 때로는 수요 자체이다.

일반적으로 네트워크를 사용하는 사람 또는 기업의 수가 증가하면 네트워크에 의한 사용자의 가치와 연결성이 증가하기에 네트워크 외부성 또는 영향이 증가한다. 연결성의 증가는 사용자의 가치를 증진시키고, 사용자가 많으면 네트워크를 운영하는 조직에게 돌아가는 수익도 증가한다. 네트워크 운영조직은 수익이 발생하는 네트워크를 구축하거나, 또는 네트워크로 접근을 원하는 사람(예 : 광고주)에게 대가를 부과시킨다. 일부 또는 전체 네트워크에서 사용 증가로 연결성의 혼잡이 나타나면, 네트워크는 부정적 효과를 가져온다. 네트워크 사용의 증가가 환경문제, 안전과 건강에 대한 위험을 야기한다면 부정적 효과가 나타날 것이다. 예를 들어 파이프라인이 잘 발달한 캐나다에서 원유수송은 철도 네트워크로 연결되는데, 2013년 퀘벡의 락-메간틱에서 72개 철도차량의 폭발로 63명의 사망과 지역사회에 엄청난 피해를 가져왔던 사건은 부정적 효과의 대표적 사례이다. 철도차량들은 밤사이 정차되어 있었는데, 언덕을 따라 도시로 굴러가는 사고가 발생하였다. 이 사고는 원유수송을 철도 네트워크로 확대하는 과정에서 철도 이용의 안전조치에 대한 충분한 인식이 부족하여 발생하였다.

만약 기업에 필요한 자본, 전문지식, 자원이 자체적으로 운용될 수 있다면, 네트워크는 민간 차원에서 구축될 것이다. 하지만 대부분의 경우 네트워크는 공공의 투자에 의해 구축된다. 다른 산업에 비하여 교통과 통신부문에 대한 정부의 개입(금융과 제도도 포함)이 큰 두 가지 이유가 있다. 첫째, 교통과 통신 네트워크를 설치하고 운영하는 데 막대한 자본이 필요하고, 둘째, 교통과 통신이 제공하는 서비스는 공공재의 성격으로 사회적으로 매우 중요하기 때문이다. 기업은 시장 수요에 따라 네트워크를 구축하려고 하지만, 정부는 적절한 사용을 보장하고 가급적이면 외부효과의 부정적 측면을 축소하고자 네트워크를 구축한다.

네트워크는 일반적으로 개발 주체와 사용자(무료 또는 유료) 모두가 이용하지만, 개발한 회사가 배타적으로 독점하기도 한다. 어떤 방식으로든 네트워크의 사용이 가능한 회사는 그에 따른 이익을 얻을 것이다. 예를 들어 표준화된 마이크로소프트 운영 시스템을 사용하는 사람은 신규 사용자로부터 이익을 얻는데, 신규 사용자는 통신을 이용하는 많은 사람을 확대하기 때문이다. 비록 마이크로소프트사가 시스템 사용의 증가로부터 직접적 이익을 얻지는 않지만, 운영 시스템 자체의 판매를 통한 수익을 창출한다. 마이크로소프트 운영 시스템은 표준화되었는데, 다양한 기원을 가진 어떠한 컴퓨터 제조업체라도 프로그램을 사용할 수 있기 때문이다. 표준화를 통해 컴퓨터 간 통신이 가능해지는 것이다. 이와 대조적으로 애플은 컴퓨터 하드웨어와 소프트웨어를 일괄적으로 판매하는데, 이는 다른 컴퓨터 제조업체가 애플의 운영 시스템을 사용하지 못하도록 하기 위함이다. 애플이 네트워크 외부성의 측면에서 자신의 소프트웨어 확장을 통한 이익을 추구하지 않더라도, 음원의 다운로드와 판매용 플랫폼을 통하여 이익을 얻는다. 리눅스와 우분투 같은 회사는 개발자 커뮤니티에 의해 만들어진 개방형 표준 소프트웨어를 제공하는데, 이는 소유자가 없이 누구든지 무료로 사용할 수 있다.

네트워크 경제와 외부성의 본질을 이해하는 데 인터넷만큼 좋은 것도 없을 것이다. 구글, 페이스북, 트위터 같은 인터넷 기업은 초기 네트워크를 구축하는 과정에서 그들의 제품을 무료로 제공하고, 네트워크가 확대되면 이용자의 사용을 통한 수익 창출(그리고 네트워크의 현금화)의 방법을 추구한다. 운 좋게도 이들 실리콘밸리의 기업을 위해 하드웨어와 소프트웨어 네트워크인 인터넷이 존재하고 있었고, 이들은 인터넷을 통해 사용자 네트워크를 쉽게 구축할 수 있었다. 비록 네트워크의 규모경제와 효과성이 인터넷 위주로 주목을 받고 있으나, 사실 네트워크 경제는 교통, 공공시설, 통신과 같은 전통 분야에서도 매우 중요하다. 네트워크 경제의 효과를 위해서는 기술적 호환성과 운영의 표준화가 매우 중요하다. 호환성은 모든 규모의 기업이 네트워크 서비스의 제공자와 이용자로서 네트워크에 참여하도록 해준다. 예를 들어 수많은 중 · 소규모의 트럭운송, 화물운송, 보관, 배달업체는 물류 시스템 내에서 운영되고, 수많은 소프트웨어와 하드웨어업체는 컴퓨터 또는 휴대전화 기반의 통신 시스템에서 사용되는 애플리케이션과 부품을 생산한다.

한편, 네트워크는 운영의 효율을 높이기 위해 종종 협력관계를 통한 대규모의 조직을 필요로 한다. 도시 간 네트워크에서 대기업과 정부는 인접한 네트워크에 도로, 철로, 파이프라인 등의 서비스를 제공함으로써 회랑 효율(corridor efficiencies)로 알려진 규모의 경제를 실현한다. 또한 대기업과 정부는 지역에 선로(feeder) 또는 유통 시스템을 제공하고, 넓은 배후지역에 대한 접근을 보장하면서 공간적 범위경제를 추구한다. 다국적기업의 지배력은 어떻게 자신의 시설, 공급자, 유통업자, 고객의 네트워크에 이들 네트워크를 연결시킬 수 있는가에 달려 있다. 규모의 경제와 범위의 경제는 다양한 목적지로의 접근을 유지하면서도 회랑 효율의 이점을 추구하려는 고객을 통해 성취된다. 비록 개방시장과 관계적 거래를 통하여 기업들은 네트워크 내에서 상호 협력을 추구할 수 있지만, 네트워크의 사용에 대한 협력관계는 기업으로 하여금 소유권의 이전, 법률적 책임, 정보 교환, 모니터링을 빈번하게 요구한다. 네트워크 협력이 부가하는 이러한 불편함 때문에 기업은 필요한 네트워크를 기업 차원에서 수직적 그리고 수평적으로 통합하여 운영한다.

네트워크 형상

모든 형태의 네트워크는 부분적으로 연결을 필요로 하는 장소 또는 공간의 수에 의존한다. **연결성**(connectivity)(그리고 많은 네트워크 분석의 기초)의 가장 기본적 단위는 두 결절 사이의 경로이다(그림 13.1a). 결절은 하나의 기업 또는 공장의 위치로부터 도시들의 군집에 이르기까지 다양하다. 네트워크는 주요한 결절을 연결해야 할 뿐만 아니라, 도시 이외의 지역에 분산되어 존재하는 사람들에게 접근의 기회를 제공하기 위해 공간을 가로질러 구축되어야 한다. 도시 이외의 지역은 도로, 철도, 전화, 인터넷 같은 기반시설에 대한 수요가 상대적으로 분산되어 있으며, 이들 지역을 위한 기반시설의 건설과 운영비용은 고밀도 도시 중심지에 비해 많이 소요된다. 일반적으로 연결성이 증가할수록 상품과 서비스에 대한 접근성이 증가한다. 연결성 증가에 투입되는 자본은 어느 정도는 정부 또는 기업(민간, 민간 투자사업, 또는 협동조합)에 의해 보조된다. 이런 맥락에서 보조금은 비용이 덜 드는 고객으로부터 발생하는 수익을 비용이 많이 드는 고객을 지원하는 형태로 사용된다. 네트워크

연결성 한 지역의 장소들이 연결되거나 또는 서로 간 접근할 수 있는 정도이며, 비용, 시간, 그리고/또는 용량으로 측정될 수 있다.

(a) 단일경로 네트워크

(b) 두 중심지와 선형의 공간에 위치한 소규모 중심지 간 경로비용의 최소화

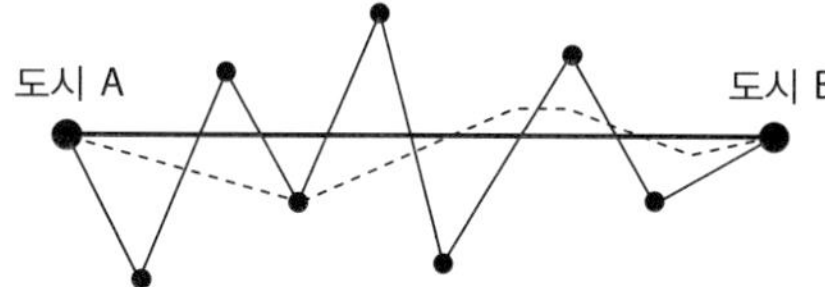

(c) 공간상 접근을 제공하는 계층적 네트워크

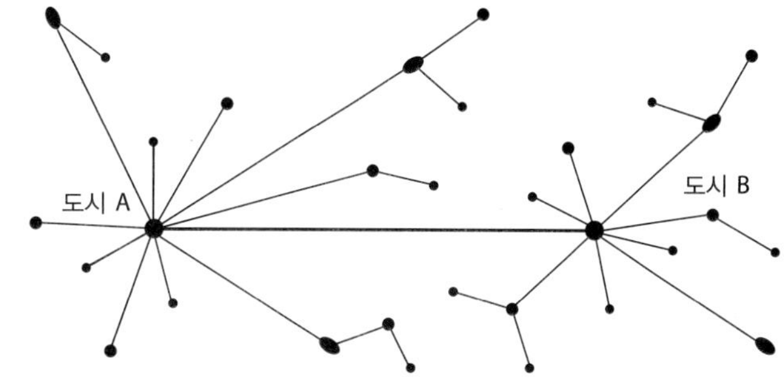

(d) 격자형 네트워크

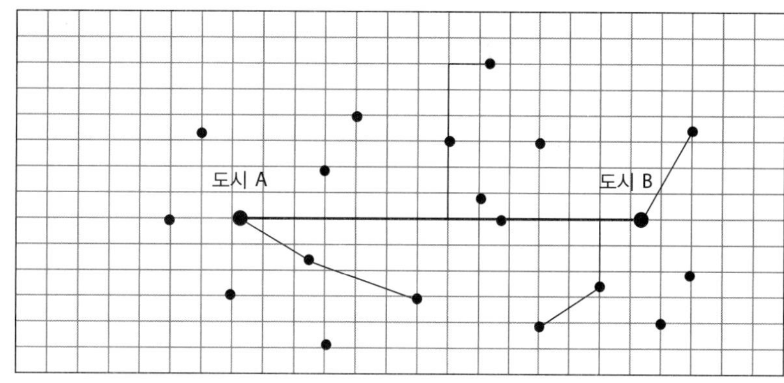

그림 13.1 네트워크 (계속)

구축에 보조되는 자본의 규모는 상황에 따라 달라지는데, 개발의 유형·배경·단계에 따라 달라지고, 공공재로서의 가치와 정부의 관심도에 따라 달라진다. 예를 들어 어떤 국가는 국가경쟁력을 강화하기 위해 초고속 인터넷 네트워크 구축을 빠르게 지원하지만, 어떤 국가는 인터넷 네트워크를 정부가 직접 구축하지 않으면서 시장에 의한 디지털 격차의 해소를 지향한다.

공간적 네트워크는 다양한 필요와 목적에 맞도록 구축되어야 한다. 네트워크 접근을 위한 수요가 없거나 또는 두 도시 이외의 다른 장소로부터 수요가 없는 상태에서, 두 지역을 연결하는 단일 경로는 효율적이다(그림 13.1a). 만약 두 도시 사이에 마을, 분산된 농장, 또는 주거지역이 존재한다면, 이들을 연결하는 네트워크 비용이 증가할 것이다. 네트워크 설계자는 공공시설을 위해 돈을 지불하는 투자가(민간 또는 공공), 그리고 공공 운송기관, 우체국 등과 같은 실질적 사용자(개인, 사업체 또는 정부기관을 망라하여)의 비용 발생을 최소화하려고 한다(그림 13.1b). 실제 대부분의 영역화된 공간은 작은 장소들 간 위계적 질서에 의해 결절에 종속되고, 계층적 네트워크에 의해 유지된다. 계층적 네트워크는 기능의 접근성을 높이고 다른 결절로의 이동을 쉽게 하고자 사람, 정보, 상품의 흐름을 결절에 집결시킨다(그림 13.1c). 그러나 계층적 시스템은 주변부에 위치한 결절의 연결은 제한한다. 비록 환경적·정치적 맥락에서 원거리에 위치한 주변부가 연결될 수 있지만, 대체적으로 최단거리의 원리가 계층적 시스템에서 강조된다. 개입기회 또한 단순히 거리에 따른 효율성을 추구하는 계층적 시스템의 성향을 바꿀 수 있는 중요한 요소이다.

(e) 공간을 가로지르는 방송

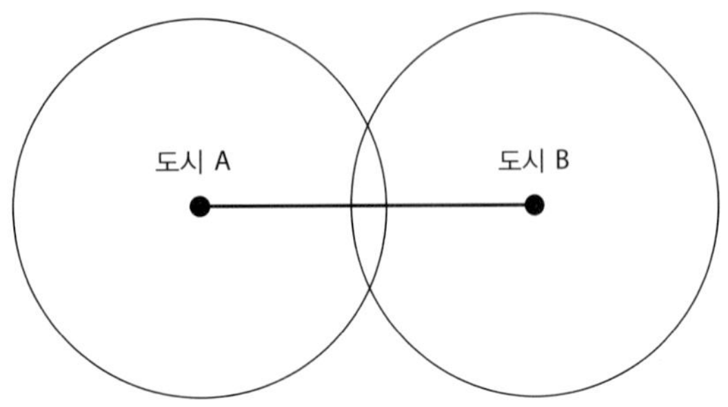

(f) 네트워크의 인터넷 계층성

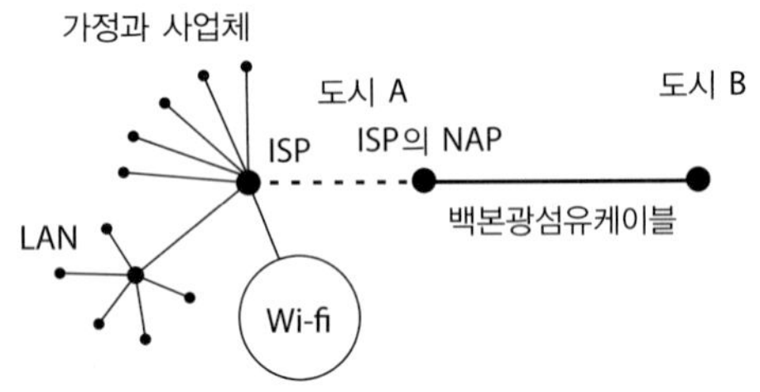

그림 13.1 네트워크(계속)

역사적으로 육상의 공간 네트워크의 형태는 하천 시스템에 의해 결정되는 경향이 있었는데, 왜냐하면 하천이 가장 효율적인 교통 시스템을 제공하였기 때문이다. 점차 철도와 도로의 네트워크가 하천 시스템을 대체하게 되었는데, 왜냐하면 이들은 하천에 비해 물리적 장벽이 낮았기 때문이다. 북아메리카 서부에서 공간적 네트워크는 도시 내부와 평원을 가로지르는 탐색비용을 절감하고 유통의 거래비용을 줄이기 위해 격자 패턴으로 나타났다. 예를 들어 캐나다의 온타리오로부터 서쪽으로 향하는 대부분의 시골도로는 평행도로의 격자 패턴인데, 대도시 교통 흐름의 효율성을 목적으로 건설된 고속도로에 의해 가끔씩 연결될 뿐이다(그림 13.1d). 아시아와 유럽의 도시가 유기적으로 진화하였다면, 북아메리카의 도시는 도로뿐만 아니라 하수도, 송전선, 통신 케이블이 계획에 의해 구축된 규칙성을 보인다.

육지(전통적인)의 라디오와 TV 통신은 고정된 네트워크의 패턴을 따르지 않는다. 대신에 기지국은 공간상에 규칙적으로 신호를 보내는데, 전송 장해가 존재하는 장소에 거주하는 사람을 제외하곤 모든 사람에게 공평한 접근의 기회가 제공된다(그림 13.1e). 인터넷과 휴대전화 네트워크는 격자 시스템과 방송 시스템의 결합 형태이다. 인터넷은 수백만 대의 개인용 컴퓨터가 모뎀, 지역망네트워크(local area networks, LAN) 또는 와이파이(무선)에 의해 인터넷 서비스 공급자(ISP)에 연결되는 네트워크들의 네트워크이다(그림 13.1f). 인터넷 서비스 공급자(ISP)의 주요 역할은 네트워크에 저비용으로 접근하는 기회를 제공하는 것으로, 네트워크를 거의 무료로 사용하도록 한다. 사이버 공간에서 인터넷 운영을 위한 필수적 요소는 각 컴퓨터에 인터넷 프로토콜(Internet Protocol, IP)을 지정하는 것으로, 이는 각 컴퓨터에 주소를 부여하기 위함이다. 컴퓨터에 주소를 할당하는 시스템은 처음에는 미국 행정부가 직접 통제하였으나, 1998년 국제인터넷주소관리기구(Internet Corporation for Assigned Names and Numbers, ICANN)로 역할이 이관되었다.

휴대전화 회사는 지역에 위치한 기지국(cells of space)으로 접근하는 기회를 제공하고, 셀(cell) 사이에 신호가 전달될 수 있도록 서비스를 제공한다. 유선과 무선 통신기술의 접합, 그리고 선형과 영역 접근의 결합은 또 다른 측면에서 통신기술의 엄청난 진보를 가져왔다. 인공위성 네트워크는 지구상의 어떤 곳으로부터의 접근도 허용하고, 특정한 장소, 차량, 사람에 대한 모니터링도 가능하게 하는 등 엄청난 범역에서의 통신 서비스를 제공한다.

네트워크 분석과 디자인

스크래치(scratch)로부터 네트워크를 디자인하거나 또는 존재하는 네트워크의 개선을 위해 요구되는 분석의 유형은 다양하다. 정부 계획가는 집합적 필요에 초점을 두면서 도로 네트워크를 디자인하지만, 철도 · 항공 · 버스 · 물류 · 통신분야의 기업은 큰 결절 위주의 대량 연결에 초점을 두어 네트워크를 디자인하고, 안전하게 많은 고객에게 서비스를 제공하는 이익 추구 방식을 선택한다. 양자 모두 접근성, 신뢰성, 편안함, 안전성, 손실 · 손상 예방, 유연성과 빈도를 고려하여 승객과 화물에 적절한 서비스를 보장하면서 거리, 시간, 비용을 최소화하는 전략을 추구할 것이다. 이와는 반대로 대기업에 고용된 계획가는 이용 가능한 공공과 민간 네트워크 내에서 서비스의 공급과 유통을 계획하고, 기업의 이익을 최대화하려 할 것이다. 개인과 가정을 위한 네트워크 설계는 집, 체육관, 별장 같은 일부 경로만 고려하는데, 최근 경로 설계는 최단거리, 최소 비용 또는 혼잡하지 않는 경로를 찾아주는 지도 앱을 통해 서비스가 제공된다.

네트워크 구조의 효율성은 그래프 이론에 의해 정량적으로 측정된다. 그래프 이론은 실제 네트워크의 **지형학적 지도**(topographical map)를 결절, 거리, 연결로 단순화하는 **위상학적 지도**(topological map)의 형태로, 출발지와 도착지를 행렬로 나타내어 분석한다(그림 13.1). 위상학적 속성을 표현하는 중요한 방법으로 연결성, 접근성, **우회성**(circuity)이 있다(사례연구 13.2).

위상학적 지도 결절, 그리고 결절 사이의 에지 또는 연결로 표현되는 네트워크를 의미한다.

우회성 네트워크를 결정하는 경로가 일직선 경로로부터 벗어나는 정도를 측정하는 것을 의미한다.

네트워크에서 상품, 사람, 정보의 흐름은 무게, 통행 수, 바이트, 1일 통행, 자동차당 사람의 수, 연간 용량 등에 의해 측정될 수 있다. 이러한 정보는 총 네트워크 부하량, 평균 부하량, 그리고 결절과 경로 사이의 비교를 위한 행렬과 지형학적 지도로 표시될 수 있다. 흐름의 분석은 전환점(tipping point)의 혼잡을 예상하고 확인하며, 결절 사이의 네트워크 또는 경로의 용량을 결정하는 데 중요하다. 수요 예측과 결합되면서 흐름의 분석은 네트워크 개발과 네트워크를 통한 경로 최적화를 위한 모델을 개발하는 데 사용될 수 있다. 주요 결절을 연결하는 것과 모든 공간을 연결하는 것 사이의 비교는 네트워크 밀도로 측정되는데, 연결의 총거리(킬로미터) 또는 면적(km^2)당 경로의 수로 제시된다. 한 지역의 네트워크 밀도는 자연적 특성, 발전의 수준과 특성, 정치적 의지 등에 따라 달라진다.

통행의 관리뿐만 아니라 최적 네트워크와 최적 경로를 이해하기 위해 많은 분석적 모델들이 활용된다. 예를 들어 중력 모델은 도시(또는 도시 내부의 지구)와 같은 결절의 흡인 그리고 네트워크 흐름에서 결절의 흡인 효과를 분석하기 위해 사용된다. 공공과 민간의 측면에서 계획을 실천하기 위한 많은 모델과 기술은 네트워크의 흐름을 예측하기 위해 사용된다(어떤 이론은 육상 또는 항공 여행을 위한 경로를 결정하기 위해 개미의 행태를 사용하기도 한다). 그러나 네트워크를 최적화하기 위해 많은 수단이 사용됨에도 네트워크 흐름을 정확히 예측하기는 어렵다. 흐름에 대한 수요의 발생과 변화는 정확히 측정하기 어렵다. 또

사이클로매틱 수치 한 네트워크 연결성의 측정을 의미

베타 지수 한 네트워크의 연결성 측정을 의미

사례연구 13.2 | 네트워크 형태의 간단한 측정

도로, 철도 또는 파이프라인 시스템과 같은 실제 네트워크는 결절과 노선(그림 13.1)으로 구성되는 다양한 형태의 그래프로 축소될 수 있다. 결절은 장소를 의미하고(중심 또는 결점), 노선은 장소들 사이의 경로 또는 연결을 의미한다. 네트워크를 그래프로 축소하는 것은 연결성, 접근성, 그리고 우회를 측정하기 위함이다. 이러한 측정은 네트워크를 통과하는 시간의 변화를 추적하는 데 유용하고, 두 지역 간 네트워크를 비교할 때 유용하다.

'연결성'은 네트워크에서 다른 결절과의 연결 정도에 대한 것이다. 네트워크 연결성은 네트워크에 포함되는 연결의 숫자로서 간단하게 측정된다. 이를 **사이클로매틱 수치**(cyclomatic number, μ)라 하는데, 다음과 같이 정의된다.

$$\mu=e-v+\rho$$

e : 노선의 수
v : 결절의 수
ρ : 연결의 수

ρ가 하나 또는 그 이상이면 0의 값이 나타나고, 결절 간 노선의 최소 수치가 파악된다. 노선의 수가 증가하면, μ의 값이 증가하는데, 이는 곧 연결성이 높아짐을 의미한다. 그림 13.1a에는 2개의 결절이 있고, 하나의 노선과 하나의 연결된 부분이 존재한다. 따라서 μ는 0이 된다. 만약 그림 13.1a에서 A와 B를 연결하는 보다 많은 노선이 추가된다면, μ도 증가한다.

베타 지수(beta index) 또는 β값은 결절당 노선의 평균을 의미한다.

$$\beta=e/v$$

한 교통과 통신에서 정부의 개입이 많다는 것은 다른 부문보다 이들 분야가 정치적 의사결정에 많은 영향을 받는다는 것을 의미한다. 결과적으로 네트워크 디자인과 실천의 변수(parameter)는 공평한 접근의 기회를 고려한 정치적 이해관계로부터 생성된다. 궁극적으로 이러한 변수들은 특별한 정치-경제적 구조를 반영한다.

수단, 미디어, 복합교통, 로지스틱

다양한 **교통수단**(modes)과 **통신매체**(media)에서 서로를 구분하는 기준은 기술과 운영의 차이이다. 그러나 화물열차와 상업적 TV 방송 간 시장과 운영의 차이를 서로 확인하는 것은 쉽지 않다. 화물열차의 수송은 고정된 선로에 의존하고, 부피가 큰 상품을 장거리 운송할 때 상대적으로 효율적이며, 부피와 수송거리에 따라 요금이 결정된다. 상업적 TV 방송은 공간을 가로질러 정보를 전파하고, 시청자에게 상품을 광고하는 스폰서의 비용 또는 TV 수신료(영국과 일본처럼)에 의해 운영된다. 교통수단과 통신매체의 차이는 경제에서 차지하는 역할로 구분될 수 있으며, 이들은 서로 다른 산업으로 분류되는 경향이 있다. 그러나

베타 지수는 0~3의 수치로 나타나고, 수치가 높다는 것은 연결성의 증가를 의미한다. 그림 13.1a에서 β는 0.5인데, 만약 A와 B가 분리된다면, β값은 0이 된다.

이와 함께 네트워크에서 개별 결절의 연결 상태를 평가하는 단순한 지표가 있는데, 예를 들어 연합수치는 가장 멀리 떨어진 결절로부터 한 결절에 대한 노선의 수치를 의미한다. 낮은 연합수치를 가진 중심은 높은 연합수치를 가진 곳보다 접근성이 높다. 이를테면 그림 13.1b에서 다른 모든 결절은 높은 값을 갖지만, A와 B는 연합수치가 3이다. 실제 공간에서 거리에 의한 개별 결절의 접근도는 심벨지수로 측정된다.

$$Aj=\sum_{j=1}^{v} d_{ij}$$

A : 결절 i의 접근도

dij : i와 j 사이의 최단거리

j로 연결되는 모든 결절은 합산된다.

네트워크 접근성의 지수는 다음과 같이 구할 수 있다.

$$D(V)=\sum_{i=1}^{v}\sum_{j=1}^{v} d_{ij}$$

$D(V)$는 네트워크에서 모든 최단 경로의 합이다.

마지막으로 우회성은 네트워크를 구성하는 경로가 직선 경로('유클리드 거리')로부터 벗어난 정도를 측정하는 것이다. 우회성의 기본 측정은 두 결절과 반듯한 직선거리 사이의 실제 거리의 비율이다. 네트워크의 구성에서 우회성이 줄어들면 효율성이 커진다. 우회성이 높은 결절은 벌점이 부과되는데, 우회 경로가 많다는 것은 그만큼 높은 교통비용을 유발하기 때문으로 이는 지역 간 무역에 바람직하지 않다.

실제 운영 측면에서 보자면 교통수단과 미디어는 유사하게 운영될 뿐만 아니라 함께 운영되기도 한다. 예를 들어 대륙 철도는 전신통신과 함께 개발되었는데, 왜냐하면 철도의 일정, 선적 등과 관련된 경영관리에서 통신이 중요한 역할을 수행했기 때문이다. 통신기술은 경영관리에서 엄청난 개선을 가져왔다. 오늘날 비행기는 좀처럼 빈자리 상태 또는 너무 많은 음식을 싣고서 운항하지 않는데, 승객관리 시스템은 비행기 크기와 승객의 시간대별 수요를 정확하게 파악하기 때문이다. 이와 비슷하게 GPS는 운송회사로 하여금 선박을 상시적으로 모니터링하고, 운항에 필요한 장비와 노동력을 항상 이용할 수 있도록 한다.

복합교통(intermodality)이란 다른 교통수단을 결합하여 서비스를 제공하는 것이다. 오늘날 많은 상품은 컨테이너를 통하여 생산지에서 소비지로 몇 가지 **교통수단**(modes of transportation)을 거쳐 운송된다(사례연구 13.1). 광둥에서 만들어진 장난감은 컨테이너에 실려 트럭으로 홍콩 항구로 수송되고, 홍콩에서 다른 항구로 수송되기 위해 컨테이너에 선적되고, 목적지의 항구에 도착한 다음 목적지로 배달되기 위해 트럭에 실리거나 또는 장거리 수송을 위한 철도차량에 실리고, 위탁물 보관창고 또는 소매업자에게 배송되기 위해 창

교통수단 두 장소 사이에서 이동하는 상품 또는 사람의 대안적 통행 방식

고에 집결된다. 실제 여러 교통수단의 결합이 나타난다. 운송을 위한 여러 가지 배송 방식이 결합될 때(규모의 경제를 추구할 때), 바코딩, 고주파식별(RFID) 같은 통신기술은 분류와 실시간 관리(상품배달을 위해 배송의 각 부분이 분리될 필요가 있을 때)에 사용된다.

복합교통의 대표적 사례는 물류(logistic) 시스템이다. 물류는 원료, 제조과정의 투입물, 비용 효율적인 완제품의 흐름을 계획하고, 추진하고, 관리하는 과정으로 정의되며, 생산지로부터 소비지까지의 정보관리를 의미한다. 물류에는 교통과 통신뿐만 아니라 저장 · 처리 · 관리 · 포장이 포함되고, 또한 디자인 · 제조 · 다른 부가가치 수단이 포함되는 경향이 있다. 제품주기 전반에 대한 대규모의 통합은 효율을 증가시킨다는 것이 물류의 핵심적 사고이다. 전통적으로 물류는 생산자로부터 유통업자를 거쳐 최종 소비자에 이르는 제품의 전방향 운송에 초점을 두었다. 오늘날에는 환경적 관심에 부응하면서 재사용, 재활용 또는 폐기를 위한 제품(그리고/또는 포장) 수집을 목적으로 **역물류**(reverse logistics)가 요구되기도 한다. 물류 서비스는 제3자 또는 제4자의 전문기업에 의해 제공된다. 물류 서비스업체의 일부는 과거 교통전문 분야로부터 시작되었고, 일부는 정보관리 서비스업체로부터 물류로 전환하였다. 일부 제조업체와 유통업체는 규모의 경제를 목적으로 기업 내부에서 물류를 처리하기도 한다. 비록 21세기 초반에 물류에 대한 아웃소싱이 비즈니스의 주된 경향이긴 하지만, 실제로 많은 기업은 자체적으로 그리고 외부업체를 활용하여 물류 서비스를 수행한다.

역물류 재사용, 재활용 또는 폐기를 위한 제품(그리고 제품의 포장) 처리 및 활동과 관련된 물류

비용, 가격, 입지

고정비용과 가변비용

교통과 통신은 가장 자본 집약적 산업이지만, 실질적으로 고정비용에 기초한 규모의 경제를 지향한다. 전형적으로 네트워크의 규모의 경제는 세제곱 법칙(cube-square law), 매스 리저브(massing of reserves), 무포장거래(bulk transactions)에 의해 계산된다(사례연구 2.1 참조). 텐뎀 트레일러 트럭과 슈퍼점보 에어버스의 사용은 필요한 노동력을 줄이고, 거대한 파이프라인과 대용량 탱크는 에너지 효율을 증가시킨다. 고정자본, 특히 자본 집약적 산업의 투자로서의 고정자본은 원금 회수에 많은 시간이 필요하다. 한 경로 끝의 운영비용을 터미널 비용이라 하는데, 환적비용(modal transfer)이 많이 소요될 수 있다. 소규모 적재 구획, 그리고 도로는 공공비용으로 건설되고 유지된다는 점은 트럭운송이 철도운송보다 고정비용이 낮음을 의미한다. 철도운송은 수백 또는 수천 킬로미터의 철로를 관리해야 할 뿐만 아니라 보다 정교하고, 보다 넓은 선적 면적과 시설을 필요로 한다.

운영비용은 활동의 정도에 따라 변화하는 가변비용이다. 교통에서 가변비용은 연료, 노동자 등에 대한 주행비용(line-haul cost)으로 쉽게 확인할 수 있으며, 이동거리가 멀어질수록 비용은 증가한다. 방송에서 가변비용의 변화 폭은 적은 편인데, 이는 방송 서비스의 수

준이 전체 방송지역에서 일정해야 하기 때문이다. 잘 조직화된 물류 시스템은 고객에게 초특급 배달, 손상 방지, 운송, 저장, 냉장 등과 같은 부가가치 서비스를 제공한다. 상품의 이동에서 고정비용이 높고, 터미널 비용이 적용될 수 있다는 것은 무게-거리당 평균비용이 거리에 따라 줄어듦을 의미한다. 일반적으로 기차, 선박 또는 바지선에 의한 상품 이동의 평균(또는 총) 교통비용은 거리에 따라 감소하는데, 이를 '**테이퍼링 효과**(tapering effect)'라 한다. 비교적 고정비용이 낮은 도로를 통한 운반에서 테이퍼링 효과는 상대적으로 덜 중요하다. 교통 서비스를 이용하는 소비자는 실제로 발생하는 비용만 지불하는 경우도 있고, 실제로 발생하는 것과 다른 비용을 지불하기도 한다.

테이퍼링 효과 거리에 따라 교통의 평균비용이 감소하는 것을 말한다.

기업이 가변비용에 따라 서비스를 제공하고, 가격을 부과하는 것은 관리상 힘들다. 이러한 거래비용을 축소하고자 서비스 제공자(기업과 정부)는 거리에 상관없이 일정한 비율을 부과한다(이는 서비스에 가깝게 위치한 소비자가 보다 멀리 위치한 소비자보다 상대적으로 더 많은 비용을 지불하는 것을 의미한다). 가격 책정의 방법 중에는 구간에 따르는 것이 있다. 전화, 택배, 우편 서비스는 대체로 구간별 가격 책정을 따른다. 교통 서비스를 효율적으로 제공하기 위한 대표적인 두 가지 표준화된 거래 방식은 **운임 · 보험료 포함가격**(cost, insurance, freight, c.i.f) 방식과 **본선인도가격**(free on board, f.o.b) 방식이 있다. 운임 · 보험료 포함가격 방식은 수출업자가 선적에 대한 보험과 운송비용뿐만 아니라 선박을 통한 배달비용을 지불하지만, 많은 고객을 확보함으로써 선적비용의 부담을 줄이는 규모경제의 추구 방식이다. 본선인도가격 방식은 보다 효율적인 교통비용의 책정을 위해 서비스 이용자가 운송비용을 지불하는 방식이다(육상운송 또는 철도교통의 이용자는 비용의 최소화를 원하지만 민간기업은 수익 지향적이고, '시장을 신경 쓰지 않고' 비용을 청구하는 경향이 있다).

운임 · 보험료 포함가격 수출업자가 선적에 대한 보험과 운송비용뿐만 아니라 선박을 통한 배달비용을 지불하는 방식

본선인도가격 서비스 이용자가 운송비용을 지불하는 방식

획일수송가격(uniform delivered pricing, u.d.p) 방식은 이동하는 거리에 상관없이 모든 고객에게 같은 비용이 청구된다. 한 국가의 우편요금은 이러한 방식을 따르는 대표적 사례이다. 구간가격(zonal pricing) 방식은 획일수송가격 방식을 확대한 것으로 버스회사가 사용하는 운임 책정의 방식이다. 반대로 기점가격제(basing-point pricing system)는 소비자가 상품의 실제 출발지에 상관없이 기준점으로부터 상품과 교통비용을 지불하는 방식이다. 한편, 이들 방식은 실제 발생한 교통비용을 지불하지 않는다는 점에서 다른 방식과 차이가 있다. 예를 들어 획일수송가격 방식에서 단거리 이용자는 실제 발생되는 교통비용보다 더 많은 비용을 지불해야 하며, 장거리 이용자는 덜 지불하게 된다. 이들 가격체계는 행정적으로 운영이 쉽고, 또는 거주지역에 상관없이 우편값이 책정되는 공공재의 합리성을 반영하기도 한다. 이런 맥락에서 교통비용의 가격 책정에서 어려운 점은 버스나 여객선의 운임비용을 어떻게 결정할 것인지, 또는 이들 서비스가 원거리에 위치한 사람에게도 제공되어야 하는지를 결정하는 것이다.

입지적 중요성

교통과 통신 네트워크는 막대한 고정비용이 요구되기에 접근성이 좋은 장소에 네트워크가 우선적으로 개발되는데, 이는 결국 접근성 좋은 장소의 지리적 집중을 강화한다. 이러한 경향은 자본 관성에 의해 더욱 강화되는데, 교통과 통신 네트워크의 재입지가 불가능한 것은 아니지만 어려운 점이 많다. 많은 고정비용이 요구되는 네트워크가 운영되기 위해서는 평균비용과 가격(또는 세금) 수준을 낮출 수 있는 충분한 수요가 필요하다. 그리고 (닭과 달걀의 관계처럼) 소비자 수요가 접근성에 의존한다는 점을 고려해야 한다. 일반적으로 관성 효과는 복합교통의 활용과 관련 분야의 경쟁에 의해 더욱 커진다. 복합교통을 위한 환승의 수요가 증가하면서, 항구 또는 공항 주변에 새로운 결절이 형성되는데, 이는 결절 내부 또는 결절들 사이에 존재하는 서비스 제공자들이 모두 수요가 많은 경로에 관심을 갖기 때문이다.

주요 결절로부터 원거리에 위치한 인구 희박지역은 수요가 비용을 충당하지 못하기 때문에 교통과 통신에 대한 투자가 힘들다. 동부 아프리카가 글로벌 광섬유 케이블 네트워크의 연결에서 마지막 장소가 될 것이란 점에 대해선 이견이 없다. 하지만 도로, 전기, 수도, 통신에 대한 접근은 시민의 권리로 인식되며, 발전을 위한 필수적(충분은 아니지만) 조건이다. 예를 들어 외딴지역에 건설되는 신규 고속도로는 경제활동을 자극할 수도 자극하지 않을 수도 있지만, 인간의 권리라는 측면에서 필수적이다. 이와 함께 환경적 외부성뿐만 아니라 막대한 고정비용, 개발의 중요성이 갖는 함의, 그리고 형평에 대한 관심은 정부로 하여금 교통과 통신 네트워크의 건설과 유지에 긴밀하게 개입하도록 한다.

네트워크 외부성과 공공재

경제활동에서 정부 개입의 정당성은 정부가 개입하는 것이 공공재일 때, 그리고 개발 · 효율 · 형평에 대한 장기적 측면의 외부성이 중요하게 고려될 때 확보된다. 정부는 도로를 건설하고 운영하는데, 이는 '무료'(납세자가 지원받는) 접근의 형태로 공평하고 긍정적 외부효과를 창출하고, 경제적 그리고 사회적 목적을 위한 상호작용을 촉진하기 위함이다. 고속도로 시스템은 민간기업에 의해 운영될 수 있는데, 이 경우 돈을 지불하지 못하는 사람은 이용이 불가능할 것이고, 만약 네트워크에 대한 접근이 제한된다면 사회 전체의 고통이 될 것이다. 시장경제는 철도에서 수로에 이르는 다양한 교통 네트워크가 어느 수준까지 정부가 소유하거나 규제해야 하는가에 대한 논의를 지속시키고 있다. 예를 들어 인터넷 서비스는 민간기업에 의해 공급되지만 형평성을 보장하기 위해 정부는 도서관과 같은 공공시설에서 자유로운 접근을 제공한다.

교통과 통신 서비스의 가격과 관련하여 가장 모호한 점은 도로, 하수도, 수도 또는 국영방송 네트워크 같은 공공재와 서비스 구축을 위한 재원을 어떻게 확보할 것인가에 대한 것이다. 신뢰를 원하는 정부는 이들 네트워크의 구축과 운영에 대한 비용을 합리적으로 제시할 수 있지만, 세금이란 간접적 수단을 통해 서비스비용을 지불하는 사용자는 그러한 비용이 납득이 가지 않을 때가 있다. 어떤 교통수단 또는 통신매체를 지원받을지는 국민이 받는 서비스의 수준에 따라 국가마다 다를 것이다. 예를 들어 미국 연방정부는 토지를 무상으로 제공하면서 철도건설을 지원하였고, 전화회사 AT&T의 탄생을 지원하였고, 주정부 간 고속도로를 건설하였다. 하지만 미국의 연방정부는 영국, 프랑스, 일본, 캐나다처럼 공영 라디오와 공영 텔레비전 방송을 설립하지 않았고, 철도와 항공을 직접 운영하지 않았다. 다른 한편으로 유럽과 일본은 고속도로 통행료를 운전자가 직접 지불하도록 한다.

많은 정부는 공공 서비스를 직접 운영하기보다 국영회사에 독점권을 부여하고, 시장 경쟁보다 조절을 통한 거버넌스를 지향한다. 그러나 1980년대 이래 시장 거버넌스와 신자유주의에 대한 신뢰가 증가하면서 많은 국영기업은 민영화되었고, 독점은 경쟁체제로 전환되었다. 하지만 도로와 고속도로 같은 부문에 대해서는 정부가 여전히 직접 통제하는 경향이 있다. 복합교통과 물류기업은 물리적 형태, 운영 원칙, 가격 구조 등에서 정부가 구축한 네트워크 내에서 운영해야 한다. 대부분의 교통수단과 미디어를 정부가 통제하는 이유는 이들 서비스에 대한 자유로운 접근이 이용을 자극하기 때문으로 정부는 공공재에 대한 접근과 사용을 관리할 필요가 있다고 인식한다.

교통과 통신에 대한 정부 개입은 네트워크 공급과 운영에서 부정적 외부효과를 막기 위해 필요하다. 교통과 관련된 부정적 외부효과의 분명한 사례 중의 하나는 대기오염일 것이다. 다양한 교통수단에서 사용되는 가솔린, 디젤, 석탄의 연소는 다양한 오염원을 배출한다. 비록 오염원의 배출 정도가 납과 같은 첨가물의 금지를 통해 줄일 수 있지만, 촉매 변환장치, 청정 연료, 개선된 엔진의 도입 등을 통해 온실가스 배출의 감소가 가능하다. 탄소 세금과 탄소 크레디트 거래는 민간기업들로 하여금 오염원 배출을 줄이고 오염에 따른 외부성의 비용을 자체적으로 해결하도록 자극하는 시장기반 규제에 해당한다. 다른 교통 관련 부정적 외부효과로 서식지 파괴, 혼잡, 소음, 수질오염, 외래종의 유입 등이 있다. 통신과 관련된 부정적 외부효과에는 경관의 훼손과 전기자기장에 의한 잠재적 건강의 위험이 포함된다.

교통, 통신, 스케일

네트워크는 서로 다른 지리적 스케일에 존재한다. 가장 기본적 구분은 국제와 국내 시스템 사이의 구분이다. 일부 국제 네트워크는 선박, 항공, 해저 케이블, 인공위성 등 장거리 네트워크이다. 다른 네트워크는 단거리 용도이거나 거리장벽이 낮은 것이지만, 관세와 규제 요건이 적용되는 무역장벽은 장거리 네트워크와 같을 것이다.

국가 경계 내에서 교통과 통신을 위한 수요와 공급 조건은 장소에 따라 매우 다를 수 있다. 많은 국가는 경제발전을 위한 선결조건으로 교통과 통신 인프라에 엄청난 자본을 투자한다. 항구와 운하, 도로, 철도, 파이프라인의 건설은 국제무역에서 경제적 활동과 참여를 독려하기 위한 국가의 필수적 선택이라 판단한다.

도시 간 네트워크

국제 그리고 국가 네트워크 간 연결은 글로벌 경제를 촉진하는 도시-지역(city-region) 간 무역을 촉진하기 때문에 중요하다. 이러한 네트워크에 연결되기 위해 한 국가의 네트워크는 국제 조약과 다른 국가의 규제를 따라야 한다. 예를 들어 캐나다 온타리오는 도로에서 큰 트럭의 통행을 허락할 수밖에 없었는데, 이는 미국의 주요 제조업지역에서 큰 트럭이 보편적으로 사용되었기 때문이다. 이는 국가마다 교통과 통신개발에 대한 자체의 역사가 있으며, 독특한 형태의 도시 간 교통수단의 혼합이 나타나고 있음을 의미한다.

북미의 경우 비록 내륙 수로, 해안운송, 파이프라인의 이용도 중요하지만, 철도는 부피가 크고 부가가치가 낮은 상품을 운반하는 주된 운송수단이다. 미국에서 트럭은 파이프라인과 선박이 운송하는 것만큼의 화물을 운송하며, 트럭이 운반하는 상품의 가격은 높은 편이다. 승객수송과 관련하여 대부분의 미국인과 캐나다인은 일상에서 이동할 때 주로 자동차를 이용하며, 철도보다 비행기를 더 많이 이용한다. 도시 간 철도는 미국의 동부해안에서 중요한 여객운송의 수단이며, 캐나다에서 철도를 통한 도시 간 통행은 전체의 약 1.5%에 불과하다.

유럽과 일본은 바다와의 근접성 때문에 대규모 화물이 선박으로 운송된다. 그렇지 않으면, 비록 유럽의 운하 시스템이 일부 운송을 담당한다고 하더라도, 두 지역의 경제는 육상 운송에 의존해야 한다. (일본은 내륙 운하가 없다.) 일본과 유럽 모두 도시 간 승객 수송의 상당 부분을 초고속 열차에 의존한다. 하지만 오늘날 열차는 다른 교통수단과 심한 경쟁에 직면하고 있다. 유럽은 고속도로 네트워크를 건설하였고, 도시 간 항공요금을 공항까지의 택시 요금 정도로 낮추었다. 일본은 산이 많은 섬들을 고속도로 네트워크의 이용이 가능하도록 터널과 다리로 연결하였다. 일본에서 비행기 값은 유럽 또는 북미에 비해 매우 비싸며, 일부 대도시 지역에서만 항공 이용이 가능하다. 하천과 운하교통의 문명을 창조하였던 중국은 21세기 경제를 발전시키기 위해 세계 최대의 초고속철도와 고속도로 네트워크를 건설하고 있다. 여전히 양쯔강과 황허강, 그리고 주장강 삼각주로 흘러드는 강들은 교통에서 매우 중요한 역할을 한다.

정부 소유권과 조절

다른 산업부문과는 달리 교통과 통신부문은 비록 정부 개입의 방식에서 시대적 차이가 존재하지만 여전히 정부와 밀접한 관계를 갖는다. 교통과 통신은 오랫동안 많은 경제부문을 서로 연결하고, 공공재로서의 필요성 때문에 정부가 소유하거나 또는 통제가 필요한 부문으로 간주되었다. 북미의 대륙횡단철도는 정부의 투자와 토지 제공이 없었더라면 건설되지 못했을 것이다. 또한 인터넷의 개발은 미 국방부의 고등연구기획국(ARPA)이 이론적 연구와 하드웨어 네트워크 비용을 제공하면서 가능하였다(사례연구 3.1). 영국과 미국의 개발수준을 따라가려 했던 대부분의 국가는 철도, 통신, TV, 항공 등의 부문에서 국영기업과 독점을 발전시켰다. 예를 들어 1950년대와 1960년대 대부분의 국가(미국을 제외한 145개 국가)는 국영항공사를 설립해야 하는 것으로 인식하였다. 1980년대 경제침체와 규모의 불경제는 전 세계적으로 정부 소유의 교통과 통신부문에서 급격한 투자 감소를 야기하였다. 캐나다 교통 시스템의 자유화는 1987년 '국가교통법'과 함께 시작되었는데, 이는 규제를 완화하고(예 : 항공 소유권 관련), 경쟁을 자극하고, 오타와 정책을 워싱턴 합의로 전환시키는 것이었다. 캐나다와 미국에서 벨 전화 시스템처럼 정부가 허용했던 통신의 독점은 사라지게 되었다. 이러한 독점의 붕괴는 급격히 진화하는 케이블, 디지털, 인터넷, 이동통신의 발전을 불러왔다.

정부가 통신 네트워크의 소유권과 관리를 포기하거나 직접 운영하지 않더라도, 이 분야에 대한 정부의 통제는 지속될 수 있다. 안전, 안보, 환경에 관한 오늘날 정부의 조절 역할은 과거보다 더욱 중요하다. 가령 철로, 신호, 하역 제한, 가연성, 독성 등에 대해서는 정부 통제와 감독이 필요하다. 항공 또한 항공교통통제 프로토콜과 안전검사로부터 기내 금연에 이르기까지 모든 규제에 대해 정부가 개입한다. 경우에 따라 국가의 통제가 치외법권의 영역으로 확대되기도 하는데, 미국 연방정부의 항공규제관리는 외국 공항에 있는 미국의 항공기뿐만 아니라 미국 공항에 있는 외국 항공기에도 적용되며, 사실 전 세계의 관리 표준이 된다. 인터넷의 경우 미국 정부는 도메인 명칭의 부여에 대한 통제권을 포기하였고, 국제관리기구가 이를 관리하게 되었다. 몇몇 글로벌 네트워크에 대하여 UN은 거버넌스에 개입하기 시작하였는데, 예를 들어 UN 산하의 국제해사기구(international marine organization, IMO)는 세계의 많은 선박회사들의 안전, 기술, 안보, 환경 이슈를 조정하는 역할을 한다. 한편, 기업들도 이동전화의 기술적 표준처럼 집단 협약을 통해 네트워크를 설립할 수 있다. 퀄컴이 이동전화 반도체를 위한 코드분할다중접속(CDMA) 표준을 만들었듯이 다른 표준들도 경쟁적으로 만들어지고 있다.

복합교통

도시 간 네트워크는 기본적으로 교통수단에 의해 작동된다. 대부분의 철도회사는 철로 운영에, 육상운송회사는 도로운송에, 항공회사는 항공을 통해 이동하는 승객과 화물에, 선박회사는 부피와 컨테이너에 초점을 둔다. 그러나 최근 복합교통과 교통수단 간 협력을 통한 통합 운영이 나타나고 있다. 예를 들어 북미 최대의 철도회사인 유니언퍼시픽은 대부분의 차량을 상품운반에 전문화시키고 있으며, 20%의 수익을 복합교통의 활용을 통해 얻고 있다. 유사하게 국제해운의 대다수는 원유, 가스, 화합물, 석탄, 밀 등의 상품운송을 담당하지만, 부가가치의 상당 부분은 수송, 선적, 하역과 같은 복합교통 서비스로부터 발생한다.

덴마크 회사인 마에르스크는 대륙 간 복합교통을 주도하는 몇 개의 기업을 이끌고 있다. 페덱스(FEDEX)와 UPS의 주요 사업도 복합교통을 통해 운영된다.

표준화된 컨테이너는 복합교통의 기초인데, 여러 교통수단 간 상품운송의 효율성이 가능해지기 때문이다. 환승이 선박에서 도로운송인지, 또는 비행기로부터 육상운송인지에 따라 다른 표준이 사용되고, 표준은 관련 산업의 협의를 통해 정해진다. 복합교통은 또한 승객에게도 중요하다. 예를 들어 항공교통의 이용자는 공항에서 도시로 이동하는 데 다양한 연결수단이 필요한데, 북미의 항공 시스템은 자동차 중심의 육상교통으로 주로 연결된다. 항공은 광대한 주차시설과 하차 구역을 갖추고 있을 뿐만 아니라 자동차 렌털 서비스도 발달시킨다(사례연구 13.3). 유럽과 아시아 공항은 철도를 통한 승객수송에 더 많은 초점을 둔다.

한 교통 네트워크가 한 교통수단 또는 몇 개의 교통수단을 활용하는지에 상관없이 전체 교통 네트워크에서의 협력은 주로 인터넷 기반의 통신에 의존한다. 오늘날 교통 비즈니스에서 가장 중요한 역할을 하는 회사들은 소프트웨어업체로부터 출발하였다. 교통, 통신, 상품, 사람, 정보의 흐름을 통합할 필요는 교통과 통신의 미래가 물류산업에 놓여 있음을 보여준다.

물류 전문가는 운송과 보관비용을 최소화하면서, 부품 공급과 조립이 제때에 가능하도록 하고, 환경적 영향을 줄이면서 전체 공급사슬을 조정한다. 이러한 회사들은 교통, 통신, 제3자 물류기업, 그리고 자체의 물류 시스템을 충분히 지원할 수 있는 거대한 생산업체와 유통업체를 포함한다. 물류기업들은 민간, 공공, 연합으로 구성되는 공동 네트워크에 그들의 활동을 통합시키고자 한다. 물류산업의 진화, 인터넷 기반과 GIS 통신기술의 정교화, 그리고 표준화된 박스의 단순화 등에서 기술은 중요한 역할을 담당한다.

산업 집중

자연독점과 정부 소유권은 신뢰를 약화시킬 수 있으나 산업의 집중을 높이기 위한 교통, 통신, 공공시설 부문의 활동에 이점을 제공한다. 복합교통 네트워크를 통하여 배송추적 시스템과 정교한 대규모 화물의 운반 시스템을 갖춘 페텍스와 UPS 같은 물류기업은 북미 육상운송산업이 집중되어 분포하는 데 큰 영향을 미친다. 비록 기업 차원에서 물류 역량의 개발이 요구되기도 하지만, 근본적으로 핵심 인프라 네트워크는 여전히 공공시설로서 제공되며, 도로와 고속도로가 공적 자금에 의해 운영되는 운송산업에는 상대적으로 비슷한 규모의 많은 경쟁자가 존재한다. 비록 모든 고객이 비행 스케줄에서 보다 편리함을 원하고, 화물수송 문제의 최소화를 원하지만, 항공산업은 직항에 의해 모든 도시를 연결할 수 없다. 정교한 통제 시스템은 비행기의 성능을 승객 수, 화물 운반, 스케줄 관리와 조화시킬 것을 요구한다. 이를 위해 항공사들은 지역 허브와 항공 네트워크를 구축하고 있으며, 다른 한편으로 항공사들의 협력과 통합을 추진하고 있다. 한때 가장 인기 있었던 미국의 항공산업은 현재 5개의 기업에 의해 주도되고 있다(델타 16.3%, 사우스웨스트 15.8%, 유나이티드

15.6%, 아메리칸 12.6%, 미국 에어웨이 8.4%)(http://www.transtats.bts.gov 2014년 6월 20일 접속). 국가의 규제와 정책은 전반적으로 합병을 원하지 않으며, 최근 쟁점으로 부상한 것은 글로벌 스케일의 항공사들의 협력과 통합이다. 항공사들은 협력을 통해 글로벌시장을 주도하는데, 스타 에어라인, 스카이팀, 원월드는 대서양과 태평양을 횡단하는 항공교통의 약 80%를 통제한다. 네트워크 산업에서 과점(oligopoly)의 경향은 자동차 렌털산업에서 보편적이다. 네트워크의 필요성이 산업의 집중을 야기하고 있는지, 그리고 네트워크에서 기업의 합병이 소비자를 위한 것인지는 좀 더 지켜봐야 할 것 같다.

도시 내 네트워크

주요 도시에서 교통과 통신을 위한 시장의 규모와 집중은 대규모의 도시 간 비즈니스가 유지되는 규모의 경제를 제공한다. 도시는 고객이 선택할 수 있는 다양한 케이블, 이동전화, ISP 제공자를 보유하고 있다. 기업은 배송 서비스를 직접 운영하거나, 또는 여러 유통 전문업체에게 아웃소싱할 수 있다. 실제 다양한 선택이 가능할 것이다. 도시공간은 상대적으로 경제적 효율성이 높은 네트워크로 채워져 있고, 도시경제의 이점을 누리기 위해 네트워크 개발이 지속된다. 즉, 서로 중첩되고 효율적인 네트워크의 민간 · 공공개발이 신중하게 고려되고 있다. 가장 중요한 점은 접근성과 이동성의 형평을 위한 사회적 그리고 경제적 측면의 기초수요를 충족시키고, 도시 형태에 맞는 교통 시스템을 고려하고, 혼잡과 오염의 외부효과를 고려하는 것이다.

접근성

직장, 상점 또는 다른 활동의 공간을 이동할 수 있는 능력인 이동성은 접근성과 같이 나타나는 것처럼 보인다. 그러나 이는 항상 그렇지는 않다. 예를 들어 자동차 이용에 의한 이동성 증가는 직장과 상점이 보다 원거리에 입지하도록 하며 도시기능의 집중을 가져온다. 결과적으로 과거에 일을 목적으로 로컬의 상점 또는 장소를 도보로 이동했던 사람은 이제는 일하거나, 상점에 가거나, 사회적 관계를 위해 보다 먼 거리를 이동해야 한다. (많은 사람이 사이버공간에서 사회화되고 있음은 놀랄 일이 아니다.) 이러한 활동의 공간적 분리는 형평의 이슈를 제기할 수 있다. 자동차 또는 편리하고, 이용 가능한 대중교통의 부족은 경제활동에 참여하려는 사람들의 역량을 심각하게 제한할 수 있으며, 쇼핑과 같은 필수적 행동에 대하여 통행 가격을 유발하고(또는 지역 구매자에서 프리미엄을 제공하거나), 사회와 여가 활동의 기회를 줄일 수 있다. 단순히 형평의 문제가 아니라 참여의 부족은 전반적으로 경제발전을 저해할 수 있다.

접근성은 다음의 수식에 의해 구할 수 있다.

$$A_j = \sum_j O_j d_{ij}^{-b}$$

여기에서 A_i는 사람 I의 접근성이며, O는 어떤 사람 i의 집으로부터 거리 j에 대한 기회의 수이며, d_{ij}는 이동시간, 비용, 또는 거리에 대한 i와 j 간 분리의 정도이다. 같은 식은 A_i를 장소로 그리고 O_j를 장소에서 이용 가능한 기회의 수로 정의하면서, 한 장소로부터 다른 장소로의 접근성을 측정하기 위해 사용될 수 있고, b는 접근성이 거리에 따라 감소하는 비율이다.

현대 도시에서 도시공간을 따라 분포하는 인구는 주거지와 상업지구의 분산에 따른 이점을 얻는다(예 : 어메니티, 고객 접근, 낮은 임대료). 이러한 원심적 힘에 반대되는 것은 사람과 경제활동이 모두 한 중심지에서 구입될 때 편리함과 내부 규모경제의 효과가 나타나는 구심적 힘이다. 대부분의 도시는 주요 교통축과 연결된 하나의 지배적 결절을 갖거나 차하위 결절의 네트워크를 갖는다. 주요 교통축은 스스로 경제활동을 유인하는 경향이 있지만, 만약 대기와 소음공해 같은 부정적 외부효과가 편리함을 넘어선다면 교통축의 비즈니스는

사례연구 13.3 | 도시 혼잡비용

도시 혼잡은 통근자 삶의 질에 영향을 미치며, 환경적 비용(격자식 도로망이 에너지를 낭비하고, 온실가스를 발생시키고, 통행자의 '누수시간'에 의한 경제적 비용을 부과하면서)을 부과하고, 새로운 비즈니스의 투자를 위축시킨다. 하지만 도시 혼잡비용을 예측하기란 쉽지 않다. 캐나다에서 도시 혼잡에 대한 첫 번째의 체계적 분석은 2002년 9개 도시를 대상으로 캐나다 교통국이 의해 수행하였고, 최근의 연구는 2006년에 수행되었다.

도시에서 혼잡의 연간 총비용(2006, 백만 달러)

도시지역	50% 도달 범위($)	70% 도달 범위($)
퀘벡 시티	63	108
몬트리올	697	910
오타와-가티노(전체)	220	380
토론토	1,298	2,014
해밀턴(전체)	13	37
위니피그	73	125
캘거리	149	180
에드먼턴	85	120
밴쿠버	518	755
총 도시 면적	**3,116**	**4,629**

출처 : Transport Canada Study: The Cost of Urban Traffic Congestion in Canada, Ottawa: Transport Canada 2012. See http://www.comt.ca(2014년 7월에 접속).

타격을 받을 것이다. 이처럼 결절과 교통축은 토지의 경제적 이용을 위한 활동의 집중을 야기하면서 분산을 약화시키지만, 활동의 집중에 따른 문제 또한 발생시킨다.

예를 들어 교통 혼잡은 공공재로서 도로 이용의 비효율성을 가져오고, 운전자의 시간비용을 증가시킨다는 점에서 부정적 외부성에 해당한다(사례연구 13.3). 대개 혼잡은 도시의 중심으로 향하는 교통축을 따라 발생한다. 도쿄, 오사카, 뭄바이 같은 대도시에서 수송 능력의 300% 이상으로 운영되는 도시철도 노선의 존재는 이상한 것이 아니다. 통근자들은 서비스 지연으로 질병 전염의 가능성이 증가할 수 있다는 걱정을 하기도 한다. 도로와 환승 시스템처럼 과다통행을 야기하는 공공재 문제의 핵심은 부가적 사용을 자극하는 용량의 증가이다. 많은 도로의 이용으로 인한 공기오염과 전철운송을 위한 전력의 공급은 교통 혼잡에 의해 더욱 악화된다. 교통과 통신시설은 주차장과 정원으로 이용될 수 있었던 땅을 차지하면서 근린지구를 교란시키기도 한다.

이 연구에 따르면 전 세계적 수준과 비교할 때 캐나다 도시의 교통정책이 잘 수행되고 있는 것은 아니다. 2011년 밴쿠버는 세계에서 가장 살기 좋은 도시의 1위 자리를 잃게 되었는데, 주된 이유는 증가하는 교통 혼잡 때문이었다. 토론토 또한 비슷한 수준의 글로벌 도시 중에서 교통 혼잡 때문에 순위가 낮아졌다.

이 연구에서 캐나다 교통국은 주로 '엔지니어링' 접근에 초점을 두면서, 최대 혼잡 시간의 지속, 이동 목적, 단위당 연료비, 시간의 가치, 단위당 녹색가스 완화비용 등과 같은 혼잡에 직접적 영향을 미치는 요인을 분석하였다. 혼잡비용은 고속도로에서 기대되는 자유 흐름 속도의 50, 60, 70%에 따라 측정되었다. 예를 들어 시속 100km 주행이 허락되는 고속도로에서 70km 또는 그 이하의 속도는 혼잡한 것으로 간주되었다. 이 연구가 밝힌 것은 이 기간 동안 도시 혼잡비용의 90% 이상은 자동차 이용자가 잃게 되는 시간의 가치로부터 산출되었고, 나머지 비용은 소모된 연료(약 7~8%)와 온실가스 배출(약 2~3%)의 가치로부터 산출되었다. 총 31~46억 달러로 예상되는 이러한 혼잡비용이 매우 많다고 보일 수 있으나, 사실 이 비용의 산출에는 단발성 혼잡(예 : 악천후, 사고, 고장난 차로 인한 혼잡), 화물운송, 피크 타임 이외의 혼잡, 소음과 스트레스 같은 다른 혼잡 관련 비용이 포함되지 않은 것이다.

베이징은 개인 자동차 소유자가 1985년에는 거의 없다가 2014년 5백만 명으로 증가하면서 교통 혼잡에 대한 걱정이 가장 심한 곳이 되었다. 개인의 차 소유가 급격히 증가하면서 도로 네트워크에서 육상교통의 혼잡은 한계 수준에 도달하고 있다. 2010년 9월, 미디어는 일부 통근자들이 지속적인 교통체증에 시달림을 보도하였다. 베이징은 자동차 면허증에 대한 추첨제를 도입하고, 2016년까지 6백만 대에 한하여 면허를 발급하기로 결정하였다.

도시 혼잡, 그리고 혼잡으로 인한 영향을 줄이는 것은 선진화된 대중교통 시스템으로 운영하고 있는 도시에서도 힘든 과업이다. 2003년 영국의 런던은 번호판 자동인식 시스템을 사용하면서 중심부로 진입하는 모든 차량에 교통 혼잡 세금을 부과하였고, 비용을 지불하지 않는 경우 벌금을 부과하였다. 이러한 이슈를 다루는 것은 도시마다 우선시하는 정책이 다르며, 도시들은 서로 정보를 교환하면서 해결책을 모색하기 때문이다. 예를 들어 브라질의 쿠리치바는 탑승과 매표 시스템을 갖춘 버스 대중교통 시스템을 개발하였고, 일반 도로에서 낮은 비용으로 이용 가능한 지하철과 같은 효율성을 갖춘 버스전용 도로를 개발하였다. 쿠리치바와 유사한 교통 시스템이 광저우, 자카르타, 시카고와 같은 도시에서 채택되었다.

토지이용 계획

토지이용 계획은 위에서 살펴본 문제들을 해결하기 위한 목적으로 시행되지만, 계획의 시행으로 새로운 공간에서 이와 유사한 문제가 재생산되기도 한다. 초기 산업도시들은 방사형의 패턴으로 개발되었는데, 왜냐하면 경제활동이 도심 일대에 집중되었기 때문이며, 또한 전차(당시 최고의 교통기술)는 도심지역 중심에 정류장이 있는 것이 가장 효율적이었기 때문이다. 기술과 경제의 발전과 함께 자동차 이용의 확산으로 도시계획은 방사형 패턴에서 벗어날 수 있게 되었고, 다중결절의 패턴이 발달하게 되었다. 이러한 결절의 계획, 그리고 무엇보다 결절의 경로에 대한 접근 계획은 신중한 주의가 필요하다. 북아메리카 도시계획가들은 토지이용의 분리를 강력하게 선호하고, 자동차 중심의 통행에 의한 연결을 추구한다. 이로 인하여 대규모 거주지역이 개발되고, 보행 중심의 쇼핑센터는 부족하지만 잠깐 운전하면 쇼핑센터에 도달하도록 설계된다. 때때로 도시계획에서 거주지 개발이 먼저 이루어지고, 다음으로 상업지구와 산업센터가 뒤를 잇는다. 쇼핑센터에 입지하는 사업체는 적정 수준의 임대료를 지불하는 이점, 그리고 원하는 종업원을 쉽게 고용하는 이점을 갖는다. 이와 달리 상업지구 또는 산업개발이 우선시되는 경우 거주지 커뮤니티가 동반하여 개발된다. 집적경제는 이들 센터의 활성화에 기여하고, 반면에 입지지대 곡선은 주거기능이 낮은 수준에서 유지되도록 한다. 이런 방법으로 중심도시로부터 스프롤이 나타나고, 교외와 다핵심 구조가 형성되며, 대개의 경우 에지시티의 구조가 계획된다.

북아메리카의 도시계획 또는 교외화는 가족단위로 분리된 주택을 문화적 규범으로 인식시키는 데 성공하였고, 주택이 자동차처럼 가족의 자본 형성의 수단이 되도록 하였으며, 상업과 산업기업들이 낮은 임대료로 적절한 노동력을 구할 수 있도록 하였고, 낮은 가격으로 쇼핑센터와 대형 쇼핑센터의 이용이 가능하게 하였다. 하지만 교외화는 많은 직접(기회)비용이 필요하고, 또한 이러한 도시구조가 가져오는 부정적 외부효과가 발생할 수 있다. 도로, 설비(하수도, 전기, 케이블, 인터넷 등), 학교, 주거, 상업, 산업기능을 위한 인프라와 서비스를 제공할 때 직접비용이 발생한다. 이들 인프라와 서비스 공급은 상당한 자원과 에너지 사용을 유발하고, 건설과 운영 과정에서도 많은 비용이 발생한다. 분산된 도시구조와 자동차에 대한 의존은 공동체의 파괴로부터 비만에 이르기까지 다양한 악영향을 야기한다. 빈곤 또는 다른 요인에 의해 격리된 지역의 거주자는 직장까지 공공 또는 민간이 운영하는 대중교통을 이용하기 힘들다. 또한 이러한 신개발지역은 도시 혼잡의 문제를 해결해주지 못한다. 신개발지역까지 접근하는 도로건설의 비용은 알려지지 않거나 사용자에게 직접 부과되고, 신규 도로건설의 필요성이 늘 존재한다. 또한, 도로의 수가 증가하면서 자동차와 운전자의 수도 증가하게 된다.

북아메리카와 유럽에서 압축도시(compact city)를 건설하기 위해 교외계획의 핵심정책으로 고려된 것은 '스마트 성장'이다. 스마트 성장은 토지의 혼합 사용을 강조하고, 대중교통 중심의 개발을 지향한다. 이와 함께 스마트 성장은 에너지의 분산과 쓰레기 재생을 강조하고, 녹색공간을 증가시키고, 자원을 보존하고, 거주 형태의 혼합(예 : 소득, 종족성 등에 의해 분리되지 않는)을 증가시키면서, 보다 보행자와 자전거 친화적 도시 시스템을 구축하고자 한다. 공동체의 개발과 운영에서 사회적 자본의 확대와 시민 참여는 스마트 성장의 야망을 실현하는 핵심이다. 의심할 여지 없이 스마트 성장과 압축도시 아이디어는 도시를 지나치게 고밀도로 만들거나 교통 지향적이지 않도록 하는 데 영향을 미친다. 신 · 구의 저밀도 주거지역은 스마트 성장을 통해 이익을 볼 것인데, 주거지역 내에 상업시설이 허용될 것이고, 넓은 도로에 자전거 도로를 설치하는 것은 어렵지 않기 때문이다. 한편, 지하철이 존재하는 곳에서 스마트 성장과 압축도시의 아이디어를 적용하기는 힘들 것 같다. 또한 편리와 시간의 비용을 비교하면서 자가용 이용자를 대중교통을 이용하도록 설득하는 것도 힘든 일이다. 무엇보다 스마트 성장은 커뮤니티 내 활력을 불어넣으면서 혼합토지의 이용과 통근시간의 단축을 주장하지만, 직장을 한곳에 집중시키고 주거기능을 다른 곳에 위치시키는 외부경제와 입찰지대 곡선의 효과를 극복하기는 힘들 것이다. 또한 이러한 문제가 교외지역에만 국한되지는 않는다. 도심은 밀도화(densification)가 진행되면서도 환경개선(amelioration)을 통해 오히려 매력이 커지고 있으며, 부자들의 교외 거주의 선호 그리고 도시에서 일해야 하는 많은 사람이 있기에 결국 장시간의 통근은 불가피하다. 직장과 가정의 균형은 채택하거나 계획하기 쉽지 않다. 밴쿠버의 사례가 보여주듯이 자동차 중심의 도시 시스템 속에서 스마트 계획과 밀도의 균형을 맞추기는 힘든 일이다.

교통 네트워크와 환경

교통 네트워크에 의한 부정적 외부성에는 공기 · 토양 · 수질의 오염, 서식지 손실, 그리고 매년 전 세계적으로 백만 명 이상 발생하는 교통사고 사망자 등이다. 아마도 가장 큰 문제라면 온실가스 발생의 주된 요인이 교통부문에 의한 것이란 점으로 전력생산과 비교할 때 부정적 영향력이 크다.

석유는 교통부문에서 사용하는 연료의 95%를 차지하는데, 비록 석유 이용의 효율성이 제고되었지만, 지구온난화를 방지하고 교통의 사회경제적 이익을 유지하기 위해선 효율성 제고와 대체에너지의 개발이 긴급한 실정이다. 석유 사용의 감소는 선진국을 중심으로 이루어져야 할 것인데, 선진국에서 전 세계 교통연료의 대부분이 사용되기 때문이다. 세계는 점차 발전과정에 있기에 향후 화물과 승객 통행에서 엄청난 증가가 나타날 것으로 보인다. 중국은 이제 자동차의 최대 생산국이자 자동차의 가장 큰 시장이 되었고, 중국의 항공여행산업은 두 자릿수의 증가 속도를 보이고 있다. 교통수단별 에너지 소비를 살펴보면, 고속도로 주행이 가장 많은 에너지를 사용하고 있으며, 탄소 배출이 가장 많다(그림 13.2 참조).

교통의 환경적 영향을 줄이고자 많은 기술이 개발되고 있다. 자동차의 경우 개발되고 있는 신기술에는 바이오연료, 혼합연료 자동차, 수소 생산 · 연료전지 자동차, 배터리 개선,

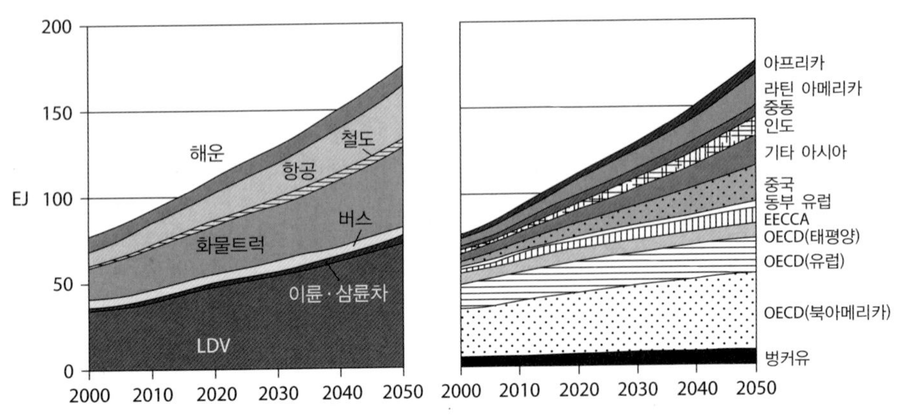

그림 13.2 수단과 지역별 교통 에너지 소비의 추이

주 : EJ=에너지(joules), EECCA=동부 유럽 · 코카서스 · 중앙아시아, LDV : 경량자동차

출처 : Metz, B., O.R. Davision, P.R.Bosch, R.Dave, and L.A.Meyer(eds.), *Contribution of Working Group III to the Fourth Assessment Report of the Intergovernmental Panel on Climate Change*, 2007. Cambridge University Press. Cambridge, United Kingdom and New York, NY, USA. Figure 5.3 http://www.ipcc.ch/publications_and_data/ar4/wg3/en/ch5s5-2-2.html

전기자동차 등이 포함된다. 선박 선체와 엔진은 재디자인되고 있으며, 항공기는 보다 효율적인 엔진과 복합재료의 사용이 고안되고 있다. 통신의 혁신적 사용 또한 중요한데, 지능형 교통 시스템은 혼잡과 오염을 줄이면서 통행 흐름을 개선하며, 통신과 원격기술은 도로의 실제 자동차의 수를 줄일 수 있다. 온실가스를 감소시키기 위해 주거 밀도를 높이기 위한 토지이용의 변화, 대중교통과 비동력 수단의 제공, 통근거리와 시간의 축소가 제시되고 있다. 이러한 변화를 성취하기 위해 정부는 비록 대중이 좋아하지 않더라도 이를 추진할 수 있는 정책(예 : 가격에 교통 외부성의 비용을 포함시키는 것)과 정치적 의지가 필요할 것이다.

교통과 통신 시스템의 재디자인에서 중요한 사항은 네트워크 운영이다. 효율적 네트워크는 결절 사이의 연결성, 시스템을 통한 접근성, 편의시설의 보완성을 요구한다. 정보가 인터넷을 통하여 자유롭게 흐를 필요가 있듯이, 자동차와 트럭은 도로 시스템을 통하여 자유롭게 이동할 수 있어야 한다. 교통과 통신 네트워크 각각은 상품, 사람, 정보가 하나의 수단에서 다른 수단으로 이동하는 복합교통의 일부가 되어야 한다. 복합교통 시스템으로 통합되는 신기술의 개발과 실천은 경쟁력 제고에서도 중요할 것이며, 또한 정부, 비즈니스, 산업연합, 비정부기구, 소비자 사이의 협력도 중요하다. 예를 들어 전기자동차의 보급은 표준화된 충전시설의 인프라 네트워크뿐만 아니라 전 세계의 주요 자동차회사들의 합의된 노력이 필요하다. 세계의 자동차 생산자들은 온실가스 배출이 낮은 자동차를 개발할 수 있지만, 이런 급진적 변화를 위해서는 공식적인 국제협정이 필요할 것이며, 개별 국가는 탄소 세금을 부과하거나 또는 환경에 대한 무임승차를 허락하지 않는 다른 조치를 필요로 할 것이다.

결론

교통과 통신 네트워크는 사회가 구축하는 가장 큰 인프라 투자이며, 이들의 운영은 경제적 성과를 위해 중요하다. 교통과 통신 시스템에 투입되는 비용은 일반적으로 경제활동을 활성화시키는 거리 마찰의 축소효과를 통해 충분히 확보된다.

상보성, 양도성, 개입기회는 공간에서 발생하는 경제활동을 위한 기본 조건을 규정한다. 이러한 원칙에 기초하여 네트워크의 연결성과 효율성은 단순한 두 결절 간의 관계로부터 복잡한 결절들의 상호작용의 위계적 수준에서 분석될 수 있다. 정부 계획가는 이러한 분석을 토대로 시민, 사업체, 정부활동에 대한 보다 공정하고 저비용의 접근이 가능한 계획을 수립할 수 있을 것이다. 교통과 통신 서비스 업체들은 자신의 고유한 네트워크를 개발하기 위해 이러한 분석을 사용하거나, 또는 공공과 민간 양식을 결합하는 효율적 수단으로 활용하고자 이러한 분석을 사용하기도 한다. 예를 들어 애플리케이션 지도 작업은 사람을 원하는 장소에 배치하고자 유사한 소프트웨어를 사용한다.

경제적 상호작용이 효율적인 교통과 통신에 의존하기 때문에 정부는 이들에 대한 적절한 이용을 보장하려고 하며, 또한 부정적 외부효과를 최소화하기 위해 다른 산업부문에 비해 적극적으로 개입하는 경향이 있다. 물론 민간에 의해 운영되고 사용되는 네트워크에 정부가 어느 정도 영향을 미쳐야 하는지는 논란의 여지가 있다. 이러한 논란에 대응하고자 공공과 민간 거버넌스 간 상호작용이 도시 자체, 그리고 도시 간에 작동되고 있다. 도시 간 강조되는 거버넌스는 효율적인 네트워크의 연결이며, 도시 내에서 강조되는 거버넌스는 네트워크에 대한 공평한 접근과 환경적 지속가능성의 제고에 대한 것이다.

연습문제

1. 여러분이 살고 있는 지역에서 10개의 도시, 읍, 마을에 대한 도로 네트워크와 출발-도착 그래프의 위상학적 지도를 작성하라. 사이클로매틱 수치와 베타 지수를 계산해보자.
2. 여러분의 강의실에서 얼마나 많은 학생이 등하교 시 대중교통을 이용하는가? 카풀, 자전거, 도보 또는 자동차 운전은 어느 정도인가? 이러한 패턴은 출발지의 위치에 따라 달라지는가? 여러분은 변화하는 추세를 알고 있는가?
3. 모든 시민은 (사실상) 그들이 살고 있는 지역에 상관없이 어떤 형태의 대중교통 서비스를 받아야 한다고 생각하는가?
4. 여러분의 이메일과 문자 메시지를 지리적 거리(로컬, 지역, 국가, 국제)에 따라 분석하라. 거리조락이 나타나거나 또는 거리의 지배가 제거되었는가?
5. 도시의 버스교통 서비스는 민간과 공공 중 누구에 의해 운영되어야 하는가?
6. 여러분의 커뮤니티는 자동차와 대중교통의 환경적 영향을 줄이기 위해 어떻게 노력하는가?

핵심용어

개입기회
거리조락
결절
교통수단
네트워크 외부성(네트워크 효과)
베타 지수
본선인도가격
사이클로매틱 수치
상보성
양도성
역물류
연결성
우회성
운임 · 보험료 포함가격
위상학적 지도
테이퍼링 효과

추천문헌

Behan, K., Maoh, H., and Kanaroglou, P. 2008. "Smart growth strategies, transportation and urban sprawl: Simulated futures for Hamilton, Ontario." *The Canadian Geographer* 52: 291-308.
도시 내 접근성에서 도로 네트워크의 영향에 대한 토론과 미래 시나리오에 대한 개요

Black, W. R. 2003. *Transportation: A Geographical Analysis*. New York: Guilford Press.
교통지리학 분야의 매우 우수한 입문서

Bunting, T. and Filion, P. 2006. *Canadian Cities in Transition: Local Through Global Perspectives*. Don Mills, Ont: Oxford University Press.
도시 간 그리고 도시 내 네트워크 이슈를 논의하는 캐나다 도시의 안내서

Hanson, S., and Giuliano, G. 2004. *The Geography of Urban Transportation*. New York: Guilford Press.
접근성과 지속가능성을 강조하는 도시교통의 지리학에 대한 핵심 안내서

Hensher, D. A. 2004. *Handbook of Transport Geography and Spatial Systems*. Kidlington, Oxford, UK: Elsevier.
우리가 직면하는 많은 문제에 대한 함축적 해결 방안을 다룬다.

Kellerman, A. 2002. *The Internet on Earth: A Geography of Information*. Hoboken, NJ: J.Wiley.
인터넷이 지리를 어떻게 변화시키는지에 대한 선구적 논의

Knowles, R. D. 2004. "Impacts of privatizing Britain's rail passenger services-franchising, refranchising, and ten year transport plan targets." *Environment and Planning A* 36: 2065-87.
주요 민영화 체제의 지리학적 그리고 다른 측면의 영향에 대한 조사

Kobayashi, K., Lakshmanan, T. R. and Anderson, W. P. 2006. *Structural Change in Transportation and Communications in the Knowledge Society*. Cheltenham: Edward Elgar.
다양한 운송수단과 상황에서 네트워크를 다루는 몇 가지(상당히 기법 중심의) 논문

McCalla, R. J., Slack, B. J., and Comtois, C. 2004. "Dealing with globalization at the regional and local level: The case of contemporary containerization." *The Canadian Geographer* 48: 473-87.
육상수송보다 해양수송에서 더 많은 협력관계가 전개됨을 강조하면서, 컨테이너 운송업체가 직면하는 도전에 대해 논의한다.

Rodrigue, J. P. Gomtois, C., and Slack, B. 2013. *The Geography of Transportation Systems*. London: Routledge.
현장을 소개한 우수한 연구로 특히 물류, 복합교통, 환경적 이슈에 대한 내용이 우수하다.

참고문헌

Innis, H. A. 1946. *Political Economy in the Modern State*. Toronto: Ryerson.

제14장

소비

소비자로부터 시장과 생산자에 이르는 흐름은 인정된 순서로 설명된다. 하지만 우리는 이러한 순서가 유지되지 않는 것을 보아왔다. 우리는 기업에 대한 통제 수단을 잃었고… 그 반대가 되었다. 성숙한 기업은… 자신이 결정한 값에 소비자가 구매하도록 마케팅하는 수단을 갖게 되었다.

(Galbraith 1967 : 211)

이 장의 목적은 소비를 가치사슬(그리고 주기)의 경제지리에 통합시키는 것이다. 가치사슬의 제도가 어떻게 소비를 형성하고, 또한 소비에 의해 가치사슬이 어떻게 형성되는지를 제시하고자 한다. 주요 내용은 다음과 같다.

- 사회적 활동으로서, 그리고 생산의 원인과 결과로서 소비에 대해 탐구한다.
- 소비자 선택에 대한 대안적 이론을 탐색해본다.
- 광고와 인터넷의 영향을 포함하여 소비가 어떻게 공간을 통해 형성되는지에 대해 이해한다.
- 소비의 장소로서 가정/집에 대해 이해한다.

이 장은 3개 절로 구성된다. 1절은 특히 가정에 초점을 두면서 소비자, 그리고 소비자 선택의 본질에 대한 다양한 이론을 검토한다. 2절은 '**공간 확산자**(space pervaders)' 그리고 '**넷탐색자**(netvigators)'가 어떻게 공간에서 수요에 영향을 미치는지 살펴보며, 3절에서는 소비를 둘러싼 일부 비판적 사회 이슈를 포함하여 공공과 사적 공간에서 소비의 특성을 살펴본다.

공간 확산자 공간을 통해 메시지를 확산하면서 소비자를 설득하려는 광고업자들

넷탐색자 상품과 서비스를 인터넷에서 탐색하는 소비자

소비의 지리적 차이

소비 개인 또는 가정용으로 재화 및 서비스를 구매하는 것

모든 가치사슬의 끝은 소비(consumption)인데, 이를 반영하듯 이 책의 마지막 장이 소비로 되어 있다. 그러나 무엇이 생산될 것인지를 소비자의 수요가 결정한다는 것은 또한 소비가 가치사슬의 시작임을 의미한다. 상품의 재활용과 재사용이 중요시되는 것은 가치사슬의 시작과 끝이 점차 가치주기로 서로 연결됨을 의미한다(제11장 참조). 게다가 소비는 경제 시스템에서 핵심적 역할을 한다. 케인스 이래 경제학자들이 강조해왔듯이 총체적 수요는 투자, 생산 수준, 비즈니스 사이클의 상태와 긴밀한 관계를 갖는다. 이러한 관계는 소비자가

너무 많이 소비하고 가격을 상승시킬 때 인플레이션으로 표현되며, 소비자의 소비가 생산과 고용 수준을 유지하지 못하는 선으로 떨어지면 침체로 표현된다(제6장 참조). 시간이 흐르면서 수요의 변화는 생산의 변화를 가져왔다. 게다가 소비는 제품에 대하여 시장이 원하는 것이 무엇인지를 알려주면서, 오늘날 소비자의 피드백은 기업 운영의 환경적 그리고 사회적 기대치를 대변하기도 한다. 하지만 개인으로서 소비자는 '주도권'을 갖지 못하며, 그렇다고 소비자의 선택이 단지 개인적 취향에 의해서만 결정되는 것도 아니다. 소비란 사회화되는 경험적 활동이라 할 수 있는데, 소비자는 소비의 선택을 통해 소비에 영향을 주고, 기업은 상품과 서비스를 생산하면서 소비를 생성하고, 정부는 경제침체 때는 소비를 장려하고 인플레이션 때는 소비를 축소하는 정책을 통해 소비를 조절한다. 심지어 배스 낚시와 같은 여가활동은 소비와 생산 간 상호작용의 복잡성을 잘 보여준다(사례연구 14.1).

사례연구 14.1 | 배스 낚시

© Jim West/Alamy

배스 낚시는 대중적 스포츠임과 동시에 거대한 비즈니스이다. 미국에서만 약 3,000만 명의 낚시광(약 20%는 여성)이 매년 200억 달러의 시장을 만든다. 낚싯대와 낚시도구, 어류와 수심 측정기의 구매는 고가의 제품에 비하면 저렴한 소비이다. 사진에서 보는 것처럼 전문 '낚시배'는 마력에 따라 달라지지만, 약 40,000달러 정도이다. 이 밖에 교통비용, 낚시여행과 시합을 위한 숙박비용이 추가로 든다. 아마추어는 각 대회에

(계속)

참여할 때마다 1,000달러 이상의 비용이 들며, 프로의 경우 2,000달러 이상이 든다. 이러한 행동을 어떻게 설명할 수 있을까?

분명히 배스 낚시는 자체의 목적, 만족, 그리고 정체성을 갖는다. 그러나 실제로 낚시는 단지 경험의 일부일 뿐이다. 장비는 기쁨이요, 윤기 나는 강력한 배는 물고기가 물지 않는 날에도 낚시를 충동한다. 낚시철이 지나면 낚시와 관련하여 읽어야 할 책과 비디오가 있다. 무엇보다 낚시는 친구와 가족과 함께 즐기는 사회적 활동이다.

물론 물고기가 없다면 누구라도 낚시하지는 않을 것이다. 배스(몇 가지 종이 있는)는 북아메리카 종이지만, 스포츠로서 낚시는 매우 인기가 있어 세계 약 60개 이상의 국가에 도입되었고, 모든 곳은 외래종의 도입에 따른 환경문제를 안고 있다. 배스 낚시는 소비자의 행위와 함께 소비의 글로벌 경제공간으로의 확대라는 복잡성을 보여준다.

지리학은 생산자와 소비자의 공간적 관계에 관심을 갖기에 소비를 이해함에 있어 지리학은 매우 중요하다. 생산은 장소(대개 장소들의 연속)에서 규모의 경제와 범위의 경제를 필연적으로 발전시키고, 공간을 가로질러 소비의 장소까지 유통을 필요로 한다. 가정을 포함한 소비 주체(나이트 클럽, 피트니스 클럽 같은)의 공간은 생산의 공간보다 훨씬 많다. 부분적으로 함몰비용 때문에, 다른 한편으로는 성장을 위한 욕망 때문에, 생산자는 항상 소비자가 말하는 것을 귀담아 들으려고 할 뿐만 아니라 소비자에게 자신들이 제공하는 것을 그대로 사용하라고 말한다. 이러한 이유 때문에 서비스의 지리(제12장 참조)는 두 가지의 지리적 특성에 대한 이해를 반드시 필요로 한다. 하나는 공간상에서 생산자가 소비를 발생시키도록 사용하는 수단을 이해하는 것이며, 다른 하나는 소비자의 수요를 이해하기 위해서는 소비가 생성되는 특별한 장소에 대한 이해가 필요하다는 것이다. 생산자 측면에서 운이 좋은 것은 소비자와 수요가 도시에 집중된다는 것이다.

소비자 주권 소비자는 독립적 선택을 하며, 생산의 자동적 추동력이라 인식하는 원리

인정된 순서 신고전적 견해에 대한 갤브레이스의 용어(소비자 주권과 일치되는)로 소비자로부터 시장과 생산자에게 단 하나의 방향으로 흐름이 작용한다는 의미

크리스탈러의 중심지모델(사례연구 12.2 참조)은 완벽한 소비를 가정하는 모든 모델처럼 **소비자 주권**(consumer sovereignty)을 당연한 것으로 인식한다. 이러한 전통적 견해[갤브레이스가 '**인정된 순서**(accepted sequence)'라고 칭했던 것]에서, 소비자는 필요 또는 (경제학자들이 언급하듯이) '부족(wants)'에 따라 소비를 결정하는 자율권을 지닌 행위주체가 된다. 이러한 소비자 주권의 원리를 처음으로 냉소적으로 비판했던 사람은 베블런으로 그는 소비자 수요는 생산으로부터 독립적이지도 않고, 상호 의존적이며 조정된다고 하였다. 베블런 시대 이래 사회와 생산의 필요에 의해 소비자의 수요가 결정된다는 것이 제도경제학의 핵심 주제가 되었다. 무엇보다 인정된 순서에 대한 인식은 소비자에 대한 거대기업의 영향력에 의해 그 실효성이 줄어들었다.

수요 : 소비자에 의한 의사결정

최근까지 경제지리학은 생산에 초점을 두면서 발전하였다. 그러나 소비 연구가 필요하다. 자율적인 것으로, 생산을 추동하는 독립적 힘으로, 또는 강력한 생산자에 지배되는 결과로 인식하든지 간에 소비자 행위에 대한 연구가 필요하다. 이를 위해 소비자 선택이론을 살펴보는 것은 적절한 출발점이라 판단된다.

소비자 선택이론

소비자는 시장이 그들이 원하는 것을 안다고 생각하고, 시장은 이런 정보를 생산자에게 제공한다고 인식하는 '인정된 순서'의 개념은 신고전적 소비자 선택이론을 마케팅 및 제도적 이론과 구분하는 기준이 된다(표 14.1). 예를 들어 크리스탈러의 중심지이론은 소비자를 소비 결정의 주체로 인식하면서, 소비자는 경쟁하는 제품, 그리고 그 제품의 대체물에 대한 완벽한 정보를 갖고, 관련된 모든 비용과 편익을 고려하여 가장 합리적 선택을 한다고 인식한다. 공간적 용어로서 합리성이란 가장 가까운 곳에서 이용 가능한 상품을 최소비용으로 선택하는 것을 의미하고, 경제적 용어로서 합리성이란 가장 많은 양의 상품을 구입하는 것을 의미한다(상품의 값이 상품의 효용을 능가하거나, 또는 소비로부터 기대되는 만족이 소비자에게 주어질 때). 이러한 신고전적 견해에 의하면 소비자의 선택은 생산에 엄청난 영향을 미치는데, 기업으로 하여금 제품의 질과 가격에 대한 선택을 하도록 한다는 것이다. 이는 소비자가 생산자를 능가하는 권력을 가지고 있다고 인식하는 것이다. 부연하자면 근대

표 14.1 소비자 행동이론

	신고전 이론	마케팅 이론	제도학파
이론적 전제	소비자는 완벽하게 이성적이고 최상의 옵션을 선택하기 위해 필요한 모든 정보를 갖춘 호모에코노미쿠스로 표현된다.	가정은 소비할 돈을 갖고 선호도가 서로 다른 소비자를 구성한다. 소비 패턴은 인구학적 요인의 영향을 받는다.	소비자 행위는 다양한 심리학적 · 사회적 · 환경적 · 문화적 변수에 따라 형성된다.
공간활동의 함의	소비자는 최단거리(최소 비용) 입지를 선택한다.	소비의 제품과 장소는 생명주기 단계, 정체성과 집단 상황에 의존한다. 틈새시장과 분리는 다양한 소비 패턴을 창조한다.	장소와 제품에 대한 소비자 선택은 집단의 포함과 배제에 의해 형성된다. 틈새시장과 분리는 다양한 소비 패턴을 생성한다.
경제지리학에서 탐색적 모델	중심지이론	지리인구학, 심상지도	행위자 네트워크이론, 그리고 다른 사회적 관계의 설명들
생산자와 연계	적정거리 관계, 소비자는 완벽하게 독립적이다.	생산자는 소비자에 반응하고 소비자에 영향을 미친다.	생산자는 광고 등을 통해 소비자 행위에 영향을 미친다.

신고전학자들은 정보 사용의 양과 개인의 정보 능력의 관계를 판단하기 위해, 또는 의사결정에서 개인의 경험과 사회적 자본의 영향을 판단하기 위해 소비자의 합리성 개념을 받아들였다. 이러한 합리성 개념의 적용은 신고전 접근과 제도적 접근을 친밀하게 하는 결과를 가져왔다.

레저 계급 사회를 지배하는 부유하고 권력을 지닌 엘리트를 지칭하는 베블런의 용어

과시적 소비 레저 계급이 자신의 중요성과 권력을 유지하고자 상품을 과시적으로 구매하는 것을 의미

지위 모방 상위 신분 또는 고소득 집단의 소비 행위를 흉내 내는 경향

한 세기 이전에 베블런은 소비자의 구매 결정은 합리적 실용주의 논리에 의해서가 아니라 사회적 조건과 기대에 의해 결정된다고 주장하였다. 특히 그는 새롭게 형성되는 '**레저 계급**(leisure class)'에 의한 사치스러운 상품과 서비스에 대한 '**과시적 소비**(conspicuous consumption)'는 기능적 필요에 의해서가 아니라 부를 과시하려는 욕망에 의한 것이라 주장하였다. 그는 또한 '**지위 모방**(status emulation)'이라는 용어를 통해 상위 계급이 소비에 막대한 영향을 미친다고 주장하였는데, 사회적 지위가 낮은 소비자는 상위 계급의 소비 패턴을 따르면서 신분과 자존감을 향상시키고자 한다는 것이다. 또한 베블런은 소비자의 유형에 따른 다양한 소비의 특성을 제시하였는데, 예를 들어 지위 상승을 목적으로 비싼 상품을 적극 구매하는 유형('베블런효과'), 동료의 행동을 모방하는 소비('편승효과'), 문화적 엘리트만이 진가를 인식하는 상품을 선호하는 유형('속물효과'), 단순하고 보다 검소한 일상을 선호하는 유형('반속물효과') 등이다. "존스네 따라 하기"라는 속담은 이웃 또는 친구와 유사하게 상품을 소비하려는 사람들의 욕망을 강조한 편승효과를 보여준다. 많은 광고는 이러한 욕망을 드러내는 데 초점을 둔다.

요약하면 소비의 선택과 가치는 소비자를 둘러싼 사회집단의 가치와 문화적 습관에 의해 형성된다. 일반적으로 과거의 소비자 선택에 대한 제도적 접근은 문화적 영향에 초점이 두어졌고, 문화의 영향은 종종 생산과 시장 사이에 존재하는 필터로 인식되었으나, 최근에 강조되는 것은 소비자와 시장 사이에 존재하는 필터의 변화이다. 학파에 따라 강조하는 요소가 다른데, 정체성, 가족, 종족성, 직장, 젠더 관계, 계급, 지배문화 또는 하위문화 등이 이에 포함된다. 이러한 문화적 영향을 명시하는 것은 젓가락과 포크 사이의 선택 같은 사소한 것일 수 있으며, 부모가 자녀를 위해 공공, 사립, 종교 학교 또는 자택학습 중 하나를 선택하는 것처럼 중요한 것일 수도 있다.

제도적 접근은 소비자의 취향을 생산자의 권력에 의해 생성되는 것으로 본다. 대기업이 광고에 막대한 지출을 하는 목적은 그들 제품에 대한 소비자 선택을 유도하기 위함이다. 막대한 자본이 투자되는 연구개발, 생산, 마케팅 네트워크 등과 같은 고정비용은 기업마다 비슷하기 때문에 효율적 광고가 소비에 큰 영향을 미친다. 물론 제도적 접근은 소비자 개인의 의사결정의 중요성도 일정 부분 강조하는데, 개인은 신뢰 받기를 희망하며, 자신의 정체성을 실현시키는 방향으로 소비를 활용한다는 것이다.

이처럼 소비자의 의사결정에 대한 신고전주의와 제도주의의 접근은 경쟁하는 제품과 대체물의 선택에 대하여 서로 다른 측면을 강조한다. 한편 마케팅 관점은 소비자 행위를 이해함에 있어 신고전주의와 제도주의 접근의 강조점을 자유롭게 선택한다. 예를 들어 마

케터는 민족적 시장의 특수성, 진정성에 대한 관광객의 열망, 또는 소속감을 드러내는 10대의 욕망 등을 이해하는 것이 어떻게 유용한지 잘 알고 있으며, 도시 발전에서 '냉정함(coolness)'과 다양성을 강조하는 것이 어떻게 중요한지를 밝혀주는 연구를 높이 평가한다.

그러나 이와 반대적인 힘도 존재한다. 비록 우리 모두가 소비자이지만, 소비자의 선택이 사회적 함의 또는 의미를 갖는다고 믿는 많은 사람에게 소비는 부정적 의미를 내포한다. 예로 일부 사람은 노동 착취를 통해 생산된 상품을 구입하길 거부할 것이며, 또는 환경 외부성의 부정적 영향을 미치는 제품의 구매를 거부할 것이다. 이런 점에서 소비자 선택은 도덕성과 윤리문제를 포함하며, 일부 제도적 관점은 이런 관심사에 주목한다.

이와 같이 중심지이론은 소비자의 선택을 매우 구조화되어 있고 계층적 관계로 인식하지만, 마케팅과 제도적 접근은 소비자의 선택을 다음과 같은 세 가지 요소의 상호작용에 의해 형성되는 것으로 본다. 첫 번째 요소는 의미와 자기표현을 위한 인간 욕망이다. 우리는 모든 구매활동을 정체성을 표현하는(또는 형성하는) 기회로 인식하지는 않을 것이나, 많은 사람은 그들의 선택이 무엇을 의미하는지에 대한 생각도 없이 청바지 한 벌을 살 것이다. 두 번째 요소는 가족, 종족성, 계급 등에 의하여 비공식적으로 우리의 소비 행위에 영향을 미치고, 그리고 법과 같은 제도를 통하여 공식적으로 우리의 소비 행위에 영향을 미치는 사회적 · 경제적 · 정치적 힘이다(예 : 소비자의 선택에 대한 공식적 한계는 캐나다의 민간 의료보험을 둘러싼 법적 제한에서 분명히 나타난다). 세 번째 요소는 소비가 자연적 힘의 다양한 활용에 의해 발생된다는 것이다. 기술적 진보가 있었음에도 불구하고 소비를 위해 이용 가능한 자원의 양은 한정되어 있다. 이러한 한계는 로컬 또는 글로벌 차원에서 자원의 공급이 고갈될 때 분명히 나타나며, 이는 실제로 세계 물고기 개체수의 축소에서 잘 나타난다(제9장 참조). 심지어 석탄처럼 풍부하다고 인식되는 자원에서도 소비의 환경적 영향은 관심의 대상이다. 만약 인간의 자원 소비 방식이 신중하게 제한되지 않는다면(그리고 부산물인 쓰레기를 처리하고), 환경적 불행에 직면할 것이다.

공간과 장소는 소비자에게 조화, 적응, 저항의 기회를 제공하면서, 이러한 힘들이 작동하는 배경과 네트워크를 제공한다. 공간은 비즈니스, 정부, 그리고 NPO가 그들의 상품과 메시지(상품, 서비스, 광고 및 정보)를 전파하는 수단이다. 어떻게 소비자가 이러한 상품을 인식하는가는 소비자가 바라보는 렌즈에 의존하고, 이러한 렌즈는 위에서 설명한 모든 요인들에 의해 형성된다. 자연과 사회적 힘은 장소와 공간의 특성을 형성하고, 동시에 장소와 공간의 특성은 소비자에게 영향을 미친다.

소비자와 가정 : 누가, 무엇을, 어디에서

비록 신고전경제학이 개인 소비자 수요의 본질을 강조하지만, 실제 많은 소비는 자신만을 위한 것이 아닌데, 특히 **가구**(household)의 구성원을 위한 소비가 많이 발생한다. 정부가 개인보다 가구 단위의 자료를 수집한다는 사실은 소비가 본질적으로 사회적 성격의 것임을

가구 특별한 집 또는 거주단위의 구성원. 때때로 가구는 개인 소비자로서 설명되기도 하고, 때로는 가구 구성원이 개별적으로 설명되기도 한다.

보여준다.

지난 세기 동안 서구에서 가구의 본질은 급격하게 변화하였다. 3세기 전만 하더라도 가족은 대가족 체제였고, 자녀가 많았을 뿐만 아니라 대부분의 가족은 조부모 또는 다른 친척과 한집에서 살았다. 20세기 중반에는 확대가족 형태의 가구가 감소하면서 핵가족이 증가하였다. 최근 사회적 규범의 변화로 이혼율이 높아지고, 여성의 노동 참여도 증가하면서, 핵가족의 형태보다 한부모 가구(single-parent families), 혼합 가구(blended families), 1인 가구(single households)가 주를 이루게 되었다. 이러한 급격한 변화는 인구와 가구 수(상태)의 변화에서 찾을 수 있다. 한때 인구는 지속적으로 성장하는 것으로 인식되었으나, 많은 나라(캐나다를 비롯하여)에서 출산율이 인구대체 수준 이하로 낮아지면서 인구성장은 이주자의 유입에 의존하게 되었다. 출산율의 감소와는 반대로 가구 수는 증가하였는데, 이는 부분적으로 가족의 해체가 증가하고, 기대수명이 길어지고, 독신 기간이 길어지기 때문으로 이해된다.

가족은 여전히 사회적 단위의 토대로 인식되지만, 가족을 구성하지 않는 가구가 급격히 증가하고 있다. 소비 또한 가족 이외의 집단(즉, 우리가 대부분의 시간을 보내는 다양한 집단)으로부터 발생하는데, 직장에서, 클럽에서, 패키지 여행을 통하여 소비가 발생한다. 소비가 사회화되는 가장 대표적 요인은 결혼, 생일, 크리스마스 등과 같은 기념일을 위해 선물을 준비하는 강렬하고, 피할 수 없는 사회적 그리고 경제적 압력에 기인한다. 소비의 상당 부분은 가정 이외의 공간에서 발생하는데, 상점, 극장, 식당, 카페, 술집, 경기장, 유원지 등에서 소비가 발생된다. 공공적 맥락에서 대부분(아마도 모든)의 소비는 개인의 상호작용을 통해 발생하는데, 이는 단순히 어떤 것을 고르고 지불하는 행위를 넘어서는 경험적 요소에 기인한다. 소비에 내재하는 개인적 · 사회적 정체성을 인식하는 것은 소비의 발생을 이해하는 데 도움이 된다. 또한 가상공간은 소비 패턴에서 중요한 부분을 차지하게 되었다. 일부 엔터테인먼트를 제공하는 사이트는 가상공간의 소비를 주도하고 있는데, 사실상 어떤 사이트라도 정보와 상담을 제공한다. 물론 제공되는 많은 '무료' 정보는 신문과 TV에서 시도되었던 광고-스폰서 모델을 통하여 제공된다. 웹은 1분간의 광고를 팝업 또는 배너 광고로 교체한 것에 해당한다(그리고 여러분의 개인 정보를 수집하면서).

소비자의 구매는 소비의 맥락에 의존한다. 권력의 사회적 관계는 비슷한 소득, 취향, 소비 패턴을 보이는 가정들이 특정 장소에 집중되면서 나타난다. 이러한 관계를 밝히기 위해 지리인구학(geodemographics)으로 알려진 마케팅 과학은 직업 형태, 소득, 가족 구조, 소비 습관, 관심, 활동에 의해 구분되는 인구집단의 특성을 이해하고자 센서스 자료 또는 판매 보고서 같은 자료로부터 정보를 활용한다. 캐나다 지리인구학 회사인 인바이로닉스 에너리틱스(Environics Analytics)는 이 분야의 핵심 기업으로 개인 프라이버시를 존중하면서도 소비자의 정보를 제공한다(사례연구 14.2). 인바이로닉스 에너리틱스 사는 캐나다 센서스가 제공하는 68개의 가구 형태보다 더 상세한 가구의 정보를 확인하고자, 가구 형태를 캐나다

사례연구 14.2 | 지리인구학의 과학과 예술

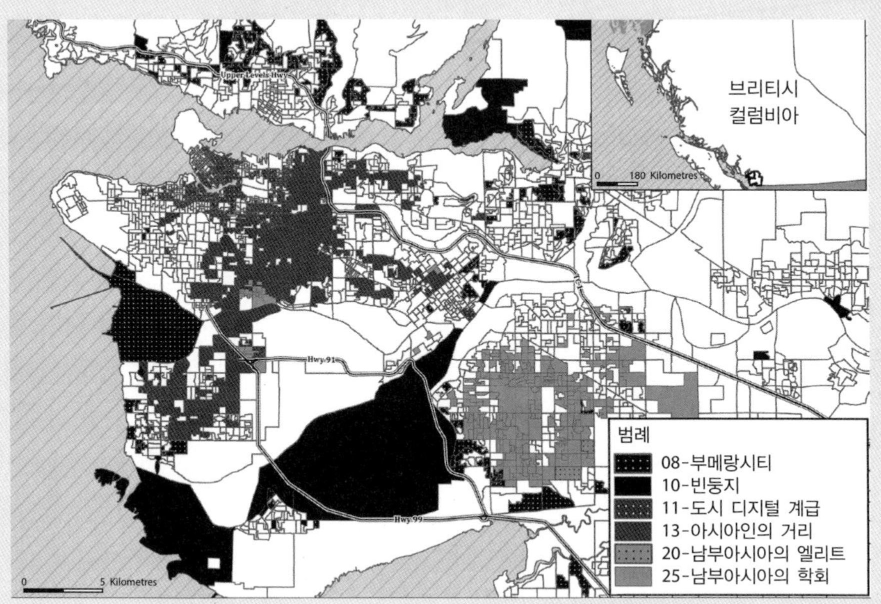

▲ 벤쿠버의 인종 다양성

출처 : Environics Analytics 2015, PRIZM5.

지도는 도시 또는 시골의 특정 집단의 존재를 보여주기도 하는데, 집단을 묘사하는 재미있는 명칭을 갖는 경우가 있다. 예를 들어 이 지도에서 '도시 디지털 계급' 지구는 피트니스 클럽, 부티크, 커피숍, 맥주 전문점 등의 접근이 용이한 최근에 신축된 고층 아파트와 콘도로 가득찬 곳을 의미한다. 이 지구의 거주자는 일반적으로 결혼 전부터 거주하며, 사회적으로 활동적이고, 최신 유행에 이끌린다. 상품 구입에 관심이 높으면서도 소비가 생태에 미치는 영향에도 민감하게 반응한다. 한편 남부아시아의 엘리트는 신흥 교외지역으로 유입되면서 가족 중심의 가구를 구성하는 특징을 보인다. 이들 중년의 이주자(약 2/3는 해외 태생)는 혼성 교육, 중상위 소득, 자녀 중심의 일상이 특징이다. 토니 리와 마이클 웨이스는 지리인구학이 과학과 예술에서 어떻게 활용되는지를 보여준다.

지리인구학 산업의 과학-토니 리

자료에 대한 수요가 많고 프라이버시에 대한 걱정도 많은 현 시대에 시장 마케터는 개인의 교육수준, 종족성, 가구 소득, 또는 월별 커피 지출액 등의 정보를 파악하기 위해 대중적 기법을 사용하기에 이르렀다. 대개의 경우 이러한 인구학적 그리고 사회경제적 특성을 파악하기 위한 거주자의 표본조사는 작은 근린지구의 평균값을 사용한다. 고객과 사업 전망에 관한 자료를 수집하는 데 막대한 비용이 든다는 점을 감안하면 이 접근은 매우 유용하다. 이는 또한 작은 지리적 단위에서 사람의 정보를 연구하는 지리인구학의 가치에 대한 엘리베이터 버전에 해당한다. 40년 전부터 시작된 이 산업은 최근 대부분의 서구 국가에서 발전하고 있는데, 분석가와 마케터에게 센서스와 인구 관련 자료를 패키지로 판매한다. 만약 작은 지역단위의 자료가 이용될 수 없다면, 점차 정교화되고 있는 방법을 활용하여 소규모 지리적 단위에서 자료를 생성할 수 있다. 지리

(계속)

인구학의 이론은 소지역의 평균을 사용하는 것에 기초한다. 지리인구학을 사용하면 캐나다의 대도시, 우편번호 또는 FSA(Forward Sortation Area) 지역의 평균 소득을 사용할 필요가 없는데, 사실 이 정보는 큰 의미가 없다. 필요한 자료는 소규모의 공간단위 정보이다.

지리인구학은 마케터가 원하는 다양한 정보를 생산한다. 즉, 지리인구학은 마케터의 다양한 궁금증에 대한 해법을 제공한다. 왜 고소득 가구는 일반 가구에 비해 특정 와인을 자주 구매하는가? 남부아시아 고객은 왜 혼다와 어큐라 구매에서 많은 차이를 보이는가? 대학 졸업자는 특정 근린지구의 고층 아파트에 대한 선호가 높을 것으로 전망되는가? 마케터는 인구조사와 시장 선호도조사의 내용을 활용하면서, 그리고 가구의 표본조사에 대한 추론을 통해 이러한 의문에 대한 답을 해결해 간다. 상업적 기업조합에 대한 상품 정보가 이미 구축되었기에 이러한 자료를 사용하는 비용은 저렴한 편이다. 만약 자료가 새롭게 수집된다면, 많은 비용이 들 것이다. 총인구 조사자료가 이용될 수 있는 가장 작은 지역단위, 즉 미국의 인구 센서스 구역과 캐나다의 센서스 기초구역(dissemination areas, DAS) 단위의 개인과 주택에 대한 정교한 인구학적 프로파일을 생성하기 위해 마케터들은 센서스 자료와 대규모 공공조사(예 : 캐나다 국가주택조사) 자료를 활용한다. 물론 소비와 선호도를 파악하기 위해 실제 고객에 대한 자료가 사용될 수 있다. 자료는 소규모 인구조사 지역과 관련된 거주지 주소 또는 우편번호에 근거하여 수집될 수 있다. 인구학적, 그리고 소비 관련 자료는 유용한 정보로 생성되기 위해 동일 지역 또는 동일 시간에 수집될 필요는 없다. 지리학은 서로 결합되고, 조화되고, 상관되는 이들 데이터 세트의 이용을 가능하게 한다. 작은 규모의 지역에 대한 자료 수집의 중요성이 자주 간과되긴 하지만, 사실 이러한 자료는 '혼성 국제어'와 같은 가치를 갖는다.

지리인구학 분석과정은 거의 같은 패턴을 보이는 작은 지역에 대한 두 개의 단계구분도(컬러로 코드화된)를 조사하는 것과 같은 방식이다. 만약 고등학교 교육수준을 보여주는 지도가 카지노를 방문하는 빈도와 유사함을 보여준다면, 이들 사이에 관련성이 있다는 가정은 신빙성이 있다. 그렇다면 우리는 카지노 마케팅에서 목표 지구를 선정할 때 기초 자료로 고등학교 졸업 자료를 활용할 수 있다. 이러한 과정은 '생태학적 추론'이라 불린다. 상관성을 보다 명료하게 하기 위해 우리는 사람 또는 가구 자체를 조사하기보다 소규모 지역을 이용한다는 점을 명심할 필요가 있다. 사실 우리는 소지역의 인구학적 자료의 평균과 구매 행동의 평균을 서로 비교한다. 물론 이러한 과정이 상관성이 낮은 추론(생태학적 오류라고 불리는)을 가져올 수 있지만, 소지역 단위별 사람과 가구의 일반적 경향을 유추하도록 한다. (한 프로젝트에 의하면 흑인이 많이 거주하는 소규모 지역과 스포츠 잡지의 구독 사이에는 높은 상관성이 나타나는 것으로 조사되었다. 보다 상세한 연구에 의하면, 스포츠 잡지를 가장 많이 구독하는 부류는 흑인이 많이 거주하는 지역에 거주하는 백인이다. 지난 몇십 년간의 행동조사에 의하면, 이런 과정이 잘 들어맞음을 알 수 있다.)

많은 국가에서 기업들은 소비자의 선호도와 소비를 예측하는 핵심 도구로 사용자 친화적인 지리인구학적 구분 또는 클러스터 시스템을 개발하였다. 캐나다에서 각각의 소규모 센서스 기초지구(또는 기초구역)는 통계적으로 하나의 클러스터로 할당된다. 캐나다 인바이로닉스 에너리틱스 사의 PRIZM(Potential Rating Index of Zip Markets) 클러스터 시스템은 68개 클러스터 또는 가구 유형으로 구성된다. 이러한 클러스터들은 자체의 인구학적, 사회적 가치, 행태적 속성을 통해 근린지구를 분류하고 정의하는 데 도움이 되며, '애완동물과 컴퓨터', '우주의 엘리트', '레시크(Les Chics)' 같은 고유한 그리고 표현상의 애칭이 부여되기도 한다. 마케터는 주소와 지오코드를 포함한 고객 자료에 클러스터 정보를 추가하고, 구매자의 식별을 가능하게 하는 고객 프로파일의 생성 기준에 따라 자료를 구축한다. 이러한 자료 구축과정은 여러 가지 이유에서 장점이 있다. 예를 들어 마케터는 티타늄 테니스 라켓 판매를 위해 적합한 클러스터를 찾고, 그런 다음 국가 전체 또는 특정 지역에서 전망이 최고인 곳을 목표시장으로 설정할 수 있다.

오늘날 인바이로닉스 에너리틱스 사는 매년 일반인 또는 가구를 대상으로 제품 선호도, 활동, 제품 소비율 같은 다양한 분야에 대한 설문을 토대로 대규모 기업에 대한 조사를 수행한다. 각 제품의 유형과 활동에 대하여(케첩 사용, 픽업 트럭의 수, 휴대전화 사용량, 여행 온라인 예약, 또는 농구시합 관람), 응답 내용은 할당된 주소에 따라 지리인구학적 클러스터에 구축된다. 또한 소규모의 근린지구는 PRIZM 클러스터에 할당되어, 클러스터에 의해 자료가 총합되도록 한다. 그런 다음 평균 구매율 또는 설문 문항에 '예'라고 응답한 커뮤니티의 비율에 따라 각 클러스터에 점수를 부여할 수 있다. 비록 국가 전체적으로 응답자가 5,000명 또는 10,000명뿐인 소규모 조사이지만 클러스터에 거주하는 사람 또는 가구가 제품을 구매하고 소비활동에 참여할지에 대한 정보가 구축된다. PRIZM 분할을 통하여 제품 사용과 일상활동의 정보는 다른 조사나 주제 지역의 변수에 연결될 수 있다. 인바이로닉스 에너리틱스 사는 각 조사로부터 약 20,000개의 변수를 갖는 PRIZM 프로파일을 보유하고 있다. 각 PRIZM 프로파일은 클러스터 리스트에 따른 정보 분석이 가능한데, 합리적 순서에 따른 고객의 수, 구매율, 기준에 맞는 지표(클러스터에서 가구의 비율) 분석이 가능하다. 이런 보고서는 대부분의 마케터에게 매우 유용하고 비용 효율적인 도구를 제공한다. 그들은 과거 행동에 기초하여 클러스터의 사람들이 스키 바인딩, 두부 또는 아이팟을 구매할지를 알 수 있으며, 보다 나은 마케팅 캠페인을 디자인하기 위한 정보로 사용할 수 있다. PRIZM이 X의 소비가 많은 변수('혼성 국제어')에 대한 정보를 제공하면서, 고객의 주소를 갖고 있는 마케터들은 고객이 무엇을 선호하고, 구매하고, 또는 싫어하고, 또한 피하려고 하는지에 대한 합리적으로 추론된 정보를 활용할 수 있다.

호키빌로부터 스틸레토스와 스니커즈 : 일상의 구분을 명명하는 예술-마이클 웨이스

생활양식 명명(lifestyle nomenclature)이라 불리는 것은 소비자 그룹과 목표집단을 명명하는 예술(때로는 과학)이다. 생활양식의 형태에 따라 사람들을 특정 목표집단으로 구분하는 사업은 그들에 대한 애칭을 필요로 한다. 대표적 집단 이름(별명은 생각나게 하고, 기억할 만하고, 간결하고, 현명한 것이다)을 사용하는 것은 왜 시장 분석가들이 마케터와 사회학자 같은 상상력을 갖고자 하는지를 보여준다.

기업의 판매활동을 위해 특정 집단에 적합한 애칭은 인구학적 · 심리학적 또는 행태적 특성에 기초하여 개발된다. 예를 들어 어떤 업체가 가정용 전자기기를 판매한다면, 애칭은 가구 규모와 기술 수용을 고려하여 개발될 수 있는데, 왜냐하면 이 두 가지가 전자기기 구매의 주요한 동인이기 때문이다. 모든 목표집단에 대해 분석가들은 현장조사, 시장연구, 센서스 정보를 엑셀 자료로 구축한다. 약간의 상상력과 일부 대중문화를 참조하면서, 여러분은 You & I Tunes(최신 모바일 기구를 갖춘 미혼과 기혼자), Plugged-in Families(모든 형태의 오디오-비디오 장치를 갖춘 대규모 가족), Dial-Up Duos(저속 인터넷 연결에 만족하는 오래된 부부)와 같은 애칭을 개발할 수 있다.

금융 서비스 분야는 고객, 생활 패턴, 부의 정도에 대한 정보가 핵심 요소인데, 재정 독립자, 전망 있는 부모, 고상한 은퇴자 등과 같은 애칭이 금융 서비스에서 적절하게 활용될 수 있다. 몇 년 전 나는 크레딧 카드 회사를 위한 프로젝트를 수행하고 있었는데, 시장에서 고객의 행위만을 반영하는 애칭이 필요하였다. 명칭 공모 선정에는 마크다운 메이번스, 몰-란디아(맨해튼 패셔니스타로 자신의 코치백에 마놀로 블라닉 구두를 넣고 나이키에서 일하기 위해 걸었던), 스틸레토와 스니커즈가 포함되었다.

지난 20년 이상 나는 인바이로닉스 에너리틱스 사에서 고객 분류의 프로젝트를 위해 12개 이상의 분류 시스템과 목표집단에 대한 생활양식의 애칭을 개발하는 기회를 가졌다. 나 혼자 이러한 애칭을 개발한 것은 아니다. 경험적 자료를 확인하는 것 외에 케이블 TV 프로그램부터 슈퍼마켓 전단지까지 현재의 문화와 관련된 모든 것에 몰두하였다. 만약 비행기 좌석에 꽂힌 찢어진 잡지가 있다면, 나는 영감을 주는 모든 광고와 기사를 수집했을 것이다. 대주택 엘리트(McMansion Elite), 황혼(Twilight Years), 엽타운(Yuptowns)은 스튜어디스 다이어리(mile-high) 연구를 수행할 때 얻은 것들이다.

생활양식 애칭에 대한 내 파일은 시간이 지나면서 증가하였고, 현재 3,950개를 넘고 있다. 많은 것들은 단순히 주제에 대한 차이(아이들 & 경력자)이고, 비록 사용되지는 않았지만 개인적으로 좋아하는 것으로 이동하는 사람과 세익스피어(아이들 & 통근자)도 있다. 이 애칭은 자주 이동하는 젊은 예술대학 졸업자의 부류 또는 영문학 학위를 가진 거물 CEO의 부류를 생각하면서 창안한 것이었다. 어느 날 어떤 회사가 '클럽 매장

(계속)

쇼핑가(Families in Bulk)', '카페 단골손님(Berets & Baguettes)', 또는 '비디오 업로드 광(YouTubers)'과 같은 애칭을 필요로 할 것으로 생각한다. 그날 나는 이미 준비가 되어 있을 것이다.

* 우리는 인바이로닉스 에너리틱스 사의 수석 부사장 겸 최고의 방법론자인 토니 리에게 감사드리고, 또한 같은 회사의 마케팅 부사장인 마이클 웨이스에게 감사드린다. 회사 웹 주소 : http://www.environicsanalytics.ca/about-us/about-the-team

전역의 우편번호에 따라 분류하기 위해 센서스 자료를 활용한다. 조사 내용은 인구, 소득, 교육자료로부터 일상의 선호도와 사회적 가치에 이르기까지 많은 것을 포함한다. 이러한 정보는 시장 판매자에게 상당히 정확한 목표시장(젊은 싱글, 자녀를 둔 가족, 자녀 없는 맞벌이 부부, 은퇴자)을 설정할 수 있도록 한다는 점에서 매우 중요하다. 비록 지리인구학이 마케팅을 위한 사업을 주로 추진하지만 정부, 비영리단체, 정치집단 또한 이러한 정보를 활용할 수 있다. 예를 들어 의료 담당자는 이러한 정보를 통해 서비스를 필요로 하는 사람의 정보를 얻을 수 있고, 환경 NGO는 행동의 변화가 필요하다고 판단되는 특정 사람에게 접근하거나 또는 도움을 필요로 하는 사람에게 접근하기 위해 이런 정보를 활용할 수 있다.

공간을 통한 소비

생산자와 소비자 사이의 관계는 역동적이다. 생산자는 공간을 활용하여 규모와 범위의 경제를 성취할 필요가 있다. 생산자는 일정 공간에서 동일하거나 또는 차별화되는 제품을 사기 위해 다방면으로 분산되는 소비자를 설득해야 한다. 광고는 어떠한 장소로의 접근이 가능하고, 소비를 유발시키는 가장 분명한 설득의 수단이다. 생산자는 또한 제품에 대한 소비자의 관심을 끌기 위해 체인과 백화점, 대형 아웃렛, 팩토리 또는 놀이공원 같은 장소를 사용한다. 광고를 통해 생산자는 소비를 유도하면서 기존의 공간적 관계를 변화시킨다. 생산자는 소비자의 관심을 끌기 위해 새로운 방식을 시도하면서, 원거리에서 소비 패턴을 변화시키고자 하는데, 우리는 이러한 기업과 조직을 '공간 침투자(space pervaders)'로 명명하고자 한다.

소비자는 선택의 힘을 통해 무엇이 생산되어야 하는지에 막대한 영향을 미치지만, 소비자의 힘은 거리에 따른 정보 불균형과 거래비용의 증가에 의해 제한된다. 광고가 정보보다 설득력이 높기 때문에 인지된 선택을 원하는 소비자는 유사하고 복잡한 제품들을 서로 비교하면서, 심지어 대상에 대한 내용 파악을 통하여 적절한 정보를 소비자 스스로 탐색해야 한다. 인터넷은 이러한 조사비용을 급격하게 줄이고 있다. 그러나 많은 제품에는 자체의 기술적 복잡성이 내재되어 소비자가 확신에 찰 정도로 이들 제품의 질, 안전성, 환경적 영향을 판단하는 데는 어려움이 있다. 이러한 한계를 극복하고자 소비자는 일부 신용평가기관, 소비자보호법, 표준기구, NGO 등의 비판에 의존하게 된다. 물론 생산자의 최대 관심은 피드백 메커니즘을 개발하는 것인데, 이는 소비자의 선택을 모니터링하고 생산자의 거래비용을 최소화하며, 적절한 시기에 제품을 수정하고자 한다. 소비자의 디지털 역량강화를 기념하면서 이런 소비자를 '넷탐색자(netvigators)'라 명명하고자 한다.

공간 침투자

공간을 침투하는 가장 확실한 방법은 광고를 통한 것이다. 기업이 광고에 투자하는 돈은 막대하다. 2013년 소비자 제품 판매 기업인 프록터 앤드 갬블(P&G)은 48억 3,000만 달러를 광고에 지출한 미국 최대의 광고주였고, 나머지 10대 광고주들은 20~30억 달러를 광고에 지출하였고, 전체 상위 25개 광고주들의 광고비 지출은 총 510억 4,700만 달러에 이른다(Advertising Age, 2014). 전 세계적으로 P&G는 106억 1,500만 달러를 광고로 지출하는 세계 최고의 광고주이며, 경쟁업체인 유니레버가 74억 1,300만 달러를 광고로 지출하였고, 상위 25개 광고주가 727억 1,200만 달러를 광고에 지출하였다. 광고의 핵심 목표는 기업의 특정한 **브랜드**(brand)를 판촉하는 것이고, 브랜드가 제품이 되도록 소비자의 신뢰를 개발하는 것이다. 광고는 다양한 미디어를 통해 수행되는데, TV, 신문, 잡지, 게시판, 라디오, 우편, 인터넷이 포함된다. 수십 년 동안 TV는 광고를 통해 소비자 1인당 소요되는 생산비용을 줄이는 규모의 경제 효과를 가져왔으며, 국가단위의 시장에서 단일 제품을 판매하는 주요 광고 수단이었다. 그러나 특별한 인구학적 또는 지리적 스케일에서는 우편 또는 구글 광고가 보다 효과적이다. 일반적으로 인터넷은 가장 빠르게 성장하는 광고 수단인데, 2013년 기준 미국의 인터넷 광고는 연간 18.2%의 성장률을 기록하였다. 현재 인터넷은 광고 수단의 21.7%를 차지하며, TV는 39%를 차지하고 있다(Adage, 2014).

브랜드 특정 회사의 제품이나 서비스임을 알 수 있는 이름, 기호, 디자인 등의 총칭

광고는 점차 소비의 보편적 수단이 되고 있다. 예를 들어 북미에서 일반 TV 프로그램은 시청 시간(2014)의 1/3을 광고에 할애하는데, 이는 1960년대 말보다 2배 증가한 것이다. 따라서 평균 4시간 30분(2010~2013년 기준)을 TV 시청에 소비하는 성인은 약 90분간 광고의 폭격에 노출된다. 슈퍼볼 경기 중 광고 시간은 경기 시간보다 길며, 아마도 경기보다 더 기대될 수 있는데, 많은 미디어와 대중의 관심은 어떤 형태의 광고가 방영될지에 쏠린다.

생산자는 수요를 자극하는 두 가지 광고 방법을 사용한다. 하나는 정보를 담은 광고를 사용하는 것으로, 고객으로 하여금 객관적 특성에 기초하여 소비를 결정하도록 하는 것이다. 다른 하나는 변형적 광고로 이미지, 스타일 또는 투영된 의미를 사용하여 소비자의 태도에 영향을 미치는 방법이다. 첫 번째 방법은 원하는 구매를 평가하는 소비자의 역량에 초점을 둔 것으로, 두 번째 방법보다 긍정적 측면이 있으나, 소비자에게 새로운 욕구를 생성시키는 과정에서 때로는 과도하고 해로운 소비를 조장한다는 비판이 제기된다. 광고가 소비자를 대하는 정도는 광고에 포함된 정보 또는 이미지에만 의존하는 것이 아니라 소비자의 정체성과 사회적 선호도에 의존한다. 그러한 이유로 광고의 가장 중요한 기능은 소비자의 정체성을 표현하고 형성하며, 특별한 장소와 맥락에 연계시키는 역할이다.

장소 또는 맥락을 생성하는 광고는 대개 두 가지 목표를 동시에 달성하고자 한다. 첫째, 광고는 페이지 또는 장면을 보는 것과 유사한 상황에 우리를 위치시키면서 대중적 이해의 공감대를 형성하도록 한다. 둘째, 광고는 우리를 다른 사람과 분리시키거나 또는 함께하고픈 사람과 연대하도록 한다. 광고는 다른 집단과 분명하게 차별화되는 집단에 우리를 위치시킨다. 이러한 장소, 맥락, 의미를 형성하기 위해 광고주들은 자연적 · 사회적 관계의 영역으로부터 상징물을 수집한다. 광고는 자연을 탈맥락화(decontextualized)시키며, 관련된 제품이 무엇이든 간에 가치를 높이는 발생학적 방법을 사용한다. 또한 광고는 제품의 이미지를 강화시킬 수 있는 특별한 장소의 특징을 사용할 수 있다. 사회적 관계는 옷, 자동차, 태도 같은 스타일을 통해 정의되고, 스타일을 지원하거나 대조적 상황에 위치시킨다. 상징의 언어로서 광고는 소비자로 하여금 그들이 이해하는 자신의 의미와 그들이 구매할 수 있는 제품을 각인시킨다. 물론 의미를 생성하고 공간을 극복하기 위해 기업만 광고를 사용하는 것이 아니라 정부와 NGO도 광고를 활용한다(그림 14.1).

생산자는 브랜드로서 제품을 재구성하고 재구조화함으로써 공간의 정복이 가능하였다. 브랜드화는 현대에 처음으로 발명된 것이 아니라 지난 수세기 동안 장인들의 제품에 대한 서명으로부터 유래하였는데, 장거리 철도운송의 출현으로 제품의 브랜드가 필요하게 되었다. 브랜드는 생산과 소비공간이 멀어질 때, 제품의 질 · 특이성 · 특성을 소비자에게 알리려는 공간 극복의 수단으로 나타났다. 켈로그 사와 P&G는 북아메리카 최초의 브랜드 중의 하나인데, 초기의 광고는 특정 제품을 알리는 데 초점을 두었다. 현재 브랜드는 특별한 제품뿐만 아니라 이미지, 조직, 명성에 대한 연관성을 생성한다. 브랜드 자산은 소비자가 제품 또는 기업에 대해 느끼는 이미지와 로열티의 가치이며, 기업들은 브랜드를 개발하기 위해 많은 노력을 한다. 일단 브랜드가 생성되면 신제품의 생산, 브랜드 자산, 로열티에 의존하면서, 기업은 여러 제품을 포괄하는 대표 브랜드를 개발하게 된다. 애플, P&G, 얌 브랜드, 토요타 등은 특정 제품의 탄생과 소멸의 과정을 거치나 소비자는 기업의 브랜드 자체에 대한 신뢰를 유지한다.

그림 14.1 NGO의 메시지 생성과 지구상의 브랜드

기업 브랜드화의 출현과 브랜드의 지구적 영향은 광고와의 관련 속에 생성된다. 1980년대 이전 소

규모의 광고회사는 지역 또는 국가 시장의 수요에 기반한 광고 서비스를 제공하였다. 하지만 현재의 대형 광고회사인 WPP, 옴니콤, 퍼블리시스, 인터퍼블릭그룹, 덴쓰 같은 세계적 규모의 기업들은 많은 자회사를 거느린 독점기업으로 부상하였다. 광고분야에서 대규모 합병은 소수의 기업만을 남겨 놓았고, 합병한 기업은 광범위한 광고 서비스를 수행하는데, 방송(TV와 라디오), 케이블 프로그램, 인터넷, 영화, 비디오 판매와 대여, 음악, 출판, 공연 운영까지 포함된다. 이들 기업은 콘텐츠 판매와 광고를 결합하는데, 말하자면 제품을 소비하는 것은 곧 광고를 소비하는 것이 된다.

소비에 대한 공간적 전략은 제공되는 제품의 종류와 생산 시스템에 영향을 미친다. 팀 호튼(Tim Hortons), 더케그(The Keg), 실반 러닝센터(Sylvan Learning Centre), 지피루브(Jiffylube) 같은 체인점, 식당, 서비스 아웃렛은 이러한 공간적 전략을 사용한다. 이들은 프랜차이즈로 운영되든 직접 운영되든 상관없이 모든 매장에서 소비자가 동일한 소비를 요구하도록 하고, 동시에 체인의 명성을 유지하고자 매장마다 상당히 표준화된 생산과정을 도입한다. 반면에 고객 지향적 서비스(예 : 금융, 세금 또는 여행 정보)로 전문화된 일부 체인은 표준화될 수 없다. 아무튼 모든 체인의 운영은 대규모의 광고에 의존한다. 예를 들어 맥도날드는 총매출의 25%를 광고에 소비한다.

체인에서 제품은 표준화된 유일한 것은 아닐 것이다. 고객 또한 표준화된 생산체계의 일부분이 되고 있다. 예를 들어 패스트푸드 체인에서 소비자는 줄을 서고, 머리 위의 게시판을 선택하고, 음식을 주문하고, 카운터에서 대기하고, 테이블로 쟁반을 들고 가고, 먹고(종종 식기류 없이), 남은 것을 정리하고 쓰레기통에 버리는 과정을 실천한다. 소비자는 이런 행동을 취해야 함을 안내 받는다(메뉴 대신 게시판, 적절하게 배치된 쓰레기통과 안내문). 이러한 신호는 한편으로는 대안이 없기에 일반화되고, 다른 한편으로는 기다리는 시간(짧은)을 포함하여 의도하는 이동과 행동 패턴을 유도하는 매장의 배치와 테이블의 사용에 의해 표준화된다. 고객들은 결국 이러한 행동에 길들여진다.

디즈니랜드

공간적 생산-소비과정에서 최상의 버전은 소비자가 생산과정으로 유도될 때 발생한다. 테마파크와 카지노 같은 장소는 경험시장으로 알려진 전략을 사용한다. 예컨대 월트 디즈니 월드는 기술적 낙관주의, 향수, 신화, 애국심을 반영하는 상징과 이미지로 연결된 관광지의 콤플렉스(라이브 쇼, 놀이기구, 이벤트, 식당, 호텔, 골프 코스)이다. 이러한 상징과 이미지는 수출용 미키와 친구들 비즈니스의 일부이다. 디즈니랜드는 아웃렛과 다른 유통업체를 통해 장난감과 상품을 판매할 뿐만 아니라 다양한 미디어 채널을 통해 영화, TV 쇼, 비디오 판매를 제공한다. 생산지로부터 디즈니 제품의 수출은 생산 장소로 소비자를 유입시키면서 강화된다.

디즈니는 경험적 장소 만들기를 보여주는 전형적 모델이 되었다. 경험적 마케팅은 기업의 브랜드 가치로 소비자를 흡수하도록 디자인된 환경으로 소비자를 유도하는 영구적, 방문형, 또는 대형 이벤트 중심의 관광을 창조한다. 이러한 아이디어는 기업 브랜드의 신화를 만들기 위해 현장을 활용함으로써 광고의 한계를 극복하려는 방법으로 고안되었다. 이러한 예로는 나이키타운 또는 마텔의 아메리칸 걸 플레이스뿐만 아니라 환경적으로 친화적인 포드 자동차의 리버루즈 공장과 크레욜라 공장에서 가족 핑거-페인팅 체험 여행이 포함된다. 이들 장소 중 상당수는 집약적 광고비용을 소비자의 사용료에 부과시키고 있다.

그러나 고객과의 상호작용은 정교할 필요는 없다. 마케터의 핵심 역할은 소비자에게 설문조사를 실시하고, 제품에 어떤 문제가 있는지를 초점 집단을 통해 확인하고, 개선 사항 또는 신제품 개발을 제안하는 것이다. 기업은 또한 소비자에게 제품 사용의 기회를 제공하면서, 동시에 제품에 대한 소비 태도를 분석하고자 아웃렛을 통한 직접 판매를 실시한다.

넷탐색자

공간을 극복하는 능력은 생산자에게 제한되지 않는다. 인터넷의 출현은 생산자와 소비자 사이의 공간적 관계를 급격하게 변화시켰다. 인쇄와 방송 미디어를 통한 광고는 광활한 공간을 관통하여 소비자에게 도달되며, 기업은 규모의 경제를 실현하고자 일부 제품에 대한 대대적 광고를 실시한다. 만약 광고되는 제품이 근처에서 이용할 수 없다면, 잠재적 소비자들은 고차위 서비스 중심지로 이동하는 비용이 발생할 것이다. 그리고 광고를 하지 않는 제품을 구매하려는 소비자는 더 비싼 값에 제품을 구매해야 할 것이다.

인터넷은 소비자의 탐색 관련 거래비용을 감소시키고, 소비자로 하여금 세계의 어디에서도 주문할 수 있도록 한다. 원래 검색엔진은 다소 우연적인 결과물인데, 야후와 구글에서의 기술적 진보는 검색엔진의 효율성을 증대시켰다. 인터넷을 통해 소비자가 제품의 세부 내용과 기업의 홈페이지를 탐색할 수 있게 되자, 기업은 홈페이지를 정교하게 만들고 비공식적 광고를 확대하면서 이에 대응하고 있다. 판매원의 설명이 없어도 인터넷은 비용과 시간의 관점에서 적은 비용으로 소비자가 제품을 비교할 수 있도록 한다. 인터넷은 또한 제품의 리뷰를 읽을 수 있게 하고, 자유로운 조언에 대한 탐색을 가능하게 한다. 성공적인 전자상거래 기업은 소비자에게 이용 가능한 선택과 정보를 빠르게 제공하고, 고객 지향적 태도로 고객의 요구에 빠르게 응답한다. 예를 들어 대규모의 전자상거래 기업들은 고객에 의한 제품 리뷰를 활성화하고 있으며, 신용 유지의 차원에서 고객의 리뷰에 대한 응답이 제공된다. 다양한 사회적 미디어가 중요하듯이 기업에게 웹사이트는 중요하다.

인터넷의 가장 큰 장점 중의 하나는 고객의 수요에 다양하게 부응할 수 있는 기술적 수단이란 점이다. 재래식 소매업자는 온라인 경쟁자가 제공하는 수천(경우에 따라 수백만)의 아이템 중 일부만을 취급할 수 있다. 과거에 잘 팔리는 상위 20%의 제품이 총판매의 80%를 차지하였지만(파레토의 80/20 법칙이라 알려진 현상), 이제 이러한 법칙은 더 이상 통용되지 않는데, 오프라인 상점에서 발견되지 않는 소량의 틈새시장 제품이 총판매의 30~40%

를 차지한다(그림 14.2). 이러한 '다품종 소량 현상'은 틈새 제품의 시장 접근 가능성을 보여주며, 신제품개발, 소비전략, 산업구조의 발전을 자극한다. 신산업구조는 출판과 음악 분야에서 특히 뚜렷한데, 디지털화로 이들 분야는 작가, 음악가, 소프트웨어 디자이너로 하여금 온라인에서 중간 거래자의 지원 유무에 상관없이 자신들의 작품을 출판, 유통하도록 해준다. 불행하게도 인터넷은 이들 생산자의 디지털 콘텐츠가 무단으로 복제되는 부작용을 야기하기도 한다.

전통 소매기업들은 서로 간 협력을 통하여 경쟁자인 전자상거래 기업에 대항하거나, 자체의 온라인 판매 시스템을 개발하면서 대응하고 있다. 전통 소매시장으로부터 전자상거래 시장으로 이동하면서 소비자는 권력을 갖게 되었다. 개인적으로 비교가 가능하여 인터넷으로 검색하고 매장에서 제품을 구매하거나, 매장에서 살펴보고 인터넷에서 구매할 수 있게 되었고, 또는 인터넷에서 검색하고 인터넷에서 구매할 수 있게 되었다. 이러한 경향은 육체적 이동으로 쇼핑하는 것이 얼마나 많은 시간과 노력을 필요로 하는지를 소비자들이 깨달으면서 나타났고, 또한 쇼핑비용은 인터넷 배송비용과 비교하게 되었다. 전자상거래는 기하급수적으로 증가하였는데, 캐나다를 포함한 많은 국가에서 연간 25% 정도로 증가하고 있다. 또한 전자상거래는 인터넷이 책, 앱, 게임, 음악, 영화 등을 판매하고 소비하는 틀로 작동하면서 유통과 소비의 경계를 흐리게 하고 있다. 판매하고 소비하는 상점과 가정과 같은 현장의 기능은 감소하고 있다.

한 산업이 효율적인 신기술을 발견하거나 또는 인터넷 활용의 방법을 발견하였을 때 소비자를 위한 기회가 열리게 된다. 그러나 그러한 기회를 소비자가 활용하는 것은 국가의 제도에 따라 달라진다. 캐나다는 인터넷 쇼핑의 활용에 있어 미국에 뒤져 있다. 지금까지 캐나다는 대규모의 전자상거래 기업을 출현시키는 데 실패하였고, 많은 캐나다 사람은 여전히 인터넷 쇼핑을 미국에 의존하는 경향이 있다. 이는 텔레콤 기업의 가격 구조, 통신 부문의 경쟁 부족, 초고속 정보 인프라의 확산을 지원하는 민간과 공공부문의 실패 등을 둘러싼 소매업자와 정부 관료의 보수적 경향 때문이다.

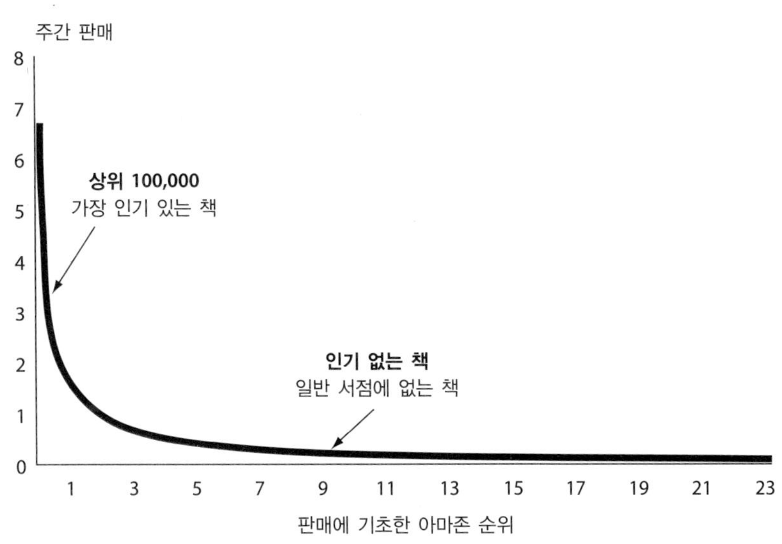

그림 14.2 다품종 소량 현상

전형적인 대규모의 재래 매장이 4만~10만 권의 책을 제공했다면, 온라인 소매업체는 300만 권을 제공한다.

출처 : Brynjolfsson.B., J. Hu, and D.M.Smith. 2006 "From niches to riches: Anatomy of the long tail" MIT Sloan Management Review 47(4)

마지막으로 공간을 가로지르는 소

비자-생산자 간 상호작용에서 광고 활용의 변화를 살펴볼 필요가 있다. 인터넷은 소비를 위한 광고의 역할에서 제2의 생명력을 제공하였다. 텔레비전 네트워크가 상업적 광고로 그리고 신문이 출판 광고로 유지되듯이, 인터넷은 팝업과 배너로 유지되며, 구글은 키워드 배치로 수익을 창출한다. 과거와 현재 광고 미디어의 주된 차이는 광고가 도달하는 범위, 광고가 도달하는 범위 내에서 활동적인 탐색 소비자의 수, 생산자에게 제공되는 피드백의 차이라 할 수 있다. 소비자의 웹사이트 '쿠키'의 방문과 온라인 구매는 많은 소비 정보를 생산자에게 제공하는데, 정보 수집기관은 개인 소비자와 집단별 구매 행위의 정보를 생산자에게 제공할 수 있다. 기업은 개인 소비자의 선호도를 파악할 수 있고, 이메일 또는 홈페이지 방문을 통해 기업을 홍보할 수 있다. 동시에 웹사이트는 설득의 수단으로써 방송 광고 또는 인쇄 광고를 약화시키는데, 왜냐하면 인터넷을 탐색하는 소비자들은 인터넷의 구조를 따를 수밖에 없고, 애니메이션, 영화, 인쇄물 또는 사운드에 담긴 많은 메시지를 접하기 때문이다.

장소와 공간의 소비

소비의 상당 부분은 전화, 자동차, 테니스 라켓 등과 같은 상품, 그리고 미용, 금융 상담, 물리치료 같은 서비스와 관련된다. 물론 우리는 이들 제품을 소비하기 위한 공간과 장소를 필요로 한다. 또한 우리는 소비를 위해 공간과 장소를 분리하기도 하며, 또는 가구 단위의 집합적 소비를 하기도 한다. 개인, 가구, 집단은 사실 가장 규모가 큰 민간 · 공공투자의 대상이며, 소득이 소비되는 현장이며, 시대의 소비를 구성하는 주체이다. 특히 소비의 핵심 주체는 가정인데, 집을 구매하고 임대하는 것은 경제활동의 핵심이다. 가정의 소비를 먼저 거론하는 이유는 가정이 다른 소비활동의 기초가 되기 때문이다. 집 밖에서 사회활동을 위해서는 특정한 공간이 필요한데, 이러한 공간은 세금, 입장권, 커피나 맥주값, 또는 기타 간접비용을 지불하고 사용된다. 필자는 이러한 소비 중에서 상점과 쇼핑몰 같은 사적공간, 그리고 쇼핑거리와 근린지구 같은 공공공간에서 발생하는 소비에 초점을 두고자 한다. 레저 소비는 공공공간(예 : 공간, 등산로)과 사적공간(예 : 디즈니랜드)에서 발생할 수 있다.

사적 장소

집, 특히 주택은 현대 공간경제학의 핵심 요소이다. 대부분의 사람에게 주택, 아파트, 또는 다른 형태의 거처를 마련하는 것은 개인 지출 중에서 가장 큰 부문을 차지한다. 표준화된 것부터 고유한 건축물에 이르기까지 그리고 고소득, 저소득, 자산 수준에 따라 구입할 수 있는 주택의 형태는 매우 다양하다. 임대자도 주택에 대한 수요를 발생시키는데, 소득 수준과 선택 기준에 따라 임대의 형태가 다양하게 나타난다. 주택은 집을 유지하고 리모델링하는 것은 말할 것도 없고, 가구, 살림살이, 보험, 세금 등과 같은 다양한 수요를 발생시킨다.

또한 주택건설은 인프라 구축과 유지에 막대한 비용을 수반한다. 사업계획과 토지 매입으로부터 마지막 건축과정이 마무리 될 때까지 주택산업은 경제활동의 필수 요소이기에 주택건설은 경제의 건강상태를 반영하는 표준 지표이다. 자금의 출처가 공공인지 민간인지 상관없이 인프라(쇼핑몰, 병원, 학교)를 위한 재원 확보는 주택의 수요에 의존한다. 많은 선진국, 특히 북아메리카 주택에서 보이는 주요 특징은 교외지역의 주택에 대한 선호가 높다는 점이다. 가족의 해체와 가구당 거주자 수의 감소에도 불구하고, 교외 주택에 대한 선호는 20세기부터 21세기까지 지속되고 있다. 주택은 생활 장소와 정체성의 상징으로서 더욱더 중요한 위치를 차지한다. 주택은 인간이 원하는 것에는 한계가 없다는 신고전적 견해를 여실히 드러낸다. 1950년대 미국 주택의 평균 면적은 93m^2 이하였으나, 2014년 평균은 242m^{2}에 이르고 있다. 신규 주택의 평균 크기가 커졌으나, 2007년 금융위기 이후 작은 집에 대한 선호도가 증가하고 있고, 또한 도시 중심부로의 이동도 증가하고 있다. 이러한 변화는 몇 가지 요인에 기인하는데, 자녀가 독립하면서 작은 주택을 선호하게 된 베이비 붐 세대는 이미 은퇴 연령에 도달하였으며(퇴직에 따른 돈이 필요하였고), 교외지역의 높은 통근비용과 통근의 불편함, 밀도 높은 도심지역이 갖는 다양한 매력, 교외에 주택을 구입하기 힘든 젊은 세대의 소득 수준 등이 주된 요인이다. 검소한 거주지에 대한 선호, 미식가적 욕망 등에 의해 주택의 수요가 영향 받는다는 것은 재미있는 현상이다.

주택의 선택은 소득, 가족 규모, 연령, 로컬 어메니티, 의료보험과 학교의 서비스 질, 직장과의 근접성, 공동체의 형태, 계급, 안전, 골프장 또는 쇼핑센터에 대한 접근성 등 많은 변수의 영향을 받는다. 정부의 주택정책, 지구설계 또는 종족관계 같은 변수도 주택의 선택에 중요한 영향을 미친다. 대부분의 사람들에게 주택의 선택은 다음과 같은 로컬화된 행동의 결과라 할 수 있는데, 즉 특정한 가격 범위 내에서 이용 가능한 빈 집의 유무, 탐색비용과 입지 선호도 또는 구매자의 편견, 직장이나 이전 거주지와 같은 장소에 대한 선호도 등이 이에 해당한다. 한편, 일부 사람들은 주택의 선택을 위해 다른 지역으로 이주하거나 또는 특별한 주택이나 환경을 추구하면서 국제 이주를 시도하기도 한다. 또한 구직, 이직, 또는 비싼 장소에서 싼 장소로의 이동의 필요성 등에 의해 거주지 변화가 나타난다.

집의 구매/임대 결정에 가장 큰 영향을 미치는 두 가지 요소는 학교의 위치와 장소의 인종 분포이다. 미국의 연구에 의하면 90%의 사람들은 주택 구매 결정에서 학군을 중요하게 고려했으며, 50% 이상의 사람들은 더 좋은 학군으로 이동하기 위해 당초 계획했던 예산보다 1~20%를 주택 구입에 더 투자하는 것으로 나타났다(realtor.com). 게다가 좋은 학군을 선택하기 위해서라면 수영장 · 쇼핑 · 공원 같은 어메니티는 포기할 수 있는 것으로 조사되었고, 창고 · 뒤뜰 · 침실 같은 사적 어메니티도 포기하는 것으로 나타났다. 학교가 원거리에 위치하는 경우 자녀를 버스로 통학시킬 것인지 또는 기숙사에 보낼 것인지는 학교 선택의 또 다른 고려사항이다. 불행하게도 일부 사람들에게 학교를 선택할 정도의 여유는 없다. 부유한 사람들이 특정한 학군에 집중되면서 학교의 자원은 부유한 지역으로 투자되고, 가난한 사람들이 다니는 학교는 부유한 학생과 자원의 유출에 따른 고통을 받고 있다.

역사적으로 민족과 경제적 여건은 주택의 구매와 밀접한 관련이 있는데, 이는 지리인구학적으로 구분되는 많은 지구의 명칭에서도 나타난다. 이는 격리와 응집의 과정으로 나타난다. 이주자들이 북아메리카와 유럽으로 이주하였을 때, 이들은 상대적으로 가난하였고 지역시장과 제도에 대한 지식이 부족하였고, 또한 제도적 그리고 비제도적 요소는 이주자가 특정 장소로 유입되는 것을 제한하였다. 이주자는 임대료가 싼 지역으로 또는 임대료를 지불할 수 있는 장소에 거주해야 했고, 이들 지역은 밀집과 혼잡으로 임대료가 낮은 특징을 보였다. 슬럼가 부동산 소유자의 임대료 수익은 상대적으로 잘사는 지역보다 높을 수 있었는데, 이는 거주 밀도가 높기 때문이다. 여러 불리한 조건에도 불구하고 슬럼지역의 일부는 종종 경제적으로 성공한 지역으로 변모하였는데, 이는 비슷한 민족 집단 내에서 사회적 자본이 공유되고 금융자본이 확대되었기 때문이다. 북아메리카의 주요 도시는 다양한 민족 엔클레이브를 형성하는데, 가장 큰 엔클레이브는 뉴욕, 토론토, LA, 샌프란시스코, 밴쿠버 같은 항구도시에 존재한다. 토론토의 차이나타운, 리틀 이탈리아 또는 댄포스(그리스계) 같은 오래된 엔클레이브는 음식과 비즈니스 활동에 의해 엔클레이브를 유지하며, 원래 이곳에 거주하였던 원주민의 상당수는 다른 곳으로 이동하였다. 이민 2세와 3세의 다수가 주택을 선택하는 기준이 민족적 배경보다 소득 수준과 어메니티 선호도에 의해 결정되면서, 도시 이곳과 저곳으로 분산되는 분포 패턴을 보인다. 일부 2차적 엔클레이브는 또한 교외와 준교외에서 발전하기도 한다. 최근에도 엔클레이브는 형성되고 있는데, 토론토의 자메이카인과 벵갈인의 엔클레이브처럼 상대적으로 가난한 이주자의 공동체가 형성되고 있다. 한편, 부유한 이주자의 주택 구입은 또 다른 현상으로 주목을 받고 있다. 부유한 투자자에게 영주권과 시민권을 제공하는 이민-유입국 정부 프로그램에 자극받으면서, 많은 앵글로-아메리칸 도시는 신흥 부국의 부유층을 위한 새로운 주거지가 되고 있다. 이들 부유층은 깨끗한 환경을 추구하고, 보다 나은 교육과 의료보험 제도를 원하고, 안정된 정치경제 제도를 원하고, 돈을 투자할 안전한 장소를 원한다. 토론토, 밴쿠버, 시드니는 중국인 신흥 부자를 유혹하는 장소로 부상하였고, 반면에 런던은 러시아, 인도, 중동, 다른 지역의 부자를 끌어들이는 자석이 되었다.

물론 입지는 집의 가치와 의미에 대한 한 가지 측면에 불과하다. 비록 주택의 구매가 종종 구매자의 가치와 정체성을 반영한다고 생각되지만, 사실 이것은 일반적 현상은 아니다. 북아메리카의 신규 주택 프로젝트의 대부분은 계획, 금융, 디자인, 재료 구매, 부품 제조, 현장 어셈블리의 모든 단계에서 규모의 경제에 의해 주도된다. 이러한 규모의 경제의 특징은 주택의 크기와 디자인 차이가 적으면서, 대량으로 건축된 주택의 집적을 가져왔다. 일부 주택건설은 투기 목적으로 조성되고 있다는 점에 주목해야 하는데, 시장가치가 시간이 지남에 따라 진가를 발휘한다는 기대에서 개발되었다. 그러나 21세기 초반 주택 버블이 보여준 것처럼 과도한 주택의 공급을 충당할 만큼 금융적 여유가 있는 소비자를 찾는 것은 쉽지 않다.

북아메리카에서 주택의 개인화(personalization)가 점진적으로 나타나고 있다. 비슷한 모양의 주택이 대량으로 분양된 지 20년 후에 보다 다양한 주택의 패턴이 나타나게 되었다. 일본의 경우 주택의 차별화는 디자인에 대한 소비자와 건축가 사이의 상호작용에 기초하여 나타났다. 대부분의 주택은 기둥-들보 건축 방식을 사용하면서 로컬 개발업자에 의해 건립되었고, 구매자에 적합한 주택이 개발되었다. 국영건설회사는 고객이 원하는 특성에 민감하게 반응하는 유연적 생산 시스템을 도입하면서 주택시장의 상당 부분을 차지하였다. 국영건설회사의 발전은 한편으로 로컬 개발업자의 혁신에 자극을 받은 것으로, 국영기업은 수많은 고객을 확보함과 동시에 연구개발, 스케일, 상호작용을 작동시킬 능력을 보유하기 때문이다.

디자인, 가구 비치, 장식을 통한 자기 표현의 기회를 제공하면서, 주택은 점차 수동적(가정 극장) 또는 능동적(모험적 요리를 위한 완전 장비를 갖춘 부엌) 엔터테인먼트의 현장이란 의미를 제공하게 되었다. 주택이 빠르게 증가하는 이유 중의 하나는 주택에 다양한 활동 공간이 구비되어, 가족 구성원이 자신의 일을 할 수 있는 공간이 확보되었기 때문이다. 이는 가정으로부터 많은 제품에 대한 수요가 발생하는 계기가 되기도 하였다. 또한 소비에 적합하다고 생각되는 많은 개인 소비자의 취향과 아이디어는 가족의 구성을 통해 형성된다. 가정을 구성하는 젊은 사람이 집에서 만들어진 규칙을 수용 또는 거부하는 것에 상관없이, 가정에서 발생하는 사회적 재생산의 많은 것들은 소비에 직접적 영향을 미친다. 일반적으로 부양 자녀가 반독립적 위치인 10대가 되면서 가정의 소비 패턴은 변화하며, 성인이 되고, 파트너를 사귀게 되고, 부모가 되고, 한부모가 되는 등의 변화에 따라 소비 패턴은 변화한다. 가정 구성의 역동성(시간이 흐르면서 가정의 수요는 어떻게 변화하는가)은 마케터가 이해하려는 핵심 사항이며, 또한 기대하는 사항이기도 하다. 젊은 독신은 도시의 멋진 곳에 위치한 작은 아파트에 만족할 것이다. 자녀가 없는 맞벌이 부부는 고급 상가 근처의 재개발된 타운하우스를 선호할 것이다. 자녀가 있는 가족은 마당이 있는 주택을 선호할 것이고, 은퇴한 부부는 골프장 또는 스키장 근처의 마당이 없는 작은 집을 구할 것이다. 대부분의 경우 과거의 물건, 현재의 조건, 그리고 미래에 대한 기대가 주택의 소비를 결정한다.

마지막으로 주택의 입지는 소비에 강한 영향을 미치는 가구 구성원의 공간적 활동을 위한 조건이 된다. 특정 서비스에 대한 소비자의 인식(소매, 유흥, 건강 등)은 집을 선택함에 있어 이들 서비스의 입지를 고려하게 된다. 일반적으로 개인의 심상지도(어느 곳에 활동과 경관이 위치하고 있으며, 이들은 어떻게 연결되어 있는가에 대한 암묵적 지식)는 그들이 살고 있고, 더러는 일하고 있는 장소 주변을 중심으로 형성된다. 이처럼 가정은 생산의 공간, 그리고 상품과 서비스가 제공되는 광고와 사회적 장소 사이의 핵심적 중재자이다.

개인과 공공의 사회적 공간

가정에서 소비되는 대부분의 제품과 서비스는 상업적 기업, 에이전트 또는 계약자를 통해 구입된다. 상점은 돈으로 무언가를 사고자 희망하면서 찾아오는 일반 대중을 초대하는 사적인 장소이다. 그러나 상점은 또한 거대한 장소 속의 장소, 즉 주택가, 쇼핑거리, 쇼핑몰, 중심업무지구, 마을, 패스트푸드의 공간이다. 쇼핑몰의 주변 장소는 돈으로 사람을 구분시키는 공간이 아니라 특별한 목적이 없는 사적공간일 수 있다. 쇼핑거리 또는 중심업무지구는 무역보다 다른 많은 기능을 제공하는, 예컨대 교통, 사교, 스케이트보드 타기 등의 장소이다. 소비자는 구매를 위한 목적으로 이러한 장소를 방문할 수 있지만, 다른 많은 이유 또는 목적으로 이곳을 활용한다. 이윤 추구를 위해 디자인된 폐쇄적 장소로서의 상점과 쇼핑몰은 소비자의 행위를 구체화할 수 있고, 피하고자 하는 활동을 제한시킬 수 있으며, 돈을 소비하려는 사람들을 유인할 수 있다. 공적공간은 행동을 통제할 여력이 거의 없고(비록 일정 부분 경찰이 지켜주지만), 결과적으로 경제와 사회의 기능을 결합하는 열린 공간이 된다.

동시에 상점(또는 상점을 포함하는 쇼핑몰이나 거리)은 공간 내에서의 장소이다. 상점의 공간적 규모는 부분적으로 개인 상점의 고객 유치 능력에 결정되고, 부분적으로 비즈니스를 유인하는 장소의 힘에 의존한다. 대부분의 쇼핑몰은 일정한 수의 상점을 유지하도록 디자인되었고, 일정 규모의 시장을 필요로 한다. 많은 상점은 택지개발로 계획되고 공간활동의 특성과 부합되도록 미리 설계된다. 자동차의 접근이 용이한 쇼핑몰에서, 입구와 출구는 소비자를 '붙잡도록' 디자인되었다. 북아메리카의 경우 이러한 공간적 소비활동을 위한 인프라는 도로를 건설하는 정부에 의해 제공되거나, 쇼핑몰의 개인 개발업자에 의해 조성된다. 일부 국가에서 대도시 소비활동의 대부분은 대중교통에 의존한다. 예를 들어 도쿄의 도쿠, 오사카의 한큐 같은 기업은 도시철도를 운영함과 동시에 통행이 많은 주요 터미널과 근린지구에 백화점을 동시에 운영한다. 홍콩의 경우 정부는 매우 밀집된 복합 주거와 상업 프로젝트의 개발을 통하여 지하철 시스템에 자금을 제공하는데, 아파트, 쇼핑몰, 사무실, 상점의 판매와 임대에서 발생하는 수입은 지하철 네트워크를 짓는 자금으로 사용된다.

대중교통으로 주로 이용되는 번화가 쇼핑몰과 쇼핑거리는 공적 인프라에 의존한다. 주유소, 패스트푸트 상점, 비즈니스 빌딩이 밀집한 간선도로의 인프라는 두세 블록 떨어진 주거지역 거리의 인프라와는 다를 것이다. 이러한 개방적 상업지역을 방문하는 데는 제한이 없거나 또는 쇼핑몰의 운영 방식에 의해 통제된다. 이들 지역의 비즈니스는 주변 환경의 변화에 쉽게 영향을 받으며, 사업체의 숫자 · 규모 · 형태는 변화를 거듭하는데, 이는 쇼핑몰에 입주한 업체가 비즈니스의 전환을 위해 쇼핑몰의 소유자 또는 운영 조직의 공식적 허가를 필요로 하지 않기 때문이다. 비공식적 상업지역도 점차 도시의 다양성과 역동성을 제공하는 주요 원천이 되고 있다. 1960년대 제인 제이콥스는 합리적인 도시계획에 의해 나타나는 동질화를 개탄하였다. 그녀는 활기찬 공동체는 밀도 있고, 복합적이고, 유기적으로 생성되는 도시지역을 필요로 한다고 주장하였다. 그녀의 견해는 많은 지지를 받았다. 다양성의 영향과 하위문화의 창조는 점차 도시와 지역의 번영뿐만 아니라 첨단기술의 진보와 관련되는데, 왜냐하면 모든 형태의 창의적 사람들은 함께 모이는 경향이 있기 때문이다.

어떤 도시가 창조적 클러스터의 개발을 위해 반드시 필요한 것은 '보헤미안' 문화의 존재이다. 보헤미안 문화는 쇼핑몰에서 생성되지는 않는데, 대체로 민족성, 소득, 연령, 임대, 서비스, 빌딩 등 다양한 요소가 섞여 있는 로컬화된 지역에서 형성되기 때문이다. 쇼핑몰의 계획가에 의해 보헤미안 문화가 창조되는 경우는 거의 없다고 보아야 한다.

보헤미안적 벼룩시장과 자선가게의 광경과는 정반대의 모습이 쇼핑몰의 상점들에서 보인다. 상점의 종류가 무엇이든 상관없이, 쇼핑몰 상점의 대다수는 체인으로 운영되고 있다. 체인은 가맹점의 배치와 재고를 관리하고, 운영 방식을 관리한다. 체인은 점차 글로벌 경영 시스템을 도입하고 있으며, 공급사슬의 생산 끝부분에서 소비자의 수요에 빠르게 반응하도록 실시간 정보 시스템을 사용한다. 월마트의 지배력 중의 하나는 자신을 광고하기 위해 유명 브랜드의 생산자를 활용하고, 회사 자체 또는 월마트 브랜드로서 판매되는 제품의 생산을 위해 OEM 공급자를 활용하는 것이다. 비록 체인의 가맹점이 판촉하는 생산자와 협력하지만, 브랜드 제품은 자체의 장점을 갖고서 판매되어야 한다. 상점과 쇼핑몰은 때로 고객을 끌어들이기 위한 판촉 행사를 실시한다. 쇼핑몰은 대중의 관심을 사기 위해 다양한 엔터테인먼트, 음식 또는 기타 서비스를 제공하기 위한 공간을 마련하기도 한다.

전통적 소매상점과 쇼핑몰은 소비자의 구매를 확대하고자 두 가지의 장소전략을 사용하는데, 하나는 상품의 배치이고 다른 하나는 장소의 이미지이다. 일반적으로 상점 또는 쇼핑몰의 배치는 충동 구매를 고려하여 고객이 가능한 한 많은 상점을 통과하도록 디자인된다. 입구와 출구는 서로 분리되어 위치하며, 수요가 많은 상품일수록 상점의 뒤편에 배열된다. 쇼핑몰은 여러 입구로부터 접근이 용이하도록 디자인되고, 백화점은 한쪽 끝에 그리고 식료품 슈퍼마켓은 다른 한쪽에 위치시키면서 고객의 흐름을 유도한다. 상점과 쇼핑몰은 경쟁적 제품 또는 상점을 서로 가깝게 위치시키면서 장소를 관리한다. 상점과 쇼핑몰은 안전을 강조하고 이동의 속도를 관리하고자 하며(그림 14.3), 감시 기술과 행동 분석을 통하여 보다 효율적인 배치와 이미지 관리를 수행한다.

상점 또는 쇼핑몰이 보여주려는 이미지는 목표집단의 특성에 따라 달라진다. 건축, 조명, 에어컨, 색채, 예술품, 음향 등은 소비를 자극하는 분위기 조성의 일부에 불과하다. 상점의 소비 분위기 조성은 할인점의 꾸밈없는 모습에서부터 디자이너 패션에 전문화된 고급 스타일의 모습까지 다양할 것이다. 이러한 분위기 조성의 차이는 쇼핑몰에도 적용된다. 가장 규모가 크고 다양한 상점으로 구성된 쇼핑몰 중 하나인 웨스트 에드먼턴 몰은 놀이기구, 수영장, 식당 같은 외연적 즐거움, 그리고 많은 사람들이 쇼핑에서 찾게 되는 내면적 즐거움을 결합한 환상적 랜드의 이미지를 지향한다. 쇼핑몰에 대한 지리적 분석은 종종 소비주의(consumerism)를 촉진하는 이미지 사용의 방법을 연구하거나, 또는 노숙자처럼 원하지 않

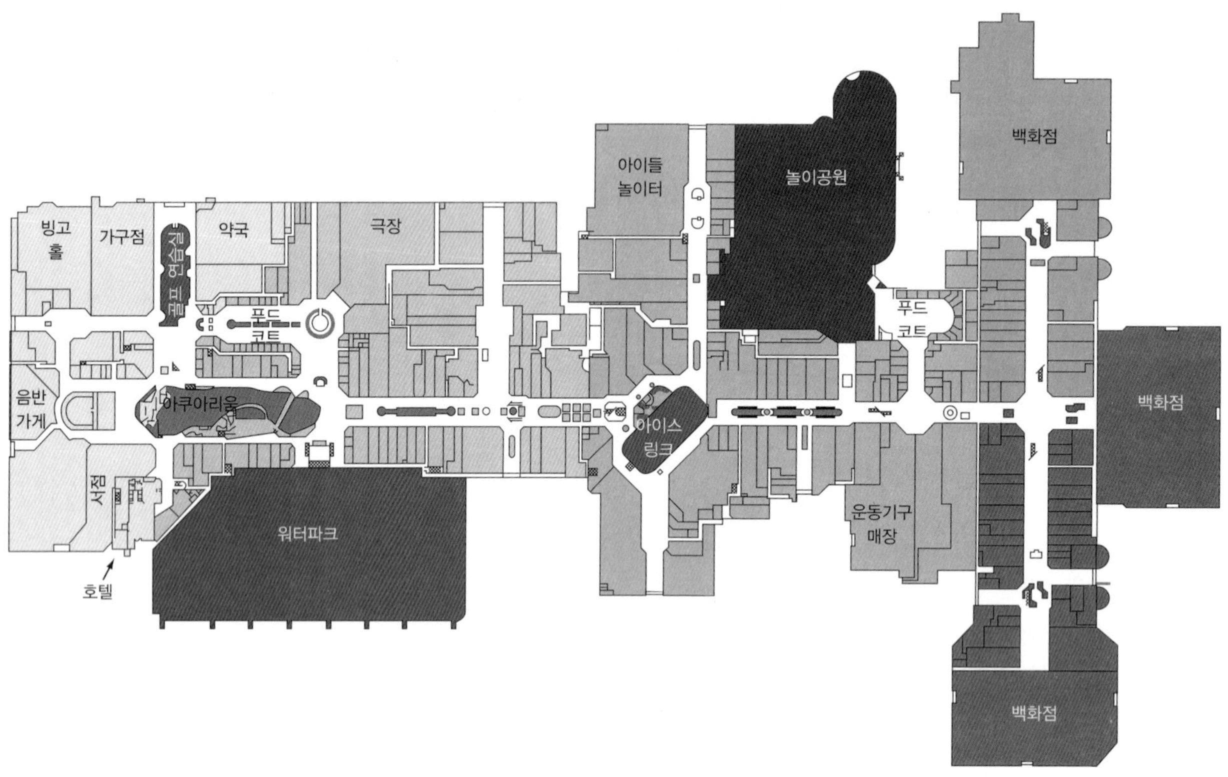

그림 14.3 웨스트 에드먼턴 몰 : 쇼핑, 엔터테인먼트, 판타지

는 집단을 배제하는 방식을 연구하는 데 초점을 둔다. 한편, 일부 연구는 사회적 집단이 정체성 실현의 원천으로서 또는 사회적 상호작용과 수행을 위한 수단으로서 소비의 장소를 사용함을 강조한다.

특히 쇼핑몰의 디자인과 관리를 이해하는 것이 중요한데, 왜냐하면 한때 공공성이 약했던 공적공간의 새로운 모델이 쇼핑몰이었기 때문이다. 이러한 소비의 장소는 또한 사회적 재생산의 장소가 된다는 점을 고려하면, 쇼핑몰의 디자인은 매우 중요하다(예 : 격리 또는 복합, 판매 전의 환상 또는 상상적 영감).

생산과 소비의 분리 : 사회와 환경

소비자 행동에 관한 대부분의 연구는 마케팅 관점에서 이루어졌는데, 이들 연구는 소비 증대를 위해 어떻게 사람을 설득할 수 있는지에 초점이 있었다. 그러나 소비에 대한 다른 관점의 연구도 중요하다. 일부 학자들은 어떻게 개인의 소비 결정이 심리학적 · 문화적 · 계급적 요소에 영향을 받는지를 탐색한다. 신고전이론과는 반대로 일부 연구는 특정 상품에 대한 수요는 가격이 상승하면서 증가한다는 점을 밝히고 있는데, 이는 희귀성이 또 다른 사회적 지위를 가져다주기 때문이다. 자본사회에서 소비는 커뮤니티 생활을 대체하게 되었다는 연구결과도 제시되었다. 현대인들은 생산의 증가가 주는 이점이나 레저를 통한 만족을 추구하기보다 일-소비의 사이클에 중독되어, 생산활동에 참여하는 가치를 보다 많은 자유를 향유하는 것에 두는 것이 아니라 더 많은 소득을 획득하는 것에 둔다. 경제지리학은 생산과 소비의 공간적 분리에 초점을 두면서, 그리고 소비를 가치사슬의 끝으로 인식하지 않고 가치주기의 변곡점으로 인식할 것을 강조하면서 이러한 비판적 관점을 수용한다. 이러한 공간적 관계를 이해하는 것은 특히 가치주기를 통해 환경적 영향에 대한 소비자의 책임을 이해하는 데 중요하다.

가치주기에서 상류 단계

대개 소비자는 최종 제품만 생각하면서 생산에 투입되는 사회적 또는 환경적 비용에 대해 거의 생각하지 않는다. NGO(제7장 참조)의 주된 역할 중의 하나는 가치사슬의 상류 단계(upstream)에 위치한 기업의 실천이 하위에 위치한 소비자에 미치는 영향을 밝히는 것이다. 소비가 환경에 미치는 영향을 인지할 필요가 있다고 주장하는 단체들은 그들의 메시지를 전달하기 위해 다양한 수단과 미디어를 사용한다. 예를 들어 '생태학적 발자국'은 총수요(음식, 거처, 에너지)를 예측하기 위해 사용되며, 개인, 기업 또는 국가가 환경에 미치는 영향을 다룬다. 에너지 스타, 공정무역, 국제삼림관리협의회, 국제해양관리협의회, 버드프렌들리커피 등의 단체는 소비자에게 평화로운 마음으로 소비해서는 안 된다고 주장한다. 소비자의 선택 변화를 생산자에게 전달하면서, 소비자는 생산자에게 생산활동의 변화를 요구할 수 있다는 것이다. 또한, 정부는 소비자 보호기구와 규제활동(예 : 마약, 환경보호)을 통하여 가치사슬 상류 단계에 대한 거버넌스를 강조하기도 한다.

소비가 상류 단계에 미치는 영향을 소비자에게 알리는 것은 정보 비대칭(기본적 시장실패)을 인식시키는 것이다. 사회적으로 또는 환경적으로 문제가 되는 것을 해결하기 위해서는 생산과 거래에 대한 추가적 비용을 유발한다(예 : 세제 생산 방식, 대안물질, 이력 추적, 질 관리, 고임금, 근무조건 개선). 아마도 이러한 문제해결을 위한 가장 큰 도전은 소비자로 하여금 높은 가격을 지불하도록 설득하는 것인데, 이는 생산자가 가치사슬의 초기 단계에서 발생하는 환경문제를 기업 내부에서 해결하도록 하기 위함이다. 비록 소비자는 이러한 변화의 많은 것을 제시할 수 있지만, 이를 실천하는 것은 기업, 노동력, 로컬 거버넌스 제도의 복잡한 상호작용이다. 가치사슬을 이해함에 있어 점차 중요해지는 것은 환경적 지속가능성에 대한 요구가 어떻게 장소와 공간을 초월해 구성되는지에 대한 이해이다.

가치주기에서 하류 단계

소비자는 구매하려는 제품의 선택을 통하여 어떻게 제품을 사용하고, 어느 정도로 제품을 재사용하고 재활용할 것인지에 대한 결정을 통하여, 하류 단계에서 환경에 매우 큰 영향을 미친다. 다른 말로 표현하자면 소비자는 물질과 에너지 흐름에서 매우 중요한 역할을 한다.

소비 단계에서 차츰 소비자들은 가능하면 친환경적이고 효율성이 높은 제품의 선택이 필요함을 인식하게 된다. 승용차, 컴퓨터, 또는 가정용 세탁기와 같은 제품에 상관없이 소비에 의해 환경적 영향이 결정된다고 보아야 한다. 아마도 소비자의 역할에서 중요한 점은 역물류(reverse logistics) 가능성일 것이다(제13장 참조). 제품의 재사용 또는 재활용은 소비자의 참여에 의존하는데, 정부의 제도적 장치는 버리는 물질에 대한 재활용을 차츰 소비자에게 요구하고 있으며, 이에 대해 인센티브가 제공되거나 또는 강요되고 있다. 재활용은 지역 재활용 프로그램이 수용하는 플라스틱 물질 또는 등급의 유형뿐만 아니라 약간의 사회적 교육을 필요로 한다. 즉, 소비자 참여를 위해서는 종종 제품의 수명주기에서 소비자의 구매가 의미하는 것을 이해하는 것뿐만 아니라 제품의 가격에 재활용 값이 포함된 이유, 매립지 또는 소각로의 반입이 금지된 물질 등에 대한 이해가 필요하다.

소비 : 너무 많이 그리고 너무 적게?

선진 시장경제(그리고 선진 시장경제에만 국한되지 않는)는 깊어가는 고민에 직면하고 있는데, 그것은 소비가 과도해지면서 환경과 사회의 가치가 위협을 받고 있기 때문이다. 환경주의자는 과도한 소비가 지구를 위협한다고 인식하는데, 왜냐하면 생산과 소비가 지속가능성의 한계를 넘어서고 있다고 판단하기 때문이다. 다른 비판자는 과잉소비 또는 초물질주의(hyper-materialism)가 정신적 가치의 손상을 가져왔고, 윤리적 개발의 필요성과 공동체 정신(community-spirited)의 함양이 요구된다고 지적한다. 이러한 비판은 종종 1980년대 이래 신자유주의의 출현, 그리고 공공재를 시장으로 대체하려는 정책과 관련되어 대두되었다(제6장, 제12장 참조). 낮은 소득 수준은 소비의 부족을 야기하면서 기초 수요를 충족시키지 못한다. 또한 공평한 기회를 제공하지 못하고, 또는 사회의 일반적 기대를 충족시키지 못하게 된다. 중요한 점은 소비의 부족이 부유한 국가에서도 문제이지만, 개도국일수록 더 큰 문제가 된다는 점이다.

과잉소비 그리고 과소소비에서 알 수 있듯이 시장경제에 대한 정책적 도전은 단순하지 않다. 도시 스케일에서 재구조화와 젠트리피케이션은 이전의 많은 산업도시(생산의 장소)의 특성을 변화시켰는데, 반물질주의(anti-materialist)는 아닐지라도 녹색과 반생산주의(anti-productivist)로의 변화가 나타났다. 캐나다 밴쿠버의 사례에서 볼 수 있듯이 세계의 많은 부자도시들은 '녹색'도시를 희망하고, 오염과 혼잡에 대처하는 다양한 방법을 찾고 있으며, 온실가스 배출을 낮추고, 녹색지대를 유지하고, 자전거 도로를 개발하고, 깨끗한 생산자 서비스, 디자인, 연구개발 활동을 발전시키고자 하며, 전통적 '중'공업을 이전 또는 최소로 제한하고자 한다. 이러한 정책들이 주민들로부터 환영을 받겠지만, 소비제한정책은 복잡한 양상을 띤다. 과거의 녹색시민들은 일반적으로 스키, 카약, 카누, 항해, 하이킹, 등산, 조깅을 원하였지만, 이들 활동은 모두 전문화된 옷과 장비를 요구하게 되었고, 간이차고를 유지하는 데 막대한 비용투자를 필요로 하였고, 일시적 이용을 위한 제2의 또는 제3의 집이 필요하였고, 많은 여행이 수반되었다. 다른 한편으로 이렇게 파생된 활동과 경향은 경제를 자극하고 지속적으로 증가하는 세계 인구를 위한 직업을 제공하였다. 1800년경 시장경제가 시작된 이래 세계 인구는 10억 명에서 70억 명(2014년)으로 증가하였다. 증가하는 인구 때문에 도시 거주자는 증가하였고, 소비의 증가는 목표이자 현실이 되었다.

기술과 제도의 혁신에 의해 주도되고 강화되는 시장 시스템, 그리고 노동의 분업은 환경적 그리고 사회적 가치실현을 어렵게 하면서 소비의 글로벌화를 촉진시킨다. 또한 혁신에 고무된 노동의 분업은 과잉소비, 소비 부족, 환경적 지속가능성, 사회적 통합의 문제에 대한 낙관적 견해를 제공한다. 이에 대한 도전을 설명하는 다양한 방법의 (복잡한) 제도적 배열과 장치를 통하여 우리는 국가, 지역, 도시(그리고 다른 로컬리티)의 소비적 특성을 설명할 수 있다. 경제지리학은 이러한 소비 변화를 이해하는 데 중요한 역할을 수행한다.

결론

가치사슬과 가치주기에서 소비자의 역할은 모호하지만 다방면에 영향을 주고, 모든 가치주기의 장소에 영향을 미친다. 일부 제품의 성공과 일부 제품의 실패를 가져오면서, 소비자는 생산에 영향을 미친다. 그러나 생산자는 또한 소비자에게 영향을 미치고, 이는 광고와 브랜드화를 통해 분명하게 나타난다. 경제발전의 과정에서 소비의 증가는 신규 직업을 창출하는 필수적 요소이며, 이는 생활수준의 향상을 의미한다는 점에서 희망적이다. 부유한 국가에서 높은 소비 수준은 경제의 건강도를 파악하는 지표로서 사용되고 있으며, 경기침체 시에는 생산을 자극하는 소비의 장려가 요청된다. 개발도상국은 개발 초기에 경쟁적 이점을 제공하는 저임금이 결과적으로 소비를 증가시키고 생활수준의 향상으로 이어지길 희망한다.

연습문제

다음 질문은 소비자로서 여러분의 행동을 탐색하도록 묻는 것이다.

1. 소득이 증가하면서 휴식, 임대, 위험 대비를 목적으로 제2의 집(그리고 2개 이상의 집)을 구입하게 된다. 사용하지 않는 집을 늘리는 이러한 구매는 통제, 즉 규제되어야 한다고 생각하는가?
2. 아웃도어 여가활동을 위해 여러분은 어떤 상품을 필요로 하며, 어떤 것을 살 것인가? 여러분의 브랜드 선택은 어떠한 요인의 영향을 받았는가?

3. 동료 집단 중에서 상품의 소비를 통한 지위 모방의 중요성을 판단해보자.
4. 습관적 활동, 예로 식사로 주로 먹는 음식, 등교하는 여정, 또는 주말 여가활동이 이루어지는 장소를 하나 선택하고, 이에 대한 생태학적 발자국을 만들어보자.
5. 여러분의 커뮤니티에서 윤리적 소비를 실천할 방법을 확인할 수 있는가? 윤리적 소비는 왜 중요한가?

핵심용어

가구	넷탐색자	소비	지위 모방
공간 확산자	레저 계급	소비자 주권	
과시적 소비	브랜드	인정된 순서	

추천문헌

Advertising Age. 2010. "Database of 100 leading national advertisers." http://adage.com/marketertrees/2010. (Accessed Oct. 2010)
미국 기업들에 의한 광고 지출에 대한 좋은 자료

Carlin, G. "George Carlin talks about 'stuff'." http://www.youtube.com/watch?v=MvgN5g CuLac. (Accessed 5 Nov. 2009).
가정용 상품의 소비에 대한 매우 독창적이고 통찰력 있는 정보를 제공하는 뛰어난 자료

Crewe, L. 2000. "Geographies of retailing and consumption." *Progress in Human Geography* 24: 275-90.
시장경제의 변화하는 경제지리학에서 소매와 소비 권력을 강조한 리뷰 논문

Gross, J. 1993. "The magic of the mall: An analysis of form, function, and meaning in the contemporary retail built environment." *Annals of the Association of American Geographers* 83: 18-47.
이익을 추구하는 시장뿐만 아니라 만남의 장소, 경험적 장소, 통제된 공간으로서 쇼핑몰에 대해 논의한다.

Jacobs, J. 1961. *The Death and Life of American Cities*. New York: Random House.
토지이용 용도 지정과 도시재생 도구에 대한 도시계획 비판

Jones, K. and Simons, J. 1993. *Location, Location, Location: Analyzing the Retail Environment*. Scaborough, ON: Nelson Canada.
캐나다에서 소매 입지를 이해하기 위한 탁월한 가이드

Mansvelt, J. 2005. *Geographies of Consumption*. London: Sage.
소비와 공간의 이론을 비교하고 통합하는 내용

Zukin, S. 2010. *Naked City: Death and Life of Authentic Urban Places*. Oxford: Oxford University Press.
도시를 형성하는 것 중에서 소비의 권력을 밝히는 최근의 책

참고문헌

Brynjolfsson, E., Hu, Y., and Smith, M. 2006. "From niches to riches: Anatomy of the long tail." *MIT Sloan Management Review* 47:4.

Galbraith, J. 1967. *The New Industrial State*. Boston: Houghton Mifflin.

Sack, R. 1992. *Place, Modernity, and the Consumer's World: A Relational Framework for Geographical Analysis*. Baltimore: Johns Hopkins University Press.

용어해설

가구 특별한 집 또는 거주단위의 구성원. 때때로 가구는 개인 소비자로서 설명되기도 하고, 때로는 가구 구성원이 개별적으로 설명되기도 한다.

가치사슬 제품(상품과 서비스)생산과 소비자에게 분배를 위해 필요한 일련의 복잡하고 상호 연계된 활동의 집합

개방형 시장 수많은 소규모 독립적인 구매자와 판매자가 자발적인 상호작용을 하는 시장

개입기회 장소들 사이의 공급 또는 수요에 대한 대안적 요소가 존재한다면, 두 장소 사이의 교환이 발생하지 않는 공간적 상호작용을 의미한다.

거래비용 일반적으로 시장의 규칙과 권리 체계를 설정하고 유지하는 데 소요되는 비용을 의미

거리조락 거리가 증가함에 따라 상품, 사람, 정보의 공간적 이동이 줄어드는 경향을 의미한다.

거시경제학 저축, 투자, 소비, 고용 및 생산성 측면에서 국가경제의 종합적인 성과를 다루는 학문으로 거시경제정책은 재정 및 통화정책의 조정을 통해 성장과 안정을 달성하고자 함

결절 네트워크 연결(도로, 전선, 무선연결 등)에 의해 연결된 지점을 의미한다.

경로의존 행위 의사결정의 경향. 예를 들어 기업이 신기술의 발전으로 상황이 바뀌었어도 과거의 의사결정에 제약받는 상태. 비효율적인 실행이 되는 '고착화'와도 관련이 있다.

경쟁우위 기업과 국가가 특화와 무역의 기회를 적극적으로 추구하는 것

경제인 신고전경제학의 합리성을 구현한 인간. 의사결정에 필요한 모든 정보를 갖춘 이상적인 경제적 주체로서 항상 이윤극대화와 비용 최소화를 추구함

경제활동참가율 15세 이상 인구 중에서 취업자와 실업자를 합한 경제활동인구의 비율

고용관계 특정 노동시장에서 임금, 복리후생 및 노동조직에 관해 고용주와 종업원 간에 맺는 계약

고정비용 활동의 규모에 관계없이 변하지 않는 비용

공간 승수효과 한 지역에서 새로운 발전의 초기 경제적 영향에 대한 총경제적 영향의 비율

공간 진입장벽 새로운 지역 혹은 국가에 투자를 고려하는 기업들이 직면하는 비용과 불확실성

공간 확산자 공간을 통해 메시지를 확산하면서 소비자를 설득하려는 광고업자들

공간 인간과 활동이 연계되는 영역으로 맥락에 따라 지역, 국가, 대륙, 심지어 전 세계가 하나의 공간이 될 수 있음

공간분업 장소나 공간상에서 특화된 작업의 분배

공간혁신체제(SIS) 세계적인 행위자들을 연결시키는 국제적인 시스템으로서 연구, 개발, 신기술 이전을 포함한다.

공공 서비스 정부 자체 또는 NGO를 통하여 제공되는 서비스로 주로 공공재나 외부효과(예 : 민간부문은 서비스를 제공할 수 없거나 서비스 공급이 사회 전반의 수혜적 효과를 지향한다)를 추구한다.

공공재 사회의 모든 사람에게 무료나 공급비용보다 낮은 가격으로 제공하는 상품과 서비스(제6장 참조)

공급곡선 생산자가 서로 다른 가격에 공급할 능력이 있고, 공급의사가 있는 상품의 양을 보여주는 곡선

공동 재산(또는 공동 풀) 자원 재산권이 특정 집단에 부여되는 자원

공식적 제도 인간행위에 대한 구조적 제약. 사회적 차원에서는 법, 조직적 차원에서는 기업의 규정 등이 있다.

공정무역 운동 개발도상국의 소규모 생산자들이 생산한 제품이 공정한 가격을 받을 수 있도록 하는 사회운동

과시적 소비 레저 계급이 자신의 중요성과 권력을 유지하고자 상품을 과시적으로 구매하는 것을 의미

과점 비교적 소수 공급자가 지배하는 시장상황. 고도로 집중된 과점은 극소수 공급자가, 약한 과점은 다수의 공급자가 지배

관리구조 기업 내 의사결정 기능이 공간과 장소에 따라 어떻게 나타나는지를 지칭하는 용어

관세 한 국가로 수입되는 상품과 서비스에 부과되는 세금

교외화 경제활동(또는 주거기능)이 중심도시로부터 바깥쪽으로 이동하는 현상인데, 여전히 시가지화 지역이나 통근권 안에서 확산하는 현상

교통수단 두 장소 사이에서 이동하는 상품 또는 사람의 대안적 통행 방식

구득비용 공장에 운송 투입(물질 공급과 서비스)되는 화물비용

구매자 주도 가치사슬 기업과 공급업자 관계가 월마트와 같은 서비스회사에 의해 조직되는 경우

구조화된 노동시장 고용주와 종업원 간에 법적 구속력이 있는 계약서에 따라 공식적으로 조직화된 노동시장으로, 포디스트 노동시장에서 가장 중요한 두 가지 원칙은 연공서열과 직무구분임

국가주의 중앙정부가 능동적인 역할을 통해 전략적 성장을 주도하는 거버넌스

국가 챔피언 기업 (외국인 기업에 반대되는) 대규모 국내기업으로 혁신, 고용, 지역공급 네트워크, 수출 등에서 선도적인 전략기업. 후발기업 중에는 국가 챔피언 기업도 있음

국내총생산(GDP) 한 국가 내에서의 특정 기간(주로 1년) 시장 관련 활동의 총가치. 국민총생산(GNP)은 국내총생산에 해외 국민의 소득을 더한 것임

규모의 경제 특정 활동의 규모를 증대시켜서 얻는 평균생산비용의 감소

규모의 국지화 경제 연관된 경제활동의 집적입지를 통한 평균생산비용의 감소(혹은 경제적 이익을 획득)

규모의 도시화 경제 도시 집적입지로 인한 평균생산비용의 감소(혹은 경제적 이익). 여기에는 노동력풀, 어메니티, 경제·사회적 인프라, 시장교환과 교류의 장, 지역적·국제적 연계 등이 포함된다.

규모의 외부(불)경제 외부 공급자로부터 공급받음으로써 발생하는 평균생산비용의 감소(증가). 집적경제와 동의어로도 쓰인다.

그린벨트 농업, 자연, 레크리에이션 용도로 용도제한된 도시 주변의 토지

그린필드 투자 산업화되어 있지 않은 곳에 신규 설비투자를 통해 입지하는 것

그림자 정부 비영리단체에 대한 정부의 기금 지원이 비영리단체를 정부에 종속시키는 효과를 가져온다는 주장

근본적 혁신 산업부문이나 사회집단의 생산성에 큰 영향을 미치는 조직적·기술적 혁신

기반활동 정의된 영역 바깥에서 소득을 창출하는 활동

기술경제 패러다임 경제의 전략적·장기적(약 50여 년)인 변동이나 파동. 패러다임적 혁신이 핵심 산업분야에서 생산성의 원리, 주도 산업, 노동관계, 연구개발 모형, 조직구조 등을 변화시킴으로써 추동된다.

기술역량 상업적으로 이윤이 있는 혁신을 창출할 수 있는 (기업이나 국가의) 역량

기술혁신 제조, 가공, 커뮤니케이션, 운송활동 등에서 새로운 생산방식(생산과정)이나 신상품의 최초의 상업적 도입

기업 유형 구분 루틴, 구조, 전략 측면에 따라 사업체 유형을 구분하는 것

기업 재화와 서비스를 판매하기 위해 2명 이상을 고용하는 법적으로 인정된 민간부문 조직

기업단위 규모의 (불)경제 기업생산규모와 다공장의 매출을 증대시켜서 평균생산비용을 감소(증대)시키는 것

기업전략 기업의 중장기 목표를 달성하기 위한 투자 배분 전략(예 : 성장, 이윤, 시장점유율, 재구조화, 다운사이징 등)

기회비용 한 대안을 선택하고 다른 대안을 거부했을 때 잃게 되는 잠재적 이익

내생적 힘 지역발전의 맥락에서 지역적·내부적·내생적 주체가 주도하는 것. 지역기반의 신생기업과 지역의 혁신창출 등

내적 성장 기존의 공장 및 설비를 인수하여 성장하는 것

네덜란드병 자원 붐이 자국 통화가치를 증가시키고 수출품이 비싸지고 수입품은 싸지게 함으로써 제조업과 같은 다른 활동을 제약하는 경향을 말한다.

네트워크 외부성(네트워크 효과) 다른 이용자의 수가 변할 때 한 네트워크의 사용자에 대한 수익(이익 또는 손실)에서 변화를 의미한다. 이는 또한 수요자 측면의 규모의 경제로 언급된다.

넷탐색자 상품과 서비스를 인터넷에서 탐색하는 소비자

노동시장 권역 국지적 노동시장이 작동하는 지리적 영역으로 동일한 통근지역 내에 직장이 공간적으로 집중되어 있다.

노동시장 분단 입직, 승진, 노동 관행 및 보수에 관한 다양한 규칙과 조건에 따라 노동시장이 구분된 것

노동 이동성 노동자들이 일자리를 찾아서 한 지역에서 다른 지역으로 자발적 이동을 하는 것. 타 지역에 일자리 기회가 존재해서 나타나는 흡인요인이 작용할 수도 있고, 원래 직장이 있던 지역에 일자리가 부족해서 나타나는 배출요인이 작용할 수도 있음

노동조합 임금, 복리후생, 근로조건 등의 문제에 대해 고용주와 교섭하기 위해 노동자를 대신하여 결성된 노동자들의 법적 단체

녹색 기술경제 패러다임 경제발전이 환경적 지속가능성과 일자리, 소득과 관련된 경제적 목적에 의해 도전받는 기술-경제 패러다임

다국적기업 적어도 2개 이상의 국가에서 기능의 일부(분공장, 사무실, 광산 등)를 두고 조직을 운영하는 기업, 초국적기업은 특정 국가, 즉 모국의 정체성이 더 이상 없는 다국적기업을 지칭하는 용어로 사용됨

단일 경작 한 가지 유형의 작물을 재배하는 것

단일정부제 정치권력이 중앙정부에 집중된 정부체제

단체교섭 노동자 집단을 대표하여 노동조합이 고용주와 계약을 협상하는 과정

대기업 종업원 500~1만 명 규모이며, 제한된 범위의 제품을 생산하고 글로벌시장을 대상으로 판매함

대체 원리 입지이론에서 하나의 입지 조건을 다른 조건으로 맞교환할 수 있는 가능성

대항력 '거대기업'의 힘을 제한하는 주요 경제적·비경제적 제도

도덕적 해이 기회주의의 한 유형으로 손실에 대한 보장을 한 후 피할 수 있는 위험을 감수하는 것. 이러한 행태의 변화는 보통 손실을 보장하는 측의 이익에는 반한다.

도시재활성화 도시의 오래된 경제구조를 재구조화시키는 것을 포괄적으로 의미

도시체계 한 도시의 변화가 다른 도시에 영향을 미치는 방식으로 서로 연결된 도시들의 집합. 이 체계는 로컬에서 글로벌까지 다양한 규모로 존재할 수 있다.

독립적 노동시장 관리직, 연구개발직 등 1차 노동시장에 속하는 화이트칼라 노동자 집단을 의미. 일반적으로 노동조합에 속해 있지 않다.

독점 단일 공급자가 지배하는 시장

두뇌유출 한 지역에서 더 나은 기회를 제공하는 다른 지역으로 고학력자 및 숙련노동자들이 이주하는 것

등비용선 최소 운송비 지점을 둘러싼 운송비가 동일한 선

등운송비선 각 입지 조건에서 운송비가 동일한 선

레저 계급 사회를 지배하는 부유하고 권력을 지닌 엘리트를 지칭하는 베블런의 용어

로지스틱스 상품과 서비스의 출발지에서 목적지까지 흐름을

관리하는 것

로커보어 지역에서 재배된 식료품을 소비하려는 사람들을 일컫는다. 로컬 농업을 지원하고 식품 운송에 따른 환경비용을 최소화하려는 운동의 한 방편이다.

마샬 외부성 전문화와 산업 내 지식 이전, 특히 집적지 내에서의 그것이 혁신과 성장을 촉진한다는 주장

마킬라도라 주로 멕시코와 미국의 국경을 따라 입지하고, 간혹 내륙 쪽에 입지하기도 하는 수출가공지대에 있는 외국인 소유 분공장을 말한다. 저임금 노동력과 투입물의 무관세 수입, 그리고 수출을 위한 제품생산이 특징이다.

만족자 필요한 것을 찾은 것만으로도 만족하는 의사결정자. 선택은 필요한 정보의 존재 여부와 해석 능력에 달려 있다고 인식함

매몰비용 한 번 사용되면 되돌릴 수 없는 투자. 공장, 기계와 같은 물적자본이나 한 장소에 고정되어서 쉽게 이동할 수 없는 운영 시스템 등의 투자

명시지 교과서나 특허처럼 언어나 공식을 통해 정확히 소통될 수 있는 지식

못자리 가설 신생기업은 일반적으로 창업자들이 오랫동안 살았던 집 근처에 입지하는 경향이 크다는 가설. 다수의 신생기업은 창업자의 집에서 시작하며, 기업 성장과정에서 추가적인 공간이 필요한 경우에는 가까운 장소로 이전한다.

민관 파트너십 경제발전 프로젝트를 지원하기 위한 공공단체와 민간단체 간의 협정

반독점법 한 산업에서 특정 기업이 과도한 지배력을 행사하거나 불공정 행위를 하지 못하도록 규제하는 법률

배태 경제·비경제적 요인이나 과정이 상호 연관되는 정도를 나타내는 용어

범용기술 증기기관과 같이 경제적 삶에 전환적 영향을 미치는 거대한 혁신(패러다임적 혁신)

범위의 경제 기존의 자원을 이용하여 여러 유형의 상품에 대해 작업을 수행하여 평균생산비용을 감소하여 얻는 경제적인 이득

베타 지수 한 네트워크의 연결성 측정을 의미

변동비용 활동의 규모에 따라 변하는 비용

보이지 않는 손 시장의 (완전)경쟁 조건하에서 자기조절 운영 방식을 애덤 스미스가 묘사한 용어

보존지구 인간의 간섭을 최소화하면서 자연상태를 유지하도록 하는 일정한 영역

보편 투입 베버의 입지이론에서 어디서나 얻을 수 있는 투입

보호주의 국가 간 시장교환을 제한하거나 제약하여 국내산업을 보호하려는 주의

복지국가 정부가 모든 국민이 경제적·사회적 생활에 참여하는 데 필요한 필수품(음식, 피난처, 교육 등)을 수급할 수 있도록 보장하는 모델

본선인도가격 서비스 이용자가 운송비용을 지불하는 방식

부가가치 기본 원료나 서비스에 노동과 자본의 투입을 통하여 가치가 부가되는 것

부동의 경제 기업이 연관기업과 매우 근접해 있을 때만 접근가능한 외부경제

부정적 외부효과 시장 행위주체자의 의사결정에 고려되지 않은 외부적인 비용

분공장 지역 외부에 본사가 있어서 소유, 통제하는 공장이나 회사

분업 여러 사람에게 특정 업무를 분배하는 일. 작업과 장소의 분배도 한다. '전문화'라고도 한다.

불완전고용 노동자가 취업은 하였으나 완전한 고용상태를 확보하지 못한 상태

브랜드 특정 회사의 제품이나 서비스임을 알 수 있는 이름, 기호, 디자인 등의 총칭

비가시적 무역 서비스 국제무역을 의미

비공식적 제도 인간행위에 대한 암묵적·문화적 제약

비관세장벽 세제 이외의 방법(쿼터, 까다로운 세관심사)을 통해서 수입을 제한하는 것

비교우위 모형 한 지역이나 국가(혹은 개인이나 기업)가 상품과 서비스에 특화되어 다른 곳보다 효율적으로, 특히 낮은 기

회비용으로 생산하여야 한다는 모형

비기반활동 역내 소비자들에게 서비스하는 경제활동으로서 수출 소득을 올리지 않는다.

비대도시 산업화 경제활동이 대도시지역 바깥으로 확산해 가는 현상으로 촌락지역으로까지 이전하는 것이다.

비순수 투입 베버의 입지이론에서 가공과정에서 물리적으로 변화하는 투입물

비영리/비정부부문 비영리와 비정부라는 용어는 서로 혼용되는 경우가 많으며, 두 용어 모두 이익을 추구하지 않는 다양한 서비스를 제공하는 단체를 의미한다. 이 둘의 가장 큰 차이점은 NGO들이 옹호 단체로서 더 강력하게 활동한다는 것이다.

비용-가격 압박 생산자가 평균 생산비용 증가와 제품가격의 하락에 직면하는 상황

비재생자원 화석연료와 같이 사용하면 고갈되는 유한한 자원. 대부분 지질작용으로 오랜 시간에 걸쳐서 변형되고 특정 장소에 집중된 광물이나 유기물 또는 무기물이다. 보크사이트, 철, 금과 같은 광상은 광물, 석유나 천연가스는 생물이 기원이다.

사이클로매틱 수치 한 네트워크 연결성의 측정을 의미

사회 서비스 정부 및 비영리단체가 도움이 필요한 사람들에게 제공하는 기본 서비스

사회자본 공유된 가치와 기대, 사회적 네트워크, 그리고 경제 발전을 가능하게 만드는 신뢰와 협력 의지 등과 같은 특성들을 모두 포함한 개념

사회적 가치 비정부 및 비영리단체에 의해 촉진되는 환경문제, 건강, 인간성, 정서적 행복과 같은 가치

사회적 분업 한 경제 내에서 기업 간 업무를 분배하는 일. 주로 소기업이 중요한 역할을 담당할 때 사용한다.

산업별 노조 특정 산업에 종사하는 노동자들을 대표하는 노동조합

상보성 한 장소에서 어떤 제품에 대한 수요가 다른 장소의 제품으로 충당되는 공간적 상호작용의 조건으로, 이를 통해 교환이 촉진된다.

상품생산 부문 통계적으로 1차 산업, 제조업 및 건설업 부문을 의미한다. 이론적으로 많은 서비스를 포함하여 자원을 활용하고 물질적 상품을 생산하면서 부가가치를 창출하는 활동이 상품생산 부문이다.

상품의 범위(혹은 서비스의 범위) 소비자가 특정 상품이나 서비스를 구매하기 위하여 이동할 의사가 있는 거리(제11장 참조)

생산자 주도 가치사슬 기업과 공급업자 간 관계가 제조업회사에 의해 조직되는 경우

생활수준 개인이 사회적으로 수용가능한 범위에서 건강하고 생산적인 삶을 영위할 수 있는 능력. 주로 국제적인 비교를 위해1인당 국내총생산으로 측정함

서버 농장 수백 또는 수천 개의 컴퓨터를 모아 두고 매일매일의 대규모 수요에 서비스하는 곳. 냉량한 상태를 유지하면서 돌아가야 하므로 막대한 전력이 소모된다.

서비스부문 서비스부문은 제조업의 상품처럼 물질적 상품을 생산하지 않는 것으로, 부정적 의미로 정의되는 경향이 있다. 하지만 서비스는 상품생산을 촉진하고 통제하며, 개인과 사회의 수요에 부응하는 유통과 판매, 정보제공, 창의성, 관리, 의사결정 활동이다.

석유수출국기구(OPEC) 유가 유지를 위해 회원국 간에 생산을 통제하기 위하여 결성된 카르텔

선물거래 나중 특정 시점에 배송되는 것으로 가격을 합의하는 시장 계약

선순환 바람직한 사회경제적 변화(예 : 핵심지역으로 인적자원의 집중)를 강화하는 순환과정. 투자를 통해 지속적인 경제 발전을 위한 매력을 강화한다.

세계화 다의적 용어. 경제지리학에서는 자본주의 발전의 현 단계를 의미하는 약칭으로 쓰임. 모든 유형의 국제 네트워크의 강화와 시장과 정부의 질적 관계의 변화, 국가와 지역발전에 외생변수의 역할의 증대 등을 의미함. 동시에 환경문제가 진정한 세계적 규모로 확대됨을 의미함

세금 정부가 재화, 서비스, 소득 등에 부과하는 부담금으로, 정부가 지출하는 모든 돈의 원천이 됨

세테리스 파리부스 라틴어로, '다른 모든 조건이 동일하다면'의 뜻. 추상적인 신고전경제학의 기본적인 용어로 예측의 결과에

영향을 주는 외적 요인을 통제할 때 사용

소비 개인 또는 가정용으로 재화 및 서비스를 구매하는 것

소비자 서비스 개인 소비자에게 공급하는 서비스

소비자 주권 소비자는 독립적 선택을 하며, 생산의 자동적 추동력이라 인식하는 원리

수요곡선 소비자가 서로 다른 가격에 구매할 능력이 있고, 구매의사가 있는 상품의 양을 보여주는 곡선

수직적 통합 가치사슬의 후방 연계 부문 또는 전방 연계 부문을 기업조직 내에 통합시키는 것

수직적 하청 원청기업은 핵심부품을 납품하는 소수의 기업과 하청거래 계약을 맺고, 하청기업들은 동일한 형태의 하청계약을 맺는 하청 형태

수평적 통합 동일하거나 관련된 사업부문으로 사업 영역을 확대하는 것. 관련된 사업부문으로의 사업 영역 확대를 두고 수평적 다각화로 부르기도 함

수평적 하청 원청기업이 모든 공급업체와 직접 계약을 체결하는 하청 형태

순수 투입 베버의 입지이론에서 가공과정에서 물리적으로 변하지 않는 투입물

순위 규모 규칙 한 지역의 도시들의 규모가 선형적 관계(엄밀하게는 도시 규모의 순위와 규모의 로그값이 선형적)를 갖는다고 보는 규칙. 실제로 이 규칙에는 많은 예외가 있다.

순환적 · 누적적 인과 상호 의존적이고 자기강화적인 사회적 과정. 특히 오랜 기간 특정 방향으로 강화되는 현상을 의미

승수효과 한 활동의 초기 성장이 다른 활동의 성장을 촉진하는 방식

시장 원리 크리스탈러의 중심지이론에서 제시하는 시장 원리란 서비스는 소비자의 접근을 최대로 할 수 있도록 입지해야 한다는 것이다.

시장 상품과 서비스의 가격기반 교환을 위한 제도

시장경제 소비를 위한 상품과 서비스의 생산조직을 시장제도에 의존하는 사회

시장실패 시장이 적정하게 작동하지 않는 상태. 예를 들어 경쟁이 존재하지 않거나 시장행위가 환경적으로나 사회적으로 용인될 수 없는 결과를 초래한 경우임

식량안보 국민들이 건강한 삶을 유지하기 위해 필요한 충분한 칼로리와 영양을 얻을 수 있도록 식량에 접근하는 것을 보장하는 것

신경제공간 특정 산업이 새롭게 발달하기 시작한 지역

신고전 기업이론 기업은 완전한 정보와 완벽한 합리성에 기초하여 최적의 의사결정을 내린다고 가정하는 호모에코노미쿠스에 토대를 둔 이론

신고전경제학 19세기에 발전한 주류경제학으로 경제행위에 대해 공식적 · 추상적 해석을 함. 즉, 합리적, 사익 추구, 완전한 정보를 가정함

신국제분업 1970년대 용어로 저개발국의 수출기반 제조업으로 인해 시작됨. 이후로 신국제분업은 가속화되었다.

신자유주의 사회의 요구에 대응하는 시장의 힘을 강조하는 학파로서 정부의 경제 간여 최소화를 주장함. 공공부문이 제공하는 서비스의 규제완화와 민영화도 주장함

실업 일할 의향과 능력이 있는데도 일자리를 얻지 못한 상태

아웃소싱 외부의 공급자에게 공정의 일부를 맡기는 것. 외주, 하청과 같은 의미로 사용된다.

악순환 바람직하지 않은 사회경제적 변화(예 : 가난한 지역은 인구유출과 투자철수로 인해 경제발전의 전망이 축소됨)를 강화하는 누적적 자기강화적 순환과정

암묵지 관찰, 모방, 직접 경험을 통해 획득하는 지식으로 언어로 소통하기 어려움

양질의 일자리 소득수준, 고용안정성, 사회보장 측면에서 안정된 일자리를 의미함

엥겔 법칙 소득이 증가하면 식료품에 지출하는 비율이 낮아진다는 이론

역물류 재사용, 재활용 또는 폐기를 위한 제품(그리고 제품의 포장) 처리 및 활동과 관련된 물류

연결성 한 지역의 장소들이 연결되거나 또는 서로 간 접근할

수 있는 정도이며, 비용, 시간, 그리고/또는 용량으로 측정될 수 있다.

연계형 시장 기업과 사업 파트너 간의 반복적인 거래로 형성된 시장. 공식적인 거래선과 비공식적 기대행위로 이루어짐. 주로 중심기업과 공급자 간의 정보교환과 협력이 중요함

연공서열 구조화된 노동시장에서 신입사원이 가장 낮은 직위를 가지며, 근속연수가 늘어남에 따라 승진하는 체계. 불황기에는 연공서열이 가장 낮은 사람이 해고될 수 있으며, 재고용 시에는 높은 연공서열을 가진 직원이 우선적으로 고용되는 게 보편적인 관행임

연구개발 사회의 지식저량과 가술역량을 증대시키는 체계적이고 학습기반의 창조적인 작업

연담도시 둘 이상의 도시들이 연합하여 기능적으로 연결된 대규모지역으로서 그 도시들이 공업지역일 때 연담도시라고 한다.

연방제 정치권력이 중앙정부에만 집중되어 있지 않고 지방정부에도 이양되어 있는 정부체제

예산 정부가 1회계연도의 사업을 위해 동원하고 사용할 세입과 세출의 내용을 담고 있는 계획

옹호 단체 정부, 기업 등의 행동과 정책을 변경하고자 하는 조직

완전경쟁 신고전경제학 이론의 이상적인 시장모형으로 수많은 구매자와 판매자 사이에 자율규제를 통해 공정한 경쟁이 이루어지는 상태

외생적 힘 지역의 정의와 상관없이 비지역적 · 외부적 · 세계적 원천을 통해 지역발전을 추동하는 힘. 수출수요, 외국과의 경쟁, 외국계 다국적기업 등

외적 성장 공장 및 설비에 신규 투자하는 것

요한 하인리히 폰 튀넨 독일의 지주이자 경제학자로 *The Isolated State*(1826)에서 농업 토지이용 이론(나중에 도시 토지 이용 이론으로 확장됨)을 소개했다.

우회성 네트워크를 결정하는 경로가 일직선 경로로부터 벗어나는 정도를 측정하는 것을 의미한다.

운임 · 보험료 포함가격 수출업자가 선적에 대한 보험과 운송비용뿐만 아니라 선박을 통한 배달비용을 지불하는 방식

위상학적 지도 결절, 그리고 결절 사이의 에지 또는 연결로 표현되는 네트워크를 의미한다.

유연적 노동시장 모델 업무조직이 유연하게 구성된 노동시장 모델로 다중 업무, 다숙련, 팀제, 임금의 유연성, 일자리 확충, 고용 및 해고의 용이함을 특징으로 하는 노동시장 모델이다.

이윤의 공간 한계 주어진 활동을 수행할 수 있는 대안적 입지들의 범위

인적 자본 공식적 및 비공식적으로 양성된 경제적 분야에서 개인이 가지는 생산성

인정된 순서 신고전적 견해에 대한 갤브레이스의 용어(소비자 주권과 일치되는)로 소비자로부터 시장과 생산자에게 단 하나의 방향으로 흐름이 작용한다는 의미

임계 등비용선 노동과 같은 다른 입지 조건의 비용을 같게 하는 등비용선

임계치 인구 상품생산이 경제적으로 유지될 수 있을 정도로 수요가 확보되는 데 필요한 최소한의 인구규모(제11장 참조)

입지 요인 기업에게 상이한 지역이 갖는 유리점과 불리점

입지 조건 비용과 수입, 그리고 다른 속성들의 공간적 변이

입지지대 단위 토지에서 얻는 잉여 수입으로 수입이 비용과 상쇄되는 한계 토지에서 얻는 수입 이상의 잉여를 말한다.

입찰지대 이론 토지가 다양한 용도로 할당되는 방법이 경쟁적 입찰에 의해 결정된다고 설명한다.

자급농업 가족 부양을 위한 농업으로 잉여 생산은 적거나 없다.

자원의 저주 풍부한 자원기반이 실제로는 가난한 나라가 지속가능한 발전과 다양화를 달성할 능력을 제한할 수 있다는 아이디어. 이니스의 '특산물의 함정'과 유사하다.

자원주기 자원 취용과 관련된 장기 패턴으로 초기의 급성장기간과 뒤이은 고원, 그리고 최종적으로 쇠퇴로 이어진다.

자원지대 공공자원을 취용하기 위해 정부에 지불하는 돈. '자원 로열티'라고도 한다.

자유무역 관세 · 비관세장벽의 형태로 나타나는 정치적인 간여가 없는 시장교환, 즉 상품, 서비스, 투자 등

작업, 공장단위 규모의 불경제 공장단위에서 산출이 증가함에 따라 평균생산비용의 감소(증가)

작업단위 규모의 경제 개별 공장, 가게, 혹은 타 유형의 작업장에서 규모를 증대시켜서 평균생산비용이나 평균운영비용이 감소하여 얻는 경제적인 이득

장소 인간이 살고 일하는 특정 영역, 지역, 근린

재산권 물리적 · 비물리적 자산과 소득이나 이익의 소유와 관련된 권리

재생자원 삼림이나 어류와 같이 사용하더라도 반드시 고갈되지 않는 자원. 단 사용 비율은 대체율을 넘지 말아야 한다. 많은 재생자원은 삼림, 어류 등으로서 생물적이고, 지속가능한 사용을 위해서는 취용 및 경영상 제한이 필요하다. 바람, 태양 에너지와 같은 재생자원은 기술개발을 필요로 한다.

적시생산 부품과 구성품을 공장에 배송할 때 사용 직전에 배송하는 시스템

전방 연계 (수출) 자원부문으로부터의 투입을 구매하는 활동에 투자하는 것

점진적 혁신 상대적으로 작고 감지하기가 어렵지만, 생산성에 영향을 주는 조직적 · 기술적 변화

정보통신 기술경제 패러다임 1970년대 이후 발전한 대량생산의 유연성, 특화, 규모와 범위의 경제를 활용하는 노동력 등의 특성을 지닌 기술경제 패러다임

정상 이윤 생산활동을 지속하게 하는 데 필요한 최소한의 이윤. 이론적으로는 비용으로 계산된다.

제도 인간행위를 공식 · 비공식적으로 조직하는 규칙, 관습, 습관과 루틴

제도적 집약 (민간과 공공의) 제도가 지역기업에 제공해주는 외부경제의 범위. 산업협회, 정부의 기획부서 등이 사례임

제도주의 기업이론 타 기업들의 행위에 영향력을 행사할 정도의 힘을 가진 최고경영진에 의해 경영되는 대기업의 구조와 전략에 초점을 두고, 기업이 어떻게 성장하며, 왜 성장하는지를 밝히고자 하는 기업이론

제이콥스 외부성 산업 간의 지식 '확산'이 혁신과 성장을 주도한다는 주장. 특히 다양화된 도시가 전문화된 도시보다 더 혁신적이라는 주장이다.

제품 다각화 한 제품을 변형하여 기술과 스타일에서는 유사하나 다른 제품을 생산하여 다른 시장에 제공하는 것. 주로 범위의 경제를 확보하기 위함

제품 성숙 대량생산기술이 발전하고 시장 잠재력이 예측가능하고, 저비용 · 저기술 노동력 등이 입지의 핵심 요인이 되는 제품수명주기의 단계

제품수명주기 제품이 탄생, 성장, 성숙, 노화, 사망 등의 수명주기의 단계에 따라 진화적인 궤적을 밟는다는 은유적인 용어

조방적 농업 상대적으로 헥타르당 투입(단위 토지당 노동, 자본, 비료, 종자)이 낮고 소득도 낮은 농업 양식

조정비용 시장의 관리비용과 시장 참여자의 탐색비용

조정형 시장 특정 (주로 규모가 큰) 조직 내부의 재화와 서비스의 교환. 계층시장, 통합시장, 내부시장이라고도 함

조직적 혁신 경제활동이 조직되거나 운영되는 방식을 변화시키는 혁신

조합주의 노-사-정 3개 주체가 협력하여 경제발전을 위한 전략적 계획을 수립하는 거버넌스

종속적 노동시장 1차 노동시장의 블루칼라 노동자 집단을 의미. 노동조합에 가입된 생산직 노동자들로 구성된다.

종주도시 차하위 순위의 도시보다 몇 배 이상의 규모가 되는 수위 도시. 이 도시는 국가 공간에 강력한 정치적, 경제적 힘을 발휘한다. 런던, 파리, 도쿄가 종주도시로 간주된다.

중간 · 적정기술 지역자원과 시장에 기반하고 지역주민에 의해 운영되는 기술과 조직관행. '중간'이란 전통사회에서 혁신의 잠재력을 의미함

중소기업 종업원 500명 이하의 개인 기업가에 의해 지배 · 통제되는 기업. 고도로 국지화되어 있으며, 단일 입지를 갖는 경우가 많음

중심업무지구 도심 그리고 도시 내에서 가장 접근도가 높은 지역으로 상업과 소매활동 지구로 정의된 곳을 의미한다.

중심주의 서비스 센터로 소비자의 접근을 최대화하려는 계획

의 방향을 의미한다.

중심지이론 소비자의 분포에 대응한 시장의 진화와 공간상에서 경제활동의 조직방법에 대한 이론

중앙값 관찰값들의 절반이 양쪽에 분포해 있는 상황에서 그 중간 위치

지리적 표시제 특정한 지역에서 재배된 작물에 주어지는 법적인 상표로서, 어떤 경우는 지리적 표시가 경작이나 가공방법에 대해서도 규제한다.

지속가능한 발전 오랜 기간 환경피해를 주지 않고 유지할 수 있는 경제성장

지역경제발전 기업가정신과 리더십에 기반한 지역경제발전의 촉진

지역계획 토지이용 및 용도지구제를 포함한 지방자치단체의 공식적인 발전계획

지역발전정책 지역개발을 지원하는 정부의 정책

지역분화 지역을 경제 · 정치 · 문화 · 환경적인 영력 간의 독특한 진화적인 상호작용으로 형성된 고유한 장소로서 보는 인문지리학의 접근방법

지위 모방 상위 신분 또는 고소득 집단의 소비 행위를 흉내 내는 경향

진입 이점 기업이 새로운 지역에 새로운 사업체를 설립할 때, 축적된 전문지식을 바탕으로 한 이점

집약적 농업 상대적으로 헥타르당 투입(단위 토지당 노동, 자본, 비료, 종자)이 높고 소득도 높은 농업 양식

집적 상호 관련된 제조와 서비스활동이 공간적으로 집중되는 현상. 클러스터를 지칭하기도 함

창조도시 혁신적 사고의 중심지로 보이는 도시들. 여기서 창조성은 교육수준, 경제 및 사회적 다양성, 네트워킹 기회, 사회적 관용, 다양한 로컬 어메니티와 같은 요인들의 산물로 여겨지고 있다.

초국적기업 다국적기업과 동의어로 사용되곤 하지만, 특정 국가에 귀속되거나 종속되지 않는 기업을 뜻하는 용어로 사용됨

최소효율(최적) 규모 기업이나 공장이 평균비용을 최소화한 최소생산단위

최저임금 고용주가 해당 국가와 지역의 법률에 따라 지불해야 하는 법정 최저시급

최적의 결정 특정한 목표를 극대화하거나 최소화하는 결정과 행위(예 : 이윤 극대화, 비용 최소화)를 의미

최종 수요 연계 지역 소비를 위한 상품과 서비스를 공급하는 활동에 투자하는 것

커뮤니티 지원농업 소비자들이(보통 지역 소비자들) 농부들과 계약하고 농산물을 구매하는 제도

커뮤니티경제발전 주민참여에 기초한 지역경제발전 촉진에 대한 접근법

콘드라티예프 주기 50여 년 주기의 경제성장과 쇠퇴의 장기파동

클럽재 공공재처럼 비경합성이 있지만 무임승차자의 무료 사용을 막을 수 있는 재화를 의미한다.

탄소 발자국 어떤 활동의 환경 영향을, 그 활동이 대기에 방출하도록 하는 탄소의 양으로 측정하는 척도

탈산업화 특정 지역이 장기적으로 제조업 일자리가 순 감소하는 현상

테이퍼링 효과 거리에 따라 교통의 평균비용이 감소하는 것을 말한다.

테일러리즘(과학적 관리법) 주어진 공정을 작은 단위의 여러 작업으로 구분하고, 특정 작업에 특화된 노동력을 고용하여 업무를 수행하는 방식

테크노스트럭처 전문지식을 가진 사람들로 구성된 의사결정 조직

투자국 다국적기업의 본사가 입지하고 있는 국가

특산물의 함정 발전을 위해 자원에 의존하는 경제가 경제의 다양화를 도모할 기회가 제한되는 것을 경험하게 되는 것

파트타임 시간제로 일하는 비정규직 고용 형태

포디스트 노동시장 모델 노동시장이 1차 노동시장과 2차 노동시장으로 양극화되는 현상을 지칭하는 것으로 1950년대 이후 미국에서 주로 나타난다.

포디즘 1920년대에서 1970년대까지 약 50년간 지배적이었던 기술경제 패러다임으로, 노조가 있는 거대기업이 조직하는 규모의 내부경제에 기반한 대량생산이 특징임

포섭적 계층성 최고차 중심지는 소비자 근처에 입지하는 모든 저차위 상품뿐만 아니라 고차위 상품을 전체 인구에게 제공하는 반면에, 저차위 중심지는 작은 중심지에서 저차위 상품을 제공한다.

프랜차이즈 상호, 특허 상표, 기술 등을 보유한 제조업자나 판매업자가 소매점과 계약을 통해 상표의 사용권, 제품의 판매권, 기술 등을 제공하고 대가를 받는 시스템. 프랜차이즈는 본사와 가맹점이 협력하는 행동을 취하므로 계약조건 안에서만 간섭이 성립됨

하청(아웃소싱) 수급기업이 맡은 일의 전부나 일부를 제3자에게 맡기는 것

해외직접투자 다국적기업이 타국 기업에 출자하고 경영권을 확보하여 직접 경영하거나 경영에 참여하는 외국인투자 형태이며, 해외간접투자와 달리 직접 공장을 짓거나 회사의 운용에 참여하는 것이 특징이다.

핵심산업 비싸지 않고 풍부하고 경제 전반에 걸쳐 대량으로 사용되는 산업, 포디즘 시대의 석유가 사례임

행동주의 기업이론 기업은 한정된 정보와 제한적 합리성을 가지고 최적의 의사결정보다는 수용 가능한 의사결정에 도달한다고 보는 이론

혁신 시스템 경쟁우위를 향상시키기 위한 과학적 · 기술적 지식을 활용하여 혁신을 창출하고 시장화하는 제도 네트워크의 상호연계. 혁신 시스템의 핵심은 기업, 정부, 대학 연구개발의 '트리플 헬릭스'이다.

혁신 확산 시간(시간적 확산)과 공간(공간적 확산)상에서 혁신이 퍼지는 것

현물거래 특정 장소에서 거래가 완료되고 2일 이내에 배송되도록 하는 거래

협동조합 회원이 공동으로 소유하고 운영하는 조직 또는 사업체

호황-불황 주기 급성장과 쇠퇴가 교대하는 기간

환경 조건 토양, 지형, 식생, 물, 기후 등 특정 지역의 자연상태

환승 양도성 공간적 상호작용의 조건으로 이윤이 생산과 이동비용을 충당할 때 두 장소 사이에서 교환이 발생하는 것을 의미한다.

후기산업주의 총생산과 종사자의 비중에서 서비스가 제조업을 대체하는 시장경제의 발전 양상

후발기업 비교적 최근에 수출 등을 통해 성공적인 산업화를 이룬 후발국가의 성장산업분야에 등장한 국내기업. 대규모 후발기업은 국내 챔피언 기업으로 명명되기도 함

후방 연계 (수출) 자원부문으로의 투입을 공급하는 활동에 투자하는 것

1차 공급업자 가장 중요한 공급업자들로서 핵심기업과 직접적인 접촉과 사업관계를 맺는 하청기업

1차 공급업체 하청 위계의 최상층에 있으며, 원청기업에 핵심부품을 납품하는 공급기업

1차 노동시장 주로 대기업에 종사하는 노동자들로 구성된 노동시장 분단으로 높은 임금, 고용안정, 의료혜택, 연금혜택 및 기타 근로조건이 보장된 것이 특징이다.

1차 제조업 주로 천연원료를 가공하는 제조업활동

2차 노동시장 포디스트 노동시장에서 소외된 계층으로 노동조합에 가입되어 있지 않고, 불안정하며, 열악한 임금을 받으며 근로조건이 열악한 직업군에 해당함. 2차 노동시장 종사자의 대부분은 중소기업 부문에서 나타나며, 그 대다수는 여성, 소수민족, 학생 등으로 구성되어 있다.

2차 제조업 가공된 원료에 가치를 부가하는 활동

찾아보기

지은이

Roger Hayter

미국 워싱턴대학교 지리학과 박사
캐나다 사이먼프레이저대학교 지리학과 명예교수

Jerry Patchell

캐나다 사이먼프레이저대학교 지리학과 박사
홍콩과학기술대학교 사회과학부 교수

옮긴이

남기범

서울시립대학교 도시사회학과 교수
서울대학교 지리학과 석사
캐나다 서스캐처원대학교 지리학과 박사

서민철

한국교육과정평가원 연구위원
한국교원대학교 지리교육과 석사
한국교원대학교 지리교육과 박사

이종호

경상대학교 지리교육과 교수
경북대학교 지리학과 석사
영국 더럼대학교 지리학과 박사

이용균

전남대학교 지리교육과 부교수
건국대학교 지리학과 석사
호주 애들레이드대학교 지리학과 박사